GÉOMÉTRIE

Nouvelle bibliothèque mathématique

1. M. Demazure, *Cours d'algèbre*
2. R. Mneimné, *Éléments de géométrie. Actions de groupes*
3. J.-P. Kahane et P. G. Lemarié-Rieusset, *Séries de Fourier et ondelettes*
4. R. et A. Douady, *Algèbre et théories galoisiennes*
5. J.-L. Krivine, *Théorie des ensembles*
6. P. Gabriel, *Matrices, géométrie, algèbre linéaire*
7. M. Berger, *Géométrie vivante, ou l'Échelle de Jacob de la géométrie*
9. M. Willem, *Principes d'analyse fonctionnelle*
10. D. Lascar, *La théorie des modèles en peu de maux*
11. M. Berger, *Géométrie, t. 1*
12. M. Berger, *Géométrie, t. 2*
13. H. Dym et H.P. McKean, *Séries et intégrales de Fourier*

MARCEL BERGER

Géométrie

TOME 1

CASSINI

ISBN 978-2-84225-145-1

Cette édition reproduit l'édition Nathan de 1990 (© 1990, ISBN-10 : 2-09-191730-3, tirage de 1996).

Sommaire

Tome 1

Tome 2

PRÉFACE À L'ÉDITION DE 1990

L'ouvrage de l'auteur, « Géométrie », paru en cinq volumes aux Éditions Cedic, étant épuisé, les Éditions Nathan, que nous sommes très heureux de pouvoir remercier ici, ont bien voulu prendre la charge d'une nouvelle édition.

Cette nouvelle édition se présente en deux tomes, ce qui sera pour le lecteur certainement plus pratique, chacun de ces deux tomes comportant l'index et la bibliographie complets de l'ensemble de l'ouvrage.

Pour ce qui est du contenu, nous avons de notre mieux corrigé des erreurs, typographiques d'abord ou mathématiques. Puis ajouté des compléments bibliographiques pour des résultats récents, des exercices nouveaux. Nous avons complété l'index. Une addition notable est la très simple démonstration de Knothe-Gromov de l'inégalité isopérimétrique en dimension quelconque.

De nombreux collègues m'ont aidé pour ce qui précède. Qu'ils soient tous ici chaleureusement remerciés.

Marcel Berger

INTRODUCTION

Le présent ouvrage est issu essentiellement de deux sources distinctes : d'une part d'un enseignement appelé « Mathématiques Elémentaires Approfondies » et donné en 1972-1973 et 1973-1974 à l'Université Paris VII ; d'autre part de quinze années d'expérience dans la préparation à la partie « Géométrie » de l'oral de l'Agrégation de Mathématiques.

Les buts principaux poursuivis dans ce livre, et plus précisément dans le cadre de la Géométrie Elémentaire, sont les suivants :

Donner beaucoup d'importance à la vision, aux dessins, au côté « art plastique » de la Géométrie.

Ensuite, pour chaque notion introduite, donner si possible un théorème fin, qui soit à la fois d'énoncé plaisant et simple et de démonstration cachée ou difficile.

Enfin montrer que la plupart de ces mathématiques d'aspect simpliste ne sont pas des mathématiques de musée, mais sont pleinement utilisées à l'heure actuelle dans la mathématique en construction. Elles donnent parfois lieu, au niveau le plus élémentaire, à des problèmes non encore résolus.

Voici maintenant ce qui nous semble être quelques particularités de ces livres et qui découlent des lignes directrices précédentes. D'abord faire suivre dès que possible les définitions principales d'exemples non banaux et, si possible, nouveaux.

Donner ensuite des figures ; la plupart du temps nous avons, surtout au début de l'ouvrage, fait une figure pour chaque raisonnement géométrique. Il en était ainsi dans les livres de géométrie d'il y a cinquante ans ; ces figures ont complètement, ou presque, disparu des ouvrages actuels. Une raison nous semble être la suivante : les auteurs sont persuadés que leurs lecteurs travaillent avec une feuille de papier et un crayon à côté d'eux, effectuant eux-mêmes les figures nécessaires au fur et à mesure de la lecture, voire effectuent ces figures « dans leur tête ». Or l'expérience des examens universitaires nous démontre que ces figures n'étaient plus faites, ni sur le papier ni dans la tête. C'est pourquoi cet ouvrage a entre autres pour but de réapprendre au lecteur à faire systématiquement des figures lors de la lecture d'un texte.

Une autre particularité est l'abondance des notes, remarques « culturelles » ; des références historiques mais surtout des références à des travaux récents utilisant, à un niveau parfois élevé, les objets mathématiques rencontrés ici. Ainsi le lecteur pourra sentir que ces mathématiques élémentaires font partie du corps vivant des mathématiques de tous les temps et de celles à venir. Une bibliographie importante étaye cela.

On trouvera aussi de très nombreuses références internes, des renvois fréquents ; nous pensons en effet que la plupart des lecteurs ne liront pas notre livre de façon linéaire, du début à la fin. Un tel lecteur voudra y trouver tel ou tel résultat, l'exposition de tel sujet, ou, nous l'espérons, l'ayant feuilleté il sera « accroché » par un dessin, une figure, un théorème et, à partir de ce point d'ancrage, voudra revenir en arrière pour creuser plus profondément ce dont il est question. Il importe donc qu'il soit bien aidé dans ce travail de lecture en diagonale, de retours en arrière. Pour cela, outre les références internes mentionnées, il dispose de deux index ; l'index terminologique est très complet, mentionnant chaque endroit où intervient l'objet nommé, et non seulement là où il figure pour la première fois.

Nous n'analyserons pas en détail le contenu de cet ouvrage ; mentionnons cependant un certain nombre de résultats que l'on trouve peu dans les ouvrages français courants, si ce n'est parfois en exercice : le théorème fondamental de la géométrie affine, les groupes des paveurs, la classification des polyèdres réguliers en dimension quelconque, le théorème de Cauchy sur la non-flexibilité des polyèdres convexes, le billard polygonal, le théorème de Poncelet sur les polygones inscrits dans une conique, les cercles de Villarceau du tore et la parataxie, le parallélisme de Clifford, l'inégalité isopérimétrique en dimension quelconque, les théorèmes de Helly et de Krasnoelskii, la simplicité du groupe orthogonal, les théorèmes de Witt et de Cartan-Dieudonné, des exposés complets de la géométrie sphérique, de la géométrie elliptique et de la géométrie hyperbolique.

Cet ouvrage devrait pouvoir être utilisé à de nombreuses fins ; outre le fait qu'il peut servir à un enseignant pour des thèmes de problèmes et comporte une bibliographie assez importante, il peut correspondre à plusieurs enseignements universitaires tels que par exemple : un enseignement de premier cycle sur la géométrie euclidienne ayant pour base les chapitres 8 et 9, ou un enseignement optionnel de premier cycle ayant pour base les chapitres 18, 19 et étudiant la sphère et la géométrie hyperbolique. Par ailleurs, sur tout ou partie des chapitres 11 et 12, on peut fonder un enseignement de second cycle sur la Convexité (axé sur la Géométrie). Ou encore offrir un enseignement centré sur la sphère, chapitre 18, vue sous plusieurs aspects. Enfin, cet ouvrage devrait être d'une grande utilité aux candidats au CAPES et à l'Agrégation de Mathématiques.

On peut dire que ces livres s'adressent entre autres aux étudiants du premier et du second cycle des Universités qui suivraient un des enseignements précités ; ainsi qu'aux collègues de l'Enseignement Secondaire enseignant en terminales et dans les classes de préparation aux Grandes Ecoles.

Signalons enfin un point important : la plupart des exercices ne sont pas élaborés ainsi que d'usage ; comme le livre lui-même est déjà un gigantesque terrain d'exercices et d'applications, les exercices proposés sont pour la plupart difficiles ou très difficiles, en particulier le lecteur devra souvent découvrir ce qu'il a à démontrer. Il devra ainsi faire usage d'une certaine maturité, prendre des risques et développer ses qualités d'originalité.

Il est certain que cet ouvrage n'aurait pas vu le jour sous cette forme, mais sous une forme bien plus imparfaite, si je n'avais pas bénéficié depuis plusieurs années de l'aide de la communauté mathématique complète : étudiants et collègues. En particulier j'ai beaucoup appris en écoutant les leçons de candidats à l'Agrégation, telle ou telle leçon me montrant quel était le bon point de vue. J'ai aussi ennuyé bien des collègues en leur demandant des avis ou des références. Comme j'ai beaucoup reçu, et de beaucoup, je ne peux citer tous les noms, étant sûr d'en oublier, et demande donc à tous d'accepter un chaleureux merci global.

Je remercie de grand cœur les Editions CEDIC et Fernand Nathan d'avoir accepté, avec enthousiasme et en des temps difficiles, de publier cet ouvrage.

M. BERGER

« C'était en 1897, j'étais alors élève de troisième année à l'Ecole Normale et notre chef de travaux graphiques, Joseph Caron, dont j'ai plaisir à citer le nom ici, nous avait proposé une épure fort difficile. Il s'agissait de l'intersection de deux tores placés de telle manière que, pour trouver un point quelconque de cette intersection, on utilisait les sections de ces surfaces par certaines sphères bitangentes à chacune d'elles. »

« Joseph Caron enseignait la Géométrie Descriptive dans des lycées parisiens ; il était chargé de plus de la direction des travaux graphiques à la Sorbonne et à l'Ecole Normale. Il a écrit un traité de Géométrie Descriptive, un manuel de Géométrie cotée (en réaction contre des programmes qu'il jugeait sévèrement) ; il a publié dans le Bulletin de la Société Mathématique de France *un article sur la construction d'une surface du troisième ordre ayant ses 27 droites réelles, surface dont un moulage fait partie des collections de Géométrie supérieure de l'Université de Paris ; surtout, il a contribué à faire aimer la Géométrie à de nombreux élèves, et cela, à une époque où des savants éminents, doués de grands talents géométriques, s'efforçaient de ne jamais dévoiler les idées directes et simples qui les avaient guidés et de faire dépendre leurs résultats élégants d'une théorie générale abstraite qui, souvent, ne s'appliquait que dans les cas particuliers en question. La géométrie devenait une étude des équations algébriques, différentielles ou aux dérivées partielles ; elle perdait ainsi tout le charme qu'elle doit au fait d'être un art, et presque un art plastique. »*

H. LEBESGUE
(in [LB 1], *pages 209-210)*

CHAPITRE 0

notations et connaissances utilisées

0.1 *Ensembles*

Si A, B sont deux parties de E, on *note*

$$A \setminus B = \{ x \in E : x \in A \quad \text{et} \quad x \notin B \} .$$

Si $f : E \to F$ est une application, $A \subset E$, on *note* $f \mid A$ ou $f \mid_A$ la *restriction* de f à A.

On *notera* Id_X l'application identité de X dans lui-même.

Si $\{ x_i \}_{i=1,\ldots,n}$ est une famille, on *note* $\{ x_1, \ldots, \hat{x}_i, \ldots, x_n \}$ la famille précédente privée de l'élément x_i.

Par $\# X$ on désignera le *cardinal* de X.

0.2 *Algèbre*

On *note* par $\mathbf{N}$ les entiers positifs ou nuls, par $\mathbf{Z}$ l'anneau des entiers, $\mathbf{R}$ le corps des réels, $\mathbf{C}$ celui des complexes, $\mathbf{H}$ celui des quaternions (voir 8.9). On *note* $\mathbf{R}_+$ (resp. $\mathbf{R}_-$) l'ensemble des réels positifs ou nuls, $\mathbf{R}_+^*$ (resp. $\mathbf{R}_-^*$) cet ensemble privé de 0. Pour un corps K, on *note* K^* ce corps privé de 0.

Pour des structures algébriques, on *note* Hom (. ; .), Isom (. ; .) l'ensemble des homomorphismes, isomorphismes d'un ensemble muni de cette structure dans un autre muni de la même structure. Cependant pour des espaces vectoriels on *écrira* $L(E ; F)$ au lieu de $\mathrm{Hom}\,(E ; F)$ pour désigner l'ensemble des applications linéaires de E dans F. Il est sous-entendu que lorsque l'on considère *deux* espaces vectoriels, c'est le plus souvent sur le même corps. Le *groupe linéaire* de l'espace vectoriel E est $\mathrm{Isom}\,(E ; E) = \mathrm{GL}\,(E)$.

Pour un espace vectoriel E, $E = A \oplus B$ voudra dire que E est *somme directe* de ses deux sous-espaces vectoriels A et B. Pour un espace vectoriel E, on *note* E^* son dual algébrique.

Par I on désigne la *matrice unité*, par ${}^tA$ la matrice *transposée* de A.

Pour un ensemble X on *note* $\mathfrak{S}_X$ le groupe de ses *permutations*, c'est-à-dire le groupe, pour la composition, des bijections $X \to X$. On appelle $\mathfrak{S}_n$ le groupe $\mathfrak{S}_X$ pour $X = \{ 1, 2, \ldots, n \}$ (dit *groupe symétrique*) et $\mathcal{A}_n$ le sous-groupe de $\mathfrak{S}_n$ formé des permutations paires (dit *groupe alterné*). Le *groupe de Klein* $\mathfrak{V}_4$ est le produit $\mathbf{Z}_2 \times \mathbf{Z}_2$ du groupe à deux éléments par lui-même. Le *groupe diédral* $\mathfrak{D}_{2n}$ (où n est un entier quelconque) est l'extension par $\mathbf{Z}_2$ du groupe cyclique $\mathbf{Z}_n$ par la relation $ab = ba^{-1}$ si a (resp. b) est un générateur de $\mathbf{Z}_n$ (resp. $\mathbf{Z}_2$).

On note $\binom{n}{p}$ le coefficient du binôme (noté aussi C_n^p), cf. 1.5.2.

Sauf mention explicite du contraire, tous les corps considérés seront commutatifs.

0.3 *Espaces métriques*

Pour un espace métrique, de distance *notée d*, pour une partie $A \subset X$ on introduit son *diamètre* $\operatorname{diam}(A) = \sup \{ d(x, y) : x, y \in A \}$ (considéré dans $\mathbf{R}_+ \cup \infty$). Pour deux parties $A, B \subset X$ on appelle *distance* de A à B le scalaire

$$d(A, B) = \inf \{ d(x, y) : x \in A \text{ et } y \in B \},$$

en particulier

$$d(x, A) = \inf \{ d(x, y) : y \in A \}$$

(on ne confondra pas $d(A, B)$ avec le $\delta(A, B)$ qui sera introduit en 9.11).

Pour les *boules* nous employons les notations de [FR] :

$$U(a, r) = \{ x \in X : d(a, x) < r \}, \quad B(a, r) = \{ x \in X : d(a, x) \leqslant r \},$$

et *plus généralement*

$$U(A, r) = \{ x \in X : d(x, A) < r \},$$
$$B(A, r) = \{ x \in X : d(x, A) \leqslant r \}.$$

Dans certains cas, on désirera bien préciser le X où l'on travaille par $B_X(\cdot, \cdot)$.

Si X, Y sont deux espaces métriques, $\operatorname{Is}(X ; Y)$ désignera l'ensemble des *isométries* de X dans Y, i.e. des $f : X \to Y$ vérifiant

$$d(f(x), f(y)) = d(x, y) \ \forall x, y \in X.$$

En particulier on *pose* $\operatorname{Is}(X ; X) = \operatorname{Is}(X)$.

0.4 *Topologie générale*

Nous utiliserons plusieurs fois qu'une famille décroissante de compacts est d'intersection non vide (et rappellerons la démonstration de ce fait en 11.7.3.2).

0.5 *Trigonométrie hyperbolique*

On définit le cosinus, le sinus et la tangente *hyperboliques* par

$$\operatorname{ch} t = \frac{e^t + e^{-t}}{2}, \quad \operatorname{sh} t = \frac{e^t - e^{-t}}{2}, \quad \operatorname{th} t = \frac{\operatorname{sh} t}{\operatorname{ch} t} (t \in \mathbf{R}) ;$$

et on introduit la fonction « grand arc cosinus hyperbolique »

$$\operatorname{Arc ch} = (\operatorname{ch} \mid \mathbf{R}_+)^{-1} ,$$

c'est une application $[1, \infty[\to \mathbf{R}$.

0.6 *Mesure de Lebesgue, théorie de l'intégration*

Dans certaines parties, nous les utiliserons assez librement. En particulier les théorèmes fondamentaux : théorèmes de convergence dominée et corollaires d'interversion d'intégration avec les limites, le théorème de Fubini, le théorème de changement de variables pour les applications de classe C^1 des ouverts de $\mathbf{R}^n$. On rencontrera aussi la *fonction caractéristique* χ_K d'une partie K ; et la notion de mesure image. Une référence générale est [GT] (Guichardet. *Calcul Intégral*, Armand Colin).

CHAPITRE 1

groupes opérant dans un ensemble : langage, exemples, applications

Dans ce chapitre on définit les notions de groupe opérant dans un ensemble, de transivité, de stabilisateur, d'espace homogène, de fidélité. Ces notions sont abondamment illustrées par des exemples d'algèbre, et surtout de géométrie. Exemples que le lecteur retrouvera plus tard dans différents chapitres du livre.

Le chapitre se termine par deux sections, 1.7 et 1.8, consacrées l'une aux groupes des paveurs, l'autre aux sous-groupes finis de rotations autour d'un point fixe de l'espace. Ces deux études utilisent pleinement le langage introduit précédemment et ont été choisies pour, à la fois l'intérêt plastique et une certaine difficulté de traitement qui contraste avec le fait que les questions posées sont apparemment élémentaires. La section 1.8 est intimement liée aux polyèdres réguliers de l'espace à trois dimensions, polyèdres que l'on retrouvera dans la section 12.5.

L'idée de considérer la géométrie d'un espace comme l'étude des propriétés invariantes par son groupe de transformations est due à Félix Klein, dans son fameux « programme d'Erlangen » (cf. entre autres [GBG], page 253).

1.1 *Définition*

Pour un ensemble quelconque X on *note* $\mathfrak{S}_X$ le groupe (pour la composition des applications, notée « $\circ$ » ou multiplicativement) de toutes les bijections $f : X \to X$.

1.1.1 DÉFINITION. *Soit G un groupe, X un ensemble. Une* opération *de G dans X est un homomorphisme $\varphi : G \to \mathfrak{S}_X$; on dit aussi que G* opère *dans X (par φ).*

1.1.2 NOTATIONS. On écrit :

$$\varphi(g)(x) = g(x) \quad \text{pour} \quad g \in G\,, \quad x \in X \quad \text{et} \quad (G, X, \varphi) \quad \text{ou} \quad (G, X)\,.$$

On a en particulier :

$$\forall g \in G : x \mapsto g(x) \text{ est une bijection ;}$$
$$\forall g\,,\ h \in G\,,\ \forall x \in X : g(h(x)) = (gh)(x)\,.$$

Par exemple $e(x) = x$ pour tout x et le neutre e de G ; et $\varphi(g^{-1}) = (\varphi(g))^{-1}$.

1.2 *Exemples*

1.2.1 $G \subset \mathfrak{S}_X$ est un sous-groupe, c'est le cas le plus fréquent. Par exemple G est défini comme le sous-groupe de $\mathfrak{S}_X$ vérifiant certaines conditions.

1.2.2 On pose $A = \{ 1, \ldots, n \}$, $\mathfrak{S}_A = \mathfrak{S}_n$ (groupe symétrique). Soit $G = \mathfrak{S}_n$. Alors G opère dans A ; mais il opère aussi de façon naturelle dans $X = \mathfrak{P}_{n,p} = \{ P \subset A : \# P = p \}$, l'ensemble des parties à p éléments de A $(0 \leqslant p \leqslant n)$.

1.2.3 Pour $g \in \mathfrak{S}_n$ donnée, soit $G = \{ g^k : k \in \mathbf{Z} \} \subset \mathfrak{S}_n$. Alors G opère dans $A = X$.

1.2.4 Si X est un espace vectoriel, opère dans X son groupe linéaire

$$G = \mathrm{GL}(X) = \{ f : X \to X : f \text{ linéaire bijective} \}\,.$$

1.2.5 Soit E un espace vectoriel euclidien (voir chapitre 8) et

$$O(E) = \{ f \in \mathrm{GL}(E) : f \text{ isométrie} \}\,.$$

On a alors l'opération naturelle de $G = O(E)$ dans $X = E$. Mais aussi les opérations induites de $O(E)$ dans les *grassmanniennes* :

$$X = G_{E,p} = \{ V \subset E : V \text{ sous-espace vectoriel de } E \text{ de dimension } p \}\ ;$$

ou encore dans

$$X = \{ \text{bases orthonormées de } E \}\,.$$

1.2.6 Soit $X = G$ un groupe, $G = G$ opère dans lui-même de plusieurs façons, toutes importantes :

$$\varphi(g)(h) = gh \text{ (translations à gauche) ;}$$
$$\varphi(g)(h) = hg \text{ (translations à droite) ;}$$
$$\varphi(g)(h) = ghg^{-1} \text{ (automorphismes intérieurs)}\,.$$

1.2.7 Soit X un plan affine (voir chapitre 2), GA $(X) = G$ le groupe des bijections affines de X (« groupe affine » de X) et $\Gamma(X)$ l'ensemble des coniques de X, définies comme des parties de X ou par leurs équations (voir 16.7). Alors GA (X) opère dans $\Gamma(X)$.

1.2.8 Soit X un espace métrique quelconque, de distance *notée* d. Donc y opère son *groupe d'isométries* Is $(X) = I(X)$:

$$G = \mathrm{Is}\,(X) = \{\, f \in \mathfrak{S}_X : \forall x\,,\ y \in X : d(f(x)\,,\ f(y)) = d(x, y) \,\}\,.$$

1.2.9 Ici $G = \mathbf{R}$, $X = S^3 = \{\, x \in \mathbf{R}^4 : \| x \| = 1 \,\} \subset \mathbf{R}^4$. On identifie $\mathbf{R}^4$ à $\mathbf{C}^2$; alors on définit une opération $(\mathbf{R}, S^3, \varphi)$ par

$$\varphi(t)\,(z, z') = (\mathrm{e}^{it}\, z, \mathrm{e}^{it}\, z')\,.$$

Cet exemple est capital en géométrie : voir 4.3.6.2, 18.8.1.

1.2.10 AUTRES EXEMPLES. Voir 4.5.9, 8.8, 9.5, 18.10.

1.3 *Fidélité*

1.3.1 DÉFINITION. *L'opération* (G, X, φ) *est dite* fidèle *si* φ *est injective (autrement dit seul* $e \in G$ *fournit l'identité sur* X*).*

Ce sera toujours vrai si $G \subset \mathfrak{S}_X$ (cf. 1.2.1). Si G n'est pas fidèle, on s'y ramène au besoin : $(G/\mathrm{Ker}\,\varphi, X, \underline{\varphi})$ sera fidèle.

Dans les exemples 1.2 seuls 1.2.6 et 1.2.9 ne sont pas fidèles *a priori*. Pour 1.2.6, les translations à gauche comme à droite sont fidèles, par contre les automorphismes intérieurs sont fidèles si et seulement si le centre Z_G de G est réduit à $\{\, e \,\}$. Pour 1.2.9 on aura Ker $\varphi = 2\,\pi\mathbf{Z}$.

1.4 *Transitivité*

1.4.1 DÉFINITION. *L'opération* (G, X, φ) *est dite* transitive *si*

$$\forall x\,,\quad \forall y \in X\,,\quad \exists g \in G \mid g(x) = y\,.$$

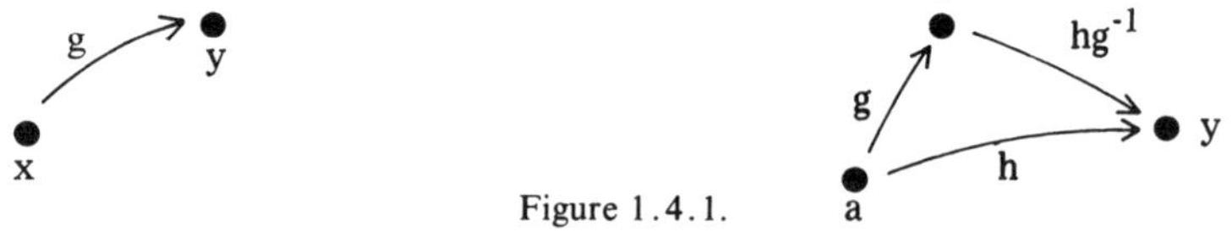

Figure 1.4.1.

Pratiquement il suffit de vérifier que $\exists a \in X \mid \forall x \in X,\ \exists g \in G \mid g(a) = x$. Car si $g(a) = x$, $h(a) = y$, alors $y = (hg^{-1})\,(x)$.

1.4.2 EXEMPLES. Du point de vue de la transitivité les exemples du 1.2 donnent ceci :

— 1.2.2 est transitif ;

— 1.2.3 est transitif si et seulement si la permutation g est « circulaire » ;

— 1.2.4 n'est pas transitif ; l'est-il sur $X \backslash 0$?

— 1.2.5 n'est pas transitif sur E (pourquoi ?), mais l'est sur tous les $G_{E,p}$ (pourquoi ?) ;
— 1.2.6 : les translations sont transitives mais pas les automorphismes intérieurs (si G est commutatif, chaque point est fixe !) ;
— 1.2.7 n'est pas transitif : une parabole n'est pas une ellipse ; voir 15.3.3.2 ;
— 1.2.9 n'est pas transitif : voir 18.8.

1.4.3 DÉFINITION. *L'opération* (G, X) *est* simplement transitive *si pour tous* $x, y \in X$ *il existe un unique* $g \in G$ *tel que* $g(x) = y$.

1.4.4 EXEMPLES

1.4.4.1 *Si G est fidèle, transitif et abélien, il est alors nécessairement simplement transitif.* Car si $\exists x, g, h \mid g(x) = h(x)$ on a alors

$$g(y) = h(y) \quad \forall y \in X$$

puisque

$$g(y) = g(k(x)) = k(g(x)) = k(h(x)) = h(k(x)) = h(y)\,.$$

1.4.4.2 Les translations à gauche (cf. 1.2.6) sont simplement transitives.

1.4.4.3 Sur $G_{E,p}$ le groupe orthogonal $O(E)$ n'est pas simplement transitif pour $0 \leqslant p \leqslant \dim E$; par contre il est simplement transitif sur les bases orthonormées.

1.4.5 GÉNÉRALISATION. *On dit* (G, X) *est dit* p-transitif $(p \in \mathbf{N})$ *si G est transitif sur les p-uples de points distincts de X.*

Voir des exemples en 2.3.3.5, 4.5.10, 4.6.9, 6.1.1, 9.1.6, 9.1.7, 9.6.2, 9.7.1, 18.5.5, 18.8.4, 18.10.6, 19.4.5.1. Pour $p = 2$, on peut dire *doublement transitif*, etc...

1.5 *Stabilisateurs ; espaces homogènes*

On étudie maintenant en quelque sorte le défaut de simple-transitivité, en remarquant que si $y = g(x) = h(x)$ alors $(h^{-1} g)(x) = x$.

1.5.1 DÉFINITION. *Pour une opération* (G, X) le stabilisateur *ou* groupe d'isotropie *de* $x \in X$ *est* $G_x = \{ g \in G : g(x) = x \}$.

1.5.2 EXEMPLES. Dans 1.2.2, pour $X = A$ et $x = 1$, on a l'isomorphisme naturel $G_1 \cong \mathcal{S}_{n-1}$. Si $X = \mathfrak{S}_{n,p}$, on a alors

$$G_{\{1,\dots,p\}} \cong \mathfrak{S}_p \times \mathfrak{S}_{n-p}\,.$$

Ces isomorphismes permettent de dénombrer les permutations et les combinaisons, i.e. $\# \mathfrak{S}_n = n\,!$ et $\# \mathcal{S}_{n,p} = \binom{n}{p} = C_n^p$, voir 1.5.8.

Dans 1.2.6, pour les automorphismes intérieurs on a :

$$G_g = \{ h \in G : hg = gh \}\,,$$

c'est-à-dire le *commutateur* de g.

Dans 1.2.5 et pour $G_{E,p}$ on a l'isomorphisme $G_V \cong O(p) \times O(n-p)$ (où $n = \dim E$) et $O(p) = O(\mathbf{R}^p)$.

1.5.3 On a toujours

$$\boxed{G_{g(x)} = gG_x g^{-1}}$$

autrement dit $G_{g(x)}$ et G_x sont deux sous-groupes *conjugués* (par un automorphisme intérieur) de G, en particulier toujours isomorphes. C'est une façon de retrouver vite le 1.4.4.1.

1.5.4 DÉFINITION. *L'ensemble X est dit un* espace homogène (*pour une opération de G*) *si* $\exists (G, X, \varphi)$ transitive.

Soit X homogène pour (G, X, φ) et fixons un $x \in X$; soit $\theta : G \to X$ définie par $\theta(g) = g(x)$. Comme $g(x) = h(x)$ équivaut à $h^{-1} g \in G_x$ c'est que θ passe au quotient G/G_x de G par la relation d'équivalence

$$g \,\mathfrak{R}\, h \Leftrightarrow h^{-1} g \in G_x .$$

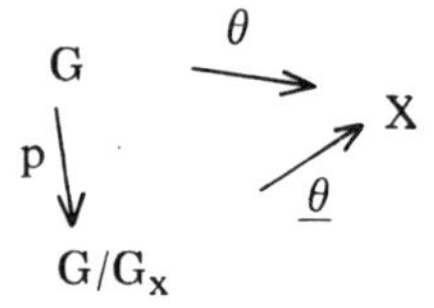

(Attention : G/G_x n'est pas un groupe en général !) Et par construction : $\underline{\theta} : G/G_x \to X$ est bijective. Donc au sens ensembliste

1.5.5

$$\boxed{X \underset{\text{ens.}}{\cong} G/G_x}$$

L'intérêt de 1.5.5 est énorme car il permet de ramener l'étude de l'ensemble X à un problème d'algèbre, l'étude de la paire (G, G_x) : cf. par exemple [B-H], [WF].

1.5.6 COROLLAIRE. *Si G fini alors X aussi et* $\# X = (\# G)/(\# G_x)$ (*pour tout* $x \in X$).

1.5.7 Bien prendre garde à ce qui si G et X sont des espaces topologiques et φ continue de $G \times X$ dans X, alors l'espace topologique X n'est pas en général homéomorphe à G/G_x muni de la topologie quotient : voir un contre-exemple en 1.9.1.

1.5.8 De 1.5.2 et 1.5.6 on déduit par application du principe des bergers (cf. [BI 0], p. E III.41) que $\# A = n = (\# \mathfrak{S}_n)/(\# \mathfrak{S}_{n-1})$ donc par récurrence $\# \mathfrak{S}_n = n\,!$. Puis

$$\# \mathfrak{S}_{n,p} = (\# \mathfrak{S}_n)/(\# \mathfrak{S}_p)(\# \mathfrak{S}_{n-p}) = \frac{n\,!}{p\,!\,(n-p)\,!}.$$

1.5.9 De 1.5.2 et 1.5.5 on déduit l'écriture des grassmanniennes $G_{E,p}$ comme espaces homogènes $G_{n,p} = O(n)/O(p) \times O(n-p)$; voir des applications de ceci en [HU], chapitre 18 ; voir aussi 14.3.7.

1.6 *Orbites, formule des classes*

On étudie maintenant le défaut de transitivité.

1.6.1 DÉFINITION. *Pour* (G, X) l'orbite $O(x)$ *de* $x \in X$ *est*

$$O(x) = \{ g(x) : g \in G \} .$$

Introduisant sur X la relation d'équivalence $x \mathfrak{R} y \Leftrightarrow \exists g \in G \mid g(x) = y$, on voit que les classes d'équivalences sont les orbites, qu'elles forment donc une partition et donnent naissance à un espace d'orbites X/G. De 1.5.5 on déduit

1.6.2

$$\forall x \in X : \boxed{O(x) \underset{\text{ens.}}{\cong} G/G_x}$$

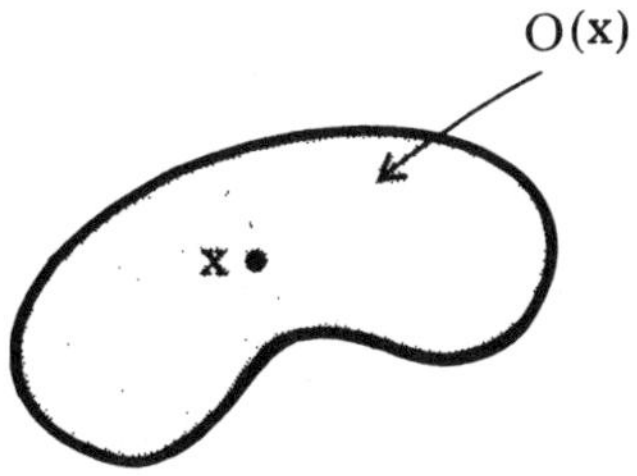

puis de 1.5.6 le

1.6.3 COROLLAIRE. *Si G est fini, aussi* $O(x)$ *pour tout* x *et*

$$\# O(x) = (\# G)/(\# G_x) .$$

1.6.4 EXEMPLES. Dans 1.2.3 les orbites sont appelées les *cycles* de la permutation g. Leur étude permet de classer complètement les éléments conjugués dans $\mathfrak{S}_n$.

Dans 1.2.5 pour $X = E$ les orbites sont les sphères de centre l'origine : $S(0, r)$, $r \in \mathbf{R}_+$:

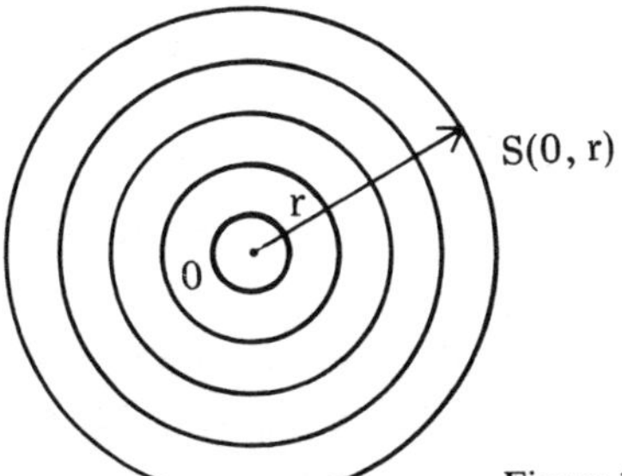

Figure 1.6.4.

Dans 1.2.9 la structure de l'ensemble des orbites est fascinante ; il est facile de voir que ce sont toutes des cercles (comme $S^1 = \mathbf{R}/2\pi\mathbf{Z}$, fin de 1.2.3), de plus ils sont enlacés deux à deux, enfin le quotient est homéomorphe à la sphère S^2 (voir 4.3.6). Il est difficile de se représenter cette partition de S^3 en cercles, la fameuse fibration de Hopf ; voir une approche en 18.8 et 18.9 pour différents points de vue sur cet exemple capital.

1.6.5 NOTE. L'opération (G, X) étant donnée, trouver les orbites et paramétrer leur ensemble X/G peut être souvent décrit comme un *problème de classification.* Nous en verrons de nombreux exemples : pour 1.2.6 et 1.4.2 voir 2.7.5.11. Puis les angles : 8.6, 8.7, la classification des formes quadratiques : 13.1.4, des quadriques affines : 15.2 ; ou encore 18.6.13.10.

1.6.6 COROLLAIRE (formule des classes). *Soient X et G finis, une opération de G dans X. Si $A \subset X$ est tel que A intersecte chaque orbite en un point et un seul, alors*

$$\boxed{\# X = \sum_{x \in A} \# G / \# G_x}$$

On appelle A une *section* de l'application $p : X \to X/G$ car on a $s : X/G \to X$ avec $p \circ s = \mathrm{id}_{X/G}$ et $A = s(X/G)$; on peut dire que A *paramètre* les orbites.

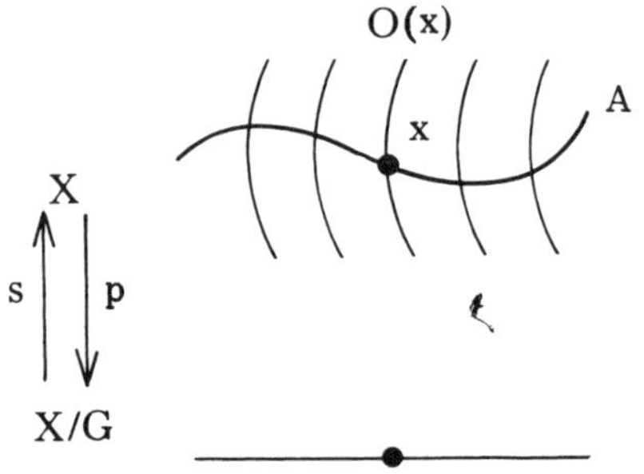

Figure 1.6.6.

1.6.7 APPLICATION AUX p-GROUPES

1.6.7.1 Définition. *G est un* p-groupe *si c'est un groupe fini tel qu'il existe p premier et $m \in \mathbf{N}^*$ tel que $\# G = p^m$.*

1.6.7.2 Théorème. *Tout p-groupe a un centre non banal.*

Preuve : Faisons opérer G dans G par les automorphismes intérieurs (cf. 1.2.6), appelons Z_G le centre de G et regardons l'opération induite de G dans $X = G \setminus Z_G$ (cf. 1.4.2, 1.2.6).

Pour une paramétrisation de X/G par A on aura (cf. 1.6.6) :

$$\# X = \sum_{x \in A} \# G / \# G_x$$

d'où
$$\# G = p^m = \# Z_G + \sum_{x \in A} \# G/\# G_x .$$
Mais $\# G_x$ divisant p^m est une puissance de p aussi et $\# G/\# G_x = p^{m(x)}$, $m(x) \geqslant 1$. Donc p divise $\# G$ et $\# X$, donc aussi $\# Z_G$.

1.6.7.3 Notes. La démonstration de 1.6.7.2 est une des clefs de celle du fait que tout corps fini est commutatif : cf. par exemple : [AN], p. 37. En raffinant beaucoup la démonstration de 1.6.7.2 on peut étudier les sous-groupes de Sylow d'un groupe fini d'ordre $p^m q$ (p, q premiers et premiers entre eux) : voir [SE 1], p. 147.

1.6.8 Nous allons maintenant terminer ce chapitre de généralités par deux études plus élaborées, l'une de géométrie plane, l'autre de géométrie dans l'espace. Les démonstrations seront seulement esquissées, le lecteur intéressé par les détails pourra, ou les compléter lui-même, ou se reporter aux références fournies.

1.7 *Les groupes des paveurs*

1.7.1 Aussi bien le touriste visitant l'Alhambra à Grenade que le lecteur feuilletant les pages suivantes est conduit à s'intéresser aux figures planes à motifs répétés régulièrement et couvrant tout le plan. En fait les motifs peuvent varier à l'infini mais il n'y a qu'un nombre fini de façons de les reproduire ; précisément 17 façons. À l'Alhambra on ne trouvera que 13 de ces façons ; deux des restantes se trouvent à Tolède et les deux dernières dans le folklore de différentes tribus. Le but de ce 1.7 est de donner l'axiomatisation de ces « motifs répétés régulièrement » puis de donner la démonstration du fait qu'il n'y a que 17 groupes possibles. Le fait que des motifs animaliers ou humains ne figurent pas à l'Alhambra (contrairement par exemple aux figures 1.7.4.8 et 1.7.6.13) est dû uniquement aux interdictions religieuses de telles représentations. En fait il est même légitime de penser que c'est précisément cette interdiction qui, empêchant l'originalité des artistes de se développer dans la création de motifs originaux, les a poussés à développer leur originalité dans les façons de répéter les motifs et ainsi à trouver tant de façons différentes.

1.7.2 Pour justifier, entre autres, le titre de cette section, on peut commencer l'axiomatisation en supposant que le décorateur remplit sa surface avec une *tuile* ou un *pavé type*, dont il dispose d'un stock d'exemplaires. Pour simplifier nous supposerons d'abord que le paveur déplace sa tuile mais sans la retourner, ou encore que ses tuiles sont décorées d'un seul côté ; voir après 1.7.6.

Soit E le plan euclidien, $P \subset E$ la partie représentant le pavé type ; il faut exprimer que P et ses déplacés remplissent tout le plan et sans trou, ce sera l'axiome GP 2 ci-dessous. Mais il est insuffisant pour n'obtenir que des pavages comme ceux de l'Alhambra. En effet il existe des pavages « non réguliers » du plan, tel que celui ci-dessous :

Figure 1.7.2.
Jahresbericht der Deutschen Mathematiker Vereinigung Bd. 46/1937
Arbeit von H. Voderberg. Teubner.

obtenu avec un pavé à 9 côtés et ses images par des isométries directes du plan affine. Ce pavage est dû à Voderberg, voir [VG 1] et [VG 2], et possède une propriété remarquable : un creux entre deux pavés peut être rempli par des pavés mêmes. Le lecteur pourra construire lui-même un pavage non régulier en partageant au hasard verticalement et horizontalement les carrés du pavage de $\mathbf{R}^2$ par les points du réseau $\mathbf{Z}^2$ des points à coordonnées entières, figure 1.7.3. Sur le problème fascinant des « pavages nécessairement non périodiques », on pourra consulter [RN 1], [RN 2] (voir 19.6.12), [RN 3], [GA]. Voir aussi 1.9.16 et la figure de la page 183.

Figure 1.7.3.

Si l'on veut des pavages « réguliers » il faut introduire un groupe d'isométries de E, c'est l'axiome GP 1 ci-dessous. Dans les figures 1.7.2 et 1.7.3 il n'y a pas de groupe.

1.7.3 AXIOMES DES GROUPES DES PAVEURS. *E est un plan euclidien, P est un compact connexe de E, d'intérieur $\mathring{P}$ non vide et G un sous-groupe du groupe* $\mathrm{Is}^+(E)$ *des isométries directes (déplacements) de E, le tout vérifiant*

$$\text{GP 1} \quad \bigcup_{g \in G} g(P) = E$$

$$\text{GP 2} \quad g(\mathring{P}) \cap h(\mathring{P}) \neq \emptyset \quad \text{entraîne } g(P) = h(P)\,.$$

1.7.4 On a en vue de montrer que, *à une conjugaison près dans le groupe linéaire de E, il n'y a que cinq tels groupes G* ; ce sont ceux correspondant aux cinq figures ci-dessous, figures dans lesquelles les pavés dessinés sont de plus *fondamentaux*, c'est-à-dire qu'ils vérifient l'axiome suivant plus fort que GP 2, à savoir que $g(\mathring{P}) \cap h(\mathring{P}) \neq \emptyset$ entraîne en fait $g = h$.

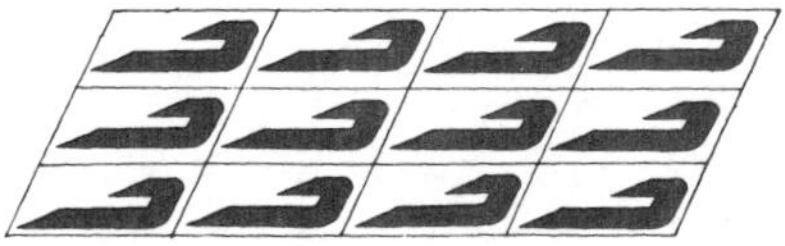

Figure 1.7.4.1.

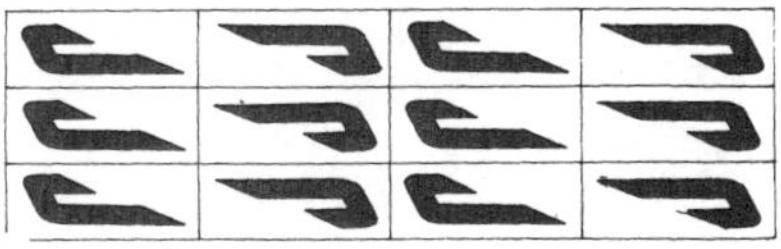

Figure 1.7.4.2.

Figure 1.7.4.3.

Figure 1.7.4.4.

Figure 1.7.4.5.

Les figures 1.7.4.1 à 1.7.4.5 et 1.7.6.6 à 1.7.6.12 sont extraites de Y. BOSSARD : *Rosaces, frises et pavages*, CEDIC, 1977.

Si les groupes sont, à conjugaison près, en nombre fini, les pavés types peuvent, eux, varier à l'infini.

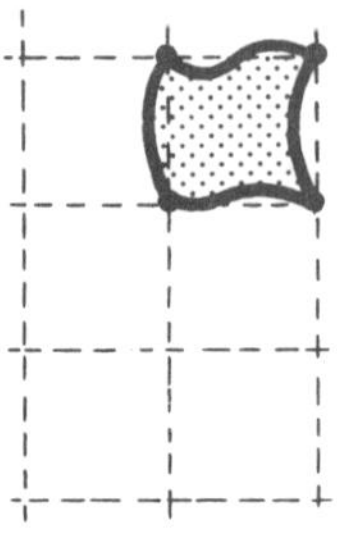

Figure 1.7.4.6.

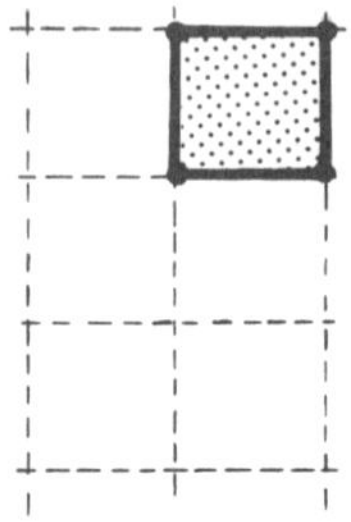

Figure 1.7.4.7.

Figure 1.7.4.8.

M. C. Escher — Mouvement perpétuel 1953. Aquarelle, 305 × 230 mm.
Escher Foundation-Haags Gemeentemuseum-La Haye.

1.7.5.0 Soient $\vec{E}$ l'espace vectoriel sous-jacent à E et l'application

$$\rightarrow : \mathrm{Is}^+(E) \rightarrow \mathrm{GL}(\vec{E})$$

dont le noyau Ker (→) = $T(E)$ est l'ensemble des translations de E (pour tout ceci cf. au besoin 2.3.3.4). Rappelons (cf. 9.3.4) que tout

$$f \in \mathrm{Is}^+(E) \setminus T(E)$$

a un point fixe et un seul, dit son *centre*, et un *angle* ; ce sont des *rotations*. Dans ce qui suit nous utiliserons largement, et sans préciser les références parfois, les résultats du chapitre 9 sur la géométrie affine euclidienne plane. La première idée-clef de la démonstration est :

1.7.5.1 *Le groupe G opère* discrètement *dans E, autrement dit $\forall a \in E$ l'orbite $G(a)$ est discrète dans E ou encore constituée de points* isolés : *$\forall b \in G(a)\ \exists \varepsilon > 0$ tel que le disque $B(b, \varepsilon)$ de centre b et de rayon ε est tel que $B(b, \varepsilon) \cap G(a) = \{ b \}$. En particulier dans un compact de E toute orbite n'aura qu'un nombre fini de points, car un ensemble discret compact est fini.*

Pour démontrer cette discrétion, remarquons d'abord que tout compact de E ne contient qu'un nombre fini de pavés $g(P)$ distincts, d'après l'axiome GP 2 : procéder par l'absurde en utilisant que toute suite d'un compact admet une valeur d'adhérence. Remarquons ensuite que le sous-groupe de stabilité d'un pavé $P' = g(P)$, soit $G_{P'} = \{ g \in G : g(P') = P' \}$, est toujours fini. En effet, d'après 9.8.6.1, il existe $a' \in E$ tel que

$$G_{P'} \subset G_{a'} = \{ g \in G : g(a') = a' \} .$$

Choisissons un pavé P'' dont le point a'' associé par 9.8.6.1 soit tel que $a'' \neq a'$. Puisque seule l'identité laisse fixes a' et a'' (cf. si nécessaire 9.1.6), le cardinal de $G_{P'}$ est égal au nombre de pavés $g(P'')$, $g \in G_{P'}$; comme ces pavés sont distincts et contenus dans un cercle de centre a, ils sont en nombre fini.

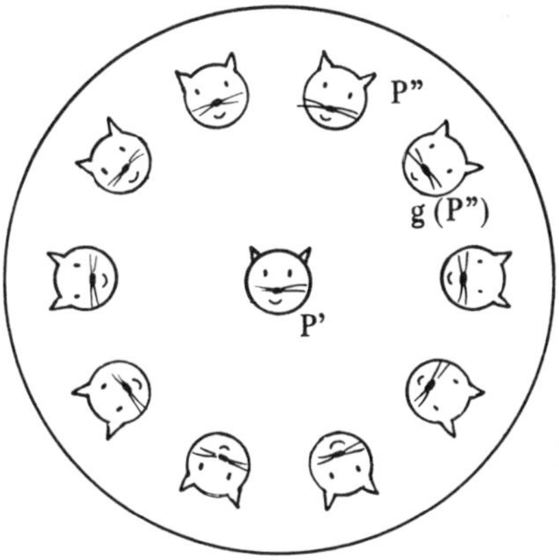

Figure 1.7.5.0.

Soit enfin à montrer que toute orbite $G(a)$ de G est constituée de points isolés ; il suffit, G étant un groupe, de montrer que a est isolé dans $G(a)$. Soit $\eta > 0$ quelconque ; le nombre de pavés qui rencontrent le disque $B(a, \eta)$ est fini, car ils sont dans un même compact, le disque de centre a et de rayon $\eta + \delta$ où δ désigne le diamètre d'un pavé. Or tous les éléments de $B(a, \eta) \cap G(a)$ sont dans un de ces pavés en nombre fini, et ils sont en nombre fini dans chaque pavé d'après le premier alinéa. Ainsi $G(a) \cap B(a, \eta)$ est-il fini et donc a est isolé dans $G(a)$.

Le deuxième point-clef de la démonstration est le suivant : on introduit le sous-groupe $\Gamma = G \cap T(E)$ de G constitué de ses translations. Alors :

1.7.5.2 *Le groupe Γ est un* réseau, *c'est-à-dire qu'il existe une base* $\{\vec{u}, \vec{v}\}$ *de* $\vec{E}$ *telle que Γ soit exactement l'ensemble des translations de vecteurs parcourant* $\mathbf{Z}\vec{u} + \mathbf{Z}\vec{v}$.

Montrons d'abord par l'absurde que Γ contient au moins deux translations linéairement indépendantes. Supposons d'abord que $\Gamma = \mathrm{Id}_E$, donc G ne contient que des rotations ; si deux de ces rotations r, s étaient de centres distincts, leur commutateur $rsr^{-1}s^{-1}$ serait d'après 1.7.5.0 une translation non banale, c'est donc que les rotations de G ont toutes même centre ω et alors $\bigcup_{g \in G} g(P)$ est contenu dans un disque de centre ω, contredisant ainsi GP 1. Supposons que les directions de Γ soient toutes parallèles, et soient

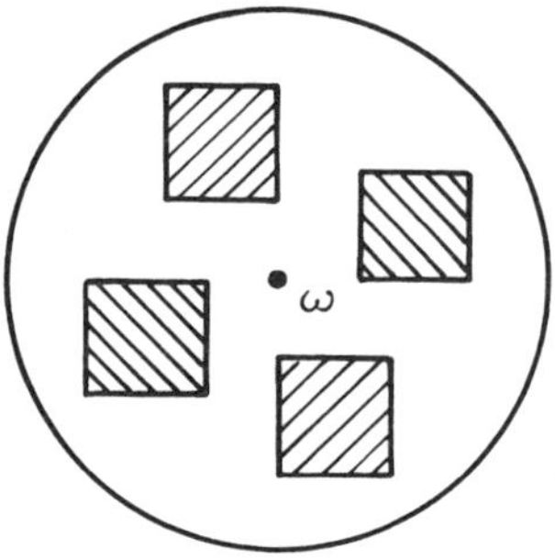

Figure 1.7.5.1.1.

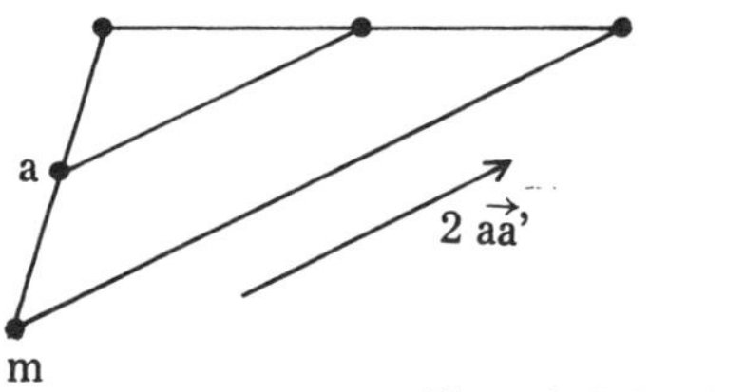

Figure 1.7.5.1.2.

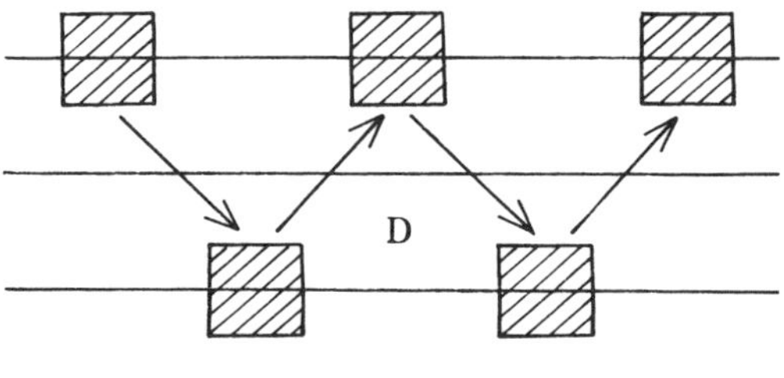

Figure 1.7.5.1.3.

$r \in G \setminus \Gamma$ et $t \in \Gamma$ une translation de vecteur $\vec{\xi}$; l'isométrie rtr^{-1} est la translation de vecteur $r(\vec{\xi})$ et, puisque $r(\vec{\xi})$ doit être parallèle à $\vec{\xi}$ c'est que r est une symétrie autour d'un point. Toutes les rotation de $G \setminus \Gamma$ devraient être des symétries autour de points ; si r, s sont de centres a, a' alors sr est la translation de vecteur $2\,\overrightarrow{aa'}$. Ainsi tous les centres des éléments de $G \setminus \Gamma$ doivent être alignés sur une droite D parallèle à notre direction de translations ; il en résulte que $\bigcup_{g \in G} g(P)$ est contenu dans une bande d'axe D, contredisant de nouveau GP 1.

Maintenant que Γ contient au moins deux translations de vecteurs linéairement indépendants, reste à voir qu'il existe $\vec{u}$, $\vec{v}$ tels que

$$\Gamma = \{ \text{ translations } \mathbf{Z}\vec{u} + \mathbf{Z}\vec{v} \} .$$

D'après 1.7.5.1, on peut trouver une translation de vecteur $\vec{u}$ de plus petite norme $\| \vec{u} \|$ dans Γ puis un $\vec{v} \notin \mathbf{Z}\vec{u}$ de plus petite norme $\| \vec{v} \|$ pour Γ ; je dis que $\vec{u}$ et $\vec{v}$ sont ceux cherchés. Soit Q le parallélogramme

$$Q = \{ a + t\vec{u} + s\vec{v} : t, s \in [0, 1] \}$$

de sommet a quelconque fixé. Comme G est un groupe, que

$$\Gamma \supset \{ \text{ translations } \mathbf{Z}\vec{u} + \mathbf{Z}\vec{v} \} ,$$

les $g(Q)$, $g \in \Gamma$, remplissent tout E; donc tout point de l'orbite de a sous l'action de Γ, et qui ne serait pas dans $a + \mathbf{Z}\vec{u} + \mathbf{Z}\vec{v}$, donnerait naissance à un point y de cette orbite situé dans l'intérieur Q. Mais alors y serait, de par le choix de $\vec{u}$ et $\vec{v}$, à une distance de l'un des quatre sommets de Q inférieure strictement à $\| \vec{u} \|$ ou $\| \vec{v} \|$. D'où dans Γ une translation contredisant le choix de $\vec{u}$ et $\vec{v}$. Pour démontrer le point précédent, on ne restreint pas la généralité en supposant y dans l'intérieur du triangle

$$\{ a, b = a + \vec{u}, c = a + \vec{v} \} ;$$

la droite $\langle a, y \rangle$ coupe le côté $\langle b, c \rangle$ en a' et on a $d(a, y) < d(a, a')$. Mais $d(a, a') < (d(a, b) + d(a, c))/2$, ce qui contredit le choix de $\vec{u}$ et $\vec{v}$.

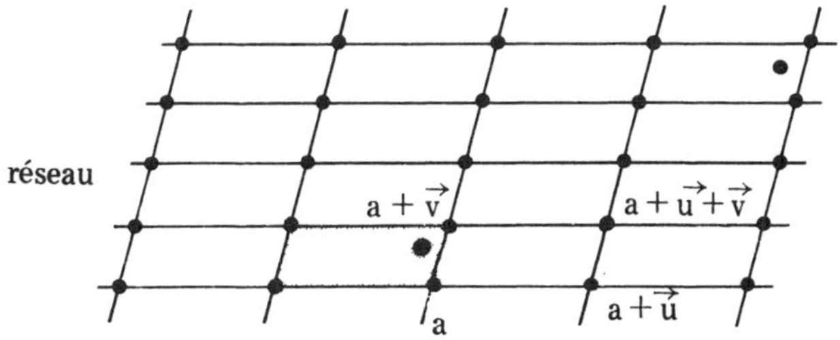

Figure 1.7.5.1.4.

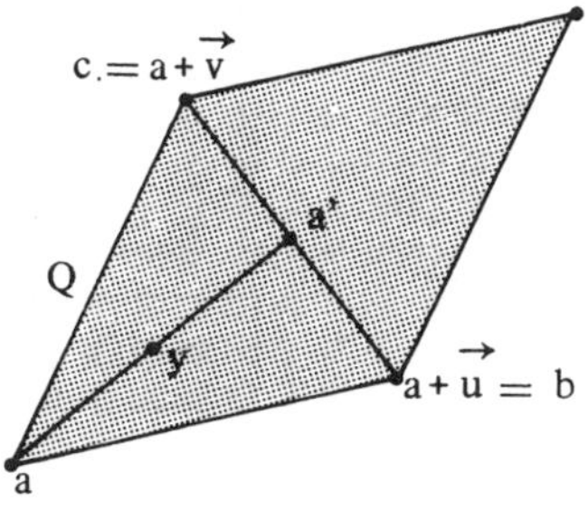

Figure 1.7.5.1.5.

1.7.5.3 *On regarde maintenant les rotations vraies de G*, i.e. les éléments de $G' = G \setminus \Gamma$. Si $r \in G'$, l'axiome GP 2 montre que r est nécessairement *d'ordre fini*. Le cas où G' ne contient que des rotations d'ordre deux, i.e. des symétries par rapport à des points de E, s'étudie facilement : si $G = \Gamma$ c'est le groupe de la figure 1.7.4.1 ; s'il y a vraiment des rotations d'ordre deux, c'est celui de la figure 1.7.4.2. Supposons donc maintenant que $r \in G'$ soit d'ordre $\alpha \geqslant 3$, et de plus d'angle $2\,\pi/\alpha$, ce qui est toujours possible ; soit a son centre. Soit b un centre de rotation de G', distinct de a, et situé le plus près possible de a ; soit enfin s une rotation, de centre b, d'ordre $\beta \geqslant 3$ et d'angle $2\,\pi/\beta$. Posons $t = (rs)^{-1}$, en sorte que $rst = \mathrm{id}_E$. Or 9.3.6 montre que le centre c de t est tel que le triangle a, b, c ait des angles moitié des angles de ceux de r, s, t. Montrons maintenant que le choix de b entraîne que, si l'on désigne par γ l'ordre de t, alors l'angle de t est égal à $2\,\pi/\gamma$. Si en effet t était d'angle $2\,\pi n/\gamma$, $n \geqslant 2$, il existerait dans G' une rotation t' de centre c et d'angle plus petit que celui de t ; d'où, en appliquant encore le résultat de 9.3.6 cité plus haut, le fait que $(rt')^{-1} \in G'$ et possède un centre a' situé plus près de a que b, contradiction.

Figure 1.7.5.2.

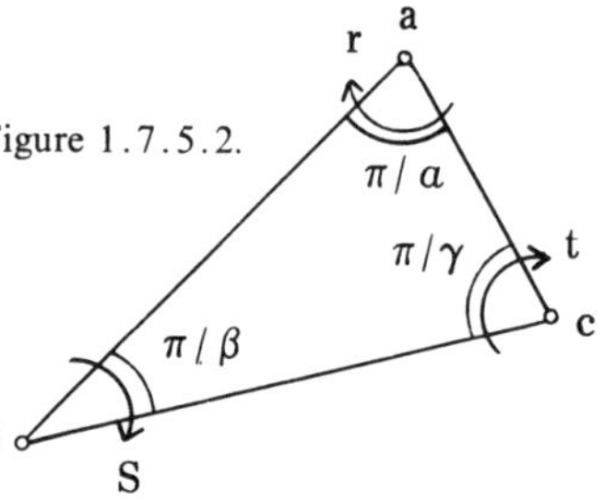

Figure 1.7.5.3.

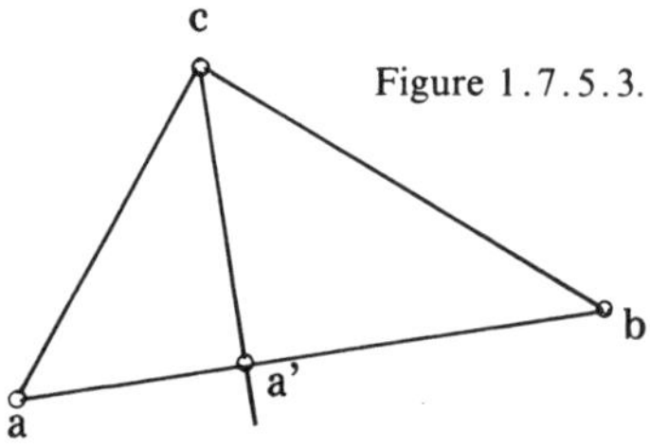

Comme la somme des angles d'un triangle est égale à π, on a donc

$$\frac{1}{\alpha} + \frac{1}{\beta} + \frac{1}{\gamma} = 1\,.$$

Comme α, β, $\gamma \in \mathbf{N}$ et vérifient α, $\beta \geqslant 3$ et $\gamma \geqslant 2$, les seules possibilités sont données dans le tableau ci-dessous :

1.7.5.4

$$\boxed{\frac{1}{\alpha} + \frac{1}{\beta} + \frac{1}{\gamma} = 1}$$

	$1/\alpha$	$1/\beta$	$1/\gamma$
cas I	1/3	1/3	1/3
cas II	1/2	1/4	1/4
cas III	1/2	1/3	1/6

On termine aisément en montrant que les cas I, II, III sont nécessairement ceux des groupes associés aux figures respectives 1.7.4.3, 1.7.4.4, 1.7.4.5.

1.7.6 Si maintenant on étudie le même problème, mais en remplaçant $\mathrm{Is}^+(E)$ par $\mathrm{Is}(E)$ tout entier, c'est-à-dire que la tuile doit être décorée sur ses deux faces, l'étude précédente reste valable (1.7.5.1 et 1.7.5.2) mais la recherche de G est un peu plus compliquée ; on trouve 12 groupes supplémentaires, soit 17 en tout. Ces 12 groupes sont ceux associés aux figures ci-dessous :

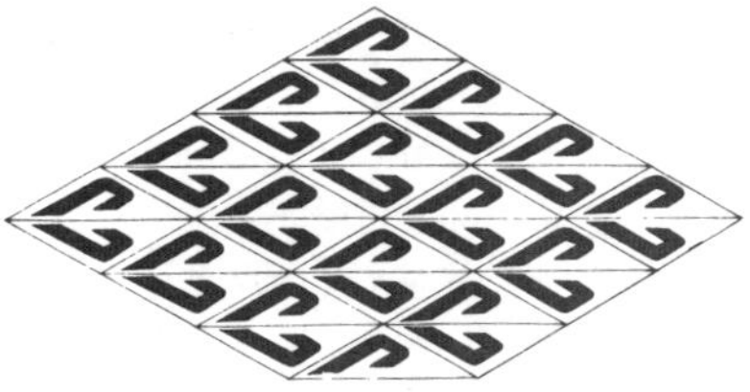

Figure 1.7.6.1.

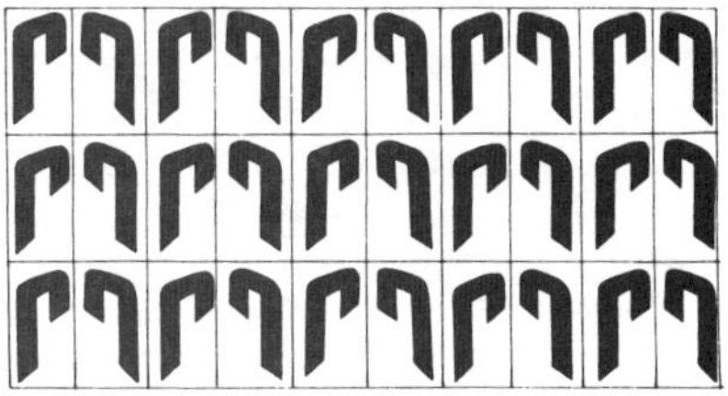

Figure 1.7.6.2.

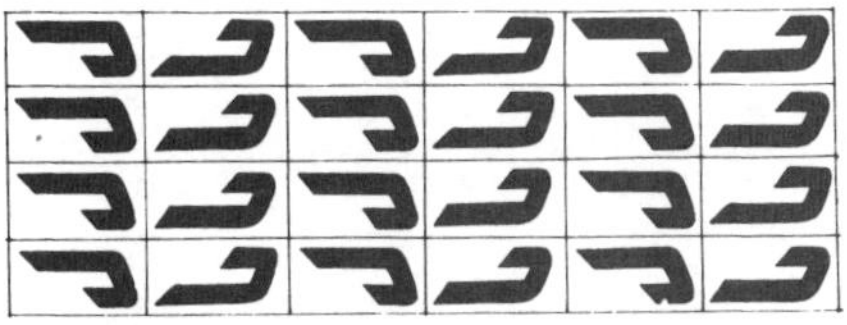

Figure 1.7.6.3.

Figure 1.7.6.4.

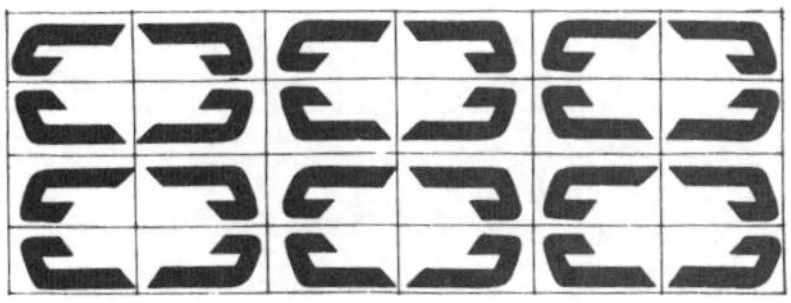

Figure 1.7.6.5.

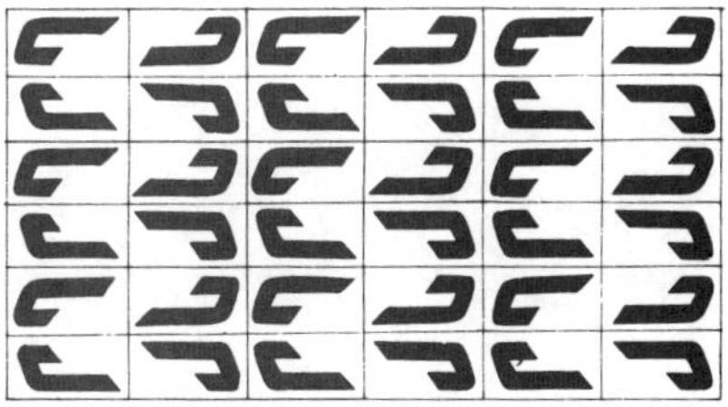

Figure 1.7.6.6.

Figure 1.7.6.7.

Figure 1.7.6.8.

Figure 1.7.6.9.

Figure 1.7.6.10.

Figure 1.7.6.11.

Figure 1.7.6.12.

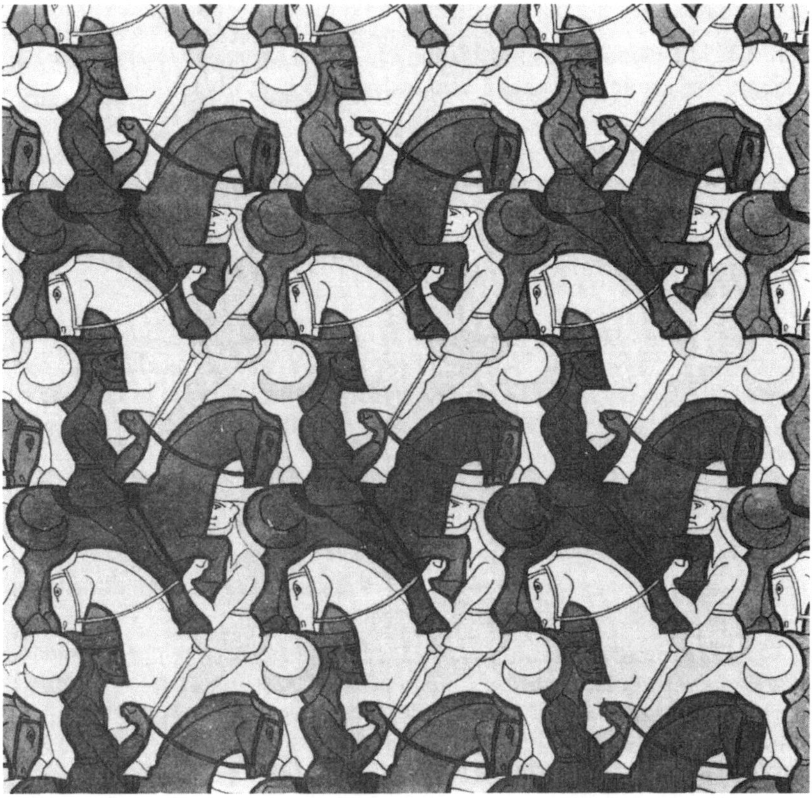

Figure 1.7.6.13.
M. C. Escher — Etude d'un remplissage périodique avec cavaliers.
Encre de Chine et aquarelle-Escher Foundation-Haags Gemeentemuseum-La Haye.

Figure 1.7.6.14 : Pavé P.

1.7.7 NOTES

1.7.7.1 La première démonstration rigoureuse de ce que les groupes des paveurs sont en nombre égal à 17 semble due à Fedorov (1891). Pour plus d'indications historiques ou physiques, voir [FT 2], p. 38, [CR 1], p. 279, [H-C], chapitre II.

Les mobiles de Fedorov étaient cristallographiques. Pour les groupes cristallographiques du plan et de l'espace, la plus récente et complète référence est [BUR]. Noter aussi que [CR 2] contient certaines remarques historiques très agréables et très précises. Voir surtout [SC 1]. Voir aussi 1.9.14 et [SC 2]. Pour la dimension 4, voir [B-B-N-W-Z].

1.7.7.2 Le problème des paveurs se pose dans l'espace euclidien de dimension 3, mais aussi dans d'autres espaces que les euclidiens ; par exemple sur les sphères ou les espaces hyperboliques. Pour les pavages de la sphère S^2, voir la section suivante : 1.8.6, pour les pavages hyperboliques, voir 19.6.12.

1.7.7.3 Pour les pavages de l'espace de dimension 3, voir [BUR], on y trouve 230 types de pavage. Cela laisse augurer de la complexité du problème en dimension quelconque. En dimension 4 il y en a 4783.

Déjà la démonstration du point-clef 1.7.5.2 n'est pas banale en dimension quelconque, c'est le théorème de Bieberbach, cf. [WF], p. 100.

1.7.7.4 Par contre il est un peu plus facile de classer les groupes de paveurs (en dimension quelconque) qui opèrent sans point fixe, i.e. $\forall g \in G \setminus e$: $g(x) \neq x$ pour tout $x \in E$. L'intérêt de ces groupes est que le quotient X/G est lisse, en particulier une variété différentiable.
En dimension 2, deux groupes ont seulement cette propriété, celui de la figure 1.7.4.1, qui fournit comme quotient le tore à deux dimensions $\mathbf{R}^2/\mathbf{Z}^2$ et celui de la figure 1.7.6.3 qui fournit la fameuse bouteille de Klein. On trouvera dans le chapitre 3 de [WF] une classification de ces groupes en dimension quelconque ; il y en a six en dimension 3, voir [WF], p. 117.

1.7.7.5 Pour les pavages et des sujets voisins mais passionnants, voir [FT 1] et [FT 2].

1.7.7.6 Pour d'autres dessins comme ceux des figures 1.7.4.8 et 1.7.6.13, voir [FT 2], plates I, II, III et [ER].

1.7.7.7 Voir aussi 1.8.7, 1.9.4, 1.9.9, 1.9.12.

1.7.78 Pour une classification plus fine et conduisant à 81 types de pavages, voir [GR-SH]. Pour 91 types, voir [GR-SH]. Voir aussi 1.9.13.

1.8 *Pavages de S^2, polyèdres réguliers et sous-groupes finis de $O^+(3)$*

1.8.1 On peut interpréter 1.7.5.3 en disant qu'une rotation de centre a et d'ordre fini donne naissance à des pavages réguliers d'un cercle de centre a.

Ou encore que les pavages du plan impliquent l'étude des sous-groupes finis du groupe des rotations autour d'un point fixe du plan, groupe isomorphe à $O^+(2)$ (cf. 8.3). De même une étude des pavages de l'espace euclidien de dimension 3 implique donc nécessairement une étude des sous-groupes finis de $O^+(3)$, ce que l'on peut présenter comme une étude des pavages de la sphère S^2. Dans ce numéro, nous n'étudierons que ce dernier problème, renvoyant le lecteur intéressé par les 230 types de groupes cristallographiques de l'espace à [BUR].

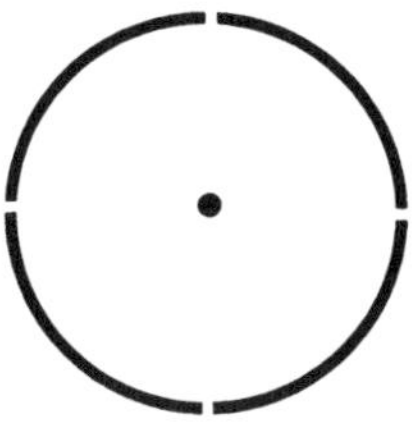

Figure 1.8.1.1.

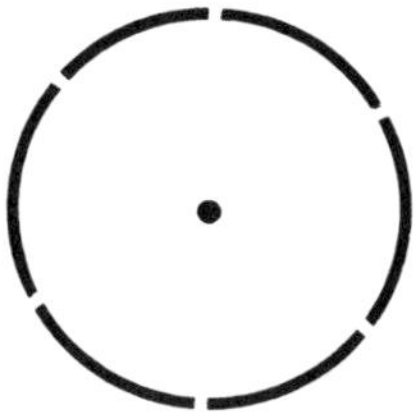

Figure 1.8.1.2.

1.8.2 THÉORÈME. *A conjugaison près dans* $O(3)$, *il existe exactement cinq types de sous-groupes finis de* $O^+(3)$, *trois groupes et deux séries indexées par un entier* $n \geqslant 2$.

Nous donnons d'abord la méthode mathématique d'attaque de ce problème, avant la visualisation plastique du résultat en 1.8.3.4, liée aux polyèdres réguliers. Pour les polyèdres réguliers, voir les sections 12.5 et 12.6.

1.8.3 SCHÉMA DE LA DÉMONSTRATION

1.8.3.1 Le point de départ est une utilisation habile de la formule des classes 1.6.6. Une autre méthode, via les polyèdres réguliers et la formule d'Euler, est donnée en 12.7.4 ; en 12.6 nous classerons les polytopes réguliers en dimension quelconque.

Soit $G \subset O^+(3)$ le sous-groupe fini considéré, que l'on fait opérer par restriction sur la sphère S^2 ; introduisons (où e désigne l'identité) :

$$\Gamma = \{ (g, x) \in (G \setminus e) \times S^2 : g(x) = x \}$$

qui est intimement lié aux points fixes de G dans S^2, c'est-à-dire (8.4.7.1) aux axes des rotations de $G \setminus e$. On va calculer $\# \Gamma$ de deux façons, sommant la première fois sur les g, la seconde sur les x. Posons

$$X = \{ x \in S^2 : g \in G \setminus e \mid g(x) = x \},$$

ensemble des points fixes des g non banaux.

D'après 8.4.7.1, chaque $g \in G \setminus e$ ayant exactement deux points fixes distincts, on a $\# \Gamma = 2(\# G - 1)$. Pour calculer $\# X$, on regarde les orbites de G opérant dans $X \subset S^2$ et les paramètres par une section A comme en 1.6.6. Pour $x \in A$ on a (cf. 1.6.2) : $\# O(x) = \# G / \# G_x$; mais (cf. 1.5.3) $\# G_y$ est constant pour tout $y \in O(x)$ soit $\nu(x)$ cette constante. Constante qui n'est autre que l'ordre d'une rotation engendrant G_y ; et on a $\#(G_y \setminus e) = \nu(x) - 1$. Et comme $G_y \setminus e = \{ g \in G \mid (g, y) \in \Gamma \}$, c'est que

$$\# \Gamma = \sum_{x \in A} (\nu_x - 1) \# O(x) = \sum_{x \in A} (\nu_x - 1)(\# G)/(\# G_x) = \sum_{x \in A} \frac{\# G(\nu_x - 1)}{\nu_x}$$

d'où

1.8.3.2

$$\boxed{2 - \frac{2}{\# G} = \sum_{x \in A} \left(1 - \frac{1}{\nu_x}\right).}$$

1.8.3.3 Si tous les ν_x sont grands, chaque $1 - (1/\nu_x)$ sera voisin de 1, donc leur somme dépassera 2 sauf s'il y a au plus deux termes dans cette somme. En précisant cela on arrive facilement à voir que les seuls cas possibles sont ceux des tableaux ci-dessous :

	ν_1	ν_2	$\# G$
cas I	n	n	n

2 orbites

	ν_1	ν_2	ν_3	$\# G$
cas II	2	2	n	$2n$
cas III	2	3	3	12
cas IV	2	3	4	24
cas V	2	3	5	60

3 orbites

n entier $\geqslant 2$ quelconque

1.8.3.4 Il n'y a donc que 5 cas possibles pour les cardinaux des orbites et les ordres des groupes d'isotropie associés. Il reste à montrer 1° : que tous ces cas se produisent effectivement ; 2° : que, quand le cas est donné, il lui correspond, à conjugaison près dans $O(3)$, un seul groupe G.
Le 2° n'est pas très difficile mais cependant à faire soigneusement, voir [AS].
Pour le 1°, on voit de suite que :

— le cas I est réalisé par le groupe cyclique d'ordre n engendré par une rotation d'ordre n de $\mathbf{R}^3$; les deux orbites sont constituées par les deux points de S^2 situés sur l'axe commun à ces rotations (Fig. 1.8.4.1);
— le cas II est celui du sous-groupe de $O^+(3)$ laissant stable un polygone régulier à n côtés tracé dans un plan de $\mathbf{R}^3$ et centré à l'origine ; G contient les n rotations d'angle $2k\pi/n$ dont l'axe est celui du polygone ainsi que les symétries autour des n droites joignant le centre du polygone aux sommets et aux milieux des côtés dudit polygone (attention à la petite différence n pair, n impair). Le groupe G est appelé le *groupe diédral* (*d'ordre* $2n$, cf. 0.2). Les deux points S^2 situés sur l'axe du polygone forment une seule orbite, les deux autres sont formées : l'une par les sommets du polygone (si on a pris soin de le tracer sur S^2), l'autre par

les points de S^2 projections radiales des milieux des côtés ; voir figure 1.8.4.1 ;

— les cas III, IV, V sont réalisés par les sous-groupes de $O^+(3)$ laissant stable un tétraèdre, cube, dodécaèdre régulier et de centre l'origine. L'existence des tétraèdre et cube régulier est banale ; il n'en va pas de même de celle du dodécaèdre, pour laquelle nous renvoyons à 12.5.5.

1.8.4 Mentionnons (cf. 12.5.4 et 12.5.5) que les groupes du cube et de l'octaèdre régulier sont les mêmes, ainsi que ceux du dodécaèdre et de l'icosaèdre réguliers. Que le G du cas III est isomorphe à $\mathcal{A}_4$, celui du IV à $\mathfrak{S}_4$ et celui du V à $\mathcal{A}_5$; voir 12.5.5.6.

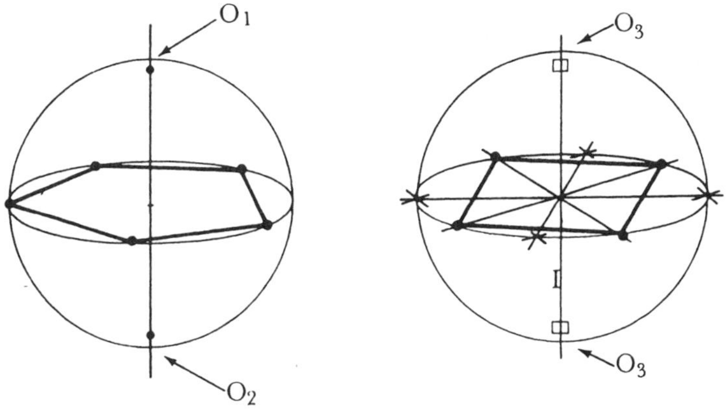

Figure 1.8.4.1.

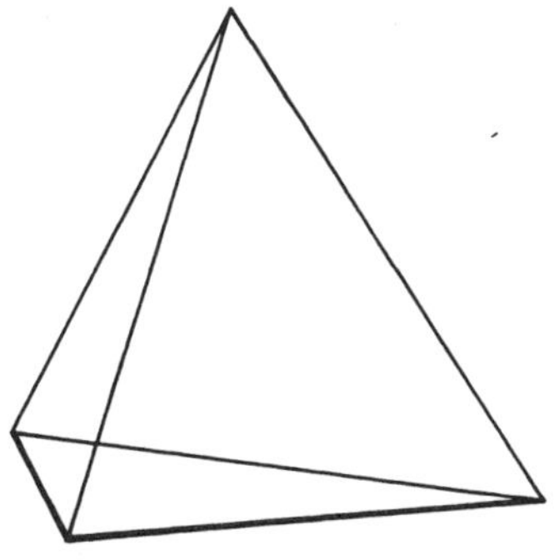

Figure 1.8.4.2.

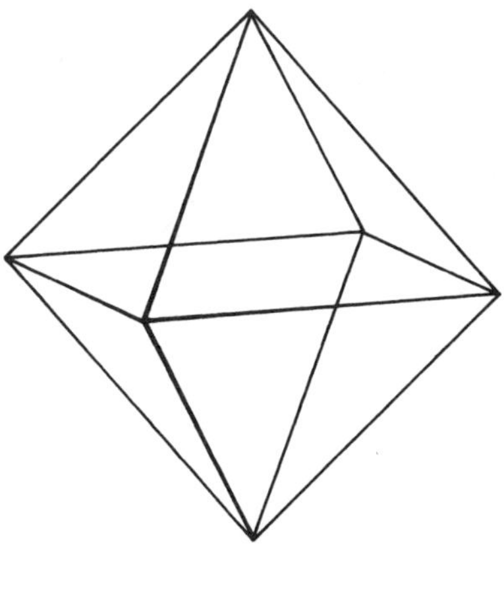

Figure 1.8.4.3.

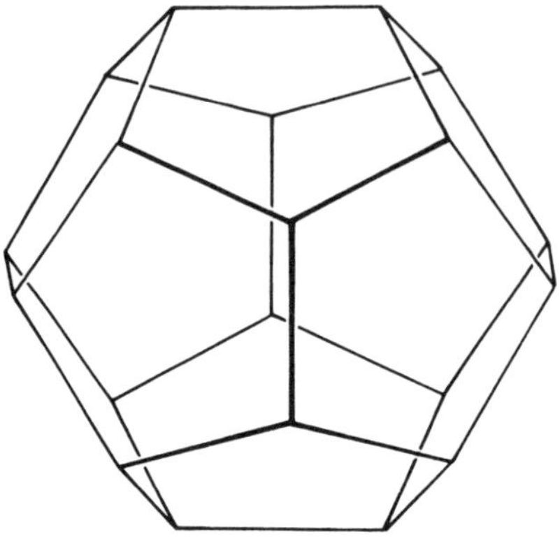

Figure 1.8.4.4.

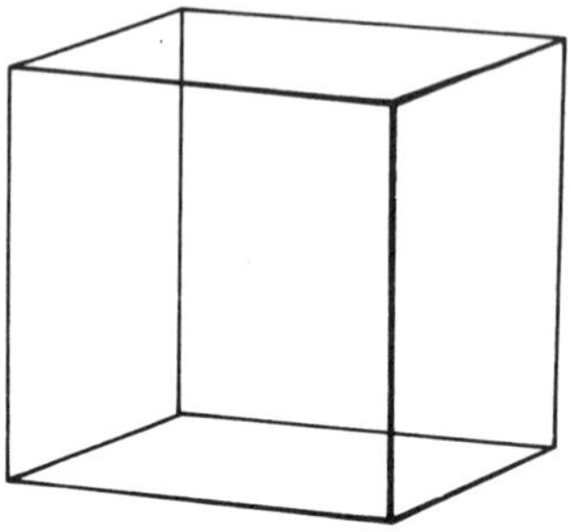

Figure 1.8.4.5.

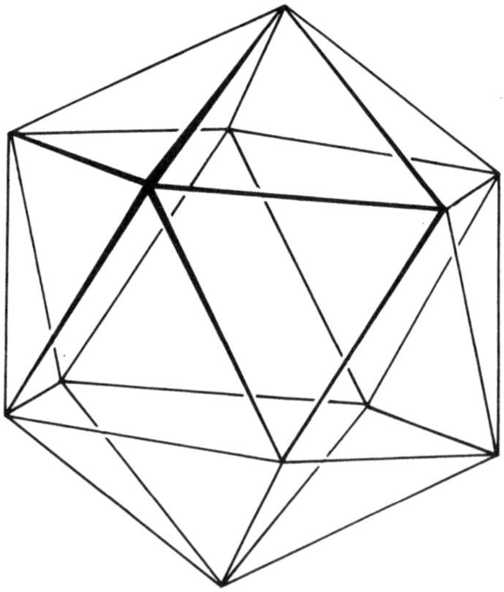

Figures 1.8.4.6.

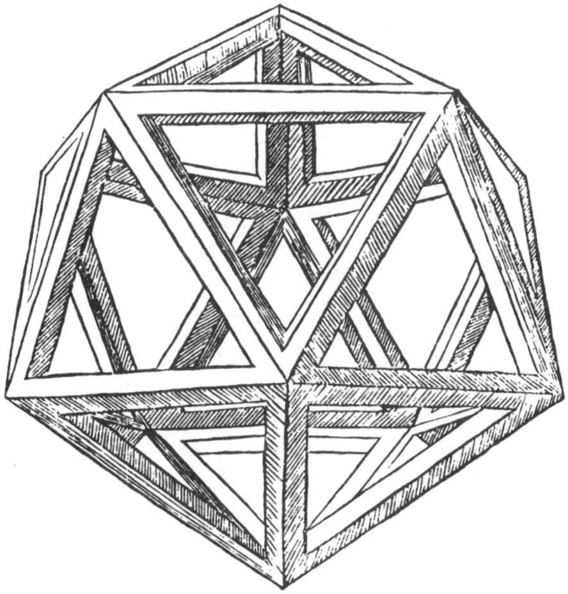

Icosaèdre dessiné, par Léonard de Vinci,
pour le *De Divina Proportione* de Fra Luca Pacioli.

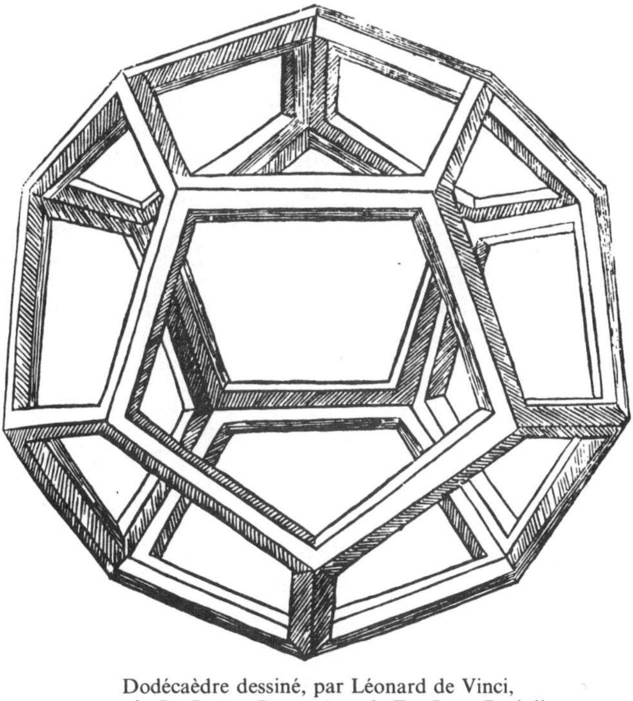

Dodécaèdre dessiné, par Léonard de Vinci,
pour le *De Divina Proportione* de Fra Luca Pacioli.

Figure 1.8.4.7.

1.8.5 De façon analogue à 1.7.6, on peut ici aussi rechercher tous les groupes finis de $O(3)$, ce qui n'est pas difficile ; on trouve, associé au cas V, un groupe d'ordre 120, dont la figure ci-dessous fournit un pavage fondamental de S^2 associé.

Figure 1.8.5.
H. S. M. Coxeter — Introduction to geometry. John Wiley.

1.8.6 A propos de pavages de S^2 (ou encore du plan hyperbolique, cf. 19.2), le point-clef de 1.7.5.2 reste applicable (Fig. 1.7.5.3) : on doit considérer trois « rotations » r, s, t telles que $rst =$ identité.

Dans les trois géométries : euclidiennes, sphériques, hyperboliques, leurs angles doivent être de la forme $2\pi/\alpha$, $2\pi/\beta$, $2\pi/\gamma$, α, β, γ entiers et ces angles doivent toujours être les doubles de ceux du triangle formé par les centres r, s, t de ces rotations. Dans le cas euclidien on a toujours $\frac{1}{\alpha} + \frac{1}{\beta} + \frac{1}{\gamma} = 1$, dans le cas sphérique

1.8.6.1
$$\boxed{\frac{1}{\alpha} + \frac{1}{\beta} + \frac{1}{\gamma} > 1}$$

d'après 18.3.8.4, et dans le cas hyperbolique $\frac{1}{\alpha} + \frac{1}{\beta} + \frac{1}{\gamma} < 1$ d'après 19.5.4. On peut aussi partir de cela pour classer les types de sous-groupes finis de $O^+(3)$, visiblement donc en nombre fini, au moins pour ce qui concerne les possibilités des α, β, γ. Le cas hyperbolique contraste violemment : à part pour quelques basses valeurs, tout triple d'entiers (α, β, γ) vérifie $\frac{1}{\alpha} + \frac{1}{\beta} + \frac{1}{\gamma} < 1$. On verra au 19.6.2 qu'effectivement tout tel type donne naissance à un pavage du plan hyperbolique, les types de ces derniers sont donc en nombre infini. Pour des références et des compléments, voir aussi 19.6.12.

1.8.7 GROUPES DÉFINIS PAR GÉNÉRATEURS ET RELATIONS. On peut définir le groupe diédral $\mathfrak{D}_{2n}$ (cf. 0.2 et 1.8.3.4) par deux générateurs r, s satisfaisant aux *seules* relations.

1.8.7.1

$$r^n = s^2 = e , \qquad rs = sr^{-1} .$$

Les trois sous-groupes de $O^+(3)$ des polyèdres réguliers du 1.8.3.4 peuvent être définis aussi par deux générateurs r, s vérifiant

$$r^p = s^q = (rs)^2 = e ,$$

où $p, q = \{ 3, 3 \}$ pour le tétraèdre régulier, $\{ 3, 4 \}$ pour le cube et $\{ 3, 5 \}$ pour le dodécaèdre. Noter que l'existence d'un groupe abstrait fini vérifiant ces seules relations n'est pas évidente.

Les groupes des paveurs peuvent aussi être définis de façon analogue ; celui de la figure 1.7.4.1 par exemple le sera par deux générateurs r, s avec la relation $rs = sr$. Nous laissons le lecteur décrire de même d'autres groupes des paveurs.

Une autre façon que 1.8.7.1 de décrire le groupe diédral est avec deux générateurs r, s vérifiant les seules relations.

1.8.7.2

$$r^2 = s^2 = (rs)^n = e .$$

De façon semblable se présentent les trois groupes de stabilité des polyèdres réguliers (ceux de $O(3)$, d'ordres respectifs 24, 28, 120, voir 12.5.4.1, 12.5.4.2, 12.5.5.6), avec trois générateurs r, s, t et les relations

1.8.7.3

$$r^2 = s^2 = t^2 = (rs)^p = (st)^q = (tr)^2 = e ,$$

avec toujours p, q comme précédemment.

On remarquera la forte analogie de 1.8.7.2 et 1.8.7.3 ; il s'agit en fait de cas particuliers de groupes plus généraux, définis comme sous-groupes discrets du groupe des isométries d'un espace affine euclidien et engendrés par des symétries hyperplanes. Leur intérêt provient de ce qu'on les rencontre bien ailleurs qu'en géométrie euclidienne ; en particulier ils jouent un rôle essentiel dans l'étude des groupes de Lie semi-simples. Pour ce sujet, qui a récemment connu un développement spectaculaire, ainsi que pour des précisions sur les exemples explicites ci-dessus, voir : l'ensemble de [C-M] et ses pages 38-51 ; l'ensemble de [BI 4] ainsi que sa note historique, p. 234-240.

1.9 *Exercices*

1.9.1 Etudier les orbites de $G = \mathbf{Z}$ opérant dans le cercle S^1 de $\mathbf{R}^2$, identifié à $\mathbf{C}$, par $\varphi(n)(z) = e^{i\alpha n} z$, selon la nature du nombre réel α. Si α est irrationnel, cela peut-il servir à fabriquer le contre-exemple mentionné en 1.5.7 ?

1.9.2 Même question pour $G = \mathbf{R}$, $X = S^3$ où, avec les notations de 1.2.9 : $\Pi(t)(z, z') = (e^{i\alpha t} z, e^{i\alpha t} z')$, $\alpha \in \mathbf{R}$.

1.9.3 Compléter le schéma de démonstration de 1.8.2.

1.9.4 Pour les 5, puis 17 groupes des paveurs, étudier :
— l'ordre des groupes d'isotropie ;
— sa structure ;
— la nature de ses différentes orbites ;
— une définition par générateurs et relations (cf. 1.8.7).

1.9.5 Mêmes questions pour les sous-groupes finis de $O^+(3)$ (resp. $O(3)$) opérant dans S^2.

1.9.6 Dessiner des pavages fondamentaux de S^2 opérée par les groupes des cas I, II, III, IV.

Figure 1.9.6.

1.9.7 Démontrer que dans 1.7.7.4 on obtient bien comme quotients le tore et la bouteille de Klein.

1.9.8 Montrer qu'il existe une infinité de types de pavages du cercle S^1, de la sphère S^3 (voir par exemple 18.8.1) et plus généralement des sphères S^{2k+1}.

1.9.9 Faire une étude critique comparée de la classification des groupes des paveurs dans les ouvrages [GR], p. 72-84, [H-C], p. 70-81 et [WL], p. 22-115.

1.9.10 Calculer $\# G_{E,p}$ (cf. 1.2.5) lorsque E est un espace vectoriel de dimension finie n sur un corps fini à k éléments.

1.9.11 Déterminer tous les sous-groupes compacts de $O^+(3)$.

1.9.12 DOMAINE FONDAMENTAL. Soit $G \subset \mathrm{Is}(E)$ un sous-groupe du groupe des isométries d'un plan affine euclidien ; on suppose que toutes les orbites de G sont des sous-ensembles discrets de E. Pour $a \in E$ fixé montrer que la partie P, définie par

$$P = \{ x \in E : d(x, a) \leqslant d(x, g(a)) \ \forall g \in G \},$$

vérifie les axiomes des groupes des paveurs.

1.9.13 VALENCES D'UN PAVAGE. On considère des pavages du plan dont les pavés sont convexes et vérifient 1.7.3. Montrer que le nombre de points d'un pavé P qui appartiennent à au moins trois pavés distincts est fini, supérieur ou égal 3 et ne dépend pas de P ; *soit désormais* r ce nombre. Indexons les points correspondants $m_1, \ldots, m_r$ en tournant le long de la frontière de P et appelons α_i le nombre de pavés contenant m_i. Montrer que la suite $(\alpha_i)_{i=1,\ldots,r}$ ne dépend pas (à un renversement et une permutation circulaire près) du pavé P, on l'appelle la *suite des valences* du pavage. Montrer que l'on a toujours

$$\frac{r}{2} - 1 = \sum_{i=1}^{r} \frac{1}{\alpha_i}$$

(on pourra penser à 12.7.2, 12.7.4). En déduire qu'il n'y a que 23 suites de valences possibles *a priori*. Dessiner des pavages dont les suites de valence sont (3, 3, 3, 3, 3, 3), (3, 3, 3, 3, 6), (3, 3, 3, 4, 4), (3, 3, 4, 3, 4), (4, 4, 4, 4), (3, 6, 3, 6), (3, 4, 6, 4), (6, 6, 6), (4, 8, 8), (3, 12, 12), (4, 6, 12). Montrer enfin que les autres suites ne sont jamais réalisables par des pavages. Voir au besoin la référence donnée en 1.7.7.8 et les références que mentionne ce texte.

1.9.14 Peut-on paver le plan avec n'importe quel triangle ? avec n'importe quel quadrilatère convexe ? avec n'importe quel quadrilatère ? Pour les pentagones, et plus, voir [SC 2].

1.9.15 Soit, dans $\mathfrak{S}_3$, les deux transpositions $s : 1 \mapsto 2 \mapsto 1$ et $t : 2 \mapsto 3 \mapsto 2$. Montrer que $t \circ s$ est d'ordre 3. En déduire que si $\mathfrak{S}_3$ opère sur un groupe G et si un élément g de G est invariant par s (i.e. $s(g) = g$) et anti-invariant par t (i.e. $t(g) = g^{-1}$), alors nécessairement $g = g^{-1}$.

Voir une application de ceci en 9.5.4.9.

1.9.16 Démontrer qu'avec les six pavés de la figure 1.9.16 on peut paver le plan ; démontrer qu'un pavage du plan effectué avec ces six pavés n'est jamais périodique c'est-à-dire que le groupe des isométries du plan qui laisse stable globalement ce pavage ne contient jamais une translation non triviale. Le lecteur en peine pour cette démonstration pourra soit se reporter à [RN 1], soit travailler aussi : dessiner les 6 pavés types, puis les faire photocopier en nombre suffisant et les ayant enfin découpés, s'essayer à paver. Voir aussi la figure de la page 185.

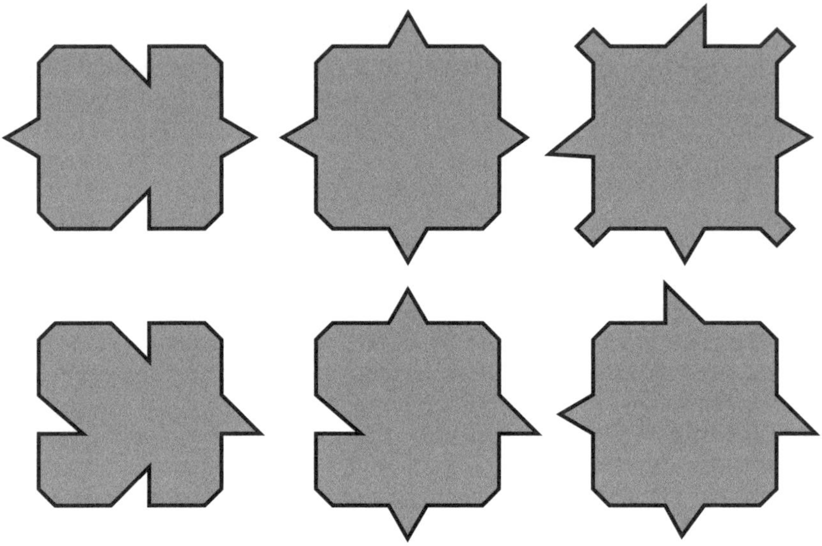

Figure 1.9.16.

CHAPITRE 2

espaces affines

Ce chapitre introduit les espaces affines, qui sont les espaces géométriques les plus fréquents de ce livre. Un espace affine n'est autre qu'un espace vectoriel dont on cherche à oublier le point particulier qu'est 0, en ajoutant aux transformations linéaires les translations. Il en résulte que les propriétés élémentaires sur les espaces affines, leurs morphismes, les sous-espaces affines sont des propriétés d'algèbre linéaire plus ou moins masquées. En conséquence la plupart des démonstrations sont automatiques : l'idée, pour démontrer un résultat sur un espace affine, est de se ramener au cas vectoriel par des translations convenables, ce qui revient souvent à vectorialiser les espaces considérés en un de leurs points.

A partir de la section 2.5 la géométrie reprend ses droits, d'abord avec les théorèmes faciles de Thalès, Pappus, Desargues. Le seul résultat difficile, mais d'énoncé plaisant, est le théorème fondamental de la géométrie affine, section 2.6, qui affirme qu'une application ensembliste entre deux espaces affines, qui transforme les points alignés en points alignés, est presque une application affine.

La fin du chapitre est consacrée aux espaces affines réels de dimension finie et à des résultats qui seront utiles dans la suite ; en effet ces espaces ont, ainsi que leur groupe affine GA *(.), une topologie canonique. Ils possèdent des mesures de Lebesgue, toutes proportionnelles. Grâce à la théorie de la mesure, on montrera qu'à tout compact K de X est associé un point, son centre, qui est fixe par tout automorphisme de X laissant K globalement invariant. Dans le même ordre d'idées, le sous-groupe de* GA *(X) formé des automorphismes laissant globalement invariant un compact K, d'intérieur non vide, est compact ; réciproquement tout sous-groupe compact de* GA *(X) est contenu dans le stabilisateur d'un point de X.*

Le lecteur désirant plus de détails sur les démonstrations des sections 2.1 à 2.6 se reportera idéalement à [FL].

Tous les espaces vectoriels considérés dans ce chapitre sont des espaces vectoriels sur un corps COMMUTATIF. Si l'on considère simultanément deux espaces vectoriels, ou affines, ils auront toujours le même corps de base, à la seule et notable exception de la section 2.6.

Un thème d'exercice intéressant est d'étudier soigneusement où exactement intervient la commutativité du corps de base. Et, le cas échéant, modifier convenablement les assertions visées.

2.1 *Définitions*

2.1.1 DÉFINITION. *Un* espace affine *sur le corps K est une opération de groupe* $(X, \vec{X}, \Phi)$ *où* $\vec{X}$ *est un espace vectoriel sur K et agit sur X, en tant que groupe additif, fidèlement et transitivement.*

2.1.2 NOTATIONS. On posera

$$\Phi(\vec{\xi}, x) = x + \vec{\xi}\,;$$

les $\Phi(\vec{\xi})$ sont appelées les *translations* de X, plus précisément $\Phi(\vec{\xi})$ est la translation de vecteur $\vec{\xi}$ et sera *notée* $t_{\vec{\xi}}$.

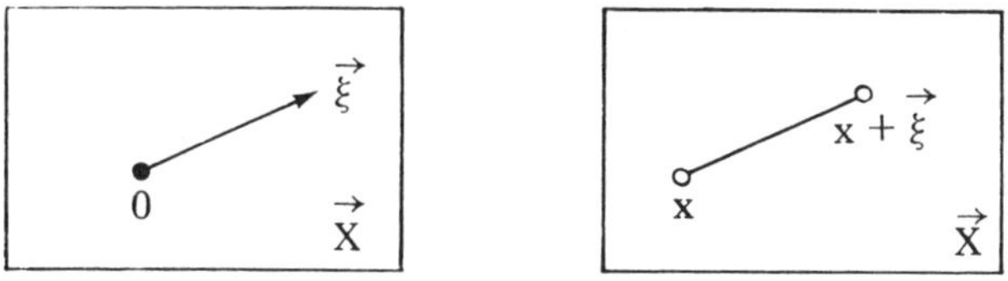

Figure 2.1.1.

On notera un espace affine X le plus souvent. On dit parfois que $\vec{X}$ est l'*espace vectoriel sous-jacent à l'espace affine X.*

2.1.3 D'après 1.4.4.1 $(X, \vec{X}, \Phi)$ est simplement transitif, donc il existe une application

$$\Theta : X \times X \to \vec{X}, \quad \textit{notée}\ \text{aussi} \quad (x, y) \mapsto \overrightarrow{xy}$$

telle que $y = \Phi(\Theta(x, y), x)$ pour tous $x, y \in X$. On peut dire que $\overrightarrow{xy}$ est le vecteur *libre* associé au vecteur *lié* $(x, \overrightarrow{xy})$ ou au *bipoint* (x, y).
On écrira aussi

2.1.4

$$\overrightarrow{xy} = y - x\,,$$

qui sera justifié en un certain sens en 3.1.7. Le fait que $\vec{X}$ opère dans X se traduit par

$$(x + \vec{\xi}) + \vec{\eta} = x + (\vec{\xi} + \vec{\eta}), \text{ qui sera donc } \textit{noté } x + \vec{\xi} + \vec{\eta}.$$

En particulier Θ vérifie :

2.1.5

$$\begin{cases} \forall x \in X : \quad \Theta_x : y \mapsto \Theta(x, y) \text{ est une bijection } X \to \vec{X}, \\ \forall x, y, z \in X : \quad \Theta(x, y) + \Theta(y, z) = \Theta(x, z) \ (\textit{relation de Chasles}). \end{cases}$$

Car on a $\Theta_x^{-1}(\vec{\xi}) = x + \vec{\xi}$, d'où suivent les deux propriétés de 2.1.5.

2.1.6 DÉFINITION ÉQUIVALENTE. *Soient X un ensemble non vide, $\vec{X}$ un espace vectoriel sur K et $\Theta : X \times X \to \vec{X}$ telle que $\forall x$ l'application Θ_x est bijective et $\Theta(x, y) + \Theta(y, z) = \Theta(x, z)$ pour tous $x, y, z \in X$. Alors X est un espace affine pour l'action $\Phi(\vec{\xi})(x) = \Theta_x^{-1}(\vec{\xi})$. Et réciproquement.*

En effet on aura successivement $\Theta(x, x) = 0$, $\Theta(y, x) = -\Theta(x, y)$, $\Phi(-\vec{\xi}) \circ \Phi(\vec{\xi}) = \mathrm{Id}_X$ et $\Phi(\vec{\eta}) \circ \Phi(\vec{\xi}) = \Phi(\vec{\eta} + \vec{\xi})$.

2.1.7 DÉFINITION. *On appelle* dimension *de X celle de $\vec{X}$, et l'on* pose $\dim X = \dim \vec{X}$. *Si cette dimension est* 0, *X est un* point ; *si elle est* 1, *on dit que X est une* droite affine *et si elle est* 2, *que X est un* plan affine.

Ce qui suit justifie amplement la définition 2.1.6. A savoir l'existence des bijections $\Theta_x : X \to \vec{X}$. Celles-ci vérifient d'ailleurs

2.1.8 $\quad \Theta_y^{-1} \circ \Theta_x = \Phi(\vec{xy}), \quad \Theta_y \circ \Theta_x^{-1} : z \mapsto z + \vec{yx} \ \forall x, y \in X.$

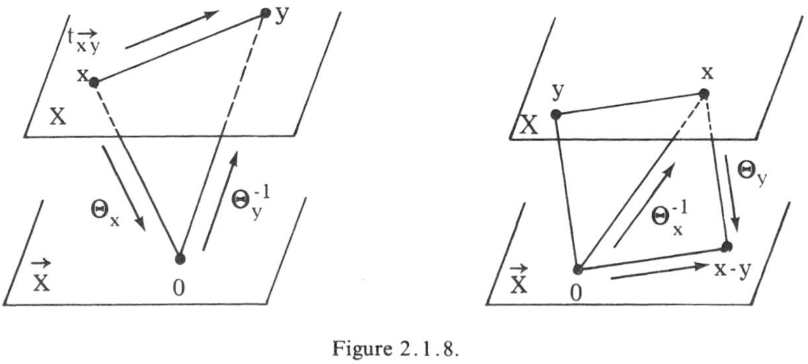

Figure 2.1.8.

2.1.9 DÉFINITION. *Pour $a \in X$, on* notera X_a *l'espace vectoriel dont l'ensemble sous-jacent est X, muni de la structure d'espace vectoriel telle que $\Theta_a : X \to \vec{X}$ soit un isomorphisme d'espace vectoriel. On dira que X_a est le* vectorialisé de *X en a.*

2.2 *Exemples. Repères affines*

2.2.1 Prendre $X = \vec{X}$ et $\Phi(\vec{\xi})(\vec{\eta}) = \vec{\xi} + \vec{\eta} \quad \forall \vec{\xi}, \vec{\eta} \in \vec{X}$. On obtient ainsi sur tout espace vectoriel une structure affine naturelle.

2.2.2 Si $(X, \vec{X}, \Phi)$, $(X', \vec{X}', \Phi')$ sont deux espaces affines, alors aussi $(X \times X', \vec{X} \times \vec{X}', \Phi' \times \Phi')$ où

$$(\Phi \times \Phi')(\vec{\xi}, \vec{\xi}')(x, x') = (\Phi(\vec{\xi})(x), \quad \Phi'(\vec{\xi}')(x')).$$

2.2.3 Soient E un espace vectoriel, F un sous-espace vectoriel de E et X une classe d'équivalence de la relation d'équivalence associée à F. Alors (X, F, Φ) est naturellement un espace affine pour $\Phi(f)(x) = x + f$, $x \in X$ et $f \in F$. Il faut bien voir ici, et c'est là l'un des intérêts de la notion d'espace affine, que, contrairement à l'exemple trivial 2.2.1, l'ensemble X ne possède pas de point « distingué », comme l'était l'origine 0 pour $\vec{X}$. Car, dans le cas où F est en hyperplan de X, se donner un point de X équivaut à se donner un supplémentaire de F dans E ; en général, il n'existe

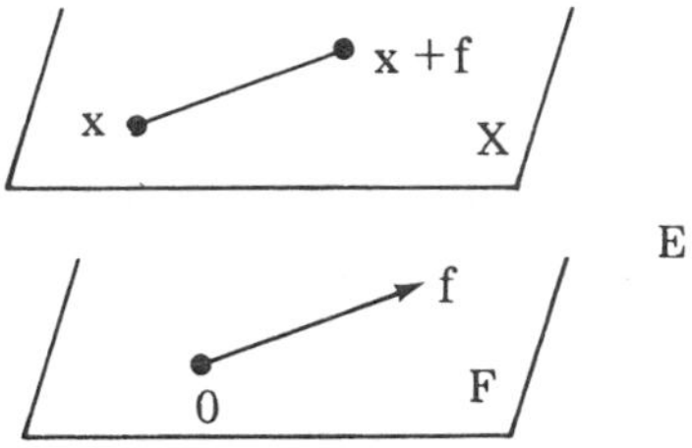

pas de supplémentaire « naturel ». Pour un exemple, issu de celui-ci, mais encore plus abstrait, voir 2.2.5. Un cas particulier de tel X comme ci-dessus, c'est l'ensemble des solutions d'un système d'équations linéaires $\sum_j a_{ij} x_j = b_i \ (i = 1, \ldots, k)$, qui peut s'interpréter en effet comme une image inverse $f^{-1}(B)$ pour une application linéaire convenable, et est donc une classe d'équivalence pour le sous-espace $F = f^{-1}(0)$, noyau de f.

2.2.4 Soient $(X, \vec{X}, \Phi)$ un espace affine et $\vec{S} \subset \vec{X}$ un sous-espace vectoriel. Ces données définissent dans X une relation d'équivalence

$$\mathfrak{R}(\vec{S}) : x \,\mathfrak{R}\, x' \Leftrightarrow \overrightarrow{xx'} \in \vec{S}.$$

Alors $(X/\mathfrak{R}, \vec{X}/\vec{S}, \Phi)$ est un espace affine de façon naturelle, Φ étant définie par passage aux quotients. On verra au n° 2.4.1 ce que sont les classes d'équivalence.

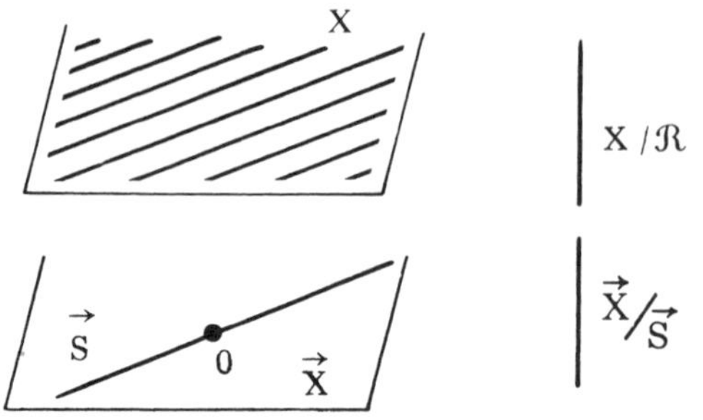

Figure 2.2.4.

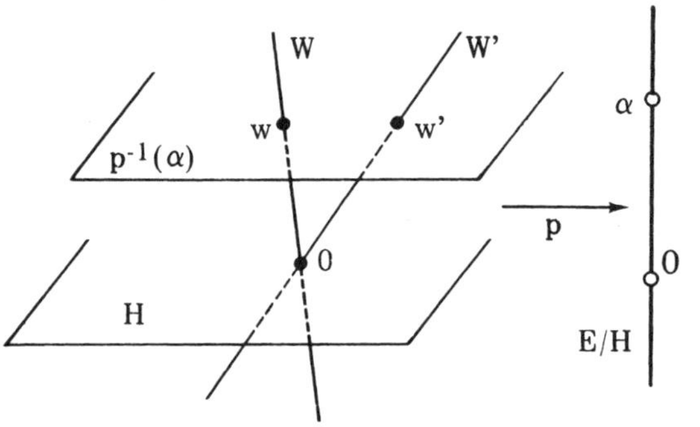

Figure 2.2.5.

2.2.5 Soient E un espace vectoriel, H un de ses hyperplans ; posons

$$E_H = \{ W : \text{sous-espace de } E \text{ supplémentaire de } H \} .$$

Remarquer que les W sont des droites vectorielles, et que, avec la notation de 1.2.5, on peut écrire $E_H = G_{E,1} \setminus G_{H,1}$. Alors :

2.2.6 PROPOSITION. *Il existe sur E_H une structure naturelle d'espace affine, dont l'espace vectoriel sous-jacent est $\vec{E}_H = L(E/H\,;\,H)$ (pour deux espaces vectoriels on a noté $L(.\,;\,.)$ l'ensemble de toutes les applications linéaires de l'un dans l'autre).*

Remarquer que $\dim E/H = 1$, d'où

$$\dim \vec{E}_H = \dim H = \dim E - 1 .$$

Pour définir $\Theta : E_H \times E_H \to L(E/H\,;\,H)$, soient $W, W' \in E_H$, $\alpha \in E/H$. Si $p : E \to E/H$ est la projection canonique, $p^{-1}(\alpha)$ est un hyperplan affine de E (cf. 2.2.3) ; on sait que p est, restreinte à un supplémentaire quelconque de H, un isomorphisme, on peut donc poser

$$\Theta(W, W')(\alpha) = (p \mid W')^{-1}(\alpha) - (p \mid W)^{-1}(\alpha) \in H\ ;$$

(sur la figure 2.2.5 : $w' = (p \mid W')^{-1}(\alpha)$, $w = (p \mid W)^{-1}(\alpha)$). On vérifie directement que Θ satisfait les axiomes 2.1.1 (ou 2.1.5).

L'exemple 2.2.5, 2.2.6 sera capital en 5.1. En outre il est naturel de faire le lien entre 2.2.3 et 2.2.6 (Fig. 2.2.1 et 2.2.5). C'est ce que fournit la proposition suivante, dont la démonstration est laissée au lecteur, et où la notion d'isomorphisme d'espaces affines est définie dans la section 2.3.

2.2.7 PROPOSITION. *Soient E un espace vectoriel, F un hyperplan de E et X une classe selon F. Alors E_H et X sont naturellement isomorphes en tant qu'espaces affines pour l'application $E_H \ni W \mapsto W \cap X \in X$.*

2.2.8 Pour pouvoir calculer dans un espace affine, on introduit ce qui généralise les bases des espaces vectoriels. Par convention

ON NE PARLERA DE REPÈRES AFFINES
QUE DANS DES ESPACES DE DIMENSION FINIE

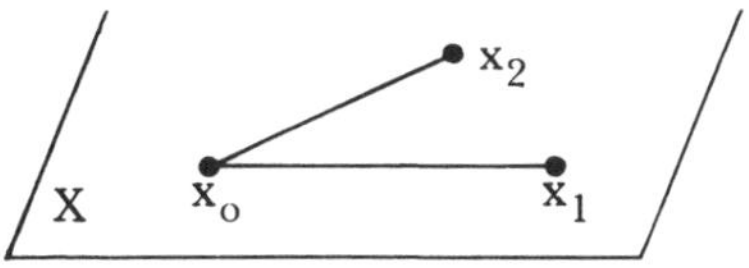

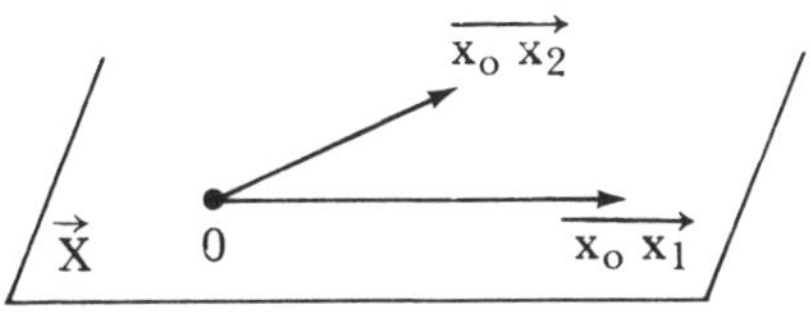

Figure 2.2.9.

2.2.9 DÉFINITION. *Un* repère (*affine*) *de l'espace affine X est la donnée de $d+1$ points $\{ x_i \}_{i=0,1,\ldots,d}$ de X, tels que $\{ \overrightarrow{x_0x_i} \}_{i=1,\ldots,d}$ soit une base de $\vec{X}$ (donc $d = \dim X$ nécessairement). Les* coordonnées *de $x \in X$ dans ce repère sont les $\{ \lambda_i \}_{i=1,\ldots,n}$ tels que $\overrightarrow{x_0x} = \sum_i \lambda_i \overrightarrow{x_0x_i}$,* i.e. *ce sont les coordonnées de $\overrightarrow{x_0x}$ dans la base $\{\overrightarrow{x_0x_i}\}_{i=1,\ldots,d}$ de $\vec{X}$. On pourra écrire $x = (\lambda_1, \ldots, \lambda_d)$.*

2.2.10 REMARQUE. Il est équivalent de dire que $\{ x_i \}_{i=1,\ldots,d}$ est une base du vectorialisé X_{x_0} (cf. 2.1.9). Ou encore que $\{ x_0, x_1, \ldots, x_d \}$ est un simplexe de X : cf. 2.4.7.

2.3 *Morphismes d'espaces affines*

Soient $(X, \vec{X}, \Theta)$, $(X', \vec{X}', \Theta')$ deux espaces affines (sur le même corps, cf. 0.2) et $f : X \to X'$ une application (ensembliste *a priori*).

2.3.1 PROPOSITION. *Pour $f : X \to X'$ il y a équivalence entre :*

(i) $\exists a \in X \mid f \in L(X_a\,;\, X'_{f(a)})$;

(ii) $\forall a \in X : f \in L(X_a\,;\, X'_{f(a)})$;

(iii) $\exists a \in X \mid \Theta_{f(a)} \circ f \circ \Theta_a^{-1} \in L(\vec{X}; \vec{X'})$;

(iv) $\forall a \in X : \Theta_{f(a)} \circ f \circ \Theta_a^{-1} \in L(\vec{X}; \vec{X'})$.

En outre $\Theta_{f(a)} \circ f \circ \Theta_a^{-1}$ ne dépend alors que de f ; on note $\vec{f}$ *ou $L(f)$ cette application. On a alors $\vec{f} \circ \Theta = \Theta \circ (f \times f)$. Une application vérifiant l'une de ces propriétés équivalentes est appelée* un morphisme (*d'espaces affines*), *ou une* application affine, *de X dans X'. Leur ensemble est* noté $A(X\,;\,X')$. *On dit que f est un* isomorphisme (*d'espaces affines*) *si f est en outre bijective, un* automorphisme *de X si f est bijective et si $X = X'$.*

$$X_a \xrightarrow{\ f\ } X'_{f(a)} \qquad \begin{array}{ccc} X & \xrightarrow{f} & X' \\ {\scriptstyle \Theta_a}\downarrow & & \downarrow{\scriptstyle \Theta_{f(a)}} \\ \vec{X} & \xrightarrow[\vec{f}]{} & \vec{X'} \end{array} \qquad \begin{array}{ccc} X \times X & \xrightarrow{f \times f} & X' \times X' \\ {\scriptstyle \Theta}\downarrow & & \downarrow{\scriptstyle \Theta'} \\ \vec{X} & \xrightarrow[\vec{f}]{} & \vec{X'} \end{array}$$

2.3.2 SCOLIE. *Pour une application affine, on a, pour tous $x, y \in X$:*

$$\overrightarrow{f(x)\,f(y)} = \vec{f}(\overrightarrow{xy})\,, \qquad f(y) = f(x) + \vec{f}(\overrightarrow{xy})\,.$$

La morale de cette histoire est que, heuristiquement, f est composée d'une translation et d'une application linéaire.

2.3.3 EXEMPLES

2.3.3.1 Si $X = X' = \mathbf{R}$, on trouve les applications bien connues

$$x \mapsto ax + b\,, \qquad a, b \in \mathbf{R}\,.$$

2.3.3.2 Toute application f constante est affine, et alors $\vec{f} = 0$. Réciproquement, si f est affine et $\vec{f} = 0$, f est constante.

2.3.3.3 Si $f = \mathrm{Id}_X$, alors $\vec{f} = \mathrm{Id}_{\vec{X}}$ (et f affine !). Pour la réciproque, voir ce qui suit.

2.3.3.4 Si $f \in A(X\,;\,X')$, $g \in A(X'\,;\,X'')$, alors $g \circ f \subset A(X\,;\,X'')$ et $\overrightarrow{g \circ f} = \vec{g} \circ \vec{f}$. En particulier

$$\mathrm{GA}\,(X) = A(X\,;\,X) \cap \mathfrak{S}_X$$

est un groupe pour la composition, dit le *groupe affine* de X. Et on a l'homomorphisme

$$L : \mathrm{GA}\,(X) \ni f \mapsto \vec{f} = L(f) \in \mathrm{GL}\,(\vec{X})$$

(où $\mathrm{GL}\,(\vec{X}) = L(\vec{X}\,;\,\vec{X}) \cap \mathfrak{S}_X$ est le groupe linéaire de $\vec{X}$). Le noyau de L, i.e. $L^{-1}(\mathrm{Id}_{\vec{X}})$, est naturellement $\vec{X}$, l'ensemble des translations de X (cf. 2.1.2) ; on *notera* plutôt cet ensemble

$$\operatorname{Ker} L = T(X)$$

dans la suite ; c'est un sous-groupe distingué de GA (X).

2.3.3.5 Le groupe affine est simplement transitif sur les repères affines. Ceci résulte par exemple de ce que, si $\{ x_i \}_{i=0,\dots,d}$, $\{ x'_i \}_{i=0,\dots,d}$ sont des repères affines de X et X', il existe $f \in A(X ; X')$ unique telle que

$$f(x_i) = x'_i \qquad \forall i = 0, \dots, d .$$

2.3.3.6 *A fortiori* X est un espace homogène pour le groupe GA (X) (plus gros que le groupe $\vec{X} = T(X)$ qui le définit en 2.1.1). Notons $\mathrm{GA}_a(X)$ le stabilisateur de $a \in X$ dans GA (X). Alors (cf. 1.5.5)

$$X \cong \mathrm{GA}(X)/\mathrm{GA}_a(X)$$

ensemblistement, et la restriction $L : \mathrm{GA}_a(X) \to \mathrm{GL}(X)$ est un *isomorphisme de groupes.* Pour préciser comment obtenir GA (X) à partir de $T(X)$ et $\mathrm{GA}_a(X)$, on introduit la :

2.3.3.7 Définition. *Un groupe G est dit* produit semi-direct *de son sous-groupe H par son sous-groupe K si $G = H.K = \{ hk : h \in H, k \in K \}$, $H \cap K = \{ e \}$ et si H est distingué.*

Il en résulte que toute écriture $g = hk$ est unique, qu'aussi $G = K.H$, avec des écritures uniques, mais bien sûr en général si $g = hk = k'h$, on a $k \neq k'$.

2.3.3.8 Proposition. *Pour $a \in X$ on a un produit semi-direct*

$$\mathrm{GA}(X) = T(X)\, \mathrm{GA}_a(X) .$$

L'application cherchée (cf. 2.1.2) de GA (X) dans $T(X) \times \mathrm{GA}_a(X)$ est bien sûr $f \mapsto (t_{\overrightarrow{f(a)a}}, t_{\overrightarrow{f(a)a}} \circ f)$.

2.3.3.9 Pour tout $a \in X$, $\lambda \in K^* = K \setminus 0$, on appelle *homothétie de centre a et de rapport λ, notée $H_{a,\lambda}$,* l'application

$$H_{a,\lambda} : x \mapsto a + \lambda \overrightarrow{ax}$$

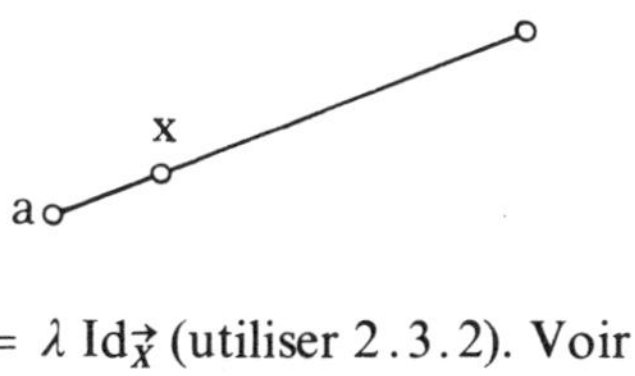

Figure 2.3.3.9.

est affine et on a $\overrightarrow{H_{a,\lambda}} = \lambda\, \mathrm{Id}_{\vec{X}}$ (utiliser 2.3.2). Voir des exemples page 183. Ici la commutativité de K intervient de façon essentielle. Réciproquement :

2.3.3.10 Proposition. *Soit $f \in$ GA (X) telle que $\vec{f} = \lambda\, \mathrm{Id}_{\vec{X}}$, avec*

$$\lambda \in K \setminus 1 .$$

Alors il existe un unique a tel que $f = H_{a,\lambda}$.

Pour démontrer 2.3.3.10, ainsi que la plupart des résultats non fins sur les espaces affines, on vectorialise. Ici on prend $b \in X$ quelconque et calcule dans l'espace vectoriel X_b ; on cherche a tel que $f(a) = a$, ce qui d'après 2.3.2 s'écrit $a = f(b) + \lambda(a - b)$, d'où la solution unique

$$a = \frac{1}{1-\lambda}\,(\,f(b) - \lambda b\ :)$$

2.3.3.11

$$\boxed{H_{a,\lambda} \circ H_{a,\mu} = H_{a,\lambda\mu} \quad \forall a \in X \quad \forall \lambda, \mu \in K\,.}$$

Par contre si $\lambda = 1$, le 2.3.3.10 est en défaut mais, en échange, on sait (cf. 2.3.3.4) que f est alors une translation. Pour unifier toutes les f telles que $\vec{f} = \lambda\,\mathrm{Id}_{\vec{X}}$, $\lambda \in K^*$, on introduit ce qui suit :

2.3.3.12 Proposition. Définition. *Le centre de* $\mathrm{GL}(\vec{X})$ *est* $K\,\mathrm{Id}_{\vec{X}}$. *L'image inverse*, notée $\mathrm{Dil}(X) = L^{-1}(K^*\,\mathrm{Id}_{\vec{X}})$, *est un sous-groupe distingué de* $\mathrm{GA}(X)$: *il est réunion ensembliste de* $T(X)$ *et de toutes les* $H_{a,\lambda}$ $(a \in X,\ \lambda \in K^* \setminus 1)$, $T(X)$ *est distingué dans* $\mathrm{Dil}(X)$. *Les éléments de* $\mathrm{Dil}(X)$ *s'appellent, dans leur ensemble, les* dilatations *de* X.

Pour le centre de $\mathrm{GL}(\vec{X})$ voir 2.8.4 (s'inspirer au besoin de 8.2.16). Les dilatations seront plaisamment caractérisées géométriquement en 2.5.6.

2.3.4 Quelle structure peut-on mettre naturellement sur $A(X, X')$, de même que $L(X; X')$ est naturellement un espace vectoriel ? Le lecteur intéressé trouvera dans [FL] la construction d'une structure naturelle d'espace affine sur $A(X; X')$, de dimension

$$\dim A(X; X') = (\dim X + 1)\dim X'\,,$$

dimension qui sera rendue plausible en 2.3.9.

2.3.5 Prenons deux situations comme en 2.2.5, i.e. soient E, E' deux espaces vectoriels, H, H' des hyperplans de E, E' respectivement. Introduisons les espaces affines associés $X = E_H$, $X' = E'_{H'}$; soit $f \in L(E; E')$; peut-on en déduire un morphisme $f : X \to X'$? Pour W droite vectorielle de E, supplémentaire de H, il faudra donc que $f(W)$ soit encore de dimension 1 et encore transverse à H'. Ceci est garanti précisément par l'introduction de l'ensemble *noté*

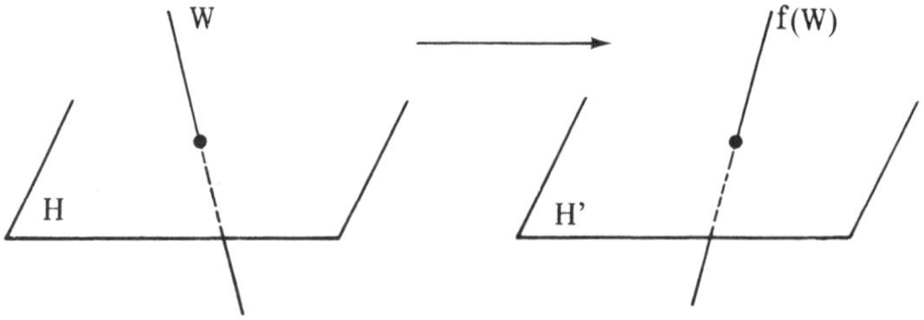

Figure 2.3.5.

2.3.6

$$L_{H,H'}(E\,;E') =$$
$$= \{\, f \in L(E\,;E') : f(H) \subset H' \quad \text{et} \quad \underline{f} : E/H \to E'/H' \text{ injective} \,\},$$

où $\underline{f} \in L(E/H\,;E'/H')$ est obtenue à partir de f par passage aux quotients, justement permis par $f(H) \subset H'$. Alors on aura bien $f(W) \in E'_{H'}$ $\forall W \in E_H$; on *note* $\overline{f} : E_H \to E'_{H'}$ l'application ainsi définie. Et on démontre de façon directe la :

2.3.7 PROPOSITION. *Si $f \in L_{H,H'}(E\,;E')$, alors $\overline{f} \in A(X\,;X')$; l'application $L(\overline{f}) = \vec{\overline{f}} \in L(L(E/H\,;H)\,;L(E'/H'\,;H'))$ n'est autre que*

$$\eta \mapsto f \circ \eta \circ \underline{f}^{-1}.$$

En outre $\overline{f} = \overline{g}$ si et seulement si il existe $k \in K^*$ tel que $g = kf$.

Voir en 3.2.1 et 5.1.3 une réciproque de 2.3.7. Quant à la motivation de 2.3.7 elle réside dans le chapitre 5.

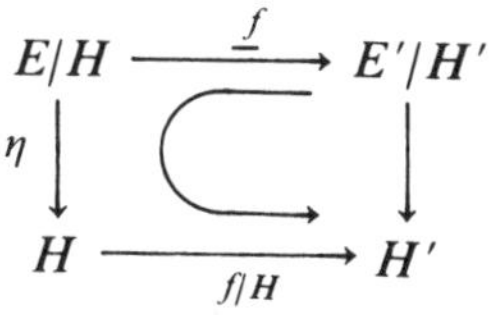

2.3.8 CALCULS DES MORPHISMES AVEC DES REPÈRES. Soient $f \in A\ (X : X')$, $\{x_i\}_{i=0,1,\ldots,n'}$ $\{x'_j\}_{i=0,1,\ldots,p}$ des repères de X, X' : posons $e_i = \overrightarrow{x_0x_i}$, $\vec{e}'_j = \overrightarrow{x'_0x'_j}$ et introduisont la matrice associée à f :

$$M(\vec{f}) = \begin{pmatrix} \alpha_{11} & \cdots & \alpha_{1n} \\ \vdots & & \vdots \\ \alpha_{p1} & \cdots & \alpha_{pn} \end{pmatrix}.$$

D'après 2.3.2 :

$$f(x) = f(x_0) + \vec{f}(\overrightarrow{x_0x}) = f(x) + \vec{f}\left(\sum_i \lambda_i\, e_i\right),$$

si $x = (\lambda_1, \ldots, \lambda_n)$. On écrit $\overrightarrow{x'_0 f'(x_0)} = \sum_j a_j\, e'_j$ d'où $\lambda'_j = a_j + \sum_k \alpha_{jk}\, \lambda_k$ si $f(x) = (\lambda'_1, \ldots, \lambda'_p)$; autrement dit

$$f(x) = a_1 + \sum_i \alpha_1, \lambda_i, \ldots, a_p + \Sigma\ \alpha_{pi}\, \lambda_i.$$

On constate que l'on obtient le même résultat ainsi, par le produit de matrices ci-dessous :

2.3.9

$$\begin{pmatrix} 1 \\ \lambda'_1 \\ . \\ . \\ . \\ \lambda'_p \end{pmatrix} = M(f) \begin{pmatrix} 1 \\ \lambda_1 \\ . \\ . \\ . \\ \lambda_n \end{pmatrix}, \text{ où l'on pose } M(f) = \begin{pmatrix} 1 & 0 \ldots 0 \\ a_1 & \\ . & \\ . & M(\vec{f}) \\ . & \\ a_p & \end{pmatrix}.$$

Ceci fournit le calcul pratique de toutes les questions, par exemple celui de la composée $g \circ f$ de $f \in A(X\,;X')$ avec $g \in A(X'\,;X'')$. L'explication profonde sera donnée en 3.2.5. Enfin on voit que la dimension naturelle de $A(X\,;X')$ est le nombre de paramètres figurant dans les $M(f)$, c'est bien $p + pn = p(n+1) = \dim X'(\dim X + 1)$ (cf. 2.3.4).

2.4 *Sous-espaces affines*

Les sous-espaces affines sont les premiers éléments introduits dans la géométrie : droites du plan, droites et plans de l'espace. Mathématiquement il est actuellement préférable d'introduire les morphismes avant les sous-espaces.

2.4.1 DÉFINITION. PROPOSITION. *Soient X un espace affine et Y une partie non vide de X. Il y a équivalence entre :*

$\exists a \in Y \mid \Theta_a(Y)$ *est un sous-espace vectoriel de* $\vec{X}$;

$\forall a \in Y : \Theta_a(Y)$ *est un sous-espace vectoriel de* $\vec{X}$;

$\exists a \in Y \mid Y$ *est un sous-espace vectoriel de* X_a;

$\forall a \in Y : Y$ *est un sous-espace vectoriel de* X_a;

$\exists a \in X$ *et* $\vec{V} \subset \vec{X}$ *sous-espace vectoriel tel que* $Y = a + \vec{V}$.

Figure 2.4.1.

Un Y vérifiant l'une de ces conditions est appelé un sous-espace affine *ou un* sous-espace *de X. L'espace vectoriel $\Theta(Y \times Y) = \Theta_a(Y) = \vec{V}$ ($\forall a \in Y$) est appelé la* direction *de Y, et noté $\vec{Y}$. Car en outre $(Y, \vec{Y}, \Theta\,|_{Y\times Y})$ est un espace affine ; de plus l'injection $i : Y \to X$ appartient à $A(Y\,;X)$. La* dimension *de Y est celle de l'espace affine qu'il constitue naturellement ci-dessus.*

La cinquième condition traduit bien la philosophie non intrinsèque des espaces affines : ce sont des espaces vectoriels, à une translation près (cf. 2.3.2).

2.4.2 EXEMPLES

2.4.2.1 Les sous-espaces de dimension 0 de X sont les *points* de X. Ceux de dimension 1 (resp. 2) sont appelés les *droites* (resp. *plans*) affines ou droites et plans, de X. Ceux dont la direction est un hyperplan de $\vec{X}$ sont aussi appelés *hyperplans* (affines) de X.

2.4.2.2 Soit $f \in A(X\,;\,X')$, Y un sous-espace de X et Y' un sous-espace de X' ; alors $f(Y)$ est un sous-espace de X' et $f^{-1}(Y')$ est un sous-espace de X s'il n'est pas vide. En outre $\overrightarrow{f(Y)} = \vec{f}(\vec{Y})$ et $\overrightarrow{f^{-1}(Y')} = (\vec{f})^{-1}(\vec{Y'})$.

2.4.2.3 Dans E_H (cf. 2.2.5) il y a une correspondance bijective entre les sous-espaces affines Y de E_H et les sous-espaces vectoriels $\hat{Y}$ de E, où $\hat{Y}$ est le sous-espace vectoriel de E engendré par $\bigcup_{W \in Y} W$; noter que

$$\dim \hat{Y} = \dim Y - 1$$

et $\vec{Y} = L(E/H\,;\,\hat{Y} \cap H)$. De même, pour l'exemple 2.2.3, il y a bijection entre les sous-espaces Y de X et les $\hat{Y}$, où $\hat{Y}$ est le sous-espace vectoriel de E engendré par Y ; et alors $\vec{Y} = \hat{Y} \cap F$.

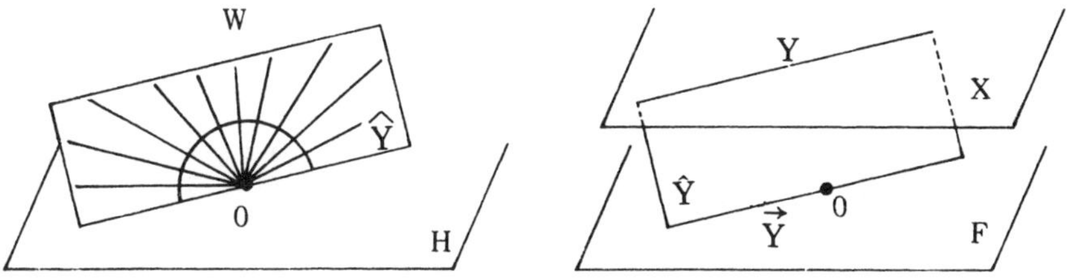

Figure 2.4.2.3.

2.4.2.4 Soit $(Y_i)_{i \in I}$ est une famille quelconque de sous-espaces de X, alors ou $\bigcap_i Y_i = \emptyset$ ou $\bigcap_i Y_i$ est un sous-espace ; et alors $\overrightarrow{\bigcap_i Y_i} = \bigcap_i \vec{Y_i}$. Il en résulte classiquement la :

2.4.2.5 Proposition. *Soit $S \subset X$ une partie quelconque non vide de X espace affine. Il existe un plus petit sous-espace contenant S, appelé le* sous-espace engendré *par S,* noté $\langle\, S \,\rangle$. *C'est aussi l'intersection de tous les sous-espaces contenant S.*

2.4.2.6 On voit ainsi que (si $\dim X = d < \infty$) un ensemble $\{\, x_i \,\}_{i=0,\ldots,d}$ de $d + 1$ points de X est un repère affine si et seulement si

$$\langle\, x_0, x_1, \ldots, x_d \,\rangle = X\,.$$

2.4.3 DÉFINITION. PROPOSITION. *Des points $\{\, e_i \,\}_{i=0,\ldots,k}$ de X sont dits* (affinement) indépendants *si* $\dim \langle\, e_0, \ldots, e_k \,\rangle = k$. *Les $\{\, e_i \,\}_{i=0,\ldots,k}$ sont indépendants si et seulement si $e_i \notin \langle\, e, \ldots, e_{i-1}, e_{i+1}, \ldots, e_k \,\rangle$ pour tout $i = 0, \ldots, k$.*

2.4.4 PAR EXEMPLE : deux points x, y sont indépendants si et seulement si $x \neq y$. Ils déterminent alors une droite unique qui les contient : $\langle x, y \rangle$. On retrouve ainsi le vieil axiome d'Euclide : par deux points distincts passe une droite et une seule.

2.4.5 PROPOSITION. *Soit X un espace affine sur un corps différent du corps à deux éléments. Pour qu'une partie non vide Y de X soit un sous-espace de X il faut et il suffit que $\langle x, y \rangle \subset Y$ pour tous $x, y \in Y$.*

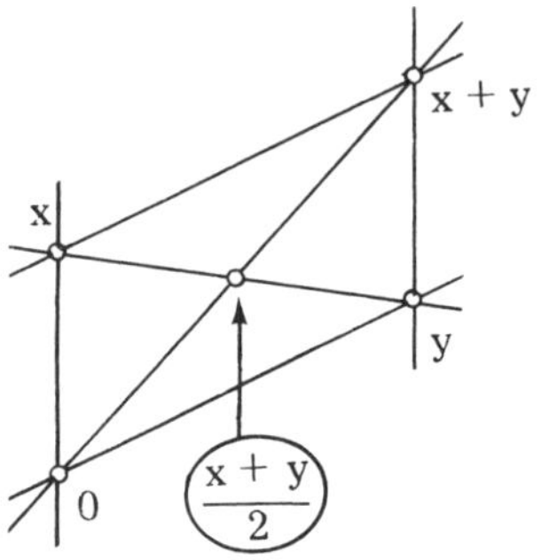

Figure 2.4.5.

Il s'agit ici aussi d'un vieil axiome : un plan de l'espace est une partie qui contient la droite joignant deux quelconques de ses points. Mais 2.4.5 est faux si le corps est de caractéristique 2. Pour démontrer 2.4.5, on vectorialise X en $0 \in Y$ et calcule dans X_0 : pour tous $x, y \in Y$:

$$\langle 0, x \rangle = Kx \subset Y$$

et $x + y \in \left\langle 0, \frac{x+y}{2} \right\rangle \subset Y$.

2.4.6 NOTE. Soient a, b, c trois points alignés (i.e. il existe une droite les contenant), avec $a \neq b$. Alors on peut parler du rapport

$$\frac{\overrightarrow{ac}}{\overrightarrow{ab}} \in K .$$

2.4.7 SIMPLEXES. On appelle *simplexe* de X, espace affine de dimension finie d, un ensemble de $d + 1$ points indépendants de X. Si $d = 2$ on dit *triangle* et si $d = 3$ *tétraèdre*. Pour un triangle $\{ x, y, z \}$ les trois droites $\langle x, y \rangle$, $\langle y, z \rangle$, $\langle z, x \rangle$ sont appelées ses *côtés*. Pour un tétraèdre $\{ x, y, z, t \}$, les *arêtes* sont les droites $\langle x, y \rangle$, $\langle x, z \rangle$, $\langle x, t \rangle$, $\langle y, z \rangle$, $\langle y, t \rangle$, $\langle z, t \rangle$ et les *faces* sont les plans $\langle x, y, z \rangle$, $\langle y, z, t \rangle$, $\langle z, t, x \rangle$, $\langle t, x, y \rangle$; on appelle parfois aussi *triangle* trois points indépendants de X de dimension quelconque.

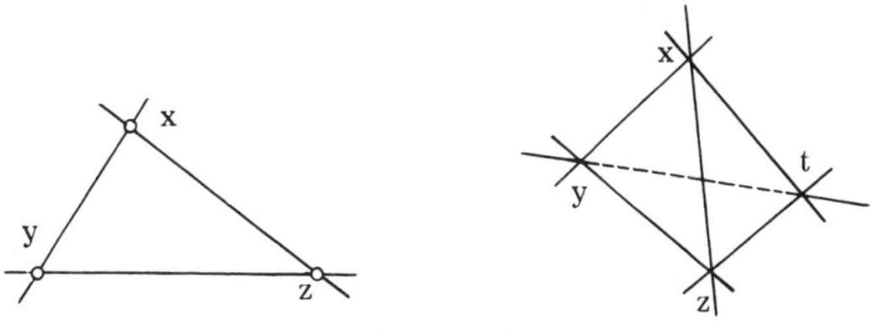

Figure 2.4.7.

2.4.8 GÉOMÉTRIE ANALYTIQUE : ÉQUATIONS DE SOUS-ESPACES. Il s'agit, comme en 2.3.8, d'avoir des outils pour calculer tout ce qui est relatif aux sous-espaces. Rappelons qu'ici (cf. 2.2.8) $\dim X = d < \infty$.

2.4.8.1 Rappels d'algèbre linéaire. *Soit E un espace vectoriel de dimension d; son dual E^* est aussi de dimension d. Soit F une partie quelconque de E et $[F]$ le sous-espace vectoriel de E qu'elle engendre. On note*

$$F^{\perp} = \{ f \in E^* : f(F) = 0 \}$$

l'orthogonal *de F dans E^*; alors $F^{\perp} = [F]^{\perp}$ et* $\dim [F] + \dim F^{\perp} = d$. *Pour une partie S de E^* on note encore $S^{\perp}$ son* orthogonal *dans E* :

$$S^{\perp} = \{ x \in E : f(x) = 0 \quad \forall f \in S \} :$$

alors $[S]^{\perp} = S^{\perp}$ et $\dim S^{\perp} + \dim [S] = d$. *Si maintenant F est un sous-espace vectoriel de E, ainsi que F', et S un sous-espace vectoriel de E^*, on a toujours* :

$$F^{\perp\perp} = F, \quad S^{\perp\perp} = S, \quad (F \cap F')^{\perp} = F^{\perp} + F'^{\perp}, \quad (F + F')^{\perp} = F^{\perp} \cap F'^{\perp}.$$

Pour dim X infinie, le lecteur intéressé pourra se reporter à [BI 5], chapitre II, § 2.

2.4.8.2 Corollaire. *Soit $H \subset E$ un hyperplan; alors $\exists f \in E^* \setminus 0$ telle que $H = f^{-1}(0)$,* et si *$H = f^{-1}(0) = g^{-1}(0)$ pour $f, g \in E^*$, nécessairement $g = \lambda f$, $\lambda \in K^*$. Pour que $F \subset E$ soit un sous-espace vectoriel de dimension p il faut et il suffit qu'il existe $f_1, \ldots, f_{d-p} \in E^*$ linéairement indépendantes telles que $F = \bigcap_{i=1}^{d-p} f_i^{-1}(0)$.*

Nous pouvons maintenant passer au cas affine ; la précaution à prendre est que le noyau des formes affines constantes non nulles est vide (ce n'est pas le cas pour les linéaires, où 0 appartient toujours au noyau !).

2.4.8.3 Définition. *Une forme* affine *sur un espace affine X est $f \in A(X; K)$ où K est muni de sa structure affine naturelle sur lui-même* (cf. 2.2.1). *On munira $A(X; K)$ de sa structure classique d'espace vectoriel.*

2.4.8.4 Par exemple, si $\{ x_i \}_{i=0,\ldots,d}$ est un repère de X, toute forme affine s'écrit de façon unique

$$x = (\lambda_1, \ldots, \lambda_d) \mapsto f(x) = a + \sum_i \alpha_i \lambda_i$$

(cf. 2.3.8). Aussi une constante est une forme affine, et $f^{-1}(0) = \emptyset$ si cette constante n'est pas 0.

2.4.8.5 Proposition. *Soit X espace affine de dimension d, soit V une partie* non vide *de X. Alors V est un sous-espace affine de X, de dimension p, si et seulement si il existe un sous-espace vectoriel $V' \subset A(X; K)$, de dimension $d-p$, tel que $V = V'^{\perp} = \{ x \in X : f(x) = 0 \ \forall f \in V' \}$ et $1 \notin V'$ (où 1 désigne, par abus, la forme affine constante $x \mapsto 1 \ \forall x \in X$).*

Vectorialiser X en $a \in V$ et travailler sur X_a. Le sens direct est banal, car $1 \notin V'$ puisque $1(x) = 1 \neq 0 \, \forall x$. Le sens inverse est plus difficile : la seule chose à montrer est que $V'^{\perp} \neq \emptyset$, car alors, comme dans le sens direct, le résultat n'est autre que 2.4.8.1 pour $E = X_a$. On procède par récurrence sur $k = \dim V'$, le cas $k = 0$ est banal. Soit $\{ f_1, \ldots, f_k \}$ une base de V', $V'_1 = Kf_1 + \cdots + Kf_{k-1}$; par hypothèse de récurrence $V_1 = V_1'^{\perp} \neq \emptyset$, et il suffit de montrer que $f_k \mid V_1$ n'est pas constante non nulle. Par l'absurde : soit f_k constante sur V_1, alors $\overrightarrow{f_k(x_0) f_k(x)} = \overrightarrow{f_k}(\overrightarrow{x_0 x}) = 0 \ \forall x_0, \ x \in V_1$. Pensons à $\overrightarrow{V_1}$, $\overrightarrow{V_1}^{\perp} = K\overrightarrow{f_1} + \cdots + K\overrightarrow{f_{k-1}}$, d'où

$$\overrightarrow{f_k} = \sum_{i=1}^{k-1} \lambda_i \overrightarrow{f_i}$$

puis

$$f_k(x) = f_k(x_0) + \sum_{i=1}^{k-1} \lambda_i f_i(x) \qquad \forall x \in X$$

car $f_i(x_0) = 0$, soit $f_k(x_0) = 0$.

2.4.8.6 Exemples. L'exemple le plus important est celui des hyperplans : si $\dim H = p = 1$, alors 2.4.8.5 dit exactement qu'il existe une forme affine $f \in A(X; K)$ telle que $H = f^{-1}(0)$, que réciproquement $f^{-1}(0)$ est un hyperplan si f est une forme affine non constante, enfin que

$$f^{-1}(0) = g^{-1}(0)$$

est équivalent à $f = kg$, $k \in K^*$.

Les cas pratiques les plus usités sont ceux de $K = \mathbf{R}$, $d = 2$ ou 3, qui correspondent à notre vie de tous les jours. Par exemple un plan Y de X, $d = 3$, pour un repère quelconque, s'écrira

$$Y = \{ (x, y, z) : ax + by + cz + d = 0 \},$$

où les quatre réels a, b, c, d vérifient la seule condition : a, b, c ne sont pas nuls tous les trois. Dans le même X une droite D s'écrira :

$$D = \{ (x, y, z) : ax + by + cz + d = a'x + b'y + c'z + d' = 0 \}$$

où les deux triples (a, b, c), (a', b', c') doivent être non nuls et non proportionnels.

2.4.8.7 Représentations paramétriques. On se donnera Y sous-espace de dimension k de X par un repère $\{ x_i \}_{i=0,\dots,k}$ de Y et alors on a

$$Y = \left\{ x_0 + \sum_{i=1}^{k} \lambda_i \overrightarrow{x_0 x_i} : \lambda_i \in K \ \forall i = 1, \dots, k \right\} .$$

Ainsi une droite dans $\mathbf{R}^3$ sera

$$\{ (a + \lambda b, a' + \lambda b', a'' + \lambda b'') : \lambda \in \mathbf{R} \} ,$$

un plan

$$\{ (a + \lambda b + \mu c, a' + \lambda b' + \mu c', a'' + \lambda b'' + \mu c'') : \lambda, \mu \in \mathbf{R} \} .$$

2.4.8.8 Pour calculer avec l'ensemble des sous-espaces (vectoriels, affines, projectifs), un outil important consiste en les « coordonnées de Grassmann », voir [HO-PE], chapitre VII.

2.4.9 PARALLÉLISME ET INTERSECTION DE SOUS-ESPACES

2.4.9.1 Définition. *Deux sous-espaces S, T de l'espace affine X sont dits* :

— parallèles si $\vec{S} = \vec{T}$, noté $S /\!/ T$;
— faiblement parallèles si $\vec{S} \subset \vec{T}$, noté $S \lhd T$.

On voit que $. /\!/ .$ est une relation d'équivalence, $. \lhd .$ une relation de préordre. Avant de retrouver les équivalences entre ces définitions et celles d'Euclide pour le cas des droites d'un plan et celui des droites et plans d'un espace (i.e. de dimension 3), il faut étudier les propriétés d'intersection des sous-espaces.

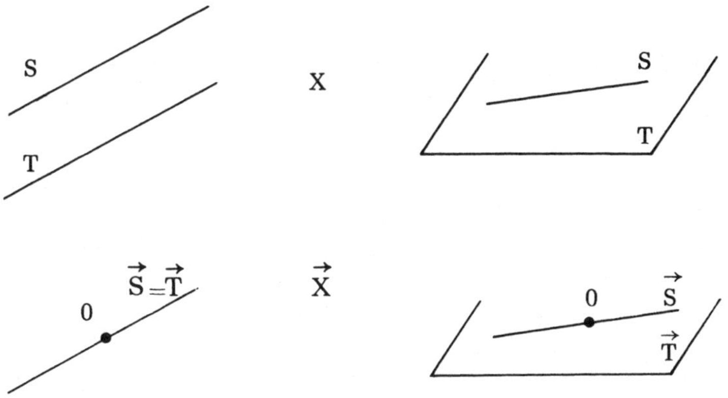

Figure 2.4.9.1.

2.4.9.2 Proposition. *Si $S /\!/ T$, alors $S = T$ ou $S \cap T = \emptyset$. Si $S \lhd T$, alors $S \cap T = \emptyset$ ou $S \subset T$. Pour que $S \lhd T$, il faut et il suffit qu'il existe S' sous-espace de T tel que $S /\!/ S'$. Soient $x \in X$ et S un sous-espace ; il existe un unique sous-espace T tel que $S /\!/ T$ et $x \in T$. Soient S, T deux sous-espaces de X ; alors*

— *si* $S \cap T = \emptyset$:

$$\dim S + \dim T < \dim X + \dim(\vec{S} + \vec{T})$$

et

$$\dim \langle S \cup T \rangle = \dim(\vec{S} + \vec{T}) + 1 = \dim S + \dim T + 1 - \dim(\vec{S} \cap \vec{T})$$

— *si* $S \cap T \neq \emptyset$:

$$\dim \langle S \cup T \rangle = \dim S + \dim T - \dim(S \cap T) .$$

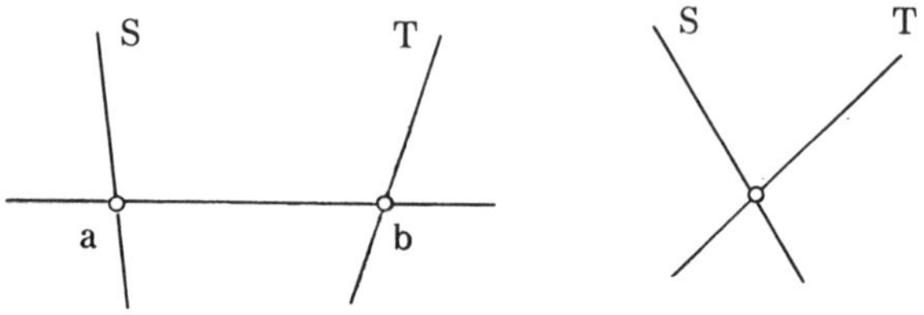

Figure 2.4.9.2.

La proposition résulte directement de la relation de Grassman

$$\dim \vec{S} + \dim \vec{T} = \dim(\vec{S} + \vec{T}) + \dim(\vec{S} \cap \vec{T})$$

valable pour toute paire de sous-espaces vectoriels d'un espace vectoriel et du

2.4.9.3 Lemme. *Soient* $a \in S$, $b \in T$; *alors* $S \cap T \neq \emptyset$ *est équivalent*

Lemme qui se démontre en introduisant X_a (cf. 2.1.9). En outre, on voit que $\overrightarrow{\langle S \cup T \rangle} = \vec{S} + \vec{T} + K.\overrightarrow{ab}$.

2.4.9.4 Corollaire. *Si* $\vec{S}$ *et* $\vec{T}$ *sont supplémentaires* : $\vec{X} = \vec{S} \otimes \vec{T}$, *alors* $S \cap T$ *consiste en exactement en un point. Et les sous-espaces* S, T *sont aussi dits* supplémentaires.

2.4.9.5 Exemples. Si X est un plan, D une de ses droites, $x \notin D$, il existe une unique droite D' de X qui contient x et telle que $D \cap D' = \emptyset$; il s'agit d'ailleurs de celle telle que $D' /\!/ D$. On retrouve ainsi le fameux *postulat d'Euclide*, où la notion de parallèles était définie par une propriété d'intersection vide. Si $d = 3$, pour une droite D et un plan P de X : ou $D \subset P$, ou $D \cap P$ consiste en un point, ou $D \cap P = \emptyset$ et, dans ce dernier cas, $D \lhd P$.

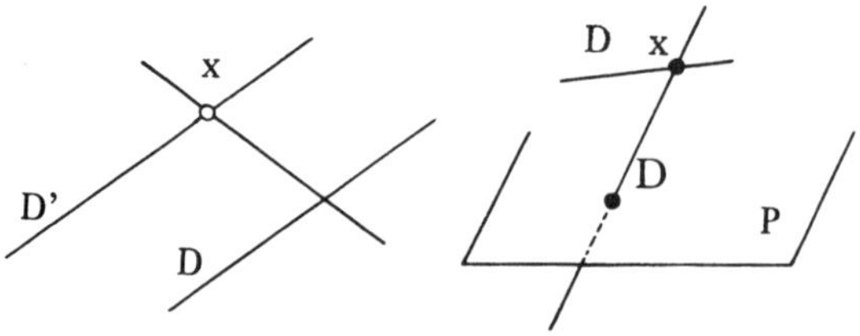

Figure 2.4.9.4.

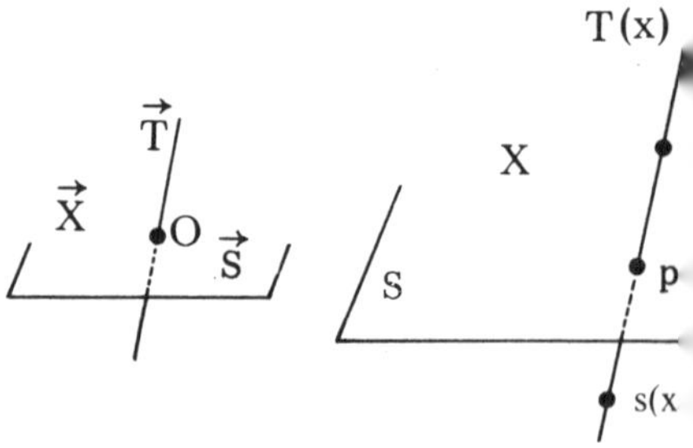

Figure 2.4.9.5.

2.4.9.6 Projections et symétries. Soient X un espace affine, S un sous-espace et $\vec{T}$ un supplémentaire de $\vec{S}$ dans $\vec{X}$. Alors, d'après 2.4.9.2 et 2.4.9.4 il existe, pour tout $x \in X$, un unique sous-espace $T(x)$ de direction $\vec{T}$ et $S \cap T(x)$ consiste en un point unique ; si on *note* $p(x)$ ce point, on obtient ainsi une application $p : X \; x \mapsto p(x) \in S$, appelée *projection* de X sur S parallèlement à T. On a $p \in A(X\,;\,S)$. Quant à la *symétrie s, autour de S parallèlement à* $\vec{T}$, c'est $s : X \to X$ définie par $\overrightarrow{xp(x)} = \overrightarrow{p(x)\,s(x)}\ \forall x \in X$; on a $s^2 = s \circ s = \mathrm{Id}_X$ et $s \in A(X\,;\,X)$. On peut dire aussi, avec le langage de 3.4.2, que $s(x)$ est défini par : $p(x)$ est le milieu de $x, s(x)$. Pour les $s \in A(X\,;\,X)$ tels que $s^2 = \mathrm{Id}_X$, voir 2.8.5 ; ainsi que pour les $p \in A(X\,;\,X)$ tels que $p^2 = p$.

2.4.9.7 Pour les rapports entre sous-espaces et points fixes des endomorphismes de X, i.e. des éléments de $A(X\,;\,X)$, voir [FL], p. 68.

2.5 *Enfin de la géométrie : Thalès, Pappus, Desargues*

2.5.1 PROPOSITION (théorème de Thalès). *Soient H, H', H'' trois hyperplans parallèles et distincts d'un espace affine X et $(D_i)_{i \in I}$ une famille de droites de X, dont aucune n'est faiblement parallèle à H. Alors les points $d_i = H \cap D_i$, $d_i' = H' \cap D_i$, $d_i'' = H'' \cap D_i$ $(i \in I)$* (cf. 2.4.9.4 et 2.4.6) *vérifient : le scalaire $\overrightarrow{d_i d_i''}/\overrightarrow{d_i d_i'}$ est indépendant de $i \in I$, il ne dépend que de H, H', H''. Réciproquement, si pour un i on a $d''' \in \langle d_i, d_i' \rangle$ et si $\overrightarrow{d_i d_i'''}/\overrightarrow{d_i d_i'}$ est égal à cette valeur commune, alors $d_i''' = d_i'' = H'' \cap D_i$.*

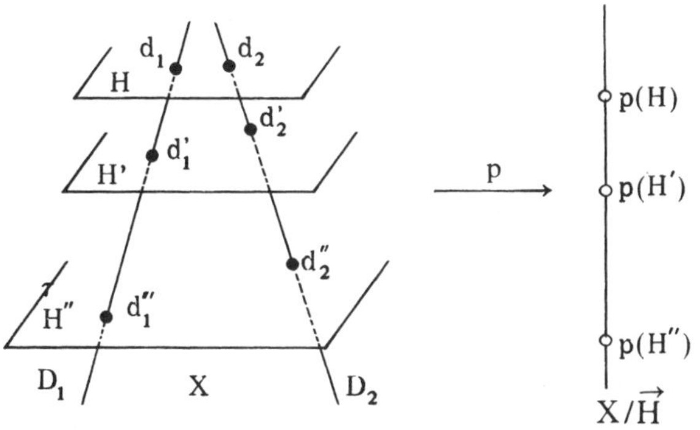

Figure 2.5.1.

On introduit l'espace quotient $X/\vec{H}$ (cf. 2.2.4) et la projection canonique $p : X \to X/\vec{H}$; c'est facilement un morphisme. En particulier d'après 2.3.2 on a pour tout i :

$$\frac{\overrightarrow{d_i d_i''}}{\overrightarrow{d_i d_i'}} = \frac{\overrightarrow{p(H)\,p(H'')}}{\overrightarrow{p(H)\,p(H')}}.$$

La réciproque provient de l'unicité d'un point c sur une droite $\langle a, b \rangle$ $(b \neq a)$, tel que $\overrightarrow{ac}/\overrightarrow{ab}$ soit donné dans K.

Voir en 6.5.4 une autre démonstration de 2.5.1.

Tout ce qui va suivre dans cette section est conséquence de la remarque élémentaire suivante :

2.5.2 LEMME. *Soient $a, b \in X$, $a \neq b$, f une dilatation $\neq \mathrm{Id}_X$, $a' = f(a)$ et $D = \langle a, b \rangle$ la droite passant par a et b ; soit enfin D' la parallèle à D passant par a'* (cf. 2.4.9.2).
Alors $b' = f(b)$ est équivalent à :

— *si $f \in T(X)$, b' est l'intersection de D' avec la parallèle à $\langle a, a' \rangle$ passant par b ;*
— *si f est une homothétie de centre 0 : $b' = D' \cap \langle 0, b \rangle$.*

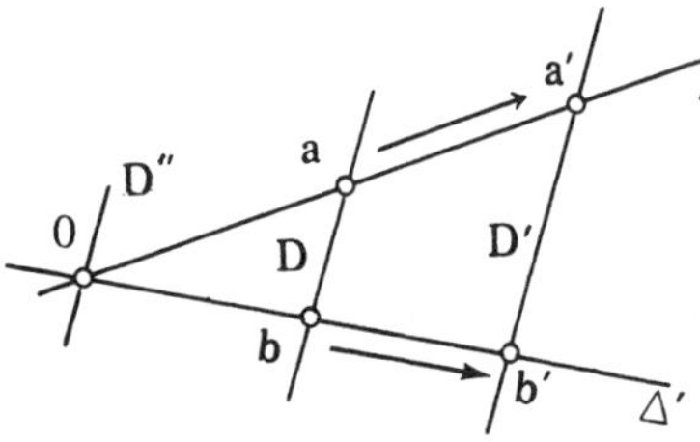

Figure 2.5.2.

Le cas où f est une translation est la fameuse « règle du parallélogramme » ($\overrightarrow{ab} = \overrightarrow{cd}$ entraîne $\overrightarrow{ac} = \overrightarrow{bd}$), qui résulte de la commutativité de $\vec{X}$. Dans le cas $f \notin T(X)$, on se place dans le plan engendré par 0, a, b et on applique le théorème de Thalès aux trois droites D, D', D'', où D'' est la parallèle à D passant par 0 ; ces droites sont les hyperplans H, H', H'' de 2.5.1, hyperplans que l'on coupe par les deux droites $\Delta = \langle 0, a \rangle$, $\Delta' = \langle 0, a' \rangle$.

2.5.3 PROPOSITION (théorème de Pappus, cas affine, voir aussi 5.4.2). *Soient X un plan affine, D et D' deux droites distinctes de X, x, y, $z \in D$ et x', y', $z' \in D'$ des points distincts et distincts de $D \cap D'$.* Alors :
$\langle x, y' \rangle /\!/ \langle x', y \rangle$ et $\langle y, z' \rangle /\!/ \langle y', z \rangle$ entraînent $\langle x, z' \rangle /\!/ \langle x', z \rangle$.

Premier cas : D n'est pas parallèle à D', donc (d'après 2.4.9.5) $D \cap D'$ consiste en un point 0. Soit f (resp. g) l'homothétie de centre 0 et tel que $f(x) = y$ (resp. $g(y) = z$). D'après 2.5.2 et par hypothèse : $x' = f(y')$ et $g(z') = y'$. Or $g \circ f = f \circ g$ (utiliser 2.3.3.11 et K est commutatif !), donc $z = h(x)$ et $x' = h(z')$ où l'on a posé $h = g \circ f$, d'où $\langle x, z' \rangle /\!/ \langle x', z \rangle$ d'après 2.5.2 en sens réciproque.

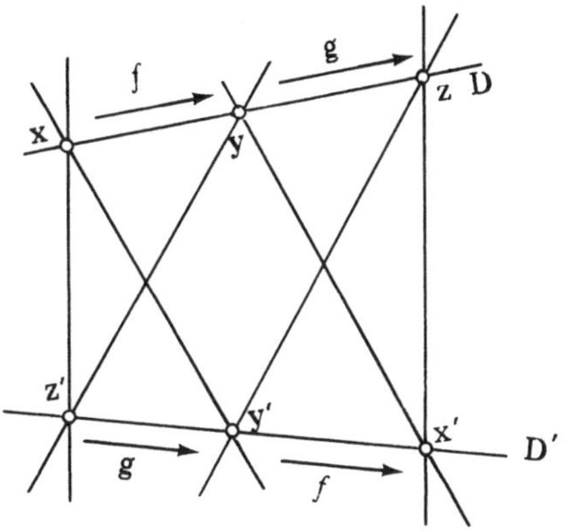

Figure 2.5.3.

Deuxième cas : $D \mathbin{/\!/} D'$; on remplace alors les homothéties par des translations.

On peut formuler une réciproque de 2.5.3, voir 2.8.6.

2.5.4 PROPOSITION (théorème de Desargues, cas affine, voir aussi 5.4.7). *Soient* $\langle a, b, c \rangle$, $\langle a', b', c' \rangle$ *deux triangles d'un espace affine* (voir 2.4.7), *sans sommet commun et de côtés parallèles* : $\langle a, b \rangle \mathbin{/\!/} \langle a', b' \rangle$, $\langle b, c \rangle \mathbin{/\!/} \langle b', c' \rangle$, $\langle c, a \rangle \mathbin{/\!/} \langle c', a' \rangle$. *Alors les trois droites* $\langle a, a' \rangle$, $\langle b, b' \rangle$, $\langle c, c' \rangle$ *sont, ou parallèles, ou concourantes.*

De $\langle a, b \rangle \mathbin{/\!/} \langle a', b' \rangle$ on déduit d'abord que les quatre points a, b, a', b' sont dans un même plan ; donc (2.4.9.5) ou $\langle a, a' \rangle \mathbin{/\!/} \langle b, b' \rangle$ ou $\langle a, a' \rangle$ et $\langle b, b' \rangle$ se coupent en un point 0. Traitons le deuxième cas : soit f l'homothétie de centre 0 telle que $f(a) = a'$. D'après 2.5.2 : $f(b) = b'$. En appliquant encore deux fois 2.5.2 : si $f(c) = c''$, on aura

$$\langle b, c \rangle \mathbin{/\!/} \langle b', c'' \rangle \quad \text{et} \quad \langle a, c \rangle \mathbin{/\!/} \langle a', c'' \rangle ,$$

d'où $c' = c''$ d'après 2.4.9.2.

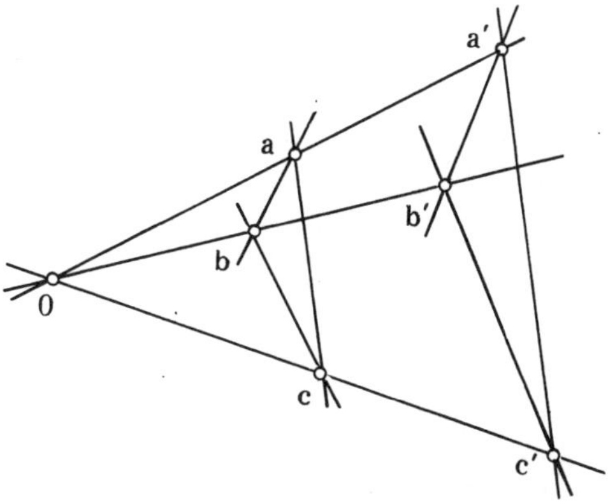

Figure 2.5.4.

2.5.5 NOTE. En théorie axiomatique des géométries affines et projectives, les théorèmes de Pappus et de Desargues jouent un rôle important ; parfois ils sont pris comme axiomes. En particulier le théorème de Desargues est lié à l'associativité de la multiplication du corps de base K, et celui de Pappus traduit exactement sa commutativité. Le lecteur intéressé pourra se référer entre autres, à 2.8.9, à [AN], p. 73-75 et [DI], p. 158-160 ainsi qu'à 2.6.7 et 4.8.

2.5.6 COROLLAIRE (caractérisation des dilatations). *Soit $f \in \mathfrak{S}_X$ une bijection ensembliste $X \to X$ d'un espace affine X, telle que, quelle que soit la droite D de X, $f(D)$ soit une droite de X parallèle à D. Alors* $f \in \mathrm{Dil}\,(X)$.

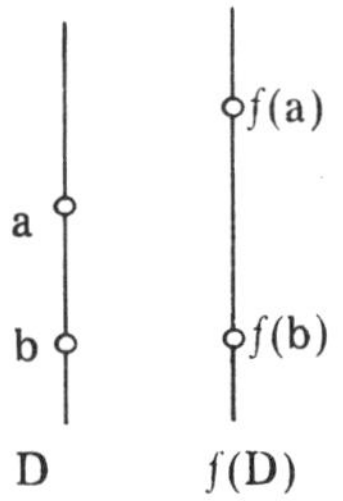

Figure 2.5.6.

La réciproque est banale ; le corollaire suit de suite de la démonstration de 2.5.4. Car on introduira la dilatation f' définie par le couple a, b, $f(a)$, $f(b)$. La condition du corollaire implique alors que $f = f'$.

2.5.7 Voir 5.4 et 5.5.4, 5.5.5 pour des applications pratiques des résultats précédents.

2.6 *Le théorème fondamental de la géométrie affine*

Il s'agit du seul résultat fin de ce chapitre, de démonstration assez cachée et longue, malgré la simplicité de son énoncé.

2.6.1 INTRODUCTION. On a vu (cf. 2.4.2.2) que pour $f \in A(X ; X')$ l'image de toute droite D de X est une droite (ou à la rigueur un point) de X'. La réciproque est fausse ; d'abord si $\dim X = \dim X' = 1$, car toute application ensembliste $X \to X'$ convient. Ensuite, prenons $X = X' = \mathbf{C}^2$ et $f : (z_1, z_2) \mapsto (\overline{z}_1, \overline{z}_2)$ (où $\overline{\cdot}$ désigne le nombre complexe conjugué). On voit que f transforme toute droite de $\mathbf{C}^2$ en une droite de $\mathbf{C}^2$: si $D = x + \mathbf{C}.z$ (voir 2.4.8.7), $f(D) = \overline{x} + \overline{\mathbf{C}.z}$ est bien une droite encore. En gros le théorème fondamental de la géométrie affine dit que les deux exemples ci-dessus sont les seules obstructions au résultat en vue ; noter que $z \mapsto \overline{z}$ est un automorphisme de corps de $\mathbf{C}$. Avant d'énoncer le théorème on introduit la :

2.6.2 DÉFINITION. *Soient V, V' deux espaces vectoriels sur K, K'. Une application $f : V \to V'$ est dite* semi-linéaire *s'il existe un isomorphisme $\sigma : K \to K'$ de corps tel que*

$$f(\lambda x + \mu y) = \sigma(\lambda)\, f(x) + \sigma(\mu)\, f(y)$$

pour tous $x, y \in V$, $\lambda, \mu \in K$. Soient X, X' deux espaces affines sur les corps K, K' ; une application $f : X \to X'$ est dite semi-affine *s'il existe $a \in X$ tel que $f : X_a \to X'_{f(a)}$ soit semi-linéaire.*

Comme exemple d'application semi-affine, on a déjà rencontré

$$(z_1, z_2) \mapsto (\overline{z}_1, \overline{z}_2)\,.$$

Le lecteur pourra, comme théorème d'exercice, étendre le plus de choses de la section 2.3 au cas semi-affine. Et vérifier bien sûr que toute application semi-affine transforme des points alignés en points alignés.

2.6.3 THÉORÈME FONDAMENTAL DE LA GÉOMÉTRIE AFFINE. *Soient X, X' deux espaces affines de même dimension finie d, $d \geqslant 2$. Soit $f : X \to X'$ une bijection telle que, quels que soient trois points alignés a, b, c dans X, leurs images $f(a)$, $f(b)$, $f(c)$ sont alignées dans X'. Alors f est semi-affine à condition de plus que ni X ni X' n'ait pour corps celui à deux éléments.*

On pourra trouver dans [FL] des résultats plus fins ; voir aussi 5.4.8 et 5.4.9. Pour aider à évaluer l'impact de ce théorème, rappelons que :

2.6.4 PROPOSITION. *Le corps **R** n'admet pas d'autre automorphisme que* $\mathrm{Id}_{\mathbf{R}}$ *; le corps **C** n'admet pas d'autre automorphisme continu que* $\mathrm{Id}_{\mathbf{C}}$ *et $z \mapsto \overline{z}$. Le corps **C** admet d'autres automorphismes que* $\mathrm{Id}_{\mathbf{C}}$ *et $z \mapsto \overline{z}$.*

Voir par exemple [FL], p. 88 ou 2.8.10, ou encore [PO], p. 48.
Voir aussi 8.12.11 pour les automorphismes du corps, non commutatif, des quaternions.

2.6.5 COROLLAIRE. *Soient X, X' deux espaces affines réels* (i.e. *sur le corps* **R**) *de même dimension finie $\geqslant 2$ et $f : X \to X'$ une bijection ensembliste transformant trois points alignés quelconques en des points alignés. Alors $f \in A(X\,;X')$.*

La démonstration de 2.6.3, est assez longue. Nous en donnons seulement les principales étapes et idées, voir [FL], p. 83-up pour plus de détails si besoin est.

2.6.6.1 Premier pas. *Si les $\{x_i\}_{i=0,\dots,k}$ sont indépendants dans X, alors les $\{f(x_i)\}_{i=0,\dots,k}$ sont indépendants dans X'.* Complétons $\{x_i\}_{i=0,\dots,k}$ en un repère $\{x_i\}_{i=0,\dots,d}$ de X. Par l'absurde : si les $\{f(x_i)\}_{i=0,\dots,k}$ n'étaient pas indépendants, les $\{f(x_i)\}_{i=0,\dots,d}$ ne le seraient pas non plus et on aurait $\langle f(x_0), \dots, f(x_d)\rangle \neq X'$. Or la démonstration même du 2.4.5 et l'hypothèse du théorème montrent que

$$f(X) \subset \langle f(x_0), \dots, f(x_d)\rangle \neq X'\,,$$

ce qui contredit la surjectivité de f.

2.6.6.2 Deuxième pas. *$\forall D$ droite de X, $f(D)$ est aussi une droite de X'. Et $\forall D \mathbin{/\!/} D'$ droites parallèles, aussi $f(D) \mathbin{/\!/} f(D')$.*

Mettons sur D deux points a, b tels que $D = \langle a, b \rangle$. Posons

$$D' = \langle f(a), f(b) \rangle ;$$

soit $c' \in D'$ et $x \in X$ tel que $f(x) = c'$ (f est surjective !). Alors $x \in \langle a, b \rangle$ d'après 2.6.6.1.

Figure 2.6.6.1.

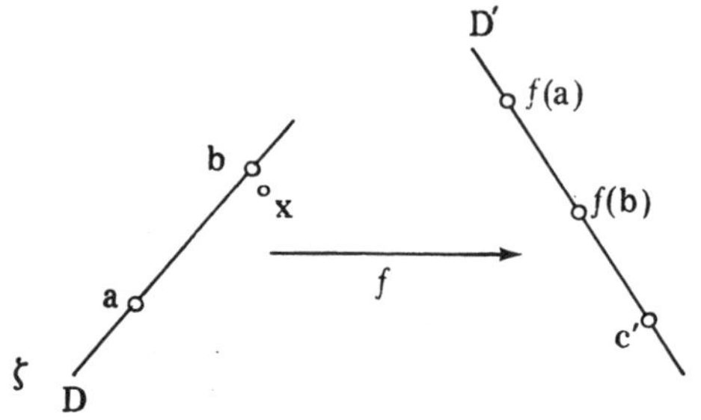

Figure 2.6.6.2.

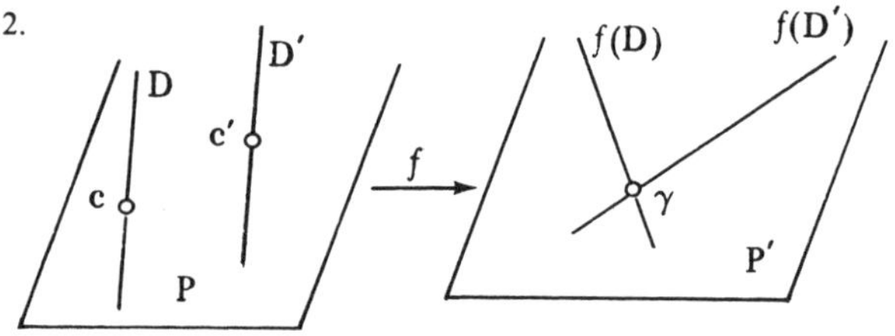

Soient maintenant $D \mathbin{/\!/} D'$ deux droites parallèles de X et P le plan qu'elles engendrent (on peut en effet supposer $D \neq D'$, sinon il n'y a rien à démontrer). Posons $P' = \langle f(P) \rangle$; on a $f(D)$, $f(D') \subset f(P) \subset P'$. D'après 2.4.9.5 on aura $f(D) \mathbin{/\!/} f(D')$ dès que $f(D) \cap f(D') = \emptyset$. Or

$$f(D) \cap f(D') \neq \emptyset$$

contredirait l'injectivité : soit $\gamma \in f(D) \cap f(D')$, d'après le début de 2.6.6.2 il existe $c \in D$ et $c' \in D'$ avec $f(c) = f(c') = \gamma$, or $D \cap D' = \emptyset$ (cf. 2.4.9.5).

2.6.6.3 Troisième pas. *L'application f est additive.* Nous voulons par là entendre que si $0 \in X$, alors f est additive pour les deux vectorialisés X_0 et $X'_{0'} = X'_{f(0)}$ i.e. $f(x + y) = f(x) + f(y)$ pour tous $x, y \in X_0$. Qu'il en soit bien ainsi résulte de la remarque suivante : si $x, y \in X_0$ sont linéairement indépendants, $x + y$ se construit géométriquement par une construction universelle avec des droites parallèles : voir figure 2.6.6.3. Mais d'après 2.6.6.1, $f(x)$, $f(y)$ sont aussi linéairement indépendants et alors l'hypothèse sur f, et l'usage multiple de 2.6.6.2, montrent que

$$f(x) + f(y) = f(x + y) :$$

figure 2.6.6.3. Si $y = \lambda x$, $x \in K$, l'additivité résultera de ce qui suit.

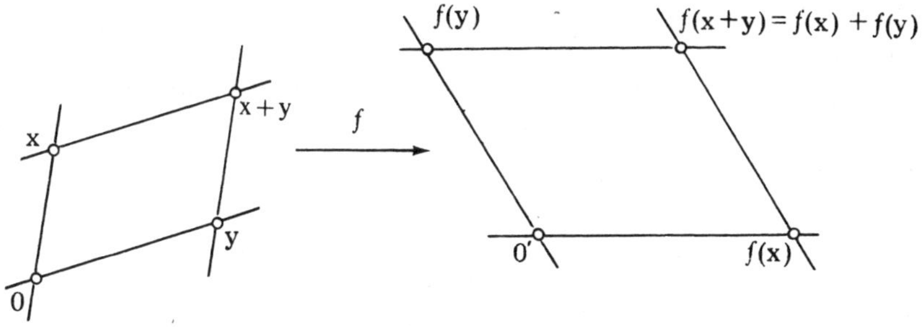

Figure 2.6.6.3.

2.6.6.4 Quatrième pas. *Construction de l'isomorphisme* $\sigma : K \to K'$. Fixons $0 \in X$, $x \in X \setminus 0$ et soit $D = K.x$ la droite engendrée par x. Soient de même $0' = f(0)$, $D' = f(D) = K'.f(x)$. Ensemblistement, on définit $\sigma : K \to K'$ par le diagramme 2.6.6.4.2 : d'après 2.6.6.2, $f_D : D \to D'$ fournit bien une bijection, quant aux bijections $K \to D$, $K' \to D'$, ce sont

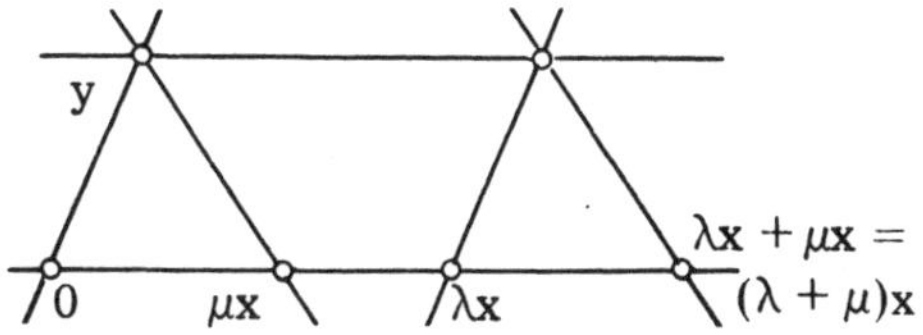

Diagramme 2.6.6.4.1.

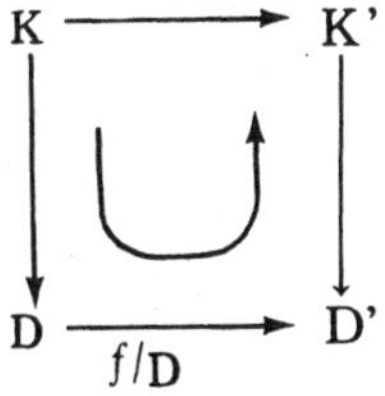

Figure 2.6.6.4.2.

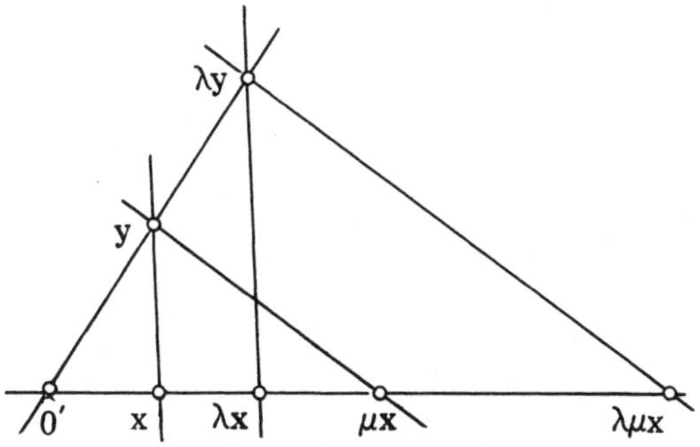

Figure 2.6.6.4.3.

les applications $\lambda \mapsto \lambda x$ et $\lambda' \mapsto \lambda' f(x)$. Reste à voir que σ est un homomorphisme de corps. Ici la remarque de base est encore que $(\lambda + \mu)\, x$ et $(\lambda\mu)\, x$ peuvent se construire géométriquement, par des constructions universelles, avec des droites parallèles, à partir de λx et μx, comme le montrent les figures 2.6.6.4.1 et 2.6.6.4.3, à condition de disposer d'un point

$$y \in X \setminus D,$$

ce qui est justement possible parce que dim $X = d \geqslant 2$ par hypothèse. Quant aux propriétés des figures 2.6.6.4.1 et 2.6.6.4.3 : pour la première, on utilise la règle du parallélogramme (démonstration de 2.5.2). Pour la deuxième figure, on utilise la démonstration de 2.5.3 et 2.3.3.11.

2.6.6.5 Cinquième pas. *f est semi-affine.* Le quatrième pas a montré essentiellement que f, restreinte à n'importe quelle droite affine de X passant par 0, est une application semi-affine, mais *a priori* pour un isomorphisme $\sigma_D : K \to K'$ dépendant de D. Il suffit de montrer que σ_D est indépendant de D. Or c'est bien ce que montrent les figures 2.6.6.5, où D, D_1 sont deux droites passant par 0.

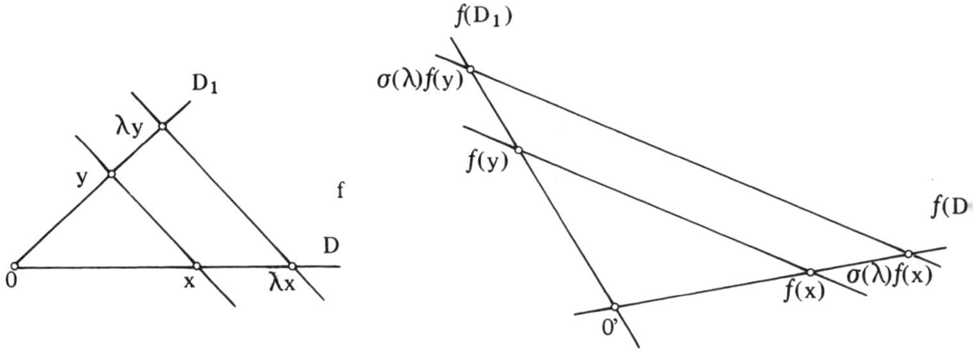

Figure 2.6.6.5.

2.6.7 DÉFINITION, AXIOMATIQUE DE LA GÉOMÉTRIE AFFINE.

En un sens, le théorème fondamental de la géométrie affine montre qu'un espace affine est déterminé, ou presque, par ses droites et leurs propriétés d'intersection. Ou encore, on doit pouvoir espérer reconstruire la structure complète d'espace affine $(X, \overrightarrow{X}, \Phi)$ à partir de l'ensemble X, de ses droites et de leurs propriétés ensemblistes d'intersection. C'était, en partie, la démarche d'Euclide. De telles démarches s'appellent des *définitions axiomatiques* d'un espace affine : on cherche les axiomes, les plus faibles possibles, à imposer à X et à ses sous-espaces, pour pouvoir reconstituer $(X, \overrightarrow{X}, \Phi)$; dans le cas d'Euclide, on rajoutait en plus une structure d'espace métrique, entre autres. La littérature sur ces constructions axiomatiques est immense et donne encore lieu à des recherches actuelles. En fait, ces théories axiomatiques pour les espaces affines s'étudient pratiquement simultanément avec les théories axiomatiques des espaces projectifs. Voir [LF 4].

C'est un champ de recherche encore ouvert, surtout en dimension deux, parce que le théorème de Desargues ne résulte pas des axiomes d'intersection des sous-espaces (voir pour ceci 5.4.4). En gros, il existe plus de plans affines ou projectifs au sens axiomatique qu'au sens de 2.1.1 ou 4.1.1, par exemple le plan projectif des octaves de Cayley, voit [PO], p. 285, 4.8.3 et [BES], chapitre 3. Voici quelques références pour ces théories axiomatiques ; un livre très lucide et fondamental est [AN], chapitre II ; [BR] est très complet. Une référence ancienne, instructive pour apprécier les « mathématiques modernes » est [V-Y]. Pour les plans projectifs, des références sont [DI] et [H-P]. Pour un exemple simple, voir [FL], p. 319. Voir aussi [LF 4].

2.7 *Espaces affines réels de dimension finie*

> Dans toute cette section tous les espaces vectoriels ou affines considérés sont réels, i.e. sur le corps **R** des nombres réels, et de dimension d finie.

Pour $d = 2$ ou 3, il s'agit là du cadre habituel, quoique sans structure métrique, de la géométrie des Grecs ou d'un plan ou de l'espace où nous vivons. En outre, pour d quelconque, ces espaces affines sont l'objet principal de ce livre, munis éventuellement en outre d'une structure euclidienne.

2.7.1 TOPOLOGIE CANONIQUE DE X ET DE GA (X). Rappelons qu'un espace vectoriel réel (ou complexe) possède une topologie canonique (par exemple voir [CH 1], p. 19). En conséquence, le groupe linéaire GL (E) d'un espace vectoriel E de dimension finie d aura lui aussi une topologie canonique, celle induite par $L(E\,;\,E)$, qui est un espace vectoriel de dimension d^2.

2.7.1.1 Proposition. *Soient X un espace affine, $a \in X$, alors la topologie sur X définie par celle, canonique, du vectorialisé X_a, ne dépend que de l'espace affine X ; elle est appelée* topologie canonique *de X.*

En effet, remarquer que les translations d'un espace vectoriel de dimension finie sont des homéomorphismes et appliquer 2.1.8.

2.7.1.2 Par exemple, tout morphisme $f \in A(X\,;\,X')$ sera automatiquement continu ; tout sous-espace affine Y est un fermé ; en outre $X \setminus Y$ est partout dense dans X si $Y \neq X$.

2.7.1.3 Pour mettre une topologie canonique sur GA (X), si l'on ne dispose pas du résultat général 2.3.4, on peut procéder ainsi, en utilisant 2.3.3.6, 2.3.3.7, 2.3.3.8 : pour $a \in X$, on écrit GA (X) comme le produit semi-direct $T(X)$ $\mathrm{GA}_a(X)$, et l'on a les isomorphismes $T(X) \cong \overrightarrow{X}$ et $\mathrm{GA}_a(X) \cong \mathrm{GL}(\overrightarrow{X})$, d'où des topologies sur $T(X)$, $\mathrm{GA}_a(X)$ puis

$$T(X)\ \mathrm{GA}_a(X)\,,$$

donc sur GA (X).

2.7.1.4 Proposition. *Cette topologie sur* GA (X) *ne dépend que de X, et est appelée la* topologie canonique.

Si en effet, $f = s \circ g = s' \circ g'$ avec $g \in \mathrm{GA}_a(X)$, $g' \in \mathrm{GA}_b(X)$, nécessairement s' est la translation $s' = t_{\overrightarrow{f(a)a}}$ et $g' = s'^{-1} \circ f$; donc s' et g' sont visiblement continues en le couple $(s, g) \cong f$.

Par exemple, les $\mathrm{GA}_a(X)$ et $T(X)$ sont des fermés de GA (X) ; quant à ce que sont les compacts de GA (X), ce sera l'objet de la section 2.7.5.

2.7.2 ORIENTATION D'UN ESPACE AFFINE. Rappelons brièvement la notion d'orientation d'un espace vectoriel. Celle-ci peut se définir de deux façons équivalentes, soit avec les déterminants, soit avec l'homotopie des bases.

2.7.2.1 Pour la première façon, algébrique, on remarque que l'espace vectoriel $\Lambda^d E^*$, des formes multilinéaires alternées de degré d sur l'espace vectoriel E de dimension d, est un espace vectoriel réel de dimension 1 : $\dim(\Lambda^d E^*) = 1$; donc $\Lambda^d E^* \setminus 0$ possède exactement deux composantes connexes.

2.7.2.2 Définitions. *Orienter E c'est choisir l'une, $\mathcal{O}$, des deux composantes connexes de $\Lambda^d E^* \setminus 0$. Une forme $\omega \in \Lambda^d E^*$ est dite* positive *si $\omega \in \mathcal{O}$; une base $\mathcal{B} = \{ e_i \}_{i=1,\ldots,d}$ de E est dite* directe *(ou* positive*) si $\omega(e_1, \ldots, e_d) > 0 \ \ \forall \omega \in \mathcal{O}$.*

Cette dernière définition a bien un sens, parce que $\omega, \omega' \in \mathcal{O}$ entraîne qu'il existe $k \in \mathbf{R}_+^*$ avec $\omega' = k\omega$.

2.7.2.3 Remarquons que si $\omega \in \mathcal{O}$ et $f \in \mathrm{GL}(E)$, la forme image inverse $f^* \omega \in \mathcal{O}$ si et seulement si $\det f > 0$. Il est donc bon d'introduire, que E soit d'ailleurs orienté ou non, les :

2.7.2.4 Notations. *On pose* $\mathrm{GL}^+(E) = \{ f \in \mathrm{GL}(E) : \det f > 0 \}$ *et* $\mathrm{GL}^-(E) = \{ f \in \mathrm{GL}(E) : \det f < 0 \}$.

2.7.2.5 Donc, pour une orientation quelconque $\mathcal{O}$ de E : $\forall \omega \in \mathcal{O}$ $\forall f \in \mathrm{GL}^+(E)$: $f^* \omega \in \mathcal{O}$ et, pour toute base $\mathcal{B}$ directe de E, la base $f(\mathcal{B})$ est directe si et seulement si $f \in \mathrm{GL}^+(E)$. Que E soit orienté ou non, on peut donc dire que les éléments de $\mathrm{GL}^+(E)$ *conservent l'orientation.* Si E, E' sont deux espaces vectoriels réels de même dimension finie, on ne peut *définir* $\mathrm{Isom}^+(E; E')$ que si E et E' sont orientés, par exemple par $f^* \omega' \in \mathcal{O}$ $\forall \omega' \in \mathcal{O}'$ (où $\mathcal{O}$, $\mathcal{O}'$ définissent les orientations de E, E' respectivement).

2.7.2.6 La deuxième façon de définir l'orientation est géométrique, voire mécanique ; en bref des bases sont de même sens si elles sont déformables l'un dans l'autre :

2.7.2.7 Définitions. *Deux bases $\mathcal{B}$, $\mathcal{B}'$ de E, espace vectoriel, sont dites* homotopes *s'il existe une application continue $F : [0, 1] \to E^d$ telle que $F(0) = \mathcal{B}$, $F(1) = \mathcal{B}'$ et que $F(t)$ soit une base pour tout $t \in [0, 1]$. Orienter E c'est choisir une classe d'équivalence dans l'ensemble des bases de E pour la relation « être homotopes ».*

2.7.2.8 Le seul résultat non banal de cette section est de montrer l'équivalence des définitions 2.7.2.2 et 2.7.2.7, à savoir qu'il y a exactement deux classes d'équivalence dans l'ensemble des bases et que, si E est orienté au sens de 2.7.2.2, alors l'ensemble des bases directes est précisément l'une de ces classes. Pour ce faire, remarquons d'abord que le choix d'une base fixe $\mathcal{B}_0$ de E détermine une application $\varphi : \mathrm{GL}(E) \to E^d$, par

$$\varphi(f) = f(\mathcal{B}_0),$$

application dont l'image est l'ensemble des bases de E et qui est continue, en outre un homéomorphisme sur son image. Alors l'équivalence en vue résultera bien de la :

2.7.2.9 Proposition. *L'espace* GL (E) *a exactement deux composantes connexes, qui sont en outre connexes par arcs, à savoir* $\mathrm{GL}^+(E)$ *et* $\mathrm{GL}^-(E)$.

Que GL (E) ait au moins deux composantes connexes résulte de ce que le déterminant det (.) est une fonction continue, $\mathrm{GL}(E) \to \mathbf{R}^*$, surjective. Que $\mathrm{GL}^+(E)$ soit connexe par arcs sera démontré en 8.4.3.

On peut maintenant s'occuper de l'orientation des espaces affines.

2.7.2.10 Définitions. *Orienter un espace affine X c'est orienter son espace vectoriel sous-jacent $\vec{X}$. On appelle* repère direct $\{x_i\}_{i=0,1,\dots,d}$ *de X espace affine orienté un repère affine tel que* $\{\overrightarrow{x_0x_i}\}_{i=1,\dots,d}$ *soit une base directe de $\vec{X}$. On pose* $\mathrm{GA}^+(X) = \{f \in \mathrm{GA}(X) : \vec{f} \in \mathrm{GL}^+(\vec{X})\}$ *et*

$$\mathrm{GA}^-(X) = \{f \in \mathrm{GA}(X) : \vec{f} \in \mathrm{GL}^-(\vec{X})\}.$$

2.7.2.11 On peut aussi définir $\mathrm{Isom}^+(X; X')$ pour deux espaces affines, tous deux orientés. On peut aussi parler de repères affines homotopes (que X soit orienté ou non). Pour montrer que l'on obtient encore la même notion d'orientation il suffit de voir que $\mathrm{GA}^+(X)$ *est encore connexe par arcs.*

Or, pour $a \in X$, $\mathrm{GA}^+(X)$ est le produit semi-direct $T(X)\,\mathrm{GA}_a^+(X)$ (cf. 2.7.1.3) où $T(X)$ est homéomorphe à $\vec{X}$, qui est connexe par arcs, et $\mathrm{GA}_a^+(X)$ est homéomorphe à $\mathrm{GL}^+(\vec{X})$, aussi connexe par arcs d'après 2.7.2.9.

2.7.3 HYPERPLANS ET DEMI-ESPACES

2.7.3.1 Soit H un hyperplan d'un espace affine X ; d'après 2.4.8.6 il existe $f \in A(X; \mathbf{R})$, forme affine sur X, telle que $H = f^{-1}(0)$. Il est donc naturel de s'intéresser aux deux parties $f^{-1}(\mathbf{R}_+)$, $f^{-1}(\mathbf{R}_-)$ de X, ainsi qu'à $f^{-1}(\mathbf{R}_+^*)$, $f^{-1}(\mathbf{R}_+^*)$; les deux premières sont des fermés de X, les deux dernières des ouverts, d'adhérences respectives $f^{-1}(\mathbf{R}_+)$, $f^{-1}(\mathbf{R}_-)$.

2.7.3.2 Proposition. *La paire* $f^{-1}(\mathbf{R}_+)$, $f^{-1}(\mathbf{R}_-)$ (resp. $f^{-1}(\mathbf{R}_+^*)$, $f^{-1}(\mathbf{R}_-^*)$) *ne dépend que de l'hyperplan H ; ses éléments sont appelés* demi-espaces fermés (resp. ouverts) déterminés par *H. Tout demi-espace est connexe par arcs. L'espace $X \setminus H$ a exactement deux composantes connexes :* $f^{-1}(\mathbf{R}_+^*)$ *et* $f^{-1}(\mathbf{R}_-^*)$, *les demi-espaces ouverts déterminés par H.*

La première assertion provient du début de 2.4.8.6. La seconde résulte de ce que les demi-espaces sont toujours des convexes ; la dernière de ce que $X \setminus H$ doit avoir au moins deux composantes connexes, car une forme affine est continue (cf. 2.7.1.2) et $\mathbf{R}^*$ a deux composantes connexes.

Les demi-espaces joueront un rôle fondamental dans les chapitres 11 et 12.

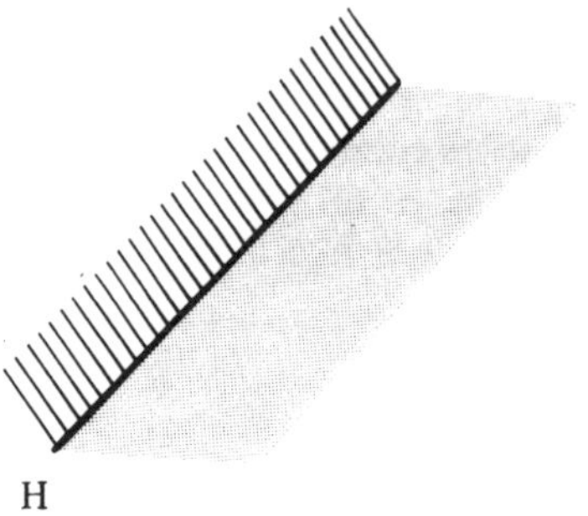

Figure 2.7.3.2.

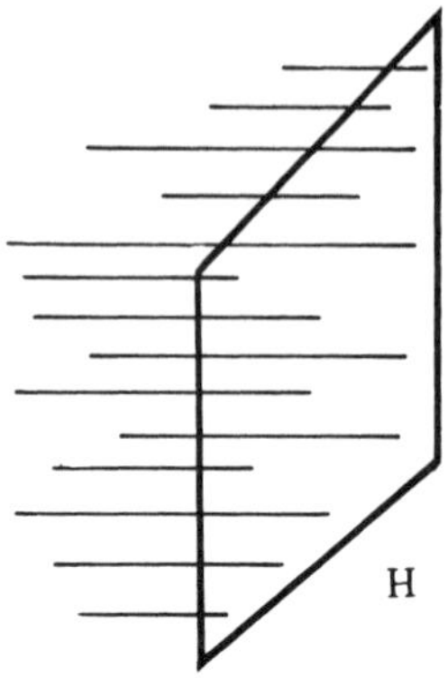

Figure 2.7.3.3.

2.7.4 MESURE DE LEBESGUE SUR UN ESPACE AFFINE

2.7.4.1 Nous nous servons librement de connaissances classiques dans la théorie de l'intégration, voir 0.6.

2.7.4.2 Soient E un espace vectoriel et $f : \mathbf{R}^d \to E$ un isomorphisme, obtenu par exemple par le choix d'une base de E; soient μ_0 la mesure de Lebesgue sur $\mathbf{R}^d$ et $f(\mu_0)$ la mesure image de μ_0 par f : si $g : \mathbf{R}^d \to E$ est un deuxième isomorphisme $\mathbf{R}^d \to E$, nous voulons comparer $g(\mu_0)$ et $f(\mu_0)$. Or le théorème de changement de variables (cf. [GT], p. 33) montre que

$$g(\mu_0) = |\det(g^{-1} \circ f)| \, f(\mu_0) \,,$$

où $|\det(g^{-1} \circ f)|$ ici est un réel positif non nul. Il s'ensuit qu'un espace vectoriel, bien que ne possédant pas de mesure canonique, en possède cependant une *à un scalaire près* ; ou encore, possède une famille de mesures naturelles, à savoir l'ensemble des $f(\mu_0)$, $f \in \mathrm{Isom}(\mathbf{R}^d ; E)$.

Une telle mesure sera dite *une mesure de Lebesgue sur E*. Pour passer aux espaces affines, il suffit de remarquer que μ, sur $\mathbf{R}^d$, est invariante par translations. D'où la :

2.7.4.3 Proposition. *On appelle* mesure de Lebesgue *sur un espace affine X la mesure image, par l'une quelconque des bijections* $\Theta_a^{-1} : \vec{X} \to X$, $a \in X$, *d'une mesure de Lebesgue sur* $\vec{X}$. *Deux mesures de Lebesgue sur X sont toujours proportionnelles. Si* μ *est une mesure de Lebesgue sur X, on* notera $\vec{\mu}$ *la mesure de Lebesgue sur* $\vec{X}$ *qui lui a donné naissance. Pour toute mesure de Lebesgue* μ *sur X, et tout* $f \in \mathrm{GA}(X)$, *la mesure image* $f(\mu)$ *vaut* $f(\mu) = |\det \vec{f}| \, \mu$.

Nous verrons en 9.12 qu'un espace affine euclidien possède une mesure de Lebesgue canonique.

2.7.4.4 Notes. Les seules mesures sur un espace affine, invariantes par toutes les translations, sont les mesures de Lebesgue ; l'idée, pour le démontrer, est de régulariser la mesure incriminée, la régularisée est encore invariante mais continue, donc proportionnelle à une mesure de Lebesgue. Mais alors le facteur de proportionnalité, devant être invariant par translations, doit être une constante.

2.7.5 CENTRE D'UN COMPACT. SOUS-GROUPES COMPACTS DE GA (X)

Le but de ce numéro est d'associer, grâce à la mesure de Lebesgue, à tout compact K d'un espace affine X un point bien déterminé, qui sera fixe par tout $f \in \mathrm{GA}(X)$ tel que $f(K) = K$. Cette propriété sera utilisée de façon essentielle en 2.7.5.10.

2.7.5.1 Fixons d'abord une mesure de Lebesgue μ sur X et supposons en premier lieu K d'intérieur non vide : $\mathring{K} \neq \emptyset$. Alors en particulier on sera sûr que

$$\mu(K) = \int_X \chi_K \, \mu > 0$$

(où χ_K est la fonction caractéristique de K, cf. 0.6). Rappelons que pour toute mesure μ on peut définir des mesures à valeurs dans des espaces vectoriels E par la formule

$$\text{pour } f : X \to E : \varphi\left(\int_X f\mu\right) = \int_X \varphi(f)\, \mu \qquad \forall \varphi \in E^*,$$

ou, ce qui revient au même, pour des coordonnées quelconques :

$$\int_X f\mu = \left(\int_X f_1\, \mu, \ldots, \int_X f_d\, \mu\right) \quad \text{si} \quad f = (f_1, \ldots, f_d).$$

Pour notre compact K et un point quelconque $a \in X$ posons

$$I_\mu(a) = \int_{x \in X} \chi_K \, \overrightarrow{ax}\, \vec{\mu}.$$

Si $b \in X$ est un deuxième point, on a alors

$$I_\mu(b) = \int \chi_K \, \overrightarrow{bx}\, \vec{\mu} = \int \chi_K(\overrightarrow{ba} + \overrightarrow{ax})\, \vec{\mu} = \mu(K)\, \overrightarrow{ba} + I_\mu(a).$$

Il en résulte la :

2.7.5.2 Proposition. *Pour un compact K de X, $\mathring{K} \neq \emptyset$, le point*

$$a + (\mu(K))^{-1}\, I_\mu(a)$$

ne dépend ni de $a \in X$ ni de la mesure de Lebesgue μ sur X ; il sera noté cent$'(K)$, *au besoin* cent$'_X(K)$.

2.7.5.3 Remarque. Si X est un espace affine euclidien, avec $d = 2$ ou 3 et si l'on considère K comme une plaque ou un solide homogène (i.e. de densité constante 1), cent′ (K) n'est autre que le centre de gravité de K, au sens des mécaniciens ou des physiciens. Prendre bien garde que ceci ne sera plus le cas lorsque $\overset{\circ}{K} = \emptyset$: voir 2.7.5.5 ci-dessous, voir aussi 3.4.2 et 3.7.14.

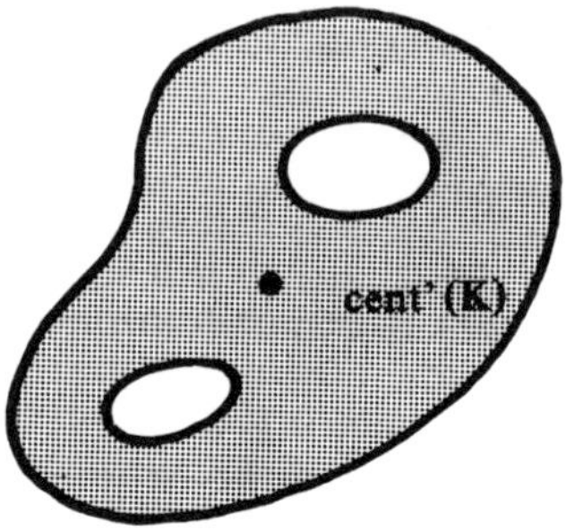

Figure 2.7.5.3.

2.7.5.4 Pour le cas d'un compact d'intérieur éventuellement vide, utilisons l'artifice suivant qui repose sur le chapitre 11 : soient K un compact quelconque de X, $\mathcal{E}(K)$ son enveloppe convexe et $\langle K \rangle$ le sous-espace affine engendré par K. Alors $\mathcal{E}(K)$ est d'intérieur non vide dans $\langle K \rangle$ d'après 11.2.7 ; on peut donc poser la :

2.7.5.5 Définition. *Pour un compact K d'un espace affine on appelle* centre *de K le point*

$$\text{cent}\,(K) = \text{cent}'_{\langle K \rangle}\,(\mathcal{E}(K))\,.$$

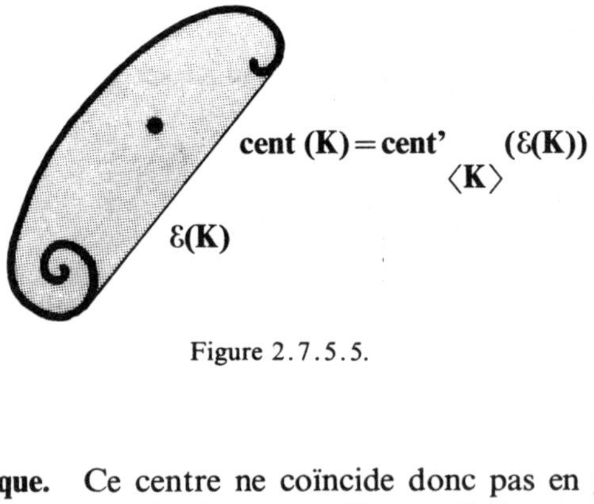

Figure 2.7.5.5.

2.7.5.6 Remarque. Ce centre ne coïncide donc pas en général, si par exemple K est une courbe de X espace affine euclidien, avec le centre de gravité des mécaniciens du fil homogène K. Ni d'ailleurs avec les autres points fixes que l'on découvrira en 9.8.6.

2.7.5.7 Proposition. *Soit K un compact d'un espace affine X ; pour tout $f \in \mathrm{GA}(X)$ tel que $f(K) = K$ on a $f(\mathrm{cent}(K)) = \mathrm{cent}(K)$. Autrement dit :*

$$\mathrm{GA}_K(X) = \{ f \in \mathrm{GA}(X) : f(K) = K \} \subset \mathrm{GA}_{\mathrm{cent}(K)}(X) .$$

En outre si $\overset{\circ}{K} \neq \emptyset$ on a $|\det \vec{f}\,| = 1\ \forall f \in \mathrm{GA}_K(X)$.

La dernière assertion résulte de la fin de 2.7.4.3 :

$$f(\mu)(K) = \mu(f^{-1}(K)) = \mu(K) = |\det \vec{f}\,|\,\mu(K) .$$

Pour démontrer la première, vus 2.7.5.4 et 2.7.5.5, on peut le faire seulement lorsque $\overset{\circ}{K} \neq \emptyset$. Alors :

$$f(\mathrm{cent}(K)) = f(a + (\mu(K))^{-1} I(a)) = f(a) + \\ + \vec{f}((\mu(K))^{-1} I(a)) = f(a) + (\mu(K))^{-1} \vec{f}(I(a)) ,$$

où $a \in X$ est quelconque. En utilisant 2.7.5.1 on obtient

$$\vec{f}(I(a)) = \vec{f}\left(\int_{x \in X} \chi_K \,\overrightarrow{ax}\vec{\mu}\right) = \int_{x \in K} \chi_K \,\vec{f}(\overrightarrow{ax})\,\vec{\mu} =$$

$$= \int_{x \in K} \chi_K \,\overrightarrow{f(a)\,f(x)}\,\vec{\mu} = I(f(a)) ,$$

donc

$$f(\mathrm{cent}(K)) = f(a) + (\mu(K))^{-1} I(f(a)) = \mathrm{cent}(K) .$$

2.7.5.8 Notes. Si l'on sait que X est affine euclidien, il est possible de montrer que tout $f \in \mathrm{Is}(X)$, le groupe des isométries de X, tel que $f(K) = K$, laisse un point fixe de X ne dépendant que de K, ceci sans faire appel à la théorie de l'intégration : voir pour cela 9.8.6. Il se trouve d'ailleurs que, pour un compact K avec $\overset{\circ}{K} \neq \emptyset$, il existe toujours une structure euclidienne sur X invariante par $\mathrm{GA}_K(X)$, en particulier donc alors $\mathrm{GA}_K(X) \subset \mathrm{Is}(X)$ pour cette structure : voir 2.7.5.10 et 8.2.5.

Remarquer enfin qu'en général $\mathrm{GA}_{\mathcal{E}(K)} \neq \mathrm{GA}_K(X)$, comme le montre la figure 2.7.5.8 :

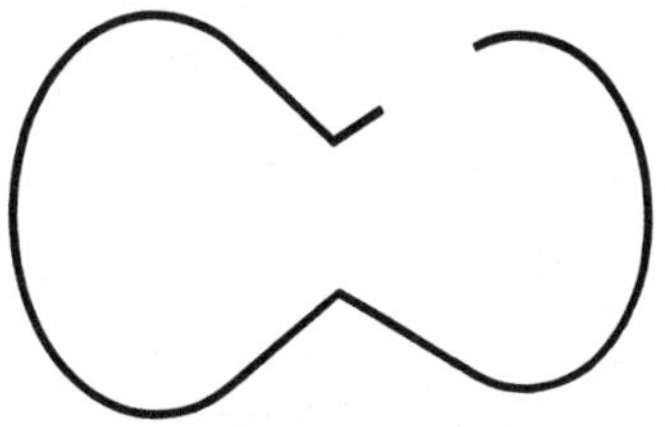

Figure 2.7.5.8.

2.7.5.9 Proposition. *Soit K un compact d'intérieur non vide d'un espace affine X; alors, pour la topologie 2.7.1.3 de $\mathrm{GA}(X)$, son sous-groupe $\mathrm{GA}_K(X)$ est compact.*

La condition $\overset{\circ}{K} \neq \emptyset$ est bien nécessaire : prendre $K = \{ a \}$, $a \in X$, et alors $\mathrm{GA}_a(X)$ est homéomorphe à $\mathrm{GL}(\vec{X})$ qui n'est pas compact.

Utilisant 2.7.5.7 vectorialisons X en cent (K) ; on est ainsi ramené au cas où X est un espace vectoriel ; on peut supposer en outre que son origine $0 \in \overset{\circ}{K}$, car en fait cent $(K) \in \overset{\circ}{K}$ (cf. 2.8.11) mais pour éviter d'avoir à le démontrer, on remarque que si $f(K) = K$, $f \in \mathrm{GL}(X)$, aussi

$$f(-K) = -K \quad \text{où} \quad -K = \{-x : x \in K\}$$

et que $\mathcal{E}(K \cup (-K))$ contient 0 comme point intérieur. Munissons X d'une structure euclidienne quelconque et soit $\varepsilon > 0$ tel que $B(0, \varepsilon) \subset K$; soit $M = \sup\{\|x\| : x \in K\}$. Alors $f(K) = K$ implique

$$\|f(x)\| \leqslant M \qquad \forall x \mid \|x\| \leqslant \varepsilon\,;$$

c'est dire que $\|f\| \leqslant \varepsilon^{-1} M$ pour la norme usuelle sur $L(X; X)$. Ainsi $\mathrm{GL}_K(X)$ est-il un fermé borné de $L(X; X)$, donc un compact.

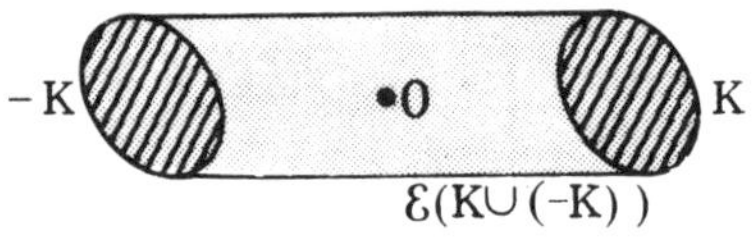

Figure 2.7.5.9.

Réciproquement :

2.7.5.10 Proposition. *Soit G un sous-groupe compact de* $\mathrm{GA}(X)$; *alors il existe $x \in X$ tel que $G \subset \mathrm{GA}_x(X)$. En outre, il existe une structure euclidienne sur X invariante par G,* i.e. *telle que $G \subset \mathrm{Is}(X)$ pour ladite structure.*

Car soit $a \in X$ quelconque, $G(a)$ son orbite sous l'action de G ; c'est un compact de X et le point cherché n'est autre que $x = \mathrm{cent}(G(a))$ (cf. 2.7.5.7). Le « en outre » sera démontré de trois façons, voir 8.2.5 et 9.8.6.

2.7.5.11 Corollaire. *Les sous-groupes compacts maximaux de* $\mathrm{GA}(X)$ *sont tous conjugués (dans* $\mathrm{GA}(X)$ *pour les automorphismes intérieurs).*

Comme le groupe $\mathrm{Is}_a(X, q)$ de toutes les isométries, laissant a fixe, de la structure euclidienne de X définie par la forme quadratique q sur $\vec{X}$ est compact, il résulte de 2.7.5.10 que tout compact maximal de $\mathrm{GA}(X)$ est un $\mathrm{Is}_a(X, q)$ pour un a et une q convenables. La conclusion résulte alors de 8.1.6 et de la formule 1.5.3.

2.7.5.12 Notes. Nous avons mentionné ce corollaire à titre culturel : en effet, un résultat très général et fondamental est que tous les compacts maximaux d'un groupe de Lie quelconque sont conjugués : voir par exemple [HN], p. 218 et la note de la page 240.

Un résultat tel que 2.7.5.10 n'est pas vrai en général, même pour des groupes d'isométries d'excellents espaces ; par exemple, X est la sphère et $G = \mathrm{Is}(X)$ le groupe de toutes ses isométries (cf. 18.5), alors G n'a aucun point fixe. Pour un résultat très général dans cette direction, voir 9.8.6.5.

2.7.6 GÉOMÉTRIE ÉQUIAFFINE. A la fin de 2.7.5.7 nous avons naturellement rencontré le sous-groupe

$$\mathrm{SA}(X) = \{ f \in \mathrm{GA}(X) : |\det \vec{f}| = 1 \},$$

appelé parfois le *groupe unimodulaire* de X ou groupe affine *spécial* et *noté* SA (X). Ses éléments laissent donc invariante toute mesure de Lebesgue sur X ; cependant ce groupe n'est pas compact, en fait il est beaucoup plus gros que Isom (X) pour une structure euclidienne donnée sur X. Il existe cependant une géométrie assez riche, formée des propriétés invariantes par SA (X), qui a été assez développée : des références générales sont [SK], p. 1-50 à 1-56, [FT 1], p. 40-52, [BLA 2] et [DE 6], exercice 12, p. 340. Par exemple on peut, pour les courbes différentielles de X, définir des notions de longueur et de courbure affines, qui sont invariantes par SA (X) ; voir 2.8.12.

2.7.7 CALCUL DIFFÉRENTIEL DANS LES ESPACES AFFINES. Si X, X' sont deux espaces affines, U un ouvert de X et $f : U \to X'$, les notions « f est différentiable, de classe C^p, etc... » ne présentent aucune difficulté. Il faut seulement prendre garde que la dérivée f' de f appartient à $L(\vec{X}; \vec{X'})$. On peut établir ce calcul différentiel de deux façons : soit en remarquant que différentes vectorialisations de X et de X' ne diffèrent que par des translations et que les translations sont de classe C^∞, soit remarquer que la définition de la différentiabilité consiste à étudier la différence

$$f(x) - f(a) - g(x - a), \qquad g \in L(\vec{X}; \vec{X'}),$$

ce qui est bien une expression dans $\vec{X'}$ car

$$x - a = \overrightarrow{ax} \in \vec{X} \quad \text{et} \quad f(x) - f(a) = \overrightarrow{f(a) f(x)} \in \vec{X'}.$$

Une référence générale pour le calcul différentiel est [CH 1].

2.8 *Exercices*

2.8.1 THÉORÈME DE CEVA. Soient $\{a, b, c\}$ un triangle d'un plan affine et trois points $a' \in \langle b, c \rangle$, $b' \in \langle c, a \rangle$, $c' \in \langle a, b \rangle$ sur les côtés de ce triangle. Alors les trois droites $\langle a, a' \rangle$, $\langle b, b' \rangle$, $\langle c, c' \rangle$ sont concourantes ou parallèles si et seulement si l'on a (cf. 2.4.6)

$$\frac{\overrightarrow{a'b}}{\overrightarrow{a'c}} \frac{\overrightarrow{b'c}}{\overrightarrow{b'a}} \frac{\overrightarrow{c'a}}{\overrightarrow{c'b}} = -1 .$$

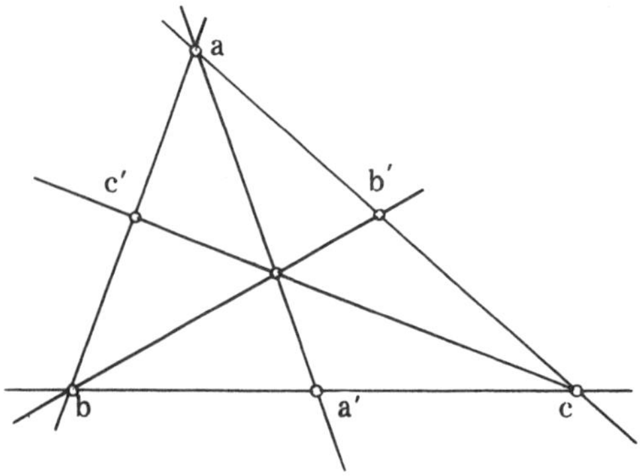

Figure 2.8.1.1.

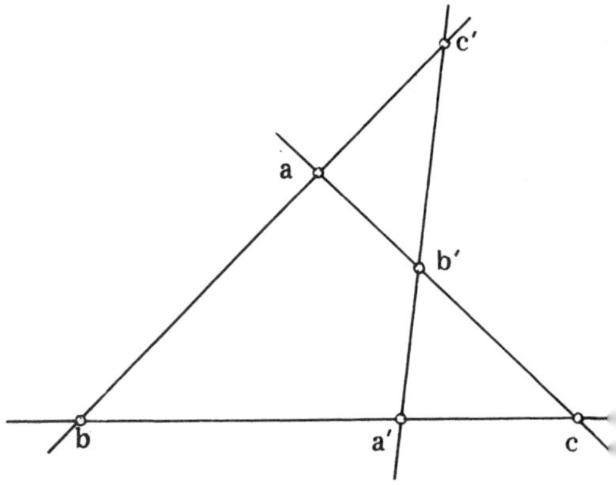

Figure 2.8.1.2.

2.8.2 THÉORÈME DE MENELAÜS. Les données étant les mêmes que dans le 2.8.1, montrer que les trois points a', b', c' sont alignés si et seulement si (cf. 2.4.6)

$$\frac{\overrightarrow{a'b}}{\overrightarrow{a'c}} \cdot \frac{\overrightarrow{b'c}}{\overrightarrow{b'a}} \cdot \frac{\overrightarrow{c'a}}{\overrightarrow{c'b}} = 1 .$$

2.8.3 Soit X un espace affine de dimension n sur un corps fini à k éléments. Calculer $\# X$, $\# \mathrm{GA}(X)$, ainsi que le nombre de sous-espaces de dimension p donnée de X.

2.8.4 Montrer que le centre de $\mathrm{GL}(X)$, où X est un espace vectoriel, est réduit à $K^* . \mathrm{Id}_X$.

2.8.5 Etudier les $f \in \mathrm{GA}(X)$, X espace affine, tels que $f^2 = \mathrm{Id}_X$ ou $f^2 = f$.

2.8.6 Enoncer et démontrer des réciproques pour 2.5.3, 2.5.4.

2.8.7 Soit X un espace affine complexe (i.e. sur le corps $\mathbf{C}$) ; montrer qu'il possède une topologie canonique. Pour cette dernière, étudier la connexité de $X \setminus H$, lorsque H est un hyperplan.

2.8.8 Montrer que si X est affine réel de dimension finie et Y un sous-espace, alors $X \setminus Y$ est connexe dès que $\dim Y \leqslant \dim X - 2$. Etudier la simple connexité de $X \setminus Y$ (cf. 18.2.2).

2.8.9 PAPPUS ET COMMUTATIVITÉ. Montrer que si un plan affine X, sur un corps *a priori* non commutatif, satisfait au théorème 2.5.3 pour tous les sextuplets de points de X, alors son corps de base est commutatif.

2.8.10 Montrer que $\mathbf{R}$ n'admet pas d'autre automorphisme de corps que $\mathrm{Id}_{\mathbf{R}}$, que $\mathbf{C}$ n'a pas d'autre automorphisme de corps continu que $\mathrm{Id}_{\mathbf{C}}$ et $z \mapsto \bar{z}$.

2.8.11 Soit K un compact d'un espace affine réel de dimension finie avec $\mathring{K} \neq \emptyset$; soit H un hyperplan de X et X', X'' ses deux demi-espaces fermés. On suppose H tel que l'on ait encore, si $K \cap X' = K'$ et $K \cap X'' = K''$:

$$\mathring{K}' \neq \emptyset \quad \text{et} \quad \mathring{K}'' \neq \emptyset .$$

Montrer (cf. 2.7.5.2) que $\mathrm{cent}'(K)$ est le barycentre de $\mathrm{cent}'(K')$ et $\mathrm{cent}'(K'')$ affectés des masses $\mu(K')$ et $\mu(K'')$. En déduire que, si K est de plus convexe, on a toujours $\mathrm{cent}(K) \in \mathring{K}$.

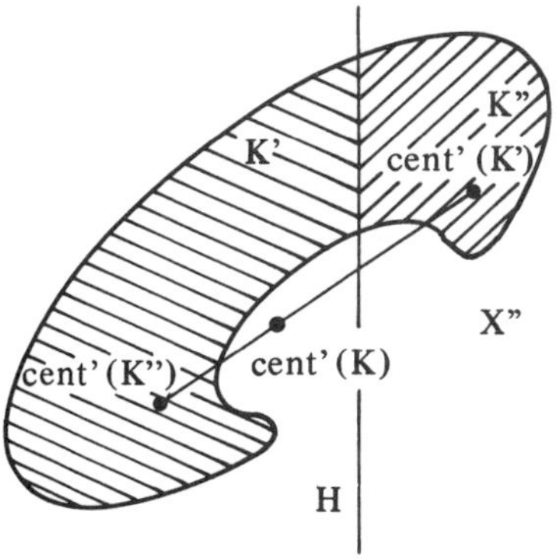

Figure 2.8.4.

2.8.12 LONGUEUR ET COURBURE ÉQUIAFFINES. Soit X un plan affine réel ; on *fixe dans* $\vec{X}$ *une base*, on peut alors définir le déterminant $\det(\vec{u}, \vec{v})$ de deux vecteurs quelconques de $\vec{X}$ (sous-entendu, par rapport à cette base). Soit $c : [a, b] \to X$ une courbe différentielle de classe C^3 de X. On appelle *longueur équiaffine* de c (dans X, muni d'une base) le réel

$$\int_a^b \sqrt[3]{\det(\overrightarrow{c'}(t), \overrightarrow{c''}(t))}\, dt .$$

Montrer que la longueur équiaffine de c est égale à celle de $f \circ c \quad \forall f \in \mathrm{SA}(X)$

(cf. 2.7.6). Montrer que l'on peut reparamétrer c par la longueur équiaffine si c est telle que $\det(\vec{c}'(t), \vec{c}''(t)) \neq 0$. La *courbure équiaffine* de c est $K = \det(\vec{c}'', \vec{c}''')$ pour une paramétrisation de c par la longueur équiaffine ; montrer que cette courbure est aussi invariante par SA (X). Calculer la longueur et la courbure équiaffine pour une ellipse, une parabole ou une hyperbole de X (toujours muni d'une base). De même qu'une courbe d'un plan euclidien est déterminée à une isométrie près par la donnée de la courbure en fonction de la longueur de l'arc (cf. par exemple [B-G], p. 323), montrer de même qu'une courbe de X est déterminée, à un élément de SA (X) près, par la donnée de la courbure équiaffine en fonction de la longueur d'arc équiaffine. Pour d'autres résultats sur la géométrie équiaffine voir les références de 2.7.6.

2.8.13 Déduire les théorèmes de Pappus, Pascal (16.8.5) et Desargues des théorèmes de Ceva et de Menelaüs.

2.8.14 Trouver un polygone d'un espace affine dont on s'est donné les milieux des côtés (attention à la parité du nombre de sommets!). Comparer avec 10.11.4 et 16.3.10.3.

CHAPITRE 3

un espace universel applications

Dans ce chapitre, assez technique, on attache à chaque espace affine X un espace vectoriel $\hat{X}$ dans lequel X se plonge comme un hyperplan affine ne contenant pas l'origine et pour lequel $\vec{X}$ est un hyperplan, celui des directions de l'hyperplan affine représentant X (section 3.1). La construction de $\hat{X}$ pourra sembler quelque peu parachutée, mais nous espérons que le lecteur vérifiera par la suite qu'il s'agit-là d'un investissement rentable. L'espace universel est utilisé plusieurs fois par la suite pour éclairer des théories classiques ; celle des barycentres (section 3.4), des coordonnées barycentriques (section 3.6), l'addition d'une variable d'homogénéité à un polynôme non nécessairement homogène (section 3.3), la complétion d'un espace affine de façon naturelle en un espace projectif (chapitre 5), l'étude des quadriques affines (chapitre 15).

Tous les corps considérés sont commutatifs.

3.1 *Un espace universel*

Dans un espace affine X il n'y a pas de calcul vectoriel intrinsèque, puisque X n'a pas de point distingué (cf. introduction du chapitre 2 et 2.1.9) ; cependant on peut développer dans un X un calcul intrinsèque sur les champs de vecteurs sur X, car on sait que l'ensemble de toutes les applications, d'un ensemble quelconque dans un espace vectoriel E, hérite de E une structure d'espace vectoriel.

3.1.1 DÉFINITION. *Un* champ de vecteurs *sur l'espace affine* $(X, \vec{X})$ *c'est une application* $f : X \to \vec{X}$; *l'ensemble de ces champs de vecteurs sera* noté $\mathcal{V}(X)$, *et muni de sa structure canonique d'espace vectoriel.*

3.1.2 DEUX EXEMPLES. Nous n'utiliserons pas des champs de vecteurs sauvages mais seulement les deux types suivants :

3.1.2.1 Le champ constant associé à un $\vec{\xi} \in \vec{X}$, à savoir $f \in \mathcal{V}(X)$ défini par $f(x) = \vec{\xi}\ \forall x \in X$, et *noté* $f_{\vec{\xi}}$. Du point de vue pratique, les trajectoires de ce champ sont les droites parallèles à $\vec{\xi}$. Et géométriquement $x \mapsto x + f(x)$ est la translation $t_{\vec{\xi}}$. Pour les figures, il est plus parlant de dessiner f par l'ensemble des couples $(x, x + f(x))$.

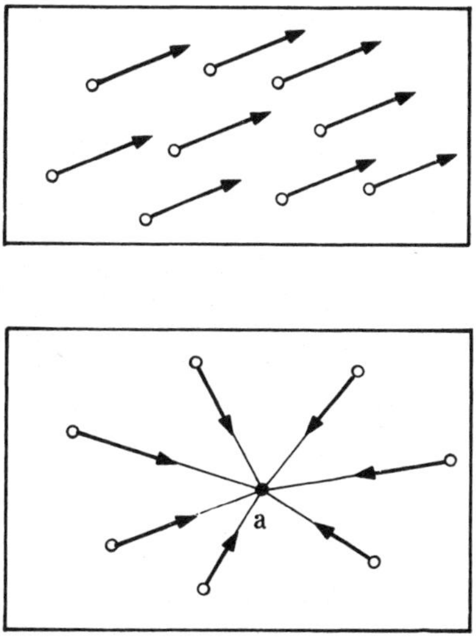

Figure 3.1.2.1.

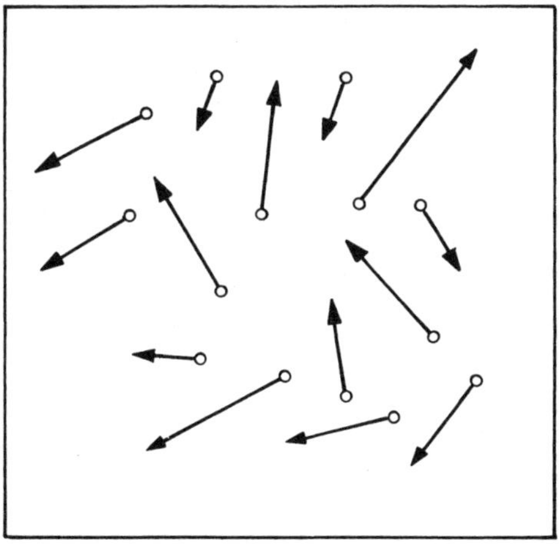

Figure 3.1.2.2.

3.1.2.2 Le champ central associé au couple $(k, a) \in K^* \times X$, *noté* $f_{(k,a)}$, défini par $x \mapsto k\overrightarrow{xa}\ \forall x \in X$. Ce champ est associé à l'homothétie $H_{a,1-k}$ par $x + f(x) = H_{a,1-k}(x)\ \forall x \in X$; les trajectoires sont les droites passant par a (dont a est exclu). Voir aussi 3.7.6.

3.1.3 NOTATIONS. *On introduit les deux parties suivantes de* $\mathcal{V}(X)$:

$$\mathcal{C}(X) = \{ f_{\vec{\xi}} : \vec{\xi} \in \vec{X} \}, \quad \mathcal{C}'(X) = \{ f_{(k,a)} : (k, a) \in K^* \times X \}.$$

3.1.4 Remarquons alors : que $\vec{X} \ni \vec{\xi} \mapsto f_{\vec{\xi}} \in \mathcal{C}(X)$ est un isomorphisme linéaire entre $\vec{X}$ et le sous-espace vectoriel $\mathcal{C}'(X)$ de $\mathcal{V}(X)$; que $\mathcal{C}'(X)$ n'est pas un sous-espace vectoriel de $\mathcal{C}'(X)$ mais que $K^* \times X \ni (k, a) \mapsto f_{(k,a)} \in \mathcal{C}'(X)$ est une bijection ensembliste et que de plus, dans $\mathcal{V}(X)$: $\lambda f_{(k,a)} = f_{(\lambda k,a)}$ $\forall (k, a) \in K^* \times X$ et $\forall \lambda \in K^*$; enfin que $\mathcal{C}(X) \cap \mathcal{C}'(X) = \emptyset$.

3.1.5 THÉORÈME (élémentaire mais fondamental).
La réunion $\mathcal{D}(X) = \mathcal{C}(X) \cup \mathcal{C}'(X)$ *est un sous-espace vectoriel de* $\mathcal{V}(X)$. *L'application* $\varphi : \mathcal{D}(X) \to K$ *définie par* $\varphi(f_{(k,a)}) = k$ *et* $\varphi(f_{\vec{\xi}}) = 0\ \forall \xi \in \vec{X}$ *et* $\forall (k, a) \in K^* \times X$ *est une forme linéaire sur* $\mathcal{D}(X)$; *l'application*

$$X \ni x \mapsto f_{(1,x)} \in \mathcal{D}(X)$$

induit un isomorphisme d'espace affine entre X *et l'hyperplan affine* $\varphi^{-1}(1)$ *de* $\mathcal{D}(X)$ (cf. *exemple* 2.2.3).

3.1.6 On a $f_{(k,a)} + f_{(k',a')} : x \mapsto k\overrightarrow{xa} + k'\,\overrightarrow{xa'}$; si $k + k' = 0$ alors

$$k\overrightarrow{xa} + k'\,\overrightarrow{xa'} = k(\overrightarrow{xa} - \overrightarrow{xa'}) = k\overrightarrow{a'a} \quad \text{donc} \quad f_{(k,a)} + f_{(k',a')} = f_{k\overrightarrow{a'a}},$$

si $k + k' \neq 0$ il existe b tel que $\overrightarrow{ab} = \dfrac{k'}{k + k'}\,\overrightarrow{aa'}$ d'où

$$k\overrightarrow{xa} + k'\,\overrightarrow{xa'} = (k + k')\,\overrightarrow{xb} \quad \text{i.e.} \quad f_{(k,a)} + f_{(k',a')} = f_{(k+k',b)}$$

(bien sûr ce b ne sort pas d'on ne saurait où, il se découvre en faisant $x = a$ dans l'égalité $f_{(k,a)} + f_{(k',a')} = f_{(k+k',b)}$ où b est inconnu au départ). Ensuite on aura $f_{(k,a)} + f_{\vec{\xi}} : x \mapsto k\overrightarrow{xa} + \vec{\xi} = k\overrightarrow{xa'}$ où a' est tel que $\overrightarrow{aa'} = k^{-1}\,\vec{\xi}$, donc $f_{(k,a)} + f_{\vec{\xi}} = f_{(k,a')}$.

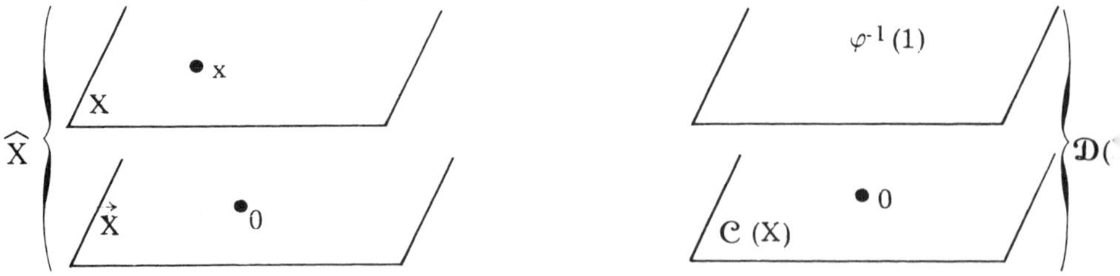

Figure 3.1.6.

La linéarité de φ résulte des calculs précédents. Pour montrer que $\Sigma : x \mapsto f_{(1,x)}$ est un morphisme, fixons un $a \in X$; si Σ est affine, il existe (cf. 2.3.1) $\vec{\Sigma} : \vec{X} \to \mathcal{C}(X)$ telle que $\overrightarrow{\Sigma(a)\,\Sigma(b)} = \Sigma(b) - \Sigma(a)$ (au sens de l'espace vectoriel $\mathfrak{D}(X)$) mais, par définition :

$$\Sigma(b) - \Sigma(a) : x \mapsto \overrightarrow{xb} - \overrightarrow{xa} = \overrightarrow{ab}$$

donc nécessairement $\Sigma(b) - \Sigma(a) = f_{\overrightarrow{ab}}$ et $\vec{\Sigma}$ n'est autre que

$$\vec{X} \ni \vec{\xi} \mapsto f_{\vec{\xi}} \in \mathcal{C}(X)\,.$$

Ce qui prouve, réciproquement, que Σ est bien un morphisme.

Si l'on oublie les champs de vecteurs, on peut parachuter le scolie (ou scholie, voir plusieurs dictionnaires) suivant :

3.1.7 SCOLIE. *Soit $(X, \vec{X})$ un espace affine et $\hat{X}$ l'ensemble somme disjointe $\vec{X} \cup (K^* \times X)$, dans lequel on identifie en outre X à $1 \times X$. Alors $\hat{X}$ est un espace vectoriel pour les lois suivantes :*

$$\times : \quad k(h, x) = (kh, x) = (kh)\,x,\ 0(kx) = 0, \text{ en particulier } (k, x) = kx$$

$$+ : \quad \begin{cases} \text{si } k + k' \neq 0 : kx + k'\,x' = (k + k')\,x'' \text{ avec } x'' = x + \dfrac{k'}{k + k'}x \\ \text{si } k + k' = 0 : kx + k'\,x' = k\overrightarrow{x'x} \\ kx + \vec{\xi} = k(x + k^{-1}\,\vec{\xi}) \end{cases}$$

avec les lois $\times$ et $+$ sur $\vec{X} \subset X$. Dans $\hat{X}$, $\vec{X}$ est un hyperplan. Si on définit $M : \hat{X} \to K$ par $M(kx) = k$, $M(\vec{\xi}) = 0$ $\forall \vec{\xi} \in \vec{X}$, alors M est une forme linéaire sur X, et $M^{-1}(1) = X \not\ni 0$. L'hyperplan affine $M^{-1}(1)$ est isomorphe (en tant qu'espace affine) à X. En outre, pour tout $a \in X$, $\hat{X}$ est la somme directe $\hat{X} = \vec{X} \oplus Ka$; si $q : \hat{X} \to \vec{X}$ est la première projection associée à cette somme directe, alors $q\,|_X$ n'est autre, via l'identification de X à $1 \times X \subset \hat{X}$, que Θ_a (cf. 2.1.5).

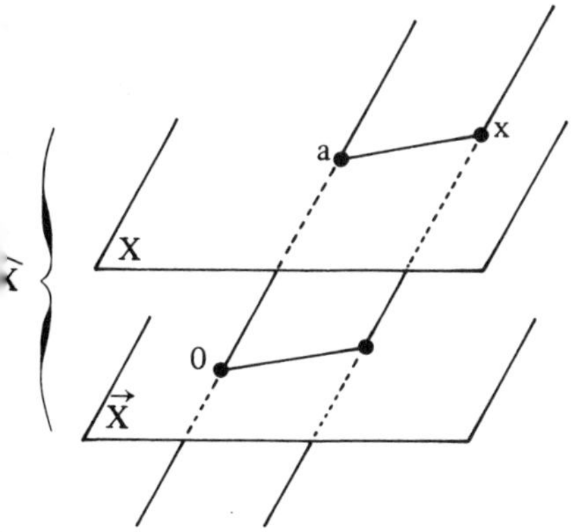

Figure 3.1.7.

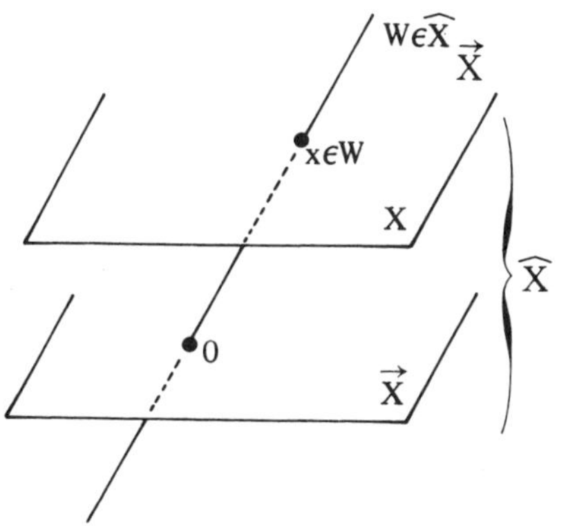

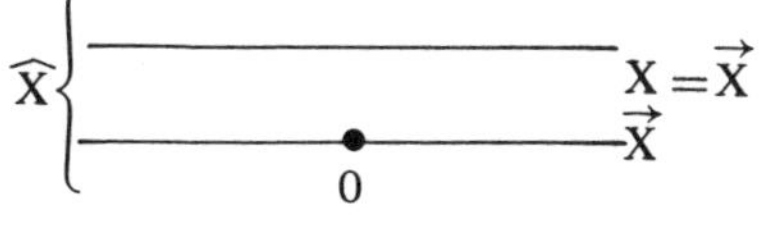

Figure 3.1.8.

3.1.8 REMARQUES. D'abord 3.1.7 justifie maintenant pleinement l'écriture $xy = y - x$ introduite en 2.1.3.1. On prendra garde aux dangers de certaines identifications ; la règle est, lorsqu'on aboutit à une confusion, de redistinguer tous les objets dès le départ. Un exemple typique est le suivant : prenons comme espace affine $X = \vec{X}$ (exemple 2.2.1) ; alors, dans $\hat{X}$, la notation $\vec{X}$ désigne aussi bien le sous-espace affine

$$\vec{X} = X = M^{-1}(1)$$

que le sous-espace vectoriel (hyperplan) $\vec{X}$; il faut donc dans ce cas ne pas écrire $X = \vec{X}$ mais distinguer X et $\vec{X}$ (Fig. 3.1.8).

3.1.9 L'HYDRE SE REMORD L'ÉTINCELANTE QUEUE. Partant de X, on fabrique l'espace vectoriel universel $\hat{X}$, qui contient $\vec{X}$ comme hyperplan. On peut donc, suivant 2.2.5, contempler l'espace affine $\hat{X}_{\vec{X}}$; alors 2.2.7 et 3.1.7 montrent que X est naturellement isomorphe à $\hat{X}_{\vec{X}}$ *via* les deux isomorphismes $X \cong M^{-1}(1)$ et $M^{-1}(1) \cong \hat{X}_{\vec{X}}$.

3.2 *L'espace universel et les morphismes*

Soient maintenant X, X' deux espaces affines ; construisons $\hat{X}$ et $\hat{X}'$ et cherchons les rapports entre $A(X\,;X')$ et $L(\hat{X}\,;\hat{X}')$. Dans le sens de $L(\hat{X}\,;\hat{X}')$ vers $A(X, X')$, le 3.1.7 et le 2.3.7 donnent la réponse ; la réciproque est vraie (et de démonstration directe) :

3.2.1 PROPOSITION. *Soient X, X' deux espaces affines, $f \in A(X\,;X')$. Définissons une application $\hat{f} : \hat{X} \to \hat{X}'$ par $f|_{\vec{X}} = \vec{f}$, $\hat{f}(kx) = k\hat{f}(x)$ (via les identifications $X \subset \hat{X}$ et $X' \subset \hat{X}'$). Alors $\hat{f} \in L(\hat{X}\,;\hat{X}')$, en fait $\hat{f} \in L_{\vec{X},\vec{X}'}(\hat{X}\,;\hat{X}')$; et, au sens de 2.3.6, on a $\bar{\hat{f}} = f$ via 3.1.8. Si $g \in A(X'\,;X'')$, où X'' est un troisième espace affine $\widehat{g \circ f} = \hat{g} \circ \hat{f}$.*

3.2.2 Cette proposition justifie l'adjectif « universel » attribué à $\hat{X}$; en un sens à préciser, 3.2.1 montre que $X \to \hat{X}$ est une correspondance « fonctorielle ».

3.2.3 COROLLAIRE. *Pour tout espace affine X, le groupe affine* GA (X) *de X est naturellement isomorphe au groupe quotient* $\mathrm{GL}_{\vec{X}}(\hat{X})/K^*.\mathrm{Id}_X$ *de* $\mathrm{GL}_{\vec{X}}(\hat{X}) = \{ f \in \mathrm{GL}(\hat{X}) : f(\vec{X}) = \vec{X} \}$ *par le centre* $K^*.\mathrm{Id}_{\vec{X}}$ *de* GL (X) (cf. 2.3.3.12).

3.2.4 EXEMPLE. Avec les définitions de 2.3.3.12, on a $f \in \mathrm{Dil}(X)$ si et seulement si $f|_{\vec{X}} = \mathrm{Id}_{\vec{X}}$.

3.2.5 EXPLICATION DU 2.3.8. Pour ce faire, gardons les données et notations du 2.3.8. Avec le repère $\{ x_i \}_{i=0,1,\ldots,n}$ de X (pour lui-même), on peut construire deux bases de X, la première est $\{ x_0, \overrightarrow{x_0x_1}, \ldots, \overrightarrow{x_0x_n} \}$ où $x_0 \in X \subset \hat{X}$ et les $\overrightarrow{x_0x_i} \in \vec{X} \subset \hat{X}$, la seconde est $\{ x_0, x_1, \ldots, x_n \} \subset X \subset \hat{X}$;

nous reviendrons sur le second en 3.6. C'est l'usage des deux repères du premier type, $\{ x_0, \overrightarrow{x_0x_1}, \ldots, \overrightarrow{x_0x_n} \}$ de $\hat{X}$ et $\{ x'_0, \overrightarrow{x'_0x'_1}, \ldots, \overrightarrow{x'_0x'_p} \}$ de $\hat{X}'$, qui explique le 2.3.8. La matrice, notée $M(f)$ en 2.3.9, n'est autre que la matrice du $\hat{f}$ de 3.2.1 pour les deux bases construites ; car en effet si $x = (\lambda_1, \ldots, \lambda_n)$ dans X pour lui-même, les coordonnées de ce même x dans $\hat{X}$ pour le repère $\{ x_0, \overrightarrow{x_0x_1}, \ldots, \overrightarrow{x_0x_n} \}$ sont visiblement $(1, \lambda_1, \ldots, \lambda_n)$, tandis que les éléments de $\vec{X} \subset \hat{X}$ sont ceux dont la première coordonnée est nulle, d'où 2.3.9.

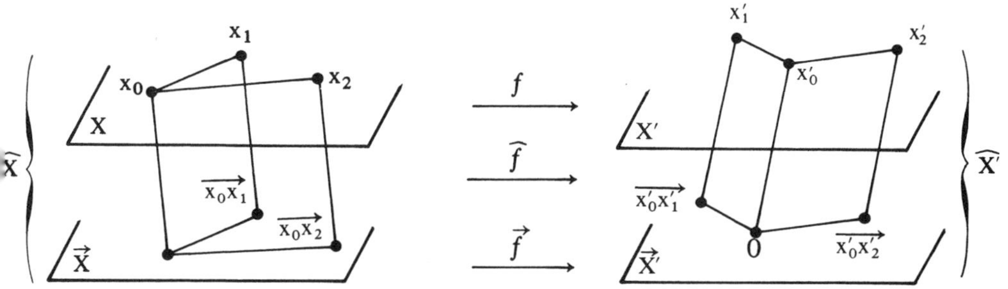

Figure 3.2.5.

3.3 *Polynômes sur un espace affine*

Dans cette section, les corps sont tous supposés de caractéristique 0

Rappelons d'abord les définitions et propriétés des polynômes et applications polynomiales sur des espaces vectoriels ; une très bonne référence est [CH 1], p. 79.

3.3.1 RAPPELS. *Soient V, W deux espaces vectoriels ; une application $f : V \to W$ est dite* polynomiale homogène de degré *k s'il existe une application k linéaire symétrique $\varphi : V^k \to W$ telle que $f = \varphi \circ \Delta$, où Δ est l'application diagonale $\Delta : V \ni x \mapsto (x, \ldots, x) \in V^k$.* On note *$\mathcal{P}^\bullet_k(V ; W)$ l'ensemble des applications polynomiales homogènes de degré k de V dans W ; lorsque $W = K$, corps de base de V, on dit simplement* polynôme homogène de degré *k et on pose $\mathcal{P}^\bullet_k(V) = \mathcal{P}^\bullet_k(V ; K)$. Si f est polynomiale homogène, l'application φ telle que $f = \varphi \circ \Delta$ est unique,* i.e. *bien déterminée par f. Une application $f : V \to W$ est dite* polynomiale de degré inférieur ou égal à *k s'il existe des $f_i \in \mathcal{P}^\bullet_i(V ; W)$ $(i = 0, 1, \ldots, k)$ telles que $f = \sum_{i=0}^{k} f_i$ (par convention on a* noté *$\mathcal{P}^\bullet_0(V ; W)$ l'ensemble des applications constantes de V dans W). Si $W = K$ on dit encore simplement* un polynôme de degré inférieur ou égal à *k. Si f est polynomiale de degré inférieur ou égal à k, l'écriture $f = \sum_i f_i$ est* *unique*, i.e. *les* $f_i \in \mathcal{P}_i^\bullet(V; W)$ *sont bien déterminées par* f. *L'ensemble des applications polynomiales de degré inférieur ou égal à k est* noté $\mathcal{P}_k(V; W)$ et $\mathcal{P}_k(V) = \mathcal{P}_k(V; K)$.

3.3.2 REMARQUES. On peut donner des formules explicites pour calculer $\varphi : V^k \to W$ à l'aide de $f : V \to W$ polynomiale, voir [CH 1], formule (6.3.5), p. 85. Lorsque $k = 2$, la chose est bien connue, les éléments f de $\mathcal{P}_2^\bullet(V)$ sont appelés des *formes quadratiques*, φ telle que $f = \varphi \circ \Delta$ est appelée la *forme polaire* de f et vaut :

3.3.2.1 $$\varphi(x, y) = \frac{1}{2}[f(x + y) - f(x) - f(y)] \quad \forall x, y \in V.$$

C'est pour avoir l'unicité de φ à partir de f que nous avons supposé le corps de caractéristique 0. Mais on voit donc en fait qu'il suffit de supposer seulement, pour les formes quadratiques, la caractéristique différente de 2 (plus généralement il suffit de savoir que la caractéristique du corps est strictement supérieure au degré des polynômes considérés).

L'espace vectoriel $\mathcal{P}_1^\bullet(V)$ n'est autre que le dual V^* de V, ensemble de toutes les formes linéaires sur V. Plus généralement $\mathcal{P}_k^\bullet(V; W)$ est muni de la structure naturelle d'espace vectoriel (applications à valeurs dans un espace vectoriel).

On a $f(\lambda x) = \lambda^k f(x)$ $\forall f \in \mathcal{P}_k^\bullet(V)$ $\forall x \in V$, ce qui justifie le nom « homogène » de degré k, mais cette condition n'est pas suffisante pour faire de f un polynôme (sauf si f est suffisamment différentiable, voir 3.7.12). Quant à la justification du nom « polynôme » elle résulte de ce qui suit.

3.3.3 COORDONNÉES. Supposons V de dimension finie n, soit $\{ e_i \}_{i=1,\dots,n}$ une base de V et $x = (\lambda_1, \dots, \lambda_n)$ les coordonnées de x par rapport à cette base. Alors on dispose de deux écritures possibles pour $f(x)$, $f \in \mathcal{P}_k^\bullet(V; W)$, toutes deux utiles. La première est

$$f(\lambda_1, \dots, \lambda_n) = \sum_{\alpha_1 + \cdots + \alpha_n = k} a_{\alpha_1,\dots,\alpha_n} \lambda_1^{\alpha_1} \cdots\cdots \lambda_n^{\alpha_n},$$

où la somme est prise sur tous les entiers $\geqslant 0$ de somme égale à k et où les $a_{\alpha_1,\dots,\alpha_n}$ sont des vecteurs fixes de W (des scalaires si $W = K$). La deuxième est

$$f(\lambda_1, \dots, \lambda_n) = \sum_{i_1 \leqslant \cdots \leqslant i_k} a_{i_1,\dots,i_k} \lambda_{i_1} \cdots\cdots \lambda_{i_k},$$

où les $a_{i_1,\dots,i_k}$ sont fixes dans W et la somme étendue à tous les entiers croissants $i_1, \dots, i_k$ pris parmi $1, \dots, n$ et répétés éventuellement. Dans les deux écritures, on a noté par abus à droite la multiplication scalaire sur W, afin, lorsque $W = K$, de retrouver la notation habituelle des polynômes.

3.3.4 Pour définir des polynômes sur un espace affine X, la méthode la plus rapide est d'utiliser l'espace universel $\hat{X}$ associé à X; on trouvera une définition plus élémentaire dans 3.7.11 (cf. 3.3.14).

3.3.5 DÉFINITION. *Soit un X un espace affine, W un espace vectoriel. On appelle* application polynomiale de degré k *sur X une application*

$$f : X \to W$$

telle qu'il existe $\hat{f} \in \mathcal{P}_k^\bullet(\hat{X})$ et $\hat{f}|_X = f$; leur ensemble (espace vectoriel naturel) est noté $\mathcal{P}_k(X; W)$. *Si $W = K$, on dit* polynôme de degré k, *leur ensemble est* noté $\mathcal{P}_k(X) = \mathcal{P}_k(X; K)$. *On appelle* symbole *de f, noté $\vec{f}$, l'application polynomiale homogène de degré k : $\vec{f} = \hat{f}\,|_{\vec{X}}$.*

3.3.6 EXEMPLES. Les éléments de $\mathcal{P}_0(X; W)$ sont les applications constantes, ceux de $\mathcal{P}_1(X; W)$ coïncident avec ceux de $A(X; W)$, en particulier $\mathcal{P}_1(X)$ est l'ensemble des formes affines de X (pour le voir, le vérifier directement ou utiliser 3.3.14). Ceci justifie (cf. 3.3.2) d'appeler les éléments de $\mathcal{P}_2(X)$ des *formes quadratiques affines.*

3.3.7 La définition 3.3.5 est simple, rapide, mais souvent inutilisable dans la pratique ; de plus on aimerait étudier $\mathcal{P}_k^\bullet(\hat{X}) \to \mathcal{P}_k(X)$, application de restriction, surjective par définition. Est-elle injective ? Et aussi faire des calculs explicites en dimension finie, voir le lien avec $\mathcal{P}_k(X_a)$, où X_a est le vectorialisé de X en a. Fixons donc $a \in X$, utilisons la somme directe $\hat{X} = \vec{X} \oplus Ka$ (cf. 3.1.6) ; pour simplifier nous travaillerons dans $\mathcal{P}_k(X)$. Soit $\hat{\varphi} : \hat{X}^k \to K$ telle que $\hat{f} = \hat{\varphi} \circ \Delta$; on a

3.3.8

$$\hat{\varphi}(\vec{\xi}_1 + t_1\, a, \ldots, \vec{\xi}_k + t_k\, a) = \sum_{i=0}^{k} \sum_{l_1 < \cdots < l_i} \prod_{s \neq l_1, \ldots, l_i} t_s\, \hat{\varphi}(\vec{\xi}_{l_1}, \ldots, \vec{\xi}_{l_i}, a, \ldots, a)$$

(on a utilisé la symétrie de φ). Posons, pour $i = 0, 1, \ldots, k$:

3.3.9

$$\varphi_i : X_a^i \ni (\vec{\xi}_1 + a, \ldots, \vec{\xi}_i + a) \mapsto \binom{k}{i} \hat{\varphi}(\vec{\xi}_1, \ldots, \vec{\xi}_i, a, \ldots, a)\,.$$

Chaque application φ_i est i-linéaire symétrique, donc on peut définir $f_i = \varphi_i \circ \Delta : X_a \to K$, et $f_i \in \mathcal{P}_i^\bullet(X_a)$ ($i = 0, 1, \ldots, k$) et l'on a, par 3.3.8 :

3.3.10

$$f = \sum_{i=0}^{k} f_i\,.$$

Ainsi, si $f \in \mathcal{P}_k(X)$, quel que soit $a \in X$, f est un polynôme de degré inférieur ou égal à k sur X_a. Nous allons voir que la réciproque est vraie et que la formule 3.3.8 permet de reconstituer de façon unique $\hat{f}$ à partir de f. Si en effet $a \in X$, $f_i \in \mathcal{P}_i^\bullet(X_a)$ ($i = 0, 1, \ldots, k$), $f = \sum_{i=0}^{k} f_i$, si $f_i = \varphi_i \circ \Delta$ pour $\varphi_i : X_a^i \to K$, il suffit de poser

3.3.11

$$\hat{\varphi}(\vec{\xi}_1 + t_1 a, \ldots, \vec{\xi}_k + t_k a) = \\ = \sum_{i=0}^{k} \binom{k}{i}^{-1} \sum_{l_1 < \cdots < l_i} \prod_{s \neq l_1, \ldots, l_i} t_s \, \varphi_i(\vec{\xi}_{l_1} + a, \ldots, \vec{\xi}_{l_i} + a) .$$

On a bien, si on pose $\hat{f} = \hat{\varphi} \circ \Delta : \hat{f}\,|_X = f$; on vérifie que $\hat{\varphi}$ est k-linéaire symétrique. En outre alors, si $t \neq 0$:

3.3.12

$$f(\vec{\xi} + ta) = \sum_{i=0}^{k} t^{k-i} f_i(\vec{\xi} + a) = t^k \sum_{i=0}^{k} f_i(t^{-1}\,\vec{\xi} + a) \\ = t^k \sum_{i=0}^{k} f_i(t^{-1}(\vec{\xi} + a)) = t^k f(t^{-1}(\vec{\xi} + a)),$$

d'où, en identifiant X_a et $\vec{X}$ par Θ_a :

3.3.13 $\quad \hat{f}(\vec{\xi}, t) = t^k f(t^{-1}\,\vec{\xi}) \quad \forall x \in X \quad \forall t \in K^* \quad$ et $\quad \hat{f}\,|_{\vec{X}} = \vec{f}$.

On dit, en regardant 3.3.13, que « $\hat{f}$ se déduit de f en le rendant homogène à l'aide de la variable t », ou « en introduisant une variable d'homogénéité t », le calcul pratique se fait selon 3.3.12 en suivant les f_i. De ce qui précède on peut donc déduire la :

3.3.14 PROPOSITION. *L'application de restriction*

$$\mathcal{P}_k^{\bullet}(\hat{X}) \ni \hat{f} \mapsto \hat{f}\,|_X \in \mathcal{P}_k(X)$$

est bijective ; l'application inverse se calcule par la formule 3.3.13. *Les éléments de $\mathcal{P}_k(X)$ peuvent être caractérisés comme les $f : X \to K$ tels que, quel que soit $a \in X$, $f \in \mathcal{P}_k(X_a)$; ou tels qu'il existe $a \in X$ tel que $f \in \mathcal{P}_k(X_a)$. Via Θ_a la partie de degré k de f n'est autre que son symbole $\vec{f}$.*

3.3.15 EXEMPLES. Soit X de dimension finie n, $\{ x_i \}_{i=0,1,\ldots,n}$ un repère de X et $(\lambda_i)_{i=0,\ldots,n}$ les coordonnées associées. Alors $f \in \mathcal{P}_2(X)$ si et seulement si il existe des a_{ij}, b_i, $c \in K$ $(i, j = 1, \ldots, n)$ tels que

$$f(\lambda_1, \ldots, \lambda_n) = \sum_{i,j} a_{ij}\,\lambda_i\,\lambda_j + \sum_i b_i\,\lambda_i + c$$

et alors $\hat{f}$ vaut :

$$\hat{f}(\lambda_1, \ldots, \lambda_n, t) = \sum_{i,j} a_{ij}\,\lambda_i\,\lambda_j + \sum_i b_i\,\lambda_i\,t + ct^2 .$$

3.4 *Barycentres*

De plonger un espace affine X dans l'espace vectoriel $\hat{X}$ permet de calculer des combinaisons linéaires telles que $\sum_i \lambda_i\,x_i$, où les $x_i \in X$, $\lambda_i \in K$; le résultat,

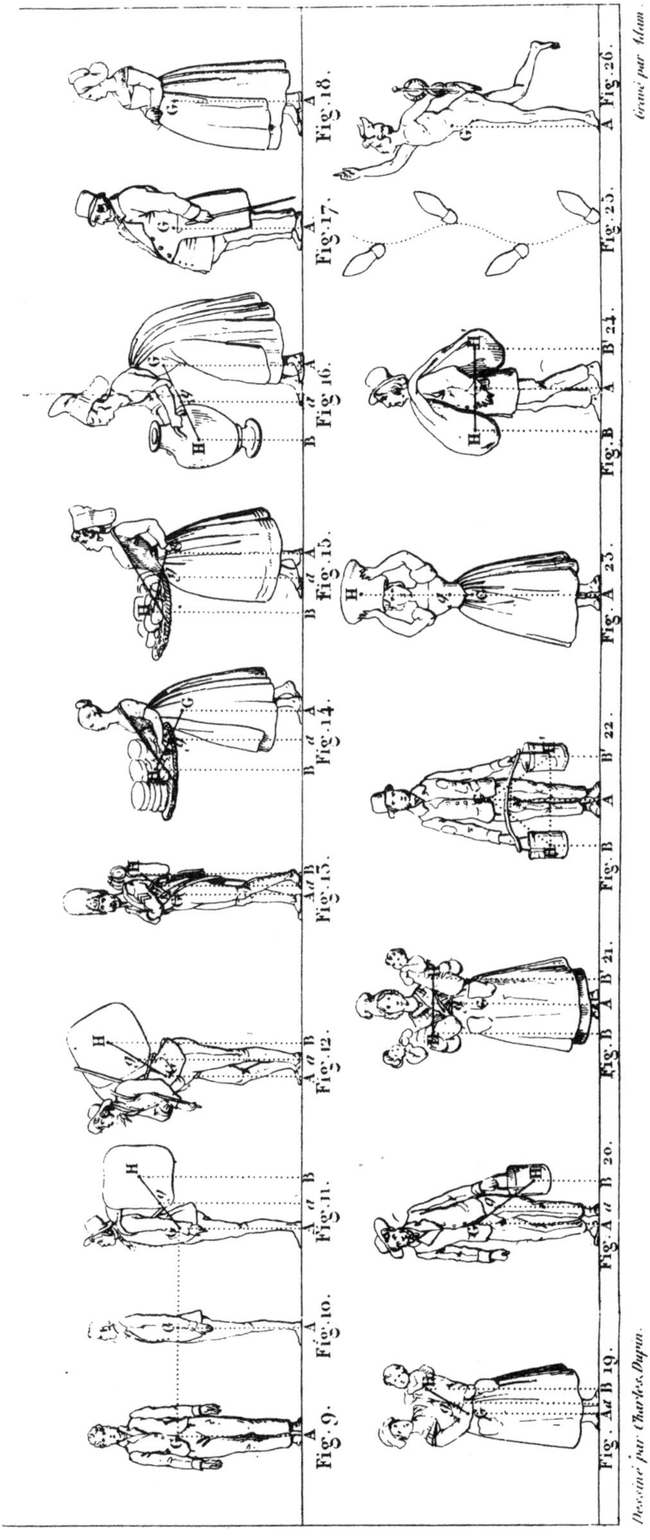

Figure 3.4.1

Baron Charles Dupin. — Géométrie et Mécanique des Arts et Métiers et des Beaux-Arts. Bachelier, 1825.

dans $\hat{X}$ *a priori*, sera en fait dans X si (cf. 3.1.6)

$$M\left(\sum_i \lambda_i x_i\right) = \sum_i \lambda_i M(x_i) = \sum_i \lambda_i = 1 .$$

D'où la :

3.4.1 DÉFINITION. *Soient* $\{ x_i \}_{i \in I}$ *une famille de points d'un espace affine* X, *et* $\{ \lambda_i \}_{i \in I} \subset K$ *telle que* $\lambda_i = 0$ *sauf pour un nombre fini de* i *et* $\sum_{i \in I} \lambda_i = 1$. *On appelle* barycentre des points x_i affectés des masses λ_i *le point* x *de* X : $x = \sum_{i \in I} \lambda_i x_i$.

3.4.2 EXEMPLES. Si tous les $\lambda_i = 0$ sauf $\lambda_1 = 1$, le point x est x_1 ; si $I = \{ 1, 2 \}$ et $\lambda_1 = \lambda_2 = 1/2$, ce qui suppose que K est de caractéristique différente de 2, on obtient $x = \dfrac{x_1 + x_2}{2}$, appelé le *milieu* de $\{ x_1, x_2 \}$. Plus généralement, si $I = \{ 1, \ldots, n \}$ et $n \neq 0$ dans K, $\lambda_i = \dfrac{1}{n}\ \forall i$, le point $x = \dfrac{x_1 + \cdots + x_n}{n}$ est appelé le *centre de gravité* des x_i, ou parfois l'*équibarycentre* des x_i ($i = 1, \ldots, n$). On fera bien attention que si X est un plan affine euclidien, s'il est vrai que $\dfrac{x_1 + x_2 + x_3}{3}$, centre de gravité du triangle $\{ x_1, x_2, x_3 \}$ (cf. 2.4.7), coïncide avec le centre de gravité d'une plaque homogène (cf. 2.7.5.3) que définit ce triangle, par contre

$$\frac{x_1 + x_2 + x_3 + x_4}{4}$$

n'est plus, en général, le centre de gravité de la plaque homogène définie par ces quatre points.

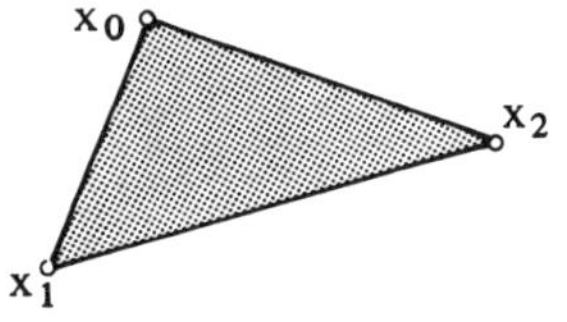

Figure 3.4.2.1.

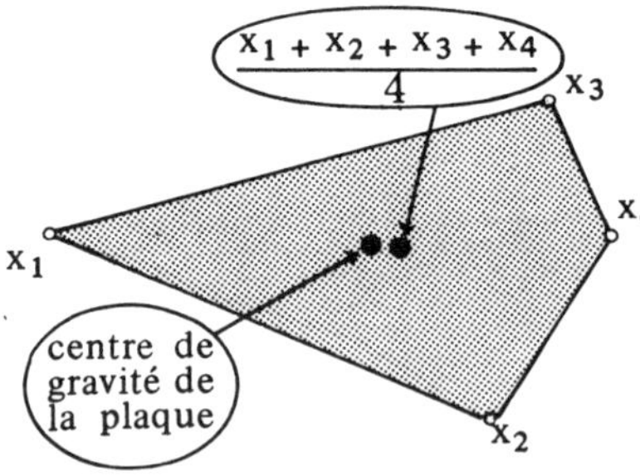

Figure 3.4.2.2.

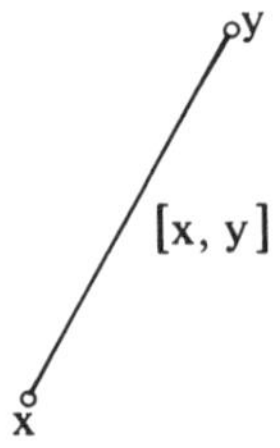

Figure 3.4.2.3

Voir aussi la page 184 pour de nombreux exemples de barycentres.

3.4.3 UN EXEMPLE FONDAMENTAL est celui où $K = \mathbf{R}$, X est un espace affine réel et x, y deux points de X. On appelle *segment d'extrémités* x, y la partie $[x, y] = \{ \lambda x + (1 - \lambda) y : \lambda \in [0, 1] \}$ de X. C'est ici le départ de la notion de convexité : cf. chapitres 11 et 12.

3.4.4 Si maintenant $\sum_i \lambda_i \neq 1$, le résultat sera dans $\hat{X} \setminus X$; cette notion est cependant utile, surtout si l'on remarque que l'on peut faire rentrer $\sum_i \lambda_i x_i$ dans X en le multipliant par le scalaire $\left(\sum_i \lambda_i\right)^{-1}$, s'il est non nul.

3.4.5 DÉFINITION. *On appelle* point massique *de X un élément de* $\hat{X} = \vec{X} \cup (K^* \times X)$. *Si* $\{(\lambda_i, x_i)\}_{i=1,\ldots,n}$ *est une famille finie de points massiques, on en appelle* barycentre *le point massique* $\left(\sum_i \lambda_i, x\right)$ *où x est le vecteur* $\sum_i \lambda_i x_i \in \vec{X}$ si $\sum_i \lambda_i = 0$ *et le point* $\dfrac{\sum_i \lambda_i x_i}{\sum_i \lambda_i} \in X$ *sinon.*

3.4.6 REMARQUES

3.4.6.1 On remarquera que cette notion est bien celle de la mécanique, lorsque $\sum_i \lambda_i \neq 0$; le centre de gravité de trois points x_i de masse 1 est le point $\dfrac{x_1 + x_2 + x_3}{3}$, mais il doit être affecté de la masse 3, somme des masses des x_i.

3.4.6.2 Pour les deux points $\{(1, x), (-1, y)\}$ on retrouve bien l'écriture $\vec{yx} = x - y$: cf. 2.1.4 et 3.1.7.

3.4.6.3 Bien sûr nos définitions se recoupent avec celles plus classiques, qui consistent à étudier les sommes $\sum_i \lambda_i \vec{yx_i}$, qui cachent des champs de vecteurs. Si x est le barycentre des $\{(\lambda_i, x_i)\}$ $\left(\sum_i \lambda_i \neq 0\right)$ on a bien, par définition même :

3.4.6.4 $$\sum_i \lambda_i \vec{yx_i} = \left(\sum_i \lambda_i\right) \vec{yx} \quad \forall y \in X$$

et x est caractérisé par l'équation :

3.4.6.5 $$\sum_i \lambda_i \vec{xx_i} = 0 .$$

3.4.6.6 Enfin le calcul explicite du barycentre x des $\{(\lambda_i, x_i)\}$ $\left(\sum_i \lambda_i \neq 0\right)$ s'obtient en vectorialisant X en $a \in X$ quelconque :

$$x = a + \frac{\sum_i \lambda_i \vec{ax_i}}{\sum_i \lambda_i}.$$

Si en particulier X est de dimension finie, si les x_i ont pour coordonnées $(x_{i1}, \ldots, x_{in})$ dans un repère affine donné, alors les coordonnées, dans ce même repère, du barycentre des $\{(\lambda_i, x_i)\}$ $\left(\sum_i \lambda_i \neq 0\right)$ seront

$$\left(\frac{\sum_i \lambda_i x_{i1}}{\sum_i \lambda_i}, \ldots, \frac{\sum_i \lambda_i x_{in}}{\sum_i \lambda_i}\right).$$

3.4.7 Le fait que l'addition dans un espace vectoriel (ici X) soit associative se traduit en propriétés des barycentres, propriétés intuitives dans l'interprétation mécanique et qui ont des applications géométriques plaisantes.

3.4.8 PROPOSITION (associativité des barycentres de points massiques). *Soient I un ensemble fini, $I = I_I \cup \ldots \cup I_p$ une partition de I, $\{ (\lambda_i, x_i) \}_{i \in I}$ une famille de points massiques. Alors le barycentre de cette famille est le point massique barycentre de $\{ (\mu_l, \xi_l) \}_{l = 1,\ldots,p}$ où, pour tout l, le point massique (μ_l, ξ_l) est le barycentre de $\{ (\lambda_i, x_i) \}_{i \in I_l}$.*

3.4.9 PROPOSITION (désassociativité des barycentres dans X). *Soient I un ensemble fini, $I = I_1 \cup \ldots \cup I_p$ une partition de I, $\{ x_i \}_{i \in I}$ une famille de X et $\{ \lambda_i \}_{i \in I_l}$ des familles de K telles que $\sum\limits_{i \in I_l} \lambda_i = 1 \; \forall l = 1, \ldots, p$. Soient $\alpha_1, \ldots, \alpha_p \in K$ avec $\sum\limits_l \alpha_l = 1$, ξ_l le barycentre des x_i affectés des λ_i ($i \in I_l$) et ξ le barycentre des ξ_l ($l = 1, \ldots, p$) affectés des α_l. Alors ξ est le barycentre des x_i ($i \in I$) affectés des $\alpha_l \lambda_i$ ($i \in I_l$).*

3.4.10 CONSÉQUENCES GÉOMÉTRIQUES CLASSIQUES. Soient d'abord trois points x_1, x_2, x_3 de X,

$$I = \{ 1, 2, 3 \} = \{ 1 \} \cup \{ 2, 3 \}\,, \quad \lambda_1 = 1\,, \quad \lambda_2 = \lambda_3 = \frac{1}{2}$$

et

$$\alpha_1 = \frac{1}{3}, \quad \alpha_2 = \frac{2}{3}$$

(ce qui suppose K de caractéristique différente de 2 et de 3). Alors $\xi_1 = x_1$ et $\xi_2 = \dfrac{x_2 + x_3}{2}$ est le milieu de $\{ x_2, x_3 \}$, donc le barycentre x de x_1, x_2, x_3 affectés des masses $\{ 1/3, 1/3, 1/3 \}$, i.e. leur centre de gravité, est le barycentre de $x_1, \dfrac{x_2 + x_3}{2}$ affectés de 1, 2 ; la conséquence géométrique étant que les trois médianes $\left\langle x_1, \dfrac{x_2 + x_3}{2} \right\rangle, \left\langle x_2, \dfrac{x_3 + x_1}{2} \right\rangle, \left\langle x_3, \dfrac{x_1 + x_2}{2} \right\rangle$ sont concourantes en un point, qui est le centre de gravité du triangle $\{ x_1, x_2, x_3 \}$, et ce, en divisant ces médianes dans le rapport $\{ 1, 2 \}$. Si l'on a affaire maintenant à quatre points, on obtient (si K est de caractéristique différente de 2 et de 3) sept droites concourantes, celles joignant les milieux des trois paires de côtés opposés et celles joignant un point au centre de gravité du triangle formé par les trois autres.

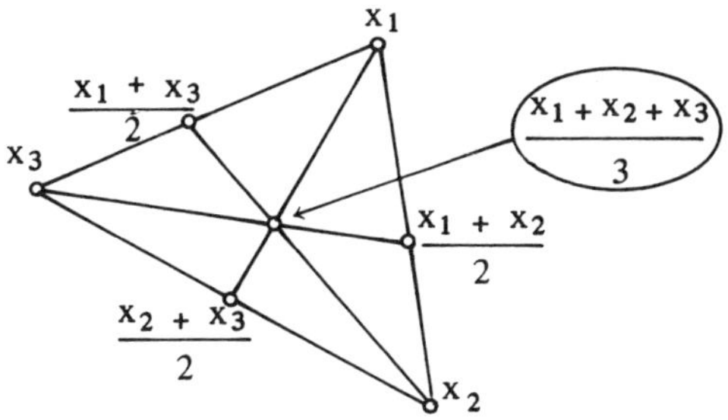

Figure 3.4.10.1.

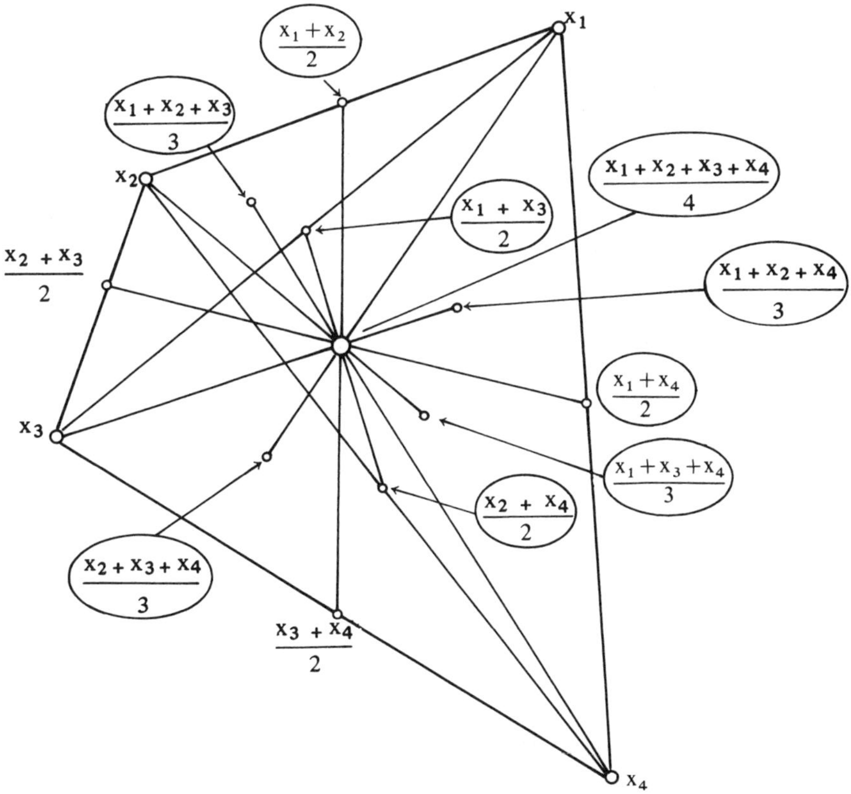

Figure 3.4.10.2.

3.5 *Barycentres et morphismes, barycentres et sous-espaces affines*

3.5.1 PROPOSITION. *Soient X, X' deux espaces affines et $f : X \to X'$ une application, seulement au sens ensembliste* a priori. *Pour que f soit un morphisme, il faut et il suffit que f conserve les barycentres,* i.e. *que pour toutes familles finies $\{ x_i \}_{i \in I} \subset X$, $\{ \lambda_i \}_{i \in I} \subset K$ avec $\sum_i \lambda_i = 1$, on ait*

$$f\Big(\sum_i \lambda_i x_i\Big) = \sum_i \lambda_i f(x_i)\,.$$

Le sens direct résulte de 3.2.1 et 3.4.1. En sens inverse, il faut montrer que $f : X_a \to X'_{f(a)}$ est linéaire. Or il suffit de remarquer que si x, $x' \in X$ et λ, $\mu \in K$ le point x'' tel que $x'' = \lambda x + \mu x'$ dans X_a n'est autre que le barycentre des $\{ a, x, x' \}$ affectés des masses $\{ 1 - \lambda - \mu, \lambda, \mu \}$ (et de même pour $f(a)$, $f(x)$, $f(x')$) !

Cette démonstration montre de plus que :

3.5.2 PROPOSITION. *Soient X un espace affine et $S \subset X$ une partie de X. Alors, pour que S soit un sous-espace de X il faut et il suffit que S contienne les barycentres de toutes les familles de points de S,* i.e. *pour toutes familles finies $\{ x_i \}_{i \in I} \subset S$, $\{ \lambda_i \}_{i \in I} \subset K$ avec $\sum_i \lambda_i = 1$ on a $\sum_i \lambda_i x_i \in S$.*

3.5.3 COROLLAIRE. *Pour une partie S de X, le sous-espace engendré par S, à savoir $\langle S \rangle$, est l'ensemble des barycentres des points de S (pour toutes les masses possibles).*

Ainsi la droite $D = \langle x, y \rangle$ engendrée par deux points indépendants x, y n'est autre que $D = \langle x, y \rangle = \{ \lambda x + (1 - \lambda) y : \lambda \in K \}$.

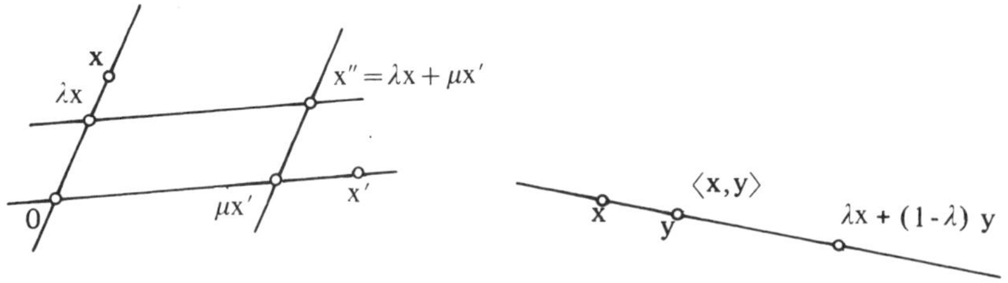

Figure 3.5.2.

3.5.4 PROPOSITION. *Soit X un espace affine sur un corps de caractéristique 0. Quel que soit la partie finie $F \subset X$ il existe un point $x \in X$ tel que $GA_F(X) \subset GA_x(X)$* i.e. *$f(x) = x$, $\forall f \in GA(X)$ telle que $f(F) = F$.*

Si $K = \bigcup_{i=1}^{n} x_i$, prendre $x = \dfrac{x_1 + \cdots + x_n}{n}$ et appliquer 3.5.1.

Pour des extensions de 3.5.4 à des F compacts, voir 2.7.5.7 et 9.8.6. Un corollaire plaisant est 3.7.3.

3.6 *Coordonnées barycentriques*

3.6.1 Nous exploitons ici l'idée introduite en 3.2.5, à savoir associer, à un repère affine $\{x_i\}_{i=0,1,\ldots,n}$ de X espace affine de dimension finie n, la base correspondante $\{x_i\}_{i=0,1,\ldots,n}$ de $\hat{X}$. D'où la :

3.6.2 PROPOSITION. *Soit* $\{x_i\}_{i=0,1\ldots,n}$ *un repère d'un espace affine* X. *Quel que soit* $x \in X$ *il existe des* λ_i $(i = 0, 1, \ldots, n)$ *dans* K *tels que* $\sum_i \lambda_i = 1$ *et* $x = \sum_i \lambda_i x_i$; *ces* λ_i *sont uniques et sont appelées les* coordonnées barycentriques de x *dans le repère considéré*.

En effet, $x = \sum_i \lambda_i x_i$ dans X mais, comme $x \in X \subset \hat{X}$, on a $\sum_i \lambda_i = 1$ (cf. 3.1.6).

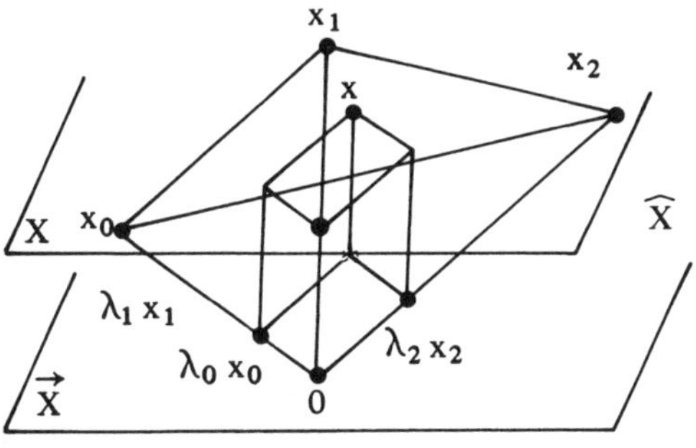

Figure 3.6.2.1.

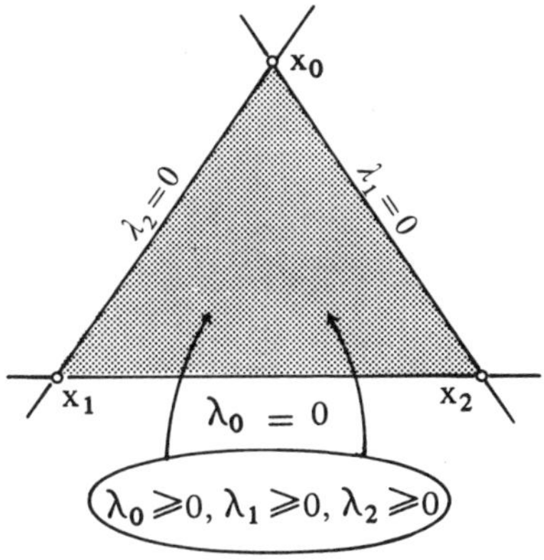

Figure 3.6.2.2.

3.6.3 Par exemple, si $n = 2$, les points de coordonnées $\lambda_0 = 0$ dans le repère $\{x_0, x_1, x_2\}$ sont les points appartenant au côté $\langle x_1, x_2 \rangle$ du triangle $\{x_0, x_1, x_2\}$. Si en outre $K = \mathbf{R}$, les points à $\lambda_i \geqslant 0$ $\forall i = 0, 1, 2$ sont ceux de la partie hachurée ; on retrouvera cette remarque importante dans la convexité : 11.1.8.4.

3.6.4 Les coordonnées barycentriques seront utilisées en 10.6.8.

3.6.5 SUBDIVISION BARYCENTRIQUE. Il existe une application importante des barycentres à la topologie algébrique ; pour les détails et les applications, voir par exemple [GG], p. 63-68 et 60-63, [H-Y], p. 206-209 ou [CA], p. 82-86. La *subdivision barycentrique* d'un simplexe se définit par récurrence sur la dimension de l'espace affine réel considéré : si $d = 1$, la subdivision barycentrique de $\{ x_0, x_1 \}$ est l'ensemble des deux simplexes $\left\{ x_0, \dfrac{x_0 + x_1}{2} \right\}, \left\{ \dfrac{x_0 + x_1}{2}, x_1 \right\}$. Si $d = 2$, on considère l'ensemble six triangles dont un sommet est $\dfrac{x_0 + x_1 + x_2}{3}$ et le côté restant les subdivisions barycentriques des trois simplexes de dimension un constitués par les trois côtés $\langle x_0, x_1 \rangle$, $\langle x_1, x_2 \rangle$, $\langle x_2, x_0 \rangle$, et ainsi de suite.

Sur la figure 3.6.5.2, on a dessiné la subdivision barycentrique de la subdivision barycentrique de $\{ x_0, x_1, x_2 \}$, soit $6 \times 6 = 36$ triangles. Voir aussi l'exercice 3.7.8.

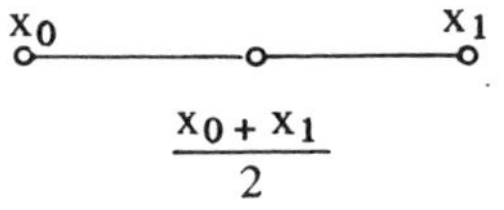

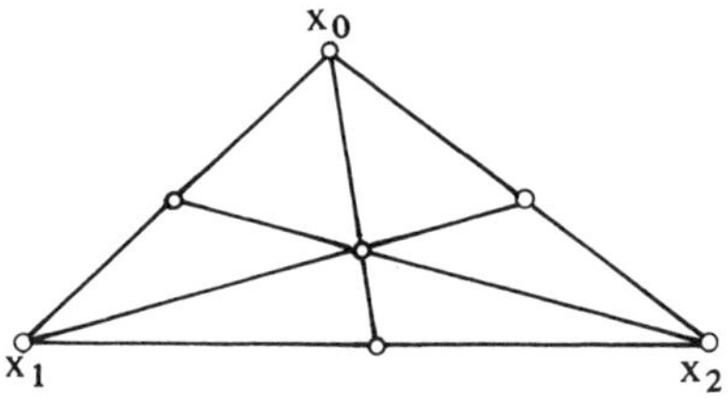

Figure 3.6.5.1.

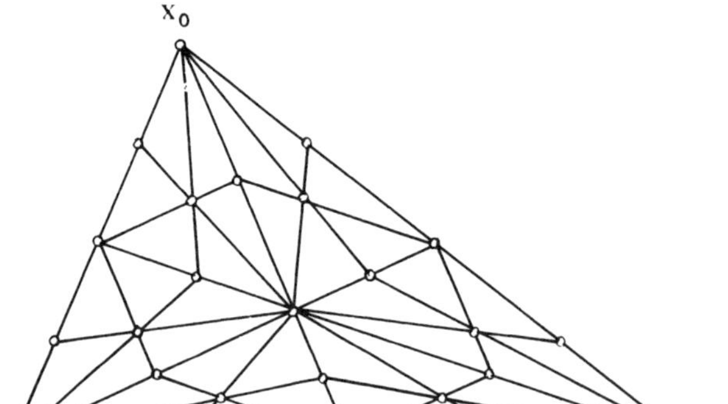

Figure 3.6.5.2.

3.7 *Exercices*

3.7.1 La proposition 3.5.4 subsiste-t-elle si le corps n'est plus de caractéristique 0 ?

3.7.2 Etendre les résultats géométriques du 3.4.10 à des systèmes de 5 puis de 6 points.

3.7.3 Soit X un espace affine sur un corps de caractéristique 0. Montrer que tout sous-groupe fini de GA (X) admet un point fixe.

3.7.4 Les notations sont celles de 2.7.5.2. Soient X un espace affine réel de dimension finie, K un compact de X d'intérieur non vide et $K = \bigcup_{i=1}^{n} K_i$ où les K_i sont tous d'intérieur non vide et où toutes les intersections

$$K_i \cap K_j \quad (i \neq j)$$

sont de mesure nulle. Montrer que cent′ (K) est le barycentre des ξ_i affectés des masses $\mu(K_i)$, où $\xi_i =$ cent′ (K_i).

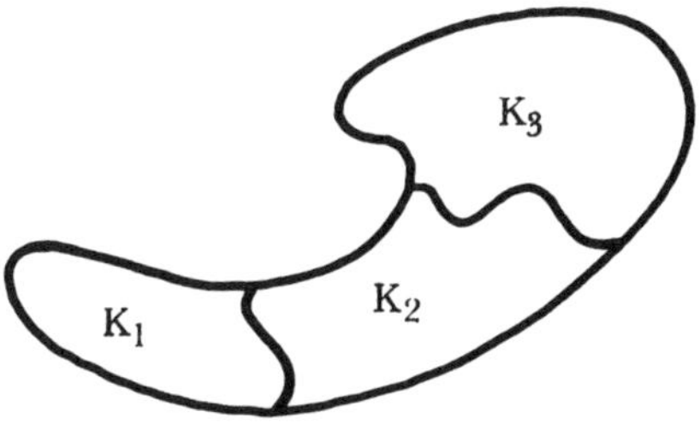

Figure 3.7.4.

3.7.5 Soit X un espace affine. Donner une définition intrinsèque des éléments f de $\mathcal{T}_1(X)$, puis de $\mathcal{T}_2(X)$ (i.e. sans utiliser, ni une vectorialisation X_a, ni $\hat{X}$) ; et donner une formule pour calculer le symbole $\vec{f}$ de f.

3.7.6 Pourquoi a-t-on pris, dans la définition 3.1.2.2, le champ

$$x \mapsto k\overrightarrow{xa}$$

plutôt que le champ $x \mapsto k\overrightarrow{ax}$?

3.7.7 Soient X un espace affine, $a, b \in X$, $f \in \mathcal{T}_k(X)$. On écrit $f = \sum_{i=0}^{k} f_i$ dans X_a, avec $\forall i\ f_i \in \mathcal{T}_i^\bullet(X_a)$ et de même $f = \sum_i g_i$ dans X_b. Calculer explicitement pour $k = 1$ et 2 les g_i en fonction des f_i et de $\xi = \overrightarrow{ab}$. Cas où X est muni d'un repère affine.

3.7.8 Soit Σ un simplexe d'un espace affine euclidien de dimension n ; on appelle d son diamètre (cf. 0.3). Montrer que tous les simplexes de la subdivision barycentrique de Σ ont un diamètre inférieur ou égal à $\dfrac{nd}{n+1}$; en déduire que, lorsque l'on itère ce processus de subdivision barycentrique, le diamètre de tous les simplexes tend vers zéro.

3.7.9 Donner la formule généralisant 3.3.2.1 pour $k = 3$.

3.7.10 Montrer que si $\dim E = n$, alors pour tout k :

$$\dim \mathcal{S}_k^\bullet(E) = \binom{n+k-1}{k}, \quad \dim \mathcal{S}_k(E) = \binom{n+k}{k}.$$

3.7.11 Démontrer directement que si $f : X \to W$ appartient à $\mathcal{S}_k(X_a ; W)$ pour un $a \in X$, on a $f \in \mathcal{S}_k(X_b ; W)$ $\forall b \in X$.

3.7.12 Soient X un espace vectoriel réel et $f : X \to \mathbf{R}$ de classe C^1 telle que $f(\lambda x) = \lambda^k f(x)$ $\forall x \in X$ $\forall \lambda \in \mathbf{R}$. Montrer que la dérivée f' de f vérifie *l'identité d'Euler* : $f'(x)(x) = kf(x)$ $\forall x \in X$. Écrire et démontrer une formule analogue pour la dérivée p-ième de f, lorsque f est de classe C^p et toujours homogène de degré k. En déduire que si f est de classe C^k et homogène de degré k, c'est nécessairement un polynôme.

3.7.13 Déterminer le centre de gravité de l'objet mécanique constitué par trois tringles homogènes de même densité, portées par les côtés d'un triangle. Donner une construction géométrique de ce point.

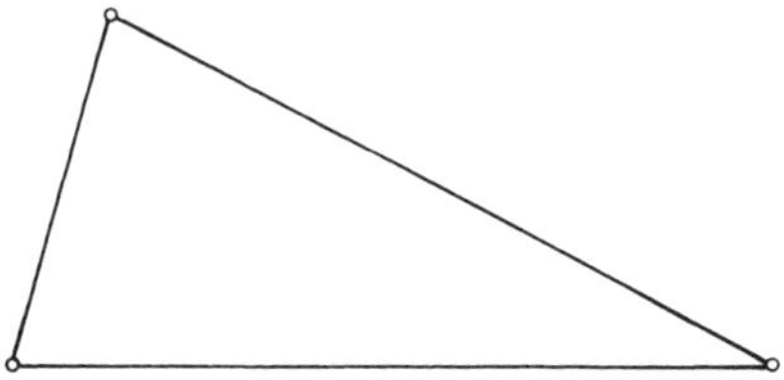

Figure 3.7.13.

3.7.14 Donner une construction géométrique du centre de gravité de la plaque homogène associée à un quadrilatère (Fig. 3.4.2.1).

3.7.15 Démontrer, avec les notations de 3.3.1, que pour toute $f \in \mathcal{S}_k^\bullet(V ; W)$ on a

$$\varphi(v_1, \ldots, v_r) = \frac{1}{r\,!} \sum_{k=1}^{r} (-1)^{r-h} \sum_{1 \leqslant i_1 \leqslant \ldots \leqslant i_k \leqslant r} f(v_{i_1} + \cdots + v_{i_k})$$

3.7.16 Dans un espace affine réel, on se donne p points $x_{1,1}, \ldots, x_{1,p}$ ($p \geqslant 2$). Pour $i = 1, 2, \ldots, p$ on note $x_{2,i}$ le centre de gravité des $(x_{1,j})_{j \neq i}$. Puis on définit par récurrence le centre de gravité $x_{k+1,i}$ des $(x_{k,j})_{j \neq i}$ pour tout $k \geqslant 1$. Prouver que chaque suite $(x_{k,i})_{k \in \mathbf{N}}$ est convergente ; si m_i est sa limite, comparer les m_i entre eux.

3.7.17 Démontrer Ceva et Menelaüs (cf. 2.8.1 et 2.8.2) à l'aide des barycentres.

3.7.18 Démontrer que les milieux des trois diagonales d'un quadrilatère complet sont alignés (comparer avec 17.6.2.1)

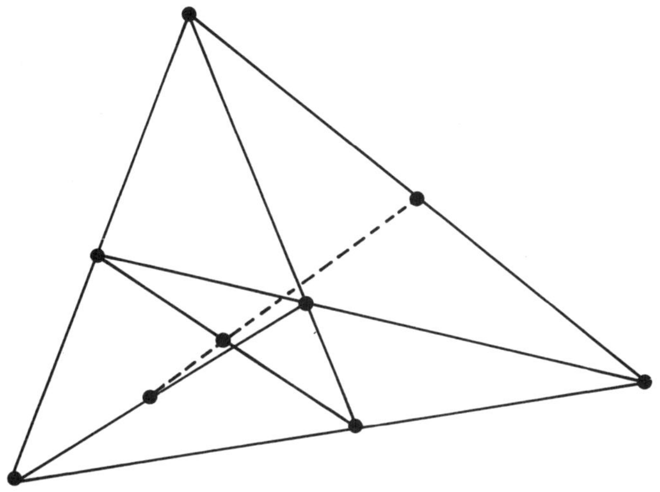

Figure 3.7.18

CHAPITRE 4

espaces projectifs

Ce chapitre consacré aux espaces projectifs comporte d'abord une introduction (4.0) destinée à motiver l'introduction d'une définition un peu brutale dans la section 4.1 ; section qui comporte en outre de nombreux exemples. Nous avons consacré ensuite deux sections assez longues, 4.2 et 4.3, à la description des espaces projectifs, pour que le lecteur puisse s'en faire une idée assez physique et réalise que les espaces projectifs jouent actuellement un rôle plus grand que celui du cadre purement de géométrie élémentaire qui a vu leur naissance. La section 4.2 décrit les cartes naturelles ; la section 4.3 est consacrée aux espaces projectifs réels ou complexes, de dimension finie et à leur topologie. Nous n'avons démontré que les propriétés de topologie générale, dans ce livre qui veut rester assez élémentaire ; mais nous avons mentionné les propriétés de topologie algébrique de ces espaces projectifs. Avec ces indications et éventuellement les références mentionnées, nous espérons que le lecteur pourra ainsi apprécier l'intérêt que présentent les espaces projectifs dans les mathématiques actuelles (même si cet intérêt a en partie déplacé son centre depuis la création de ces espaces).

Dans les sections suivantes, nous revenons à un exposé classique, et donc rapide, des morphismes et des sous-espaces des projectifs, et leurs propriétés élémentaires. Une dernière section (4.8) ouvre des perspectives sur le cas non commutatif. Voir aussi [SU 2].

4.0 *Introduction*

Voici plusieurs raisons pour introduire la géométrie projective et motiver le parachutage de la définition 4.1.1.

4.0.1 La géométrie affine n'est pas satisfaisante sous certains aspects : l'intersection des sous-espaces, en particulier, donne lieu à de nombreuses exceptions, voir les énoncés 2.4.2.4, 2.4.9.2, 2.4.9.4. On aimerait donc une géométrie où l'intersection de deux sous-espaces soit toujours un sous-espace et où la dernière relation de dimensions de 2.4.9.2 soit toujours satisfaite.

4.0.2 Historiquement Desargues fut le premier, et avec une forte avance d'environ deux siècles, à construire l'espace projectif complétant un plan affine réel comme constitué de ce plan auquel on rajoute des points à l'infini, à savoir un point à l'infini pour chaque faisceau de droites parallèles, droites qui passeront, dans le projectif, par ce point (Fig. 4.0.2). Cette construction sera l'objet du chapitre 5.

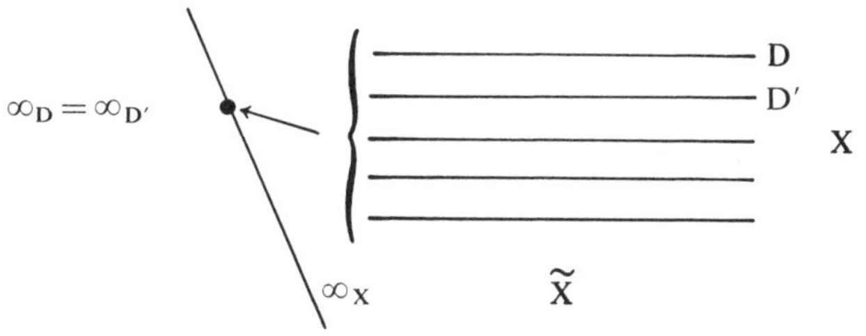

Figure 4.0.2.

4.0.3 Il est naturel en géométrie de s'intéresser à l'ensemble des droites qui passent par un point donné ou, ce qui revient au même, l'ensemble $G_{E,1}$ des sous-espaces vectoriels de dimension un d'un espace vectoriel donné E ; un tel ensemble se rencontre par exemple dans l'étude de la tangente en un point d'une courbe : 4.3.4. La définition que nous donnerons en 4.1.1 d'un espace projectif est précisément celle de $G_{E,1}$.

4.0.4 Notre vision oculaire du monde n'est pas plane, mais conique à partir du centre de l'œil. En outre, il faut savoir raccorder deux vues à partir de centres distincts d'un même plan par exemple ; ceci est lié à la notion de perspective et intervient en photographie aérienne, voir section 4.7.

4.0.5 Outre que les espaces projectifs fournissent une traduction plaisante, historiquement importante, de l'algèbre linéaire, en associant par exemple une quadrique à une forme quadratique (voir par exemple 14.1), les espaces projectifs sur le corps des réels ou celui des complexes jouent un rôle capital en géométrie différentielle, topologie algébrique (cf. cobordisme) et bien sûr en géométrie algébrique. Un de leurs intérêts est que ce sont les variétés compactes les plus simples après les sphères. Pour quelques références modernes sur ces sujets, voir par exemple [GG], [HU], [B-H].

4.0.6. Les espaces projectifs s'introduisent naturellement en Mécanique Quantique, voir par exemple [C-D-L], p. 219.

Sauf mention explicite du contraire, dans tout ce chapitre le corps de base est supposé commutatif.

4.1 *Définition, exemples*

4.1.1 DÉFINITION. *Soit E un espace vectoriel. On appelle* espace projectif déduit ou issu de E, *et l'on* note $P(E)$, *le quotient* $(E \setminus 0)/\mathcal{R}$ *par la relation d'équivalence* $\mathcal{R}$: $x \mathcal{R} y$ *si et seulement si* $y = \lambda x$ *pour* $\lambda \in K$. *Un* espace projectif (*tout court*) *est un* $P(E)$. *La* dimension *de* $P(E)$ *est par définition* $\dim E - 1$. *La* projection canonique *est* $p : E \setminus 0 \to P(E)$.

4.1.2 REMARQUES. On justifiera cette dimension en 4.2.1 et 5.1.3, qui est d'ailleurs assez naturelle car $P(E)$, étant un ensemble de droites, perd bien une dimension.

La définition 4.1.1 pourra sembler gênante à certains, car il faut transporter avec le projectif l'espace vectoriel dont il est déduit. On trouvera dans [BI 5] p. AII.138 une définition peut-être plus satisfaisante d'un espace projectif mais en échange plus lourde ; voir aussi 4.8.3.

Enfin, comme pour les espaces affines, il existe une théorie axiomatique des espaces projectifs ; nous avons donné en 2.6.7 des références sur ce sujet.

4.1.3 EXEMPLES

4.1.3.1 Pour tout entier $n \geqslant 1$ on *pose* $P^n(K) = P(K^{n+1})$, et on dit qu'il s'agit là de l'espace projectif *standard* de dimension n sur le corps K.

4.1.3.2 Un espace projectif est dit *réel* si $K = \mathbf{R}$, *complexe* si $K = \mathbf{C}$.

4.1.3.3 Lorsque l'espace projectif est de dimension 0, on dit un *point* ; lorsqu'il est de dimension 1 (resp. 2) on dit que c'est une *droite* (resp. un *plan*) projective (resp. projectif).

4.1.3.4 L'espace projectif $P(E)$ est en bijection naturelle avec $G_{E,1}$ (cf. 1.2.5). On les identifiera au besoin.

4.1.3.5 D'après 2.4.8.1, 2.4.8.6, les hyperplans d'un espace vectoriel E sont en bijection avec $P(E^*)$, où E^* est le dual de E. On *notera* $\mathcal{H}(E)$ l'ensemble des hyperplans de E, d'où la bijection (au besoin dans la suite une identification)

$$\mathcal{H}(E) \to P(E^*) .$$

4.1.3.6 Soient $\mathcal{P}_k(X)$ l'espace vectoriel des polynômes de degré k sur un espace affine X (cf. 3.3.5) et N l'application noyau

$$N : \mathcal{P}_k(X) \to \text{Parties de } X\,,$$

qui à $f \in \mathcal{P}_k(X)$ associe son noyau $f^{-1}(0) \subset X$. Comme $(\lambda f)^{-1}(0) = f^{-1}(0)$ pour tout $\lambda \in K^*$, on obtient donc une factorisation

$$\begin{array}{ccc} \mathcal{P}_k(X) \setminus 0 & \xrightarrow{N} & \\ {\scriptstyle p}\downarrow & & \text{Parties de } X\,. \\ P(\mathcal{P}_k(X)) & \xrightarrow{\underline{N}} & \end{array}$$

On verra que dans certains cas $\underline{N}$ est injective (cf. 14.1.6) ; quant à l'image, pour $k = 2$, c'est par définition l'ensemble des quadriques de X. Si maintenant V est un espace vectoriel et si l'on remarque que (cf. 3.3.2) $f(\lambda x) = \lambda^k f(x)$ pour $f \in \mathcal{P}_k^\bullet(V)$ on voit qu'il est naturel de considérer le diagramme suivant pour l'application noyau $\mathcal{P}_k^\bullet(V) \to$ Parties de V :

$$\begin{array}{ccc} \mathcal{P}_k^\bullet(V) \setminus 0 & \xrightarrow{N} & \text{Parties de } V \\ {\scriptstyle p}\downarrow & \nearrow{\scriptstyle \underline{N}} & \downarrow \\ P(\mathcal{P}_k^\bullet(V)) & \xrightarrow[\underline{\underline{N}}]{} & \text{Parties de } P(V) \end{array}$$

car chaque $f^{-1}(0)$ est en fait un cône dans V. Nous retrouverons ces deux diagrammes dans les chapitres 14 et 15.

4.1.3.7 Soient K un corps fini à $k = \# K$ éléments et $P(E)$ un espace projectif de dimension n sur K. Alors $\# P(E) = \dfrac{k^{n+1} - 1}{k - 1}$, parce que $\# K^{n+1} = k^{n+1}$ et que chaque droite a, l'origine ôtée, $k - 1$ éléments. Par exemple toute droite projective sur $\mathbf{Z}_2$ a trois points, tout plan sept points (cf. 4.6.16).

4.2 *Allure des projectifs : cartes*

4.2.1 Soit $P(E)$ un espace projectif; si $H \subset E$ est un hyperplan, on peut dire, suivant 2.2.5, que $E_H = G_{E,1} \setminus G_{H,1} = P(E) \setminus P(H)$ est une partie de $P(E)$, voire presque tout $P(E)$. Mais $E_H \subset P(E)$ est naturellement un espace affine ; autrement dit, quitte à perdre seulement les points de $P(H)$, nous avons représenté les points de $P(E)$ par ceux d'un espace affine ; ici nous sommes plus à l'aise pour calculer, prendre des repères, etc... On dit que la bijection $P(E) \setminus P(H) \to E_H$ est une *carte* de $P(E)$. Si l'on veut obtenir tout $P(E)$, il faudra le recouvrir avec des domaines de cartes ; supposons que $P(E)$ soit de dimension n et soit H_i $(i=0, \ldots, n)$ une famille de $n + 1$ hyperplans de E tels que $\bigcap_i H_i = 0$. Alors $\bigcap_i E_{H_i} = \emptyset$ donc $P(E) = \bigcup_i (P(E) \setminus P(H_i))$ est bien réunion de domaines de cartes ; ainsi on a réussi à recouvrir $P(E)$ par des espaces affines. On peut dire que l'on a un *atlas* de $P(E)$.

4.2.2 Mais pour qu'un atlas soit utilisable, il faut savoir en raccorder les cartes, c'est-à-dire calculer l'application $\dashrightarrow$ définie par le diagramme :

$$\begin{array}{ccc} & P(E) \setminus (P(H_i) \cup P(H_j)) & \\ \swarrow & & \searrow \\ E_{H_i} & \dashrightarrow & E_{H_j} \end{array}$$

$(i \neq j)$ où la flèche $\dashrightarrow$ indique que l'application n'est en fait définie que sur une partie de E_{H_i}. Nous allons effectuer ce calcul en 4.2.4.

4.2.3 Une autre idée, plus simple, pour calculer dans $P(E)$, est de prendre, si $\dim E < \infty$, une base $\{ e_i \}_{i=0,1,\ldots,n}$ de E ; alors tout $m \in P(E)$ est de la forme $m = p(x) = p(x_0, \ldots, x_n)$ si $x = (x_0, x_1, \ldots, x_n)$ dans la base considérée. On dit que $(x_0, x_1, \ldots, x_n)$ est *un système de coordonnées homogènes de* x (par rapport à la base considérée). Le mot *homogène* vient de ce que l'ensemble de tous ces systèmes, pour x donné, est exactement celui des $(\lambda x_0, \lambda x_1, \ldots, \lambda x_n)$ où λ parcourt K^*.

4.2.4 Mélangeons les deux points de vue précédents en prenant une base $\{ e_i \}_{i=0,1,\ldots,n}$ de E et pour hyperplans H_i précisément les $H_i = x_i^{-1}(0)$. Les points de $P(E) \setminus P(H_i)$ sont ceux dont les systèmes de coordonnées homogènes $(x_0, x_1, \ldots, x_n)$ vérifient $x_i \neq 0$; d'autre part, d'après 2.2.7, E_{H_i} est isomorphe à l'hyperplan affine (parallèle à H_i) $x_i^{-1}(1) = H_i + e_i$ de E et enfin munissons $x_i^{-1}(1)$ du repère affine $\{ e_i \} \cup \{ e_i + e_j \}_{j \neq i}$. On obtient ainsi une bijection $\pi_i : P(E) \setminus P(H_i) \to K^n$ donnée par

4.2.4.1

$$\pi_i : P(E) \setminus P(H_i) \ni p(x_0, x_1, \ldots, x_n) \mapsto \left(\frac{x_0}{x_i}, \ldots, \frac{x_{i-1}}{x_i}, \frac{x_{i+1}}{x_i}, \ldots, \frac{x_n}{x_i} \right) \in K^n$$

qui est l'expression explicite d'une carte de $P(E)$, à valeurs cette fois-ci dans l'espace vectoriel standard K^n.

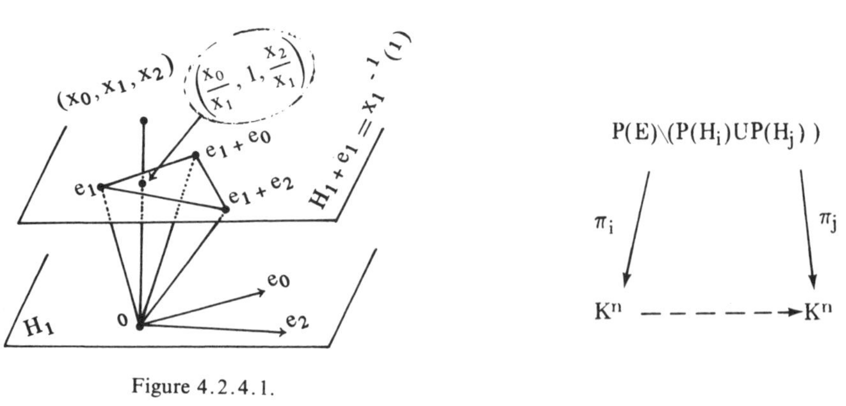

Figure 4.2.4.1.

Le calcul de $\pi_j \circ \pi_i^{-1}$ est maintenant immédiat ; on a d'abord

4.2.4.2 $\pi_i^{-1} : (v_1, \ldots, v_n) \mapsto p(v_1, \ldots, v_{i-1}, 1, v_i, \ldots, v_n)$,
puis

$$p(v_1, \ldots, v_{i-1}, 1, v_i, \ldots, v_n) = \\ = p\left(\frac{v_1}{v_{j-1}}, \ldots, \frac{v_{i-1}}{v_{j-1}}, \frac{1}{v_{j-1}}, \frac{v_{i+1}}{v_{j-1}}, \ldots, \frac{v_{j-2}}{v_{j-1}}, 1, \frac{v_j}{v_{j-1}}, \ldots, \frac{v_n}{v_{j-1}}\right)$$

donc

4.2.4.3

$$\pi_j \circ \pi_i^{-1} : (v_1, \ldots, v_n) \mapsto \left(\frac{v_1}{v_{j-1}}, \ldots, \frac{v_{i-1}}{v_{j-1}}, \frac{1}{v_{j-1}}, \frac{v_i}{v_{j-1}}, \ldots, \frac{v_{j-2}}{v_{j-1}}, \frac{v_j}{v_{v-1}}, \ldots, \frac{v_n}{v_{j-1}}\right),$$

où en fait $\pi_j \circ \pi_i^{-1}$ n'est définie que sur $K^n \setminus \pi_i(P(H_{j-1})) = v_{j-1}^{-1}(0)$.

4.2.5 EXEMPLE : $E = K^2$. Ce cas est important car $P(K^2) = P^1(K)$ est l'espace projectif le plus simple non banal, à savoir la droite projective standard sur K. On prend bien sûr pour $\{ e_0, e_1 \}$ la base canonique de K^2 ; ici 4.2.4.2 se réduit à l'application $K^* \ni v \mapsto 1/v \in K^*$. On peut dire d'abord que $P^1(K)$ est obtenu en recollant deux copies de K par $v \mapsto 1/v$ sur K^* ; si certains lecteurs reconnaissent là une des définitions de la sphère de Riemann, lorsque $K = \mathbf{C}$, qu'ils ne s'en étonnent pas, nous reviendrons plusieurs fois sur cela : 4.3.6, 10.8, 16.3.9, 20.6. On peut ensuite dire que $P^1(K)$ est la réunion de K, plongé dans $P^1(K)$ par $\pi_0^{-1} : v \mapsto p(v, 1)$ et du point $p(1, 0)$; dans cette vue de $P^1(K)$, cet ensemble apparaît comme le complété de K par un point à l'infini : $p(1, 0)$. Nous reviendrons amplement sur ce point de vue en 5.2.3.

4.2.6 NOTES. Excepté le fait qu'elles ne sont pas linéaires ou affines, les applications $\pi_j \circ \pi_i^{-1} : v_j^{-1}(0) \to K^n$ sont aussi régulières que possible, ce sont des fractions rationnelles. Si $K = \mathbf{R}$ ou $\mathbf{C}$ on voit même que ces applications sont continues, mieux de classe C^∞ (ce qui a un sens puisque $v_{j-1}^{-1}(0)$ est un ouvert de K^n) ; et si $K = \mathbf{C}$ ces applications sont de classe C^ω (i.e. analytiques complexes). On voit donc que l'on pourrait définir sur les espaces projectifs réels ou complexes de dimension finie des notions de topologie, de géométrie différentielle ou de géométrie analytique complexe. Ou, si l'on connaît le langage des variétés, que ces projectifs sont des variétés topologiques, de classe $C\infty$ ou de classe C^ω. Si $K = \mathbf{C}$ les projectifs complexes de dimension finie sont le cadre naturel de la géométrie algébrique. Des références intéressantes peuvent être [TM], p. 190-191, [DE 8] ainsi que [GR-HA 2].

Pour la question de l'orientabilité, voir 4.9.4 et [FL], p. 228.
Pour la topologie, voir la prochaine section 4.3.

4.3 *Allure des projectifs : Topologie et topologie algébrique*

Dans cette section il ne s'agit que d'espaces projectifs de dimension finie et réels ou complexes.

Si E est un espace vectoriel de dimension finie sur **R** ou **C**, il possède une topologie canonique, cf. 2.7.1. D'où la :

4.3.1 DÉFINITION. *La* topologie canonique *sur l'espace projectif $P(E)$ est la topologie quotient de celle de $E \setminus 0$ par la relation d'équivalence $\mathfrak{R}$ de définition de $P(E)$. On munira toujours $P(E)$ de cette topologie.*

4.3.2 LEMME. *Si H est un hyperplan de E, la bijection* (cf. 2.2.5) *$E_H \to P(E) \setminus P(H)$ est un homéomorphisme de E_H* (cf. 2.7.1.1) *sur $P(E) \setminus P(H)$ muni de la topologie induite.*

En prenant des coordonnées, l'application considérée sera la π_n^{-1} de 4.2.4.2; application visiblement continue ainsi que

$$\pi_n : p(v_0, \ldots, v_n, 1) \mapsto (v_1, \ldots, v_n)$$

d'après les propriétés de la topologie quotient.

Il en résulte que la topologie 4.3.1 pour $P(E)$ est la même que celle de variété (cf. 4.2.6).

4.3.3 PROPOSITION. *L'espace $P(F)$ est séparé, connexe par arcs et compact.*

4.3.3.1 Géométriquement, soient m, n deux points distincts de $P(E)$; il existe un hyperplan H de E tel que $m, n \in P(E) \setminus P(H)$. En appliquant 4.3.2, on a seulement à remarquer qu'un espace affine est séparé. Une démonstration plus algébrique est la suivante : appelons $\Lambda^2 E$ l'espace vectoriel de degré 2 de l'algèbre extérieure ΛE de E et introduisons l'application

$$\alpha : (E \setminus 0) \times (E \setminus 0) \ni (x, y) \mapsto x \Lambda y \in \Lambda^2 E .$$

Figure 4.3.3.

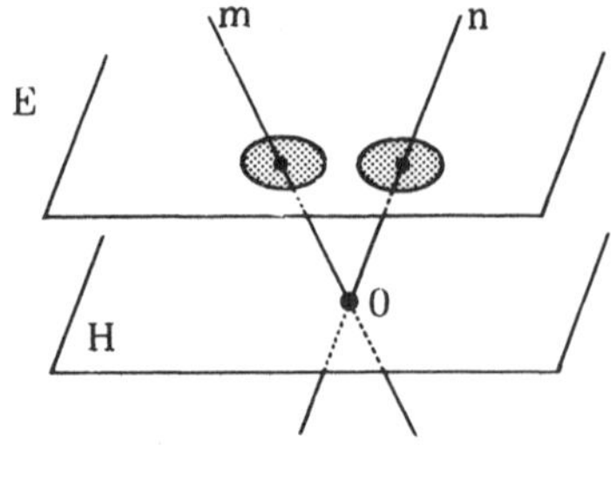

Cette application est continue puisque bilinéaire et son noyau $\alpha^{-1}(0)$ est exactement le graphe de la relation d'équivalence définissant $P(E)$. Or $\alpha^{-1}(0)$ est fermé comme image inverse de fermé par une application continue, donc le quotient $P(E) = (E \setminus 0)/\mathbf{R}$ est bien séparé. Si le lecteur ne connaît pas l'algèbre extérieure, il le camouflera en prenant une base de E, $\{ e_i \}$ et en définissant α en coordonnées par

$$\alpha((x_1, \ldots, x_n), (y_1, \ldots, y_n)) = \\ = (x_1 y_2 - x_2 y_1, \ldots, x_{n-1} y_n - x_n y_{n-1}) \in K^{n(n+1)/2} .$$

4.3.3.2 Pour démontrer les deux dernières assertions, considérons E comme un espace vectoriel sur $\mathbf{R}$ (que $K = \mathbf{R}$ ou $\mathbf{C}$) et munissons E d'une structure d'espace vectoriel euclidien ; soit alors $S(E) = \{ x \in E : \| x \| = 1 \}$ la sphère-unité de E. Comme $p(x) = p(x/\| x \|)\ \forall x \in E \setminus 0$, on a

$$p(S(E)) = P(E) .$$

On sait que $S(E)$ est compacte (cf. 18.2.1) donc $P(E)$ est compact car séparé ; $S(E)$ est connexe par arc si $\dim E \geqslant 2$, donc $P(E)$ sera aussi connexe par arcs ; sauf *a priori* si $\dim E = 1$ mais alors $P(E)$ consiste en un seul point. On peut aussi procéder comme dans la première démonstration de la séparation.

4.3.3.3 Remarque. Cette démonstration montre en outre que $P(E)$ est homéomorphe à l'espace topologique quotient de la sphère $S(E)$ par la relation $x \mathcal{R} y : y = \pm x$ si $K = \mathbf{R}$ et $y = ux$ (où u est un nombre complexe de module 1) si $K = \mathbf{C}$.

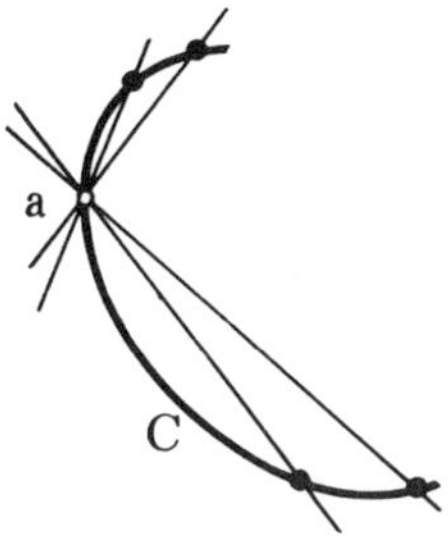

$$\begin{array}{ccc} S(E) & \subset & E \setminus 0 \\ & {\scriptstyle p}\searrow \quad \swarrow{\scriptstyle p} & \\ & P(E) & \end{array}$$

Figure 4.3.4.

4.3.4 APPLICATION. Puisque $P(\vec{X})$ s'identifie aux droites passant par un point donné a de l'espace affine réel X, on voit d'après 4.3.3 que, si C est une courbe continue passant par a, l'ensemble des droites de X joignant a aux points de C différents de a contiendra toujours au moins une valeur d'adhérence ; une bonne candidate pour une tangente à C en a.

4.3.5 NOTE. On pourra définir une topologie sur un projectif $P(E)$ dans des cas plus généraux que $K = \mathbf{R}$ ou $\mathbf{C}$, par exemple si K est un corps localement compact. Dans ce cas, 4.3.3 subsistera.

4.3.6 PROPOSITION. *L'espace $P^1(\mathbf{R})$ est homéomorphe à la sphère S^1 et l'espace $P^1(\mathbf{C})$ est homéomorphe à la sphère S^2.*

4.3.6.1 Identifions $\mathbf{R}^2$ à $\mathbf{C}$, soit $S^1 = S(\mathbf{R}^2) = S(\mathbf{C})$; on a $P^1(\mathbf{R}) = p(S^1)$.

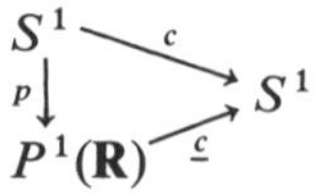

Soit $c : S^1 \ni z \mapsto z^2 \in S^1$ qui consiste à prendre le carré du complexe z de S^1, qui reste bien de module 1 si $|z| = 1$. Comme $p(-z) = p(z)$, $(-z)^2 = z^2$, c'est que c passe au quotient et fournit $\underline{c} : P^1(\mathbf{R}) \to S^1$, encore continue. Mais $\underline{c}$ est bijective et S^1 compact (cf. 4.3.3) donc $\underline{c}$ est un homéomorphisme (cf. topologie générale).

4.3.6.2 Identifions $\mathbf{C}^2$ à $\mathbf{R}^4$, munissons $\mathbf{R}^4$ de sa structure euclidienne canonique, i.e. $\|(z, z')\|^2 = |z|^2 + |z'|^2$ pour $(z, z') \in \mathbf{C}^2 = \mathbf{R}^4$. On introduit la sphère $S^3 = S(\mathbf{R}^4) = S(\mathbf{C}^2)$ et la sphère $S^2 = S(\mathbf{R}^3)$, où ici $\mathbf{R}^3$ est identifié à $\mathbf{C} \times \mathbf{R} = \mathbf{R}^3$. Comme en 4.3.3.2 :

$$p(S^3) = P^1(\mathbf{C}) = P(\mathbf{C}^2)\,.$$

Parachutons l'application $FH : S^3 \to S^2$ *définie* par

4.3.6.3 $$FH((z, z')) = (2\,z\bar{z}', |z|^2 - |z'|^2)$$

(il faut seulement vérifier que

$$|2\,z\bar{z}'|^2 + (|z|^2 - |z'|^2)^2 = 1\,,$$

ce qui provient de $(z, z') \in S^3$). Or deux m, $m' \in S^3$ seront tels que $p(m) = p(m')$ si et seulement si $m' = \lambda m$ avec $\lambda \in \mathbf{C}$ donc $|\lambda| = 1$. Or $FH((\lambda z, \lambda z')) = FH((z, z'))$ si $|\lambda| = 1$ donc FH passe au quotient et définit $\underline{FH} : P^1(\mathbf{C}) \to S^2$, visiblement continue, dont on voit facilement qu'elle est bijective. C'est l'homéomorphisme cherché car $P^1(\mathbf{C})$ est compact.

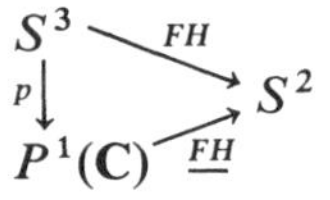

4.3.7 NOTE. L'application $FH : S^3 \to S^2$ est fondamentale en géométrie, elle s'appelle la *fibration de Hopf*. Les images inverses $FH^{-1}(s)$ des points $s \in S^2$ sont toutes homéomorphes au cercle S^1, ceci résulte de 4.3.6.2 et a déjà été rencontré en 1.2.9. Ces cercles dans S^3 forment une configuration reliée au parallélisme de Clifford que nous étudierons abondamment en 18.8. D'autre part, $FH : S^3 \to S^2$, et ses généralisations, interviennent essentiellement en topologie algébrique, voir par exemple [GG], p. 151, [H-W], p. 387, [HU], chapitre 14.

4.3.8 EXPLIQUONS LE PARACHUTAGE DE 4.3.6.3. Suivant 4.2.5 et 5.2.3, écrivons $P^1(\mathbf{C}) = \mathbf{C} \cup \infty$, où ∞ est le point $p(1, 0)$ et $\mathbf{C}$ l'ensemble des $p(x, 1)$. On soupçonne que $\mathbf{C} \cup \infty = \mathbf{R}^2 \cup \infty$, obtenu en compactifiant $\mathbf{C}$ par un point à l'infini, est homéomorphe à S^2. La réalisation explicite utilise la projection stéréographique (voir 18.1.4 pour des détails) ; en écrivant toujours $S^2 \subset \mathbf{R}^3 = \mathbf{C} \times \mathbf{R}$, la formule s'écrit ici :

4.3.8.1

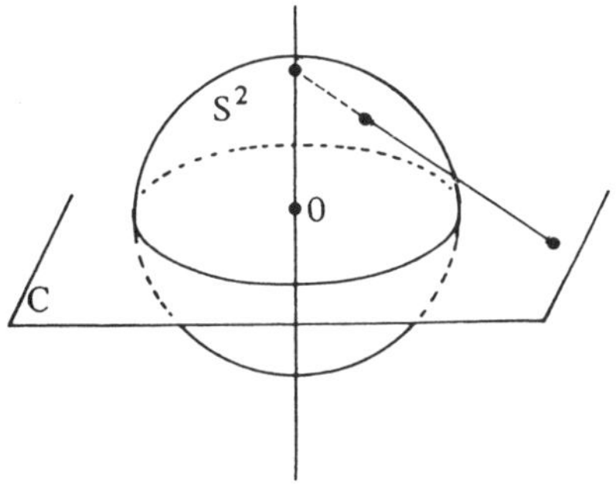

Figure 4.3.8

$$\mathbf{C} \ni z \mapsto \left(\frac{2}{|z|^2+1} z, \frac{|z|^2-1}{|z|^2+1}\right) \in S^2 \subset \mathbf{C} \times \mathbf{R} .$$

Mais en coordonnées homogènes (cf. 4.2.3 et 4.2.5) on a

$$z = p\left(\frac{u}{v}, 1\right) = p(u, v) ,$$

ce qui conduit à poser $z = u/v$; si l'on remplace z par u/v dans 4.3.8.1, en tenant compte de $|u|^2 + |v|^2 = 1$ pour que $(u, v) \in S^3$, on trouve exactement 4.3.6.3.

4.3.9 Ce que sont topologiquement les $P^n(\mathbf{R})$, $P^n(\mathbf{C})$ pour $n \geqslant 2$ est plus difficile et du domaine de la topologie algébrique. Bornons-nous à parler de quelques cas particuliers et à donner des références.

4.3.9.1 Le premier cas à regarder est $P^2(\mathbf{R})$; or comme $P^2(\mathbf{R})$ n'est pas orientable (cf. 4.9.4 et 4.9.5) on sait (cf. [GG], p. 179) que l'on ne peut pas le plonger comme une sous-variété sans singularité dans $\mathbf{R}^3$. Il est donc sans espoir de « voir » $P^2(\mathbf{R})$ dans $\mathbf{R}^3$, là où notre vision est supportée par le physique.

Le lecteur trouvera dans [H-C], p. 313-319, les détails concernant les deux plongements avec singularités de $P^2(\mathbf{R})$ dans $\mathbf{R}^3$ illustrés par les figures 4.3.9.1 et 4.3.9.2 ; la figure 4.3.9.2 est appelée *surface de Boy*.

Il existe dans $\mathbf{R}^5$ un très beau plongement sans singularité de $P^2(\mathbf{R})$, appelé *surface de Véronèse* ; il est construit avec l'application

$$\mathbf{R}^3(x, y, z) \mapsto (x^2, y^2, z^2, \sqrt{2}\, yz, \sqrt{2}\, zx, \sqrt{2}\, xy) \in \mathbf{R}^6 ,$$

qui, restreinte à S^3 est à valeurs dans l'hyperplan affine (de dimension 5) $\sum_{i=1}^{3} u_i = 1$ de $\mathbf{R}^6$ et passe au quotient en $P^2(\mathbf{R}) \to \mathbf{R}^6$ en une injection, qui détermine donc un homéomorphisme sur son image.

Certains pourront aimer voir $P^2(\mathbf{R})$ comme une bande de Möbius dans laquelle la courbe extérieure Γ de frontière, homéomorphe à un cercle, est identifiée à un point ou, mieux encore, recollée avec le cercle frontière Γ' d'un disque, voir figure 4.3.9.3.

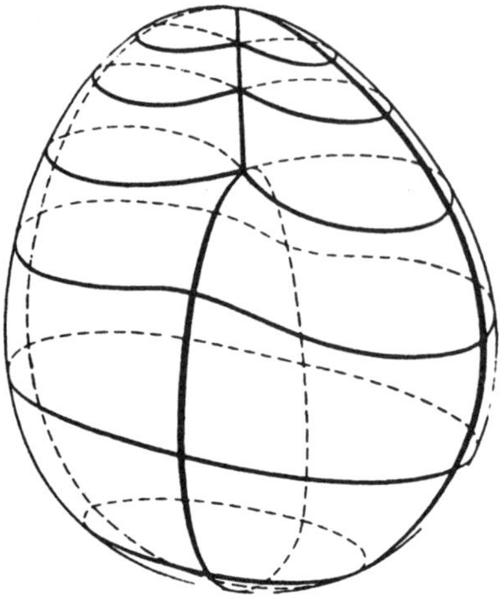

Figure 4.3.9.1.

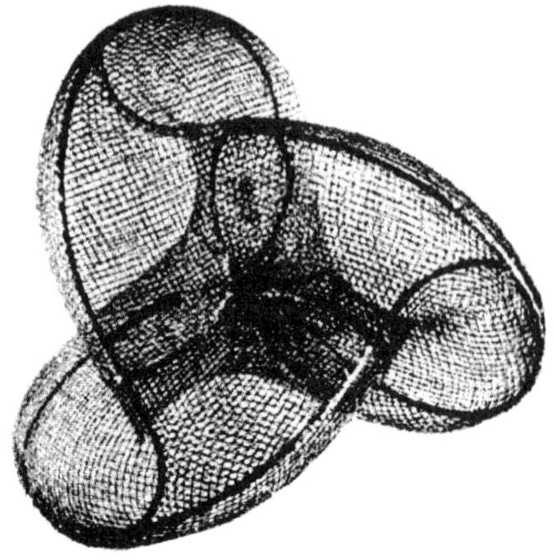

Figure 4.3.9.2.

HILBERT (D.) et COHN-VOSSEN (S.). *Geometry and the Imagination*, Chelsea.

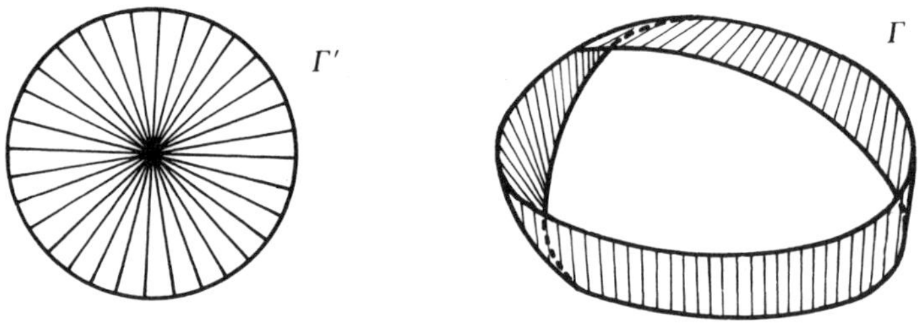

Figure 4.3.9.3.

4.3.9.2 Le projectif $P^3(\mathbf{R})$ est homéomorphe au groupe des rotations $O^+(3)$ de $\mathbf{R}^3$: voir 8.9.3.

4.3.9.3 Les $P^n(\mathbf{R})$ ne sont jamais simplement connexes ; au contraire leur groupe fondamental est isomorphe à $\mathbf{Z}_2$ $\forall n \geqslant 2$, car 4.3.3.3 montre en fait que $p : S^n \to P^n(\mathbf{R})$ est un revêtement à deux feuillets, or S^n est simplement connexe, voir 18.2.2. Il est utile parfois de voir ainsi $P^n(\mathbf{R})$ comme le quotient de S^n par l'antipodie, i.e. l'application $x \mapsto -x$ de $\mathbf{R}^{n+1}$, restreinte à S^n ; nous reviendrons sur cela, en particulier dans 19.1. Mais ceci montre déjà que $P^n(\mathbf{R})$ n'est jamais homéomorphe à S^n pour $n \geqslant 2$.

4.3.9.4 Les $P^n(\mathbf{C})$ sont tous simplement connexes. Pour tout $n \geqslant 2$ l'espace $P^n(\mathbf{C})$ n'est jamais homéomorphe à S^{2n}. Ceci résulte, entre autres, de ce que la topologie algébrique des $P^n(\mathbf{C})$, et celle des $P^n(\mathbf{R})$, est complètement connue : décomposition cellulaire, nombres de Betti, anneaux de cohomologie entière, voir par exemple pour ceci [GG], p. 90, [SR], p. 264-265.

La structure d'anneau de la cohomologie, sur $\mathbf{Z}_2$ pour $P^n(\mathbf{R})$ et sur $\mathbf{Z}$ pour $P^n(\mathbf{C})$, est particulièrement simple : cette cohomologie est engendrée par un seul élément, de degré 1 pour $P^n(\mathbf{R})$ et de degré 2 pour $P^n(\mathbf{C})$.

4.4 *Repères projectifs*

Un espace vectoriel de dimension n se repère avec une base, soit n points, un espace affine de dimension n avec un repère affine, soit $n + 1$ points ; nous allons voir qu'il faut $n + 2$ points pour repérer un espace projectif de dimension n. Une raison est la suivante : avec les notations de 4.2.3, les $n + 1$ points $m_i = p(e_i)$ $(i = 0, 1, \dots, n)$ de $P(E)$ ne déterminent pas les coordonnées homogènes, car n'importe quels $\lambda_i e_i$, $\lambda_i \in K^*$, auront même projection $m_i = p(\lambda_i e_i)$; il n'y a donc aucune raison pour que les λ_i soient tous égaux. L'adjonction d'un $(n + 2)$-ième point va par contre nous assurer de ce fait.

4.4.1 DÉFINITION. *Soit $P(E)$ un espace projectif de dimension n. On appelle* repère projectif *de $P(E)$ un système $\{ m_i \}_{i=0,1,\dots,n+1}$ de $n + 2$ points de $P(E)$ tel qu'il existe une base $\{ e_i \}_{i=1,\dots,n+1}$ de E telle que $m_i = p(e_i)$ $\forall i = 1, \dots, n + 1$ et $m_0 = p(e_1 + \cdots + e_{n+1})$. On dit aussi* repère *s'il n'y a pas ambiguïté.*

La dernière condition dit que, dans le système de coordonnées homogènes associé à la base considérée, le point m_0 possède un système de coordonnées homogènes qui est $(1, \dots, 1)$. Le résultat fondamental pour la suite, bien que très élémentaire, est le :

4.4.2 LEMME. *Soit m_i un repère projectif de $P(E)$; alors deux bases $\{ e_i \}$, $\{ e'_i \}$ vérifiant la définition* 4.4.1 *sont nécessairement proportionnelles, i.e. $\exists \lambda \in K^*$ tel que*

$$e'_i = \lambda e_i \quad \forall i = 1, \dots, n + 1 .$$

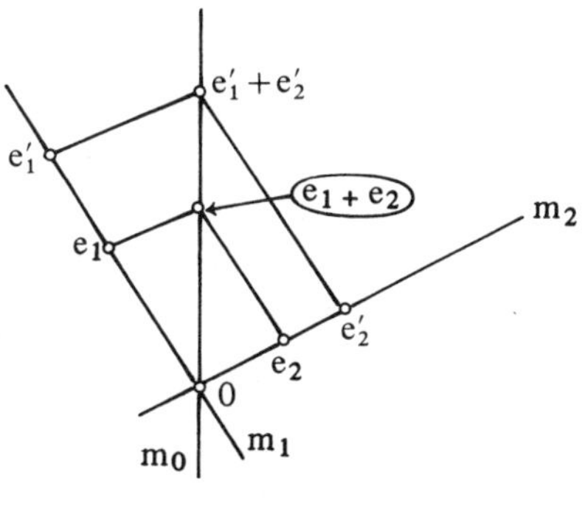

Figure 4.4.2.

Géométriquement la démonstration peut se faire avec la figure 4.4.2 et le théorème de Thalès (cf. 2.5.1). Si l'on préfère calculer : nous avons $p(e_i) = p(e_i')\ \forall i = 1, \ldots, n+1$ donc il existe des $\lambda_i \in K$ tels que

$$e_i' = \lambda_i e_i \quad \forall i = 1, \ldots, n+1 .$$

Or $p(e_1' + \cdots + e_{n+1}') = p(e_1 + \cdots + e_{n+1})$ donc $\lambda \in K$ avec

$$e_1' + \cdots + e_{n+1}' = \lambda(e_1 + \cdots + e_{n+1}) = \lambda_1 e_1 + \cdots + \lambda_{n+1} e_{n+1} ,$$

donc $\lambda = \lambda_i \quad \forall i = 1, \ldots, n+1$ puisque $\{ e_i \}$ est une base.

4.4.3 La donnée d'un repère de $P(E)$ permet donc de lui associer des systèmes de coordonnées homogènes, puisque le choix de la base convenable ne dépend précisément que d'un scalaire d'homothétie. Un système de coordonnées homogènes $(x_1, \ldots, x_{n+1})$ d'un point $m \in P(E)$ sera dit *coordonnées projectives de m par rapport au repère considéré.*

4.5 *Morphismes*

4.5.1 Soient E, E' deux espaces vectoriels, $f \in L(E\,;\,E')$; en particulier $f(\lambda x) = \lambda F(x) \forall x \in E$, donc f est compatible avec les deux relations d'équivalence définissant $P(E)$ et $P(E')$. Il y a cependant un ennui majeur : l'image $f(E \setminus 0)$ n'est pas contenue dans $E' \setminus 0$ en général, on ne peut donc définir qu'une application $P(E) \setminus P(f^{-1}(0)) \to P(E')$. Cependant, par abus d'écriture, nous écrirons toujours des flèches $P(E) \to P(E')$ et parlerons d'applications dans ce qui suit.

4.5.2 DÉFINITIONS. *Soient $P(E)$, $P(E')$ deux espaces projectifs. Une application $g : P(E) \to P(E')$ est dite un* morphisme *s'il existe $f \in L(E\,;\,E')$ telle que g soit obtenue à partir de f par passage aux quotients : $g \circ p = p \circ f$, donc en fait g n'est qu'une application*

$$P(E) \setminus P(f^{-1}(O)) \to P(E').$$

L'ensemble de ces morphismes est noté $M(P(E)\,;\,P(E'))$; *le g associé à f est* noté $\underline{f}$. *On dira que $g = \underline{f}$ est un* isomorphisme *ou une* homographie *si f est un isomorphisme d'espace vectoriel* ; *les homographies sont de vraies applications $P(E) \to P(E')$* ; *leur ensemble est* noté $\text{Isom}\,(P(E)\,;\,P(E'))$.

$$\begin{array}{ccc} E \setminus f^{-1}(0) & \xrightarrow{f} & E' \setminus 0 \\ {\scriptstyle p}\downarrow & & \downarrow{\scriptstyle p} \\ P(E) \setminus P(f^{-1}(0)) & \xrightarrow[\underline{f}]{} & P(E') \end{array}$$

4.5.3 QUESTION. La première chose est d'étudier la correspondance $f \mapsto \underline{f}$; la réponse est, pour $f, f' \in L(E\,;\,E')$:

4.5.4 $$\underline{f} = \underline{f'} \Leftrightarrow \exists \lambda \in K^* : f' = \lambda f .$$

Remarquons d'abord que la donnée de $g = \underline{f}$ détermine le noyau $f^{-1}(0)$. Puisque si x, y sont linéairement indépendants et non dans $f^{-1}(0)$, alors $f(x)$ et $f(y)$ sont aussi linéairement indépendants et que $\underline{f}(p(x)) = \underline{f}'(p(x))$

(et de même pour $x + y$ et y) se traduit par l'existence de scalaires $\lambda(x)$, $\lambda(y)$, $\lambda(x + y)$ tels que

$$f'(x) = \lambda(x) f(x)\,,\ f'(y) = \lambda(y) f(y)\,,\ f'(x + y) = \lambda(x + y) f(x + y)\,.$$

Comme $f(x)$ et $f(y)$ sont libres, il en résulte que $\lambda(x) = \lambda(y) = \lambda(x + y)$. De proche en proche, on aura bien l'existence d'un λ tel que $f' = \lambda f$.

La propriété 4.5.4 peut se traduire par la bijection.

4.5.5 $$M^{\bullet}(P(E)\,;P(E')) \cong P(L(E\,;E'))\,,$$

où $M^{\bullet}(P(E)\,;P(E'))$ désigne $M(P(E)\,;P(E'))$ auquel on a ôté le morphisme banal associé à l'application nulle de E dans E', la seule d'ailleurs à n'être définie nulle part dans $P(E)$!

4.5.6 REMARQUE. La commutativité du corps intervient essentiellement dans 4.5.4, dans le sens logique $\Leftarrow$; car si ce corps n'est pas commutatif, si $f \in L(E\,;E')$, l'application λf n'est plus linéaire en général.

4.5.7 Avec la convention découlant de 4.5.1, si $f \in L(E\,;E')$ et $f' \in L(E'\,:E'')$, on aura

$$\underline{f' \circ f} = \underline{f'} \circ \underline{f}\,.$$

4.5.8 Tout espace projectif sur K de dimension n est isomorphe à $P^n(K)$. Ceci justifie par exemple, avec la continuité en plus, que dans la section 4.3 il n'ait guère été parlé que des $P^n(\mathbf{R})$, $P^n(\mathbf{C})$.

De 4.5.5 et 4.5.7 résulte la :

4.5.9 PROPOSITION. *Les homographies $P(E) \to P(E)$ forment un groupe pour la composition*, noté GP (E) *ou* PGL (E), *dit* groupe projectif *de E. On a l'isomorphisme de groupes* GP $(E) \cong$ GL $(E)/K^*\,\mathrm{Id}_E$.

4.5.10 PROPOSITION (1er théorème fondamental de la géométrie projective). *Soient $P(E)$, $P(E')$ deux espaces projectifs de même dimension finie et $\{ m_i \}$, $\{ m'_i \}$ deux repères projectifs de $P(E)$, $P(E')$ respectivement. Alors il existe une homographie et une seule $g : P(E) \to P(E')$ telle que $m'_i = g(m_i)\ \forall i$.*

Soient $\{ e_i \}$, $\{ e'_i \}$ des bases du type 4.4.1 associées aux $\{ m_i \}$, $\{ m'_i \}$. On définit $f \in \mathrm{Isom}\,(E\,;E')$ par $e'_i = f(e_i)\ \forall i$ et alors $\underline{f} = g$ répond à la question. Si g, g' répondent à la question, l'homographie $g'^{-1} \circ g$: $P(E) \to P(E)$ laisse le repère $\{ m_i \}$ invariant point par point donc est bien de la forme $\lambda\,\mathrm{Id}_E$ d'après le lemme 4.4.2.

4.5.10.1 Note. Ce résultat est faux si le corps n'est plus commutatif : 4.9.8.

4.5.11 COROLLAIRE. *Le groupe* GP (E) *est transitif sur $P(E)$ et simplement transitif sur les repères de $P(E)$.*

4.5.12 La qualification « 1er théorème fondamental de la géométrie projective » pour la facile proposition 4.5.10 s'explique quand on doit la démontrer au terme d'assez longues déductions à partir d'axiomes d'un espace projectif, voir par exemple [V-Y], tome I, p. 95.

4.5.13 CALCULS EXPLICITES DES MORPHISMES. Soient $\{e_i\}$, $\{e'_j\}$ des bases de E, E' respectivement, $f \in L(E; E')$ et $M(f) = (a_{ij})$ la matrice de f pour les bases considérées. Pour les coordonnées homogènes associées dans $P(E)$ et $P(E')$ aux bases considérées (cf. 4.2.3), on aura

$$f((x_1, \ldots, x_{n+1})) = \left(\sum_i a_{1i}\, x_i, \ldots, \sum_i a_{n+1\,i}\, x_i\right).$$

Pour un calcul sans indétermination à un scalaire près de chaque côté, utilisons les cartes assocées, pour $P(E)$ et $P(E')$, aux bases choisies. Prenons les cartes π_{n+1}, π'_{m+1} par exemple $(n = \dim(P(E))$, $m = \dim((P(E')))$; de 4.2.4.1 et 4.2.4.2 on déduit que $\pi_{m+1} \circ \underline{f} \circ \pi_{n+1}^{-1}$ est donnée par : $\pi_{m+1} \circ \underline{f} \circ \pi_{n+1}^{-1}$:

$$(v_1, \ldots, v_n) \mapsto \left(\frac{\sum_i a_{1i}\, v_i + a_{1,n+1}}{\sum_i a_{p+1,i}\, v_i + a_{p+1,n+1}}, \ldots, \frac{\sum_i a_{pi}\, v_i + a_{p,n+1}}{\sum_i a_{p+1,i}\, v_i + a_{p+1,n+1}}\right)$$

définie bien sûr seulement là où $\sum_i a_{p+1,i}\, v_i + a_{p+1,n+1} \neq 0$.

4.5.14 CAS PARTICULIER $n = m = 1$. Traitons le cas de $\underline{f} \in \mathrm{GP}(K^2)$, i.e. $f \in \mathrm{GL}(K^2)$, pour la base canonique de K^2 (cf. 4.2.5) ; soit

$$M(f) = \begin{pmatrix} a & b \\ c & d \end{pmatrix}.$$

Pour $\pi_2 \circ f \circ \pi_2^{-1}$ on trouve donc

$$v \mapsto \frac{av + b}{cv + d} \left(v \neq -\frac{d}{c}\right),$$

ce qui fournit sur $P^1(K)$: $(v, 1) \mapsto \left(\dfrac{av + b}{cv + d}, 1\right)$ si $v \neq -\dfrac{d}{c}$. En faisant de même avec les autres combinaisons possibles des deux cartes π_1, π_2 de $P^1(K)$ on obtient le tableau suivant :

4.5.15

$$c \neq 0 \begin{cases} (v, 1) \mapsto \left(\dfrac{av + b}{cv + d}, 1\right) & \text{si } v \neq -\dfrac{d}{c} \\ \left(-\dfrac{d}{c}, 1\right) \mapsto (1, 0) \\ (1, 0) \mapsto \left(\dfrac{a}{c}, 1\right) \end{cases}$$

$$c = 0 \begin{cases} (v, 1) \mapsto \left(\dfrac{av + b}{d}, 1\right) \\ (1, 0) \mapsto (1, 0). \end{cases}$$

On remarquera que si $K = \mathbf{R}$ ou $\mathbf{C}$:

$$\frac{a}{c} = \lim_{v \to \infty} \frac{av + b}{cv + d} \quad \text{et} \quad \lim_{v \to -d/c} \frac{av + b}{cv + d} = \infty,$$

corroborant ainsi la fin du 4.2.5 à savoir que $p(1, 0)$ joue le rôle de ∞. On reprécisera ceci en 5.2.5.

4.5.16 STRUCTURE DES HOMOGRAPHIES. Nous supposons ici encore $P(E)$ de dimension finie. Vu 4.5.4 nous cherchons donc à étudier la structure d'une $f \in \mathrm{GL}(E)$ « à un scalaire près ». La structure géométrique des éléments de $\mathrm{GL}(E)$ résulte, au moins si K est algébriquement clos, de la réduction de Jordan ; et le passage à $P(E)$ ne fait pas de difficulté. Nous n'étudierons pas cette question en détail, renvoyant le lecteur intéressé à l'appendice I de [FL] pour un exposé moderne, qu'il est intéressant de comparer avec un exposé ancien n'utilisant pas clairement l'algèbre linéaire, par exemple [V-Y], tome I.

Nous nous contenterons d'étudier en détail le cas de la dimension 1 dans le chapitre 6 et de donner ci-dessous quelques remarques simples.

4.5.17 PROPOSITION. *Soient $g = f \in \mathrm{GP}(E)$, et $m \in P(E)$. Alors m est un point fixe de g* (i.e. $m = g(m)$) *si et seulement si $p^{-1}(m)$ est une droite propre de f.*

La moralité est que ce qui compte avant tout, pour étudier $\underline{f}$ dans $P(E)$, ce sont dans E, les sous-espaces propres de f mais non ses valeurs propres (encore que celles-ci ne soient pas sans intérêt, cf. 6.6.3).

4.5.18 COROLLAIRE. *Si $K = \mathbf{C}$ toute homographie admet au moins un point fixe. Cette conclusion subsiste si $K = \mathbf{R}$ et si* $\dim(P(E))$ *est paire.*

Par exemple, si $f \in \mathrm{GL}(E)$ a toutes ses valeurs propres distinctes, alors $\underline{f}$ aura exactement $n + 1$ points fixes distincts ($n = \dim(P(E))$), les vieux livres disent « points doubles » ; exactement provient de 4.4.2.

4.5.19 INVOLUTIONS DE GP (E). Si $f \in \mathrm{GL}(E)$ est involutive, i.e. $f^2 = f \circ f = \mathrm{Id}_E$ alors $\underline{f}$ le sera aussi ; on verra d'ailleurs en 6.4.6 une construction géométrique féérique de $\underline{f}$ dans ce cas. Si $g \in \mathrm{GP}(E)$ est involutive, $g^2 = \mathrm{Id}_{P(E)}$, on prendra bien garde que g n'est pas nécessairement du type précédent, par exemple si

$$E = \mathbf{R}^2, \quad M(f) = \begin{pmatrix} 0 & -1 \\ 1 & 0 \end{pmatrix}, \quad \text{on a bien} \quad \underline{f}^2 = \mathrm{Id}_{P^1(\mathbf{R})}$$

car $f^2 = -\mathrm{Id}_{\mathbf{R}^2}$. Précisément, si $\underline{f}^2 = \mathrm{Id}_{P(E)}$, c'est nécessairement que $f^2 = \lambda\, \mathrm{Id}_E$ avec $\lambda \in K^*$; si K est algébriquement clos, alors on pourra écrire $\lambda = \mu^2$ et on aura bien $g = \underline{f} = \underline{\mu^{-1} f}$ avec $(\mu^{-1} f)^2 = \mathrm{Id}_E$.

4.5.20 TOPOLOGIE DE GP (E). Si $K = \mathbf{R}$ ou $\mathbf{C}$ et si E est de dimension finie, le groupe projectif $\mathrm{GP}(E)$ sera muni d'une topologie canonique, la topologie quotient de $\mathrm{GP}(E) = \mathrm{GL}(E)/K^*\, \mathrm{Id}_E$ (cf. 2.7.1). La connexité de $\mathrm{GP}(E)$ est liée à l'orientabilité de $P(E)$; pour ceci, voir 4.9.4 et 4.9.5 ou [FL], p. 228-230.

4.5.21 CORRÉLATIONS. Les isomorphismes $P(E) \to P(E^*)$ conduisent à de nombreux résultats géométriques ; nous les rencontrerons tout naturellement en 14.5, 14.8.12 ; voir aussi [FL], p. 260-up.

4.6 *Sous-espaces*

Remarquer que si $F \subset E$ est un sous-espace vectoriel, $F \neq \{ 0 \}$, alors F est stable par la relation d'équivalence $\mathcal{R}$ du 4.1.1, ce qui permet d'identifier $P(F)$ à $p(F) \subset P(E)$; en particulier l'injection $i : F \to E$ fournit $\underline{i} \in M(P(F)\,;P(E))$, $\underline{i} : P(F) \to P(E)$ étant l'injection naturelle.

4.6.1 DÉFINITION. *Une partie V d'un espace projectif $P(E)$ est dite un* sous-espace, *ou un* sous-espace projectif, *s'il existe un sous-espace vectoriel F de E tel que $p(F) = V$. On munit $P(F) = V$ de sa structure naturelle d'espace projectif. En particulier* $\dim V = \dim F - 1$ *est appelée la* dimension *du sous-espace V.*

4.6.1.1 On voit donc qu'il y a une bijection naturelle entre les sous-espaces projectifs de $P(E)$ et les sous-espaces vectoriels de E.

4.6.2 Le sous-espace de dimension -1 est la partie vide. Les sous-espaces de dimension 0 sont les *points* de $P(E)$; ceux de dimension 1 (resp. 2) sont appelés les *droites* (resp. *plans*) de $P(E)$. Les sous-espaces projectifs de $P(E)$ provenant des hyperplans vectoriels de E sont aussi appelés *hyperplans* (projectifs) de $P(E)$; leur ensemble est *noté* $\mathcal{H}(P(E))$, on a donc les bijections ensemblistes (cf. 4.1.3.5) :

4.6.3 $$\mathcal{H}(P(E)) \cong \mathcal{H}(E) \cong P(E^*)\,.$$

4.6.4 Soit $\{ V_i \}_{i \in I}$ une famille quelconque de sous-espaces d'un espace projectif ; alors $\bigcap_{i \in I} V_i$ est encore un sous-espace. On en déduit (comme en 2.4.2.5) la :

4.6.5 PROPOSITION. *Soit S une partie quelconque d'un espace projectif ; on appelle* sous-espace engendré *par S, et* note $\langle S \rangle$, *le plus petit sous-espace contenant S ; il est égal à l'intersection de tous les sous-espaces contenant S.*

4.6.6 DÉFINITION. *Des points m_i ($i = 1, \ldots, k+1$) d'un projectif sont dits* indépendants ou projectivement indépendants *si*

$$\dim(\langle m_1, \ldots, m_{k+1} \rangle) = k\,.$$

4.6.7 EXEMPLES. Un seul point est toujours indépendant ; deux points sont indépendants si et seulement si ils sont distincts, auquel cas ils définissent univoquement une droite. Trois points a, b, c sont indépendants s'ils sont distincts et si chacun n'appartient pas à la droite passant par les deux autres : $a \notin \langle b, c \rangle$, $b \notin \langle c, a \rangle$, $c \notin \langle a, b \rangle$; ils définissent alors un plan $\langle a, b, c \rangle$, unique. Renversant notre vision, on voit que par deux points distincts passe une droite et une seule, et une assertion analogue pour trois points ; ce sont là les premiers axiomes lorsque l'on bâtit une théorie axiomatique des espaces projectifs. Voir encore [V-Y], tome I, p. 95.

4.6.8 PROPOSITION. *Les points m_i $(i = 1, \ldots, k + 1)$ sont indépendants si et seulement si $m_i \notin \langle m_1, \ldots, \hat{m}_i, \ldots, m_{k+1} \rangle$ $\forall i = 1, \ldots, k + 1$, où $\hat{}$ désigne l'ablation de l'élément chapeauté. Si l'espace est de dimension n, alors $\{ m_i \}_{i=0,1,\ldots,n+1}$ est un repère si et seulement si les $n + 1$ points $\{ m_j \}_{j \neq i}$ sont indépendants pour tout $i = 0, 1, \ldots, n + 1$.*

La première assertion n'est que la traduction projective d'une propriété bien connue d'algèbre linéaire. Pour démontrer la seconde, choisissons des $e_i \in E$ tels que $p(e_i) = m_i$ $(i = 0, 1, \ldots, n + 1)$; puisque les

$$\{ m_i \}_{i=1,\ldots,n+1}$$

sont indépendants, $\{ e_i \}_{i=1,\ldots,n+1}$ est une base de E. Ecrivons $e_0 = \sum_{i=1}^{n+1} \lambda_i e_i$; le fait que les $\{ m_j \}_{j \neq i}$ $(i = 1, \ldots, n + 1)$ soient indépendants se traduit par $\lambda_i \neq 0$ $(i = 1, \ldots, n + 1)$, donc $\{ \lambda_i e_i \}_{i=1,\ldots,n+1}$ est encore une base de E, et cette base satisfait 4.4.1.

4.6.9 COROLLAIRE. *Soient D, D' deux droites projectives, $\{ a, b, c \}$ trois points distincts de D et $\{ a', b', c' \}$ trois points distincts de D'. Alors il existe une homographie et une seule $f : D \to D'$ telle que*

$$f(a) = a' , \quad f(b) = b' , \quad f(c) = c' .$$

En effet, 4.6.7 et 4.6.8 montrent que $\{ a, b, c \}$ est un repère projectif de D, ainsi que $\{ a', b', c' \}$ pour D' ; il suffit donc d'appliquer 4.5.10.

4.6.10 Les théories axiomatiques des projectifs comportent des axiomes sur l'intersection des sous-espaces ; ici ce sont 4.6.1.1 et la relation classique d'algèbre linéaire

$$\dim (F + G) + \dim (F \cap G) = \dim F + \dim G$$

qui fournissent la :

4.6.11 PROPOSITION. *Soient V, W deux sous-espaces d'un même espace projectif ; on a*

$$\dim (\langle V \cup W \rangle) + \dim (V \cap W) = \dim V + \dim W .$$

4.6.12 COROLLAIRE

(i) *si* $\dim V + \dim W \geqslant \dim (P(E))$, *alors* $V \cap W \neq \emptyset$;

(ii) *si* $\dim (P(E)) = n$, *alors n hyperplans de $P(E)$ ont toujours au moins un point commun ;*

(iii) *soient H un hyperplan, et un point $m \notin H$; alors toute droite D passant par m coupe H en un point et un seul ;*

(iv) *deux droites distinctes d'un plan projectif se rencontrent en un point et un seul.*

4.6.13 Ces corollaires montrent la supériorité de la géométrie projective sur la géométrie affine : les sous-espaces projectifs ont des propriétés d'intersection sans exception, il n'y a jamais de parallèles (cf. 2.4.9). Nous rencontrerons dans le chapitre 19 une géométrie dans laquelle il y a plusieurs parallèles, voir 19.3.2.

4.6.14 ÉQUATIONS DE SOUS-ESPACES. Le problème du calcul sur des sous-espaces est résolu par 2.4.8.1 et 4.6.1.1.

4.6.15 SOUS-ESPACES ET TOPOLOGIE. Dans ce numéro : $K = \mathbf{R}$ ou $\mathbf{C}$, et les espaces projectifs considérés sont de dimension finie ; on les munit de la topologie introduite en 4.3.1. De ce que le complémentaire $E \setminus F$ d'un sous-espace vectoriel $F \subset E$, $F \neq E$, est partout dense dans E résulte que dans un $P(E)$ le complémentaire $P(E) \setminus P(F)$ d'un sous-espace $P(F)$ est partout dense dans $P(E)$; ceci explique, entre autres, 4.5.14. Cette propriété est analogue à 2.7.1.2 ; en outre, tout sous-espace est un fermé dans $P(E)$. Par contre, 2.7.3.2 ne subsiste plus : quel que soit l'hyperplan $P(H)$ de $P(E)$, l'espace $P(E) \setminus P(H)$ est connexe par arcs ; pour le voir il suffit de remarquer (cf. 4.3.3.1) que $P(E) \setminus P(H)$ est homéomorphe à un espace affine ou de construire directement un arc joignant deux points de $P(E) \setminus P(H)$: figure 4.6.14.

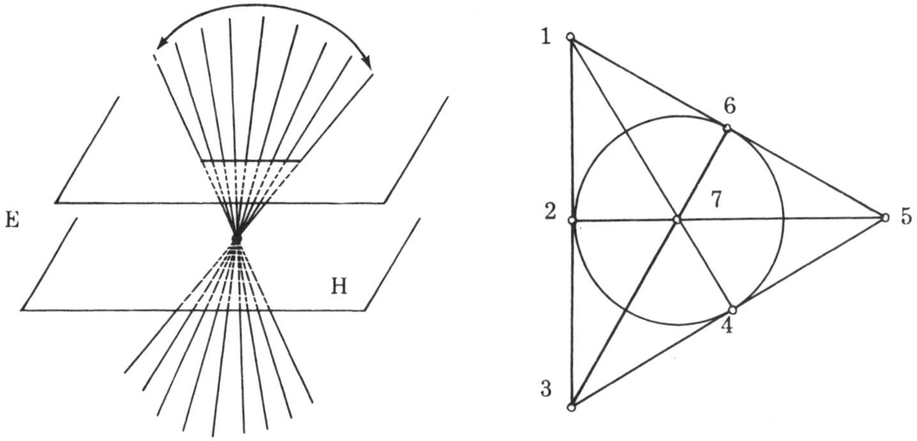

Figure 4.6.15.

4.6.16 CAS DES CORPS FINIS. Si $P(E)$ est un espace projectif de dimension finie sur un corps fini à k éléments, ses points, ses droites et ses sous-espaces forment des configurations intéressantes. Par exemple, sur chaque droite il y a le même nombre de points, par chaque point passe le même nombre de droites ; si $k = 2$ ($K = \mathbf{Z}_2$) et si $P(E)$ est un plan, la figure 4.6.15 le représente avec ses sept points, les sept droites sont les six droites figurées et le cercle. Pour plus de détails sur les configurations projectives, voir [H-C], p. 94-143, pictural et élémentaire, tandis que [DI] est une référence récente. Voir aussi 4.9.11.

M. C. Escher. — Tour de Babel, gravure sur bois de fil, 1928
Escher Foundation — Haags Gemeentemuseum — La Haye

TRAITÉ
DE
PERSPECTIVE
A l'usage des jeunes Artistes.
Se Vend à Paris chez Jean Rue St. Jean de Beauvais, No. 10.

4.7 *Perspective ; photographie aérienne*

4.7.1 Soient H, H' deux hyperplans d'un projectif $P(E)$, et m un point de $P(E)$ n'appartenant ni à H ni à H' ; d'après 4.6.7 et 4.6.12, si $x \in H$ il existe une droite unique $\langle m, x \rangle$, qui à son tour coupe toujours H' en un seul point $g(x) = H' \cap (\langle m, x \rangle)$, d'où une application $g : H \to H'$.

4.7.2 PROPOSITION. On a $g \in \operatorname{Isom}(H ; H')$.

Soient V, V' les hyperplans de E tels que $H = p(V)$, $H' = p(V')$; on cherche $f \in L(V ; V')$ telle que $\underline{f} = g$ (cf. 4.5.2). Or la projection linéaire sur V' parallèlement à la droite vectorielle $p^{-1}(m)$ (i.e. associée à la somme directe $E = p^{-1}(m) \oplus V'$), restreinte à V répond à la question.

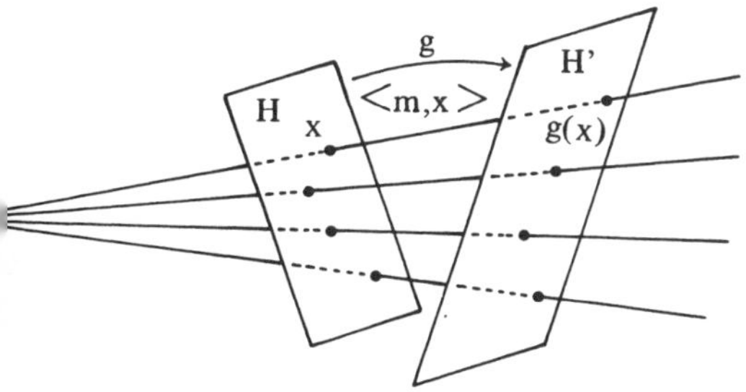

Figure 4.7.2.1.

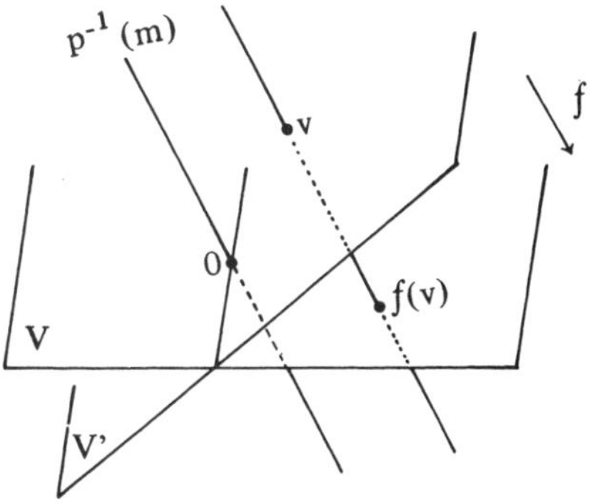

Figure 4.7.2.2.

4.7.3 On peut appeler g la *perspective de centre* m *de* H *sur* H'. Restreinte à des parties de H, H' c'est bien la correspondance qu'établit notre vision entre deux plans ou celle qu'établit une photographie d'une partie plane, H contiendra cette partie plane à photographier, H' contiendra la pellicule. Si l'on veut faire un atlas d'une partie supposée plane de la terre avec des photographies aériennes et surtout si l'on veut juxtaposer des clichés de photographies aériennes chacune trop petite pour couvrir la partie désirée, il faudra savoir raccorder ces clichés, ce qu'on fera avec des perspectives en laboratoire ; encore faudra-t-il savoir faire coïncider complètement les parties communes. Or, sur les parties des deux clichés qui correspondent à la même partie de la terre à photographier, la correspondance en question (à savoir celle qui associe les points provenant du même point terrestre) est une homographie, comme composée des deux perspectives des deux photographies. La proposition 4.5.10 montre que l'on aura une coïncidence parfaite dès que l'on aura pu superposer *quatre points*.

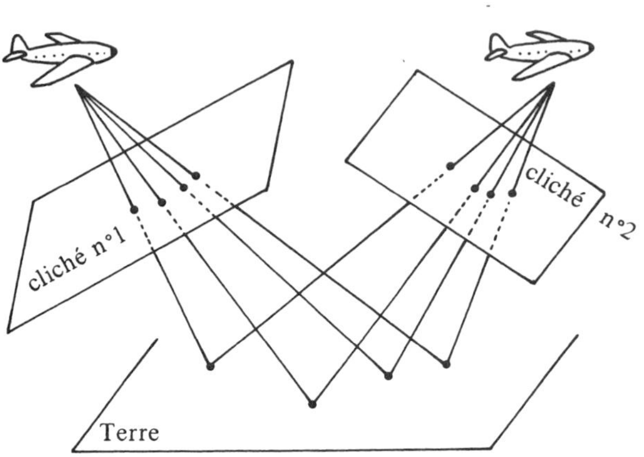

Figure 4.7.3.1.

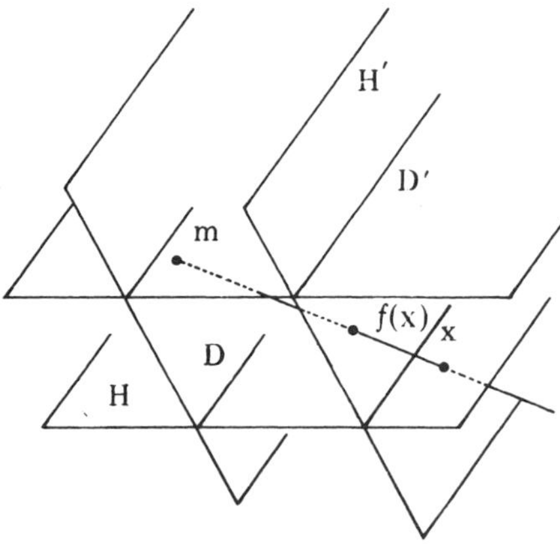

Figure 4.7.3.2.

Figure 4.7.3.3.

Figure 4.7.3.4.

4.7.4 Comme exercice pratique, le lecteur pourra repérer quatre points sur les deux photographies 4.7.3.3 et 4.7.3.4 et dessiner sur une feuille de papier les configurations qu'ils forment, vérifiant bien ainsi qu'elles ne sont pas du tout déduites par un morphisme affine.

4.7.5 PHOTOGRAPHIE AÉRIENNE ET CARTOGRAPHIE. Mettons maintenant le lecteur en garde : lorsqu'une carte terrestre est établie à partir de photographies aériennes par recollement d'icelles, ce recollement ne peut pas être effectué par des coïncidences de quatre points comme 4.7.3 pourrait le faire croire. En effet, même idéale, la surface terrestre n'est pas plane mais sphérique ou mieux, ellipsoïdale, voir 18.1.5.3. Le recollement est maintenant fait de façon théoriquement parfaite, à savoir dans l'espace à trois dimensions ; ceci se fait avec des appareils fort coûteux, les stéréocomparateurs, voir [BV] ; pour la cartographie elle-même, nous y reviendrons assez longuement de 18.1.5 à 18.1.8.

4.7.6 Dans un espace affine, on peut encore définir des *perspectives*, mais celles-ci ne sont définies que sur des parties des hyperplans à mettre en perspective H, H' avec le centre m ; en effet, on ne pourra définir $g : H \to H'$ que sur $H \setminus D$ où D est l'intersection de H avec l'hyperplan parallèle à H' passant par m. Et $g : H \setminus D \to H'$ sera une bijection entre $H \setminus D$ et $H' \setminus D'$ où D' est l'intersection de H' avec l'hyperplan parallèle à H passant par m. Cette perspective affine est souvent utilisée comme introduction à la géométrie projective, en particulier la complétion projective d'un espace affine qui fait l'objet du chapitre suivant. Voir aussi les pages 187 et 188.

4.8 *Le cas non commutatif*

4.8.1 On peut définir des espaces projectifs, des morphismes, des sous-espaces, ceci pour des corps non commutatifs ; nous avons mentionné parfois chemin faisant (4.5.6, 4.5.10.1) ce que l'on perd avec la non-commutativité. C'est un bon thème d'étude pour le lecteur de regarder dans ce chapitre là où précisément la commutativité est nécessaire et alors de donner des contre-exemples.

4.8.2 Par exemple, pour le corps **H** des quaternions (cf. 8.9), on peut définir pour tout entier n l'espace projectif quaternionien standard

$$P^n(\mathbf{H}) = P(\mathbf{H}^{n+1})\,;$$

pour sa topologie naturelle (cf. 4.3) il est séparé, compact. La droite projective $P^1(\mathbf{H})$ est homéomorphe à la sphère S^4 (cf. 4.9.7). La topologie algébrique des $P^n(\mathbf{H})$ est aussi complètement connue ; voir par exemple [SR], p. 265 ; un article intéressant est [E-K].

4.8.3 On peut même définir des espaces projectifs sur des structures plus générales que les corps ; un exemple important est celui des *octaves de Cayley* **Ca**, espace vectoriel réel de dimension 8 sur lequel est définie une multiplication non associative. On peut, sur **Ca**, construire la droite projective $P^1(\mathbf{Ca})$, qui est homéomorphe à la sphère S^8 et un plan projectif $P^2(\mathbf{Ca})$, le plan projectif des octaves de Cayley ; pour ces constructions et des propriétés de ce plan projectif, voir [PO], chapitre XIV, [BOR 2], p. 199, [E-K], p. 12 et surtout le chapitre 3 de [BES].

La raison pour laquelle on ne peut pas définir des projectifs de dimension $\geqslant 3$ sur **Ca** est qu'un tel espace projectif (pour les axiomes standard d'intersection des sous-espaces) vérifie automatiquement le théorème de Desargues (voir 5.4.3 et 5.4.4), qui à son tour implique l'associativité de la structure de base, voir pour ceci [PT], chapitre 3 ou [HA], p. 374 (dont le dernier chapitre sur les plans projectifs est très intéressant).

4.9 *Exercices*

4.9.1 Soit $P(E)$ un espace projectif réel ou complexe de dimension finie ; démontrer que, pour tout hyperplan H, la bijection $P(E) \setminus P(H) \to E_H$ (cf. 4.2.1) est un homéomorphisme.

4.9.2 Démontrer le dernier alinéa de 4.3.9.1.

4.9.3 Démontrer que $P^n(\mathbf{R})$ est homéomorphe à l'ensemble quotient de la boule fermée $B(0, 1)$ de $\mathbf{R}^n$ par la relation d'équivalence $\mathcal{R}$ définie par : $x \mathcal{R} y$ pour $x \neq y$ si et seulement si $x \in S(0, 1) = S^{n-1}$ et $y = -x$, ce quotient étant muni de la topologie quotient. Etudier en particulier les cas $n = 1$ et $n = 2$ (cf. 4.3.6 et 4.3.9.1).

4.9.4 Pour un espace projectif réel de dimension finie n, étudier le signe du jacobien des applications 4.2.4.3 et en déduire que, si n est impair, $P^n(\mathbf{R})$ est une variété différentielle orientable et si n est pair, $P^n(\mathbf{R})$ n'est pas orientable.

4.9.5 Etudier l'orientabilité des $P^n(\mathbf{R})$ en étudiant la connexité du groupe projectif GP $(P^n(\mathbf{R}))$.

4.9.6 Etudier les images et les images inverses de sous-espaces par des morphismes.

4.9.7 Montrer que $P^1(\mathbf{H})$ est homéomorphe à la sphère S^4, où **H** est le corps des quaternions (cf. 4.8.2).

4.9.8 Analyser avec précision là où l'hypothèse « le corps de base est commutatif » intervient dans la démonstration de 4.5.10. Donner un contre-exemple avec un corps non commutatif; on pourra même chercher à construire dans les $P^n(\mathbf{H})$ (cf. 4.8.2) un ensemble infini de points dont toute partie à $n + 1$ éléments est libre et une homographie différente de l'identité et laissant tous ces points fixes.

4.9.9 Dessiner, dans l'espace usuel, la configuration formée par les points, les droites et les plans de $P^3(\mathbf{Z}_2)$.

4.9.10 Soit $\{ H_i \}$ une famille d'hyperplans d'un projectif $P(E)$ de dimension finie n ; relier dim $\left(\bigcap_i H_i \right)$ dans $P(E)$ à dim $\left(\langle \bigcup_i H_i \rangle \right)$ dans $P(E^*)$.

4.9.11 Soient K un corps à k éléments et $P(E)$ un espace projectif de dimension n sur K. Montrer que le cardinal de l'ensemble des sous-espaces de dimension p de $P(E)$ est égal à

$$\frac{(k^{n+1} - 1)(k^{n+1} - k) \dots (k^{n+1} - k^p)}{(k^{p+1} - 1)(k^{p+1} - k) \dots (k^{p+1} - k^p)}.$$

Montrer que l'ordre du groupe projectif GP (E) est

$$(k^{n+1} - 1)(k^{n+1} - k) \dots (k^{n+1} - k^{n-1}) k^n .$$

4.9.12 TÉTRAÈDRES DE MÖBIUS. Construire, dans un espace projectif de dimension trois, deux tétraèdres $\{ a, b, c, d \}$, $\{ a', b', c', d' \}$ tels que à la fois chaque sommet du premier appartienne à une face du second et chaque sommet du second appartienne à une face du premier, c'est-à-dire : $a \in \langle b', c', d' \rangle$, etc... et $a' \in \langle b, c, d \rangle$, etc... Pour l'explication de ce phénomène et sa généralisation, voir 14.5.5 et 14.8.12. Pour une étude de tétraèdres de Möbius formés par des systèmes de tiges articulées et dont les points décrivent des courbes à torsion constante, voir [BA].

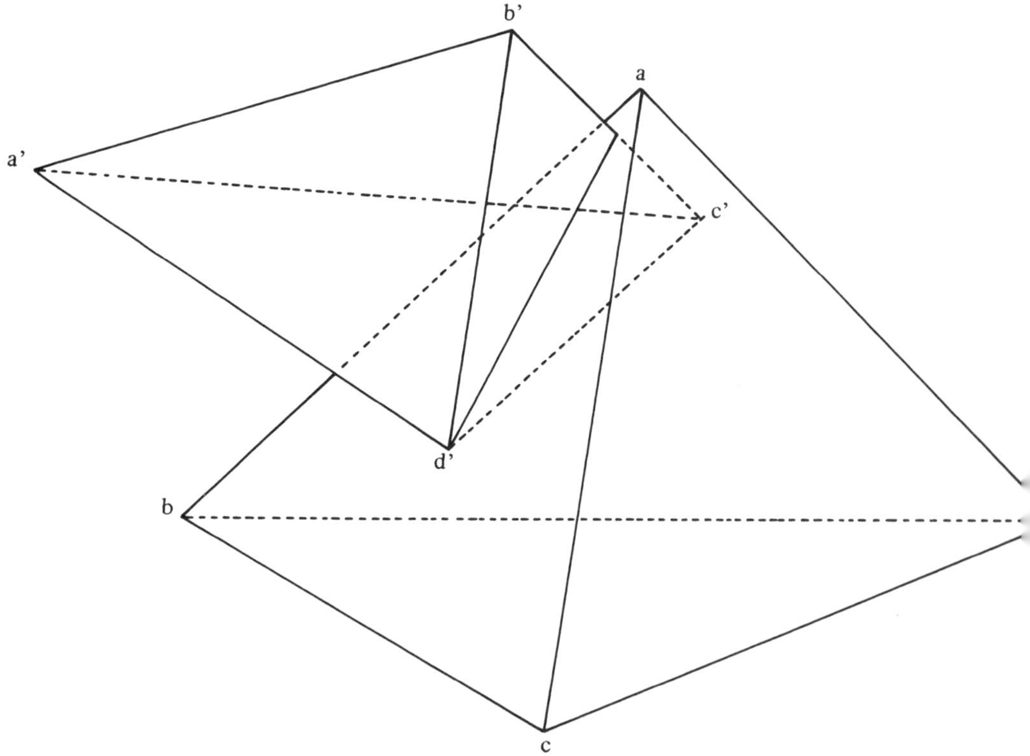

Figure 4.9.12.

CHAPITRE 5

liaison affine-projectif applications

Dans ce chapitre on plonge tout espace affine X de façon naturelle dans un espace projectif en adjoignant à X l'ensemble $P(\vec{X})$ de ses directions de droites. Réciproquement, le complémentaire d'un hyperplan dans un espace projectif est un espace affine de façon naturelle. La complétion projective peut être effectuée de façon plus ou moins naturelle (section 5.0). Dans la section 5.3 on traduit les propriétés de parallélisme dans X par des propriétés d'intersection dans le complété de X. Cette traduction permet de nombreuses applications ; la section 5.4 en montre quelques-unes.

Tous les corps sont commutatifs.

5.0 *Introduction*

5.0.1 Nous avons constaté en 4.0 l'insuffisance de la géométrie affine ; plus précisément, à la suite de Desargues, nous désirons étendre un espace affine X en un espace projectif $\tilde{X}$ qui soit la réunion de X et de ses points à l'infini, c'est-à-dire l'ensemble ∞_X des directions (de droites) de X, qui n'est autre que $P(\vec{X})$; soit $\tilde{X} = X \cup \infty_X = X \cup P(\vec{X})$. On peut toujours faire cette extension de façon ensembliste, en introduisant la somme disjointe $X \cup P(\vec{X})$; mais la difficulté est de faire de $\tilde{X}$ un espace projectif. Une première voie serait de procéder axiomatiquement ; nous n'en parlerons pas, ayant laissé ce point de vue systématiquement de côté dans cet ouvrage (voir 4.1.2 et [AN], [HA], [DI], [H-P], [PT]). Voici trois façons d'effectuer algébriquement la construction désirée.

5.0.2 Au niveau le plus barbare, supposons que X soit de dimension finie n et $\{ x_i \}_{i=0,1,\ldots,n}$ un repère affine de X. Le projectif cherché est

$$P^n(K) = P(K^{n+1})$$

et le plongement $X \to P^n(K)$ est donné par (cf. 2.2.9 et 4.2) :

5.0.2.1 $$x = (\lambda_1, \ldots, \lambda_n) \mapsto p(\lambda_1, \ldots, \lambda_n, 1) ;$$

on voit que le complémentaire de l'image de X dans $P^n(K)$ n'est autre que l'hyperplan $P^{n-1}(K) = P(K^n \cong K^n \times \{ 0 \})$ qui s'identifie bien à $P(\vec{X})$ par 5.0.2.1.

5.0.3 Un niveau moins barbare, suggéré par 5.0.2, consiste à vectorialiser X en $a \in X$ et considérer le projectif $P(X_a \times K)$, où $X_a \times K$ est le produit direct des deux espaces vectoriels X_a et K ; on plonge X dans $P(X_a \times K)$ par l'identification entre X et la coupe $X_a \times \{ 1 \}$ de $X_a \times K$ puis la carte associée (cf. 4.2), c'est-à-dire

5.0.3.1 $$x \mapsto p(x, 1) .$$

Le complémentaire de l'image de X dans $P(X_a \times K)$ est $P(X_a) \cong P(\vec{X})$.

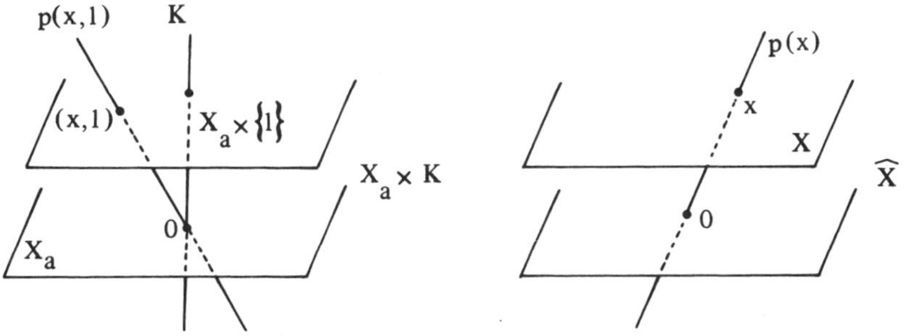

Figure 5.0.3.

5.0.4 Le dernier niveau utilise l'espace vectoriel universel $\hat{X}$ associé à X ; on prend tout simplement $\tilde{X} = P(\hat{X})$ et on plonge X dans $P(\hat{X})$ par

5.0.4.1 $$x \mapsto p(x)\,,$$

où X est plongé implicitement dans $\hat{X}$ comme hyperplan affine (cf. 3.1.6).

5.0.5 Les deux premières façons ont l'inconvénient de ne pas être intrinsèques : si l'on procède comme en 5.0.2, on ne sait pas *a priori* que l'espace projectif obtenu est en fait attaché naturellement à X (en bref, ne « dépend que » de X, en un sens à préciser). Il en est de même dans 5.0.3, encore que dans ce cas on perçoive déjà que $P(X_a)$ est toujours $P(\vec{X})$, parce que le choix de a ne fait intervenir que les translations de X, et ces dernières préservent les directions (cf. 2.3.3.4). En échange 5.0.2 ou 5.0.3 (surtout 5.0.2) ont deux supériorités : la première est qu'elles fournissent une base explicite pour les calculs. La seconde est qu'elles sont plus élémentaires ; en particulier elles permettent de traiter rapidement les problèmes de complexifications que nous aborderons au chapitre 7.

5.1 *Le complété projectif d'un espace affine*

5.1.1 Soient X un espace affine, $\hat{X}$ son vectoriel universel (cf. 3.1) :

$$\hat{X} = \vec{X} \cup (K^* \times X)\,.$$

Introduisons le projectif $\tilde{X} = P(\hat{X})$. Rappelons que l'on plonge X dans $\hat{X}$ par $x \mapsto (x, 1)$ et remarquons que la projection canonique $p : \hat{X} \to \tilde{X} = P(\hat{X})$ est injective restreinte à X, on peut donc identifier encore X à une partie de $\tilde{X}$.

Et alors on a la partition de $\tilde{X}$ en deux parties : $\tilde{X} = X \cup P(\vec{X})$. On pose $P(\vec{X}) = \infty_X$, d'où $\tilde{X} = X \cup \infty_X$. En conclusion, on a plongé X, espace affine, dans un espace projectif $\tilde{X}$ en sorte que X soit le complémentaire d'un hyperplan (à savoir $\infty_X = P(\vec{X})$).

5.1.2 Réciproquement, on sait que si $P(E)$ est un espace projectif et $P(H)$ l'un quelconque de ses hyperplans, le complémentaire $P(E) \setminus P(H)$ est naturellement un espace affine, à savoir $E_H = P(E) \setminus P(H)$, cf. 2.2.6. Et 2.2.7 et 3.1.6 montrent que le passage de X à $\tilde{X}$ et celui de $P(E) \setminus P(H)$ à E_H sont inverses l'un de l'autre.

On peut résumer les résultats mentionnés des chapitres 2 et 3 en le :

5.1.3 THÉORÈME. (i) *Soient X un espace affine, $\tilde{X} = P(\hat{X})$; cet X s'identifie par $x \mapsto p(x, 1)$ à une partie, encore* notée *X, de $\tilde{X}$; cette partie X est le complémentaire de $P(\vec{X}) = \infty_X$ dans $\tilde{X}$. On appelle X le* complété projectif, *ou* complété, *de X et $\infty_X = P(\vec{X})$ est appelé l'*hyperplan à l'infini *de X. Si X, X' sont deux espaces affines, $\tilde{X}$, $\tilde{X}'$ leurs complétés, $f \in A(X; X')$ un morphisme affine, alors il existe un morphisme projectif $\tilde{f}$, unique, $\tilde{f} \in M(\tilde{X}; \tilde{X}')$, tel que $\tilde{f}|_X = f$. En outre $\tilde{f}(\infty_X) \subset \infty_{X'}$ et $\tilde{f}|_{\infty_X} = \underline{\vec{f}}$* (cf. 2.3.1 et 4.5.2).

(ii) *Soit* (E, H) *un couple formé d'un espace vectoriel* E *et d'un hyperplan* H *de* E; *alors* $E_H = P(E) \setminus P(H)$ (cf. 4.1.3.4) *possède une structure naturelle d'espace affine sur* $L(E/H; H)$. *Soit* (E', H') *un autre tel couple et soit* $g \in M(P(E); P(E'))$ *tel que le domaine de définition de* g *contienne* E_H (cf. 4.5) *et que* $g(E_H) \subset E'_{H'}$; *alors la restriction* $g|_{E_H} \in A(E_H; E'_{H'})$.

(iii) *Les correspondances* $X \rightsquigarrow (\hat{X}, \overrightarrow{X})$ *et* $(E, H) \rightsquigarrow E_H$ *sont inverses l'une de l'autre et fonctorielles.*

Pour l'essentiel, le théorème résulte de 2.2.6, 2.3.7, 3.1.6 et 4.5. Pour (ii), il faut montrer que $g|_{E_H} \in A(E_H; E_{H'})$. Soit $f \in L(E; E')$ telle que $\underline{f} = g$; il faut montrer que, en fait, $f \in L_{H,H'}(E; E')$ (cf. 2.3.6).

Par hypothèse g est défini dans tout E_H, autrement dit (cf. 4.5.2) on a $f^{-1}(0) \subset H$; et $g(E_H) \subset E'_{H'}$ implique $f(x) \notin H'$ $\forall x \notin H$; d'où $f(H) \subset H'$, et l'application $\underline{f} : E/H \to E'/H'$ est injective. La fonctorialité résulte de 3.2.1. Pour préciser en toute rigueur que les correspondances de (iii) sont inverses l'une de l'autre, il faudrait utiliser le langage des catégories. Le théorème 5.1.3 exprime que $(E, H) \rightsquigarrow E/H$ est un « foncteur pleinement fidèle ».

Pour les applications pratiques (i) et (ii) sont suffisants, (iii) est pour la satisfaction de l'esprit. En fait, pour les applications, même 5.0.2.1 et 4.2.4.1 sont suffisants.

5.2 *Exemples*

5.2.1 CARACTÉRISATION DES DILATATIONS. D'après 2.3.3.12 et 4.5.9 on peut caractériser ainsi les dilatations d'un espace affine :

$$f \in \mathrm{Dil}(X) \quad \text{si et seulement si} \quad \tilde{f}|_{\infty_X} = \mathrm{Id}_{\infty_X} ;$$

autrement les dilatations sont exactement les f dont le $\tilde{f}$ laisse l'hyperplan à l'infini de X invariant point par point.

5.2.2 GROUPE AFFINE ET GROUPE PROJECTIF. Quant aux $g \in \mathrm{GP}(\tilde{X})$ qui laissent ∞_X globalement invariant ce sont exactement les $g = \tilde{f}$ où f parcourt GA (X). Si l'on veut, on a identifié GA (X) à un sous-groupe de GP (X), à savoir $\mathrm{GP}_{\infty_X}(\tilde{X})$. La philosophie découverte par Cayley est que tous les groupes géométriques classiques peuvent se réaliser comme un sous-groupe du groupe projectif d'un espace projectif convenable : voir par exemple 9.5.5.2, 18.10.1.5.

5.2.3 LE CAS $X = K$. Dans ce cas $P(\overrightarrow{X}) = P(K) = P^0(K)$ consiste en un seul point $\infty = \infty_K$, *le* point à l'infini de K ; on aura donc $\tilde{K} = K \cup \infty$. Si $K = \mathbf{R}$ on aura soin de distinguer $\tilde{\mathbf{R}} = \mathbf{R} \cup \infty$ d'avec la droite numérique complétée que l'on rencontre en Analyse : $\overline{\mathbf{R}} = \mathbf{R} \cup \{-\infty\} \cup \{+\infty\}$; dans le cadre de la géométrie projective, on ne distingue pas entre « tendre vers $+\infty$ » et « tendre vers $-\infty$ ». En outre, en revenant au cas d'un corps quelconque K, on peut identifier naturellement $\hat{K}$ à K^2 et donc $\tilde{K}$ à $P^1(K)$;

dans cette identification $x \in K$ s'identifie à $p(x, 1)$ et ∞ à $p(1, 0)$. Avec l'écriture $\tilde{K} = K \cup \infty$, le tableau 4.5.15 devient, toujours pour le morphisme f où $M(f) = \begin{pmatrix} a & b \\ c & d \end{pmatrix}$:

5.2.4

$$c \neq 0 \begin{cases} t \mapsto \dfrac{at+b}{ct+d}\left(t \neq -\dfrac{d}{c}\right) \\ -\dfrac{d}{c} \mapsto \infty \\ \infty \mapsto \dfrac{a}{c} \end{cases} \qquad c = 0 \begin{cases} t \mapsto \dfrac{at+b}{d} \\ \infty \mapsto \infty . \end{cases}$$

5.2.5 Si $K = \mathbf{R}$ ou $\mathbf{C}$ et si la dimension est finie, 4.3.2 montre que le plongement de X dans $\tilde{X}$ est un homéomorphisme sur son image ; 4.6.1 montre que X est ouvert et partout dense dans $\tilde{X}$. Ceci, et 5.2.3, explique la fin du 4.5.14.

On remarquera chemin faisant que pour les topologies canoniques, tous les morphismes de $A(X ; X')$ ou de $M(P(E) ; P(E'))$ sont toujours continus. Et que, en dimension quelconque, $\tilde{f}$ est toujours le prolongement de f par continuité $\forall f \in A(X ; X')$.

5.2.6 Pour $K = \mathbf{R}$ ou $\mathbf{C}$, 4.3.2 et 4.3.3 montrent que $\tilde{K}$ n'est autre que le compactifié d'Alexandroff de K.

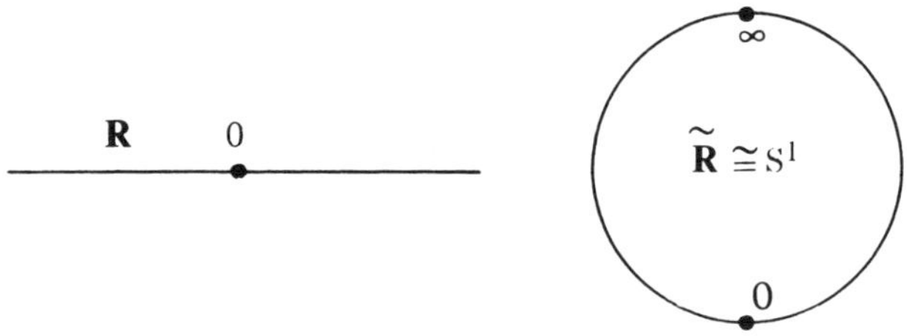

Figure 5.2.6.1.

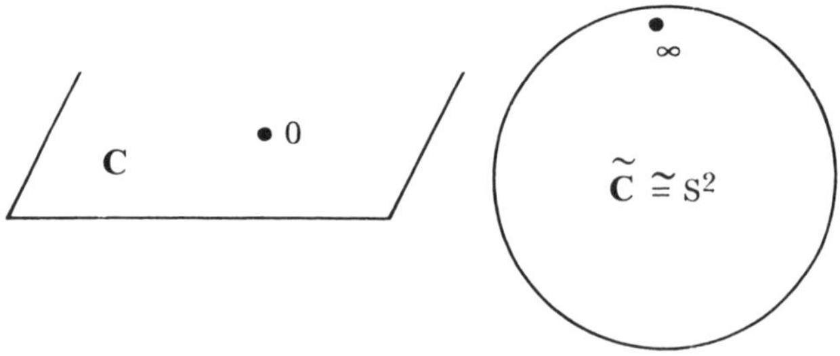

Figure 5.2.6.2.

5.3 *Liaison sous-espaces affines, sous-espaces projectifs ; parallélisme*

Nous allons voir maintenant que notre construction est bien telle que deux droites parallèles ont en commun, dans le complété, leur point à l'infini.

5.3.1 Soit $S \subset X$ un sous-espace affine de l'espace affine X; alors S est plongé dans $\tilde{X}$: $S \subset \tilde{X}$. D'après 2.4.2.3 le sous-espace projectif $\langle S \rangle$ de $\tilde{X}$, engendré par la partie S de $\tilde{X}$, s'identifie au complété projectif $\tilde{S}$ de S ; on a donc $\langle S \rangle = \tilde{S} = S \cup \infty_S$, où ∞_S est une partie de $\tilde{X}$, à savoir $\infty_S = \infty_X \cap \langle S \rangle = \infty_X \cap \tilde{S}$. Noter que $\infty_S = P(\vec{S}) \subset P(\vec{X}) = \infty_X$. Des définitions 2.4.9.1 résulte la :

5.3.2 PROPOSITION. *L'application* $S \mapsto \tilde{S}$ *est une bijection de l'ensemble des sous-espaces affines de X dans l'ensemble des sous-espaces projectifs de* $\tilde{X}$ *qui ne sont pas contenus dans* ∞_X *; on a* $\tilde{S} = \infty_S \cup S$, *où* $\infty_S = \infty_X \cap \tilde{S}$. *De plus, si S, S' sont deux sous-espaces affines :*

$$\infty_S = \infty_{S'} \Leftrightarrow S \mathbin{/\!/} S' , \quad \infty_S \subset \infty_{S'} \Leftrightarrow S \lhd S' .$$

5.3.3 NOTE. Si $K = \mathbf{R}$ ou $\mathbf{C}$, et si la dimension est finie, 5.2.5 montre que $\tilde{S}$ n'est autre que la fermeture topologique de S dans $\tilde{X}$.

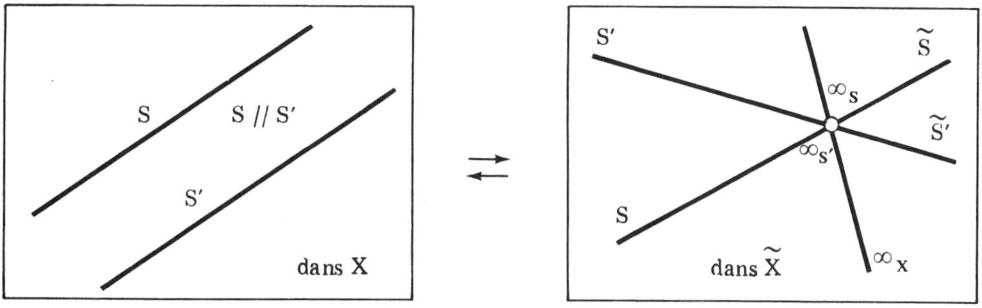

Figure 5.3.3.

5.4 *Expédition systématique d'objets à l'infini ; applications*

5.4.1 PROPOSITION (théorème de Pappus, cas projectif). *Soient* $P(E)$ *un plan projectif, D et D' deux droites distinctes de* $P(E)$, *soient* a, b, c, a', b', c' *six points distincts tels que* $a, b, c \in D \setminus (D \cap D')$, $a', b', c' \in D' \setminus (D \cap D')$. *Alors les trois points* $\langle a, b' \rangle \cap \langle a', b \rangle$, $\langle b, c' \rangle \cap \langle b', c \rangle$, $\langle c, a' \rangle \cap \langle c', a \rangle$ *sont alignés.*

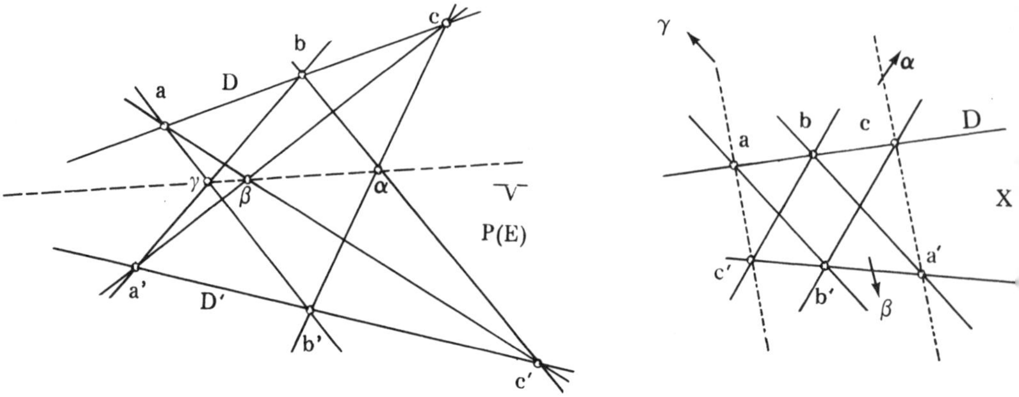

Figure 5.4.1.

Remarquer d'abord que ces trois points existent toujours d'après 4.6.12 ; posons $\gamma = \langle a, b' \rangle \cap \langle a', b \rangle, \alpha = \langle b, c' \rangle \cap \langle b', c \rangle$ et soit $V = \langle \alpha, \gamma \rangle$ la droite projective les joignant. Introduisons le plan affine $X = P(E) \setminus V$ (cf. 5.1.3 (ii)) ; remarquer que $a, b, c, a', b', c' \in X$. Dans X on a $\langle a, b' \rangle /\!/ \langle a', b \rangle$ et $\langle b, c' \rangle /\!/ \langle b', c \rangle$, par construction de V et d'après 5.3.2 ; donc, d'après le théorème de Pappus (cas affine, 2.5.3) : $\langle a, c' \rangle /\!/ \langle a', c \rangle$, donc d'après 5.3.2 en sens inverse,

$$\beta = \langle a, c' \rangle \cap \langle a', c \rangle \in \langle \alpha, \gamma \rangle .$$

5.4.2 COROLLAIRE (théorème de Pappus, cas affine deuxième version). *Soient : X un plan affine, D et D' deux droites distinctes de X, a, b, c, a', b', c' six points distincts tels que $a, b, c \in D \setminus (D \cap D')$ et $a', b', c' \in D' \setminus (D \cap D')$. Alors les trois points $\langle a, b' \rangle \cap \langle a', b \rangle, \langle b, c' \rangle \cap \langle b', c \rangle, \langle c, a' \rangle \cap \langle c', a \rangle$ sont alignés dans le sens suivant : si ces 3 points existent, ils sont alignés, si seulement deux d'entre eux existent, la droite qui les joint et les deux droites définissant le troisième sont parallèles (si aucun n'existe on est dans le cas de* 2.5.3).

La démonstration résulte de 5.4.1 appliquée au complété $\tilde{X}$ de X. On voit combien la géométrie projective conduit à des énoncés plus simples, parce que sans cas particuliers, que la géométrie affine. Voir aussi 16.8.19.

5.4.3 PROPOSITION (théorème de Desargues, cas projectif). *Soient $P(E)$ un espace projectif, s, a, b, c, a', b', c' sept points distincts de $P(E)$, tels que de plus : s, a, b, c et s, a', b', c' sont projectivement indépendants, $a' \in \langle s, a \rangle, b' \in \langle s, b \rangle, c' \in \langle s, c \rangle$; alors les trois points $\langle a, b \rangle \cap \langle a', b' \rangle$, $\langle b, c \rangle \cap \langle b', c' \rangle, \langle c, a \rangle \cap \langle c', a' \rangle$ sont alignés. Autrement dit : si les droites joignant les sommets correspondants de deux triangles sont concourantes, alors les points d'intersection de leurs côtés correspondants sont alignés.*

5.4.4 La démonstration est radicalement différente selon que

$$\dim(P(E)) \geqslant 3 \quad \text{ou que} \quad \dim(P(E)) = 2\,.$$

Si $\dim(P(E)) \geqslant 3$, on utilise seulement les propriétés d'intersection des sous-espaces et donc le résultat est valable en toute théorie axiomatique (cf. 2.6.7) ; si $\dim(P(E)) = 2$, il faut utiliser le théorème 2.5.4 qui utilise le corps de base, en fait son associativité : voir 2.5.5, 4.8.3.

5.4.5 Supposons d'abord que le sous-espace projectif Z engendré par nos sept points soit de dimension trois exactement ; alors la conclusion résulte banalement de 4.6.12, car les trois points considérés appartiennent tous aux deux plans $\langle a, b, c \rangle$ et $\langle a', b', c' \rangle$ dont l'intersection est une droite (sinon Z serait de dimension 2).

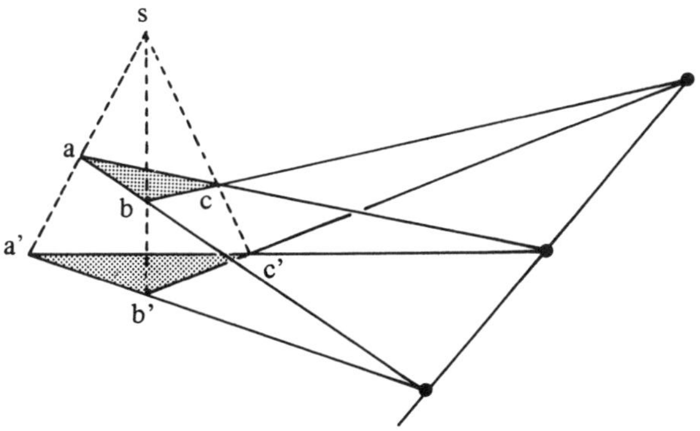

Figure 5.4.5.1.

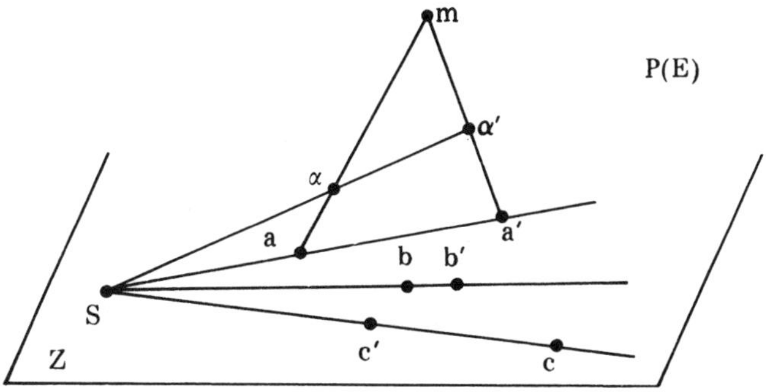

Figure 5.4.5.2.

Supposons maintenant $\dim(P(E)) \geqslant 3$ mais $\dim Z = 2$; on choisit un point m quelconque $\notin Z$, puis deux points α, α' sur les droites $\langle m, a \rangle$, $\langle m, a' \rangle$ et tels que $s \in \langle \alpha, \alpha' \rangle$ et $\alpha \neq a$, $\alpha' \neq a'$ (on peut toujours trouver de tels points m, α, α' parce qu'une droite projective contient au moins trois points, cf. 4.1.3.7).

Alors les sept points s, α, α', b, b', c, c' engendrent un sous-espace de dimension trois par construction et vérifient donc le théorème de Desargues d'après notre premier pas. Mais si l'on projette $P(E) \setminus \{ m \}$ à partir de m sur Z, cette projection respectera les propriétés d'intersection et d'alignement, d'où le résultat pour s, a, a', b, b', c, c' puisque α, α' se projettent en a, a' par construction.

5.4.6 Si dim $(P(E)) = 2$, on fait une démonstration analogue à celle de 5.4.1 ; on expédie à l'infini les deux points $\langle a, b \rangle \cap \langle a', b' \rangle$ et $\langle b, c \rangle \cap \langle b', c' \rangle$. La conclusion résulte alors de la réciproque de 2.5.4 (cf. 2.8.6).

5.4.7 COROLLAIRE (théorème de Desargues, cas affine deuxième version). *Soient X un espace affine et sept points de X vérifiant les hypothèses analogues à celle de* 5.4.3. *Alors les trois points d'intersection associés sont alignés, dans un sens à préciser comme dans* 5.4.2 *lorsque certains de ces points n'existent pas.*

5.4.8 THÉORÈME (deuxième théorème fondamental de la géométrie projective). *Soient $P(E)$, $P(E')$ deux espaces projectifs de même dimension finie $\geqslant 2$, sur des corps K, K' respectivement. Soit $f : P(E) \to P(E')$ une bijection ensembliste telle que $\forall a, b, c \in P(E)$ alignés : $f(a)$, $f(b)$, $f(c)$ sont alignés dans $P(E')$. Alors il existe une application semi-linéaire bijective $\hat{f} : E \to E'$ telle que $f = \underline{\hat{f}}$.*

Comme dans la démonstration 2.6.6 on montre que f transforme bijectivement un hyperplan de $P(E)$ en un hyperplan de $P(E')$. On fixe alors l'hyperplan $P(H)$ de $P(E)$, d'image l'hyperplan $P(H') \subset P(E')$. Et la restriction $g = f|_{P(E) \setminus P(H)} : E_H \to E'_{H'}$ est une application de l'espace affine E_H dans l'espace affine $E'_{H'}$, qui vérifie les hypothèses de 2.6.3. Donc g est semi-affine ; de plus elle se prolonge d'après une extension facile de 5.1.3 au cas semi-affine en un semi-morphisme $\tilde{g}$: $P(E) \to P(E')$, qui coïncide avec f sur E_H par construction et sur $P(H)$ car $\tilde{f}|_{P(H)} = \vec{g}$ (cf. 5.1.3).
Important. Ici les corps peuvent avoir seulement deux éléments (contrairement à dans 2.6.3), ceci parce qu'une droite projective a toujours au moins trois éléments, voir 4.1.3.7. Voir aussi [SU 2].

5.4.9 Pour différents raffinements de 5.4.8, voir [FL], p. 83-up et p. 267-up ; voir aussi [BI 5], exercices 16 et 17, p. A II.203-204. Pour une généralisation de 5.4.8, voir [TS], p. VIII.

5.4.10 La méthode d'expédition à l'infini sera encore largement utilisée dans la suite : cf. 5.5.3, 6.4.4, 6.4.8, 6.4.10 et une bonne partie du chapitre 17.

5.5 *Exercices*

5.5.1 Enoncer et démontrer des réciproques de 5.4.1, 5.4.3.

5.5.2 Faire des dessins pour les cas variés de parallélisme des 5.4.2 et 5.4.7.

5.5.3 Démontrer l'existence de tétraèdres de Möbius (cf. 4.9.12) en expédiant pas mal de points à l'infini.

5.5.4 Tracer, avec la règle seule, la droite joignant un point d'une feuille de papier au point d'intersection de deux droites de cette feuille qui ne se rencontrent pas dans la feuille.

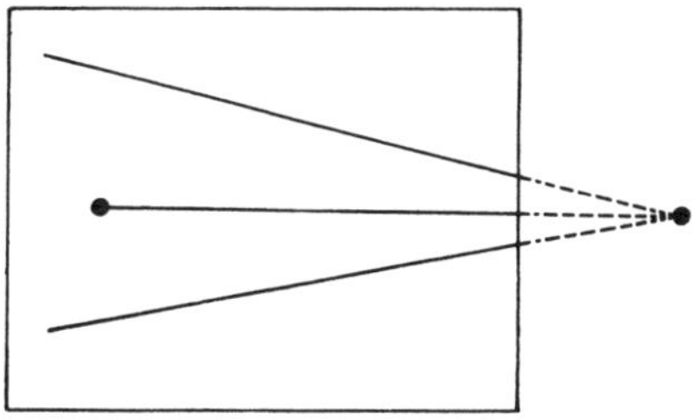

Figure 5.5.4.

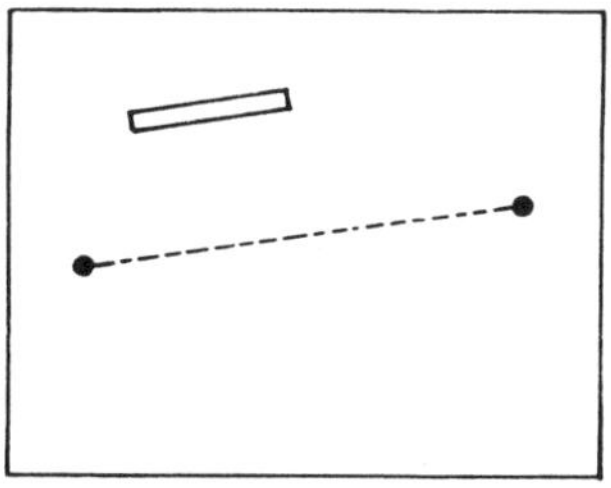

Figure 5.5.5.

5.5.5 Tracer, avec le seul usage d'une règle trop courte, la droite joignant deux points d'une feuille de papier.

5.5.6 Faire une étude critique de la démonstration de [DX], p. 28-up, du théorème fondamental de la géométrie projective.

5.5.7 Etudier à quelle condition, dans 5.4.1, la droite $\langle \alpha, \beta, \gamma \rangle$ passe par $D \cap D'$.

5.5.8 TISSUS HEXAGONAUX. Appelons *tissu* d'un plan affine réel P la donnée d'un ouvert A de P et pour chaque point a de A de trois droites distinctes $d_i(a)$ $(i = 1, 2, 3)$ de P passant par a et dépendant continûment de a. Montrer que, si b est suffisamment voisin de a sur $d_1(a)$, on peut définir six points $(b_i)_{i=1,\ldots,6}$ comme suit :

$$b_1 = d_3(b) \cap d_2(a)\,, \quad b_2 = d_1(b_1) \cap d_3(a)\,, \quad b_3 = d_2(b_2) \cap d_1(a)\,,$$

$$b_4 = d_3(b_3) \cap d_2(a)\,, \quad b_5 = d_1(b_4) \cap d_3(a)\,, \quad b_6 = d_2(b_5) \cap d_1(a)\,.$$

Le tissu considéré est dit *hexagonal* si $b_6 = b$ pour tous a et b suffisamment voisins.

Soient $(p_i)_{i=1,2,3}$ trois points de P, non alignés et A le complémentaire dans P de la réunion des trois droites joignant les p_i deux à deux. On définit un tissu par $d_i(a) = \langle a, p_i \rangle$ pour tout $a \in A$. Montrer que ce tissu est hexagonal.

Pour plus sur les tissus, voir [BL-BO] et [CH-GR] ainsi que 5.5.9 et les figures de la page 152.

5.5.9 ENCORE DES TISSUS HEXAGONAUX. Démontrer que le tissu de la figure inférieure des figures 5.5.9 est hexagonal. Démontrer plus généralement que le tissu obtenu, à partir d'une conique C et d'un point p non situé sur cette conique, en traçant en un point x quelconque les deux tangentes à C et la droite xp, est toujours hexagonal.

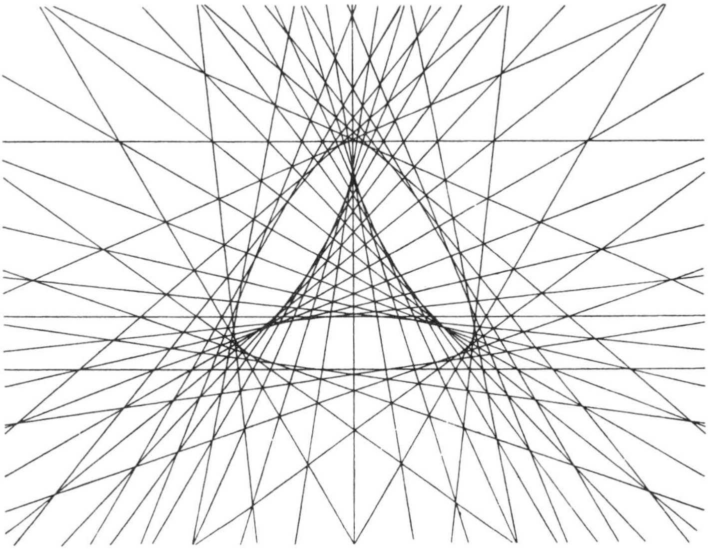

Figures 5.5.9.

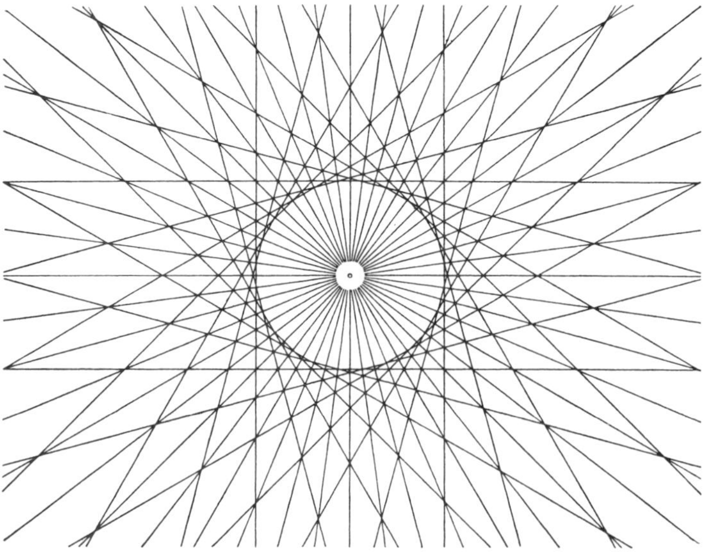

CHAPITRE 6

droites projectives birapport, homographies, involutions

Ce chapitre introduit un invariant (sous les homographies) de quatre points alignés d'un espace projectif, le birapport. Cet invariant, caractéristique de quadruplets alignés déduits l'un de l'autre par homographie, joue un rôle essentiel en géométrie projective. Un cas particulier important est la notion de division harmonique.

On retrouvera le birapport un peu partout dans cet ouvrage, parfois dans des situations inattendues : formule de Laguerre (8.8.7), géométrie hyperbolique (chapitre 19), équation de Riccati (6.8.12) et géométrie différentielle (6.8.20), illustrant ainsi la philosophie de Cayley (5.2.2).

Dans tout ce chapitre le corps de base est supposé commutatif.

6.1 *Définition du birapport*

6.1.1 On peut interpréter 4.6.9 en disant que des triples de points distincts d'une droite projective sont indistinguables du seul point de vue du groupe projectif ; ou encore que le groupe projectif GP (E) est transitif sur l'ensemble des triples de points alignés distincts de $P(E)$, i.e. est 3-transitif, cf. 1.4.5.

On se doute que ceci ne subsiste plus pour quatre points ; mais nous allons justement classer les orbites sous GP (E) des quadruples de points alignés à l'aide d'un scalaire, leur birapport, scalaire en fait à valeurs dans $\tilde{K}$.

6.1.2 DÉFINITION. *Soient D une droite projective sur K, $\{ a, b, c, d \}$ quatre points de D tels que a, b, c soient distincts. On appelle* birapport *de ces quatre points, et on note $[a, b, c, d]$, l'élément de $\tilde{K} = K \cup \infty$ suivant :* $[a, b, c, d] = f_{a,b,c}(d)$, *où $f_{a,b,c}$ désigne l'unique isomorphisme*

$$f_{a,b,c} \in \text{Isom}\,(D\,;\,\tilde{K})$$

tel que $f(a) = \infty$, $f(b) = 0$, $f(c) = 1$ (cf. 4.6.9). *Si*

$$\{ a, b, c, d \} = \{ a_i \}_{i=1,2,3,4}\,,$$

on écrira *parfois* $[a_1, a_2, a_3, a_4] = [a_i]$. *Si $\{ a, b, c, d \}$ sont quatre points alignés d'un espace projectif, les trois premiers étant distincts, leur* birapport *sera par définition leur birapport sur la droite qu'ils déterminent. Si a, b, c, d sont quatre points alignés, les trois premiers distincts, d'un espace affine X sur K, leur* birapport *sera par définition leur birapport dans le complété projectif $\tilde{X}$ de X.*

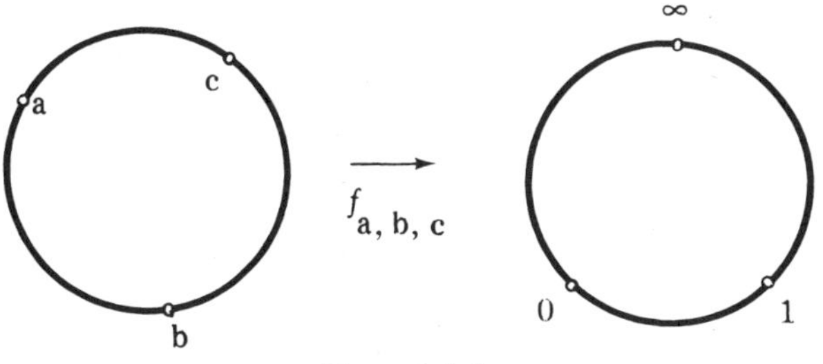

Figure 6.1.2.

De 4.6.9 résultent les choses suivantes :

6.1.3 Si $[a, b, c, d] = \infty$ (resp. 0, 1), alors $d = a$ (resp. $d = b$, $d = c$) et réciproquement. Si $[a, b, c, d] \in K \setminus \{0, 1\}$, alors $d \neq a, b, c$ et réciproquement (car $K \setminus \{0, 1\} = \tilde{K} \setminus \{\infty, 0, 1\}$).

6.1.4 COROLLAIRE. *Soient D, D' deux droites projectives,*

$$(a_i)_{i=1,2,3,4} \subset D \quad et \quad (a_i')_{i=1,2,3,4} \subset D' ,$$

les trois premiers des a_i et des a_i' étant distincts. Alors :

$$\exists f \in \text{Isom}\,(D : D') \mid f(a_i) = a_i' \quad \forall i \quad \Leftrightarrow [a_i] = [a_i'] .$$

6.1.5 COROLLAIRE. *Soient D une droite projective et a, b, c trois points distincts de D. Quel que soit $k \in \tilde{K}$ il existe un $d \in D$ unique tel que $[a, b, c, d] = k$.*

6.1.6 PROPOSITION. *Soient $D = P(E)$ une droite projective, a, b, c trois points distincts de D et* (cf. 4.4.1) *$x, y \in E$ tels que $a = p(x)$, $b = p(y)$, $c = p(x + y)$. Alors* (cf. 5.2.3) :

$$d = p(kx + hy) \Leftrightarrow [a, b, c, d] = p(k, h) \in P(K^2) \sim \tilde{K} .$$

D'après 5.2.3, si $\{e_1, e_2\}$ est la base canonique de K^2 : $p(e_1) = p(1,0) = \infty$, $p(e_2) = p(0, 1) = 0$, $p(e_1 + e_2) = p(1, 1) = 1$. Donc $f_{a,b,c} = \underline{f}$ où $f \in L(E; K^2)$ est définie par $f(x) = e_1$, $f(y) = e_2$, car

$$f(x + y) = f(e_1 + e_2) :$$

mais alors

$$\underline{f}(d) = \underline{f}(p(kx + hy)) = p(f(kx + hy)) = p(k, h) .$$

6.1.7 NOTES. Le résultat 6.1.6 est souvent pris comme définition du birapport. D'ailleurs, dans le cas non commutatif, c'est la seule possible, cf. 6.8.13.

On peut aussi parachuter le birapport par 6.2.3 si l'on vérifie que cette expression est invariante par le groupe linéaire GL (2 ; K), ce qui est facile. Mais une justification serait, en sens inverse, de rechercher systématiquement des « invariants » de GL (2 ; K). Pour ce point de vue, voir [DI-CA], p. 23. Voir aussi [SF 1], [SF 2] et 18.10.7.

6.2 *Calcul explicite du birapport*

6.2.1 Le problème est de calculer $[a_i]$ où les a_i sont données par leurs coordonnées homogènes (cf. 4.2.3) dans une base quelconque $\mathcal{B}$ de E (où $D = P(E)$) : $a_i = p(x_i) = p(\lambda_i, \mu_i)$ ($i = 1, 2, 3, 4$). On a

$$x_3 = \alpha x_1 + \beta x_2 , \quad x_4 = \gamma x_1 + \delta x_2 ,$$

donc

$$x_4 = \frac{\gamma}{\alpha}(\alpha x_1) + \frac{\delta}{\beta}(\beta x_2) ,$$

donc (cf. 6.1.6) $[a_i] = p\left(\frac{\gamma}{\alpha}, \frac{\delta}{\beta}\right)$. D'après les formules de Cramer, pour des déterminants calculés par rapport à la base $\mathcal{B}$:

$$\alpha = \frac{\det(x_3, x_2)}{\det(x_1, x_2)}, \qquad \beta = \frac{\det(x_1, x_3)}{\det(x_1, x_2)},$$
$$\gamma = \frac{\det(x_4, x_2)}{\det(x_1, x_2)}, \qquad \delta = \frac{\det(x_1, x_4)}{\det(x_1, x_2)},$$

d'où

6.2.2
$$[a_i] = p\left(\frac{\gamma}{\alpha} = \frac{\begin{vmatrix} \lambda_1 & \lambda_2 \\ \mu_1 & \mu_2 \end{vmatrix}}{\begin{vmatrix} \lambda_3 & \lambda_2 \\ \mu_3 & \mu_2 \end{vmatrix}}, \quad \frac{\delta}{\beta} = \frac{\begin{vmatrix} \lambda_1 & \lambda_4 \\ \mu_1 & \mu_4 \end{vmatrix}}{\begin{vmatrix} \lambda_1 & \lambda_3 \\ \mu_1 & \mu_3 \end{vmatrix}}\right),$$

que l'on écrira le plus souvent, avec la convention qu'un rapport dont le dénominateur est nul est le point $\infty \in \tilde{K}$ (en accord avec 5.2.4) :

6.2.3
$$[a_i] = \frac{\begin{vmatrix} \lambda_3 & \lambda_1 \\ \mu_3 & \mu_1 \end{vmatrix}}{\begin{vmatrix} \lambda_3 & \lambda_2 \\ \mu_3 & \mu_2 \end{vmatrix}} \Bigg/ \frac{\begin{vmatrix} \lambda_4 & \lambda_1 \\ \mu_4 & \mu_1 \end{vmatrix}}{\begin{vmatrix} \lambda_4 & \lambda_2 \\ \mu_4 & \mu_2 \end{vmatrix}}.$$

Soient D une droite affine, avec quatre points (a_i) dont les trois premiers sont distincts ; pour des coordonnées affines quelconques, si a_i a pour coordonnée x_i $(i = 1, 2, 3, 4)$, dans $\tilde{D}$ on pourra écrire $a_i = p(x_i, 1)$, donc 6.2.3 montre que (cf. 2.4.6) :

6.2.4
$$[a_i] = \frac{x_3 - x_1}{x_3 - x_2} \Big/ \frac{x_4 - x_1}{x_4 - x_2} = \frac{\overrightarrow{x_3 x_1}}{\overrightarrow{x_3 x_2}} \Big/ \frac{\overrightarrow{x_4 x_1}}{\overrightarrow{x_4 x_2}}.$$

En particulier, si a, b, c sont trois points alignés sur une droite D d'un espace affine X, on a (cf. 5.3.1) dans $\tilde{X}$:

6.2.5
$$[a, b, c, \infty_D] = \frac{\overrightarrow{ca}}{\overrightarrow{cb}}.$$

La formule 6.2.4 fournit une définition élémentaire du birapport dans le cadre affine.

6.2.6 MORALE. La formule 6.2.5 permet de donner un support géométrique au fait que le complémentaire $P(E) \setminus P(H) = E_H = X$ d'un hyperplan dans un espace projectif (cf. 5.1.3 et 2.2.6) possède une structure affine naturelle ; si, en effet, il en est bien ainsi, on doit pouvoir définir géométriquement des notions telles que la somme $b + c$ dans une vectorialisation X_a de X et le quotient $\overrightarrow{ca}/\overrightarrow{cb}$ pour des points alignés. La formule 6.2.5 répond à la deuxième question et la règle du parallélogramme (cf. 2.6.6.3), lue dans $P(E)$, à la seconde :

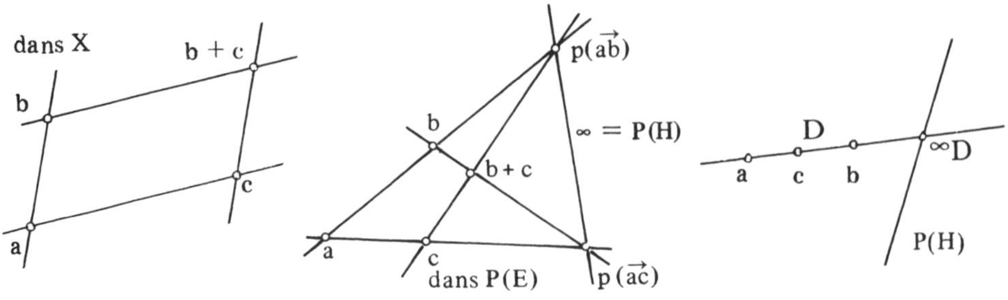

Figure 6.2.6.

6.2.7 CALCUL GÉOMÉTRIQUE DU BIRAPPORT. Voir 6.5.6, 6.5.10 et, lorsque $K = \mathbf{C}$, 9.6.5.

6.3 *Effet d'une permutation*

Soient (a_i) quatre points distincts d'une droite projective D (ce qui suppose $K \neq \mathbf{Z}_2$!) ; leur birapport dépend essentiellement de l'ordre, précisément on a d'abord :

6.3.1 PROPOSITION

$$[a, b, c, d] = [b, a, c, d]^{-1} = [a, b, d, c]^{-1} ,$$
$$[a, b, c, d] + [a, c, b, d] = 1 .$$

On peut lire les deux premières formules sur 6.2.3. Pour la dernière, écrivons $a = p(x)$, $b = p(y)$, $c = p(x + y)$, $d = p(kx + y)$; alors $[a, b, c, d] = k$. Remplaçons la base $\{ x, y \}$ par la base $\{ -x, x + y \}$; alors on a $y = -x + (x + y)$, $kx + y = (1 - k)(-x) + (x + y)$, donc $[a, c, b, d] = 1 - k$ (cf. 6.1.6).

Comme les trois formules de 6.3.1 correspondent à trois transpositions de $\{ a, b, c, d \}$ qui engendrent le groupe de toutes les permutations de ces quatre points, l'effet d'une permutation quelconque est donc connu. Pour préciser plus nettement cela, compliquons légèrement le problème.

6.3.2 PROPOSITION. *Soient* $K^\bullet = K \setminus \{ 0, 1 \}$ et $\mathfrak{S}_4$ *le groupe symétrique de* $\{ 1, 2, 3, 4 \}$; *soient D une droite projective,* (a_i) *quatre points distincts de D,* $k = [a_i]$ *leur birapport. Alors le birapport* $\sigma(k) = [a_{\sigma(i)}] \in K^\bullet$ *ne dépend que de k et de* $\sigma \in \mathfrak{S}_4$, *et non de D ou des* a_i. *L'application* φ : $\mathfrak{S}_4 \ni \sigma \mapsto k \mapsto \sigma^{-1}(k) \in \mathfrak{S}_{K^\bullet}$ *est une opération de* $\mathfrak{S}_4$ *dans* $K^\bullet$. *Le groupe* $\mathfrak{S}_4$ *n'opère pas fidèlement* ; *son noyau* Ker φ *est le groupe de Klein* $\mathfrak{V}_4$ *(groupe du rectangle,* cf. 0.2), *sauf si K est le corps* F_4 *à quatre éléments, auquel cas*

Ker $\varphi = \mathcal{A}_4$, *le groupe alterné. Toutes les orbites de* $\mathfrak{S}_4$ *dans* $K^\bullet$ *ont six éléments, aux exceptions près suivantes :*

(i) *si K est de caractéristique* 3, *l'orbite de* $k = -1$ *a un seul élément ;*

(ii) *si K est de caractéristique différente de* 2 *et* 3, *l'orbite de* -1 *a trois éléments* $\{-1, 2, 1/2\}$ *et, si K contient les racines cubiques* j, j^2 *de* 1, *l'orbite de* $-j$ *a deux éléments* $\{-j, -j^2\}$;

(iii) *si* $K = F_4$, *il y a une seule orbite et elle a deux éléments.*

D'après 6.3.1 on sait que Ker $\varphi \supset \mathcal{V}_4$; cherchons maintenant l'orbite de k : en appliquant 6.3.1 on trouve comme seules possibilités

$$k, \frac{1}{k}, 1-k, 1-\frac{1}{k}, \frac{1}{1-k}, \frac{k}{k-1}.$$

Il faut étudier si ces six écritures sont des éléments différents ou non de $K^\bullet$; les égalités deux à deux se réduisent aux seules relations : $k^2 - 1 = 0$, $k^2 - k + 1 = 0$, $2k - 1 = 0$, $k - 2 = 0$. Ce qui démontre 6.3.2, compte tenu de ce que : les racines de $X^2 - 1 = 0$ autres que 1 se réduisent à -1, celles de $X^3 - 1 = 0$ autres que 1 sont données par l'équation $X^2 + X + 1 = 0$, enfin le corps à quatre éléments est obtenu en adjoignant à $\mathbf{Z}_2$ précisément les deux racines de $X^2 + X + 1 = 0$.

6.3.3 NOTES. Dans certains ouvrages, le birapport (appelé *cross-ratio* en anglais) est noté $[a, b, c, d] = \begin{bmatrix} a & b \\ c & d \end{bmatrix}$. Cette écriture a l'avantage qu'il est facile sur elle de se rappeler comment opère le noyau Ker $\varphi = \mathcal{V}_4$, car il opère comme le groupe géométrique du rectangle, à savoir les symétries par rapport à l'origine et aux deux axes

$$\begin{bmatrix} a & b \\ c & d \end{bmatrix} \to \begin{bmatrix} b & a \\ d & c \end{bmatrix} \to \begin{bmatrix} c & d \\ a & b \end{bmatrix} \to \begin{bmatrix} d & c \\ b & a \end{bmatrix}.$$

Pour le cas non commutatif, voir 6.8.13.

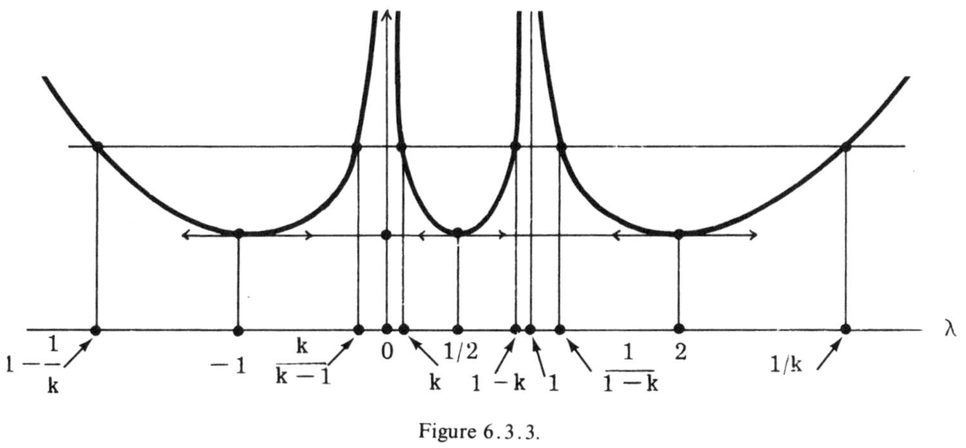

Figure 6.3.3.

Dans le cas $K = \mathbf{R}$ nous représentons ici le graphe de la fonction algébrique associée naturellement au birapport :

$$k \mapsto \frac{4}{27} \frac{(\lambda^2 - \lambda + 1)^3}{\lambda^2(1 - \lambda)^2}.$$

Cette fonction prend la même valeur aux points d'une même orbite ; pour des faits plaisants concernant le birapport, cette fonction, voir [DX], p. 43-51 et 6.8.11.

6.4 *Division harmonique* (corps de caractéristique $\neq 2$)

La définition du birapport permet à deux des quatre points considérés d'être confondus ; une extension à des cas où plus de deux points seraient confondus conduit à des difficultés inextricables sauf dans le cas de l'orbite $\{-1, 1/2, 2\}$ rencontrée dans 6.3.2. Ceci conduit à la :

6.4.1 DÉFINITION. *Quatre points a, b, c, d d'un espace projectif ou d'un espace affine sont dits* être en division harmonique *si l'une des hypothèses suivantes est réalisée : soit trois d'entre eux sont confondus et le quatrième distinct, soit ils sont distincts, alignés et $[a, b, c, d] = -1$.*

On remarquera que l'ordre importe : si a, b, c, d sont en division harmonique, b, a, c, d ne le sont plus.

6.4.2 Si a, b, c sont alignés sur D droite d'un espace affine, 6.2.5 montre que a, b, c, ∞_D sont en division harmonique si et seulement si c est le milieu de $\{a, b\}$.

6.4.3 Pour des coordonnées affines quelconques sur une droite affine, les points de coordonnées a, b, c, d seront en division harmonique si et seulement si $2(ab + cd) = (a + b)(c + d)$, comme il résulte de 6.2.4. Lorsque $a = 0$ (resp. $b = -a$), cette formule se réduit à

$$\frac{2}{b} = \frac{1}{c} + \frac{1}{d} \text{(resp. } a^2 = b^2 = cd\text{)}.$$

6.4.4 QUADRILATÈRE COMPLET. Soit $\{a, b, c, d\}$ un repère d'un plan projectif P et posons $\alpha = \langle a, b \rangle \cap \langle c, d \rangle$, $\beta = \langle a, d \rangle \cap \langle b, c \rangle$, $\gamma = \langle a, c \rangle \cap \langle b, d \rangle$, $\delta = \langle a, c \rangle \cap \langle \alpha, \beta \rangle$. Alors a, c, γ, δ sont en division harmonique.

Nous expédions la droite $D = \langle \alpha, \beta \rangle$ à l'infini ; dans le nouveau plan affine $P \setminus D$ on a maintenant $ab /\!/ cd$ et $ad /\!/ bc$ par construction, donc a, b, c, d est un parallélogramme et (cf. Fig. 2.4.5) γ est maintenant le milieu de a, c donc 6.4.2 montre que $[a, c, \gamma, \delta = \langle a, c \rangle_\infty] = -1$.

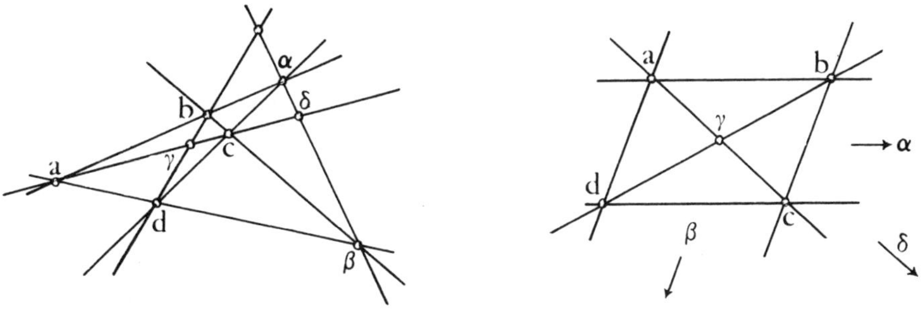

Figure 6.4.4.

6.4.5 Le résultat précédent fournit une construction géométrique du *conjugué harmonique n* d'un point *m par rapport à deux points a, b* (i.e. le point n tel que $[a, b, m, n] = -1$). Pour ce faire on plonge la droite projective ou affine $\langle a, b \rangle$ dans un plan et l'on trace la figure suggérée par 6.4.4.

6.4.6 CONSTRUCTION GÉOMÉTRIQUE DES MORPHISMES DÉDUITS DES SYMÉTRIES. Soient E un espace vectoriel et S, T deux sous-espaces donnant lieu à la somme directe $E = S \oplus T$; soit f la *symétrie par rapport à S parallèlement à T*, i.e. si $q : E \to S$ désigne la projection associée à la somme directe $E = S \oplus T$, alors f est définie par

$$q(x) = \frac{x + f(x)}{2} \qquad \forall x \in E .$$

La division harmonique permet de construire le morphisme $g = \underline{f} \in \mathrm{GP}\,(E)$ comme suit : soient $V = p(S)$, $W = p(T)$ les sous-espaces projectifs issus de S et T et $m \in P(E)$. Il existe une droite projective unique $D(m)$ qui passe par m et rencontre V et W et $g(m)$ est le point de $D(m)$ tel que

$$[m, g(m), D(m) \cap V, D(m) \cap W] = -1 .$$

En effet $D(m)$ est issue d'un espace vectoriel bien déterminé par x et $q(x)$ (sauf si $x = q(x)$ mais alors $g(m) = m$, en accord avec 6.4.1), plan qui contient aussi $f(x)$. Si nous prenons x et $f(x)$ comme base de ce plan, on a

$$p(x + f(x)) = p(2\,q(x)) = V \cap D(m) , \qquad p(-x + f(x)) = p(W \cap D(m)) ,$$

d'où $[m, g(m), V \cap D(m), W \cap D(m)] = -1$ d'après 6.1.6.

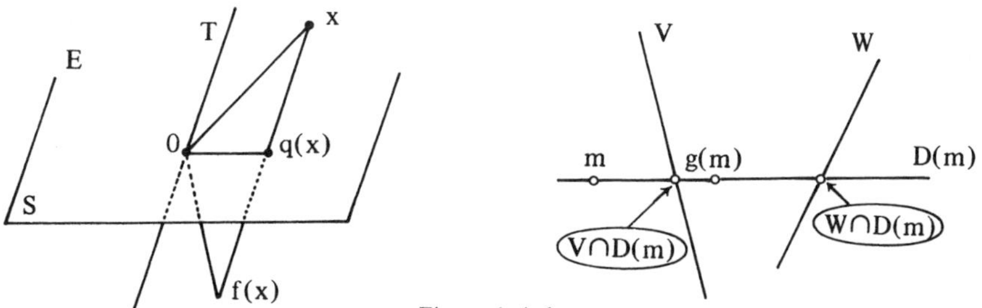

Figure 6.4.6.

6.4.7 NOTES. Un cas fréquent est celui où S est un hyperplan, auquel cas V est un point de $P(E)$ et $D(m)$ n'est autre que la droite passant par m et ce point. Rappelons, cf. 4.5.19, que si K est algébriquement clos, toute involution de GP (E) est du type ci-dessus, donc géométriquement très simple.

6.4.8 BIRAPPORT ET STRUCTURE DE CORPS. Comment lire sur une droite projective la structure de corps ? Plus précisément si par exemple cinq points, a, b, c, d, e d'une droite projective D sont donnés, où est le sixième point f (resp. g) tel que $[a, b, c, d] + [a, b, c, e] = [a, b, c, f]$ (resp. $[a, b, c, d]\,[a, b, c, e] = [a, b, c, g]$) ? Le théorème fondamental de la géométrie affine (cf. 2.6.3) donne à penser que l'on peut trouver f et g par des seules constructions d'intersections de droites ; en fait la démonstration même de 2.6.6.4 fournit la réponse ; il suffit d'expédier le point a à l'infini et de calquer les figures 2.6.6.4.2 et 2.6.6.4.3 en revenant si l'on peut dire, à distance finie, ce qui donne les figures 6.4.8 et 6.4.9. Bien sûr ceci nécessite de plonger D dans un plan affine, mais ce plongement est indispensable, cf. 2.6.1.

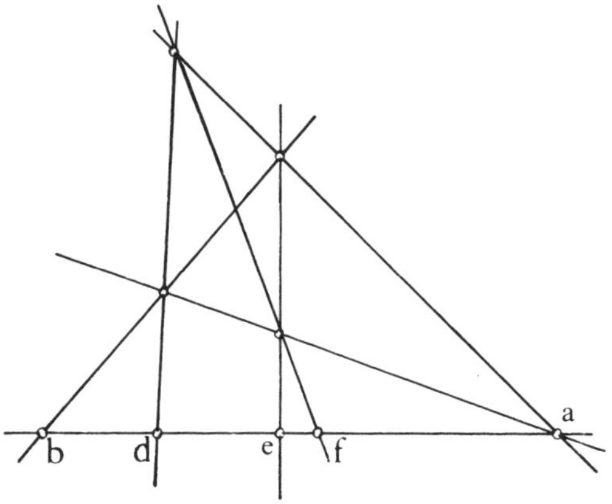

Figure 6.4.8.

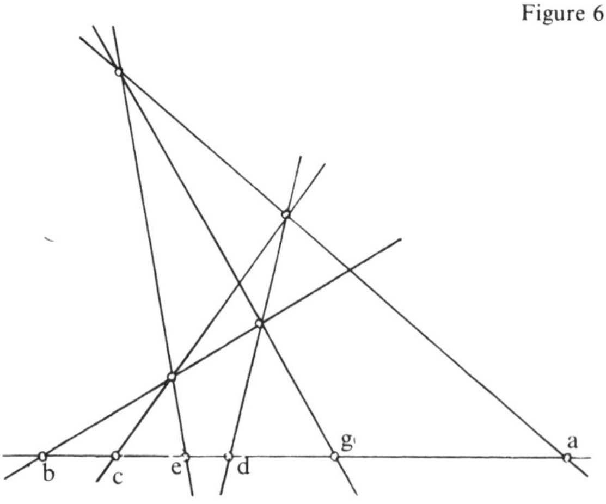

6.4.9 APPLICATIONS CONSERVANT LA DIVISION HARMONIQUE. Dans le même ordre d'idées, les constructions 6.4.5 et 5.4.8 donnent à penser qu'une application bijective $f : D \to D$ d'une droite projective sur elle-même et qui conserve la division harmonique de quatre points quelconques ne doit pas être n'importe quoi, en fait peut-être est un semi-morphisme. Tel est en effet le cas.

6.4.10 PROPOSITION (von Staudt). *Soient $D = P(E)$ une droite projective et $f : D \to D$ une bijection. Pour que $\forall a, b, c, d$ distincts de D avec $[a, b, c, d] = -1$ on ait $[f(a), f(b), f(c), f(d)] = -1$, il faut et il suffit qu'il existe $\hat{f} : E \to E$ semi-linéaire telle que $\underline{\hat{f}} = f$.*

La condition est suffisante : si $\sigma : K \to K$ est un automorphisme quelconque de K et $\hat{f}$ semi-linéaire pour σ, on aura toujours pour quatre points quelconques de D :

$$[\underline{\hat{f}}(a), \underline{\hat{f}}(b), \underline{\hat{f}}(c), \underline{\hat{f}}(d)] = \sigma([a, b, c, d])\,;$$

or σ automorphisme implique $\sigma(-1) = -1$.

La condition est nécessaire : on peut travailler sur $\tilde{K} = D$, puis composer f avec un élément convenable g de GP $(\tilde{K})$ pour que $f \circ g$ laisse fixe 0, 1 et ∞ (cf. 4.6.9) ; mais $f \circ g$ conservera encore la division harmonique, on peut donc finalement supposer que f conserve 0, 1, ∞. En particulier f conserve $K = \tilde{K} \setminus \infty$. Etudions $f : K \to K$; d'après 6.4.2 on a

$$f\left(\frac{x+y}{2}\right) = \frac{f(x) + f(y)}{2} \qquad \forall x, y \in K\,,$$

d'où

$$f\left(\frac{x}{2}\right) = \frac{f(x)}{2} \qquad \forall x$$

en prenant $y = 0$ soit $f(x + y) = f(x) + f(y)\ \forall x, y \in K$. Utilisons maintenant 6.4.3 : les points $\{1, x^2, x, -x\}$ forment une division harmonique donc aussi $\{f(1) = 1, f(x^2), f(x), f(-x) = -f(x)\}$; la relation 6.4.3 implique alors $f(x^2) = (f(x))^2$. En y remplaçant x par $x + y$ on trouve $f(xy) = f(x)\,f(y)$. Ainsi $f : K \to K$ est bien un automorphisme de corps.

6.4.11 COROLLAIRE (cf. 2.6.4). *Une bijection d'une droite projective réelle qui conserve la division harmonique est une homographie ; s'il s'agit d'une droite projective complexe et d'une bijection continue, alors c'est nécessairement une homographie ou une antihomographie* (cf. 18.10.2.4).

6.5 *Birapport et dualité ; Applications*

Qu'est-ce qu'une droite de $P(E^*)$, i.e. une « droite d'hyperplans » ? Le résultat 2.4.8.1 nous donne la réponse (se rappeler 4.1.3.5) :

6.5.1 PROPOSITION. *Une droite projective Δ de $P(E^*)$ s'appelle un* faisceau d'hyperplans *de* $P(E)$ (faisceau de droites *si* $\dim(P(E)) = 2$, faisceau de plans *si* dim $(P(E)) = 3$). *Il existe un sous-espace* V *de codimension* 2 *de* $P(E)$ *tel que* $\Delta = \{ H \in \mathcal{H}(E) : H \supset V \}$ *et réciproquement pour tout tel* V *la partie* $\{ H \in \mathcal{H}(E) : H \supset V \} \subset P(E^*)$ *est une droite. En outre* $\forall x \in P(E) \setminus V$ *il existe* $H \in \Delta$ *unique contenant* x.

Le résultat simple, mais qui a une foultitude d'applications, est la :

6.5.2 PROPOSITION. *Soient* $(H_i)_{i=1,2,3,4}$ *quatre hyperplans, les trois premiers étant distincts, d'un même faisceau de* $P(E)$ *associé au sous-espace* V *de codimension* 2 *et* D *une droite de* $P(E)$ *telle que* $D \cap V = \emptyset$. *Alors* $\forall i$ *l'ensemble* $D \cap H_i$ *consiste en un point* h_i *et l'on a l'égalité des birapports :* $[h_i] = [H_i]$, *où le premier a lieu sur la droite* D *et le second sur la droite de* $P(E^*)$ *qui définit le faisceau considéré.*

Cette proposition résulte, entre autres, du :

6.5.3 LEMME. *Soient* Δ *un faisceau d'hyperplans,* V *le sous-espace associé et* D *une droite ne rencontrant pas* V. *Alors l'application*

$$\Delta \ni H \mapsto H \cap D \in D$$

appartient à Isom $(\Delta ; D)$.

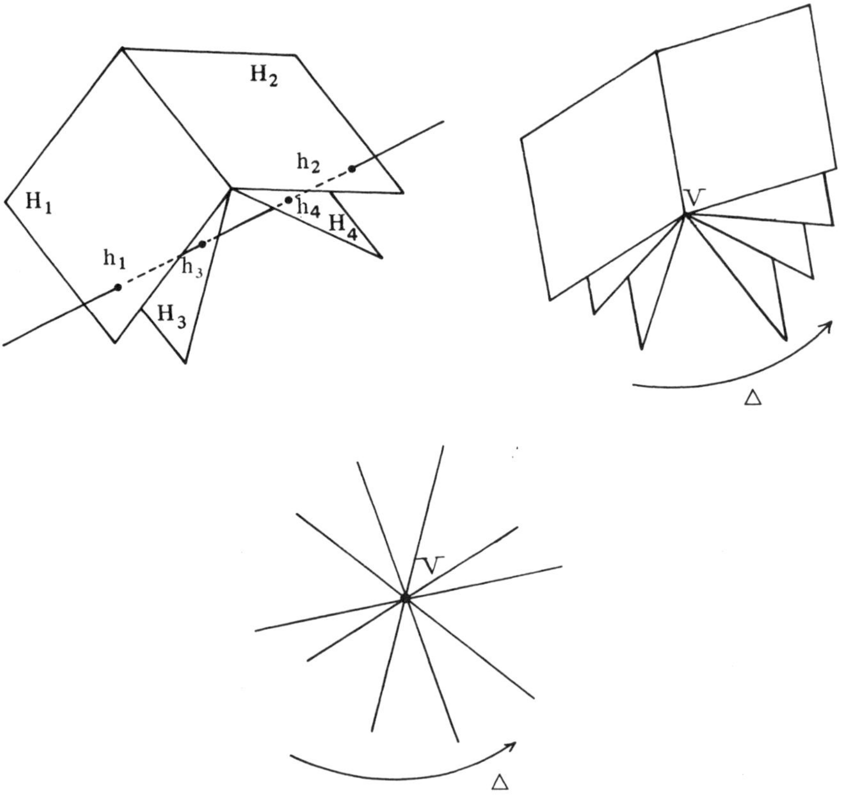

Figure 6.5.3.

Soient $H, K \in \Delta$ distincts, $a = D \cap H$ et $b = D \cap K$ et $\varphi, \psi \in E^*$ telles que $H = p(\varphi^{-1}(0))$, $K = p(\psi^{-1}(0))$; on peut normer φ, ψ en sorte que, pour x, y tels que $p(x) = a$, $p(y) = b$, on ait $\varphi(y) = -\psi(x) = 1$. On a par construction

$$D = \{ p(\lambda x + \mu y) : (\lambda, \mu) \in K^2 \setminus 0 \} ,$$
$$\Delta = \{ p((\xi\varphi + \eta\psi)^{-1}(0)) : (\xi, \eta) \in K^2 \setminus 0 \} .$$

Et l'intersection d'un élément de Δ avec D s'écrit $(\xi\varphi + \eta\psi)(\lambda x + \mu y) = 0$, soit ici $\xi\mu = \eta\lambda$ qui, dans $P(K^2)$, s'écrit $p(\lambda, \mu) = p(\xi, \eta)$, c'est donc l'identité !

6.5.4 COROLLAIRE. *Le birapport des quatre points d'intersection des H_i avec D ne dépend pas de D.*

6.5.5 THÉORÈME DE THALÈS : DEUXIÈME DÉMONSTRATION (cf. 2.5.1). Ici X est un espace affine, H, H', H'' trois parallèles de ses hyperplans ; dans le complété projectif $\tilde{X}$ de X, on obtient quatre hyperplans $\tilde{H}$, $\tilde{H}'$, $\tilde{H}''$, ∞_X qui forment un faisceau. Le théorème résulte alors de la conjonction de 6.5.2 et 6.2.5.

6.5.6 Dans le même genre, on peut calculer ainsi le birapport de quatre points a, b, c, d alignés d'un espace affine : on effectue la construction indiquée sur le dessin (il faut être dans un plan ou s'y mettre).

La droite a', b', c' doit être parallèle à la droite $\langle m, d \rangle$; alors

$$[a, b, c, d] = \frac{\overrightarrow{c'a'}}{\overrightarrow{c'b'}} .$$

Ceci résulte de 6.5.4 appliqué aux deux droites a, b, c, d et a', b', c' et de 6.2.5. Ceci permettrait de faire une théorie élémentaire, purement affine, voire métrique, du birapport.

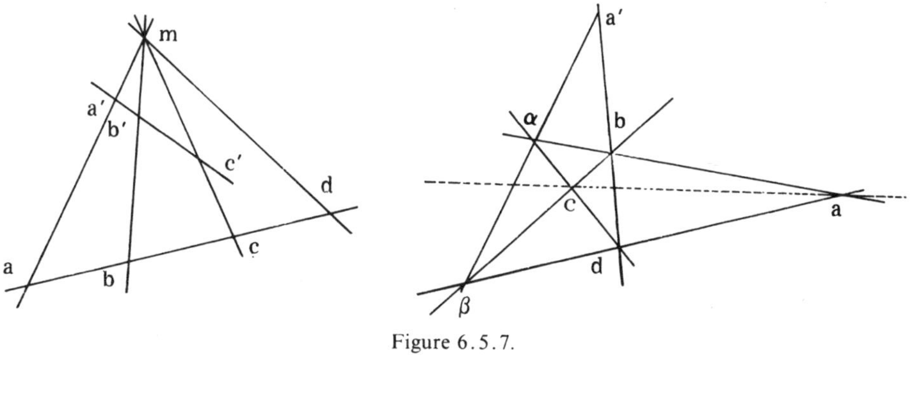

Figure 6.5.7.

6.5.7 POLAIRE D'UN POINT PAR RAPPORT A DEUX DROITES. Soient, dans un plan projectif, deux droites distinctes D, D' et $x \notin D \cup D'$ un point. Une droite passant par x recoupe D, D' en m, m' ; le conjugué harmonique de x par rapport à m, m' décrit une droite passant par $D \cap D'$, à savoir la droite F telle que, dans $P(E^*)$: $[D, D', F, \langle x, D \cap D' \rangle] = -1$, droite appelée la *polaire de x par rapport à* $\{D, D'\}$ (voir une justification éventuelle de ce mot en 14.5.6). On retrouve, à l'aide de cette notion, une deuxième démonstration de 6.4.4, car la polaire de a' par rapport à $\{\langle \alpha, d \rangle, \langle \beta, b \rangle\}$ est la même, elle passe donc par a et c (Fig. 6.5.7).

6.5.8 On démontre de même les deux résultats suivants, duaux l'un de l'autre : soient $\{a, b, c, d\}$, $\{a, b', c', d'\}$ deux quadruplets de points distincts et alignés respectivement ; alors les droites $\langle b, b' \rangle$, $\langle c, c' \rangle$, $\langle d, d' \rangle$ sont concourantes $\Leftrightarrow [a, b, c, d] = [a, b', c', d']$. Dualement : soient, dans un plan projectif, deux quadruplets de droites distinctes, appartenant respectivement à un faisceau : $\{D, E, F, G\}$, $\{D, E', F', G'\}$; alors les points $E \cap E'$, $F \cap F'$, $G \cap G'$ sont alignés si et seulement si $[D, E, F, G] = [D, E', F', G']$.

6.5.9 On peut présenter autrement 6.5.8. Enonçons seulement l'un des résultats : soient, dans un plan projectif, deux points m, m' que l'on considère comme engendrant deux faisceaux de droites Δ, Δ' et soit $f : \Delta \to \Delta'$ une homographie, $f \in \mathrm{Isom}(\Delta ; \Delta')$, telle que de plus

$$f(\langle m, m' \rangle) = \langle m, m' \rangle .$$

Alors $\{D \cap f(D) : D \in \Delta\}$ se compose de la droite $\langle m, m' \rangle$ et d'une deuxième droite S. Nous verrons en 16.1.4 ce qu'est $\{D \cap f(D) : D \in \Delta\}$ quand $f(\langle m, m' \rangle) \neq \langle m, m' \rangle$: c'est une conique, passant par m et m'.

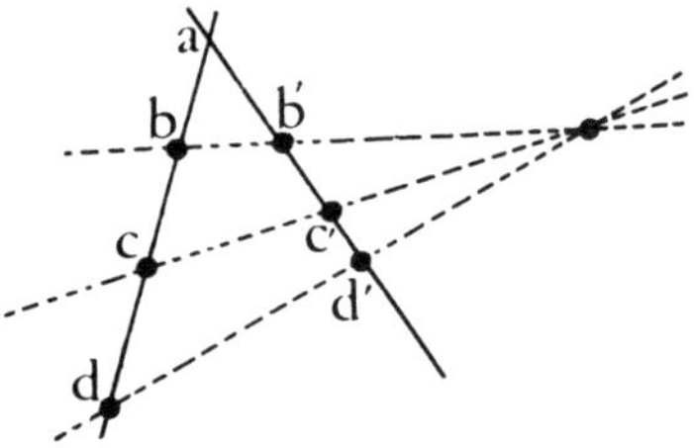

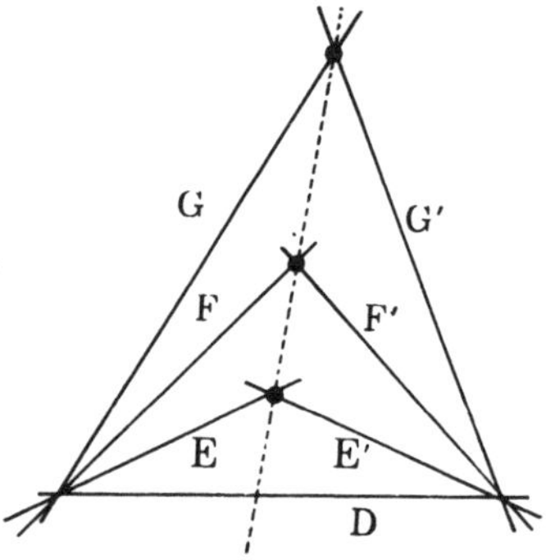

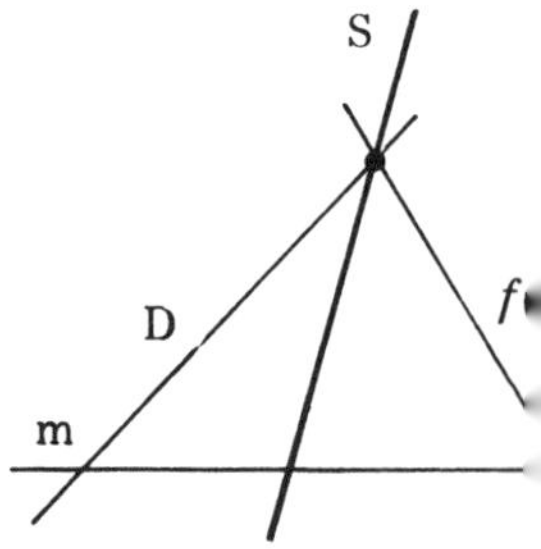

Figure 6.5.8.

Figure 6.5.9.

6.5.10 BIRAPPORT ET COORDONNÉES PROJECTIVES. Soient $\{m_i\}_{i=0,1,\ldots,n+1}$ un repère projectif et m un point quelconque ; d'après 4.4.3 le point possède des coordonnées associées $(x_1, \ldots, x_{n+1})$ à ce repère, bien définies à un scalaire près. Elles sont déterminés par leurs rapports deux à deux x_i/x_j, rapports qui sont fournis géométriquement.

6.5.11 PROPOSITION. *Deux indices i, j ($i \neq j$) étant donnés, soient H_0 et H les hyperplans*

$$H_0 = \langle m_1, \ldots, \hat{m}_i, \ldots, \hat{m}_j, \ldots, m_{n+1}, m_0 \rangle,$$
$$H = \langle m_1, \ldots, \hat{m}_i, \ldots, \hat{m}_j, \ldots, m_{n+1}, x \rangle;$$

alors

$$\frac{x_i}{x_j} = [m_i, m_j, \langle m_i, m_j \rangle \cap H_0, \langle m_i, m_j \rangle \cap H].$$

Sur la droite $\langle m_i, m_j \rangle$, pour une base $\{e_i\}_{i=1,\ldots,n+1}$ associée à notre repère (cf. 4.4.2), des coordonnées sont (λ, μ), en homographie par

$$p(\lambda, \mu) \to p(\lambda m_i + \mu e_j).$$

On a

$$(1, 0) \to p(e_i) = m_i, \qquad (0, 1) \to p(e_j) = m_j,$$
$$(1,1) \to p(e_i + e_j) = (m_i, m_j) \cap H_0,$$
$$(m_i, m_j \to p(m_i e_i + m_j e_j) = \langle m_i, m_j \rangle \cap H,$$

ce qui démontre 6.5.11 (d'après 6.1.6).

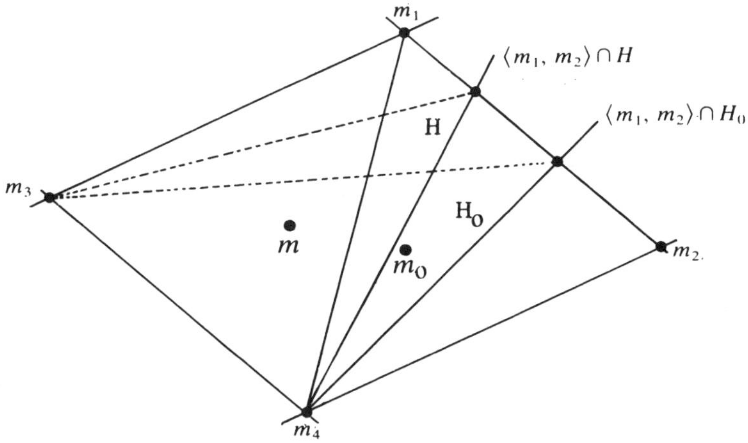

Figure 6.5.11.

6.6 *Les homographies d'une droite projective*

L'étude du groupe $GP(\tilde{K})$ (ou $GP(D)$, où D est une droite projective, mais ces deux groupes sont isomorphes), des sous-espace de $GP(\tilde{K})$ et des éléments de $GP(\tilde{K})$ a été poussée très loin, surtout lorsque $K = \mathbf{R}$ ou $\mathbf{C}$; il s'agit là de groupes très simples, et qui sont reliés à une multitude d'êtres mathématiques en Analyse, en Arithmétique, en Géométrie Différentielle. Nous ne donnerons ici que quelques résultats très élémentaires, formant ainsi un ensemble très incomplet. Pour une étude plus systématique, une excellente référence est [GN], chapitre IV. En échange nous donnerons de nombreuses références, en particulier à des travaux récents utilisant ces groupes.

6.6.1 PROPOSITION. *Soient D une droite projective sur un corps K algébriquement clos, $f \in \mathrm{GP}(D)$, $f \neq \mathrm{Id}_D$. Alors f admet un ou deux points fixes. Si a, b sont deux points fixes distincts de f, le birapport $[a, b, m, f(m)]$ est constant, appartenant à $K \setminus \{0, 1\}$, sur $D \setminus \{a, b\}$ et, réciproquement, pour tout $k \in K \setminus \{0, 1\}$, la formule $[a, b, m, f(m)] = k$ définit sur D une homographie de points fixes a, b distincts. Si f a un seul point fixe a, elle est caractérisée comme étant une translation de la droite affine $D \setminus \{a\}$.*

6.6.2 D'après 4.5.17, on sait que f admet au moins un point fixe (on dit aussi point *double* dans certaine littérature classique) et d'après 4.6.9 ne peut pas en admettre plus de deux. Envoyons un point double $a \in D, f(a) = a$, à l'infini ; f se restreint en un isomorphisme affine de la droite affine $D \setminus \{a\}$; en dimension 1, c'est nécessairement une dilatation (cf. 2.3.3.12) donc une homothétie ou une translation ; si c'est une homothétie de centre b, on a $\overrightarrow{bf(m)} = k\overrightarrow{bm}$ $\forall m \in D \setminus \{a\}$, d'où la conclusion d'après 6.2.5. Dans le cas à deux points doubles distincts, la valeur constante du birapport $[a, b, m, f(m)]$ est donnée par le

6.6.3 LEMME. *Soit $D = P(E)$, et soit $g \in \mathrm{GL}(E)$ telle que $f = \underline{g}$; si a, $b \in D$ sont deux points fixes distincts de D, soient λ et μ les valeurs propres de g associées à des vecteurs propres x, $y \in E$ tels que $p(x) = a$, $p(y) = b$. Alors $\forall m \in D$: $[a, b, m, f(m)] = \lambda/\mu$.*

Choisir comme repère projectif $\{a, b, m\}$, avec $a = p(e_1)$, $b = p(e_2)$, $m = p(e_1 + e_2)$. La matrice de g étant nécessairement $\begin{pmatrix} \lambda & 0 \\ 0 & \mu \end{pmatrix}$, on a $f(m) = p(\lambda e_1 + \mu e_2)$, donc la conclusion suit de 6.1.6.

6.6.3.1 Si le corps de base n'est plus algébriquement clos, 6.6.1 subsistera dès qu'il y a un point double. Le seul cas qui échappe est donc celui où il n'y a aucun point double, par exemple $K = \mathbf{R}$ et $M(f) = \begin{pmatrix} 0 & -1 \\ 1 & 0 \end{pmatrix}$, qui s'écrit, avec le langage de 5.2.4 :

$$t \mapsto -\frac{1}{t} \quad \text{et} \quad \infty \mapsto 0, \qquad 0 \mapsto \infty .$$

6.6.4 FOYER IMAGE ET FOYER OBJET. Dans le cas où il n'y a aucun point double, comme dans le cas général, on peut toujours écrire les homographies comme suit ; on écrit la droite projective $D = X \cup \infty$, où X est une droite affine (ou, équivalemment, on fait sur D le choix d'un point, que l'on appelle ∞). On appelle *foyer image* (resp. *foyer objet*) de $f \in \mathrm{GP}(D)$ le point $a = f^{-1}(\infty)$ (resp. $b = f(\infty)$) ; si ∞ n'est pas un point double, on aura a, $b \in X$. D'après 6.1.4, on a

$$[\infty, a, m, n] = [b, \infty, f(m), f(n)] \qquad \forall m, n \in D .$$

En appliquant 6.2.5 et 6.3.1 on obtient

6.6.5 $$\frac{\overrightarrow{an}}{\overrightarrow{am}} = \frac{\overrightarrow{bf(m)}}{\overrightarrow{bf(n)}} \quad \text{soit} \quad \overline{am}.\overline{bf(m)} = \text{Cte}\,.$$

Formule qui détermine f si l'on connaît les foyers et un couple de points images $(n, f(n))$. On peut avoir d'ailleurs $a = b$.

Les mots « foyers » proviennent de l'optique géométrique ; l'homographie est celle qui, pour un système optique centré fonctionnant dans les conditions de l'approximation de Gauss, associe à un point de l'axe du système son image optique. Pour montrer d'ailleurs que cette application est une homographie de la droite, axe du système, complétée par son point à l'infini, on peut d'ailleurs procéder ainsi : les formules classiques montrent que cette application est une homographie pour un dioptre plan ou sphérique, ainsi que pour un miroir plan ou sphérique. Un système centré étant, par définition, composé d'un nombre fini de dioptres ou/et de miroirs, la composée d'un nombre fini d'homographies est bien une homographie, cf. 4.5.9. Pour l'optique géométrique, voir par exemple [A-B], chapitre 4.

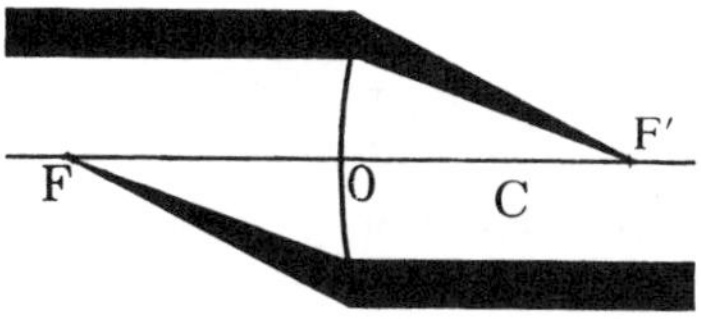

Figure 6.6.5.1.

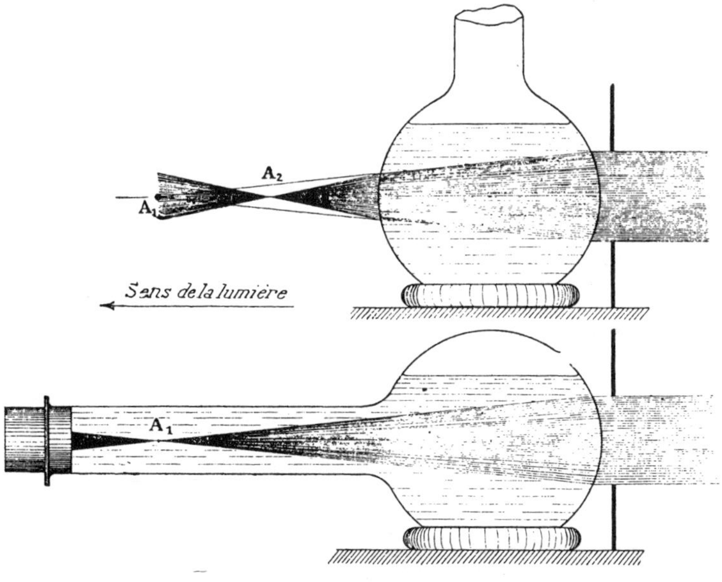

Figure 6.6.5.2.

BOUASSE (H.). *Optique géométrique élémentaire*, Delagrave, Paris, 1917.

6.6.6 CONSTRUCTIONS GÉOMÉTRIQUES. Pour des constructions géométriques sur les homographies d'une droite, voir 16.3.10.1.

6.6.7 NOTES. Avant d'étudier dans la section suivante les homographies involutives, mentionnons des références sur les homographies en général, et leur utilisation dans des branches variées des mathématiques :

— le chapitre IV de [GN] ;
— équations différentielles : voir 6.8.12 ;
— fonctions automorphes : voir [SA] ;
— géométrie hyperbolique : voir le chapitre 19 ;
— un mélange plaisant d'applications géométriques est [VL] ;
— les homographies de la droite projective complexe réalisée comme la sphère S^2 : voir 18.10.2.2 et [CH 2], p. 183.

6.7 *Involutions*

6.7.1 DÉFINITION. *On appelle* involution *d'une droite projective D une homographie f de D qui est involutive, i.e. $f^2 = \mathrm{Id}_D$, et telle que $f \neq \mathrm{Id}_D$.* On remarquera que cette définition s'écarte légèrement de la définition usuelle d'une involution, pour laquelle le cas $f = \mathrm{Id}$ est admis. De la section 6.6 résulte en particulier que :

6.7.2 PROPOSITION. *Si une involution f a un point fixe, elle en a nécessairement deux distincts a, b et f est définie par $[a, b, m, f(m)] = -1$ pour tout m ; dans le cas général, f peut s'écrire en langage affine*

$$\overline{am}.\overline{af(m)} = \mathrm{Cte}\ ,$$

où a est le foyer, à la fois image et objet de f. En particulier, si K est algébriquement clos, f est toujours de la forme $[a, b, m, f(m)] = -1$; si $K = \mathbf{R}$, ou f a des points fixes ou, pour un repère affine convenable, elle s'écrit $\overline{am}.\overline{af(m)} = -1$.

Rassemblons en un seul énoncé quelques propriétés simples des involutions :

6.7.3 PROPOSITION. *Toute homographie est le produit d'au plus trois involutions. Une homographie f est une involution si et seulement si il existe m tel que $f^2(m) = m$ et $f(m) \neq m$. Une homographie de matrice $A = \begin{pmatrix} a & b \\ c & d \end{pmatrix}$ est une involution si et seulement si* trace $A = a + d = 0$.

En composant avec une involution, on peut se ramener au cas où f a un point fixe, que l'on prend pour l'∞ ; d'après 6.6.2, f est alors une translation $x \mapsto x + t$ ou une homothétie $x \mapsto \lambda x$ d'une droite affine. Dans le premier cas, on compose les deux involutions $x \mapsto -x$ et $x \mapsto t - x$, dans le second $x \mapsto \lambda/x$ et $x \mapsto 1/x$.

Prenons $m = 0$ et $f(m) = \infty$, donc $f(\infty) = 0$; d'après l'écriture 5.2.4, on doit donc avoir $c \neq 0$, $d = 0$ et $a = 0$ donc f est $t \mapsto b/ct$, qui est bien une involution.

Si

$$M(f) = \begin{pmatrix} a & b \\ c & d \end{pmatrix},$$

$$M(f^2) = \begin{pmatrix} a^2 + bc & b(a + d) \\ c(a + d) & bc + d^2 \end{pmatrix},$$

et l'on veut que $f^2 = \lambda$ Id donc $b(a+d) = c(a+d) = 0$ d'où $a+d=0$ ou $b = c = 0$ puis $a^2 = d^2$ mais $a = d$ est exclu car $f \neq$ Id.

6.7.4 NOTES. Le lecteur vérifiera facilement les assertions suivantes : une involution est déterminée par deux couples de points images $(a, f(a))$, $(b, f(b))$ $(a \neq b)$, deux involutions distinctes ont en commun un couple de points images et un seul si K est algébriquement clos. Ces affirmations résulteront aussi des constructions géométriques correspondantes qui seront fournies en 16.3.10.1. Les involutions seront retrouvées aussi dans le théorème de Desargues sur les faisceaux de coniques : 16.5.4. Voir enfin le chapitre IV de [GN] ou, à défaut, 14.8.16.

6.8 *Exercices*

6.8.1 Soient a, b, m, n, p cinq points distincts d'une droite projective ; montrer que $[a, b, m, n]\ [a, b, n, p]\ [a, b, p, m] = 1$.

6.8.2 Démontrer les théorèmes de Pappus et de Desargues (cf. 5.4.1 et 5.4.3) en utilisant 6.5.8.

6.8.3 Pour une homographie $x \mapsto \dfrac{ax + b}{cx + d}$ de la droite réelle $\mathbf{R}$, étudier s'il y a des liens entre l'existence de points fixes et la croissance ou la décroissance de la fonction $x \mapsto \dfrac{ax + b}{cx + d}\left(x \neq -\dfrac{d}{c}\right)$.

6.8.4 Prendre un livre d'optique géométrique (par exemple [A-B], chapitre 4) et étudier la nature des homographies associées à : un miroir plan, sphérique convexe, concave, un dioptre plan, sphérique, une lentille mince, une lentille épaisse ; ainsi que les différentes formules réduites données dans ce livre.

6.8.5 Pour $K = \mathbf{R}$ ou $\mathbf{C}$, étudier le comportement des itérés f^n $(n \in \mathbf{Z})$ d'une homographie d'une droite projective, selon la nature de f.

6.8.6 Lorsque $K = \mathbf{C}$, toute homographie est-elle le produit de deux involutions ? Et si $K = \mathbf{R}$?

6.8.7 Soit f une homographie ayant deux points doubles distincts p, q ; montrer que la paire $\{k, 1/k\}$, où $k = [p, q, m, f(m)] \forall m$, ne dépend que de f et non du choix de l'ordre p, q. Si f a pour matrice $\begin{pmatrix} a & b \\ c & d \end{pmatrix}$, montrer que $\{k, 1/k\}$ sont les racines de l'équation

$$(ad - bc)\, k^2 - (a^2 + 2\, bc + d^2)\, k + (ad - bc) = 0\,.$$

6.8.8 Les données sont celles du 6.8.7 mais en outre $K = \mathbf{C}$. On dit que f est *elliptique* si le nombre complexe k (ou $1/k$) est de module 1, *hyperbolique* si k est réel positif, *loxodromique* dans les autres cas. Montrer que si l'on a normé $M(f)$ par $ad - bc = 1$, on peut aussi caractériser ces trois cas à l'aide de la « trace » trace $f = a + d$:

$$f \text{ elliptique} \Leftrightarrow a + d \text{ est réel et } |a + d| < 2\,,$$
$$f \text{ hyperbolique} \Leftrightarrow a + d \text{ est réel et } |a + d| > 2\,,$$
$$f \text{ loxodromique} \Leftrightarrow a + d \text{ n'est pas réel}\,.$$

Etudier, pour les trois cas considérés, la nature des itérés f^n ($n \in \mathbf{Z}$).

Pour l'explication du mot « loxodromique », on démontrera que les itérés $f^n(z)$ d'un même point z de la sphère de Riemann $\mathbf{C} \cup \infty$ appartiennent tous à une loxodromie de ladite sphère (cf. 18.1.8.2 et 18.11.3).

6.8.9 Soit f une homographie de $\mathbf{C} \cup \infty$; montrer que pour que f, de matrice $\begin{pmatrix} a & b \\ c & d \end{pmatrix}$, laisse stable le demi-plan supérieur $H = \{ z \in \mathbf{C} : \mathfrak{Im}(z) > 0 \}$ il faut et il suffit que a, b, c, d soient réels et $ad - bc > 0$. Dans ce cas, étudier la nature des points fixes de f, celle de ses itérés, comme cas particulier du 6.8.8. Montrer que si f, g laissent toutes deux fixes H et si elles commutent, elles ont alors nécessairement mêmes points fixes.

6.8.10 Les notations étant celles de 6.3.2, montrer que le stabilisateur de $\{ 4 \}$ est isomorphe à $\mathfrak{S}_3$ et opère fidèlement si $K \neq F_4$.

6.8.11 Soit $ax^4 + bx^3 + cx^2 + dx + e = 0$ une équation du quatrième degré sur $\mathbf{C}$. Ecrire la condition sur a, b, c, d, e pour que les quatre racines de cette équation aient un birapport dans $\{ -j, -j^2 \}$ (cf. 6.3.2 (ii)).

Même question pour quatre racines en division harmonique (le résultat final est assez compliqué). Enfin (très compliqué) donner l'ensemble des six valeurs du birapport des quatre racines en fonction de a, b, c, d, e (cf. [DX], p. 43-51).

6.8.12 ÉQUATION DE RICCATI. Pour des fonctions continues $a, b, c : [\alpha, \beta] \to \mathbf{R}$ on considère l'équation différentielle, *dite* de Riccati : $y'(t) = a(t)\, y^2 + b(t)\, y + c(t)$; montrer que, si y_i ($i = 1, 2, 3, 4$) sont quatre solutions de cette équation, le birapport $[y_i(t)]$ est indépendant de t.

6.8.13 Soient K un corps non commutatif, E un espace vectoriel de dimension 2 sur K et a, b, c, d quatre points distincts de la droite projective $P(E)$. On appelle *birapport* de (a, b, c, d), et on note $\begin{bmatrix} a & b \\ c & d \end{bmatrix}$, l'ensemble des

$\xi \in K$ tels qu'il existe u, $v \in E$ avec $a = p(u)$, $b = p(v)$, $c = p(u + v)$, $d = p(\xi u + v)$. Montrer que $\begin{bmatrix} a & b \\ c & d \end{bmatrix}$ est l'ensemble des conjugués (pour les automorphismes intérieurs) d'un élément du groupe multiplicatif K^*. Enoncer et démontrer une réciproque. Etudier ce que deviennent alors les résultats de ce chapitre où intervient le birapport.

6.8.14 Soit K un convexe compact, dont tous les points frontières sont extrémaux et d'intérieur non vide, d'un espace affine réel de dimension finie. On définit une fonction $d_{\mathring{}}: \mathring{K} \times \mathring{K} \to \mathbf{R}$ comme suit : $d(m, m) = 0$ $\forall m \in \mathring{K}$ et si $m \neq n$ et si m, $n \in \mathring{K}$, on pose (cf. 11.9.4)

$$d(m, n) = \frac{1}{2} \mid \log([m, n, \alpha, \beta]) \mid$$

où α, β désignent les deux points d'intersection de la droite m, n avec la frontière de K. Montrer que d est bien définie et fait de $\mathring{K}$ un espace métrique. Montrer que, quels que soient m, $n \in \mathring{K}$, il existe un unique plus court chemin de m à n, à savoir le segment $[m, n]$ (cf. 9.9.5).

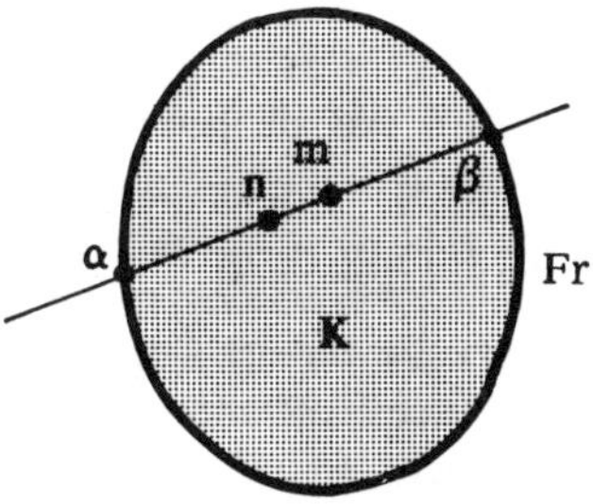

Figure 6.8.14.

6.8.15 Etudier les homographies d'une droite projective sur un corps non nécessairement commutatif.

6.8.16 Montrer que toute homographie de $\mathbf{C} \cup \infty$ qui laisse globalement stable le disque unité $D = \{ z \in \mathbf{C} : |z| \leqslant 1 \}$ est de la forme

$$z \mapsto e^{i\theta} \frac{z + z_0}{1 + \bar{z}_0 z}$$

(θ réel, $|z_0| < 1$) ; montrer que le groupe de ces homographies est 2 points transitif sur $\mathring{D}$ (cf. 1.4.5) et conserve la distance définie en 6.8.14 sur $\mathring{D}$. Comparer avec 19.6.9.

6.8.17 Soient $(a_i)_{i=1,\ldots,5}$ cinq points distincts d'un plan projectif, dont les quatre premiers forment un repère projectif. On appelle d_{ij} la droite $\langle a_i, a_j \rangle$. Montrer que l'on a toujours :

$$[d_{12}, d_{13}, d_{14}, d_{15}]\,[d_{23}, d_{21}, d_{24}, d_{25}]\,[d_{31}, d_{32}, d_{34}, d_{35}] = 1 .$$

Montrer que pour qu'il existe une homographie transformant les $(a_i)_{i=1,\dots,5}$ en les $(a'_i)_{i=1,\dots,5}$ il faut et il suffit que l'on ait les deux égalités :

$$[d_{12}, d_{13}, d_{14}, d_{15}] = [d'_{12}, d'_{13}, d'_{14}, d'_{15}]$$

et

$$[d_{23}, d_{21}, d_{24}, d_{25}] = [d'_{23}, d'_{21}, d'_{24}, d'_{25}]$$

où l'on a posé $d'_{ij} = \langle a'_i, a'_j \rangle$. Généralisations à un espace projectif de dimension finie quelconque.

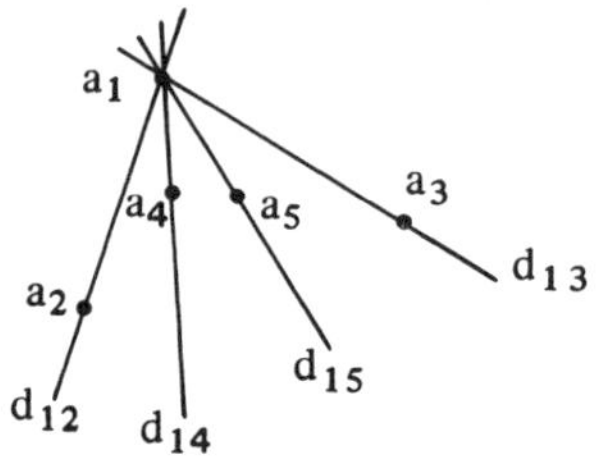

Figure 6.8.17.

6.8.18 Etudier la notion de division harmonique dans le cas non commutatif. Que devient 6.4.10 ?

6.8.19 Pourquoi ne figure-t-il pas de point c dans la figure 6.4.8 ?

6.8.20 **SURFACES RÉGLÉES.** Soit S une surface réglée de $\mathbf{R}^3$, c'est-à-dire la réunion $\bigcup_{t \in I} D(t)$ d'une famille de droites $D(t)$ de $\mathbf{R}^3$ dépendant d'un paramètre t parcourant l'intervalle ouvert I de $\mathbf{R}$. On suppose que, en tout point m de $D(t_0)$ $(t_0 \in I)$, la surface S est une sous-variété différentielle de $\mathbf{R}^3$ et on note $T(m)$ son plan tangent en m ; montrer que $m \mapsto T(m)$ est une homographie ou est constante. Comparer ceci avec 14.4.4.

6.8.21 Soient $\mathcal{T}$ un tétraèdre d'un espace projectif de dimension 3 et D une droite. Montrer que le birapport des quatre points d'intersection de D avec les faces de $\mathcal{T}$ est égal au birapport des quatre plans passant par D et les sommets de $\mathcal{T}$.

6.8.22 Voir l'exercice 14.8.16.

CHAPITRE 7

complexifications

Le but de ce chapitre est de définir de façon intrinsèque le complexifié d'un espace vectoriel réel, d'un espace projectif réel, d'un espace affine réel. D'étudier ensuite si les morphismes peuvent aussi se complexifier, ainsi que les sous-espaces. De montrer enfin (section 7.6) qu'il revient au même, partant d'un espace affine réel, de le compléter projectivement et de complexifier ce projectif, ou au contraire de le complexifier et de compléter projectivement cet espace affine complexe. Ce résultat sera utile pour introduire de façon intrinsèque les points cycliques d'un espace affine euclidien (9.5.5).

Comme les constructions à faire sont longues, bien que sans difficulté profonde une fois connue l'existence du vectoriel universel $\hat{X}$ *de* X *(chapitres* 3 *et* 5*), nous avons donné dans une introduction la façon très élémentaire et rapide, mais non intrinsèque, de procéder.*

Ici i désigne le point (0, 1) de **C**.

7.0 *Introduction*

7.0.1 Nous aurons besoin de complexifier différents objets, par exemple : des espaces vectoriels réels et leurs endomorphismes pour trouver des plans propres (7.4.3), des espaces euclidiens et la forme quadratique les définissant pour introduire les éléments isotropes et caractériser les similitudes (8.8.6.4), des espaces projectifs pour introduire les points cycliques (9.5.5). Il s'agit là d'une opération fondamentale en mathématiques : « le plus court chemin entre deux résultats réels passe souvent par les complexes » disait Hadamard.

7.0.2 La façon la plus simple de procéder, et qui serait suffisante pour cet ouvrage, est la suivante : si l'on veut complexifier l'espace E vectoriel de dimension finie n, on prend une base de E et l'on plonge E dans $\mathbf{C}^n$ par $E \ni x = (x_1, \ldots, x_n) \mapsto (x_1, \ldots, x_n) \in \mathbf{C}^n$, où les x_i sont les coordonnées de x par rapport à la base considérée. On procédera de même avec un espace affine réel de dimension finie n, en utilisant un repère affine et en introduisant sur $\mathbf{C}^n$ la structure affine naturelle (cf. 2.2.1). Si l'on veut complexifier un espace euclidien et en même temps la forme quadratique qui le définit, on introduira une base comme ci-dessus, le plongement $E \to \mathbf{C}^n$ considéré et sur $\mathbf{C}^n$ la forme quadratique $\sum_{i,j} a_{ij}\, z_i\, z_j$, pour $(z_1, \ldots, z_n) \in \mathbf{C}^n$, ceci si la forme quadratique considérée s'écrivait $\sum_{i,j} a_{ij}\, x_i\, x_j$ dans la base considérée. Quant à complexifier un espace projectif réel, ce sera introduire l'espace projectif complexe issu d'un espace vectoriel complexifié de l'espace vectoriel définissant le projectif de départ.

Enfin la situation la plus compliquée que nous aurons à envisager est celle-ci : X est un espace affine réel, $\tilde{X}$ son complété projectif (cf. 5.1) et nous voulons complexifier simultanément X et $\tilde{X}$ en sorte que l'espace projectif complexe obtenu soit le complété projectif de l'espace affine complexe obtenu. Or ceci est aisé avec un repère affine de X ; les notations étant celles de 5.0.2, on introduit le complexifié $\mathbf{C}^n$ de X et le plongement $X \to \mathbf{C}^n$ comme en 7.0.2. Le complété projectif $\tilde{X}$ de X s'identifie à $P^n(\mathbf{C})$ et le plongement $X \to P^n(\mathbf{R})$ est $(x_1, \ldots, x_n) \mapsto (x_1, \ldots, x_n, 1)$. Mais un complexifié de $P^n(\mathbf{R})$ est naturellement $P^n(\mathbf{C})$, pour l'inclusion $P^n(\mathbf{R}) \subset P^n(\mathbf{C})$ évidente ; auquel cas le plongement $\mathbf{C}^n \to P^n(\mathbf{C})$, donné par $(z_1, \ldots, z_n) \mapsto p(z_1, \ldots, z_n, 1)$ est bien celui de $\mathbf{C}^n$ dans son complété projectif ($\mathbf{C}^n$ espace affine complexe), d'où le diagramme commutatif :

7.0.2.1

$$\begin{array}{ccc} X & \rightarrow & \tilde{X} \\ \downarrow & & \downarrow \\ \mathbf{C}^n & \rightarrow & P^n(\mathbf{C}) \end{array}$$

où les flèches verticales sont des complexifications et les → des complétions projectives.

7.0.3 Ce qui précède est suffisant pour cet ouvrage. Cependant les constructions de 7.0.2 présentent l'imperfection fondamentale de dépendre *a priori* de la base choisie ; cette imperfection est peut-être surtout au niveau de la curiosité mathématique de l'esprit ou de la satisfaction et l'élégance, du désir de constructions intrinsèques. Ce souci n'est pas récent ; pour les constructions de 7.0.2, il a alimenté une longue querelle historique autour du « principe de continuité de Poncelet ». Nous donnons deux citations, la première de [GX], p. 72, qui est un énoncé de ce principe : « Imaginons une figure F formée de points, de droites et de courbes et supposons que la figure F se déplace en se déformant d'une manière continue. Supposons que pour une position F' de la figure, certains de ses éléments soient devenus imaginaires. Une propriété de la figure F, qui n'intéresse pas ces éléments, mais qui peut avoir été établie en utilisant ces éléments, subsistera dans la figure F'. » Ce principe fait intervenir en outre la géométrie algébrique et dépasse le cadre des complexifications, mais nous l'avons cité pour son intérêt historique et par son rapport certain avec 7.0.2. La seconde citation est de [DX], p. 15, elle se situe à une époque intermédiaire entre le début de l'emploi des imaginaires dans la géométrie et les complexifications intrinsèques actuelles : « Mais, avant de continuer, il ne sera pas inutile de répondre à une objection que Von Staudt adressait à la théorie analytique des imaginaires et qui s'appliquerait aussi à celle que nous venons d'exposer. Ce savant géomètre a prétendu que les points imaginaires, tels que nous les avons définis, n'avaient en quelque sorte qu'une existence dépendant des axes de coordonnées. L'objection pourrait s'appliquer à toute étude dans laquelle on emploie de tels axes. Et, pour y répondre, il suffira de montrer que, si un point imaginaire appartient à une ou plusieurs surfaces, il ne cessera pas de leur appartenir quand on changera de coordonnées. C'est ce qui a lieu certainement si l'on convient d'appliquer aux points imaginaires et aux points à l'infini les formules du changement de coordonnées, démontrées pour les points réels. »

7.0.4 Un point de vue intermédiaire consiste donc à employer 7.0.2 mais à vérifier, chaque fois que nécessaire, que les êtres considérés sur les complexifiés ne dépendent que de ceux considérés sur l'espace de départ et non de la base considérée. Par exemple on pourra vérifier, quand on complexifie un espace vectoriel euclidien et en même temps sa forme quadratique, que le cône isotrope dans le complexifié ne dépend que de la structure euclidienne.

7.0.5 Tout ceci montre qu'il n'est pas sans intérêt de donner une formulation intrinsèque des constructions de 7.0.2 ; c'est l'objet du présent chapitre. Mais ces constructions sont finalement assez coûteuses pour le bénéfice qu'on en retire ; c'est pourquoi, d'une part nous avons signalé explicitement les constructions de 7.0.2, non intrinsèques mais très bon marché, d'autre part nous avons rédigé ce chapitre 7 de façon économique. En premier lieu nous n'avons pas détaillé les démonstrations banales, ni énoncé dans le détail tous les énoncés. En second lieu, pour soulager l'écriture et l'esprit, nous avons défini des complexifiés canoniques explicites au lieu de définir la notion meilleure (mais plus chère) qui est celle de complexifié (dont il faut montrer l'universalité et l'unicité à un isomorphisme convenable près). Pour cette voie royale, voir [FL], p. 144-155.

7.0.6 NOTE. Le lecteur se doute qu'il existe des généralisations de la notion de complexification ; pour un exemple, il pourra se reporter dans le chapitre IV de [GN] à ce qui concerne les *extensions quadratiques* (qui généralisent l'extension $\mathbf{C} \supset \mathbf{R}$).

7.1 *Complexification d'un espace vectoriel réel*

Complexifier un espace vectoriel réel, c'est le plonger dans un espace vectoriel complexe le plus petit possible, de même que l'on passe de $\mathbf{R}$ à $\mathbf{C}$. Ici nous parachutons un complexifié naturel de E :

7.1.1 DÉFINITION. *Soit E un espace vectoriel réel, alors on appelle* complexifié *de E, et l'on* note E^C, *le produit $E \times E$ muni de la structure d'espace vectoriel sur $\mathbf{C}$ définie par* :

$$(x, y) + (x', y') = (x + x', y + y'),$$
$$(\lambda + i\mu)(x, y) = (\lambda x - \mu y, \lambda y + \mu x).$$

On plonge E dans E^C par $x \mapsto (x, 0)$. L'application involutive

$$\sigma : (x, y) \mapsto (x, -y)$$

de E^C dans lui-même est appelée la conjugaison dans E^C. *On a*

$$E = \operatorname{Ker}(\sigma - \operatorname{Id}_{E^C}) = \{ z \in E^C : \sigma(z) = z \}.$$

7.1.2 REMARQUES

7.1.2.1 L'application conjugaison σ est semi-linéaire : $\sigma(\lambda z) = \bar{\lambda}\sigma(z)$.

7.1.2.2 Une fois 7.1.1 en poche, on remarque que $i(y, 0) = (0, y) \cong iy$, donc on peut écrire $(x, y) = x + iy$ et $E^C = E \oplus iE$ (somme directe réelle) ; et alors $\sigma(x + iy) = x - iy$, ce qui justifie le mot de conjugaison.

7.1.2.3 D'autres parachutages de complexifiés sont par exemple : $E^C = L_{\mathbf{R}}(\mathbf{C}; E) = \{ f : \mathbf{C} \to E, f\ \mathbf{R}\text{-linéaire} \}$, $E^C = E \otimes_{\mathbf{R}} \mathbf{C}$. Pour une définition universelle, voir [FL], p. 146.

7.1.3 BASES. Soit $\{ e_s \}_{s=1,\dots,n}$ une base de E; alors $\{ e_s \} \subset E^C$ est encore une base de E^C sur $\mathbf{C}$ (pas sur $\mathbf{R}$!). Ceci justifie *a posteriori* la construction 7.0.2. Réciproquement si $\{ e'_s \}_{s=1,\dots,n}$ est une base quelconque de E^C (sur **C**), la remarque fondamentale est que les $2n$ vecteurs

$$\{ e'_s + \sigma(e'_s) \} \cup \left\{ \frac{1}{i} (e'_s - \sigma(e'_s)) \right\}$$

sont dans E, car invariants par σ et donc que l'on peut extraire de ces $2n$ vecteurs une **R**-base de E.

7.2 *Fonctorialité de $\bullet^C$, ou complexification des morphismes*

7.2.1 PROPOSITION. *Soient E, E' deux espaces vectoriels réels et $f \in L(E\,;E')$. Alors il existe une unique $f^C \in L_{\mathbf{C}}(E^C\,;E'^C)$ telle que $f^C|_E = f$. En outre $\sigma \circ f^C = f^C \circ \sigma$, pour les conjugaisons σ de E et E'. Enfin $\bullet^C$ est fonctorielle, c'est-à-dire que $(\mathrm{Id}_E)^C = \mathrm{Id}_{E^C}$ et si $f \in L(E\,;E')$, $g \in L(E'\,;E'')$ on a $(g \circ f)^C = g^C \circ f^C$.*

Pour démontrer 7.2.1 il suffit de remarquer que f^C vaut nécessairement, $\forall x, y \in E$:

$$f^C(x + iy) = f(x) + if(y) \qquad \text{(cf. 7.1.2.2)}.$$

$$\begin{array}{ccc} E^C & \xrightarrow{f^C} & E'^C \\ {\scriptstyle\sigma}\downarrow & & \downarrow{\scriptstyle\sigma} \\ E^C & \xrightarrow[f^C]{} & E'^C \end{array}$$

7.2.2 Si $M(f)$ est la matrice de f pour deux bases de E, E' alors $M(f^C) = M(f)$, pour ces mêmes bases considérées comme bases de E^C, E'^C (cf. 7.1.3).

7.3 *Complexification des polynômes*

7.3.1 PROPOSITION. *Soit $\varphi : E \times \cdots \times E \to \mathbf{R}$ une application k-linéaire sur un espace vectoriel réel E. Alors il existe une unique*

$$\varphi^C : E^C \times \cdots \times E^C \to \mathbf{C}$$

*qui est k-linéaire (sur **C**) et telle que $\varphi^C|_{E\times\cdots\times E} = \varphi$. En outre si φ est symétrique, aussi φ^C.*

Nécessairement φ^C doit valoir

7.3.2 $$\varphi^C(x_1 + iy_1, \dots, x_k + iy_k) = \sum_P i^{\# P} \varphi(X_1^P, \dots, X_k^P).$$

Où P parcourt les 2^k parties de $\{1, 2, \dots, k\}$, où $\# P$ est le cardinal de P et X_s^P vaut x_s si $s \notin P$ et y_s si $s \in P$. Et on vérifie que φ^C convient.

7.3.3 EXEMPLE. Si $k = 2$:

$$\varphi^C(x + iy, x' + iy') = \varphi(x, x') - \varphi(y, y') + i(\varphi(x, y') + \varphi(x', y)).$$

7.3.4 PROPOSITION. *Soit $f \in \mathfrak{I}_k(E)$; il existe un unique $f^C \in \mathfrak{I}_k(E^C)$ tel que $f^C|_E = f$.*

D'après 3.3.1 on peut supposer que f est homogène de degré k ; soit alors $f = \varphi \circ \Delta$, où $\varphi : E^k \to \mathbf{R}$ est multilinéaire symétrique. Posons $f^C = \varphi^C \circ \Delta^C$, où φ^C est l'application du 7.3.1 et $\Delta^C : E^C \to E^C \times \cdots \times E^C$ l'application diagonale, alors f^C convient et c'est le seul car φ^C est bien déterminé d'après l'unicité de 3.3.1 et celle de 7.3.1.

7.3.5 En coordonnées pour une base de E, il suffira, pour obtenir f^C, de prendre les deux écritures de 3.3.3 et d'y remplacer les λ_s réels par des complexes quelconques.

7.4 *Sous-espaces et complexifications*

7.4.1 PROPOSITION. *Soient E un espace vectoriel réel, F un sous-espace vectoriel de E. Alors le sous-espace vectoriel (sur $\mathbf{C}$) de E^C, engendré par la partie F de E^C,* noté *F^C, est égal à $F^C = F + iF = \{x + iy : x, y \in F\}$; on l'appelle le* complexifié *de F (dans E^C) et on a en outre $\sigma(F^C) = F^C$. Réciproquement si $S \subset E^C$ est un sous-espace vectoriel (complexe) de E^C tel que $\sigma(S) = S$, alors $S \cap E$ est un sous-espace vectoriel (réel) de E, de même dimension réelle* $\dim_{\mathbf{R}}(S \cap E)$ *que la dimension complexe* $\dim_{\mathbf{C}} S$ *de S ; en outre $S = (S \cap E)^C$.*

Seule la réciproque n'est pas tout à fait banale. On a successivement : $S \cap E$ est un sous-espace vectoriel de E, $(S \cap E)^C \subset S$; pour montrer que $\sigma(S) = S$ entraîne $(S \cap E)^C = S$, il suffit d'appliquer l'idée du 7.1.3 : pour tout $x \in S$, $x + \sigma(x)$ et $(1/i)(x - \sigma(x))$ sont dans $S \cap E$. Or

$$x = \frac{1}{2}\left[(x + \sigma(x)) + i\left(\frac{1}{i}(x - \sigma(x))\right)\right] \in (S \cap E) + i(S \cap E) = (S \cap E)^C.$$

7.4.2 NOTES. Il est d'abord difficile de faire un dessin, car le premier cas non trivial est $\dim_{\mathbf{C}} S = 1$, $\dim_{\mathbf{C}} E = 2$ donc $\dim_{\mathbf{R}} E = 4$! D'autre part, 7.4.1 est faux si $\sigma(S) \neq S$; par exemple dans $E = \mathbf{R}^2$, $E^C = \mathbf{C}^2$ prendre $S = \{(z, iz) : z \in \mathbf{C}\}$; on a $S \cap \mathbf{R}^2 = 0$ donc $(S \cap E)^C = 0$!

On remarquera l'usage systématique qui est fait de σ (cf. 7.1.1, 7.2.1, 7.4.1) ; la morale est qu'il faut toujours penser à traîner, avec E^C, la conjugaison σ. Et qu'en fait on peut montrer que la donnée de E^C et σ est équivalente à celle de E et E^C : cf. [FL], p. 146, qui prend cela pour définition d'un complexifié.

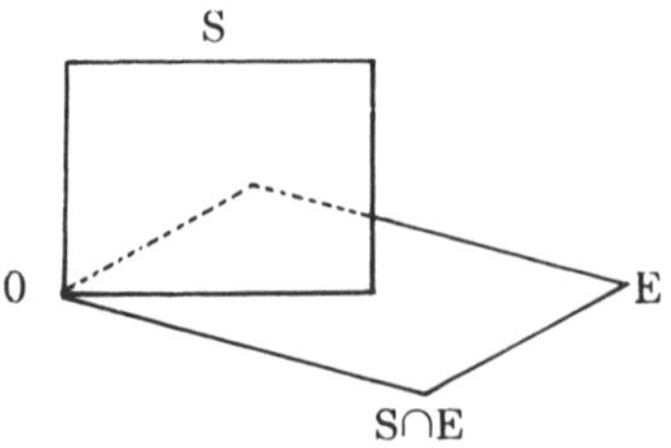

Figure 7.4.2.

7.4.3 COROLLAIRE. *Soit $f \in L(E\,;E)$ un endomorphisme d'un espace vectoriel réel de dimension finie ; alors il existe toujours au moins un sous-espace vectoriel P* propre *pour f, i.e. tel que $f(P) \subset P$ et qui soit de dimension* 1 *ou* 2.

Soit V une droite propre de E^C pour l'endomorphisme f^C de E^C, associée à la valeur propre λ de f^C ; alors $\sigma(V)$ est une droite propre associée à $\bar{\lambda}$ (cf. 7.1.2.1) donc le sous-espace vectoriel complexe $S = V + \sigma(V)$ est stable par σ (et de dimension 1 ou 2). Le sous-espace cherché de E n'est autre que $E \cap S$.

7.4.4 Le corollaire 7.4.3, version réelle de l'existence d'un vecteur propre d'un endomorphisme complexe, est d'une grande utilité : cf. 8.2.15, 13.5.

7.5 *Complexifié d'un espace projectif*

7.5.1 DÉFINITION. *Soit $\mathcal{S} = P(E)$ un espace projectif réel ; on appelle* complexifié *de $\mathcal{S}$, et on note $\mathcal{S}^C$, l'espace projectif complexe $\mathcal{S}^C = P(E^C)$. On identifie $\mathcal{S}$ à une partie de $\mathcal{S}^C$ par passage aux quotients de l'inclusion $E \setminus 0 \to E^C \setminus 0$. La* conjugaison *dans $\mathcal{S}^C$, notée σ, est l'application $\mathcal{S}^C \to \mathcal{S}^C$ déduite de $\sigma : E^C \setminus 0 \to E^C \setminus 0$ par passage aux quotients.*

7.5.2 Remarquer que $\mathcal{S}$ n'est pas un sous-espace projectif de $\mathcal{S}^C$, pas plus que E n'est un sous-espace vectoriel (complexe) de E^C. Remarquer aussi que $\sigma : \mathcal{S}^C \to \mathcal{S}^C$ conserve l'alignement des points, σ est en effet un semi-morphisme, cf. 5.4.8. Enfin $\mathcal{S}$ (sur **R**) et $\mathcal{S}^C$ (sur **C**) ont même dimension, comme E et E^C.

7.5.3 PROPOSITION. *Pour tout $f \in \mathrm{GP}(E)$ (E espace vectoriel) il existe un unique $f^C \in \mathrm{GP}(E^C)$, tel que $f^C|_{P(E)} = f$.*

7.5.4 PROPOSITION. *Soit $\mathcal{S}$ un espace projectif réel, soit $S \subset \mathcal{S}$ un sous-espace projectif. Alors le sous-espace projectif (complexe) de $\mathcal{S}^C$ engendré par la partie S de $\mathcal{S}^C$, noté S^C, vérifie $\sigma(S^C) = S^C$, $S = S^C \cap \mathcal{S}$, et est appelé le* complexifié *de S (dans $\mathcal{S}^C$). Réciproquement, soit T un sous-espace projectif complexe de $\mathcal{S}^C$ tel que $\sigma(T) = T$. Alors $T \cap \mathcal{S}$ est un sous-espace projectif (réel) de $\mathcal{S}$, de même dimension que la dimension complexe de T et on a $(T \cap \mathcal{S})^C = T$.*

7.5.5 CALCULS EXPLICITES. Ils se feront avec des coordonnées homogènes, associés à une base de E ou un repère projectif de $P(E)$; ces derniers restent, soit une base de E^C, soit un repère projectif (complexe) de $P(E^C)$ et il suffira de remplacer les coordonnées réelles par des coordonnées complexes (ce qui justifie 7.0.2 *a posteriori*).

7.6 *Complexifié d'un espace affine*

7.6.1 Soit $(X, \vec{X})$ un espace affine réel ; plongeons X (cf. 3.1.7) dans son vectoriel universel $\hat{X}$ et regardons les inclusions successives $X \subset \hat{X} \subset (\hat{X})^C$, où $\hat{X}^C$ désigne le complexifié de l'espace vectoriel réel $\hat{X}$. Rappelons (cf. 3.1.7) que $X = M^{-1}(1)$ où M est une forme linéaire sur $\hat{X}$. D'après 7.2.1 il existe une forme linéaire $\hat{X}^C \to \mathbf{C}$, complexifiée de $M : \hat{X} \to \mathbf{R}$, *notons-la* M^C, car elle est bien définie (cf. 7.2.1) ; et posons enfin

$$X^C = (M^C)^{-1}(1) \subset \hat{X}^C .$$

Cet X^C est un hyperplan affine (complexe) de l'espace affine complexe $\hat{X}^C$ (pour sa structure naturelle, cf. 2.2.1), en particulier c'est un espace affine complexe.

7.6.2 DÉFINITION. PROPOSITION. *Le* complexifié *de l'espace affine réel X est, par définition, l'espace affine complexe* $X^C = (M^C)^{-1}(1)$. *L'espace vectoriel sous-jacent de* X^C *est* $\overrightarrow{X^C} = \vec{X}^C$ *et* $X \subset X^C$ *de façon naturelle. En outre la conjugaison* σ *de* X^C *laisse fixe* X^C : $\sigma(X^C) = X^C$ *et on a* $X = \{ z \in X^C : \sigma(z) = z \}$. *La restriction de* σ *à* X^C *est encore* notée σ *et appelée la* conjugaison *de* X^C. *Pour les vectorialisés en* $a \in X$ *quelconque, on a* $(X^C)_a = (X_a)^C$; *et on a l'isomorphisme naturel* $(\hat{X})^C = \widehat{(X^C)}$.

L'espace vectoriel sous-jacent à X^C est $(M^C)^{-1}(0)$, qui est bien $\vec{X}^C$ puisque $M^{-1}(0) = \vec{X}$. De plus

$$\sigma(X^C) = \sigma((M^C)^{-1}(1)) = (M^C)^{-1}(\sigma(1)) = (M^C)^{-1}(1) = X^C$$

d'après 7.2.1. Et en outre $\sigma(z) = z, z \in X^C$ est équivalent à $z \in X^C \cap \hat{X} = X$. L'égalité $(X^C)_a = (X_a)^C$ résulte de la dernière partie de 3.1.7. Pour l'isomorphisme $(\hat{X})^C \cong \widehat{(X^C)}$, regarder la définition de l'espace universel $\hat{\bullet}$.

7.6.3 PROPOSITION. *Soient* X, X' *deux espaces affines réels et* $f \in A(X ; X')$ *un morphisme. Alors il existe* f^C *unique,* $f^C \in A_C(X^C ; X'^C)$ *tel que* $f^C|_X = f$. *Cet* f^C *est* appelé *le complexifié de f. En outre* $\sigma \circ f^C = f^C \circ \sigma$.

Appliquer 7.2.1 aux vectorialisés X_a, $X'_{f(a)}$ et la fin du 7.6.2.

7.6.4 Pour X affine réel, son complexifié X^C et sa conjugaison σ, on a aussi pour les sous-espaces affines S de X un résultat analogue à 7.4.1. En outre, pour les directions : $\vec{S}^C = \overrightarrow{S^C}$.

7.6.5 De même on étend 7.3 aux polynômes sur X ; il suffit d'appliquer le critère de 3.3.14, 7.6.2 et 7.3.4.

7.6.6 Nous pouvons maintenant aborder l'ensemble de la construction 7.0.2 et du diagramme 7.0.2.1, qui est l'objectif principal de ce chapitre, et sera utilisé en 9.5.5 et dans le chapitre 17. Soient X un espace affine réel et son complété projectif (cf. chapitre 5)

$$\tilde{X} = P(\hat{X}) = X \cup P(\overrightarrow{X}) = X \cup \infty_X ;$$

introduisons X^C, $\hat{X}^C$ et donc le projectif $(\tilde{X})^C = P(\hat{X}^C)$ complexifié du projectif réel $P(\hat{X}) = \tilde{X}$. Enfin dans $(\tilde{X})^C$ on trouve le complexifié du sous-espace réel ∞_X, soit ∞_X^C (cf. 7.5.4). On a l'inclusion $X^C \subset P(\hat{X}^C) = (\tilde{X})^C$; alors :

7.6.7 LEMME. *On a* $X^C = (\tilde{X})^C \setminus \infty_X^C$.
En effet $\infty_X = P(\overrightarrow{X})$, donc $\infty_X^C = P((\overrightarrow{X})^C)$, or $(\overrightarrow{X^C}) = (\overrightarrow{X})^C$ (cf. 7.6.4).

7.6.8 PROPOSITION. *L'inclusion* $X^C \subset P(\hat{X}^C) = (\tilde{X})^C$ *est identique à celle naturelle de* X^C *dans son complété projectif (complexe). En particulier* $(\tilde{X})^C = (\widetilde{X^C})$.

7.6.9 Si $f \in \mathrm{GA}(X)$, il existe un unique $\tilde{f}^C \in \mathrm{GP}_{\tilde{X}^C}(X^C)$ tel que $\tilde{f}^C|_{X^C} = f^C$. Appliquer 5.2.2.

7.6.10 On peut formuler des résultats relatifs aux sous-espaces.

7.6.11 La proposition 7.6.8 justifie *a posteriori* les constructions et le diagramme du 7.0.2.

7.7 *Exercices*

7.7.1 Formuler et démontrer une réciproque de la formule $\sigma \circ f^C = f^C \circ \sigma$ de 7.2.1.

7.7.2 Etudier, pour $f \in L(E ; E')$, s'il existe un prolongement $\bar{f}$ de f, $\bar{f} : E^C \to E'^C$, tel que $\bar{f}$ soit semi-linéaire pour l'automorphisme $\bar{\ }$ (conjugaison) de $\mathbf{C}$ (cf. 2.6.2).

7.7.3 Etudier une extension de 7.5.3 aux morphismes quelconques $f \in M(P(E) ; P(E'))$.

7.7.4 Traiter en détail 7.6.4, 7.6.5, 7.6.10.

7.7.5 Montrer que le produit tensoriel $E \otimes_{\mathbf{R}} \mathbf{C}$ est un complexifié naturel de E ; de même $\mathrm{Hom}_{\mathbf{R}}(\mathbf{C} ; E)$.

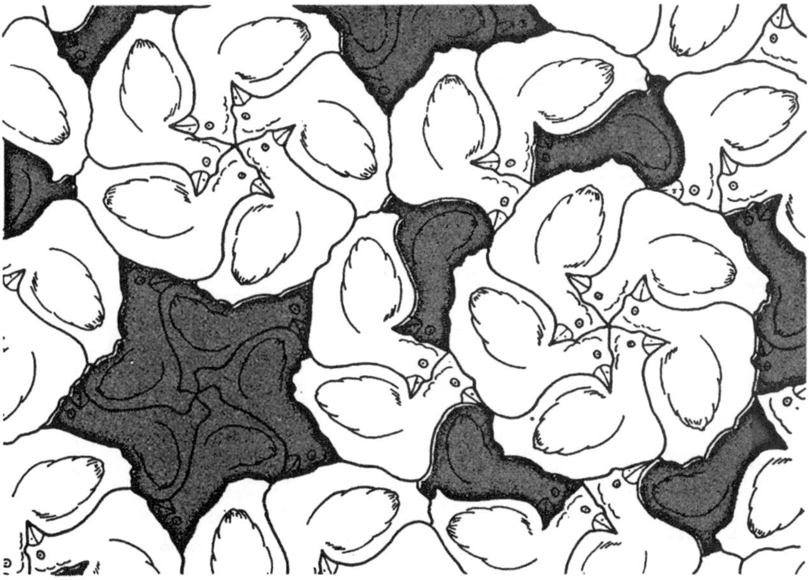

Les deux poulets de Penrose : ils peuvent paver le plan
mais toujours de façon nécessairement non périodique (voir 1.9.16).

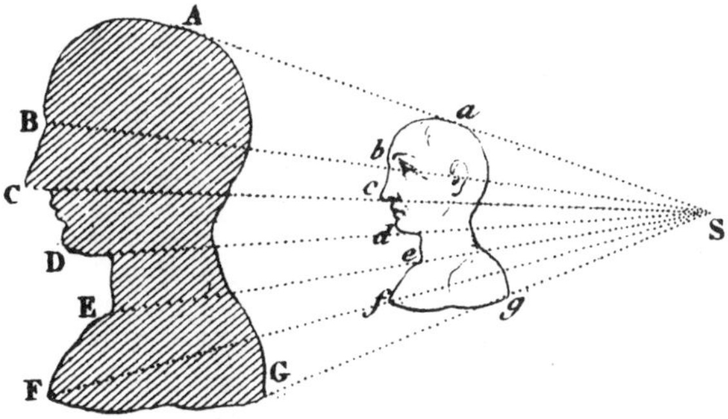

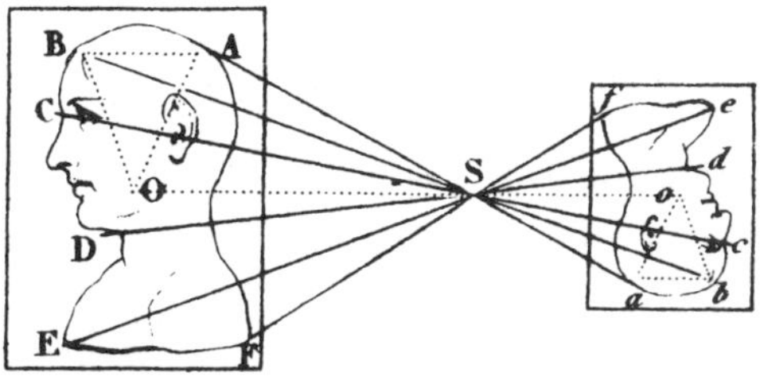

LA
PERSPECTIVE
SPECVLATIVE,
ET
PRATIQVE
OV SONT DEMONSTREZ LES FONDEMENS de cet Art, & de tout ce qui en a esté enseigné jusqu'à present.
Ensemble la maniere vniverselle de la pratiquer, non seulement sans Plan Geometral, & sans Tiers poinct, dedans ni dehors le champ du Tableau.
Mais encores par le moyen de la Ligne, communément appellée Horisontale.
De l'jnvention du feu Sieur ALEAVME, Ingenieur du ROY.
MISE AV IOVR
Par ESTIENNE MIGON, Professeur ès Mathematiques.
A PARIS,
Chez MELCHIOR TAVERNIER, Hydrographe, Graveur, & Imprimeur du Roy, pour les Cartes Geographiques, & autres Tailles douces, sur le Quay qui regarde la Megisserie, à la Sphere.
ET
Chez FRANCOIS LANGLOIS, dict CHARTRES, en la ruë Sainct Iacques, aux Colomnes d'Hercules, proche le Lion d'Argent.
M. DC. XLIII.
AVEC PRIVILEGE DV ROY.

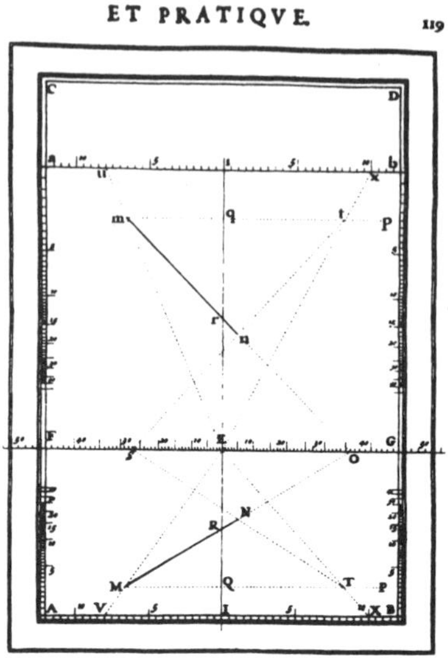

8.45 Estienne Migon

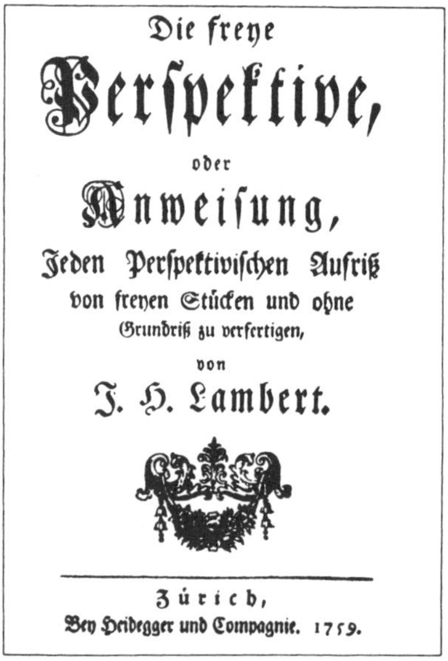

Die freye
Perspektive,
oder
Anweisung,
Jeden Perspektivischen Aufriß
von freyen Stücken und ohne
Grundriß zu verfertigen,
von
J. H. Lambert.
Zürich,
Bey Heidegger und Compagnie. 1759.

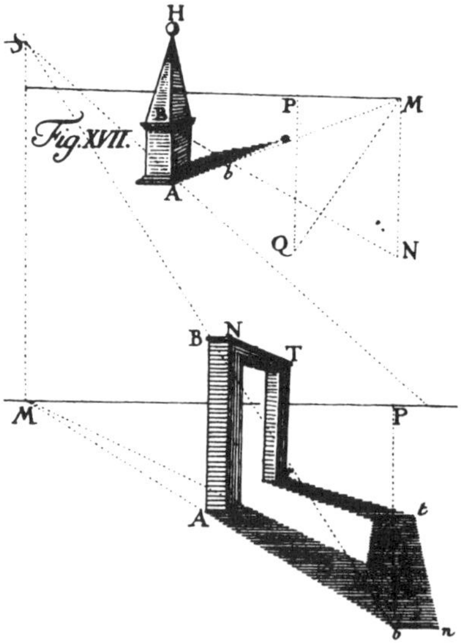

8.46 Johann Heinrich Lambert

CHAPITRE 8

rappels et compléments sur les espaces vectoriels euclidiens

Notre univers est assez bien représenté par un espace affine euclidien, plus précisément seulement à un scalaire près car il n'y a pas d'unité de longueur naturelle. Les espaces affines euclidiens forment le cadre principal de ce livre et leur étude est commencée dans le chapitre suivant. Pour alléger cette étude, nous étudions d'abord les espaces vectoriels euclidiens, qui sont sous-jacents aux espaces affines euclidiens. Ce chapitre sera donc assez algébrique, en apparence et en réalité. Comme le matériel accumulé depuis les Grecs est immense, nous avons fait un choix et l'avons, pour lui donner une certaine unité, édifié autour d'une colonne vertébrale constituée par le groupe orthogonal $O(.)$ (un plan d'étude est donné en 8.2.14). Après des définitions et généralités (8.1, 8.2), on étudie, d'une part la structure d'un élément donné de $O(E)$ (sous-espaces propres, 8.4), d'autre part la structure du groupe $O(E)$ dans son ensemble (8.5, 8.3, 8.9) ; le cas de la dimension 2 utilise essentiellement les nombres complexes (8.3), le cas de la dimension 3 ou 4 utilise les quaternions (8.9). La section 8.10 est donnée à titre de culture et de lien avec les mathématiques récentes. La section 8.7 est assez spéciale, elle traite des angles orientés dans le plan qui sont un invariant assez fin (trop fin pour l'enseignement secondaire à notre avis), qui permet d'obtenir de jolis résultats sur les cercles, cf. par exemple 10.9.7. Par contre la notion d'angle (non orienté) de demi-droites et de droites nous semble fondamentale, elle est développée en 8.6. La section 8.8 sur les similitudes est motivée, entre autres, par le fait que l'univers physique ne correspond à un espace euclidien qu'à un scalaire près. La section 8.11 enfin introduit, outre le classique (et utilisé par de nombreuses disciplines) produit vectoriel, la forme volume canonique d'un espace vectoriel euclidien, outil qui sera utilisé pour définir la mesure canonique d'un espace affine euclidien (9.12).

Le lecteur habitué ou friand des généralisations qu'effectuent les mathématiciens sur toute structure, se doutera qu'il existe des structures géné-

ralisant la structure d'espace vectoriel euclidien, tout en perdant certaines de leurs propriétés. Pour de telles structures, que nous n'aborderons que très partiellement dans le chapitre 13, nous renvoyons le lecteur aux ouvrages suivants : [DE 1], [PO], [S-T], [BI 2], [AN].

Sauf mention explicite du contraire, E désignera dans ce chapitre un espace vectoriel euclidien et n sa dimension.

8.1 *Définition, premières propriétés*

8.1.1 DÉFINITION. Un espace vectoriel euclidien E *est un espace vectoriel sur* $\mathbf{R}$, *de dimension finie, muni d'une forme bilinéaire symétrique définie positive* φ, i.e. $\varphi : E \times E \to \mathbf{R}$ *est bilinéaire symétrique et* $\varphi(x, x) > 0$ *pour tout* $x \neq 0$. *On* pose $\varphi(x, y) = (x \mid y)$ *et l'appelle* produit scalaire *de* x *et de* y ; *la* norme *de* x *est* $\| x \| = \sqrt{\varphi(x, x)} = \sqrt{(x \mid x)}$. *Si* $(x \mid y) = 0$ *on dit que* x *et* y *sont* orthogonaux. *Un ensemble* $\{ e_i \}_{i=1,\dots,k} \subset E$ *est dit* orthogonal *si* $(e_i \mid e_j) = 0 \ \forall i \neq j$, orthonormal *si en outre* $\| e_i \| = 1 \ \forall i$.

8.1.2 NOTES

8.1.2.1 Un sous-espace vectoriel F de E espace vectoriel euclidien est naturellement un espace euclidien pour la restriction $\varphi|_F$.

8.1.2.2 L'exemple *standard* est

$$E = \mathbf{R}^n \quad \text{et} \quad \varphi((x_1, \dots, x_n), (y_1, \dots, y_n)) = \sum_{i=1}^{n} x_i y_i \,.$$

8.1.2.3 Sur E, φ est une forme quadratique (cf. 3.3.2) et on a pour tous x, y :

8.1.2.4
$$\begin{cases} \| x + y \|^2 = \| x \|^2 + 2\,(x \mid y) + \| y \|^2 \\ \text{ou} \\ (x \mid y) = \dfrac{1}{2}\left[\| x + y \|^2 - \| x \|^2 - \| y \|^2\right]. \end{cases}$$

8.1.2.5 Un ensemble orthogonal, dont tous les vecteurs sont non nuls, est toujours libre.

8.1.2.6 Si $\{ e_i \}$ est une base orthonormale de E, $x = \sum_i x_i e_i$ est équivalent à $x_i = (x \mid e_i) \ \forall i$. Et en outre

$$\left(\sum_i x_i e_i \,\middle|\, \sum_j y_j e_j \right) = \sum_i x_i y_i \,.$$

8.1.3 PROPOSITION. *Pour tous $x, y \in E$ on a* $|(x \mid y)| \leqslant \| x \| \, \| y \|$. *L'égalité ne peut avoir lieu que si x, y sont liés, plus précisément :*

$$(x \mid y) = \pm \| x \| \, \| y \|$$

est équivalent à l'existence de λ, μ tels que $\lambda x + \mu y = 0$ avec $\lambda, \mu \in \mathbf{R}^{\pm}$. Pour tous $x, y \in E$: $\| x + y \| \leqslant \| x \| + \| y \|$; en particulier

$$\mathrm{d}(x, y) = \| x - y \|$$

fait de E un espace métrique, dont la topologie est la canonique (cf. 2.7.1).

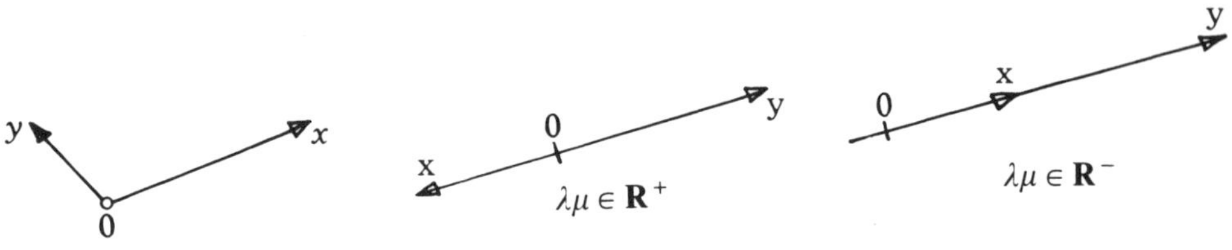

Figure 8.1.3

8.1.4 PROPOSITION (orthonormalisation de Schmidt). *Soit $\{ b_i \}_{i=1,\ldots,k}$ un système libre de E ; alors il existe un système orthonormal $\{ a_i \}_{i=1,\ldots,k}$ ayant les propriétés suivantes : $\{ a_i \}_{i=1,\ldots,k}$ est homotope à $\{ b_i \}_{i=1,\ldots,k}$* (cf. 2.7.2.7) *et $\forall h = 1, \ldots, k$ le sous-espace vectoriel engendré par les a_i $(i = 1, \ldots, h)$ est le même que celui engendré par les b_i $(i = 1, \ldots, h)$. En particulier il existe toujours des bases orthonormales de E complétant un ensemble orthonormal donné (éventuellement vide) et toute base est homotope à une base orthonormale.*

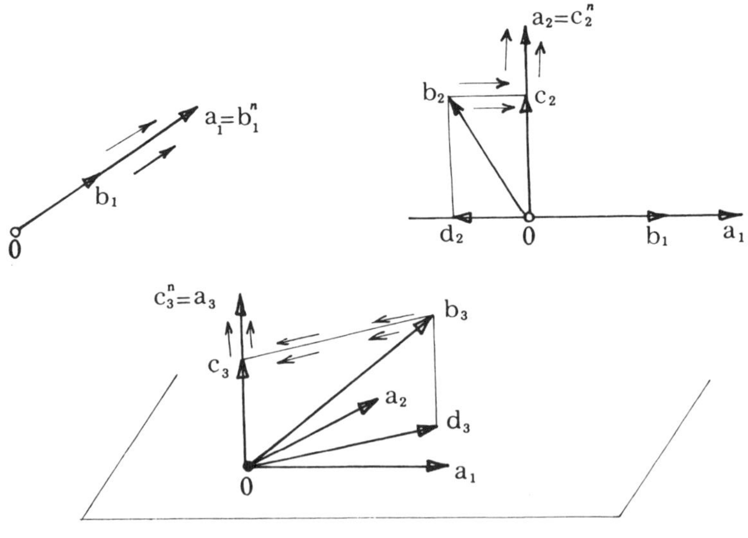

Figure 8.1.4

Par récurrence sur k. Pour $k = 1$, on prend $a_1 = b_1^n = \| b_1 \|^{-1} b_1$, où pour tout $x \in E$ on appelle x^n le vecteur x *normé* i.e. $x^n = \| x \|^{-1} x$; en outre x^n est homotope à x pour l'homotopie $x(t) = tx^n + (1 - t)\, x$, $t \in [0, 1]$ i.e. on décrit le segment d'extrémités x, x^n. Supposons maintenant $\{ a_i \}_{i=1,\ldots,h-1}$ construits et cherchons a_h ; on pose successivement :

$$d_h = \sum_{i=1}^{h-1} (a_i \mid b_h)\, a_i\,, \qquad c_h = b_h - d_h\,, \qquad a_h = c_h^n\,.$$

On vérifie directement que $\{ a_i \}_{i=1,\ldots,h}$ répond à nos désirs, l'homotopie étant composée d'homotopies successives, les deux dernières faisant passer de b_h à c_h par $b_h(t) = tc_h + (1 - t)\, b_h$ puis de c_h à a_h comme ci-dessus.

8.1.5 PROPOSITION. *Soient E, E' deux espaces euclidiens de même dimension, $f : E \to E'$ ensembliste* a priori. *Il y a équivalence entre :*

(i) $f \in L(E\,; E')$ et $\| f(x) \| = \| x \| \quad \forall x \in E$;
(ii) $\forall x, y \in E : (f(x) \mid f(y)) = (x \mid y)$.

Une telle f est nécessairement bijective et est appelée une isométrie. *Leur ensemble est* noté $O(E\,; E')$.

Le sens direct résulte de f linéaire et 8.1.2.4. En sens inverse : prenons (cf. 8.1.4) une base orthonormale $\{ e_i \}$ de E. D'après (ii) et l'égalité des dimensions, $\{ f(e_i) \}$ est une base orthonormale de E' ; or 8.1.2.6 et (ii) montrent que $f\left(\sum_i x_i\, e_i\right) = \sum_i x_i\, f(e_i)$, donc f est linéaire.

8.1.6 COROLLAIRE. *Tout espace vectoriel euclidien de dimension n est isométrique à* $\mathbf{R}^n$ (cf. 8.1.2.2).

8.1.7 Certains excipent de 8.1.6 pour dire « l'espace euclidien de dimension n » ; ce n'est pas un crime, si l'on sait ce que l'on fait.

8.1.8 DUALITÉ

8.1.8.1 Lemme. *L'application* $\flat : E \ni x \mapsto x^\flat = \{ y \mapsto (x \mid y) \} \in E^*$, *où E un espace vectoriel euclidien et E^* son dual en tant qu'espace vectoriel réel, est un isomorphisme d'espaces vectoriels. L'application inverse est* notée $\sharp = \flat^{-1} : E^* \to E$.

On sait que $\dim E = \dim E^*$ (par exemple avec la notion de base duale) ; comme $\flat$ est linéaire, reste à voir que $\flat$ est de noyau nul, or, si $(x \mid y) = 0$ pour tout y, en particulier $(x \mid x) = \| x \|^2 = 0$ donc $x = 0$.

8.1.8.2 Le lemme 8.1.8.1 permet de munir E^* d'une structure naturelle d'espace euclidien, ce que l'on fera si besoin. De 2.4.8.1 et 8.1.8.1 on déduit la :

8.1.8.3 Définition. Proposition. *Pour une partie A de E on* pose

$$A^\perp = \{ x \in E : (x \mid y) = 0 \quad \forall y \in A \}$$

et l'appelle l'orthogonal *de A. Cet orthogonal est un sous-espace vectoriel*

$\forall A \subset E$ et, si $\langle A \rangle$ désigne le sous-espace (vectoriel) engendré par A, on a $A^\perp = \langle A \rangle^\perp$. Pour tout sous-espace A, on a la somme directe $A \oplus A^\perp = E$, $\dim A + \dim A^\perp = \dim E$, *$A^{\perp\perp} = A$. Si A, B sont deux sous-espaces : $(A + B)^\perp = A^\perp \cap B^\perp$, $(A \cap B)^\perp = A^\perp + B^\perp$. Deux parties A, B sont dites* orthogonales *si $A \subset B^\perp$, ce qui entraîne $B \subset A^\perp$; ce fait est* noté *$A \perp B$.*

8.1.8.4 Notations. Si $E = V \oplus W$ est une somme directe et si de plus $W = V^\perp$, on dira que l'on a une *somme directe orthogonale*, et l'on *notera* ce fait $E = V \overset{\perp}{\oplus} W$. Plus généralement, pour une famille de sous-espaces :

$$E = V_1 \overset{\perp}{\oplus} \cdots \overset{\perp}{\oplus} V_k = \overset{\perp}{\bigoplus_i} V_i \,.$$

8.1.8.5 Dans le cas particulier de la dimension 3, le 8.1.8.3 recouvre des résultats de la géométrie euclidienne qui étaient établis par voie axiomatique, comme les suivants : l'ensemble des droites perpendiculaires à une droite donnée en un point donné est un plan, dit plan perpendiculaire à cette droite. Si, le tout en un point donné, on considère les deux droites perpendiculaires D, D' à deux plans donnés P, P', alors le plan engendré par D et D' n'est autre que le plan perpendiculaire à la droite $D \cap D'$. Il n'échappera pas au lecteur que le premier résultat est d'une importance pratique considérable : grâce à lui, les portes s'ouvrent et se ferment sans difficulté théorique. Pour un exposé classique, voir [HD 2].

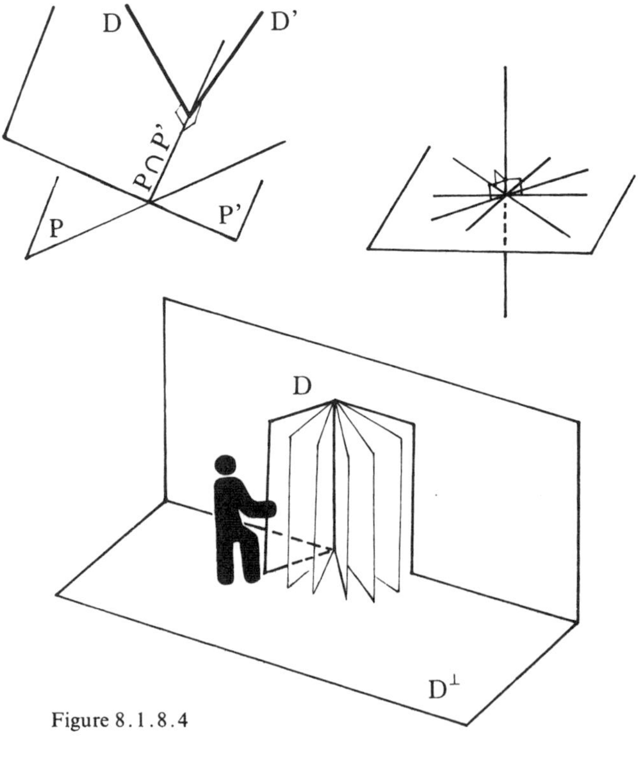

Figure 8.1.8.4

8.1.8.6 Le lemme 8.1.8.1 permet de définir l'*adjoint* d'un endomorphisme $f : E \circlearrowleft$, *noté* ${}^t\!f$. En effet, de $f : E \to E'$ on sait déduire l'endomorphisme *transposé* $f^* : E'^* \to E^*$; on pose donc ${}^t\!f = \sharp \circ f^* \circ \flat : E \to E$ et on appelle ${}^t\!f$ l'*adjoint* de f. C'est donc que

$$({}^t\!f(x) \mid y) = (x \mid f(y)) \quad \forall x, y \in E .$$

8.2 *Le groupe orthogonal : premières propriétés et plan d'étude*

8.2.1 PROPOSITION. On pose $O(E) = O(E\,; E)$ *et l'appelle* groupe orthogonal *de* E ; *on pose* $O(n) = O(\mathbf{R}^n)$. *Pour que* $f \in O(E)$ *il faut et il suffit que la matrice* A *de* f, *dans toute ou dans une base orthonormale, vérifie* ${}^tAA = I$ (*où* ${}^t.$ *désigne la transposition des matrices et* I *la matrice-unité*). *En particulier* $\det f = \pm 1$; *on* note $O^+(E) = \{ f \in O(E) : \det f = 1 \}$, $O^-(E) = \{ f \in O(E) : \det f = -1 \}$; *les éléments de* $O^+(E)$ *sont appelés des* rotations. *On a* : $f \in O(E) \Leftrightarrow {}^t\!ff = \mathrm{Id}_E$ (cf. 8.1.8.6).

La proposition résulte du lemme ci-dessous, qui à son tour résulte de 8.1.2.6 et de la définition du produit de deux matrices :

8.2.2 LEMME. *Soient* $\{ e_i \}$ *une base orthonormale de* E *et* A, B *deux matrices carrées d'ordre égal à la dimension de* E ; *si l'on écrit* A, B *à l'aide de leurs vecteurs colonnes* $A = (x_1 \ldots x_n)$, $B = (y_1 \ldots y_n)$, *on a*

$${}^tA\,B = ((x_i \mid y_j)) .$$

8.2.3 REMARQUES

8.2.3.1 Si $\dim E = n$, $O(E)$ est isomorphe à $O(n)$ d'après 8.1.6. On peut donc, pour leur structure de groupe linéaire, n'étudier parmi les groupes orthogonaux que les $O(n)$.

8.2.3.2 Le sous-groupe $O^+(E)$ est distingué dans $O(E)$. On a en outre des règles de multiplication évidentes :

$$O^-(E)\,O^-(E) \subset O^+(E)\,, \quad O^-(E)\,O^+(E) \subset O^-(E)\,.$$

8.2.3.3 Pour la topologie induite $O(E) \subset \mathrm{GL}\,(E)$ (cf. 2.7.1) est compact : en effet, pour une base quelconque de E espace vectoriel de dimension finie, si $A(f)$ désigne la matrice de f pour cette base, l'application $f \mapsto (\mathrm{trace}\,({}^tA(f)\,A(f)))^{1/2}$ est la norme d'une structure euclidienne sur $\mathrm{GL}\,(E)$. Si maintenant E est euclidien et la base orthonormale, pour cette norme tous les éléments de $O(E)$ sont de norme égale à $n = \dim E$ d'après 8.2.1 ; donc $O(E)$ est un borné de $\mathrm{GL}\,(E)$; mais la condition ${}^tAA = I$ montre que c'est aussi un fermé, c'est donc un compact. Une autre façon de voir que $O(E)$ est borné est d'utiliser dans $\mathrm{GL}\,(E)$ la norme (non euclidienne !) des applications linéaires, ceci pour la norme euclidienne de E ; alors pour $f \in O(E) : \| f \| = \sup \{ \| f(x) \| : x \in E$ et $\| x \| = 1 \} = 1$ par définition de $O(E)$.

8.2.4 Que $O(E) \subset \mathrm{GL}(E)$ soit compact admet la réciproque très utile suivante :

8.2.5 THÉORÈME. *Soit G un sous-groupe compact de* $\mathrm{GL}(E)$, *où E est un espace vectoriel réel de dimension finie, non euclidien* a priori. *Alors il existe sur E au moins une structure euclidienne φ telle que $G \subset O(E)$ pour le groupe orthogonal de cette structure euclidienne.*

8.2.5.1 La démonstration la plus rapide nécessite, en échange, la notion de l'existence de la mesure de Haar sur un groupe compact (pour ceci voir par exemple [DE 4], p. 219 up) ; soient $\mathrm{d}g$ cette mesure sur G et φ une structure euclidienne quelconque sur E. Pour $g \in G$ on définit une structure euclidienne $g^* \varphi$ par $(g^* \varphi)(x, y) = \varphi(g(x), g(y))$ pour tous $x, y \in E$; la structure euclidienne cherchée n'est autre que la moyenne des $g^* \varphi$ pour la mesure $\mathrm{d}g$, i.e. posons

$$\overline{\varphi} = \int_{g \in G} g^* \varphi \, \mathrm{d}g ,$$

c'est-à-dire pour tous x, y :

$$\overline{\varphi}(x, y) = \int_{g \in G} \varphi(g(x), g(y)) \, \mathrm{d}g .$$

Banalement $\overline{\varphi}$ est encore une structure euclidienne sur E et $\overline{\varphi}$ est invariante par G, i.e. $g^* \overline{\varphi} = \overline{\varphi}$ $\forall g \in G$, ceci par construction de $\overline{\varphi}$ et parce que la mesure $\mathrm{d}g$ est invariante par les translations de G. Dire que

$$g^* \overline{\varphi} = \overline{\varphi} \quad \forall g \in G ,$$

c'est dire que $G \subset O(E)$ pour le groupe orthogonal de $(E, \overline{\varphi})$.

8.2.5.2 La deuxième démonstration utilise seulement la théorie de la mesure de Lebesgue dans un espace vectoriel réel de dimension finie, via le 2.7.5.7. Plaçons-nous dans l'espace vectoriel réel $\mathcal{T}_2^\bullet(E)$ des formes quadratiques sur l'espace vectoriel réel E de dimension finie n (alors $\mathcal{T}_2^\bullet(E)$ est de dimension $n(n + 1)/2$). Dans $\mathcal{T}_2^\bullet(E)$ le sous-ensemble $Q(E)$ des formes quadratiques définies positives est un cône convexe ouvert, stable par l'action de G définie comme en 8.2.5.1 par $g^* \varphi$. Partant de φ quelconque dans $Q(E)$, l'orbite de φ sous G : $K = \{ g^* \varphi : g \in G \}$ est un compact de $\mathcal{T}_2^\bullet(E)$, $K \subset Q(E)$, donc son centre $\mathrm{cent}(K)$ est dans $Q(E)$ et fixe par G d'après 2.7.5.7.

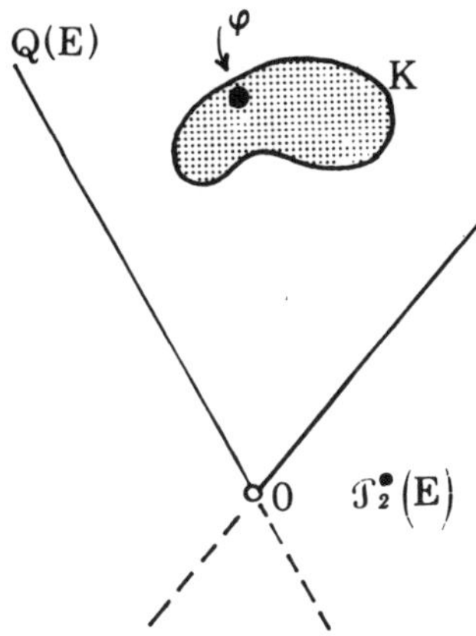

Figure 8.2.5.2

8.2.5.3 Nous verrons en 11.8.10.8 une troisième démonstration géométrique de 8.2.5, basée sur la convexité et n'utilisant pas la théorie de la mesure.

8.2.6 REMARQUES. L'unicité de la structure euclidienne invariante par G est fausse en général, prendre G réduit à l'identité de E ! Mais il existe un critère plaisant : G admet une structure euclidienne invariante unique (à un scalaire près !) si et seulement si G est *irréductible* dans GL (E), i.e. E n'admet aucun sous-espace stable pour tout $g \in G$ autre que $\{ 0 \}$ et E. Voir 8.12.1.
Pour des applications récentes de 8.2.5 voir par exemple, outre 8.1 2.1 : [PA], ou [TG], chapitre VIII.
Si G est fini, $G = \{ g_i : i \in I \}$, on prend tout simplement $\overline{\varphi} = \sum_i g_i^* \varphi$!

8.2.7 PROPOSITION. (*On suppose que* $\dim E \geqslant 2$.) *Le groupe* $O^+(E)$ *est transitif sur la* sphère-unité $S(E)$ *de* E : $S(E) = \{ x \in E : \| x \| = 1 \}$, *il est aussi transitif sur toutes les grassmanniennes* (cf. 1.2.5) $G_{E,p} (0 \leqslant p \leqslant \dim E)$ *de* E. *Le groupe* $O(E)$ *est simplement transitif sur les bases orthonormales de* E ; *le groupe* $O^+(E)$ *est simplement transitif sur les bases orthonormales homotopes* (cf. 2.7.2.7).

8.2.8 La proposition 8.2.7 permet d'écrire la sphère standard de dimension n, soit $S^n = S(\mathbf{R}^{n+1})$, comme l'espace homogène (cf. 1.5.5)

$$S^n = O(n+1)/O(n),$$

où $O(n)$ est plongé naturellement dans $O(n+1)$ comme le sous-groupe de $O(n+1)$ formé des f laissant fixe le vecteur $(0, \dots. 0, 1) \in \mathbf{R}^{n+1}$, De même pour les grassmanniennes

$$G_{n,p} = O(n)/(O(p) \times O(n-p)) ,$$

où $O(p) \times O(n-p)$ est le produit direct du sous-groupe $O(p)$ de $O(n)$ formé des $f \in O(n)$ laissant fixes les n-p vecteurs $e_{p+1}, \dots, e_n$ de la base canonique de $\mathbf{R}^n$ (et de même pour $O(n-p)$ avec $e_1, \dots, e_p$).

8.2.9 PROPOSITION. *Soient $E = S \oplus T$ une décomposition en somme directe et σ la symétrie par rapport à S parallèlement à T* (cf. 6.4.6). *Alors $\sigma \in O(E)$ si et seulement si $E = S \overset{\perp}{\oplus} T$* (i.e. $T = S^{\perp}$) ; *dans ce cas on* note σ *par σ_S. Une telle σ est appelée une* symétrie (orthogonale) *de l'espace euclidien E, une* symétrie hyperplane *si* dim $S^{\perp} = 1$ *et un* retournement *si* dim $S^{\perp} = 2$. *On a $\sigma_S \in O^{\pm}(E)$, $+$ si* dim $S^{\perp}$ *est paire, $-$ si* dim $S^{\perp}$ *est impaire. Toute symétrie est involutive et, réciproquement, toute $f \in O(E)$ telle que $f^2 = \mathrm{Id}_E$ est une symétrie.*

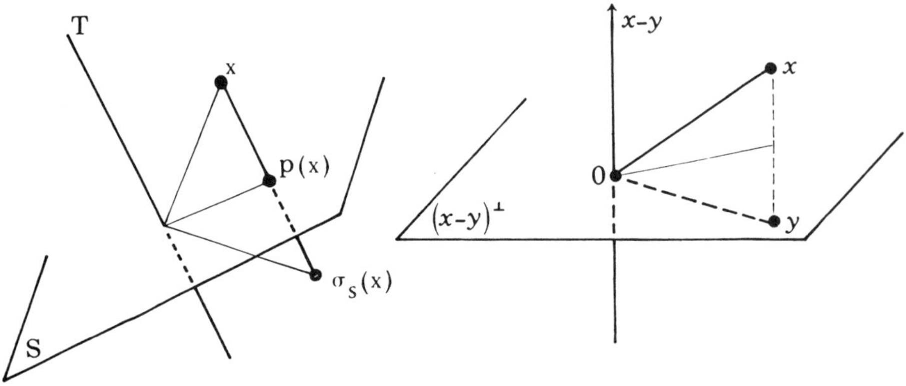

Figure 8.2.9

8.2.10 Il est utile de connaître la formule explicite donnant σ_H lorsque H est un hyperplan ; si x est un vecteur non nul de $H^{\perp}$ (qui est de dimension 1), on a

$$\boxed{\sigma_H(y) = y - 2\frac{(y \mid x)}{\| x \|^2}x} .$$

8.2.11 Si $x, y \in E$ avec $\| x \| = \| y \|$, il existe un hyperplan H tel que $\sigma_H(x) = y$; en outre H est unique si $x \neq y$, $x \neq 0$. En effet, si $x = y$, tout hyperplan contenant x convient, sinon H est nécessairement $H = (y - x)^{\perp}$ et ce dernier convient. Remarquer que H n'est autre que l'hyperplan médiateur de x et y i.e. $H = \{ z \in E : \mathrm{d}(x, z) = \mathrm{d}(y, z) \}$: voir 9.7.5.

8.2.12 THÉORÈME. *Tout $f \in O(E)$ est produit d'au plus $n =$* dim E *symétries hyperplanes.*

Il suffit en effet d'utiliser 8.2.11 et une récurrence ; on se ramène à f avec $f(x) = x$ ($x \neq 0$) mais alors f laisse stable $x^{\perp} = S$ qui est de dimension strictement plus petite que E.

8.2.13 COROLLAIRE. *Si* $\dim E = 1$: $O(E) = \mathrm{Id}_E \cup (-\mathrm{Id}_E)$. *Si* $\dim E = 2$: *tout* $f \in O^-(E)$ *est une symétrie hyperplane*, i.e. *ici par rapport à une droite, tout* $f \in O^+(E)$ *est le produit de deux symétries par rapport à des droites.*

Nous avons donné le nom de théorème à 8.2.12, malgré la simplicité de sa démonstration, à cause de son utilité fondamentale. Lorsque la structure euclidienne est remplacée par une forme quadratique non dégénérée, à cela près quelconque, sur un espace vectoriel de dimension finie sur un corps commutatif quelconque, 8.2.12 reste vrai mais est de démonstration considérablement plus difficile ; cette démonstration sera l'un des objectifs majeurs du chapitre 13.

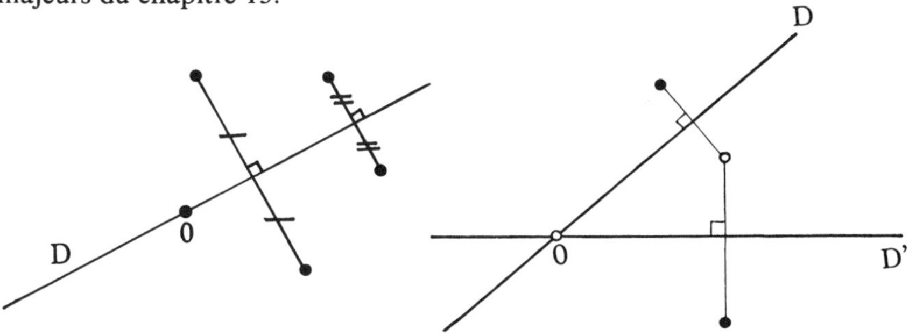

Figure 8.2.13

8.2.14 PLAN DE CE QUI SUIT CONCERNANT L'ÉTUDE DE $O(E)$

Structure d'un élément de $O(E)$: nous étudierons le nombre minimum de symétries hyperplanes (resp. de retournements) en lesquelles peut se décomposer $f \in O(E)$ (resp. $O^+(E)$) (cf. 8.4.5, 8.4.6) ; nous décomposerons un $f \in O(E)$ en produit d'isométries de sous-espaces de dimension 1 ou 2 (cf. 8.2.15), ce qui motivera entre autres l'étude approfondie de $O(2)$ (car $O(1)$ est banal, cf. 8.2.13), le fait essentiel étant que $O^+(2)$ est abélien.

Structure du groupe $O(E)$ *tout entier* : outre que $O^+(2)$ est abélien et l'étude facile du centre de $O(E)$ ou $O^+(E)$, nous montrerons que $O^+(n)$ est simple pour $n = 3$ et $n \geqslant 5$: cf. 8.5. Le cas exceptionnel de $O(4)$, qui effectivement n'est pas simple, sera étudié à l'aide des quaternions en 8.9.10. Les quaternions fournissent une étude fine de $O(3)$ et $O(4)$.

Topologie et topologie algébrique de $O(E)$: nous verrons en 8.4.3 que $O^+(E)$ est connexe par arcs, donc que $O^+(E)$ et $O^-(E)$ sont les deux composantes connexes de $O(E)$. Ensuite nous verrons en 8.10.3 que le groupe fondamental $\pi_1(O(n))$ vaut $\mathbf{Z}$ pour $n = 2$ et $\mathbf{Z}_2$ pour $n \geqslant 3$. Il s'agit là de phénomènes fondamentaux des mathématiques. Que $\pi_1(O(2)) = \mathbf{Z}$ est une pierre angulaire de la théorie des fonctions d'une variable complexe et de la géométrie des courbes planes ; que $\pi_1(O(n)) = \mathbf{Z}_2$ pour $n \geqslant 3$ est la source de développements mathématiques inattendus. Pour tout ceci voir 8.10.3.

8.2.15 LEMME. *Soit $f \in O(E)$. Il existe une somme directe orthogonale $E = \overset{\perp}{\underset{i}{\bigoplus}} P_i$ telle que $f(P_i) = P_i\ \forall i$ et* $\dim P_i = 1$ *ou* $2\ \forall i$.

D'après 7.4.3 il existe $P_1 \subset E$, sous-espace vectoriel de dimension 1 ou 2 tel que $f(P_1) = P_1$. Comme f préserve le produit scalaire, on a donc aussi $f(P_1^{\perp}) = P_1^{\perp}$; mais $\dim P_1^{\perp} < \dim E$, donc une récurrence fait gagner. Pour des démonstrations n'utilisant pas de complexifications, c'est-à-dire restant dans le domaine réel, voir 8.12.2 et 8.12.3.

Ce lemme montre que pour étudier $f \in O(E)$ il suffit d'étudier $O(E)$ lorsque $\dim E = 1$ ou 2 ; pour $\dim E = 1$, c'est fait en 8.2.13, le cas $\dim E = 2$ est l'objet de la section suivante.

8.2.16 CENTRE DE $O(E)$ ET DE $O^+(E)$. Le cas $\dim E = 2$ étant étudié en 8.3, supposons $\dim E \geqslant 3$ et

$$f \in O(E) \mid fg = gf\ \forall g \in O^+(E)\,.$$

Prenons en particulier pour g le retournement σ_V où V est un sous-espace de codimension 2 de E (cf. 8.2.9) ; on a $\sigma_V = g \in O^+(E)$ et $g(x) = x\ \forall x \in V$ donc $f(V) = V$. Ceci ayant lieu pour tout tel V, c'est que $f(D) = D$ pour toute droite vectorielle D, ce qui implique que f est une homothétie : $f = \lambda\,\mathrm{Id}_E$ (cf. 4.5.3). Mais $f \in O(E)$ entraîne $\lambda = \pm 1$ donc $f = \pm\,\mathrm{Id}_E$. En regardant le signe du déterminant de f, on a donc montré que :

8.2.17 PROPOSITION. *Le centre de $O(E)$ est* $\mathrm{Id}_E \cup (-\,\mathrm{Id}_E)$. *Celui de $O^+(E)$ est* $\{\mathrm{Id}_E\}$ *si* dim *E est impaire ; si dimension de E est paire, ce centre est* $\mathrm{Id}_E \cup (-\,\mathrm{Id}_E)$.

8.3 *Structure de $O(E)$ lorsque* dim $E = 2$

Dans toute cette section E est un plan vectoriel euclidien ; E ne sera orienté que lorsque ceci sera explicitement précisé.

8.3.1 LEMME. *Pour une base orthonormale donnée de E et la matrice $M(f)$ de $f \in \mathrm{GL}(E)$ par rapport à cette base :*

(i) $$f \in O^+(E) \Leftrightarrow M(f) = \begin{pmatrix} a & -b \\ b & a \end{pmatrix} \quad \text{et} \quad a^2 + b^2 = 1\,;$$

(ii) $$f \in O^-(E) \Leftrightarrow M(f) = \begin{pmatrix} a & b \\ b & -a \end{pmatrix} \quad \text{et} \quad a^2 + b^2 = 1\,.$$

En outre, pour $f \in O^+(E)$ donnée, les réels a et $|b|$ ne dépendent pas de la base considérée.

Soient $\mathscr{B} = \{e_1, e_2\}$ la base et $M(f) = \begin{pmatrix} a & c \\ b & d \end{pmatrix}$, c'est-à-dire que

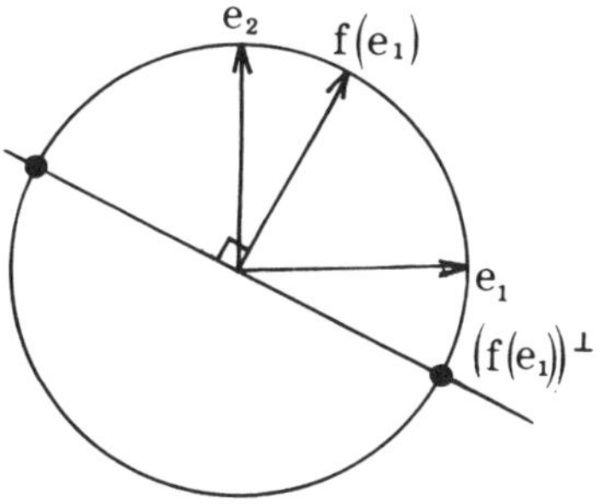

Figure 8.3.1

$f(e_1 = a, b)$, $f(e_2) = (c, d)$. Par hypothèses $f(e_2) \in (f(e_1))^{\perp}$; mais $\dim(f(e_1))^{\perp} = 1$ et $(-b, a) \in (f(e_1))^{\perp}$. Donc $f(e_2) = (-kb, ka)$, $k \in \mathbf{R}$; mais $\|f(e_2)\| = \|f(e_1)\| = 1$ implique $a^2 + b^2 = 1$ et $k = \pm 1$. Quant au scalaire a, il est indépendant de la base si $f \in O^+(E)$ car alors trace $f = 2a$; puis $|b|$, car $b^2 = 1 + a^2$.

8.3.2 REMARQUE. Cette démonstration montre que, e_1 et u de normes 1 étant donnés, il existe une unique $f \in O^{\pm}(E)$ tel que $f(e_1) = u$, car il n'y a pour $f(e_2)$ que *deux* choix, opposés, sur $(f(e_1))^{\perp}$, donc l'un fournit un f dans $O^+(E)$ et l'autre un f dans $O^-(E)$. Cette simple transitivité résulterait aussi de 1.4.4.1.

8.3.3 THÉORÈME. *L'ensemble $O^-(E)$ est celui des symétries par rapport aux droites de E. Le groupe $O^+(E)$ est abélien et simplement transitif sur le cercle $S(E) = \{ x \in E : \| x \| = 1 \}$.*

La première assertion est impliquée par 8.2.13 ; la simple transitivité suit de 8.3.2. La commutativité suit du *calcul* ci-dessous :

8.3.4 $$\begin{pmatrix} a & -b \\ b & a \end{pmatrix}\begin{pmatrix} a' & -b' \\ b' & a' \end{pmatrix} = \begin{pmatrix} aa' - bb' & -(ab' + a'b) \\ ab' + a'b & aa' - bb' \end{pmatrix}.$$

8.3.5 COROLLAIRE. *Si E est orienté, b ne dépend pas de la base orthonormale positive choisie. Si $f \in O^+(E)$, $g \in O^-(E)$: $fg = gf^{-1}$. Tout $f \in O^+(E)$ est le produit de deux symétries par rapport à des droites, droites dont la première peut être choisie arbitrairement.*

Soient $\mathcal{B}$, $\mathcal{B}'$ deux bases orthonormales positives, $f \in O^+(E)$. Les matrices $M_{\mathcal{B}}(f)$ et $M_{\mathcal{B}'}(f)$ sont semblables : $M_{\mathcal{B}'}(f) = (M_{\mathcal{B}}(t))^{-1} M_{\mathcal{B}}(f)\ M_{\mathcal{B}}(t)$, où t est définie par $\mathcal{B}' = t(\mathcal{B})$. Mais donc $t \in O^+(E)$ et $M_{\mathcal{B}'}(f) = M_{\mathcal{B}}(f)$ puisque $O^+(E)$ est abélien. Si $f \in O^+(E)$ et $g \in O^-(E)$, on a $fg \in O^-(E)$ (cf. 8.2.3.2) donc (cf. 8.3.3) fg est une symétrie donc involutive : $fgfg = \mathrm{Id}_E$; or $g \in O^-(E)$ est aussi involutive. Enfin si $f \in O^+(E)$, g une symétrie quelconque de $O^-(E)$. on écrira tout bonnement $f = (fg)\,g$.

8.3.6 PROPOSITION. *On appelle* cosinus, *et* note cos, *l'application* $O^+(E) \to \mathbf{R}$ *définie par* $f \mapsto a$, *où* a *est le scalaire du* 8.3.1. *Si le plan est de plus orienté, on* note sin *et appelle* sinus *l'application* $O^+(E) \to \mathbf{R}$ *définie par* $f \mapsto b$, *où* b *est le scalaire du* 8.3.5. *Pour* E *orienté, l'application*

$$\Theta : O^+(E) \ni f \mapsto \cos f + i \sin f \in \mathbf{C}$$

est un isomorphisme de $O^+(E)$ *sur le groupe* $\mathbf{U}$ *des nombres complexes de module* 1. *En outre cette application* Θ *est un homéomorphisme, si* $O^+(E) \subset$ GL (E) *et* $\mathbf{U} \subset \mathbf{C}$ *sont munis des topologies induites.*

On a un homomorphisme d'après 8.3.4 ; surjectif car $a^2 + b^2 = 1$ dans 8.3.1 et visiblement injectif. Enfin un homéomorphisme car Θ est visiblement continue et $O^+(E)$ compact.

8.3.7 RAPPEL. *L'application* $\Lambda : \mathbf{R} \ni t \mapsto e^{it} \in \mathbf{C}$, *fabriquée avec l'exponentielle complexe* $z \mapsto e^z = \sum_n \frac{z^n}{n!}$, *est un homomorphisme du groupe additif* $\mathbf{R}$ *sur le groupe multiplicatif* $\mathbf{U}$. *En outre le noyau* $\Lambda^{-1}(1)$ *est de la forme* $\xi\mathbf{Z}$, *où* $\xi > 0$. *On* appelle π *le nombre* $\xi/2$, *en sorte que* $\Lambda^{-1}(1) = 2\pi\mathbf{Z}$. *Le cercle* $\mathbf{U}$ *est homéomorphe à l'espace topologique quotient* $\mathbf{R}/2\pi\mathbf{Z}$. *Enfin on appelle aussi* cosinus *et* sinus *les deux applications de* $\mathbf{R}$ *dans* $\mathbf{R}$ *définies par* $\cos t =$ *partie réelle de* e^{it}, $\sin t =$ *partie imaginaire de* e^{it}.

$$\begin{array}{ccc} & & \mathbf{R} \\ & & \downarrow \Lambda \\ O^+(E) & \xrightarrow[\Theta]{} & \mathbf{U} \end{array}$$

8.3.8 Pour une démonstration de 8.3.7 voir par exemple [FL], p. 181-183 ou [CH 2], p. 30.

De 8.3.7 on déduit entre autres que $\mathbf{U}$, donc le cercle $S(E)$ pour tout plan euclidien E, est connexe par arcs puisque $\mathbf{R}$ l'est. Voir aussi 8.12.4.

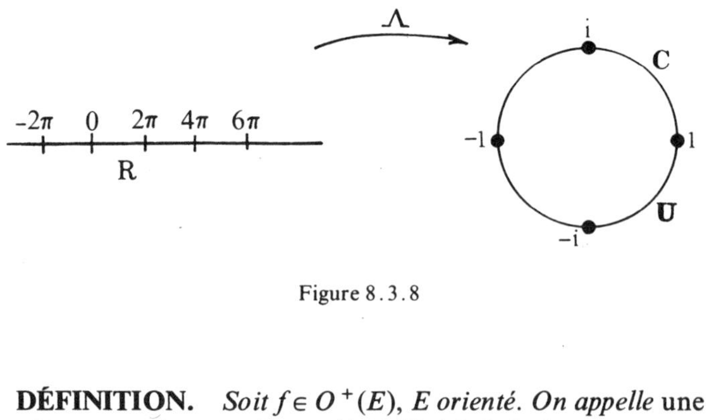

Figure 8.3.8

8.3.9 DÉFINITION. *Soit* $f \in O^+(E)$, E *orienté. On appelle* une mesure *de* f *un élément quelconque* $\theta \in \Lambda^{-1}(\Theta(f))$ (cf. 8.3.6) ; *toute autre mesure est de la forme* $\theta + 2k\pi$, $k \in \mathbf{Z}$.

8.3.10 Si θ est une mesure de f, alors dans toute base orthonormale positive la matrice de f est $\begin{pmatrix} \cos\theta & -\sin\theta \\ \sin\theta & \cos\theta \end{pmatrix}$, où il s'agit des applications cosinus et sinus $\mathbf{R} \to \mathbf{R}$.

8.3.11 NOTES. La fonction restreinte $\cos : [0, \pi] \to [-1, 1]$ est bijective ; on *appelle* Arc cos la bijection inverse. La fonction restreinte $\sin : [0, \pi] \to [0, 1]$ n'est pas bijective, il faut la restreindre à $\left[-\frac{\pi}{2}, \frac{\pi}{2}\right] \to [0, 1]$; la bijection inverse *s'appelle* alors Arc sin.

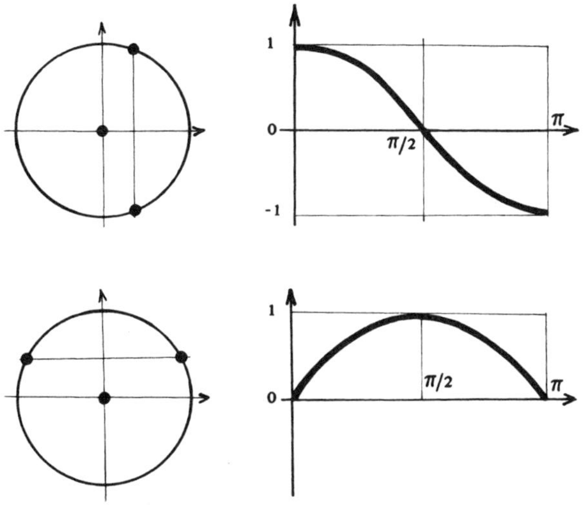

Figure 8.3.11

8.3.12 QUESTION ET RÉPONSE. On identifie souvent $\mathbf{R}^2$ et $\mathbf{C}$; mais on aimerait, comme suggéré par 8.3.6, pouvoir identifier un plan euclidien orienté E à $\mathbf{C}$ de façon intrinsèque. Cela n'est certes pas possible mais, ce qui est possible, c'est de munir E d'une structure de droite complexe en n'utilisant que la structure euclidienne de E et son orientation. Appelons en effet $\partial \in O^+(E)$ la rotation de E dont une mesure est $\pi/2$ et définissons la multiplication scalaire complexe sur E par

$$(\lambda + i\mu)\, x = \lambda x + \mu\, \partial(x)\,.$$

Comme $\partial^2 = -\mathrm{Id}_E$ et $\partial \in \mathrm{GL}(E)$, il en résulte bien que E est un espace vectoriel complexe pour cette loi et l'addition vectorielle de E. Nous retrouverons ∂ d'une autre façon (sans utiliser la mesure) en 8.7.3.5. Remarquer que les éléments de $O^+(E)$ s'identifient aux applications linéaires $z \mapsto az$ où $|a| = 1$ et les homothéties (réelles) de E aux $z \mapsto bz$ où $b \in \mathbf{R}^*$.

8.3.13 NOTES. On pourra trouver coûteux de passer par l'exponentielle complexe pour « mesurer » les angles. Il y a là en fait une difficulté fondamentale et les théories bon marché n'existent pas ; pour s'en convaincre le lecteur pourra consulter [FL], p. 178-186, [DE 2], p. 161-164, [BI 1], chapitre V, § 2 et chapitre VIII, § 2.
Ce qui n'est pas trop difficile c'est de montrer que tout homomorphisme continu surjectif $\mathbf{R} \to \mathbf{U}$ est de la forme $t \mapsto A(kt)$, $k \in \mathbf{R}^*$: voir [FL], p. 184.

8.4 *Structure d'un élément de $O(E)$. Générateurs de $O(E)$ et de $O^+(E)$*

8.4.1 PROPOSITION. *Soit $f \in O(E)$; il existe une base de E, orthonormale et dans laquelle la matrice de f est de la forme*

$$\begin{pmatrix} I_p & & & & & 0 \\ & -I_q & & & & \\ & & A_1 & & & \\ & & & \ddots & & \\ 0 & & & & & A_r \end{pmatrix}$$

où I_p et I_q sont les matrices-unités d'ordre p et q.

$$A_i = \begin{pmatrix} \cos\theta_i & -\sin\theta_i \\ \sin\theta_i & \cos\theta_i \end{pmatrix} \quad \text{avec} \quad \theta_i \in \mathbf{R} \setminus \pi\mathbf{Z} \quad \forall i = 1, \ldots, r.$$

8.4.2 Ce résultat suit de 8.2.15 et 8.3.10. Une telle structure n'est pas unique, non seulement les θ_i ne sont déterminés qu'à $2\pi\mathbf{Z}$ près mais surtout, lorsque certains des angles des A_i sont égaux, la base n'est pas unique ; voir 18.8 pour une illustration. Par contre les morceaux I_p et $-I_q$ sont uniques, à la fois les entiers p et q et les morceaux de la base qui leur correspondent : en effet ce sont ceux associés aux sous-espaces propres de f pour les valeurs propres 1 et -1, $\operatorname{Ker}(\mathrm{Id}_E - f)$, $\operatorname{Ker}(\mathrm{Id}_E + f)$. En particulier p, q, r ne dépendent que de f.

8.4.3 COROLLAIRE. *Le groupe $O(E)$ a deux composantes connexes : $O^+(E)$ et $O^-(E)$, qui sont en outre connexes par arcs. Pour tout espace vectoriel réel de dimension finie E, le groupe* GL (E) *a deux composantes connexes :* $\mathrm{GL}^+(E)$, $\mathrm{GL}^-(E)$, *qui sont en outre connexes par arcs.*

Pour démontrer la dernière assertion, on munira E d'une structure euclidienne quelconque ; alors 8.1.4 montre qu'il suffit de montrer que $O^+(E)$ est connexe par arcs (cf. 2.7.2.9). Soit alors $f \in O^+(E)$ et appliquons 8.4.1 ; avec ces notations, remarquons que q est pair si $\det f = 1$; un chemin continu de f à Id_E dans $O^+(E)$ sera par exemple celui défini, pour $t \in [0, 1]$, par les matrices ci-dessous :

$$\begin{pmatrix} I_p & & & & & & & \\ & B_1(t) & & & & & 0 & \\ & & \ddots & & & & & \\ & & & B_{q'}(t) & & & & \\ & 0 & & & A_1(t) & & & \\ & & & & & \ddots & & \\ & & & & & & A_r(t) \end{pmatrix}$$

avec $$B_1(t) = \cdots = B_{q'}(t) = \begin{pmatrix} \cos \pi t & -\sin \pi t \\ \sin \pi t & \cos \pi t \end{pmatrix}$$

et $$A_i(t) = \begin{pmatrix} \cos t\theta_i & -\sin t\theta_i \\ \sin t\theta_i & \cos t\theta_i \end{pmatrix} \quad (i = 1, \ldots, r) .$$

On peut de la connexité par arcs de $O^+(E)$ donner une démonstration plus élémentaire, en ce sens qu'elle n'utilise, ni 8.4.1 ni la mesure des angles (exponentielle complexe : 8.3.7). Il revient au même de chercher un chemin continu entre deux bases orthonormales $\mathcal{B}$, $\mathcal{B}'$ de même orientation de E. Soient $\mathcal{B} = \{ e_i \}$, $\mathcal{B}' = \{ e'_i \}$; on va se ramener de façon continue à $e_1 = e'_1$, alors la démonstration sera achevée par récurrence, en considérant l'orthogonal $e_1^\perp$. Supposons donc $e_1 \neq e'_1$ et soit P le plan de e_1 et e'_1 ; le cercle $S(P)$ étant connexe par arcs (cf. 8.3.8 et surtout 8.12.4), un chemin continu γ de e_1 à e'_1 sera facilement étendu à un chemin continu de bases de $\mathcal{B}$ à $\mathcal{B}''$, où le premier vecteur de $\mathcal{B}''$ est e'_1.

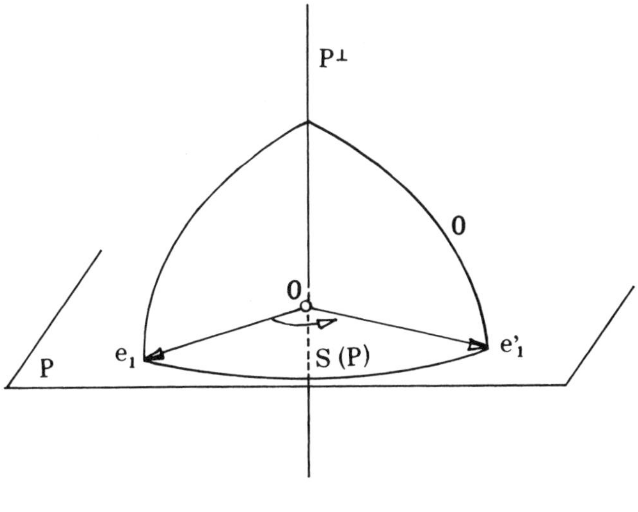

Figure 8.4.3

8.4.4 Nous voulons maintenant préciser, dans le théorème 8.2.12, le nombre minimum de symétries hyperplanes en lesquelles $f \in O(E)$ peut être décomposé. Puis, de même que 8.2.12 dit que les symétries hyperplanes engendrent $O(E)$, montrer que les retournements engendrent $O^+(E)$ et étudier le nombre minimum de retournements nécessaires (si $\dim E \geqslant 3$).

8.4.5 PROPOSITION. *Soient $f \in O(E)$ et*

$$s = \dim E - \dim(\mathrm{Ker}(f - \mathrm{Id}_E))\,;$$

alors f peut être écrit comme un produit de s symétries hyperplanes mais pas d'un nombre $< s$. Si f est un produit de s symétries hyperplanes, l'intersection de ces hyperplans n'est autre que $\mathrm{Ker}(f - \mathrm{Id}_E)$.

Si $f = \sigma_{H_1} \dots \sigma_{H_k}$, alors $H_1 \cap \dots \cap H_k \subset \mathrm{Ker}(f - \mathrm{Id}_E)$ donc $k \geqslant s$; et si $k = s$ nécessairement $H_1 \cap \dots \cap H_s = \mathrm{Ker}(f - \mathrm{Id}_E)$. Soit $f \in O(E)$ et appliquons 8.4.1 ; les s symétries hyperplanes cherchées qui composent f s'obtiennent ainsi : pour chaque vecteur de base $e_j \in \mathrm{Ker}(f + \mathrm{Id}_E)$, on prend la symétrie d'hyperplan $e_j^{\perp}$; pour chaque matrice A_i associée à un plan P_i on décompose (cf. 8.2.13) la rotation considérée de P_i en deux symétries par rapport à des droites de P_i, symétries qui, prolongées par l'identité sur $P_i^{\perp}$, sont des symétries hyperplanes.

8.4.6 PROPOSITION. *Soient $f \in O^+(E)$*, $\dim E \geqslant 3$ *et*

$$s = \dim E - \dim(\mathrm{Ker}(f - \mathrm{Id}_E))\,.$$

Alors f est produit de s retournements.

Ce résultat est faux si $\dim E = 2$ car le seul retournement de E est alors $-\mathrm{Id}_E$, qui n'engendre pas $O^+(E)$, et de loin. Nous n'utiliserons pas 8.4.6 dans la suite (sauf en 8.5.3.1) et en laissons la démonstration en exercice au lecteur (cf. [FL], p. 193), sauf si $\dim E = 3$ auquel cas il résulte de suite de 8.4.7.1 et 8.2.13.

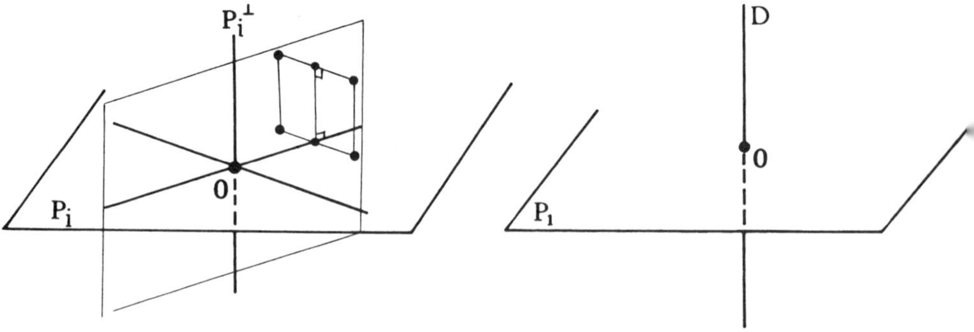

Figure 8.4.6

8.4.7 EXEMPLES

8.4.7.1 $O^+(E)$ en dimension 3. D'après 8.4.1, à tout $f \in O^+(E) \setminus \mathrm{Id}_E$ est associée une droite vectorielle unique D, appelée axe de D ; on dit que f est une rotation d'axe D. En effet $f|_D \in O^+(D^\perp)$ et $D^\perp$ est un plan. A cet f est donc en outre associé un angle (cf. 8.6) dans $[0, \pi]$; si cet angle est π, f est le retournement σ_D. Pour calculer pratiquement cet angle θ, il suffit de remarquer que d'après 8.4.1 la trace de f est $1 + 2\cos\theta$; or cette trace ne dépend pas de la base. Ainsi, pour une base orthonormale quelconque, la matrice $\begin{pmatrix} 0 & 0 & 1 \\ 1 & 0 & 0 \\ 0 & 1 & 0 \end{pmatrix}$ représente une rotation, d'angle $2\pi/3$ et d'axe engendré par le vecteur $(1, 1, 1)$; noter que cette rotation est d'ordre 3. Nous avons utilisé l'unicité de l'axe de $f \in O^+(E)$ essentiellement dans 1.8.3.1.

8.4.7.2 $O^-(E)$ en dimension 3. D'après 8.4.1, on voit que tout $f \in O^-(E)$ est la composée de la symétrie hyperplane σ_H (dim $H = 2$ ici) suivie d'une rotation d'axe de la droite $D = H^\perp$.

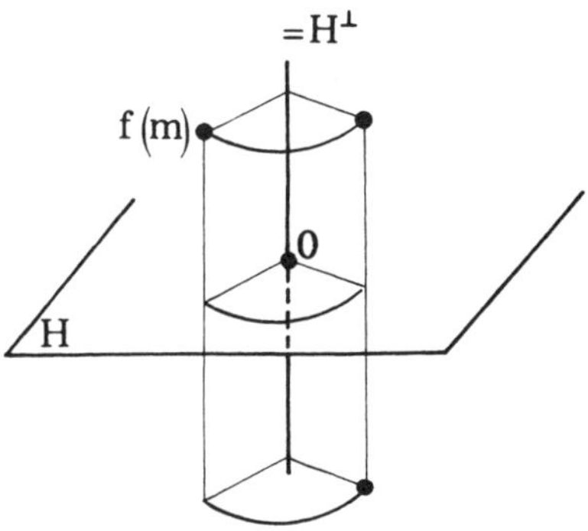

Figure 8.4.7.2

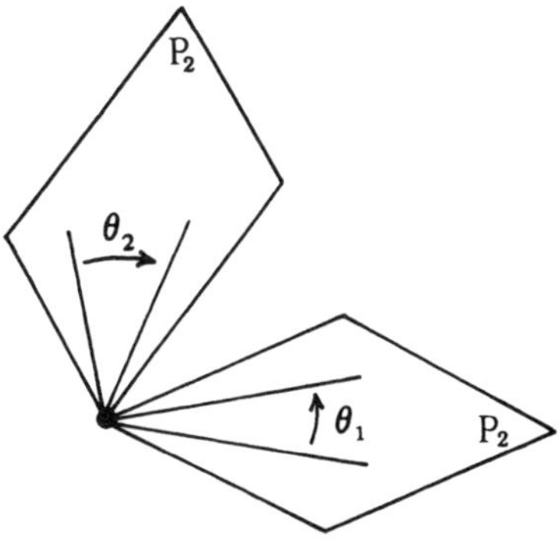

Figure 8.4.7.3

8.4.7.3 Si dim $E = 4$, on trouve le premier cas, autre que celui de $O^+(2)$, où $f \in O(E)$ peut n'admettre aucun vecteur propre, à savoir avec les notations de 8.4.1 :

$$M(f) = \begin{pmatrix} \cos\theta_1 & -\sin\theta_1 & 0 & 0 \\ \sin\theta_1 & \cos\theta_1 & 0 & 0 \\ 0 & 0 & \cos\theta_2 & -\sin\theta_2 \\ 0 & 0 & \sin\theta_2 & \cos\theta_2 \end{pmatrix} \quad \text{et} \quad \theta_1, \theta_2 \notin \pi\mathbf{Z}.$$

Deux cas, en quelque sorte extrêmes, sont intéressants ; le premier est celui où $\theta_1 = \theta_2$, ce n'est autre que l'exemple déjà rencontré 1.2.9 et 4.3.6.2, nous lui consacrerons toute la section 18.8.

Le second est celui où θ_1, θ_2 sont « incommensurables », comme disaient les Grecs, à savoir $\theta_1/\theta_2 \notin \mathbf{Q}$, le corps des nombres rationnels. Alors l'orbite de $m \in E \setminus 0$ sous l'action du groupe $G = \{ f^n : n \in \mathbf{Z} \}$ engendré par f est intéressante à contempler : son adhérence est une sous-variété différentielle de E qui est homéomorphe à un tore ; ceci est relié à 18.9. La figure 8.4.7.4 représente, non l'orbite de f, mais celle du groupe des rotations de matrices

$$\begin{pmatrix} \cos t\theta_1 & -\sin t\theta_1 & 0 & 0 \\ \sin t\theta_1 & \cos t\theta_1 & 0 & 0 \\ 0 & 0 & \cos t\theta_2 & -\sin t\theta_2 \\ 0 & 0 & \sin t\theta_2 & \cos t\theta_2 \end{pmatrix}$$

où t parcourt $\mathbf{R}$ (et θ_1, θ_2 fixes avec $\theta_1/\theta_2 \notin \mathbf{Q}$). On prendra garde à ce que la figure 8.4.7.4 représente seulement le type topologique de l'orbite et de son adhérence mais pas du tout cette orbite dans l'espace à quatre dimensions E (et pour cause !).

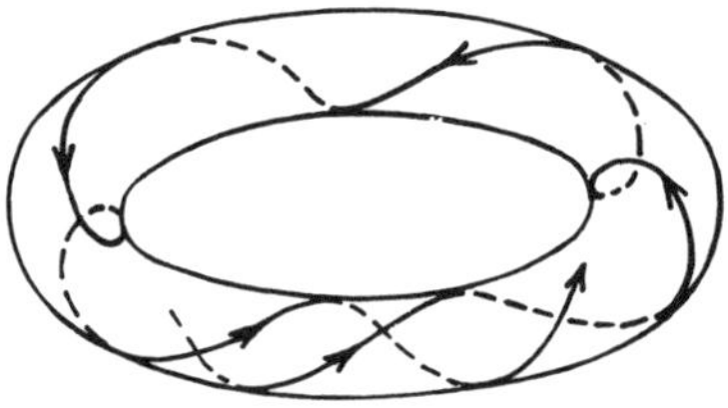

Figure 8.4.7.4

8.5 *Simplicité de $O(E)$*

Il s'agit là d'un exemple typique d'« algèbre géométrique », obtention d'une propriété purement algébrique par une démonstration géométrique ; nous avons déjà rencontré 1.6.7.2 et nous aurons l'ensemble du chapitre 13. C'est un renversement passager de l'esprit général de cet ouvrage qui est d'utiliser quand besoin est l'algèbre comme outil pour faire de la géométrie, le plus souvent plastique.

8.5.1 THÉORÈME. *Le groupe $O^+(3)$ est simple, c'est-à-dire n'admet aucun sous-groupe distingué non banal* (i.e. *autre que l'élément neutre et le groupe tout entier*).

Il suffit de montrer que $G \subset O^+(3)$, sous-groupe distingué $\neq$ Id, contient au moins un retournement ; car si g est un retournement autour de la droite D et $f \in O^+(3)$, fgf^{-1} est le retournement autour de $f(D)$ et appartient encore à G. Mais $O^+(3)$ est transitif sur les droites de $\mathbf{R}^3$ (cf. 8.2.7), donc G contiendra tous les retournements donc sera égal à $O^+(3)$ d'après 8.4.6.

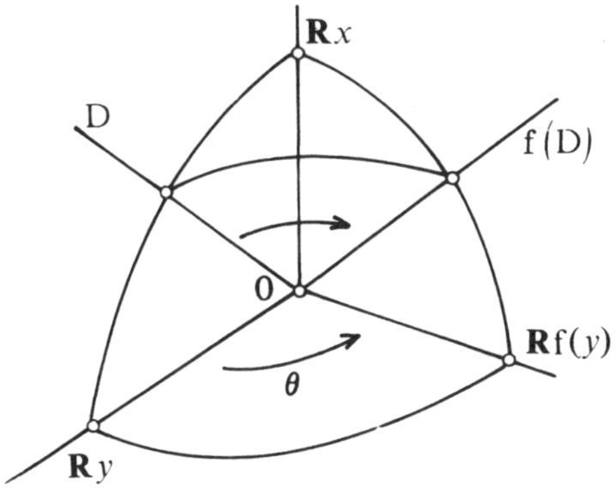

Figure 8.5.1

Soit $f \in G$ quelconque, $f \neq \mathrm{Id}_E$; c'est donc (cf. 8.4.7.1) une rotation d'axe $\mathbf{R}x$, $x \in \mathbf{R}^3 \setminus 0$, et d'angle $\theta \in]0, \pi[$ (si $\theta = \pi$, f est un retournement). Comme $f^n \in G$, $n \in \mathbf{N}$, il existe n tel que $n\theta \in [\pi/2, \pi[$; on peut donc supposer que $\theta \in]\pi/2, \pi[$. Alors il existe une droite D telle que les deux droites D et $f(D)$ soient orthogonales ; pour le voir prenons des axes de coordonnées $\{ x, y, z \}$ de $\mathbf{R}^3$, où $\mathbf{R}x$ est l'axe de f, y quelconque orthogonal à x et $z = f(y)$. Lorsque la droite D varie dans le plan $\mathbf{R}x + \mathbf{R}y$ de $\mathbf{R}y$ à $\mathbf{R}x$ l'angle de D et $f(D)$ varie de $\theta > \pi/2$ à 0 donc prend quelque part la valeur $\pi/2$. Posons alors $g = \sigma_D$, le retournement autour de D et

$$h = gfg^{-1}f^{-1} \in G ;$$

or l'effet de h sur $f(D)$ vaut :

$$f(D) \ni m \underset{f^{-1}}{\mapsto} f^{-1}(m) \underset{g^{-1}}{\mapsto} f^{-1}(m) \underset{f}{\mapsto} m \underset{g}{\mapsto} -m \in f(D) ,$$

c'est-à-dire que $h|_{f(D)} = -\mathrm{Id}_{f(D)}$ et donc h est nécessairement un retournement (autour d'une droite orthogonale à $f(D)$, cf. 8.4.7.1).

8.5.2 NOTE. On peut regretter, pour ce résultat algébrique en fin de compte, d'avoir utilisé les nombres réels, en particulier l'axiome d'Archimède pour trouver n avec $n\theta \geqslant \pi/2$; en fait cet argument doit nécessairement être utilisé, le lecteur trouvera dans [AN], p. 179 up, un exemple d'un groupe orthogonal, pour un espace de dimension 3 muni d'une forme quadratique définie positive sur un corps non archimédien, qui n'est pas simple.

8.5.3 THÉORÈME. *Modulo son centre* (cf. 8.2.17) *le groupe $O^+(n)$ est simple pour tout $n \geqslant 5$.*

8.5.3.1 Soit G un sous-groupe distingué de $O^+(n)$, $f \in O^+(n) \setminus$ centre. Le but est de fabriquer à l'aide de f un $g \in G$ qui soit de la forme $g' \overset{\perp}{\oplus} \mathrm{Id}_V$ avec $\dim V = n - 3$, cette écriture signifiant que l'on a la somme directe orthogonale $\mathbf{R}^n = V \overset{\perp}{\oplus} V^\perp$, que $g' \in O^+(V^\perp)$ et que g est obtenu en composant g' sur $V^\perp$ prolongé par l'identité sur V. En effet la démonstration de 8.5.1 fournira un retournement de $V^\perp$ qui, prolongé par l'identité sur V, sera un retournement dans $\mathbf{R}^n$ et dans G, d'où $G = O^+(n)$ d'après 8.4.6.

8.5.3.2 Il existe un plan P tel que $f(P) \neq P$, sinon toute droite de $\mathbf{R}^n$ serait invariante par f donc f dans le centre de $O^+(E)$, cf. 8.2.16. Soit S le sous-espace engendré par P et $f(P)$: $S = P + f(P)$; comme $n \geqslant 5$ on a $S^\perp \neq \{0\}$. Considérons le retournement autour de $P^\perp : h = \sigma_{P^\perp}$, et posons $k = hfh^{-1}f^{-1}$, c'est-à-dire que $k = \sigma_{P^\perp}\sigma_{f(P^\perp)}$, en particulier $k|_{S^\perp} = \mathrm{Id}_{S^\perp}$ et $k \in G \setminus$ centre. Fixons un $x \in S^\perp \setminus 0$ et y tel que

$$z = k(y) \neq y .$$

Pour tout $u \in \mathbf{R}^n \setminus 0$ notons $t_u = \sigma_{u^\perp}$ la symétrie hyperplane autour de l'hyperplan $u^\perp$. Alors successivement : $l = t_y t_x \in O^+(n)$,

$$g = klk^{-1}l^{-1} \in G \setminus \text{centre}$$

et

$$g = kt_y t_x k^{-1} t_x t_y = kt_y k^{-1} t_x t_x t_y = t_{k(y)} t_y = t_z t_y$$

(parce que $kt_x k^{-1} = t_{k(x)} = t_x$ donc $kt_x = t_x k$). Or $g = t_z t_y$ est bien de la forme cherchée $g = g' \oplus \mathrm{Id}_V$ avec $\dim V^\perp = 3$ (en fait ici $V^\perp \subset S$).

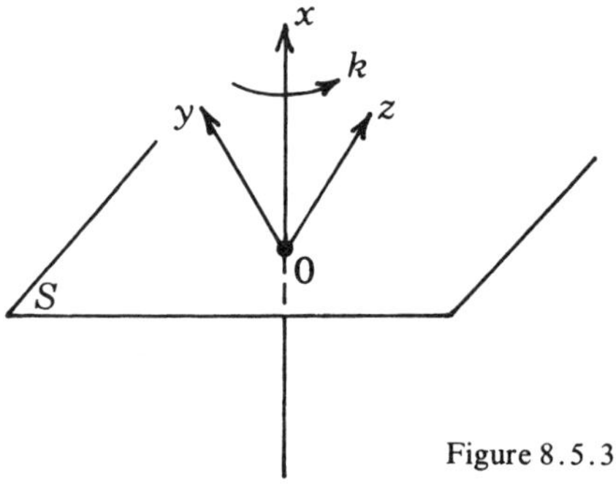

Figure 8.5.3.2

8.5.3.3 Que se passe-t-il donc pour $O(4)$? La réponse sera donnée en 8.9.10. Pour la simplicité des « groupes classiques » la référence de base est [DE 1] ; voir aussi 13.6.8 et 13.7.14.

8.6 *Angles de droites et de demi-droites*

Dans cette section $\dim E \geqslant 2$.

Il s'agit ici d'angles non orientés, par opposition aux angles orientés de droites ou demi-droites d'un plan euclidien qui feront l'objet de la prochaine section. Les angles (non orientés) de cette section ont lieu dans un espace euclidien de dimension quelconque, un plan éventuellement. En outre, dans tout ce chapitre, il ne s'agit que de droites vectorielles, le cas affine sera traité dans le chapitre suivant (cf. 9.2.1).

8.6.1 DEMI-DROITES, DROITES ORIENTÉES. Soit E un espace vectoriel réel quelconque ; une *demi-droite* de E est une partie de E de la forme $\mathbf{R}_+^* x$, $x \in E \setminus 0$, leur ensemble est *noté* $\tilde{\mathfrak{D}}(E)$. L'ensemble des droites vectorielles de E, alias la grassmannienne $G_{E,1}$, sera ici *notée* $\mathfrak{D}(E)$; on a une application $p : \tilde{\mathfrak{D}}(E) \to \mathfrak{D}(E)$, dont toutes les images inverses ont deux éléments.

Précisément si $\Delta \in \tilde{\mathfrak{D}}(E)$, la demi-droite *opposée* $-\Delta$ est telle que

$$p(-\Delta) = p(\Delta) = \mathbf{R}x \quad \text{si} \quad x \in \Delta .$$

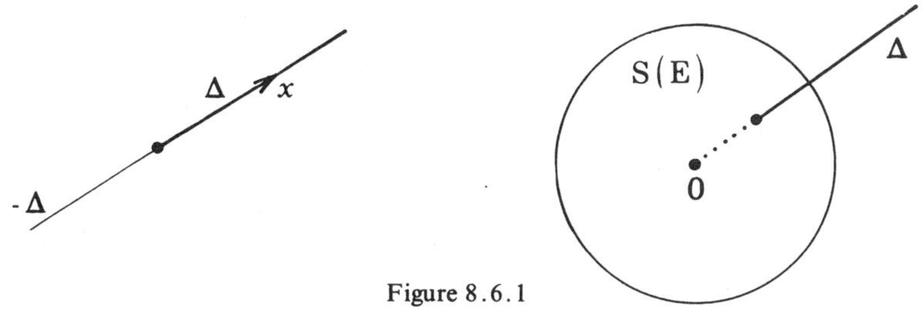

Figure 8.6.1

Rappelons que $\mathfrak{D}(E)$ n'est autre que l'espace projectif $P(E)$ (cf. 4.1.3.4) ; quant à $\tilde{\mathfrak{D}}(E)$ il s'interprète agréablement si E est de plus euclidien, car $x \mapsto \dfrac{x}{\|x\|}$ détermine une bijection $\tilde{\mathfrak{D}}(E) \to S(E)$, où $S(E)$ désigne la sphère-unité de E.

Enfin il y a équivalence entre $\tilde{\mathfrak{D}}(E)$ et l'ensemble des droites vectorielles de E munies d'une orientation (cf. 2.7.2).

8.6.2 La définition suivante se justifie, d'une part par la mesure des angles (cf. 8.3.7, 8.3.11) et d'autre part par 8.6.6.

8.6.3 DÉFINITIONS. *Soient E un espace vectoriel euclidien,*

$$\Delta, \Delta' \in \tilde{\mathfrak{D}}(E) \quad \text{et} \quad D, D' \in \mathfrak{D}(E) .$$

Alors :

(i) *Le scalaire* $\dfrac{|(x \mid x')|}{\|x\| \, \|x'\|}$ *ne dépend que de D, D' et non de $x \in D \setminus 0$, $x' \in D' \setminus 0$. On appelle* angle (*non orienté*) *de D, D', et* note $\overline{DD'}$ *ou* $\overline{D, D'}$, *le réel* $\in [0, \pi/2]$ *défini par* (cf. 8.3.11)

$$\overline{DD'} = \text{Arc cos}\left(\frac{|(x \mid x')|}{\|x\| \, \|x'\|}\right) \quad \textit{pour} \quad x \in D \setminus 0 , \quad x' \in D' \setminus 0 ;$$

(ii) *Le scalaire* $\dfrac{(x \mid x')}{\|x\| \, \|x'\|}$ *ne dépend que de Δ, Δ' et non de $x \in \Delta \setminus 0$, $x' \in \Delta' \setminus 0$. On appelle* angle (*non orienté*) *de Δ, Δ', et note $\overline{\Delta\Delta'}$, ou $\overline{\Delta, \Delta'}$ le réel* $\in [0, \pi]$ *défini par*

$$\overline{\Delta\Delta'} = \text{Arc cos}\left(\frac{(x \mid x')}{\|x\| \, \|x'\|}\right).$$

8.6.4 Autrement dit :

$$\cos(\overline{DD'}) = \frac{|(x \mid x')|}{\|x\|\,\|x'\|}, \qquad \cos(\overline{\Delta\Delta'}) = \frac{(x \mid x')}{\|x\|\,\|x'\|}.$$

D'après 8.3.11 il y a seulement à vérifier que $\dfrac{|(x \mid x')|}{\|x\|\,\|x'\|} \in [-1, 1]$, ce qui est dans 8.1.3.

8.6.5 NOTES. D'après 8.1.3 on voit que : $\overline{DD'} = 0$ (resp. $\overline{\Delta\Delta'} = 0$) est équivalent à $D = D'$ (resp. $\Delta = \Delta'$) ; que $\overline{\Delta\Delta'} = \pi$ si et seulement si $\Delta' = -\Delta$ et $\overline{\Delta\Delta'} = \pi/2$ (ou $\overline{DD'} = \pi/2$) si et seulement si Δ, Δ' (ou D, D') sont orthogonales.
Ces angles sont *héréditaires* : si $F \subset E$ est un sous-espace contenant Δ, Δ', alors l'angle $\overline{\Delta\Delta'}$ est le même dans F ou dans E. Itou pour $\mathfrak{D}(E)$.
L'angle, sur $\tilde{\mathfrak{D}}(E)$ et sur $\mathfrak{D}(E)$, vérifie deux des axiomes des distances ; nous verrons amplement en 9.9.8, en 18 et en 19.1 que ce sont effectivement des distances. Pour $\tilde{\mathfrak{D}}(E)$, il s'agit de la distance intrinsèque sur la sphère $S(E)$, pour $\mathfrak{D}(E)$ de la géométrie elliptique sur l'espace projectif $P(E)$.

8.6.6 PROPOSITION. *Si l'on fait agir $O(E)$ sur $\tilde{\mathfrak{D}}^2(E)$, $\mathfrak{D}^2(E)$ par l'action banale sur les couples $g(\cdot, \cdot) = (g(\cdot), g(\cdot))$, alors :*

(i) *pour l'action de $O(E)$: (D, D') et (D_1, D'_1) appartiennent à la même orbite si et seulement si $\overline{DD'} = \overline{D_1D'_1}$, (Δ, Δ') et (Δ_1, Δ'_1) appartiennent à la même orbite si et seulement si $\overline{\Delta\Delta'} = \overline{\Delta_1\Delta'_1}$;*

(ii) *pour l'action de $O^+(E)$ les deux conclusions de* (i) *restent valables si* $\dim E \geqslant 3$, *pour* $\dim E = 2$ *elles sont toutes deux fausses.*

Autrement dit on a paramétré les orbites de $O(E)$ dans $\tilde{\mathfrak{D}}^2(E)$ (resp. $\mathfrak{D}^2(E)$) *par un réel dans* $[0, \pi]$ (resp. $[0, \pi/2]$) ; *et les orbites de $O^+(E)$ sont les mêmes que celles de $O(E)$ si* $\dim E \geqslant 3$.

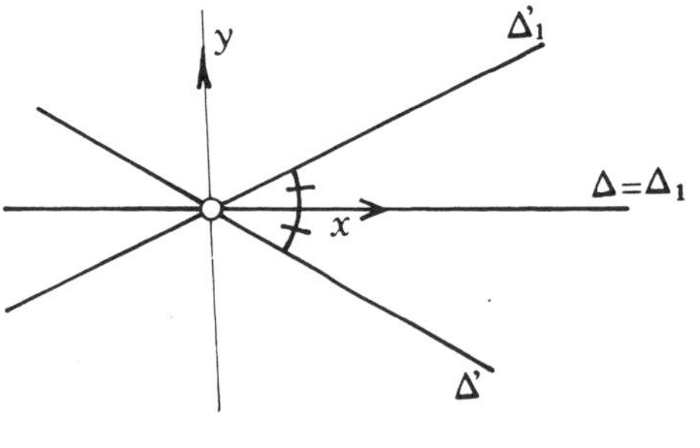

Figure 8.6.6

Démontrons par exemple le cas de $\tilde{\mathfrak{D}}(E)$, le cas des droites n'offre pas de difficulté supplémentaire. D'après 8.2.7, on peut supposer à la fois que Δ, Δ', Δ_1, Δ'_1 sont dans un même plan de E et que $\Delta = \Delta_1$; choisissons une base orthonormale $\{x, y\}$ de notre plan, telle que $x \in \Delta = \Delta_1$, et $x' \in \Delta'$,

$x_1' \in \Delta_1'$ avec $\| x' \| = \| x_1' \| = 1$. Par définition de $\overline{\Delta\Delta'}$, $\overline{\Delta_1\Delta_1'}$, les deux vecteurs x', x_1' ont même coordonnée en x ; comme ils sont de norme 1, leurs coordonnées sur y sont égales ou opposées. Si elles sont égales $\Delta' = \Delta_1'$ et nous avons terminé, si elles sont opposées la symétrie σ_Δ vérifie

$$\sigma_\Delta(\Delta') = \Delta_1' .$$

Et si $\dim E \geqslant 3$, cette σ_Δ sera prolongeable en un retournement de E. Si $\dim E = 2$, le cas de la figure est le contre-exemple cherché.

8.6.7 QUESTION. Un scalaire entre $[0, \pi/2]$ caractérise donc les paires de droites déductibles par isométries ; on peut se poser la même question pour les couples de sous-espaces (V, W) de E, de dimensions données. Pour $\dim E = 3$, on les classe avec un scalaire entre $[0, \pi/2]$ facilement : si $\dim V = \dim W = 2$, on prendra l'angle des droites orthogonales $V^\perp$, $W^\perp$. Si $\dim V = 1$ et $\dim W = 2$, on prendra $\inf\{ \overline{VD} : D \subset W \}$ (d'ailleurs cette borne inférieure est réalisée par la droite D, projection orthogonale de V sur W).
Mais dès que $\dim E = 4$, typiquement pour $\dim V = \dim W = 2$, il n'est plus possible de classer les orbites sous l'action de $O(E)$ par un seul paramètre réel. On trouvera une réponse complète à cette question dans le cas le plus général dans [FL], p. 310-316.

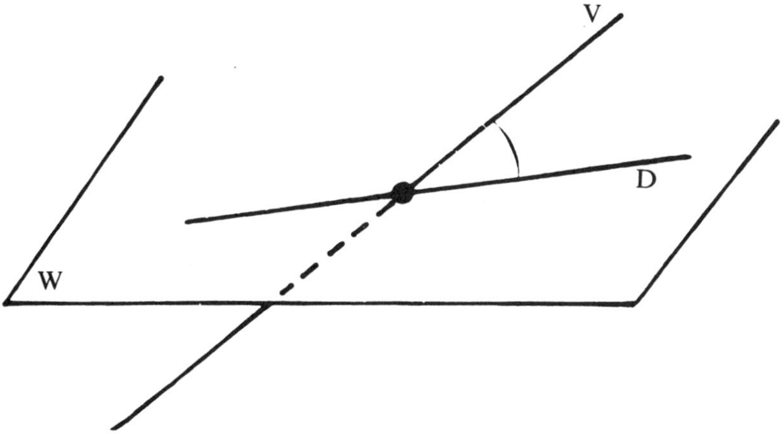

Figure 8.6.8

8.7 *Angles orientés dans un plan*

Dans cette section $\dim E = 2$

8.7.1 Le 8.6.6 (ii) montre que, pour classer les orbites, sous $O^+(E)$, de $\tilde{\mathfrak{D}}^2(E)$ ou $\mathfrak{D}^2(E)$ lorsque E est un plan euclidien, les angles (dans $[0, \pi]$ ou $[0, \pi/2]$) ne suffisent plus ; il faut introduire un invariant plus fin. La théorie qui va suivre, très abstraite pour étudier de simples angles de droites, est cependant inévitable, en ce sens qu'il n'existe pas de théorie plus naïve, moins lourde ; pour une justification de cela, le lecteur pourra consulter [FL], p. 160-186. Pour apprécier le gain de clarté, on pourra aussi consulter des exposés anciens tels que [IR], [DC 1], où traînent des « mod $k\pi$ » ou « mod 2 $k\pi$ » dans toutes les relations d'angles orientés.
L'invariant plus fin obtenu, quoique plus cher, la notion d'angle orienté, permettra en échange d'obtenir des résultats élégants et rapides dans les chapitres suivants : voir par exemple 10.9.

8.7.2 ANGLES ORIENTÉS DE DROITES ORIENTÉES

8.7.2.1 Comme $O^+(E)$ est simplement transitif sur $\tilde{\mathfrak{D}}^2(E)$ (cf. 8.3.3), c'est qu'il existe une application, *notée* $\Phi : \tilde{\mathfrak{D}}^2(E) \to O^+(E)$. Cette application détermine une relation d'équivalence sur $\tilde{\mathfrak{D}}^2(E)$ (points ayant même image) ; d'autre part l'opération de $O^+(E)$ sur $\tilde{\mathfrak{D}}^2(E)$ détermine une autre relation d'équivalence, celles des orbites (cf. 1.6). La remarque plaisante est que :

8.7.2.2 Lemme. *Ces deux relations d'équivalence sont les mêmes.*

La première est $(\Delta, \Delta') \sim (\Delta_1, \Delta_1')$ si $\exists g \in O^+(E)$ avec $\Delta' = g(\Delta)$ et $\Delta_1' = g(\Delta_1)$, la seconde est $\exists f \in O^+(E)$ telle que $\Delta_1 = f(\Delta)$ et $\Delta_1' = f(\Delta')$. Elles coïncident donc parce que $O^+(E)$ est abélien.

Sans donc avoir à préciser pour laquelle de ces deux relations d'équivalence on définira l'ensemble quotient $\tilde{\mathfrak{A}}(E) = \tilde{\mathfrak{D}}^2(E)/\mathfrak{R}$, la projection canonique $\Phi : \tilde{\mathfrak{D}}^2(E) \to \tilde{\mathfrak{A}}(E)$ et l'application $\underline{\Phi}$ déduite de Φ par passage au quotient : $\underline{\Phi} : \tilde{\mathfrak{A}}(E) \to O^+(E)$. Comme Φ est surjective, $\underline{\Phi}$ est bijective par construction.

$$\begin{array}{ccc} \tilde{\mathfrak{D}}^2(E) & & \\ & \searrow^{\Phi} & \\ {\scriptstyle p}\downarrow & & O^+(E) \\ & \nearrow_{\underline{\Phi}} & \\ \tilde{\mathfrak{A}}(E) & & \end{array}$$

8.7.2.3 Définition. *On appelle* $\tilde{\mathfrak{A}}(E)$ *l'ensemble des* angles orientés de droites orientées *de* E ; *on le munit de la structure de groupe, notée additivement, déduite par* $\underline{\Phi}$ *de celle de* $O^+(E)$. *L'*angle orienté *de* $\Delta, \Delta' \in \tilde{\mathfrak{D}}(E)$ *est* $p((\Delta, \Delta'))$; *on le* note $\widehat{\Delta\Delta'}$ *ou* $\widehat{\Delta, \Delta'}$.

Nous listons maintenant des propriétés utiles des angles orientés, qui ne sont pour la plupart que des reformulations de ce qui précède ou des banalités.

8.7.2.4 Propriétés. *Pour des droites orientées quelconques :*

(1) $\Delta' = f(\Delta), f \in O^+(E) \Leftrightarrow \underline{\Phi}(\widehat{\Delta\Delta'}) = f$, *en particulier*

$$\widehat{\Delta\Delta'} = 0 \Leftrightarrow \Delta = \Delta' ;$$

(2) $\widehat{\Delta\Delta'} = \widehat{\Delta_1\Delta_1'} \Leftrightarrow \exists f \in O^+(E) \mid f(\Delta) = \Delta_1$ *et* $f(\Delta') = \Delta_1'$;

(3) $\widehat{\Delta\Delta'} = \widehat{\Delta_1\Delta_1'} \Leftrightarrow \widehat{\Delta\Delta_1} = \widehat{\Delta'\Delta_1'}$;

(4) $\widehat{\Delta\Delta'} + \widehat{\Delta'\Delta''} = \widehat{\Delta\Delta''}$ (*relation de Chasles*), *en particulier* $\widehat{\Delta'\Delta} = -\widehat{\Delta\Delta'}$;

(5) $\forall f \in O^+(E)$ (resp. $O^-(E)$) : $\widehat{f(\Delta)\, f(\Delta')} = \Delta\Delta'$ (resp. $= -\widehat{\Delta\Delta'}$).

La seule propriété qui ne découle pas des définitions et de 8.7.2.2 est le cas $f \in O^-(E)$ dans (5), qui lui découle directement de 8.3.5.

8.7.2.5 Remarques. Il n'est donc pas nécessaire d'orienter E pour y définir des angles orientés ; par contre il faut orienter E si l'on veut mesurer ces angles.

Le lecteur rapprochera certaines des propriétés ci-dessus de celles des espaces affines : relation de Chasles, règle du parallélogramme ($\overrightarrow{ab} = \overrightarrow{cd} \Leftrightarrow \overrightarrow{ac} = \overrightarrow{bd}$) et remarquera qu'elles sont vraies pour tout groupe abélien simplement transitif.

8.7.3 LA DIVISION PAR 2 DANS $\mathfrak{U}$(E); BISSECTRICES. Il s'agit de résoudre l'équation $2x = a$ dans le groupe $\mathfrak{U}(E)$. On résout d'abord l'équation $2x = 0$, ou encore $f^2 = \mathrm{Id}_E$ dans $O^+(E)$. Si

$$M(f) = \begin{pmatrix} a & -b \\ b & a \end{pmatrix},$$

d'après 8.3.4 on doit avoir $a^2 = 1$ d'où $a = \pm 1$ et $b = 0$, soit $f = \pm \mathrm{Id}_E$. On peut aussi voir cela en utilisant la structure des involutions, fournie par 8.2.9.

8.7.3.1 Proposition. *L'équation* $2x = 0$ *a exactement deux solutions,* 0 *et* $\underline{\Phi}^{-1}(-\mathrm{Id}_E)$; *on* note ϖ *cet angle orienté, et on l'appelle l'angle* plat. *On a* : $\widehat{\Delta\Delta'} = \varpi \Leftrightarrow \Delta' = -\Delta$, *où* $-\Delta$ *désigne la demi-droite définie par* Δ *munie de l'autre orientation.*

Enfin une troisième démonstration de 8.7.3.1 résulterait de ce qui va suivre.

8.7.3.2 Définition. *On appelle* bissectrice *des deux droites orientées* Δ, Δ' *toute droite orientée* Σ *telle que* $\widehat{\Delta\Sigma} = \widehat{\Sigma\Delta'}$.

D'après 8.7.2.4 (4) et (5), dire que Σ est bissectrice de Δ, Δ' équivaut à dire que la symétrie σ_Σ autour de Σ (cf. 8.2.9) vérifie $\sigma_\Sigma(\Delta) = \Delta'$. Or l'étude 8.2.11 montre que la droite supportant Σ, telle que $\sigma_\Sigma(\Delta) = \Delta'$, est unique, parce qu'une droite orientée admet un vecteur unitaire positif unique.

Donc Δ, Δ' admettent toujours exactement deux bissectrices, opposées, $\pm \Sigma$. Enfin $\widehat{\Delta\Sigma} = \widehat{\Sigma\Delta'}$ implique $\widehat{\Delta\Delta'} = 2\,\widehat{\Delta\Sigma}$, d'où la:

8.7.3.3 Proposition. *Deux droites orientées Δ, Δ' admettent toujours deux bissectrices, portées par la même droite et opposées. Pour tout $a \in \tilde{\mathfrak{A}}(E)$, l'équation $2\,x = a$ admet exactement deux solutions de la forme $\{ b, b + \varpi \}$. Si $\widehat{\Delta\Delta'} = a$, les x solutions de $2\,x = a$ sont donnés par les bissectrices Σ de Δ, Δ' à l'aide de la relation $x = \widehat{\Delta\Sigma}$.*

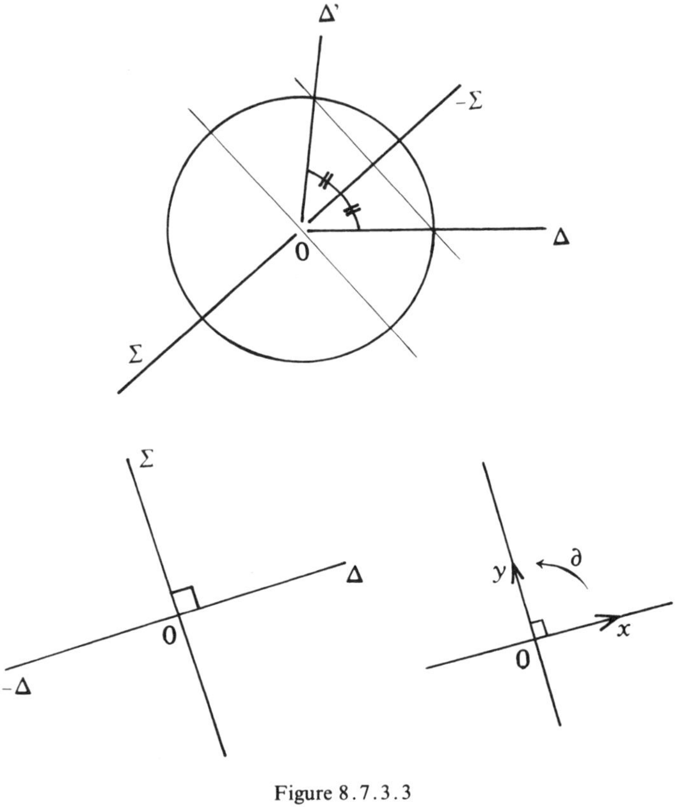

Figure 8.7.3.3

8.7.3.4 L'équation $2\,x = \varpi$ joue un rôle intéressant, car si x est tel que $2\,x = \varpi$ et $\widehat{\Delta\Delta'} = x$, alors les deux droites portant Δ, Δ' sont orthogonales, et réciproquement. Pour le voir, on peut utiliser les matrices et 8.3.4 : pour $\begin{pmatrix} a & -b \\ b & a \end{pmatrix}$, on trouve la condition $a = 0$ d'où $b = \pm 1$; ou géométriquement, remarquer que les bissectrices de deux droites Δ, $-\Delta$ sont orthogonales à Δ car la droite D portant Δ doit être invariante par σ_Σ et distincte de D. En outre les solutions de $2\,x = \varpi$ sont liées à l'orientation comme suit :

8.7.3.5 Proposition. *Les solutions de* $2x = \varpi$ *s'appellent les* angles droits *de* $\tilde{\mathfrak{A}}(E)$. *Choisir l'un de ces angles droits est équivalent à orienter E comme suit : si* ∂ *est l'angle choisi, la base* $\{x, y\}$ *orthonormale est positive si et seulement si* $y = \underline{\Phi}(\partial)(x)$.

Remarquer que notre ∂ ici est bien en accord avec celui du 8.3.12.

8.7.4 CAS OÙ *E* EST ORIENTÉ ; MESURE DES ANGLES ORIENTÉS. Supposons dans ce 8.7.4 le plan euclidien E orienté, et appliquons 8.3.6 et 8.3.9 pour donner la :

8.7.4.1 Définition. *On appelle* mesure (*une mesure*) *d'un angle orienté* α *de* $\tilde{\mathfrak{A}}(E)$ *toute mesure de* $\underline{\Phi}(\alpha)$, i.e. *tout élément de* $\Lambda^{-1}(\Theta(\underline{\Phi}(\alpha)))$.

$$\begin{array}{ccccc} & & & & \mathbf{R} \\ & & & & \downarrow \Lambda \\ \tilde{\mathfrak{A}}(E) & \underset{\underline{\Phi}}{\rightarrow} & O^{+}(E) & \underset{\Theta}{\rightarrow} & \mathbf{U} \end{array}$$

8.7.4.2 Exemples. Une mesure de ϖ est π, une mesure de ∂ est $\pi/2$. Si t est une mesure de α, toute autre mesure de α est de la forme $t + 2k\pi$ avec $k \in \mathbf{Z} \setminus 0$.

A l'aide des mesures, on peut montrer que l'équation $nx = a$ dans $\tilde{\mathfrak{A}}(E)$ a pour tout entier $n \geqslant 1$ et tout $a \in \tilde{\mathfrak{A}}(E)$, exactement n solutions distinctes : cf. 8.12.7.

8.7.5 RAPPORTS ENTRE $\overline{\Delta\Delta'}$ ET $\widehat{\Delta\Delta'}$. Ce qui suit suppose E orienté ; si E ne l'est pas *a priori*, on l'orientera pour les besoins de la cause. Soient Δ, Δ' deux droites orientées, que l'on considérera ici plutôt comme des demi-droites (cf. 8.6.1) ; alors $\widehat{\Delta\Delta'}$ possède toujours une mesure appartenant à $[0, 2\pi[$. D'autre part le couple (Δ, Δ') définit des repères, ou tous positifs, ou tous négatifs par $\{x, x'\}$ avec $x \in \Delta$, $x' \in \Delta'$ (le cas $\Delta' = \pm\Delta$ étant exclu).

8.7.5.1 Proposition. *Soit* t *la mesure de* $\widehat{\Delta\Delta'}$ *qui est dans* $[0, 2\pi[$; *alors si les repères définis par* (Δ, Δ') *sont positifs* (resp. *négatifs*) *on a* $t \in [0, \pi[$ (resp. $t \in [\pi, 2\pi[$) *et* $\overline{\Delta\Delta'} = t$ (resp. $\overline{\Delta\Delta'} = 2\pi - t$), *à part les cas banaux* $\Delta = \Delta'$, $t = 0$ *et* $\Delta' = -\Delta$, $t = 2\pi - t = \pi$.

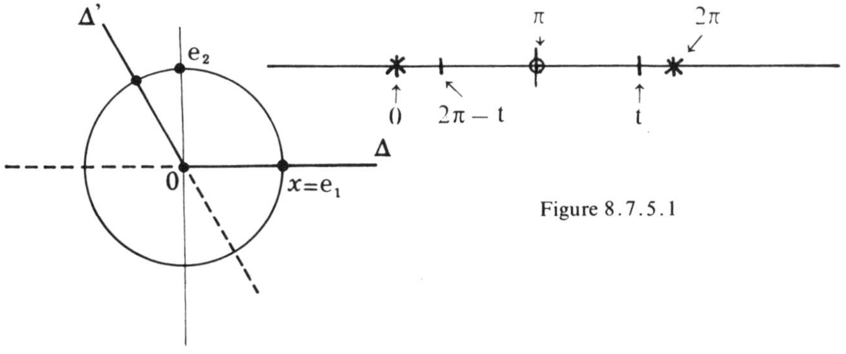

Figure 8.7.5.1

Les cas banaux le sont ; on peut donc supposer $\Delta' \neq \pm \Delta$. Si on change l'orientation, $\overline{\Delta\Delta'}$ change de signe et donc t se change en $2\pi - t$; on peut donc faire la démonstration en supposant les repères positifs. Précisément soient $x \in \Delta$, $x' \in \Delta'$ unitaires et $\{e_1 = x, e_2\}$ la base orthonormée positive de premier vecteur x. Le point clef est que la coordonnée selon e_2 de x' est positive ; or cette coordonnée étant $\sin t$, c'est que $t \in [0, \pi[$ et 8.3.11 fait gagner.

8.7.5.2 Définition. *Soient $\Delta, \Delta', \Delta''$ trois demi-droites d'un plan euclidien non nécessairement orienté ; on dit que Δ'* est entre *Δ et Δ'' si l'une des conditions suivantes est réalisée : si $\Delta = \Delta''$: $\Delta' = \Delta = \Delta''$, si $\Delta'' = -\Delta$ aucune condition, si $\Delta'' \neq \pm \Delta$: Δ' doit appartenir à l'intersection du demi-plan défini par Δ et qui contient Δ'' avec le demi-plan défini par Δ'' et qui contient Δ.*

8.7.5.3 Corollaire. *Si Δ' est entre Δ et Δ'' on a $\overline{\Delta\Delta'} + \overline{\Delta'\Delta''} = \overline{\Delta\Delta''}$.*

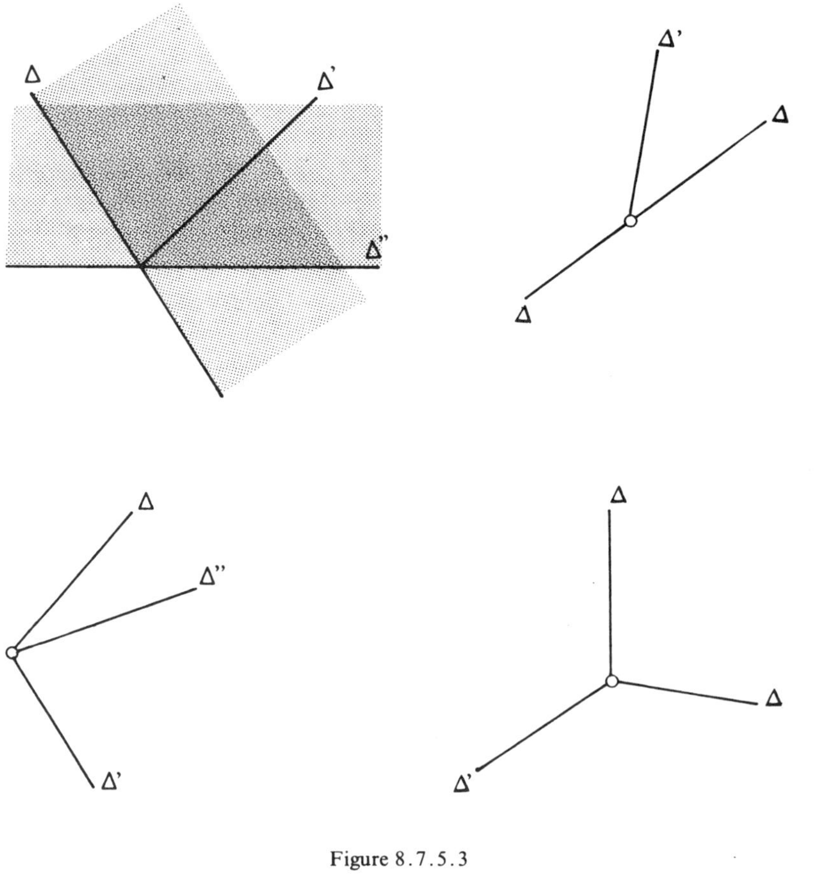

Figure 8.7.5.3

Les cas non évidents sont ceux où les trois demi-droites sont distinctes ; choisissons l'orientation de E telle que les repères définis par (Δ, Δ') soient positifs, les hypothèses montrent qu'il en sera de même pour (Δ', Δ'') et pour (Δ, Δ'') (à part le cas $\Delta'' = -\Delta$). Soient s, t les mesures de $\widehat{\Delta\Delta'}$ et $\widehat{\Delta'\Delta''}$ qui sont dans $[0, 2\pi[$; d'après 8.7.5.1 on a $s, t \in [0, \pi[$ et $s = \overline{\Delta\Delta'}$, $t = \overline{\Delta'\Delta''}$. Mais $s + t$ est une mesure de $\widehat{\Delta\Delta''}$ et $s + t \in [0, 2\pi[$; si $\Delta'' = -\Delta$ c'est $s + t = \pi$, si $\Delta'' \neq -\Delta$ on a vu que les repères définis par (Δ, Δ'') étaient positifs, donc d'après 8.7.5.1 on a aussi $s + t = \overline{\Delta\Delta''}$, ce qui démontre le corollaire.

8.7.5.4 Le corollaire 8.7.5.3 est très important ; il est très intuitif si on le présente ainsi : au sens physique, solide du terme, on peut présenter l'angle $\overline{\Delta\Delta'}$ non orienté comme la mesure du *secteur* défini par Δ et Δ', ce secteur étant un demi-plan si $\Delta' = -\Delta$ (quelconque) et si $\Delta' \neq -\Delta$ l'ensemble des demi-droites qui sont entre Δ et Δ'. Si Δ' est entre Δ et Δ'' le secteur défini par Δ et Δ'' est la réunion de ceux définis par Δ, Δ' et Δ', Δ''. Une autre présentation est d'associer à un secteur l'*arc de cercle* découpé par ce secteur sur le cercle-unité $S(E)$ de E ; le 8.7.5.3 dira alors que la longueur d'un arc de cercle est la somme de deux arcs qui le composent. Nous reviendrons amplement sur ce point de vue, inauguré en 8.6.5 ; voir 9.9.8. Pour les secteurs voir [DE 2], p. 79-82 ou [FL], p. 183.

8.7.6 NOTES. Ce qui précède illustre la difficulté de la mesure des angles : la réunion de deux secteurs n'est pas toujours un secteur (Fig. 8.7.5.3), donc on ne peut pas additionner sans restriction fondamentale ; voir encore [FL], p. 185-186. On peut faire une construction intéressante, celle d'une relation d'ordre sur $\widetilde{\mathfrak{A}}(E) \setminus \varpi$; de façon non intrinsèque, on considère $\widetilde{\mathfrak{A}}(E)$ comme un cercle (cf. 8.3.6) et on le projette stéréographiquement (cf. 18.1.4) sur $\mathbf{R}$ à partir de ϖ, d'où une bijection entre $\widetilde{\mathfrak{A}}(E) \setminus \varpi$ et $\mathbf{R}$, on transfère alors sur $\widetilde{\mathfrak{A}}(E) \setminus \varpi$ la relation d'ordre de $\mathbf{R}$. Pour plus de détails, voir [FL], p. 176 ou [DE 2], p. 117. On pourrait aussi utiliser la restriction de Λ à $]-\pi, \pi[$.

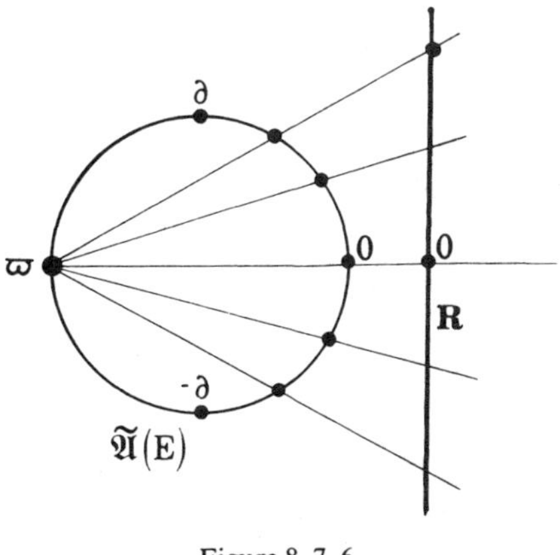

Figure 8.7.6

8.7.7 ANGLES ORIENTÉS DE DROITES

8.7.7.1 Il s'agit dans ce nº de calquer pour les droites et $\mathfrak{D}^2(E)$ toute l'étude précédente ; comme ceci ne présente aucune difficulté, nous ne donnerons les résultats que vite et sans démonstrations et dans une présentation au fil de l'eau. Tout repose sur deux remarques équivalentes : une droite D définit exactement deux droites orientées opposées (dont on ne peut choisir aucune naturellement), le groupe $O^+(E)$ n'est plus simplement transitif sur $\mathfrak{D}^2(E)$ mais le groupe quotient

$$\mathrm{PO}^+(E) = O^+(E)/\{\,\mathrm{Id}_E, -\mathrm{Id}_E\,\}$$

l'est. La *notation* $\mathrm{PO}^+(E)$ veut dire « groupe projectif orthogonal », puisque $\mathfrak{D}(E) \cong P(E)$; nous retrouverons amplement ces groupes projectifs orthogonaux en 14.7.2 et 19.1.

8.7.7.2 Le groupe $\mathrm{PO}^+(E) = O^+(E)/\{\pm \mathrm{Id}_E\}$ est simplement transitif sur $\mathfrak{D}^2(E)$: si Ψ désigne l'application y associée, la relation d'équivalence $\mathcal{R}$ définie par Ψ sur $\mathfrak{D}^2(E)$ est celle des orbites de l'action de Ψ sur $\mathfrak{D}^2(E)$. On *note* le quotient $\mathfrak{D}^2(E)\mathcal{R} = \mathfrak{A}(E)$, $p : \mathfrak{D}^2(e) \to \mathfrak{A}(E)$ la projection canonique et $\underline{\Psi}$ l'application déduite $\mathfrak{A}(E) \to \mathrm{PO}^+(E)$; $\underline{\Psi}$ est bijective :

$$\begin{array}{ccc} \mathfrak{D}^2(E) & \xrightarrow{\Psi} & \\ p\downarrow & & \mathrm{PO}^+(E) \\ \mathfrak{A}(E) & \xrightarrow[\underline{\Psi}]{} & \end{array} \qquad \begin{array}{ccc} \tilde{\mathfrak{D}}^2(E) & \xrightarrow{q} & \mathfrak{D}^2(E) \\ p\downarrow & & p\downarrow \\ \tilde{\mathfrak{A}}(E) & \xrightarrow[q]{} & \mathfrak{A}(E) \end{array} \qquad \begin{array}{ccc} \tilde{\mathfrak{A}}(E) & \xrightarrow{\Phi} & O^+(E) \\ q\downarrow & & p\downarrow \\ \mathfrak{A}(E) & \xrightarrow[\underline{\Psi}]{} & \mathrm{PO}^+(E)\,. \end{array}$$

Si $q : \tilde{\mathfrak{D}}^2(E) \to \mathfrak{D}^2(E)$ est l'application déduite de celle *notée* aussi q, $q : \tilde{\mathfrak{D}}(E) \to \mathfrak{D}(E)$ qui à une droite orientée associe la droite qui la porte, on a les diagrammes commutatifs ci-dessus.
On munit $\mathfrak{A}(E)$ de la structure de groupe abélien déduite de celle de $\mathrm{PO}^+(E)$ par $\underline{\Psi}$ et l'appelle le *groupe des angles orientés* de droites de E. *L'angle orienté* de $D, D' \in \mathfrak{D}(E)$ est $p((D, D')) \in \mathfrak{A}(E)$ et on le note $\widehat{DD'}$ ou $\widehat{D, D'}$.

8.7.7.3 Pour toutes les droites concernées :

$$\widehat{DD'} = \widehat{D_1D_1'} \Leftrightarrow \widehat{DD_1} = \widehat{D'D_1'}\ ;\quad \widehat{DD'} + \widehat{D'D''} = \widehat{DD''}\ ;\quad \widehat{D'D} = -\widehat{DD'}\ ;$$

$$\forall f \in O^{\pm}(E) : \widehat{f(D)\,f(D')} = \pm\,\widehat{DD'}\ ;\quad \widehat{DD'} = 0 \Leftrightarrow D = D'\,.$$

8.7.7.4 L'équation $2x = 0$ dans $\mathfrak{A}(E)$ a deux solutions, 0 et une autre appelée l'*angle droit*, *noté* δ. On a : $\widehat{DD'} = \delta \Leftrightarrow D, D'$ sont orthogonales (au sens de 8.1.8.3) ; δ est l'image par q des deux angles droits de $\tilde{\mathfrak{A}}(E)$. L'équation $2x = a$ dans $\mathfrak{A}(E)$ a toujours deux solutions de la forme $\{\,x, x+\delta\,\}$; si $a = \widehat{DD'}$, les droites S telles que $x = \widehat{DS}$ et $2x = \widehat{DD'}$ sont deux droites orthogonales, appelées *bissectrices* de D, D' et sont caractérisées au choix par : ou $\widehat{DS} = \widehat{SD'}$ ou $\sigma_S(D) = D'$.

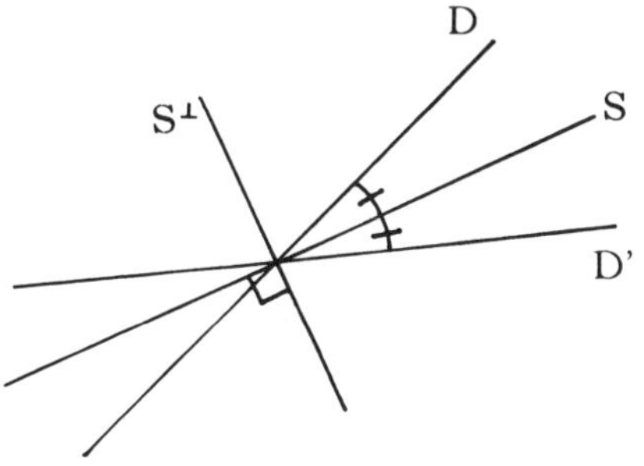

Figure 8.7.7.4

8.7.7.5 Soient D, D', S, S' quatre droites telles que dans la droite projective $P(E^*)$, on ait $[D, D', S, S'] = -1$. Alors $D \perp D'$ est équivalent à dire que S, S' ont D, D' pour bissectrices.

8.7.7.6 Si l'on veut mesurer les angles de droites (angles orientés) il faudra orienter E ; on définit alors $\underline{\Theta}$ et $\underline{\Lambda}$ par le diagramme ci-dessous (cf. 8.3.6, 8.3.7, 8.7.4), où $\underline{\Lambda} = p \circ \Lambda$. Par définition *une mesure* de $a \in \mathfrak{A}(E)$, c'est un élément quelconque de $\underline{\Lambda}^{-1}(\underline{\Theta}(\underline{\Psi}(a)))$. Toutes les mesures d'un élément de $\mathfrak{A}(E)$ sont de la forme $t + \pi k$, $k \in \mathbf{Z}$; une mesure de 0 est 0, une mesure de δ est $\pi/2$.

$$\begin{array}{ccccccc}
\tilde{\mathfrak{A}}(E) & \xrightarrow{\Phi} & O^+(E) & \xrightarrow{\Theta} & \mathbf{U} & \xleftarrow{\Lambda} & \\
{\scriptstyle q}\downarrow & & {\scriptstyle p}\downarrow & & {\scriptstyle p}\downarrow & & \mathbf{R} \\
\mathfrak{A}(E) & \xrightarrow[\underline{\Psi}]{} & \mathrm{PO}^+(E) & \xrightarrow[\underline{\Theta}]{} & \mathbf{U}/\{\pm 1\} & \xleftarrow[\underline{\Lambda}]{} &
\end{array}$$

Soient $D, D' \in \mathfrak{D}(E)$, E orienté et $D \neq D'$; alors $\widehat{DD'}$ possède une mesure unique t dans $]0, \pi[$ et on a : soit $\overline{DD'} = t$, soit $\overline{DD'} = \pi - t$ (cf. 8.6.6). Si D, D' ne sont pas orthogonales, il existe une orientation unique de E telle que $t \in]0, \pi/2[$. On prendra bien garde qu'il ne peut y avoir aucun corollaire 8.7.5.3 dans $\mathfrak{D}(E)$; si par exemple D, D', D'' sont trois droites comme sur la figure 8.7.7.5 on a $\overline{DD'} = \overline{D'D''} = \overline{DD''} = \pi/3$ et jamais.

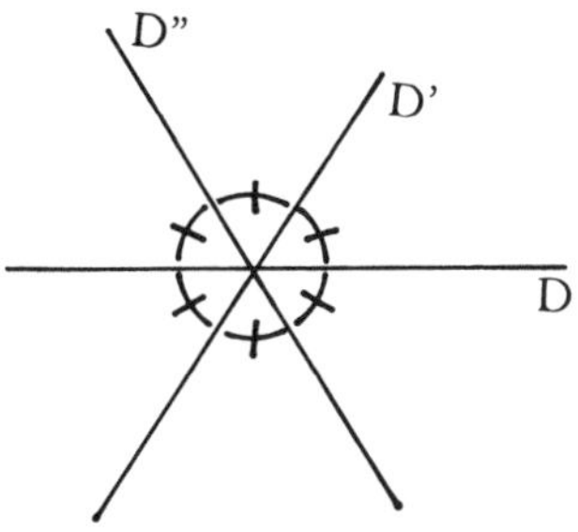

Figure 8.7.7.5

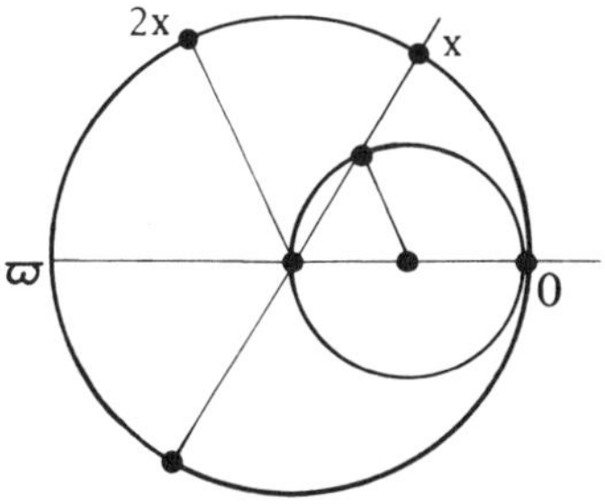

Figure 8.7.7.6

quel que soit l'ordre de ces droites, on ne peut avoir $\overline{DD'} + \overline{D'D''} = \overline{DD''}$!

$$\begin{array}{ccc} \tilde{\mathfrak{A}}(E) & \xrightarrow{x \to 2x} & \\ p\downarrow & & \tilde{\mathfrak{A}}(E) \\ \mathfrak{A}(E) & \underset{2\cdot}{\overset{1/2\cdot}{\rightleftarrows}} & \end{array}$$

8.7.7.7 La démonstration de 4.3.6 en 4.3.6.1 laisse présager que $\tilde{\mathfrak{A}}(E)$ et $\mathfrak{A}(E)$ sont en bijection naturelle ; introduisons en effet l'application $\tilde{\mathfrak{A}}(E) \ni x \mapsto 2\,x \in \tilde{\mathfrak{A}}(E)$, dont le noyau est $\{ 0, \varpi \}$. D'après 8.7.3.3 l'application $\mathfrak{A}(E) \to \tilde{\mathfrak{A}}(E)$ obtenue par passage au quotient, est une bijection ; par abus nous la *noterons* encore $\mathfrak{A}(E) \ni x \mapsto 2\,x \in \tilde{\mathfrak{A}}(E)$, et l'application inverse sera *notée* $1/2 : \tilde{\mathfrak{A}}(E) \ni x \mapsto 1/2\,x \in \mathfrak{A}(E)$. Géométriquement elle est réalisée sur la figure 8.7.7.6 ; en trigonométrie c'est elle qui explique que cosinus, sinus, tangente s'expriment algébriquement avec la tangente de l'arc moitié. Une autre application très utile est la :

8.7.7.8 Proposition. *Soient D, D' deux droites de E ; alors on a*

$$\sigma_{D'} \circ \sigma_D = \underline{\Phi}\,(2\,\widehat{DD'})$$

i.e. *$\sigma_{D'} \circ \sigma_D$ est la rotation d'angle $2\,\widehat{DD'}$.*

On sait (8.2.3.2) que $f = \sigma_{D'} \circ \sigma_D \in O^+(E)$; on a $f(D) = \sigma_{D'}(D) = D''$ et $\widehat{DD''} = 2\,\widehat{DD'}$ d'après 8.7.7.4 ; d'où notre assertion parce que $O^+(E)$ est simplement transitif.

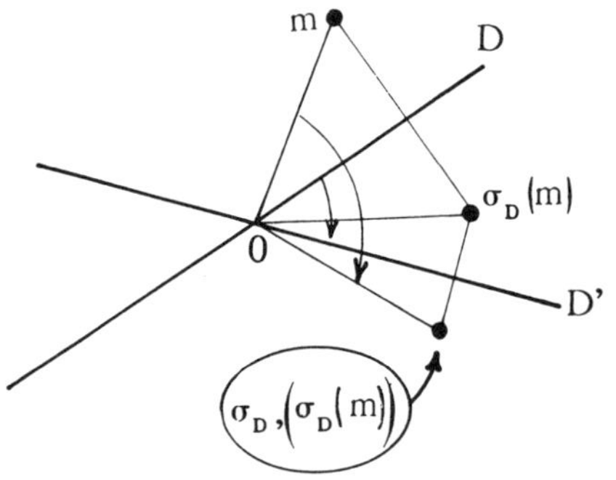

Figure 8.7.7.7

8.7.7.9 Au niveau de $O^+(E)$ et $\mathrm{PO}^+(E)$, on notera $\sqrt{\cdot}$ et $\cdot^2$ les applications correspondantes.

8.7.8 TRIGONOMÉTRIE. Le fait que l'exponentielle complexe vérifie $e^{z+z'} = e^z\,e^{z'}$ entraîne en particulier les formules

8.7.8.1
$$\begin{cases} \cos(a+b) = \cos a \cos b - \sin a \sin b\,, \\ \sin(a+b) = \sin a \cos b + \sin b \cos a\,, \end{cases}$$

valables pour tous nombres réels a et b. De 8.3.6 résulte alors que les mêmes formules sont valables sur $O^+(E)$, lorsque E est orienté avec cette différence que $a + b$ doit être remplacé par le produit fg pour $f, g \in O^+(E)$.

8.7.8.2 Des définitions de la structure de groupe dans $\tilde{\mathfrak{A}}(E)$ et $\mathfrak{A}(E)$, il résulte enfin que, si E est orienté et si l'on définit des fonctions cosinus et sinus sur $\tilde{\mathfrak{A}}(E)$ et $\mathfrak{A}(E)$ par transfert, les formules 8.7.8.1 restent valables telles quelles dans $\tilde{\mathfrak{A}}(E)$ et $\mathfrak{A}(E)$. Par définition les cosinus ou sinus d'un angle orienté sont égaux aux cosinus ou sinus de n'importe laquelle de leurs mesures.

8.7.8.3 Des formules 8.7.8.1 on déduit par des concoctions et décoctions algébriques de nombreuses formules, utiles parfois et agréables ; nous avons donné une bonne liste dans 8.12.8. Pour des applications dans le présent cours, voir 10.3.10, 18.6.13.

8.7.8.4 Inversement les angles orientés peuvent être utilisés pour étudier géométriquement les nombres complexes. Considérons **C** comme un plan euclidien orienté, à savoir $\mathbf{R}^2$ muni de sa structure euclidienne et de son orientation canoniques. Si $z \in \mathbf{C} \setminus 0$ on peut écrire $z = |z|(z/|z|)$, où donc $z/|z| \in \mathbf{U}$. L'angle orienté $(\Theta \circ \underline{\Phi})^{-1}(z/|z|) \in \tilde{\mathfrak{A}}(\mathbf{C} = \mathbf{R}^2)$ est appelé l'*argument* du nombre complexe z, et *noté* $\arg(z)$; si $z = 0$ on prend $\arg(z) =$ n'importe quoi dans $\tilde{\mathfrak{A}}(\mathbf{C})$. Le nombre $z \in \mathbf{C}$ est bien déterminé par $|z|$ et $\arg(z)$, le couple $(|z|, \arg(z))$ est appelé « la » *forme trigonométrique* de z ; on a bien sûr

8.7.8.5 $\quad |zz'| = |z|\,|z'|, \qquad \arg(zz') = \arg(z) + \arg(z')$.

Pour les calculs il est plus utile souvent d'utiliser des mesures, i.e. si t est une mesure de $\arg(z)$, d'écrire $z = |z|\,e^{it}$; une telle écriture est appelée « une » *forme trigonométrique* de z, reformulée en

$$z = |z|(\cos t + i \sin t)$$

parfois. Nous donnons en 9.6.5.1 des applications classiques de cela ; voir aussi 12.4.2.

8.8 *Similitudes ; cône et droites isotropes*

8.8.1 L'espace euclidien est de nouveau de dimension quelconque. L'intérêt de la notion de similitude est, outre les applications plaisantes que nous en aurons (9.6.7, 9.6.8, 9.6.9), d'être naturellement liées à la notion d'univers physique, dans lequel il n'y a pas d'unité de longueur donc qui n'est pas muni d'une structure euclidienne naturelle. Les similitudes sont les transformations qui respectent, non les longueurs, mais seulement leurs rapports.

8.8.2 DÉFINITION. *On appelle* similitude de rapport μ *de* E *toute* $f \in \mathrm{GL}(E)$ *telle que* $\| f(x) \| = \mu \| x \| \; \forall x \in E$. *Leur ensemble est* noté $\mathrm{GO}(E)$; *on* pose *aussi* $\mathrm{GO}^+(E) = \mathrm{GO}(E) \cap \mathrm{GL}^+(E)$ (resp. $\mathrm{GO}^-(E) = \mathrm{GO}(E) \cap \mathrm{GL}^-(E)$) *et appelle ses éléments des* similitudes directes (*resp.* inverses).

8.8.3 Les homothéties $\lambda \, \mathrm{Id}_E$ sont des similitudes, de rapport $\mu = |\lambda|$, elles sont directes pour $\lambda < 0$ si et seulement si dim E est pair. Si $f \in \mathrm{GO}(E)$, on a $(f(x) \mid f(y)) = \mu^2(x \mid y) \; \forall x, y \in E$; pour le voir on applique 8.1.5 à $\mu^{-1} f \in \mathrm{GL}(E)$. En précisant cette idée, on écrira toute $f \in \mathrm{GO}(E)$ de rapport μ sous la forme $f = (\mu^{-1} f) \circ (\mu \, \mathrm{Id}_E)$. Ainsi on voit que $\mathrm{GO}(E)$ est isomorphe au produit direct de groupes $\mathrm{GO}(E) \cong O(E) \times (\mathbf{R}^*_+ \, \mathrm{Id}_E)$; de même $\mathrm{GO}^+(E) \cong O^+(E) \times (\mathbf{R}^*_+ \, \mathrm{Id}_E)$. Si $n = 1$, on a bien sûr

$$\mathrm{GO}(E) = \mathrm{GL}(E) ,$$

le cas $n = 1$ sera de fait le plus souvent écarté dans la suite.

8.8.4 SIMILITUDES PLANES ET NOMBRES COMPLEXES.

Soit E un plan euclidien orienté, que l'on identifie à une droite vectorielle complexe selon 8.3.12. Les éléments du groupe linéaire complexe $\mathrm{GL}_{\mathbf{C}}(E)$ de E vérifient la définition 8.8.2, donc $\mathrm{GL}_{\mathbf{C}}(E) \subset \mathrm{GO}(E)$. *En fait* : $\mathrm{GO}^+(E) = \mathrm{GL}_{\mathbf{C}}(E)$, comme le montrent 8.8.3 et 8.3.12. Pour trouver $\mathrm{GO}^-(E)$, on fixera $s \in O^-(E)$ et on aura $\mathrm{GO}^-(E) = s \, \mathrm{GO}^+(E)$; puisque s est une symétrie autour d'une droite, si l'on prend une base de E appartenant à cette droite (une base complexe de E, c'est un seul vecteur !) on en déduit la :

8.8.4.1 Proposition. *Pour toute base complexe de E, les similitudes directes* (resp. *inverses*) *sont les applications* $z \mapsto az$ (resp. $z \mapsto a\bar{z}$), *où a parcourt* $\mathbf{C}^*$.

8.8.5 SIMILITUDES ET ANGLES

8.8.5.1 Proposition. *Les similitudes conservent les angles, précisément* :

(i) $\forall f \in \mathrm{GO}(E) \; \forall \Delta, \Delta' \in \tilde{\mathfrak{D}}(E) \; \forall D, D' \in \mathfrak{D}(E)$: $\overline{f(\Delta) \, f(\Delta')} = \overline{\Delta\Delta'}$ et $\overline{f(D) \, f(D')} = \overline{DD'}$;

(ii) *si* dim $E = 2$:

$$\forall f \in \mathrm{GO}^+(E) \; (\textit{resp. } \mathrm{GO}^-(E)) \; \forall \Delta, \Delta' \in \tilde{\mathfrak{D}}(E) \; \forall D, D' \in \mathfrak{D}(E) :$$

$$\widehat{f(\Delta) \, f(\Delta')} = \widehat{\Delta\Delta'} \quad \textit{et} \quad \widehat{f(D) \, f(D')} = \widehat{DD'} \quad (\textit{resp. } -\widehat{\Delta\Delta'} \textit{ et } -\widehat{DD'}) .$$

(iii) $\forall f \in \mathrm{GO}(E)$, *si* D, D' *sont orthogonales alors* $f(D)$, $f(D')$ *sont orthogonales* ;

Réciproquement si dim $E \geqslant 2$ *et* $f \in \mathrm{GL}(E)$ *est telle que les droites* $f(D)$, $f(D')$ *sont orthogonales chaque fois que* D, D' *le sont, alors* f *est une similitude.*

Il n'y a que (iii) à démontrer, compte tenu de 8.6.6, 8.7.2.4, 8.7.7.3. Notre application linéaire vérifie $(f(x) \mid f(x')) = 0 \; \forall x, x'$ tels que $(x \mid x') = 0$. Fixons d'abord $x \in E \setminus 0$ et regardons la forme linéaire

$\varphi : y \mapsto (f(x) \mid f(y))$; elle s'annule par hypothèse sur l'hyperplan $x^{\perp}$, c'est donc (cf. 2.4.8.6) qu'il existe $k \in \mathbf{R}^*$ tel que

$$(f(x) \mid f(y)) = k\ (x \mid y) \quad \forall y \in E .$$

Si maintenant x varie, on associera à chaque x un $k(x)$ tel que

$$(f(x) \mid f(y)) = k(x)\,(x \mid y) \quad \forall x \in E \setminus 0, \forall y \in E .$$

Prenons x, x' linéairement indépendants et regardons $k(x + x')$; on a

$$(k(x + x') \mid f(y)) = k(x + x')\,(x + x' \mid y) = (f(x) \mid y) + (f(x') \mid y) =$$
$$= k(x)\,(x \mid y) + k(x')\,(x' \mid y) \quad \forall y \in E ;$$

donc $[k(x + x') - k(x)]\,x + [k(x + x') - k(x')]\,x' = 0$. Donc

$$k(x) = k(x') = k(x + x')$$

car x, x' sont indépendants ; finalement k est une constante et f est une similitude.

8.8.6 LES SIMILITUDES ET LA COMPLEXIFICATION

Complexifions E en E^C, un élément $f \in \mathrm{GL}(E)$ en $f^C \in \mathrm{GL}(E^C)$ et enfin la forme quadratique $N = \| \cdot \|^2 : x \mapsto \| x \|^2$ de E en la forme quadratique N^C sur E^C : cf. 7.1.1, 7.2.1, 7.3.4.

8.8.6.1 Définition. *La partie* $(N^C)^{-1}(0)$ *de* E^C *s'appelle le* cône isotrope *de E si* dim $E \geqslant 3$. *Si* dim $E = 2$, $(N^C)^{-1}(0)$ *consiste en deux droites distinctes de* E^C, *appelées les* droites isotropes *de E, dont la paire sera* notée $\{I, J\}$. *Pour la conjugaison* σ *de* E^C (cf. 7.1.1) *on a* $\sigma((N^C)^{-1}(0)) = (N^C)^{-1}(0)$ *et, si* dim $E = 2 : \sigma(I) = J, \sigma(J) = I$.

Le mot cône est justifié car N étant homogène : $N^C(\lambda x) = \lambda^2 N^C(x)$. La forme quadratique $\| \cdot \|^2$ de E étant non dégénérée, il en est de même de N^C (cf. 7.3.5, 13.2.1, 13.2.3.1) et donc $(N^C)^{-1}(0)$ est constitué de deux droites distinctes. Pour éviter de se reporter à 13.2 et parce que nous en aurons besoin tout de suite, démontrons directement qu'il s'agit de deux droites distinctes : soit $\{ e_1, e_2 \}$ une base orthonormale de E, donc

$$N^C(z_1, z_2) = z_1^2 + z_2^2$$

(cf. 7.3.5) et $z_1^2 + z_2^2 = 0$ est équivalent à $z_2 = \pm\, \mathrm{i} z_1$. On a

$$\sigma((N^C)^{-1}(0)) = (N^C)^{-1}(\sigma(0)) = (N^C)^{-1}(0)$$

d'après 7.2.1 ; et $\sigma(I) = J$, $\sigma(J) = I$ si l'on prend par exemple

$$I = \{ (z, -\mathrm{i}z) \} \quad \text{et} \quad J = \{ (z, \mathrm{i}z) \} .$$

Il n'y a pas de choix naturel d'une droite isotrope d'un plan euclidien ; précisément :

8.8.6.2 Proposition. *Distinguer l'une des isotropes de E, plan euclidien, est équivalent à orienter E ; le lien étant que l'isotrope distingué I est la droite de pente* $-\mathrm{i}$ *dans une base de E orthonormée positive pour l'orientation choisie.*

Il faut montrer que les gens de $GO^+(E)$ laissent I fixe ; heuristiquement cela provient de ce que $GO^+(E)$ est connexe donc I ne peut sauter en J. Si l'on calcule dans une base orthonormale positive quelconque, si

$$M(f) = \begin{pmatrix} a & -b \\ b & a \end{pmatrix},$$

on aura bien pour $\varepsilon = \pm 1$:

$$\begin{pmatrix} a & -\varepsilon b \\ b & \varepsilon a \end{pmatrix} \begin{pmatrix} 1 \\ -\mathrm{i} \end{pmatrix} = \begin{pmatrix} a + \varepsilon \mathrm{i}b \\ b - \varepsilon \mathrm{i}a \end{pmatrix} = (a + \varepsilon \mathrm{i}b) \begin{pmatrix} 1 \\ -\varepsilon \mathrm{i} \end{pmatrix}.$$

8.8.6.3 Note. Ce calcul montre en outre que la valeur propre de I (resp. J) pour $f \in O^+(E)$ est $a + b\,\mathrm{i} = \Theta(f)$ (resp. $a - b\,\mathrm{i} = \overline{\Theta(f)}$), où le Θ est celui de 8.3.6. Et aussi que si $f \in O^-(E)$, on a $f^C(I) = J$ d'après 8.3.1 (ii).

8.8.6.4 Proposition. *Soit* $f \in GL(E)$. *Alors* :

(i) $f \in GO(E) \Leftrightarrow f^C((N^C)^{-1}(0)) = (N^C)^{-1}(0)$, i.e. f^C *laisse le cône isotrope de E globalement invariant* ;

(ii) *si* $\dim E = 2$:

$$f \in GO^+(E) \Leftrightarrow f^C(I) = I\,, \quad f \in GO^-(E) \Leftrightarrow f^C(I) = J\,.$$

Les sens $\Rightarrow$ sont tous banaux. Pour le $\Leftarrow$ de (i), nous savons donc que f^C laisse invariant le noyau de N^C, où encore, que la forme quadratique $(f^C)^*(N^C)$, image inverse de N^C par f^C (cf. 13.1.3.9) a même noyau que N^C. Or, d'après 14.1.6.2, ceci implique qu'il existe $k \in \mathbf{C}^*$ tel que

$$(f^C)^*(N^C) = kN^C\,,$$

en particulier, en se restreignant à $E \subset E^C$, que

$$\| f(x) \|^2 = k \| x \|^2 \quad \forall x \in E\,.$$

Ce qui implique que k est réel et f une similitude de rapport $\sqrt{k}$. Pour le sens $\Leftarrow$ de (ii), remarquons d'abord que $f(\{I, J\}) = \{I, J\}$ d'après 8.8.6.1 ; on peut donc appliquer le $\Leftarrow$ du (i) puis remarquer que si

$$f \in GO^+(E) \text{ (resp. } f \in GO^-(E))$$

alors $f(I) = I$ (resp. $f(I) = J$) d'après 8.8.6.2 et 8.8.6.3.

8.8.7 LA FORMULE DE LAGUERRE. Ce qui suit est le fruit des cogitations de Laguerre, alors sur les bancs de la taupe, pour expliquer le cours de Géométrie de son professeur, cours qui ne le satisfaisait pas.

8.8.7.1 Supposons que E soit d'abord un plan euclidien orienté, (I, J) le couple de ses isotropes selon 8.8.6.2 dans E^C ; et soient D, D' deux droites de E et D^C, D'^C leurs complexifiées dans E^C (cf. 7.4).

Dans la droite projective complexe $P(E^C) \cong \mathfrak{D}(E^C)$, il est donc naturel de considérer le birapport des quatre points D^C, D'^C, I, J. Or soit $f \in O^+(E)$ telle que $f(D) = D'$; d'après 6.6.3 et 8.8.6.3, on a

$$[D^C, D'^C, I, J] = \Theta(f)/\overline{\Theta(f)}\,,$$

mais comme $\Theta(f) \in \mathbf{U}$, $\overline{\Theta(f)} = (\Theta(f))^{-1}$; pour n'exprimer $[D^C, D'^C, I, J]$ qu'avec des angles orientés, il suffit d'appliquer 8.7.5.1 et 8.7.7.7 pour obtenir la :

8.8.7.2 Théorème (formule de Laguerre). *On a*

$$[D^C, D'^C, I, J] = [\underline{\Theta}(\underline{\Psi}(\widehat{DD'}))]^2 ;$$

si t est une mesure quelconque de $\widehat{DD'}$, *on a* $[D^C, D'^C, I, J] = e^{2it}$.

On vérifie bien, pour être en paix, que la formule se comporte comme il le faut si on change l'orientation de E; en effet I devient J et J devient I d'après 8.8.6.4 et $\Theta(\cdot)$ devient $(\Theta(\cdot))^{-1}$ d'après 8.3.6. donc la cohérence est assurée par 6.3.1. Si l'on échange D et D', appliquer 8.7.7.3 et 6.3.1. Pour des applications. voir 17.4.2.2.

8.8.7.3 Supposons maintenant E sans orientation, seule la paire $\{ I, J \}$ est bien définie ; donc, pour une paire de droites D, D' de E, le birapport $[D^C, D'^C, I, J]$ est défini dans $\mathbf{C}$ à $z \mapsto z^{-1}$ près. Définissons une application *notée* log, de $\mathbf{U} \setminus \{-1\}$ dans $]-\pi, \pi[$, comme étant la bijection inverse de la restriction $\Lambda :]-\pi, \pi[\to \mathbf{U} \setminus \{-1\}$. Soit t une mesure de $\widehat{DD'}$ pour une orientation quelconque de E; d'après 8.7.7.6. $\overline{DD'}$ vaut t ou $\pi - t$, d'où dans tous les cas la formule

8.8.7.4

$$\boxed{\overline{DD'} = \frac{1}{2} \left| \log ([D^C, D'^C, I, J]) \right|}$$

la valeur absolue neutralisant précisément le passage de $\log(e^{2it})$ à $\log(e^{2i(\pi-t)}) = \log(e^{-2it}) = -\log(e^{2it})$.

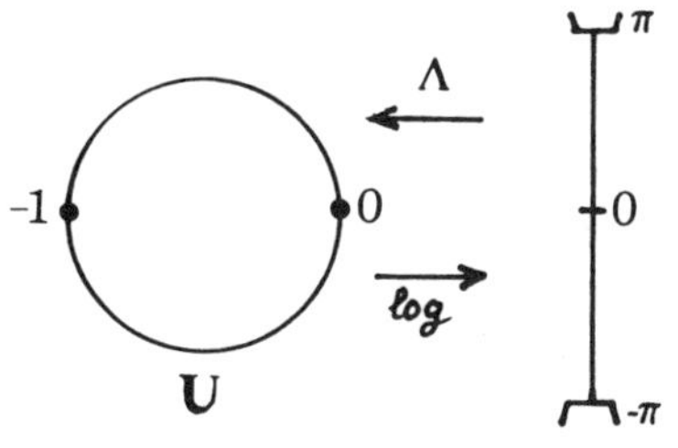

Figure 8.8.7.3

8.8.7.5 La formule 8.8.7.4, due à Cayley, illustre bien le principe de ce dernier (cf. 5.2.2) ; ici on a réussi à faire apparaître la géométrie des angles de droites de E, ou encore ce qui revient au même, la géométrie de la métrique du projectif $P(E)$, comme une sous-géométrie d'un espace projectif convenable (cf. 19.2).

8.9 *Quaternions. Applications à $O^+(3)$ et $O^+(4)$*

Les nombres complexes ont joué un rôle essentiel dans l'étude de $O^+(2)$; de même le corps **H** des quaternions va permettre une étude fine de $O^+(3)$ et surtout $O^+(4)$.

8.9.1 RAPPELS SUR LES QUATERNIONS. Il s'agit d'un corps non commutatif, *noté* **H**, ainsi construit ; on part de $\mathbf{R}^4$, dont on note la base canonique $\{1, i, j, k\}$. La multiplication $\mathbf{R}^4 \times \mathbf{R}^4 \to \mathbf{R}^4$ est définie en prolongeant par linéarité les formules

$$1\,u = u \quad \forall u = 1, i, j, k\,, \quad i^2 = ii = j^2 = jj = k^2 = kk = -1\,,$$
$$ij = -ji = k\,, \quad jk = -kj = i\,, \quad ki = -ik = j\,.$$

On vérifie que l'on obtient un produit associatif sur $\mathbf{R}^4$, alors noté **H** ainsi équipé et appelé le *corps des quaternions*. Dans **H** on trouve $\mathbf{R}.1$, que l'on identifie à **R**. Quant à $\mathbf{R}^3$ on le plonge dans **H** par

$$\mathbf{R}^3 = \mathbf{R}i + \mathbf{R}j + \mathbf{R}k \subset \mathbf{H}\,;$$

cet $\mathbf{R}^3$ est appelé l'ensemble des *quaternions purs*. Tout quaternion $q \in \mathbf{H}$ s'écrit $q = \mathcal{R}(q) + \mathcal{I}(q)$ avec $\mathcal{R}(q) \in \mathbf{R}$ et $\mathcal{I}(q) \in \mathbf{R}^3$. Par définition le quaternion *conjugué* $\bar{q}$ de q est $\bar{q} = \mathcal{R}(q) - \mathcal{I}(q)$. On a

$$\bar{\bar{q}} = q\,, \quad q = \bar{q} \Leftrightarrow q \in \mathbf{R}\,, \quad \bar{q} = -q \Leftrightarrow q \in \mathbf{R}^3\,,$$
$$\overline{q + r} = \bar{q} + \bar{r}\,, \quad \overline{qr} = \bar{r}\,\bar{q} \quad \text{(attention danger !)},$$
$$q \in \mathbf{R}^3 \Leftrightarrow q^2 \in \mathbf{R}_-\,, \quad q \in \mathbf{R} \Leftrightarrow q^2 \in \mathbf{R}_+\,.$$

Le produit scalaire canonique de $\mathbf{R}^4$ peut se récupérer par

$$(q \mid r) = \frac{1}{2}(\bar{q}r + \bar{r}q)\,;$$

en particulier toujours $q\bar{q} \in \mathbf{R}_+$, et $\| q \| = \sqrt{q\bar{q}}$ est appelé encore la *norme* (ou le *module*) de q. On a $\| qr \| = \| q \| \, \| r \|$; c'est ainsi que l'on voit que **H** est bien un corps, en prenant $q^{-1} = \| q \|^{-2}\,\bar{q}$. Si on *note*

$$S^3 = \{ q : \| q \| = 1 \}\,.$$

la sphère-unité de $\mathbf{R}^4 = \mathbf{H}$, on voit que S^3 est munie d'une structure de groupe multiplicatif (de même que $S^1 = \mathbf{U} = \{ z : |z| = 1 \}$ était aussi un groupe, abélien lui !). A ce sujet on pourrait se demander si ce fait se perpétue en dimension plus grande, c'est-à-dire si d'autres sphères possèdent des structures de groupes (bonnes, en un sens à préciser) ; or on démontre à l'aide de la topologie algébrique que les seules sphères qui peuvent être munies d'une bonne structure de groupe sont S^1 et S^3 : voir par exemple des références en [PO], p. 284 ou [HU], chapitre 15.

La sphère S^7 a une structure intéressante, c'est presque un groupe, comme on le voit à l'aide des octaves de Cayley : cf. [PO], p. 278.

Quant à la sphère S^2, elle sera plongée ici comme $S^2 = \{ q \in \mathbf{R}^3 : \| q \| = 1 \}$ dans les quaternions purs.

Il ne faut pas espérer non plus trouver pour certains n autres que $n = 2$ et 4 des structures raisonnables de corps sur $\mathbf{R}^n$, les seules sont **C** pour $\mathbf{R}^2$

et **H** pour $\mathbf{R}^4$; voir [PO], p. 284. Seul $\mathbf{R}^8$ a une assez bonne structure, les octaves de Cayley. Mais pour $\mathbf{R}^n$, voir cependant 8.10.3 et ses références. Noter que si q, q' sont purs, la partie pure $\mathfrak{P}(qq')$ de qq' n'est autre que le produit vectoriel $q \wedge q'$ dans $\mathbf{R}^3$ (voir 8.11.13).
Contrairement au cas de **C**, les automorphismes du corps **H** sont simples et bien connus : voir 8.12.10 et cf. 2.6.4.

8.9.2 THÉORÈME

(i) *Soit* $s \in \mathbf{R}^3 \setminus 0$; *alors* $q \to -sqs^{-1}$ *laisse* $\mathbf{R}^3$ *stable et sa restriction à* $\mathbf{R}^3$ *est la symétrie* $\sigma_{s^\perp}$ *de* $\mathbf{R}^3$ *autour du plan* $s^\perp$ *de* $\mathbf{R}^3$.
(ii) *Soient* $s \in \mathbf{H}^*$ *et* $\rho'_s : q \mapsto sqs^{-1}$; *alors* ρ'_s *laisse* $\mathbf{R}^3$ *stable et sa restriction* $\rho_s = \rho'_s|_{\mathbf{R}^3} \in O^+(3)$. *En outre* $\rho_s = \rho_{s'} \Leftrightarrow \exists \lambda \in \mathbf{R}^* : s' = \lambda s$.
(iii) *Réciproquement pour tout* $f \in O^+(3)$ *il existe* $s \in \mathbf{H}^*$ *tel que* $f = \rho_s$.

Pour voir que $\mathbf{R}^3$ est stable on utilise le critère

$$q \in \mathbf{R}^3 \Leftrightarrow q^2 \in \mathbf{R}_- : (-sqs^{-1})^2 = sq^2s^{-1} \in \mathbf{R}_- ;$$

l'application $q \mapsto -sqs^{-1}$ est bien linéaire et isométrique :

$$\| -sqs^{-1} \| = \| q \| \quad \forall q .$$

Enfin $s \mapsto -sss^{-1} = -s$ et si $q \in \mathbf{R}^3$ avec $(q \mid s) = 0$ on a :

$$0 = (q \mid s) = \frac{1}{2}(\bar{q}s + \bar{s}q) = \frac{1}{2}(-qs - sq)$$

donc

$$sq = -qs \quad \text{et} \quad q \mapsto -sqs^{-1} = ss^{-1}q = q .$$

Pour étudier ρ'_s et ρ_s, on procède comme ci-dessus donc $\rho_s \in O(3)$; reste à voir que $\rho_s \in O^+(3)$. Par la topologie. puisque $\mathbf{H}^*$ est connexe et l'application $\mathbf{H}^* \in s \mapsto \{ q \mapsto sqs^{-1} \} \in O(3)$ continue, ρ_s sera dans la même composante connexe de $O(3)$ que $\mathrm{Id}_{\mathbf{R}^3}$ (obtenue pour $s = 1$). On peut aussi démontrer cela algébriquement. Le « en outre » vient de ce que les seuls s de **H** qui commutent avec tous les éléments de $\mathbf{R}^3$ sont visiblement ceux de **R**. Le (iii) résulte du (i) et de 8.2.12.

8.9.3 COROLLAIRE. *L'application* $\rho : S^3 \ni s \mapsto \rho_s \in O^+(3)$ *est un homomorphisme de groupes, continu, surjectif et de noyau* $\{ \pm 1 \}$; *en particulier* $O^+(3)$ *est homéomorphe à* $P^3(\mathbf{R})$.

Rappelons que $S^3 = \{ q \in \mathbf{H} : \| q \| = 1 \}$; le noyau cherché sera tel que $s \in \mathbf{R}$ et $\| s \| = 1$, d'après 8.9.2 (ii), donc ± 1. Enfin le quotient du groupe S^3 par le sous-groupe $\{ \pm 1 \}$ donne lieu à la relation d'équivalence $x \sim y \Leftrightarrow y = \pm x$ donc le quotient n'est autre que $P^3(\mathbf{R})$: 4.3.3.2.

8.9.4 PROPOSITION. *Soient* $s = \alpha + t$, $t \in \mathbf{R}^3 \setminus 0$, $\alpha \in \mathbf{R}$; *alors l'axe de la rotation* $\rho_s \in O^+(3)$ *est la droite* $\mathbf{R}t$ *et l'angle* θ *de* ρ_s, $\theta \in [0, \pi]$, *est donné par* $\operatorname{tg} \theta/2 = \| t \| / | \alpha |$ *si* $\alpha \neq 0$, *si* $\alpha = 0$ *on a* $\theta = \pi$ *et* ρ_s *est le retournement autour de* $\mathbf{R}t$.

L'invariance de $\mathbf{R}t$ est visible. Pour calculer l'angle θ, c'est un peu plus délicat ; on remarque d'abord que $\rho_{zsz^{-1}} = \rho_z \rho_s (\rho_z)^{-1}$ et ρ_s ont même

angle et comme $O^+(3)$ est transitif sur S^2, il existe z avec $zsz^{-1} = \beta i$, $\beta \in \mathbf{R}$ et donc on peut faire le calcul pour $s = \alpha + \beta i$.
L'angle de ρ_s sera lu dans $i^\perp \cap \mathbf{R}^3$, i.e. on a $\theta = \overline{j, (\rho_s j)}$. Or on a

$$\rho_s j = (\alpha + \beta i)\, j(\alpha + \beta i)^{-1} = (\alpha^2 + \beta^2)^{-1}(\alpha + \beta i)\, j(\alpha - \beta i) =$$
$$= (\alpha^2 + \beta^2)^{-1}\left[(\alpha^2 - \beta^2)\, j + 2\,\alpha\beta k\right].$$

et donc

$$\operatorname{tg}\theta = \frac{2\,\alpha\beta}{\alpha^2 - \beta^2} = \frac{2(\beta/\alpha)}{1 - (\beta/\alpha)^2}, \quad \text{donc} \quad \operatorname{tg}\frac{\theta}{2} = \frac{\beta}{\alpha} = \frac{\| t \|}{| \alpha |}.$$

Si $\alpha = 0$, on a $\rho_s(j) = -j$.

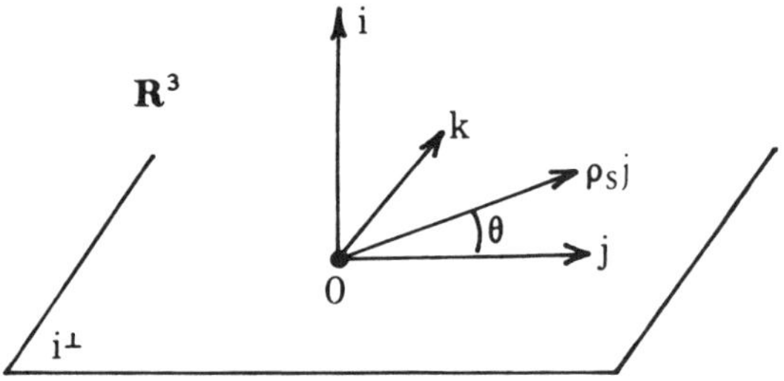

Figure 8.9.4

8.9.5 L'intérêt de 8.9.3 et 8.9.4 est de donner une représentation paramétrique de $O^+(3)$, les rotations de notre espace physique ; de telles paramétrisations sont fondamentales en mécanique et en physique, mais elles ne sont faciles, ni à trouver, ni à manier. Voir par exemple les angles d'Euler dans [BE]. p. 136 et essayer d'écrire une composée de rotations ! tandis que 8.9.3 et 8.9.4 fournissent un calcul de composées simple et rapide. Un inconvénient cependant : l'ambiguïté du ± 1, que l'on aimerait bien lever. Or cette ambiguïté est dans la nature des choses en vertu de la :

8.9.6 PROPOSITION. *Il n'existe aucun relèvement $f : O^+(3) \to S^3$ de ρ, i.e. vérifiant $\rho \circ f = \mathrm{Id}_{O^+(3)}$, qui soit, ou continu, ou un homomorphisme de groupes.*

$$\begin{array}{c} S^3 \\ {\scriptstyle \rho}\uparrow\downarrow{\scriptstyle f} \\ O^+(3) \end{array}$$

$$\begin{array}{ccc} \Gamma' & \xrightarrow{\rho} & \Gamma \\ \cong & & \cong \\ \mathbf{U} & \to & \mathbf{U} \\ z & \mapsto & z^2 \end{array}$$

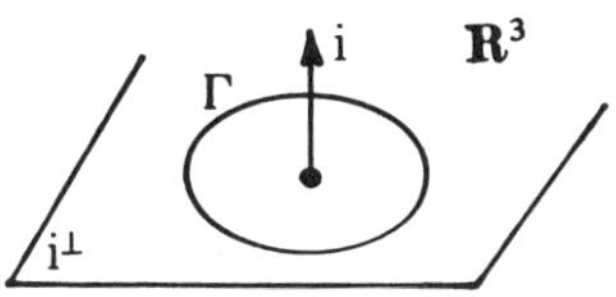

Figure 8.9.6

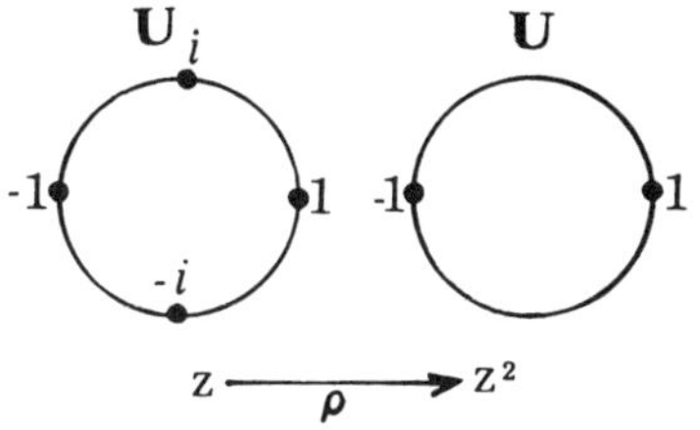

Figure 8.9.7

Soit Γ le cercle, ensemble des rotations de $O^+(3)$ d'axe $\mathbf{R}i$; d'après 8.9.4 : $\rho^{-1}(\Gamma) = \Gamma' = S(\mathbf{R} + \mathbf{R}i)$, le cercle-unité du plan $\mathbf{R} + \mathbf{R}i \subset \mathbf{H}$. De plus la démonstration de 8.9.4 montre que la restriction $\rho\,|_{\Gamma'} : \Gamma' \to \Gamma$ n'est autre, pour l'identification $\mathbf{R} + \mathbf{R}i = \mathbf{C}$, que l'application $z \mapsto z^2$. Supposons alors qu'il existe $f : O^+(3) \to S^3$ avec $\rho \circ f = \mathrm{Id}_{O^+(3)}$ et regardons sa restriction $f\,|_\Gamma$; si f est un homomorphisme, on doit avoir $f(\mathrm{Id}) = 1$ puis $f(-1) = \pm i$ car $\rho(f(-1)) = (f(-1))^2 = -1$ d'après ce qui précède. Si par exemple

$$f(-1) = i\,, \quad (f(-1))^2 = f((-1)^2) = f(1) = 1 = i^2 = -1\,,$$

contradiction. Supposons maintenant f continue et par exemple $f(\mathrm{Id}) = 1$ (le cas -1 se traite de façon analogue) ; la notion de fonction inverse montre que $\rho(f(z)) = z$ implique que $f(z) = \sqrt{z}$, la détermination usuelle sur $\mathbf{C} \setminus \mathbf{R}_-$; mais alors, lorsque z tend vers -1 dans le demi-plan supérieur de $\mathbf{C}$ (resp. inférieur) $f(z) = \sqrt{z}$ tend vers i (resp. $-i$) ; c'est la contradiction cherchée.

8.9.7 Comme dans la démonstration de 8.9.2 on voit que l'application $\mathbf{H} \ni q \mapsto sqr \in \mathbf{H}$ est une isométrie de $\mathbf{H}$, i.e. appartient à $O(4)$, ceci pour tous $s, r \in \mathbf{H}^*$ tels que $\|s\|\,\|r\| = 1$, en particulier si $\|s\| = \|r\| = 1$. De plus la même démonstration que pour 8.9.2 (ii) montre que $q \mapsto sqr$ appartient à $O^+(4)$. En fait on a le :

8.9.8 THÉORÈME. *L'application*

$$\tau : S^3 \times S^3 \ni (s, r) \mapsto \{\, q \mapsto sq\bar{r} \,\} \in O^+(4)$$

est un homomorphisme de groupes, continue, surjective et de noyaux à deux éléments $\{(1, 1), (-1, -1)\}$.

8.9.9 Il s'agit bien sûr sur $S^3 \times S^3$ de la structure de groupe produit direct. Et $\tau(ss', rr')(q) = ss'q\overline{rr'} = s(s'q\overline{r'})\,\bar{r} = (\tau(s, r) \circ \tau(s', r'))(q)$. Le noyau est formé des (s, r) tels que $sq\bar{r} = q$ pour tous q ; d'abord $\bar{r} = s^{-1}$ puis $sqs^{-1} = q$ pour tous q d'où $s \in \mathbf{R}$ puis $s = \pm 1$. Pour montrer la surjectivité, soit $f \in O^+(4)$ et $q_0 = f(1)$; on a donc $\tau(q^{-1}, 1) \in O^+(4)$ et $\tau(q_0^{-1}, 1)(q_0) = 1$ donc $\tau(q_0^{-1}, 1) \circ f \in O^+(3)$. Mais d'après 8.9.2 (iii) on a $\tau(q_0^{-1}, 1) \circ f = \rho'_s$ pour $s \in \mathbf{H}^*$, donc $f = \tau(q_0, 1) \circ \rho'_s = \tau(q_0\, s, s^{-1})$.

8.9.10 COROLLAIRE. *Le groupe $O^+(4)$ admet d'autres sous-groupes distingués que lui-même et son centre $\{\pm \mathrm{Id}_{\mathbf{R}^4}\}$, par exemple $\tau(S^3 \times \{1\})$, $\tau(\{1\} \times S^3)$. En particulier $O^+(4)/\{\pm \mathrm{Id}_{\mathbf{R}^4}\}$ n'est pas simple.*

8.9.11 REMARQUES. Ceci termine l'enquête sur la simplicité des $O(n)$ commencée en 8.5.
On voit que $O^+(4)$ est presque un produit direct. Celui qui est un vrai produit direct, c'est le groupe projectif orthogonal $PO^+(4)$:

8.9.12 $$PO^+(4) = p(\tau(S^3 \times \{1\})) \times p(\tau(\{1\} \times S^3)).$$

Géométriquement, 8.9.12 a des conséquences plaisantes, voir 18.8.8. Pour d'autres applications des quaternions à la géométrie, voir le livre très intéressant [VL].

8.9.13 QUESTION. Les complexes **C** ont permis l'étude fine de $O^+(2)$, les quaternions celle de $O^+(3)$, $O^+(4)$, en particulier tout ceci a permis de paramétrer plaisamment $O^+(2)$, $O^+(3)$, $O^+(4)$. Comment paramétriser $O^+(n)$? La réponse est fournie par les algèbres de Clifford ; voir 8.10.3.

8.10 *Les $O^+(n)$ et la topologie algébrique*

8.10.1 Nous terminons avec cette section le plan d'étude 8.2.14 ; ce qui suit supposera peut être, pour être apprécié, une teinture, ou mieux, de topologie algébrique. Nous citons seulement, sans en dire plus, que les $O^+(n)$ sont des variétés différentielles C^∞ et des groupes de Lie ; c'est d'ailleurs des techniques de groupes de Lie qui permettent, entre autres, de répondre au 8.10.4.

8.10.2 COMME CAS PARTICULIERS, nous avons vu que $O^+(2)$ était le cercle S^1, $O^+(3)$ le projectif réel $P^3(\mathbf{R})$. Mentionnons que $O^+(4)$ peut s'interpréter comme $(S^3 \times S^3)/\mathbf{Z}_2$ d'après 8.9.8, que $O^+(5)$ a des rapports avec $\mathbf{H}^2$, [PO], cor. 13.60 ; et $O^+(6)$ avec $\mathbf{C}^4$, [PO] prop. 13.61. Voir aussi pour cela [DE 1], p. 106-116. Enfin $O^+(8)$ d ne lieu à un phénomène de « trialité », dû au fait que le quotient des automorphismes extérieurs $\mathrm{Aut}(O^+(8))$ par les intérieurs $\mathrm{Int}(O^+(8))$:
$$\mathrm{Aut}(O^+(8))/\mathrm{Int}(O^+(8)),$$
est isomorphe au groupe symétrique $\mathfrak{S}_3$; voir [CE 2], p. 119.

8.10.3 GROUPE FONDAMENTAL. Puisque $O^+(2)$ est, topologiquement, le cercle S^1, son groupe fondamental $\pi_1(O^+(2))$ est donc isomorphe à **Z**. Par contre : $\pi_1(O^+(n)) = \mathbf{Z}_2$ *pour tout* $n \geqslant 3$. Pour $n = 3$ ceci résulte de 8.9.3, parce que ρ est un revêtement à deux feuillets et S^3 simplement connexe ; pour $n > 3$ ceci résulte du cas $n = 3$ et de la suite exacte d'homotopie de la fibration associé à l'écriture de la sphère S^n comme l'espace homogène $S^n = O^+(n+1)/O^+(n)$ (cf. 1.5.9 ou 8.2.8). Géométriquement il peut être intéressant de trouver un élément non nul de $\pi_1(O^+(3))$ (donc de $\pi_1(O^+(n))$). Or la réponse est fournie par la démonstration de 8.9.6 qui montre que le cercle Γ ensemble des rotations de $\mathbf{R}^3$ autour d'un axe fixe est un lacet de $O^+(3)$ non homotope à 0 puisque S^3 est simplement connexe (voir 18.2). En particulier, comme $\pi_1(O^+(3)) = \mathbf{Z}_2$, c'est donc que Γ parcouru deux fois est homotope à 0.

Ceci peut être illustré de deux façons, soit avec une bande de papier soit par le truc de l'assiette à soupe : « L'exécutant fait tourner une assiette à soupe, tenue horizontale sur sa main, d'un angle de 2π autour de la verticale passant par le centre de l'assiette. Son bras a nécessairement tourné, il est tordu. Le fait surprenant est qu'une seconde rotation du même type, dans le même sens, ramène le bras à sa position primitive (au lieu de le tordre deux fois plus!) » ([PO], p. 2); voir figures 8.10.3 et 8.10.4.

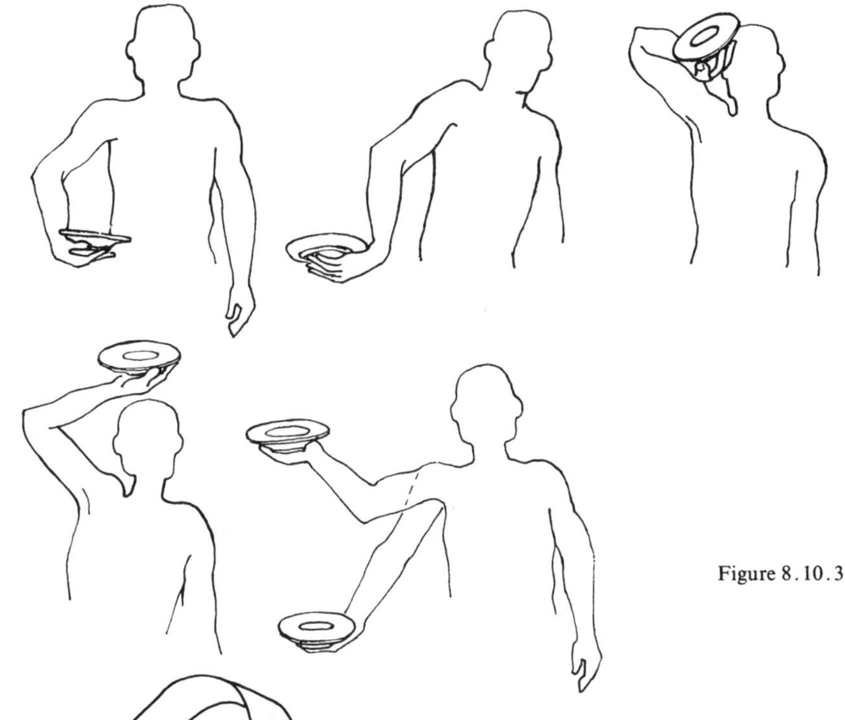

Figure 8.10.3

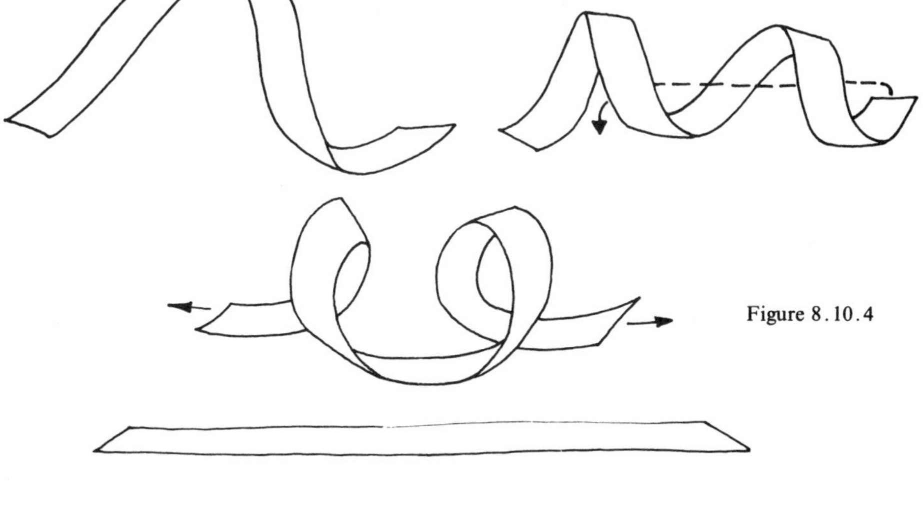

Figure 8.10.4

Mais le fait que $\pi_1(O^+(n))$ a une conséquence beaucoup plus fondamentale, en effet le groupe $G = O^+(n)$ définit un espace topologique simplement connexe, son revêtement universel $\tilde{G}$. On sait alors que la structure du groupe G fournira par relèvement une structure de groupe sur $\tilde{G}$; ainsi pour chaque n on trouve un groupe abstrait $\widetilde{O^+(n)}$, provenant du groupe géométrique $O^+(n) \subset \mathrm{GL}(\mathbf{R}^n)$. D'où la question : ce groupe a-t-il une réalisation géométrique ? Pour $n = 3$, on a réalisé $\widetilde{O^+(3)}$ par les quaternions $\mathbf{H}$, comme la multiplication dans $\mathbf{H} = \mathbf{R}^4$; qui donc joue, pour $n > 3$, le rôle des quaternions ? Ce sont les algèbres de Clifford, et $\widetilde{O^+(n)}$ est appelé le groupe des spineurs ; pour tout ceci on pourra consulter [PO], chapitre 13, [BI 2], § 9. Voir d'autres références en 13.7.14.4.
Il est piquant de constater que les spineurs, eux, n'ont pas été découverts par la démarche ci-dessus ; la représentation spinorielle a été découverte par Elie Cartan en 1913 lors de sa classification des représentations linéaires irréductibles primitives de l'algèbre de Lie de $O^+(n)$. Lors de cette classification, l'une d'entre elles était inconnue et de cette dimension inattendue 2^n. Par contre Clifford découvrit ses algèbres en 1876, précisément en cherchant à étendre en dimensions plus grandes des théorèmes comme 8.9.2 et 8.9.8.

8.10.4 Quant aux autres invariants classiques de topologie algébrique des $O^+(n)$: groupes d'homologie, anneau de cohomologie, ils sont tous complètement connus, voir exemple [BO 1]. Voir aussi [HU], p. 92-95.

8.11 *Forme volume canonique d'un espace euclidien orienté. Produit mixte, produit vectoriel*

Rappelons que si $n = \dim E$, on a $\dim \Lambda^n E^* = 1$ (cf. 2.7.2.1).

8.11.1 LEMME. *Si E est euclidien, $\Lambda^n E^*$ possède une structure euclidienne canonique* (i.e. *ici une norme en fait*), *définie par*

$$\| \omega \| = | \omega(e_1, \ldots, e_n) |$$

pour toute ω dans $\Lambda^n E^*$ et toute base orthonormale (e_i) de E.

Comme $\omega \in \Lambda^n E^*$ est déterminée par sa valeur sur une base de E, il suffit de montrer que $| \omega(e_1, \ldots, e_n) | = | \omega(e'_1, \ldots, e'_n) |$ pour deux bases orthonormales quelconques ; or si $f \in \mathrm{GL}(E)$ est défini par $f(e_i) = e'_i \ \forall i = 1, \ldots, n$, on a $\omega(e'_1, \ldots, e'_n) = (\det f)\ \omega(e_1, \ldots, e_n)$, mais $\det f = \pm 1$ d'après 8.2.1.

8.11.2 NOTE. Plus généralement les algèbres extérieures $\Lambda^p E^*$, $\Lambda^p E$, tensorielles $\overset{p}{\otimes} E$, $\overset{p}{\otimes} E^*$, symétriques $\overset{p}{\bigcirc} E$, $\overset{p}{\bigcirc} E^*$, pour tout p, admettent des structures euclidiennes héritées naturellement de celles de E : voir [BI 2], p. 115. Nous n'utiliserons dans cet ouvrage que le cas de $\Lambda^n E^*$.

8.11.3 DÉFINITION. *Soit E un espace vectoriel euclidien orienté : on appelle* forme volume canonique *de E, et note λ_E, l'élément $\lambda_E \in \Lambda^n E^*$ caractérisé par $\| \lambda_E \| = 1$ au sens de* 8.11.1 *et l'appartenance à l'orientation de E* (cf. 2.7.2.2). *Si $n = 3$ on dit aussi* produit mixte, *et le* note parfois $(\cdot, \cdot, \cdot)$.
Soit E un espace vectoriel euclidien ; on appelle densité canonique *de E, et note δ_E, l'application $\delta_E : E^n \to \mathbf{R}_+$ définie par $(e_1, \ldots, e_n) \to | \lambda_E(e_1, \ldots, e_n) |$, où λ_E est la forme volume canonique de E pour une orientation quelconque.*
Autrement dit on caractérise λ_E et δ_E par :

8.11.4 $\delta_E(e_1, \ldots, e_n) = 1$ (resp. $\lambda_E(e_1, \ldots, e_n) = 1$) $\forall (e_i)$ base orthonormale (resp. orthonormale directe).
Evidemment δ_E est invariante par $O(E)$ et λ_E par $O^+(E)$.

8.11.5 Pour pouvoir calculer $\delta_E(x_1, \ldots, x_n)$, on introduit les déterminants de Gram : pour un espace euclidien E et $(x_i)_{i=1,\ldots,p}$ une partie à p éléments de E on appelle *déterminant de Gram* des (x_i) et *note* Gram $(x_1, \ldots, x_p)$ le déterminant :

$$\text{Gram}\,(x_1, \ldots, x_p) = \det((x_i \mid x_j)) = \begin{vmatrix} \| x_1 \|^2 & (x_1 \mid x_2) & \ldots & (x_1 \mid x_p) \\ (x_2 \mid x_1) & \| x_2 \|^2 & \ldots & (x_2 \mid x_p) \\ \vdots & & & \vdots \\ (x_p \mid x_1) & (x_p \mid x_2) & \ldots & \| x_p \|^2 \end{vmatrix}$$

8.11.6 PROPOSITION. *Pour toute partie $(x_i)_{i=1,\ldots,n}$ de E on a* $\delta_E(x_1, \ldots, x_n) = (\text{Gram}\,(x_1, \ldots, x_n))^{1/2}$.

Soient (e_i) une base orthonormale quelconque,

$$f \in \text{GL}\,(E) \mid f(e_i) = x_i \quad \forall i = 1, \ldots, n$$

et $A = M(f)$ la matrice de f par rapport aux (e_i). D'après le lemme 8.2.2 on a :

$$\text{Gram}\,(x_1, \ldots, x_n) = \det({}^tAA) = (\det A)^2 = (\det f)^2 ;$$

d'où

$$\delta_E(x_1, \ldots, x_n) = | \det f \mid \delta_E(e_1, \ldots, e_n) = | \det f | .$$

8.11.7 EXEMPLES. Prenons $x, y \in E$ et appliquons 8.11.6 à l'espace euclidien $V = \mathbf{R}x + \mathbf{R}y$; on a $\delta_V(x, y) = (\text{Gram}\,(x, y))^{1/2}$ donc Gram $(x, y) \geqslant 0$; or

$$\text{Gram}\,(x, y) = \begin{vmatrix} \| x \|^2 & (x \mid y) \\ (y \mid x) & \| y \|^2 \end{vmatrix} = \| x \|^2 \| y \|^2 - (x \mid y)^2 .$$

ce qui démontre l'inégalité de Schwarz (cf. 8.1.3). En outre, d'après 8.6.3, on a $\delta_V(x, y) = \sin(\widehat{\mathbf{R}x, \mathbf{R}y}) \| x \| \| y \|$, où il s'agit de l'angle (non orienté) des deux droites $\mathbf{R}x$, $\mathbf{R}y$.

Pour trois vecteurs, le lecteur pourra essayer de montrer directement que le déterminant Gram (x, y, z) est toujours positif.

Ce qui suit est consacré au produit vectoriel, extrêmement utilisé en dimension trois dans pratiquement tout ce qui touche à l'univers physique.

Désormais E est orienté

8.11.8 PROPOSITION. *Soit E de dimension $n \geqslant 3$. Etant donnés $n-1$ vecteurs $(x_i)_{i=1,\dots,n-1}$ de E il existe un vecteur unique*, noté $x_1 \wedge \dots \wedge x_{n-1}$, *de E tel que*

$$\forall y \in E : (x_1 \wedge \dots \wedge x_{n-1} \mid y) = \lambda_E(x_1, \dots, x_{n-1}, y) ;$$

on l'appelle le produit vectoriel *des x_i. Il possède les propriétés suivantes* :

(i) $E^{n-1} \ni (x_1, \dots, x_{n-1}) \mapsto x_1 \wedge \dots \wedge x_{n-1} \in E$ *est multilinéaire alternée (donc antisymétrique)* ;

(ii) $x_1 \wedge \dots \wedge x_{n-1} = 0 \Leftrightarrow$ *les x_i sont liés* ;

(iii) $x_1 \wedge \dots \wedge x_{n-1} \in (\mathbf{R}x_1 + \dots + \mathbf{R}x_{n-1})^\perp$;

(iv) *si les (x_i) sont libres, $\{x_1, \dots, x_{n-1}, x_1 \wedge \dots \wedge x_{n-1}\}$ est une base positive de E* ;

(v) $\| x_1 \wedge \dots \wedge x_{n-1} \| = (\text{Gram}(x_1, \dots, x_{n-1}))^{1/2} =$
$$= \delta_{\mathbf{R}x_1 + \dots + \mathbf{R}x_{n-1}}(x_1, \dots, x_{n-1}) ;$$

(vi) $x_1 \wedge \dots \wedge x_{n-1}$ *est caractérisé par* (iii), (iv), (v) *ensemble*.

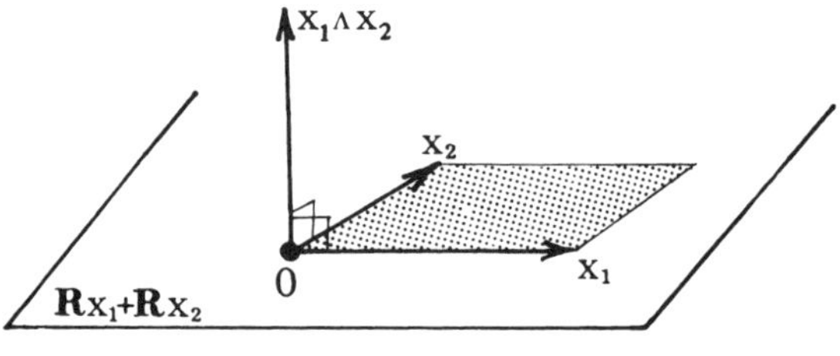

Figure 8.11.8

L'existence et l'unicité découlent de 8.1.8.1. Le (i) provient de ce que λ_E est multilinéaire alternée. Le sens $\Leftarrow$ du (ii) est banal ; en sens inverse, si les x_i sont libres, on les complète en une base par x_n et on a

$$(x_1 \wedge \dots \wedge x_{n-1} \mid x_n) = \lambda_E(x_1, \dots, x_{n-1}, x_n) \neq 0 ,$$

contradiction. Pour le (iv), on applique 2.7.2.2 au fait que

$$\lambda_E(x_1, \dots, x_{n-1}, x_1 \wedge \dots \wedge x_{n-1}) = \| x_1 \wedge \dots \wedge x_{n-1} \|^2 > 0 .$$

Pour le (v), posons $z = x_1 \wedge \dots \wedge x_{n-1}$ et remarquons que

$$(z \mid x_i) = 0 \quad \forall i = 1, \dots, n-1$$

et que, par définition du Gram :

$$\text{Gram}\,(x_1, \dots, x_{n-1}, z) = \text{Gram}\,(x_1, \dots, x_{n-1})\,\| z \|^2 ,$$

donc

$$(\lambda_E(x_1, \dots, x_{n-1}, z))^2 = \| z \|^4 = \text{Gram}\,(x_1, \dots, x_{n-1}, z)$$
$$= \text{Gram}\,(x_1, \dots, x_{n-1})\,\| z \|^2 \quad \text{(cf. 8.11.6)} .$$

Enfin, pour démontrer que (iii), (iv), (v) caractérisent le produit vectoriel, on n'a à considérer que le cas où les x_i sont libres (sinon il s'agit du vecteur 0), auquel cas $\dim(\mathbf{R}x_1 + \cdots + \mathbf{R}x_{n-1})^{\perp} = 1$ et alors sur cette droite vectorielle (iv) et (v) déterminent bien un vecteur unique.

8.11.9 REMARQUES. Si $n = 2$, ce qui jouerait le rôle de produit vectoriel serait l'application $E \ni x \mapsto \partial(x) \in E$, rotation de l'angle droit de E : cf. 8.3.12 et 8.7.3.5.

La notion de produit vectoriel fournit un moyen commode de compléter un système orthonormal $\{ e_i \}_{i=1,\dots,n-1}$ en une base orthonormale positive, le calcul pratique est donné en 8.11.11, 8.11.12.

8.11.10 CALCUL EXPLICITE. Soient (e_i) une base orthonormale de E et la matrice $A = (x_1 \dots x_{n-1}) = (x_{ij})$ $(i = 1, \dots, n-1\,;\, j = 1, \dots, n)$ des vecteurs-colonnes x_i pour la base considérée. Alors :

8.11.11 i-ième coordonnée de $x_1 \wedge \dots \wedge x_{n-1} = (-1)^{n-1} \det A_i$,

où A_i désigne la matrice carrée déduite de A en y supprimant sa i-ième ligne. Pour démontrer ceci, on pose $z = x_1 \wedge \dots \wedge x_{n-1} = (z_1, \dots, z_n)$ et on applique la formule donnant le développement d'un déterminant selon, ici, sa dernière colonne :

$$(z \mid y) = \lambda_E(x_1, \dots, x_{n-1}, y) = \begin{vmatrix} x_{11} & \cdots & x_{n-1\,1} & y_1 \\ \vdots & & \vdots & \vdots \\ x_{1n} & \cdots & x_{n-1\,n} & y_n \end{vmatrix} =$$
$$= \sum_i (-1)^{n-i} y_i \det A_i = \sum_i y_i z_i .$$

Ceci, ayant lieu quels que soient les y_i, démontre notre propos. Si par exemple $n = 3$, on trouve

8.11.12 $$x = \begin{pmatrix} a \\ b \\ c \end{pmatrix}, \quad y = \begin{pmatrix} a' \\ b' \\ c' \end{pmatrix} : \quad x \wedge y = \begin{pmatrix} bc' - b'c \\ ca' - c'a \\ ab' - a'b \end{pmatrix} .$$

8.11.13 QUATERNIONS. Le produit vectoriel dans $\mathbf{R}^3$ (structure euclidienne et orientations canoniques) permet d'écrire facilement le produit de deux quaternions *purs* $x, y \in \mathbf{R}^3 \subset \mathbf{H}$ (donc le produit de deux quaternions quelconques) ; on a, d'après 8.9.1 et 8.11.12 :

$$xy = -(x \mid y) + x \wedge y , \quad \text{avec} \quad (x \mid y) \in \mathbf{R} \subset \mathbf{H} .$$

8.12 *Exercices*

8.12.1 Soient E un espace vectoriel réel, de dimension finie, φ et ψ deux structures euclidiennes sur E et $G \subset \mathrm{GL}(E)$ un sous-groupe du groupe linéaire de E ; on suppose G irréductible (cf. 8.2.6). Montrer que si $G \subset O(E, \varphi) \cap O(E, \psi)$ (i.e. si tous les éléments de G laissent φ et ψ invariantes), alors φ et ψ sont proportionnelles (utiliser 13.5).

8.12.2 DÉMONSTRATION GÉOMÉTRIQUE DE 8.2.15. Pour montrer que $f \in O(E)$ admet une droite ou un plan propre, considérer un $x \in S(E)$ tel que $\| f(x) - x \|$ soit minimum et montrer que x, $f(x)$, $f^2(x)$ sont dans un même plan (cf. 9.3.2 et utiliser 18.4).

8.12.3 DÉMONSTRATION DIFFÉRENTIELLE DE 8.2.15. Dans la même situation que 8.12.2, montrer que le plan de x et $f(x)$ est stable par f en écrivant que la dérivée en x de l'application

$$S(E) \ni y \mapsto \| f(y) - y \| \in \mathbf{R}$$

est nulle (cf. 13.5.7.2).

8.12.4 Démontrer directement qu'un cercle est connexe par arcs.

8.12.5 ENDOMORPHISMES NORMAUX. Un endomorphisme f d'un espace euclidien E est dit *normal* s'il commute avec son adjoint : ${}^t f \circ f = f \circ {}^t f$ (cf. 8.1.8.6). Montrer que 8.2.15 est valable pour un endomorphisme normal. A ce sujet voir aussi 13.5.7. Lorsque $\dim E = 2$, qui sont les endomorphismes normaux ?

8.12.6 Déterminer tous les homomorphismes continus $\mathbf{R} \to \mathrm{GO}(E)$, où $\dim E = 2$; dessiner les orbites associées (cf. 9.6.9) (utiliser 8.3.13).

8.12.7 Démontrer que, pour tout $n \in \mathbf{N}^*$ et $a \in \tilde{\mathfrak{A}}(E)$, l'équation dans $\tilde{\mathfrak{A}}(E)$: $nx = a$, a exactement n solutions. Les dessiner sur un cercle pour certains a et $n = 2, 3, 4, 5$.

8.12.8 PETIT FORMULAIRE DE TRIGONOMÉTRIE. Dans les formules à démontrer ci-dessous, l'entier $n \in \mathbf{N}$ et les nombres réels qui y entrent sont quelconques ; à l'usuel on a *posé* $\operatorname{tg} x = \dfrac{\sin x}{\cos x}$.

$$\operatorname{tg} na = \frac{\binom{n}{1}\operatorname{tg} a - \binom{n}{3}\operatorname{tg}^3 a + \cdots + (-1)^p \binom{n}{2p+1}\operatorname{tg}^{2p+1} a + \cdots}{1 - \binom{n}{2}\operatorname{tg}^2 a + \cdots + (-1)^p \binom{n}{2p}\operatorname{tg}^{2p} a + \cdots};$$

$$\cos a + \cos b = 2 \cos \frac{a+b}{2} \cos \frac{a-b}{2}.$$

$$\cos a - \cos b = -2 \sin \frac{a+b}{2} \sin \frac{a-b}{2};$$

énoncer les formules de ce genre pour les sinus ;

$$\operatorname{tg}(a+b) = \frac{\sin(a+b)}{\cos a . \cos b};$$

montrer que le maximum de $\alpha \cos t + \beta \sin t$, $t \in \mathbf{R}$, est $\sqrt{\alpha^2 + \beta^2}$; pour a, b, c positifs et $a + b + c = \pi$, montrer que :

$$\sin a + \sin b + \sin c = 4 \cos \frac{a}{2} \cos \frac{b}{2} \cos \frac{c}{2},$$

$$\cos a + \cos b + \cos c = 4 \sin \frac{a}{2} \sin \frac{b}{2} \sin \frac{c}{2},$$

$$\operatorname{tg} a + \operatorname{tg} b + \operatorname{tg} c = \operatorname{tg} a . \operatorname{tg} b . \operatorname{tg} c,$$

$$\operatorname{tg} \frac{b}{2} \operatorname{tg} \frac{c}{2} + \operatorname{tg} \frac{c}{2} \operatorname{tg} \frac{a}{2} + \operatorname{tg} \frac{a}{2} \operatorname{tg} \frac{b}{2} = 1;$$

$$\cos \frac{\pi}{10} = \frac{\sqrt{10 + 2\sqrt{5}}}{4}; \quad \cos \frac{\pi}{48} = \frac{1}{2}\sqrt{2 + \sqrt{2 + \sqrt{2 + \sqrt{3}}}}$$

$$1 + \cos a + \cdots + \cos na = \frac{\sin (n+1)\frac{a}{2}}{\sin \frac{a}{2}} \cos \frac{na}{2},$$

$$\sin a + \cdots + \sin na = \frac{\sin (n+1)\frac{a}{2}}{\sin \frac{a}{2}} \sin \frac{na}{2};$$

$$\sin \frac{\pi}{n} \sin \frac{2\pi}{n} \cdots \sin \frac{(n-1)\pi}{n} = n\, 2^{1-n}$$

$$\cos a + \cos 3a + \cdots + \cos (2n-1) a = \frac{1}{2} \frac{\sin 2na}{\sin a};$$

$$\sin a + \sin 3a + \cdots + \sin (2n-1) a = \frac{\sin^2 na}{\sin a};$$

$$\lim_{n \to \infty} \cos \frac{a}{2} \cos \frac{a}{4} \cdots \cos \frac{a}{2^n} = \frac{\sin a}{a}.$$

8.12.9 LE PRODUIT VECTORIEL DANS $\mathbf{R}^3$. Démontrer les formules (pour tous a, b, c) :

$$a \wedge (b \wedge c) = (a \mid c)\, b - (a \mid b)\, c, \quad (a \wedge b, a \wedge c, b \wedge c) = (a, b, c)^2,$$
$$(a \wedge b) \wedge (a \wedge c) = (a, b, c)\, a.$$

Montrer que $\mathbf{R}^3 \times \mathbf{R}^3 \ni (a, b) \mapsto a \wedge b \in \mathbf{R}^3$ fait, avec l'addition, de $\mathbf{R}^3$ une algèbre non associative, qui vérifie au contraire l'identité de Jacobi $a \wedge (b \wedge c) + b \wedge (c \wedge a) + c \wedge (a \wedge b) = 0$, c'est-à-dire une algèbre de Lie.

Si p, q, r sont les 3 projections sur les trois plans de coordonnées, montrer que

$$\| a \wedge b \|^2 = \operatorname{Gram}(p(a), p(b)) + \operatorname{Gram}(q(a), q(b)) + \operatorname{Gram}(r(a), r(b)).$$

Interpréter ceci avec des aires de parallélogrammes (voir Fig. 8.12.9). Enoncer le résultat généralisant cela pour Gram $(a_1, \ldots, a_p)$ dans un espace de dimension n (p et n quelconques).
Etudier l'équation $x \wedge a = b$ (a, b donnés) ; existence et nature de l'ensemble des solutions.

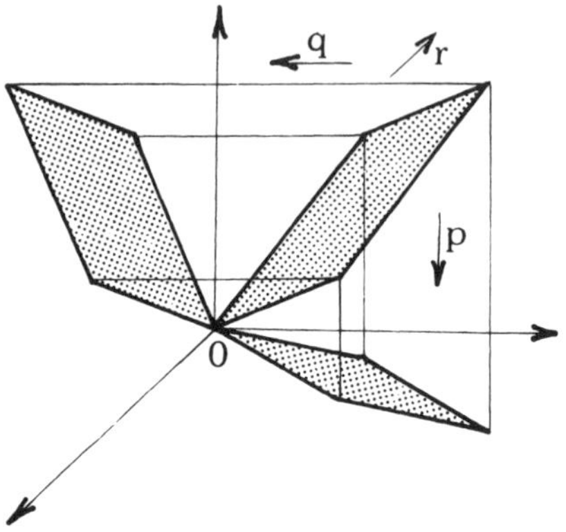

Figure 8.12.9

8.12.10 Dans un espace vectoriel euclidien de dimension 3, on appelle *bissectrice* de deux demi-droites A, B telles que $B \neq -A$ la demi-droite du plan défini par A, B et qui, dans ce plan, est la bissectrice de A, B qui est entre A et B (cf. 8.7.5.2 et 8.7.3.3). Etant données trois demi-droites S, T, U, trouver trois demi-droites A, B, C telles que S soit la bissectrice A, B, T la bissectrice de B, C et U la bissectrice de C, A. Etudier le même problème pour un nombre quelconque de demi-droites.

8.12.11 AUTOMORPHISMES DE H. Montrer que tout automorphisme de **H** est de la forme $a \mapsto \mathcal{R}(a) + \rho(\mathcal{I}(a))$ où $\rho \in O^+(3)$.

8.12.12 Calculer quelques composées de rotations explicites. En particulier celles d'ordre 3 et 5 de l'icosaèdre donné par ses coordonnées en 12.5.5.3.

8.12.13 Montrer que toute représentation linéaire de dimension finie d'un groupe compact est *semi-simple*, c'est-à-dire : soient G un groupe compact, $f : G \to \mathrm{GL}(V)$ un homomorphisme de G dans le groupe linéaire $\mathrm{GL}(V)$ de l'espace vectoriel réel de dimension finie V. Alors s'il existe $W \subset V$ sous-espace vectoriel tel que $f(g)(V) = V \; \forall g \in G$, montrer qu'il existe une somme directe $V = W \oplus Z$ telle que

$$f(g)(Z) = Z \quad \forall g \in G .$$

8.12.14 Si $\{ e_i \}_{i=1,\ldots,n}$ est une base orthonormale d'un espace euclidien de dimension n, déterminer explicitement la réduction de 8.4.1 de l'élément f de $O(n)$ défini par $f(e_i) = e_{i+1} \; \forall i = 1, \ldots, n-1$ et $f(e_n) = e_1$.

CHAPITRE 9

espaces affines euclidiens

Il s'agit, au moins pour le cas des dimensions 2 et 3, des espaces de la géométrie classique des Grecs et de celle de notre univers physique. Comme ce sont des structures riches et qu'elles ont été étudiées depuis des millénaires, les résultats abondent et nous avons dû faire un choix. Le principe de ce choix reste celui de cet ouvrage : traiter rapidement les fondements, offrir toujours quelques résultats à la fois simples et plaisants d'aspect, mais de démonstration difficile, enfin donner des aperçus sur des questions voisines de celles rencontrées mais plus difficiles et éventuellement encore en cours de recherche.

Les trois premières sections contiennent, outre les fondements, des formules dans la section 9.2 pour calculer explicitement des distances ; le déterminant de Gram y joue un rôle essentiel et on le retrouvera en 9.7.

La section 9.4 applique les résultats de 9.3 sur la structure des isométries planes au problème des polygones de périmètre minimum inscrits dans un polygone convexe, en relation avec les trajectoires de billard ou de lumière ; problème à l'opposé en quelque sorte de celui de l'ergodicité de ces billards.

La section 9.5 étudie les similitudes et en donne des caractérisations non banales, en particulier le théorème de Liouville. La section 9.6 utilise les similitudes planes pour résoudre plusieurs problèmes explicites : divisions semblables, podaire double de deux cercles, spirales logarithmiques.

Les sept dernières sections sont assez variées et préparent en partie du matériel pour la suite ; elles introduisent toutes cependant des notions fondamentales. La section 9.7 étudie les relations entre les distances de plusieurs points et mentionne le problème de la caractérisation purement métrique des espaces affines euclidiens ; un outil essentiel est le déterminant de Cayley-Menger. La section 9.8 étudie les sous-groupes laissant fixe une partie donnée, en particulier le lien entre la compacité du groupe et l'existence d'un point fixe commun. La section 9.9 traite de la longueur d'une courbe et du plus court chemin entre deux points. En 9.10 on utilise le calcul différentiel pour dériver la distance en fonction de ses extrémités et en déduire des applications ; c'est la formule de la variation première. Dans 9.11 on étend la métrique à l'ensemble des compacts de l'espace, c'est la distance de Hausdorff, qui sera essentielle dans le chapitre 12. La section 9.12 définit la mesure canonique d'un espace affine euclidien ; elle donne lieu en particulier à la notion de volume d'un compact, c'est là le volume de tous les jours ; on le retrouvera au chapitre 12. Enfin 9.13 introduit la symétrisation de Steiner, qui a joué un rôle historique essentiel et joue encore un rôle dans la démonstration de l'inégalité isopérimétrique (chapitre 12) ; on démontre ici déjà, à l'aide de cette symétrisation, l'inégalité isodiamétrique de Bieberbach.

Pour ce qui est des exercices, outre ceux proposés, nous conseillons au lecteur de feuilleter ceux, très nombreux, des ouvrages [HD 1], [HD 2], [R-C 1], [R-C 2], [I-R], [D-C 1], [FL], [PE 1], [CR 1] ; *certains ont un intérêt plastique incontestable.*

Dans tout ce chapitre, X désigne systématiquement, sauf mention explicite du contraire, un espace affine euclidien ; et $n = \dim X$ sa dimension.

9.1 *Définitions. Isométries. Déplacements*

9.1.1 DÉFINITION. *Un* espace affine euclidien *est un espace affine* $(X, \vec{X})$ *où* $\vec{X}$ *est un espace vectoriel euclidien. Un repère* $\{ x_i \}_{i=0,\ldots,n}$ *de* X *est dit* orthonormal *si* $\{ \overrightarrow{x_0x_i} \}_{i=1,\ldots,n}$ *est une base orthonormale de* $\vec{X}$. *On munit* X *de la structure d'espace métrique définie par* $d(x, y) = xy = \| \overrightarrow{xy} \|$.

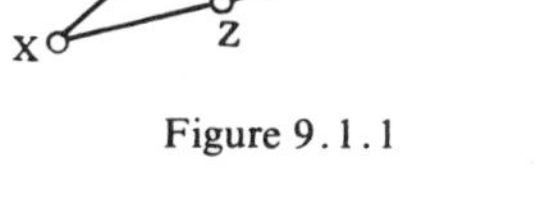

Figure 9.1.1

9.1.1.1 Inégalité stricte du triangle. On a $xz = xy + yz$ si et seulement si $z \in [x, y]$, le segment d'extrémités x, y (cf. 3.4.3). Ceci résulte directement de 8.1.3.

9.1.2 REMARQUES. La topologie d'espace métrique est la topologie canonique de X de 2.7.1.1. Si $S \subset X$ est un sous-espace (affine) de X, alors S hérite de X une structure d'espace affine euclidien naturelle.
L'espace euclidien standard de dimension n est $X = \mathbf{R}^n$, où $\vec{X} = \mathbf{R}^n$ est l'espace vectoriel euclidien standard de dimension n : 8.1.2.2. Une *isométrie* entre deux espaces affines euclidiens X, Y est une bijection $f : X \to Y$ telle que f soit une isométrie, i.e. $d(f(x), f(y)) = d(x, y)$ $\forall x, y \in X$; tout espace affine euclidien de dimension n est isométrique à l'espace standard $\mathbf{R}^n$. Pour le voir, prendre un repère orthonormal $\{x_i\}$ de X et définir $f : X \to \mathbf{R}^n$ par $f\left(x_0 + \sum_i \lambda_i \overrightarrow{x_0 x_i}\right) = (\lambda_1, \ldots, \lambda_n)$. Cela justifie l'expression « l'espace euclidien de dimension n », mais nous n'en abuserons pas. Les translations $T(X)$ de X, plus généralement les $f \in \mathrm{GA}(X)$ tels que $\vec{f} \in O(\vec{X})$, sont des isométries de X, dont l'ensemble est *noté* $\mathrm{Is}(X)$ (cf. 0.3) car $d(f(x), f(y)) = \| \overrightarrow{f(x) f(y)} \| = \| \vec{f}(\overrightarrow{xy}) \| = \| \overrightarrow{xy} \| = d(x, y)$ d'après 2.3.2 et 8.1.5. En fait il n'y en a pas d'autres :

9.1.3 PROPOSITION. *Soit $f : X \circlearrowleft$; alors $f \in \mathrm{Is}(X)$ si et seulement si $f \in \mathrm{GA}(X)$ et $\vec{f} \in O(\vec{X})$.*

Choisissons $a \in X$ quelconque, soit $t = t_{\overrightarrow{f(a)a}}$ la translation de vecteur $\overrightarrow{f(a)\, a}$, donc $g = t \circ f \in \mathrm{Is}_a(X)$ puisque $T(X) \subset \mathrm{Is}(X)$. Il suffit de montrer que $g \in O(X_a)$, or, en calculant dans X_a, en appliquant la définition d'une isométrie et 8.1.2.4, on trouve $(g(x) \mid g(y)) = (x \mid y)$ pour tous $x, y \in X$, d'où $g \in O(X_a)$ d'après 8.1.5.

9.1.4 PROPOSITION. *On* pose $\mathrm{Is}^{\pm}(X) = \{ f \in \mathrm{Is}(X) : \vec{f} \in O^{\pm}(X) \}$; *les éléments de* $\mathrm{Is}^+(X)$ (resp. $\mathrm{Is}^-(X)$) *sont appelés des* déplacements (*resp.* antidéplacements). *Pour tout $a \in X$, on a un produit semi-direct*

$$\mathrm{Is}(X) = T(X)\, \mathrm{Is}_a(X)$$

(resp. $\mathrm{Is}^+(X) = T(X)\, \mathrm{Is}_a^+(X)$), *un produit ensembliste*

$$\mathrm{Is}^-(X) = T(X) \times \mathrm{Is}_a^-(X) ;$$

en outre $f \mapsto \vec{f}$ induit un isomorphisme de groupes $\mathrm{Is}_a(X) \to O(\vec{X})$ (resp. $\mathrm{Is}_a^+(X) \to O^+(\vec{X})$). *Pour la topologie induite par celle de* $\mathrm{GA}(X)$ (cf. 2.7.1.4) *l'espace* $\mathrm{Is}(X)$ *a exactement deux composantes connexes* $\mathrm{Is}^+(X)$, $\mathrm{Is}^-(X)$, *qui sont en outre connexes par arcs.*

C'est le fait que $\mathrm{Is}^+(X)$ est connexe par arcs qui justifie le mot « déplacement » pour $f \in \mathrm{Is}^+(X)$, car il existera $F : [0, 1] \ni t \mapsto \mathrm{Is}^+(X)$ continue telle que $F(0) = \mathrm{Id}_X$ et $F(1) = f$; alors ce F est un déplacement de X, de l'identité à f. Ceci est plus intuitif si l'on applique les $F(t)$ à une partie fixe C de X, dessinant les $C(t) = F(t)(C)$.

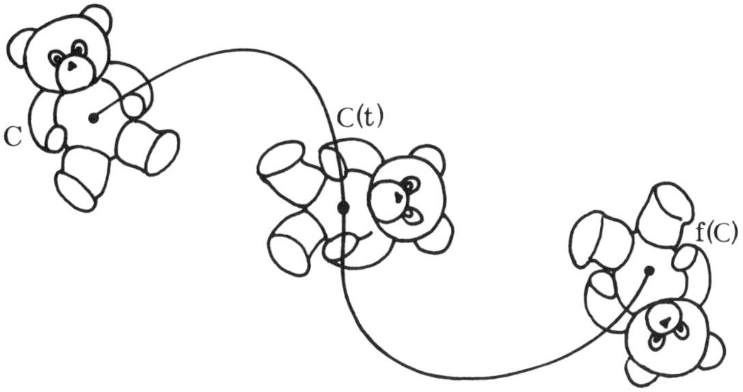

Figure 9.1.4

9.1.5 On peut donc écrire X comme un espace homogène : $X = \mathrm{Is}\,(X)/\mathrm{Is}_a\,(X)$ (a donné). Ecriture plus intéressante souvent que les deux autres : $X = X_a$ et $X = \mathrm{GA}\,(X)/\mathrm{GA}_a\,(X)$; la première est la définition d'un espace affine et le groupe d'isotropie est nul, dans la seconde le groupe d'isotropie $\mathrm{GA}_a\,(X)$ est un peu gros, tandis que $\mathrm{Is}_a\,(X)$ est compact. Or $\mathrm{Is}\,(X)$ reste assez gros dans le sens suivant :

9.1.6 PROPOSITION. $\mathrm{Is}\,(X)$ *est simplement transitif sur les repères orthonormaux de* X *et 2-transitif* (cf. 1.4.5) *sur* X *dans le sens suivant : quels que soient les quatre points* a, b, a', b' *de* X *tels que* $a'b' = ab$, *il existe* $f \in \mathrm{Is}\,(X)$ *tel que* $f(a) = a'$ *et* $f(b) = b'$. *Si en outre* $\dim X = 2$ *et* $f \in \mathrm{Is}^+\,(X)$, *un tel* f *est unique.*

Ceci résulte de 8.2.7.

9.1.7 NOTE. Nous avons spécialement mentionné la 2-transitivité du groupe $\mathrm{Is}\,(X)$ d'un espace affine euclidien pour la raison suivante : cette condition, faible en apparence, est en fait extrêmement forte. Avec quelques conditions supplémentaires de régularité, les espaces métriques dont le groupe d'isométries est 2-transitif sont tous connus. Outre les affines euclidiens, nous en retrouverons trois autres dans cet ouvrage : les sphères dans le chapitre 18, les projectifs réels et les espaces hyperboliques dans le chapitre 19. Les autres sont les projectifs complexes, quaternioniens, le plan projectif des octaves de Cayley et leurs pendants non compacts. Pour une référence récente sur le sujet, voir [BU 2], p. 95. Voir aussi [B-K], p. 117 et [PV 2].

9.2 *Sous-espaces orthogonaux ; distances*

9.2.1 DÉFINITION DE PRINCIPE. *Pour des sous-espaces (affines) de* X, *nous définirons les notions d'*orthogonalité, *d'*angles, *d'*angles orientés.

comme étant celles de leurs directions dans $\vec{X}$, *de même pour des droites orientées de* X. *La notation sera la même que celle dans* $\vec{X}$. *Par exemple si* D, D' *sont deux droites de* X, *leur* angle (*dans* $[0, \pi/2]$) *sera* noté $\overline{DD'} = \overline{\overrightarrow{DD'}}$; *deux droites* orthogonales D, D' *seront notées* $D \perp D'$.

9.2.2 PROPOSITION. *Soient* S *un sous-espace et* x *un point. Il existe un unique sous-espace* T *contenant* x *et tel que* $\vec{X} = \vec{S} \overset{\perp}{\oplus} \vec{T}$; *le point* $y = S \cap T$ (cf. 2.4.9.4) *est caractérisé par* $xy = \mathrm{d}(x, S) = \inf\{ xz : z \in S \}$, *nombre qui est appelé la* distance de x à S (cf. 0.3). *La distance* xz *est une fonction strictement croissante de la distance* yz.

Comme $(\overrightarrow{xy} \mid \overrightarrow{yz}) = 0$, on a (cf. 8.1.2.4) : $xz^2 = xy^2 + yz^2$, or la fonction $t \mapsto \sqrt{1 + t^2}$ est strictement croissante.

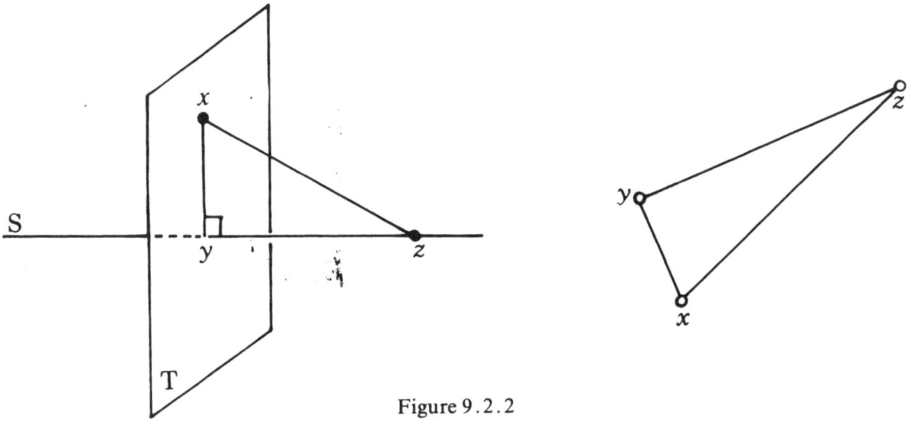

Figure 9.2.2

9.2.3 REMARQUE. En passant on a vu que, pour trois points distincts x, y, z de X, on a : $xy^2 + yz^2 = xz^2 \Leftrightarrow \langle x, y \rangle \perp \langle y, z \rangle$; c'est le « théorème de Pythagore » qui, dans les constructions axiomatiques de la géométrie euclidienne, donnait lieu à des démonstrations assez cachées.

9.2.4 PROJECTIONS ET SYMÉTRIES. On se fixe ici un sous-espace S de X. La proposition 9.2.2 fournit une application $\pi_S : X \to S$ où $p(x)$ désigne l'unique y de 9.2.2, appelée *projection orthogonale* de X *sur* S. On appelle *symétrie autour de* S l'application $\sigma_S : X \circlearrowleft$ définie par $\sigma_S(x) = x + 2\,\overrightarrow{x\pi_S(x)}$ (ou encore, $\pi_S(x)$ est le milieu de x, $\sigma_S(x)$); on a $\sigma_S \in \mathrm{Is}(X)$ et, réciproquement toute involution dans $\mathrm{Is}(X)$ est une σ_S, pour S convenable. Si S est un hyperplan (resp. $\dim S = \dim X - 2$), σ_S est appelée *symétrie hyperplane* (resp. *retournement*).

Dans le cas des involutions on a toujours un point fixe parce que $\dfrac{x + f(x)}{2}$ est fixe par f si $f^2 = \mathrm{Id}_X$; on est donc ramené au cas vectoriel euclidien, pour lequel on applique 8.2.9.

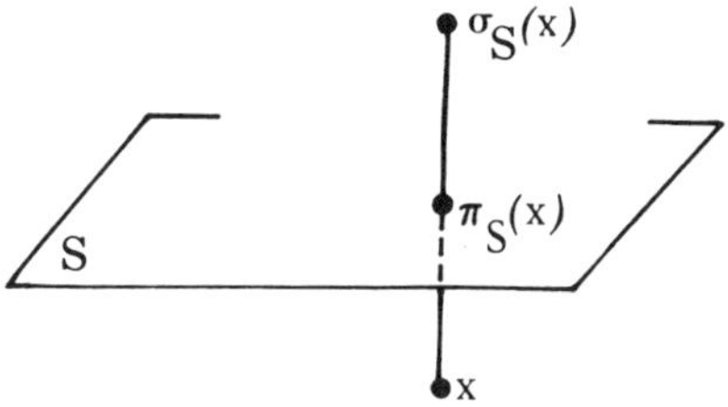

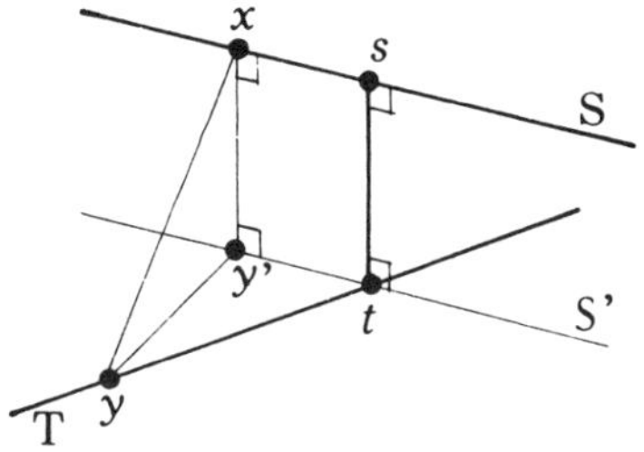

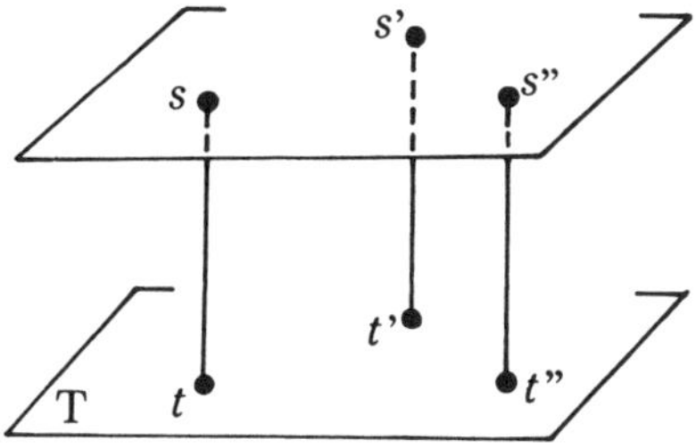

Figure 9.2.4

9.2.5 DISTANCE DE DEUX SOUS-ESPACES. Soient S, T deux sous-espaces ; on *pose* (cf. 0.3) $d(S, T) = \inf\{ st : s \in S, t \in T \}$ et l'appelle la *distance entre S et T*. Il existe toujours $s \in S$, $t \in T$ tels que $st = d(S, T)$; un tel couple est caractérisé par la condition $\overrightarrow{st} \in (\overrightarrow{S})^{\perp} \cap (\overrightarrow{T})^{\perp}$ (si $S \cap T = \emptyset$). Un tel couple est unique si et seulement si $\overrightarrow{S} \cap \overrightarrow{T} = \{ 0 \}$.

Nous laissons le lecteur découvrir l'existence de façon algébrique ; car elle résulte aussi d'un argument de compacité. La condition $\overrightarrow{st} \in (\overrightarrow{S})^{\perp} \cap (\overrightarrow{T})^{\perp}$ est nécessaire d'après 9.2.2 ; si réciproquement elle est satisfaite, soient $x \in S$, $y \in T$ quelconques et S' le sous-espace parallèle à S mené par t (cf. 2.4.9.2), puis $y' = \pi_{S'}(x)$. On a $(\overrightarrow{xy'} \mid \overrightarrow{y'y}) = 0$, donc $xy \geqslant xy' = st$, Q.E.D. Le critère d'unicité résulte de $\overrightarrow{st} \in (\overrightarrow{S})^{\perp} \cap (\overrightarrow{T})^{\perp}$; car si

$$st = s'\,t' = d(S, T)$$

on aura $\overrightarrow{ss'} = \overrightarrow{tt'} \in \overrightarrow{S} \cap \overrightarrow{T}$.

9.2.6 CALCULS EXPLICITES. Nous donnons ci-dessous quelques formules, avec lesquelles on peut résoudre une bonne partie des calculs usuels, entre autres en dimension 3. Nous n'avons pas donné de calculs avec des bases orthonormales et des coordonnées, ces calculs résultent directement des formules ci-dessous et de 8.1.2.6, 8.11.5, 8.11.11. On oriente X pour pouvoir utiliser tout le 8.11.

9.2.6.1 Soient S un sous-espace de X, $x \in X$ et $\{ x_i \}_{i=0,1,\ldots,k}$ un repère non nécessairement orthonormal de S ; alors

9.2.6.2 $$\mathrm{d}^2(x, S) = \frac{\mathrm{Gram}\,(\overrightarrow{x_0x}, \overrightarrow{x_0x_1}, \ldots, \overrightarrow{x_0x_k})}{\mathrm{Gram}\,(\overrightarrow{x_0x_1}, \ldots, \overrightarrow{x_0x_k})}.$$

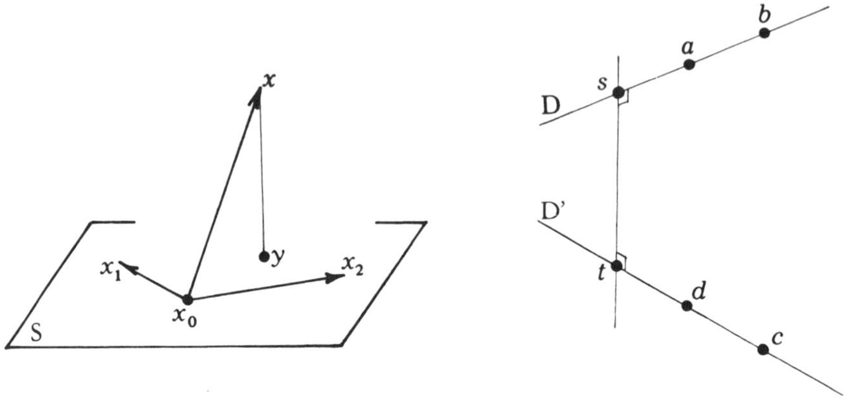

Figure 9.2.6.2

En effet, soit $y = \pi_S(x)$; d'après 8.11.6 le Gram est invariant quand on ajoute à l'un de ses vecteurs une combinaison linéaire des autres, en particulier $\mathrm{Gram}\,(\overrightarrow{x_0x}, \overrightarrow{x_0x_1}, \ldots, \overrightarrow{x_0x_k}) = \mathrm{Gram}\,(\overrightarrow{xy}, \overrightarrow{x_0x_1}, \ldots, \overrightarrow{x_0x_k})$, mais ce dernier vaut $\| \overrightarrow{xy} \|^2 \, \mathrm{Gram}\,(\overrightarrow{x_0x_1}, \ldots, \overrightarrow{x_0x_k})$ comme déjà remarqué dans la démonstration de 8.11.8 (v).

9.2.6.3 Soit $H = f^{-1}(0)$ un hyperplan de X, où $f \in A(X; \mathbf{R})$ (cf. 2.7.3.1) ; alors pour $x \in X$ on a

9.2.6.4 $$\mathrm{d}(x, H) = \frac{|f(x)|}{\|\vec{f}\|},$$

où $\| \cdot \|$ désigne la norme canonique dans $(\vec{X})^*$ (cf. 8.1.8.2).

En effet soit $y = \pi_H(x)$; on a $f(y) = 0$ d'où $f(x) - f(y) = f(x) = \vec{f}(\overrightarrow{yx})$. Or $|\vec{f}(\overrightarrow{yx})| = |(\vec{f}^{\#} \mid \overrightarrow{yx})| = \|\vec{f}^{\#}\| \, \|\overrightarrow{yx}\| = \|\vec{f}\| . xy$, parce que $\overrightarrow{yx} \in H^\perp$ donc les vecteurs $\vec{f}^{\#}, \overrightarrow{yx}$ de $\vec{X}$ sont proportionnels, on applique donc 8.1.8.1, 8.1.8.2 et 8.1.3.

9.2.6.5 Si D, D' sont deux droites de X, $a, b \in D$ et $a', b' \in D'$, on a

$$\mathrm{d}^2(D, D') = \frac{\mathrm{Gram}\,(\overrightarrow{aa'}, \overrightarrow{ab}, \overrightarrow{a'b'})}{\mathrm{Gram}\,(\overrightarrow{ab}, \overrightarrow{a'b'})},$$

ce que l'on voit comme en 9.2.6.1 en introduisant s, t tels que $st = \mathrm{d}(D, D')$. La droite $\langle s, t \rangle$, unique en général, est appelée *la perpendiculaire commune à D, D'*.

9.3 *Structure d'un élément de* Is (X). *Générateurs de* Is (X), Is$^+(X)$

Bon nombre de questions que l'on peut se poser sur $f \in \mathrm{Is}(X)$: points fixes, sous-espaces globalement invariants, etc., sont résolus par le théorème de structure suivant :

9.3.1 THÉORÈME. *Soit $f \in \mathrm{Is}(X)$. Il existe un couple unique formé par une isométrie g de X, une translation $t_{\vec{\xi}}$ de X, satisfaisant aux conditions : l'ensemble G des points fixes de g n'est pas vide, $\vec{\xi} \in \vec{G}$, $f = t_{\vec{\xi}} \circ g$. En outre alors :*

$$\vec{G} = \mathrm{Ker}\,(\vec{f} - \mathrm{Id}_{\vec{X}}) \quad et \quad t_{\xi} \circ g = g \circ t_{\xi}\,.$$

Remarquons d'abord que $\vec{X} = \mathrm{Ker}\,(s - \mathrm{Id}_{\vec{X}}) \overset{\perp}{\oplus} \mathrm{Im}\,(s - \mathrm{Id}_{\vec{X}})$ pour tout $s \in O(\vec{X})$; en effet, la somme des dimensions étant toujours égale à celle de $\vec{X}$, il suffit de voir l'orthogonalité de ces deux sous-espaces, qui résulte des définitions :

$$(u \mid s(v) - v) = (u \mid s(v)) - (u \mid v) = (s(u) \mid s(v)) - (u \mid v) = 0\,.$$

Il suffit maintenant de bien connaître le point de départ de la démonstration : prenons $a \in X$ quelconque et décomposons selon ce qui précède $\overrightarrow{af(a)}$ en $\overrightarrow{af(a)} = \vec{\xi} + \vec{h}$ avec $\vec{h} = \vec{f}(\vec{t}) - \vec{t}$, $\vec{f}(\vec{\xi}) = \vec{\xi}$, poser $x = a - \vec{t}$. Alors par construction :

$$\overrightarrow{xf(x)} = \overrightarrow{xa} + \overrightarrow{af(a)} + \overrightarrow{f(a)\,f(x)} = \vec{t} + \vec{\xi} + \vec{f}(\vec{t}) - \vec{t} - \vec{f}(\vec{t}) = \vec{\xi}\,.$$

Donc si l'on pose $g = t_{\vec{\xi}}^{-1} \circ f$, on a bien $g(x) = x$. Le reste est banal.

Pour plus de détails, ainsi que sur la démonstration du corollaire ci-dessous, on pourra consulter [FL], p. 194-197.

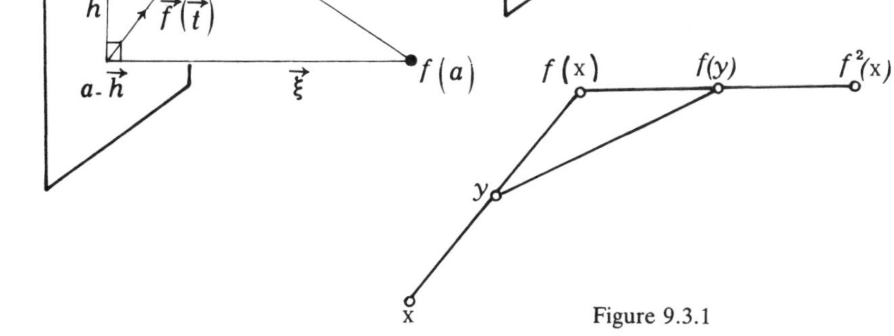

Figure 9.3.1

9.3.2 REMARQUE. Le fait de connaître une droite globalement invariante par f (nécessairement de direction dans $\mathrm{Ker}(\vec{f}-\mathrm{Id}_{\vec{X}})$) assure l'existence de la décomposition 9.3.1. On peut découvrir de telles droites par des arguments purement métriques et topologiques : si $x \in X$ est tel que $xf(x) = \inf\{yf(y) : y \in X\}$, alors la droite $\langle x, f(x) \rangle$ est invariante (globalement) par f. Soit en effet y le milieu de $x, f(x)$; puisque f est une isométrie (voire un morphisme affine !) $f(y)$ est le milieu de $f(x)$, $f^2(x)$ et on a par hypothèse :

$$d(y, f(y)) \geqslant d(x, f(x)) = d(f(x), f^2(x)) ;$$

or

$$d(y, f(y)) \leqslant d(y, f(x)) + d(f(x), f(y)) = 2 \times \frac{1}{2} d(x, f(x)) .$$

Donc c'est que l'égalité est atteinte partout, ce qui (inégalité stricte du triangle, cf. 9.1.1.1) ne peut arriver que si $f(x) \in \langle y, f(y) \rangle$, donc x, $f(x)$, $f^2(x)$ sont alignés.

Bien sûr, dans 9.3.1 tout $x \in \vec{G}$ vérifie $xf(x) = \inf\{ yf(y) : y \in X \}$, d'après 9.2.3 appliqué au triangle $\{ a, a - \vec{h}, f(a) \}$.

9.3.3 COROLLAIRE

(i) *Si* $\mathrm{Ker}(\vec{f} - \mathrm{Id}_{\vec{X}}) = \{ 0 \}$, *$f$ admet un point fixe unique (appelé souvent son* centre) ;

(ii) *tout $f \in \mathrm{Is}(X)$ est produit d'au plus $n + 1$ symétries hyperplanes, en nombre minimal $s = \dim \vec{X} - \dim(\mathrm{Ker}(\vec{f} - \mathrm{Id}_{\vec{X}}))$ si f admet au moins un point fixe, $s + 2$ si f est sans point fixe* ;

(iii) *tout $f \in \mathrm{Is}^+(X) \setminus T(X)$ est produit de s retournements, toute $f \in T(X)$ est produit de 2 retournements.*

De 9.3.1 on déduit aussi le catalogue ci-dessous :

9.3.4 NATURE DES ISOMÉTRIES DU PLAN : $n = 2$. Toute $f \in \mathrm{Is}^+(X) \setminus T(X)$ admet un point fixe a unique, appelé son *centre* ; on dit aussi que f est une *rotation de centre a* (et f est donc caractérisée par son centre et son *angle*, à savoir $\underline{\Phi}^{-1}(\vec{f}) \in \mathfrak{A}(\vec{X})$). Toute $f \in \mathrm{Is}^-(X)$ admet une droite globalement invariante unique D et f s'écrit de manière unique $f = t_{\vec{\xi}} \circ \sigma_D$, où $\vec{\xi} \in \vec{D}$; D est appelée l'*axe* de f.

9.3.5 NATURE DES ISOMÉTRIES DE L'ESPACE : $n = 3$. On appelle *rotation* tout élément f de $\mathrm{Is}^+(X) \setminus \mathrm{Id}_X$ ayant un point fixe. D'après 8.4.7.1 cet f admet une droite D unique, invariante point par point, appelée son *axe* ; l'*angle* de f est la constante $\overline{\Delta f(\Delta)} \in]0, \pi]$, où Δ est une droite orientée orthogonale à D, mais cet angle (sauf s'il vaut π) ne suffit pas, avec D, à déterminer f, il y a deux possibilités. Voir [DE 2], p. 156-159 pour des précisions sur ce cas, ou 9.14.5. Tout $f \in \mathrm{Is}^+(X) \setminus T(X)$ est appelé un *vissage* ; il possède une droite globalement invariante unique D, appelée son *axe* et se décompose de façon unique en $t_{\vec{\xi}} \circ g$, où g est une rotation d'axe D et $\vec{\xi} \in \vec{D}$. Il y a deux types distincts d'éléments dans $\mathrm{Is}^-(X)$;

ceux qui ont un point fixe au moins sont des composés $r \circ \sigma_H$, où H est un hyperplan bien déterminé et r une rotation d'axe orthogonal à H (ou $r = \mathrm{Id}_X$), ceux qui sont sans point fixe se décomposent de façon unique en $t_{\vec{\xi}} \circ \sigma_H$, où H est un hyperplan bien déterminé et $\vec{\xi} \in \overrightarrow{H}$.

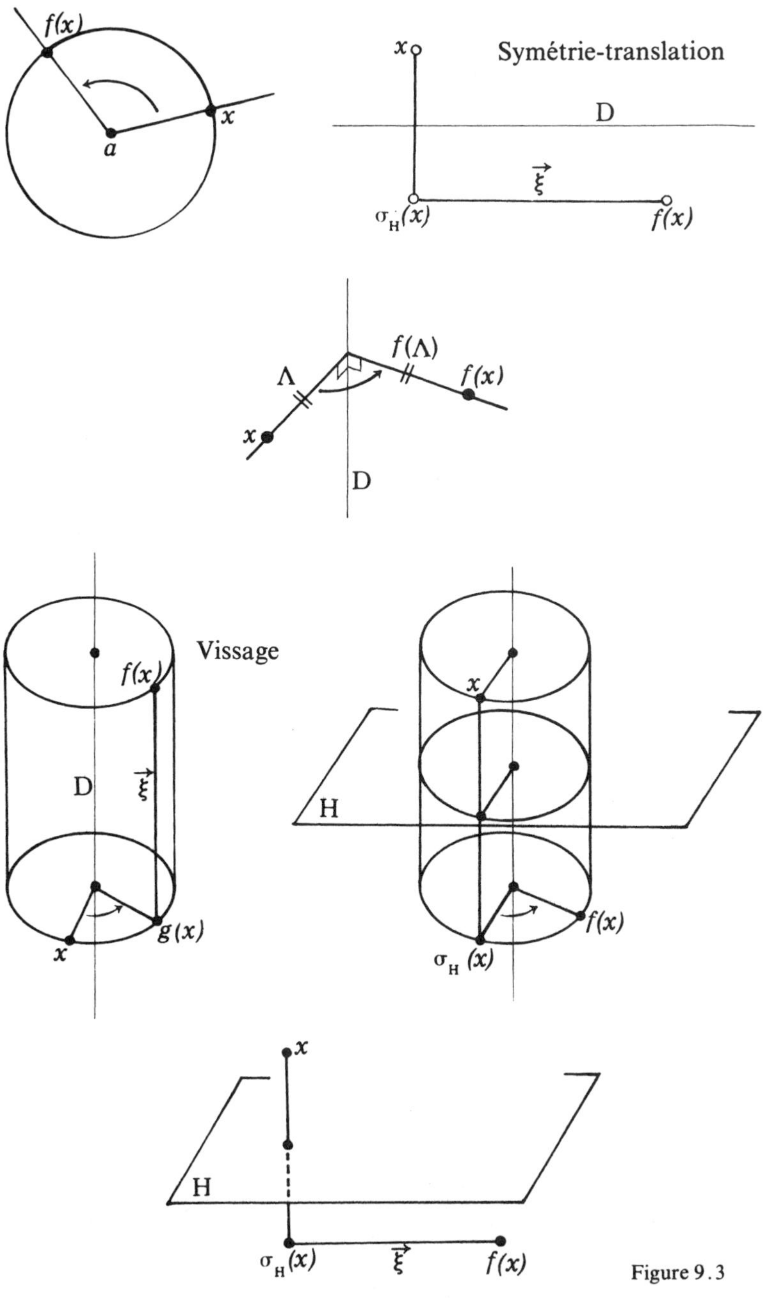

Figure 9.3

9.3.6 EXEMPLES EN DIMENSION 2. Lorsque $n = 2$ l'on sait qu'il existe $f \in \mathrm{Is}^+(X)$ (ou $f \in \mathrm{Is}^-(X)$) unique telle que $f(a) = a'$, $f(b) = b'$ où a, b, a', b' sont donnés tels que $ab = a'b'$, ceci d'après 9.1.6. Il est naturel de chercher à trouver cet f explicitement par des constructions géométriques. Ceci est facile : si on cherche $f \in \mathrm{Is}^+(X)$, le cas $f \in T(X)$ étant visible, le centre ω de f (cf. 9.3.4) sera l'intersection des médiatrices de a, a' et b, b' (cf. 9.7.5) ; une autre construction, valable aussi pour les similitudes directes (cf. 9.6.2), est que ω est l'intersection des cercles passant par $a, a', \langle a, b \rangle \cap \langle a', b' \rangle$ et $b, b', \langle a, b \rangle \cap \langle a', b' \rangle$. Si l'on cherche $f \in \mathrm{Is}^-(X)$, il suffit de remarquer que l'axe de f (cf. 9.3.4) contient toujours le milieu de $x, f(x)$ $\forall x \in X$.

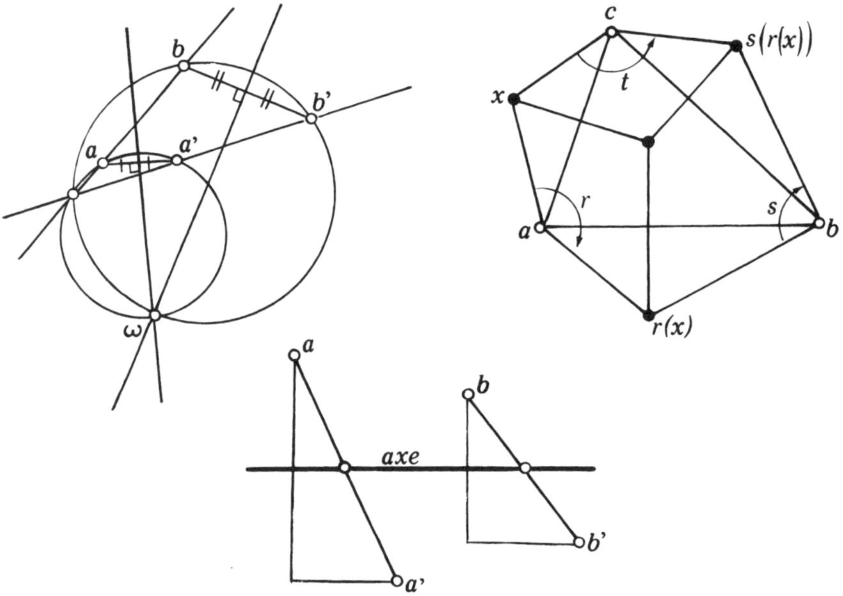

Figure 9.3.6

Il est aussi utile de savoir construire explicitement des composées ; en 1.7.5.3 nous avons utilisé de façon essentielle le résultat suivant : si r, s sont deux rotations de centre a, b et si $tsr = \mathrm{Id}$, alors le centre c de t est tel que les angles dans $\mathfrak{A}(\vec{X})$ soient précisément égaux à : $2\,\widehat{\vec{ac}, \vec{ab}}$ pour r, $2\,\widehat{\vec{ba}, \vec{bc}}$ pour s, $2\,\widehat{\vec{cb}, \vec{ca}}$ pour t.

En effet appliquons 8.3.5 et écrivons $r = \sigma_{\vec{ab}}\,\sigma_D$, $s = \sigma_E\,\sigma_{\vec{ab}}$ où D, E sont des droites convenables, $a \in D$, $b \in E$; alors $sr = \sigma_E\,\sigma_D$ donc le centre de sr, ainsi que celui de $t = (sr)^{-1}$ qui est le même, n'est autre que $D \cap E$, ce qui implique que $c \in D \cap E$. Mais alors $r = \sigma_{\vec{ab}}\,\sigma_{\vec{ac}}$, $S = \sigma_{\vec{bc}}\,\sigma_{\vec{ab}}$ et il suffit d'appliquer 8.7.7.7.

9.3.7 EXEMPLES EN DIMENSION 3. Dans le cas $n = 3$, le corollaire 9.3.3 (iii) prend la forme simple suivante (et peut donc être démontré élémentairement) : si f est un vissage d'axe D, de translation de norme $p = \| \vec{\xi} \|$, appelée le *pas* de f et d'angle $\theta \in]0, \pi]$, f peut être décomposée en produit de deux retournements $\sigma_A \sigma_B$ où la droite A est n'importe quelle droite orthogonale à D et rencontrant D ; la distance entre A et B vaut $d(A, B) = p/2$ et leur angle $\overline{AB} = \theta/2$. Cette décomposition permet d'étudier facilement la composition des vissages et d'obtenir des applications : voir [FL], p. 338-339 ou 9.14.38.

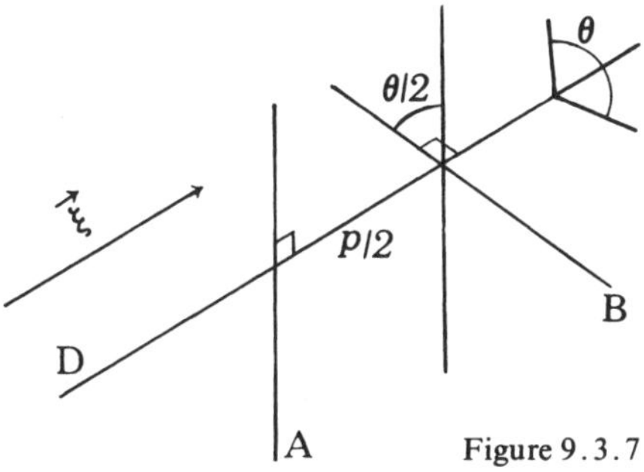

Figure 9.3.7

On rencontre naturellement les vissages en mécanique, entre autres dans l'approximation au premier ordre d'une courbe différentiable de $\mathrm{Is}(X)$: voir 9.14.7 ou [BE], p. 120.

9.4 *Structure des isométries planes et billard polygonal*

Dans cette section nous étudions un exemple un peu élaboré utilisant la structure des isométries planes, exemple qui étudie deux problèmes liés, celui du billard polygonal et celui des polygones de périmètre minimum inscrits dans un polygone donné. Pour faciliter la lecture, nous traitons d'abord le cas du triangle et nous donnons ensuite l'extension à un polygone à un nombre quelconque de côtés ; le phénomène intéressant est que la nature de la solution est radicalement différente selon que le nombre de côtés est pair ou impair. Dans toute cette section X est un *plan* affine euclidien.

9.14.1 LE CAS DU TRIANGLE. Soit a, b, c un triangle donné de X ; un triangle *inscrit dans* $\{a, b, c\}$ est donnée de trois points $\alpha, \beta, \gamma\}$tels que $\alpha \in [b, c]$, $\beta \in [c, a]$ $\gamma \in [a, b]$ (cf. 3.4.3). Le *périmètre* de $\{\alpha, \beta, \gamma\}$ est $\alpha\beta + \beta\gamma + \gamma\alpha$, cf. 10.3 ou 12.3.1 : $\{\alpha, \beta, \gamma\}$ est dit une *trajectoire de billard* ou un *triangle de lumière* si $\alpha \in]b, c[$, $\beta \in]c, a[$, $\gamma \in]a, b[$ et si chaque côté de $\{a, b, c\}$ est bissectrice extérieure de $\{\alpha, \beta, \gamma\}$, c'est-à-dire que, au sens de 8.7.3.2 : $\overrightarrow{bc}$ est bissectrice de $\overrightarrow{\gamma\alpha}, \overrightarrow{\alpha\beta}$ *etc*. Le lien entre billard et périmètre minimum est fourni par le :

9.4.1.1 Lemme. *Soient dans un plan euclidien donné une droite D et deux points a, b situés dans un même demi-plan ouvert associé à D* (cf. 2.7.3) ; *alors il existe un $x \in D$ unique tel que $ax + bx$ soit minimum et il est caractérisé par le fait que D porte les bissectrices de $\overrightarrow{ax}, \overrightarrow{xb}$.*

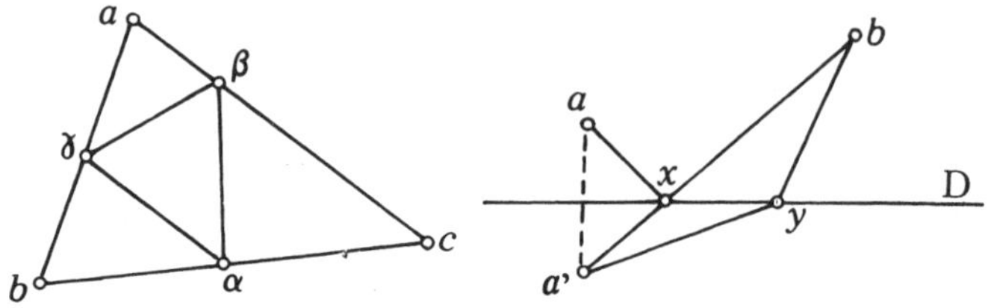

Figure 9.4.1.1

L'astuce classique est d'introduire $a' = \sigma_D(a)$; alors $\langle a', b \rangle$ rencontre D en un point unique x et pour tout $y \in D$: $ay + by = a'y + by \geqslant a'b = ax + bx$.

9.4.1.2 Note. Le fait que le minimum vérifie la condition de bissectrice résulterait aussi de la formule de la variation première : 9.10.5.

9.4.1.3 Proposition. *Si les trois angles de* $\{a, b, c\}$ *sont aigus* (i.e. $\in]0, \pi/2[$), *ce triangle possède une trajectoire de billard unique, qui est en même temps l'unique triangle de périmètre minimum inscrit ; ledit triangle est d'ailleurs formé par les pieds des hauteurs de* $\{a, b, c\}$; *si* $\{a, b, c\}$ *possède un angle en a supérieur ou égal à $\pi/2$. il ne possède aucune trajectoire de billard mais il possède un triangle de périmètre minimum inscrit unique, à savoir :* α *est le pied de la hauteur issue de a et* $\beta = \gamma = a$.

9.4.1.4 Les polygones de périmètre minimum existent toujours par compacité, car la fonction périmètre

$$[b, c] \times [c, a] \times [a, b] \ni (\alpha, \beta, \gamma) \mapsto \alpha\beta + \beta\gamma + \gamma\alpha \in \mathbf{R}$$

est continue. Supposons que ce minimum soit atteint pour $\alpha \in]b, c[$, $\beta \in]c, a[$, $\gamma \in]a, b[$; alors $\{\alpha, \beta, \gamma\}$ est une trajectoire de billard d'après 9.4.1.1. Appelons $A = \langle b, c \rangle$, $B = \langle c, a \rangle$, $C = \langle a, b \rangle$ les droites-côtés de $\{a, b, c\}$ et introduisons les symétries $\sigma_A, \sigma_B, \sigma_C$; si $\{\alpha, \beta, \gamma\}$ est de billard, alors $f = \sigma_C \sigma_B \sigma_A$ vérifie $f(\langle \alpha, \gamma \rangle) = \langle \alpha, \gamma \rangle$. Mais $f \in \mathrm{Is}^-(X)$ donc (cf. 9.3.4) la droite $\langle \alpha, \gamma \rangle$ est bien déterminée, c'est l'axe de f; ceci prouve l'unicité d'une trajectoire de billard. Or les pieds des hauteurs fournissent effectivement l'axe de f (laissé en exercice). et ces pieds sont strictement à l'intérieur des côtés si et seulement si tous les angles de $\{a, b, c\}$ sont aigus. Reste à voir que, dans le cas obtus, le minimum du périmètre est bien celui indiqué et, dans le cas aigu, que le triangle de lumière obtenu est de périmètre minimum. Dans le cas obtus, on sait, puisque le minimum est atteint (en $\{\alpha, \beta, \gamma\}$ par exemple) que, d'après l'étude précédente, l'un des α, β, γ doit être en un des sommets ; on regarde alors à la main. Soit à montrer maintenant que le triangle de lumière est de périmètre minimum.

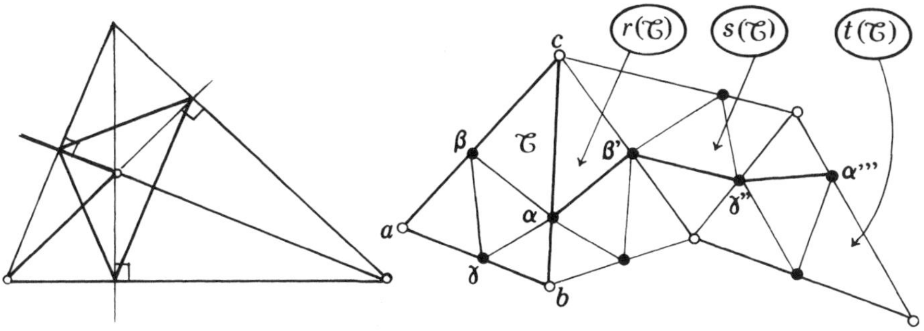

Figure 9.4.1.4

La méthode consiste à dérouler un triangle inscrit α, β, γ en une ligne brisée comme suit ; on considère les trois isométries définies en succession : $r = \sigma_A$, $s = \sigma_{B'}\, r$ où $B' = r(B)$, $t = \sigma_{C''}\, s$ où $C'' = s(C)$. On trouve que $\sigma_{B'} = \sigma_{r(B)} = \sigma_A\, \sigma_B\, \sigma_A^{-1} = \sigma_A\, \sigma_B\, \sigma_A$ donc $s = \sigma_A\, \sigma_B$, et de même $t = \sigma_A\, \sigma_B\, \sigma_C$ (ainsi $t = f^{-1}$!). Pour n'importe quel $\{\alpha, \beta, \gamma\}$ inscrit dans $\{a, b, c\}$, on définit $\beta' = r(\beta)$, $\gamma'' = s(\gamma)$, $\alpha''' = t(\alpha)$; alors $\alpha\beta + \beta\gamma + \gamma\alpha = \alpha\beta' + \beta'\gamma'' + \gamma''\alpha''' \geqslant \alpha t(\alpha)$ d'après l'inégalité triangulaire. On applique alors 9.3.2 : la fonction $x \mapsto xt(x)$ est minimum exactement sur l'axe D de t, qui est le même que celui de f. D'autre part si α appartient à cet axe (et à $[a, b]$) on voit facilement que $\alpha, \beta', \gamma'', \alpha'''$, alignés sur cet axe, sont en succession et donc que $\alpha\beta' + \beta'\gamma'' + \gamma''\alpha''' = \alpha t(\alpha)$.

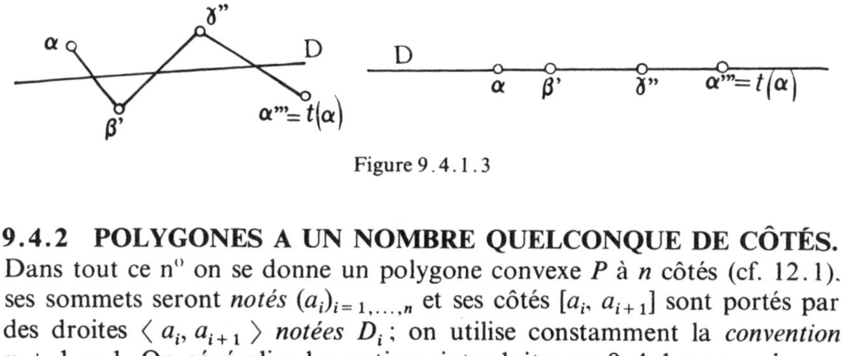

Figure 9.4.1.3

9.4.2 POLYGONES A UN NOMBRE QUELCONQUE DE CÔTÉS.

Dans tout ce n° on se donne un polygone convexe P à n côtés (cf. 12.1), ses sommets seront *notés* $(a_i)_{i=1,\ldots,n}$ et ses côtés $[a_i, a_{i+1}]$ sont portés par des droites $\langle a_i, a_{i+1} \rangle$ *notées* D_i ; on utilise constamment la *convention* $n + 1 = 1$. On généralise les notions introduites en 9.4.1 : un *polygone inscrit* dans P est la donnée de $(\alpha_i)_{i=1,\ldots,n}$ tels que $\alpha_i \in [a_i, a_{i+1}]\ \forall i = 1, \ldots, n$; le polygone inscrit $(\alpha_i)_{i=1,\ldots,n}$ est dit un *polygone de lumière* si $\alpha_i \in]a_i, a_{i+1}[$ et $\sigma_{D_i}(\langle \alpha_i, \alpha_{i-1} \rangle) = \langle \alpha_i, \alpha_{i+1} \rangle\ \forall i = 1, \ldots, n$. Le *périmètre* de (α_i) est

$$p((\alpha_i)) = \sum_{i=1}^{n} \alpha_i\, \alpha_{i+1}\,.$$

9.4.2.1 Théorème. *Il existe toujours des polygones inscrits de périmètre minimum ; si k est ce minimum, si (α_i) est strictement inscrit et $p((\alpha_i)) = k$, alors (α_i) est un polygone de lumière. Réciproquement tout polygone de lumière est de périmètre minimum.*

Supposons qu'il existe un polygone de lumière ; alors : si n est impair, il est unique, si n est pair, il en existe une infinité.
Pour qu'il existe un polygone de lumière lorsque $n = 2p$ *est pair, il faut que l'on ait dans l'ensemble des angles orientés de droites* $\mathfrak{A}(\overrightarrow{X})$ *la relation* $\sum_{i=1}^{p} \widehat{D_{2i-1}D_{2i}} = 0$. *en particulier si* $n = 4$ *les sommets* (a_i) *doivent être cocycliques. Pour n quelconque, pour qu'il existe un polygone de lumière, il suffit qu'il existe une droite D telle que* $f(D) = D$ *et* $D \cap g_i(]a_{i+1}, a_{i+2}[) \neq \emptyset$ $\forall i = 1, \ldots, n$ *(où f et les* g_i *sont définis ci-dessous).*

Il n'y a pas dans cette démonstration d'idées nouvelles, ce sont celles de la démonstration de 9.4.1.3.

9.4.2.2 Les polygones de périmètre minimum existent, par compacité. De même on voit que tout polygone strictement inscrit de périmètre minimum est un polygone de lumière d'après 9.4.1.1. La réciproque est moins facile ; elle résulte de la dernière partie du théorème.

9.4.2.3 Nous généralisons les constructions de 9.4.1.4 comme suit. On *pose* $f = \sigma_{D_n}, \ldots, \sigma_{D_1}$; on *définit par récurrence* des g_i :

9.4.2.4 $g_1 = \sigma_{D_1}, g_2 = \sigma_{g_1(D_2)}\, g_1, \ldots, g_{i+1} = \sigma_{g_i(D_{i+1})}\, g_i \quad (i = 1, \ldots, n).$

Puisque toujours $\sigma_{h(C)} = h\sigma_C h^{-1}$, on voit que

9.4.2.5 $\forall i : g_i = \sigma_{D_1}, \ldots, \sigma_{D_i}$, en particulier $g = g_n = \sigma_{D_1}, \ldots, \sigma_{D_n} = f^{-1}$.

Pour un polygone inscrit (α_i) nous *définissons par récurrence* des β_i ainsi :

9.4.2.6 $\beta_1 = \alpha_1, \beta_2 = g_1(\alpha_2), \ldots, \beta_{i+1} = g_i(\alpha_{i+1}) \quad (i = 1, \ldots, n).$

La réunion $\bigcup_{i=1}^{n} [\beta_i, \beta_{i+1}]$ est une « ligne brisée » qui représente le « déploiement » du polygone inscrit (α_i), de façon que, précisément, cette ligne brisée soit en fait un segment si et seulement si (α_i) est un polygone de lumière.

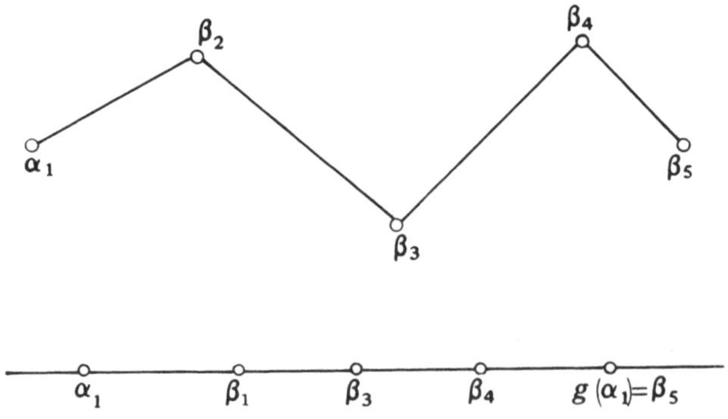

Figure 9.4.2.6

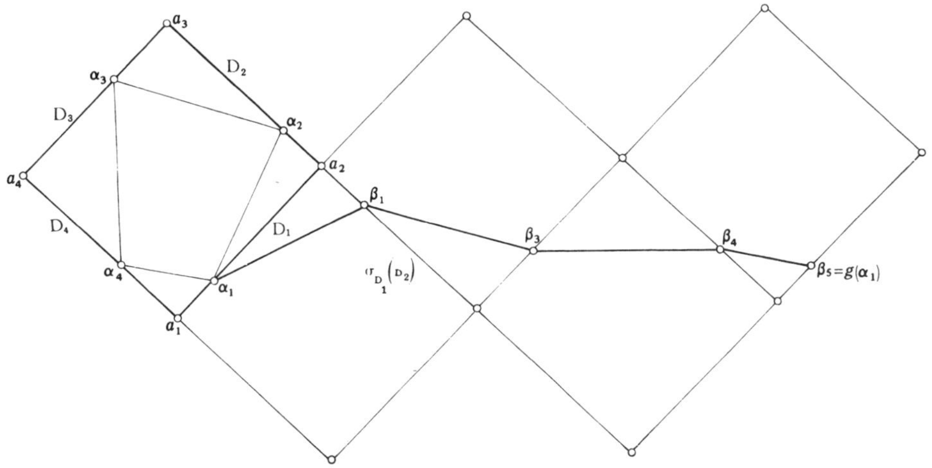

Par construction on a $p((\alpha_i)) = \sum_{i=1}^{n} \beta_i \beta_{i+1}$; d'après l'inégalité triangulaire stricte on a de plus :

9.4.2.7 $\begin{cases} p((\alpha_i)) \geqslant \alpha_1\, g(\alpha_1) \text{ et } p((\alpha_1)) = \alpha_1\, g(\alpha_1) \text{ si et seulement si} \\ \text{les } \beta_i \text{ sont sur une même droite et en succession.} \end{cases}$

9.4.2.8 Supposons que (α_i) soit un polygone de lumière ; alors la droite $D = \langle \alpha_n, \alpha_1 \rangle$ est stable par f : $f(D) = D$. Si donc n est impair, $f \in \mathrm{Is}^-(X)$ et D est l'unique axe de f (cf. 9.3.4), donc les polygones de lumière sont uniques en dimension impaire. Qu'en dimension paire ils ne soient jamais uniques résultera de la fin de la démonstration. Supposons toujours (α_i) polygone de lumière avec $n = 2p$ pair ; on a toujours $f(D) = D$ mais alors d'après 9.3.4 ceci n'est possible que si $f \in T(X)$, ce qui est équivalent à $\underline{\Phi}^{-1}(f) = 0$ dans $\mathfrak{A}(\overrightarrow{X})$. Groupons les symétries dans f :

$$f = (\sigma_{D_{2p}}\, \sigma_{D_{2p-1}}) \ldots (\sigma_{D_2}\, \sigma_{D_1}) ,$$

et appliquons 8.7.7.8 ; on obtient bien $\sum_{i=1}^{p} \widehat{D_{2i-1} D_i} = 0$. Quant à la cocyclicité lorsque $n = 4$, elle résulte de 10.9.5.

9.4.2.9 Supposons maintenant réalisées les conditions de la fin du théorème.

De la convexité de (a_i) on déduit que les points $\beta_i = D \cap g_i(]a_{i+1}, a_{i+2}[)$ sont en successions sur D, donc (cf. 9.4.2.7) le polygone inscrit (α_i) défini par $\alpha_i = g_{i-1}^{-1}(\beta_i)$ $(i = 1, \ldots, n)$ est de périmètre $p((\alpha_i))$ égal à $p((\alpha_i)) = \beta_1\, g(\beta_1)$. Si en sens inverse nous partons d'un polygone inscrit quelconque (α_i'), toujours d'après 9.4.2.7, son périmètre vaudra

$$p((\alpha_i')) = \alpha_1'\, g(\alpha_1') ;$$

mais 9.3.2 et 9.3.4 montrent que l'on a toujours $p((\alpha_i')) \geqslant p((\alpha_i))$, ceci que f appartienne à $\mathrm{Is}^-(X)$ (n impair) et ait un axe unique ou que f appartienne à $T(X)$ (n pair) et ait pour droites globalement invariantes toutes les droites parallèles à la direction de translation. Le polygone (α_i) est donc de périmètre minimum (et de lumière). Ceci montre aussi que tout polygone de lumière est de périmètre minimum, car la droite $D = \langle \alpha_1, \alpha_n \rangle$ vérifie nos hypothèses, par définition même des g_i.

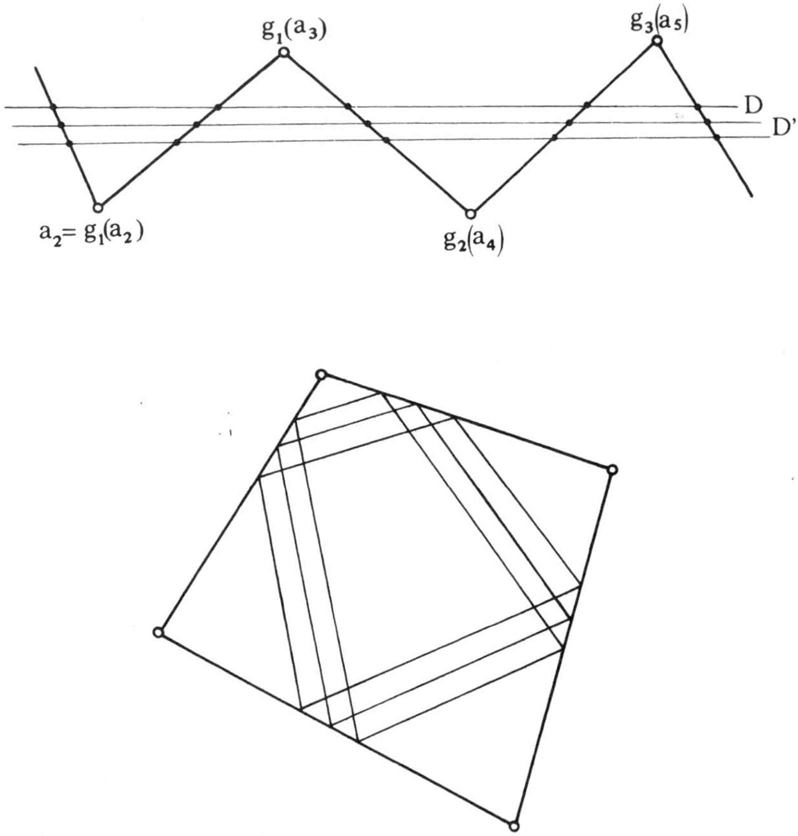

Figure 9.4.2.9

9.4.2.10 Si enfin n est pair et si (α_i) est un polygone de lumière, la droite $D = \langle \alpha_1, \alpha_n \rangle$ vérifiera les hypothèses d'intersection avec les

$$g_i(]a_{i+1}, a_{i+2}[) ;$$

par continuité, toutes les droites D' suffisamment voisines de D et parallèles à D vérifieront encore ces hypothèses d'intersection, ainsi que $f(D') = D'$ puisque $f \in T(X)$.

9.4.3 REMARQUES. Pour tout n se produit le même phénomène peu plaisant des triangles : en général il n'existe pas de polygone de lumière. Voir 9.14.10 et 9.14.33.
Si l'on veut rechercher pratiquement le minimum k des périmètres, on procédera ainsi : on recherchera d'abord des polygones de lumière en construisant effectivement f puis appliquant 9.4.2.1. Si on ne peut pas trouver de tels polygones, c'est nécessairement que l'un des α_i est l'un des sommets de P ; on travaillera alors « à la main » en regardant chaque cas particulier et en appliquant systématiquement 9.4.1.1.

On peut étudier dans un polygone convexe des trajectoires de billard qui se referment, mais seulement après plusieurs tours, voir 9.14.9.

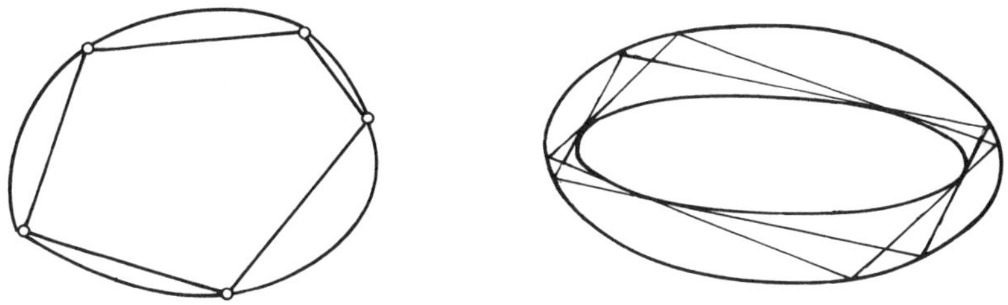

Figure 9.4.3

On peut aussi étudier les polygones de lumière pour les convexes compacts du plan, non nécessairement polygonaux. La situation est plus plaisante si le convexe est strict (cf. 11.6.4) : pour tout n entier $\geqslant 2$ il existe toujours des polygones de lumière à n sommets, voir 9.14.33, pour une démonstration. Le cas des ellipses est assez spectaculaire : nous verrons en 17.6.6 que, non seulement ces polygones existent pour tout n mais encore qu'il y en a une infinité, plus précisément l'un des sommets peut être un point quelconque de l'ellipse (ceci pour chaque n).

9.4.4 ERGODICITÉ. Un problème, actuellement en cours d'étude et non complètement résolu, est celui de l'ergodicité des trajectoires de lumière (ou de billard, c'est la même chose) d'un polygone ou d'un convexe compact quelconque. Une trajectoire est définie par un point origine et une direction de droite, on va jusqu'à la frontière, on s'y réfléchit avec la condition d'égalité des angles, et ainsi de suite. On s'intéresse à l'ensemble des trajectoires, ceci à un ensemble de mesure 0 près, ce qui entre autres permet d'éliminer les trajectoires qui aboutiraient en un sommet, où la réflexion n'est pas bien définie. On dit que le convexe considéré est *faiblement ergodique* si presque toutes les trajectoires sont partout denses dans ce convexe, *fortement ergodique* si presque toutes les trajectoires sont partout denses dans l'espace des directions pointées de ce convexe. Ainsi on s'intéresse au problème opposé de celui de la recherche de trajectoires qui se referment, qui était l'objet de 9.4.2. Certains cas de convexes peuvent être étudiés : un cercle

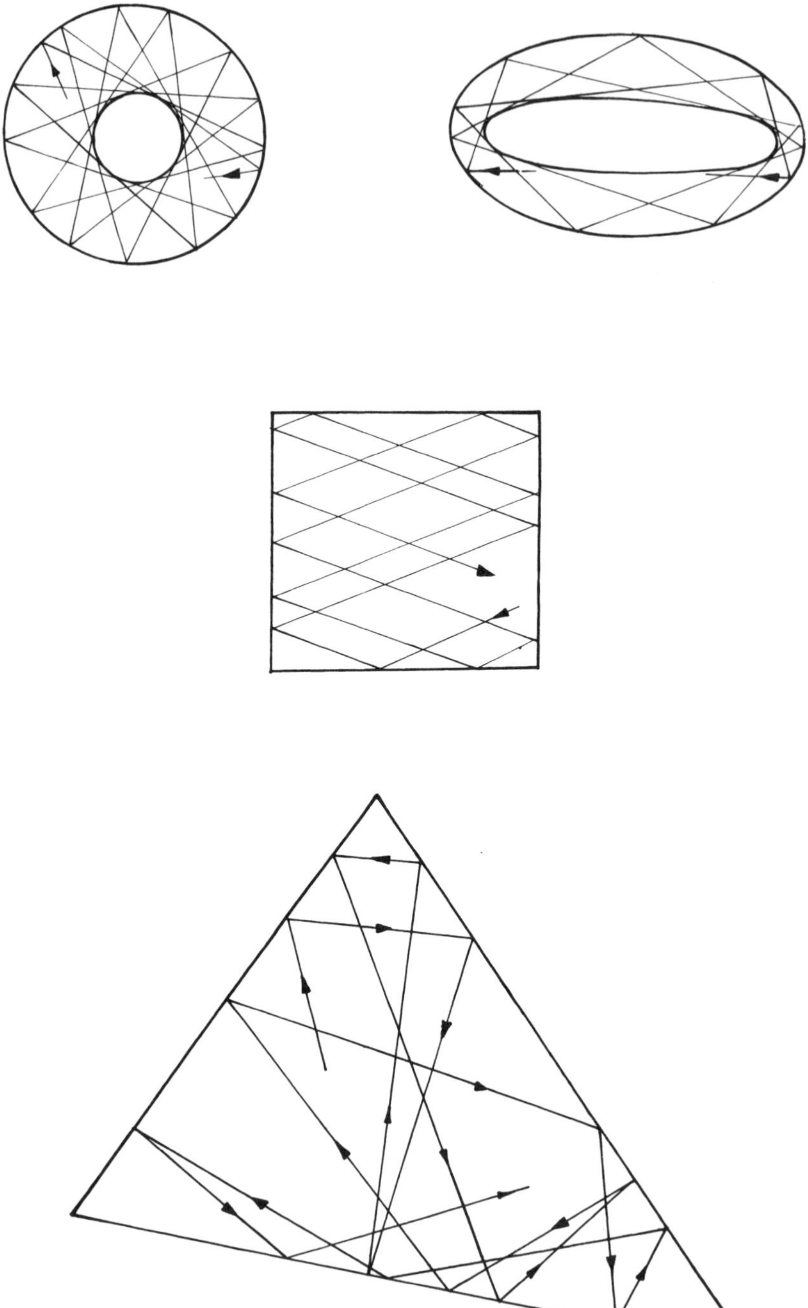

Figure 9.4.4

ou une ellipse n'est jamais faiblement ergodique, pour le cercle c'est banal, pour l'ellipse cela résulte de 17.6.6. Voir 9.14.11 pour montrer que certains triangles ne sont pas fortement ergodiques. Au contraire un carré est certainement faiblement ergodique (car les directions de pentes irrationnelles donnent des trajectoires partout denses), mais aussi n'est certainement pas fortement ergodique car les trajectoires ont deux pentes opposées constantes. Mais l'étude de l'ergodicité, même d'un triangle dont les angles sont donnés, est actuellement entièrement ouverte quoique fort étudiée ; pour se rendre compte de la complexité du problème, il suffit d'essayer de suivre une trajectoire quelques réflexions, pour avoir rapidement le sentiment que la situation nous échappe complètement. Pour des références récentes sur l'ergodicité, voir : [A-A], [CZ]. Tout récemment Lazutkin vient de démontrer que les convexes stricts de frontière de classe C^2 ne sont jamais ergodiques ; c'est une conséquence de ce qu'ils admettent des caustiques, qui généralisent les ellipses homofocales intérieures à une ellipse donnée. Pour cela, voir [LZ], [SI] et [AX].

9.5 *Similitudes*

Soit $f \in \mathrm{GA}(X)$ telle que $\vec{f} \in \mathrm{GO}(\vec{X})$ (cf. 8.8.2) ; si μ est le rapport de $\vec{f}$, on aura toujours

$$f(x)\,f(y) = \mu\, xy\,, \quad f(x')\,f(y') = \mu\, x'y' \quad \text{d'où} \quad \frac{f(x')\,f(y')}{f(x)\,f(y)} = \frac{x'\,y'}{xy}$$

chaque fois que $x \neq y$; autrement dit une telle f « conserve les rapports de distances ». La réciproque est vraie.

9.5.1 PROPOSITION. *Soit $f : X \circlearrowleft$ une application ensembliste non constante telle que* $\dfrac{f(x')\,f(y')}{f(x)\,f(y)} = \dfrac{x'\,y'}{xy}$ *chaque fois que $x \neq y$ et $f(x) \neq f(y)$. Alors cette condition est équivalente à $f \in \mathrm{GA}(X)$ et $\vec{f} \in \mathrm{GO}(\vec{X})$. De telles f sont appelées des* similitudes *de X* ; similitudes directes (*resp.* inverses) *si de plus $\vec{f} \in \mathrm{GO}^+(\vec{X})$* (resp. $\mathrm{GO}^-(\vec{X})$) ; *les ensembles correspondants sont* notés $\mathrm{Sim}(X)$, $\mathrm{Sim}^+(X)$, $\mathrm{Sim}^-(X)$. *Le rapport de f est celui de $\vec{f}$.*

Puisque f est non constante il existe $x_0 \neq y_0$ tels que $f(x_0) \neq f(y_0)$. L'hypothèse entraîne alors que f est bijective et que $f(x)\,f(y) = \mu\, xy$ pour tous $x, y \in X$, où l'on a posé $\mu = \dfrac{f(x_0)\,f(y_0)}{x_0\,y_0}$. Mais alors $h \circ f$, où h est une homothétie quelconque de rapport μ^{-1}, est une isométrie de X ; d'après 9.1.3 c'est que $h \circ f \in \mathrm{GA}(X)$ et $\overrightarrow{h \circ f} \in O(\vec{X})$; d'où la conclusion en revenant à f par h^{-1}.

9.5.2 PROPOSITION. *Soit $f \in \mathrm{Sim}(X) \setminus \mathrm{Is}(X)$; il existe $\omega \in X$ unique tel que $f(\omega) = \omega$; cet ω est appelé le* centre *de la similitude f. On peut en outre écrire*

$$f = h \circ g = g \circ h\,, \quad \text{où} \quad h \in H_{\omega,\mu} \quad \text{et} \quad g \in \mathrm{Is}_\omega(X)\,.$$

Ceci résulte de 9.3.3. Une autre démonstration utilise la topologie, plus précisément le théorème des applications contractantes ; si en effet μ est le rapport de f, si $\mu < 1$ f est contractante et si $\mu > 1$, c'est f^{-1} qui est contractante !

9.5.3 CARACTÉRISATION DES SIMILITUDES

9.5.3.1 Soit f une similitude ; de 9.2.1 et 8.8.5.1 résulte que f conserve les angles de droites, de demi-droites et que, dans le cas du plan, f conserve les angles orientés, ou les renverse, selon qu'elle est directe ou indirecte. En particulier f conserve l'orthogonalité des droites :

$$D \perp D' \Rightarrow f(D) \perp f(D') .$$

De même, quelle que soit la sphère S de X (cf. 10.7 au besoin), $f(S)$ est une sphère encore (de rayon multiplié par μ). Les propriétés précédentes sont caractéristiques :

9.5.3.2 Théorème. *Pour une bijection ensembliste $f : X \circlearrowleft$, où* $\dim X \geqslant 2$, *les trois conditions suivantes sont équivalentes :*

(i) *f est une similitude ;*

(ii) *quels que soient les quatre points a, b, c, d de X vérifiant $a \neq b$, $c \neq d$ et $\langle a, b \rangle \perp \langle c, d \rangle$, on a $\langle f(a), f(b) \rangle \perp \langle f(c), f(d) \rangle$;*

(iii) *quelle que soit la sphère S de X, $f(S)$ est une sphère.*

9.5.3.3 Supposons d'abord (ii) satisfaite. Compte tenu de 2.6.5 et 8.8.5.1, il suffit de montrer que f transforme trois points alignés a, b, c en des points $f(a)$, $f(b)$, $f(c)$ alignés. Pour ce faire, complétons a, b en un repère affine orthogonal $\{ a, b, a_2, \ldots, a_n \}$; par hypothèse, et d'après 8.1.2.5, $\{ f(a), f(b), f(a_2), \ldots, f(a_n) \}$ sera un repère orthogonal. Mais $\langle f(a), f(c) \rangle \perp \langle f(a), f(a_i) \rangle$ $\forall i = 2, \ldots, n$, ce qui entraîne

$$\langle f(a), f(b) \rangle = \langle f(a), f(c) \rangle .$$

9.5.3.4 Supposons maintenant (iii) satisfaite et montrons d'abord que f transforme des points alignés en points alignés. C'est facile en sens inverse : si a', b', c' sont distincts alignés, alors $a = f^{-1}(a')$, $b = f^{-1}(b')$, $c = f^{-1}(c')$ sont alignés car sinon il existerait une sphère S contenant a, b, c et a', b', c' seraient distincts alignés sur la sphère $f(S)$ ce qui est absurde (voir au besoin 10.7.2). Soient maintenant a, b, c distincts alignés et $a' = f(a)$, $b' = f(b)$, $c' = f(c)$; supposons que $c' \notin \langle a', b' \rangle$ et procédons par l'absurde. D'après ce qui précède $f^{-1}(\langle a', b' \rangle) \subset \langle a, b \rangle$, mais aussi $f^{-1}(P' = \langle a', b', c' \rangle) \subset \langle a, b \rangle$ comme on le voit en prenant d' quelconque sur $\langle a', b' \rangle : f^{-1}(\langle c', d' \rangle) \subset \langle a, c \rangle = \langle a, b \rangle$. Soit alors S une sphère passant par a et b, en particulier $S \cap \langle a, b \rangle = \{ a, b \}$; alors $f(S) \cap P' = C'$ est un cercle de P' et on devrait avoir $f^{-1}(C') \subset \langle a, b \rangle$, ce qui est absurde car un cercle contient au moins trois points distincts.

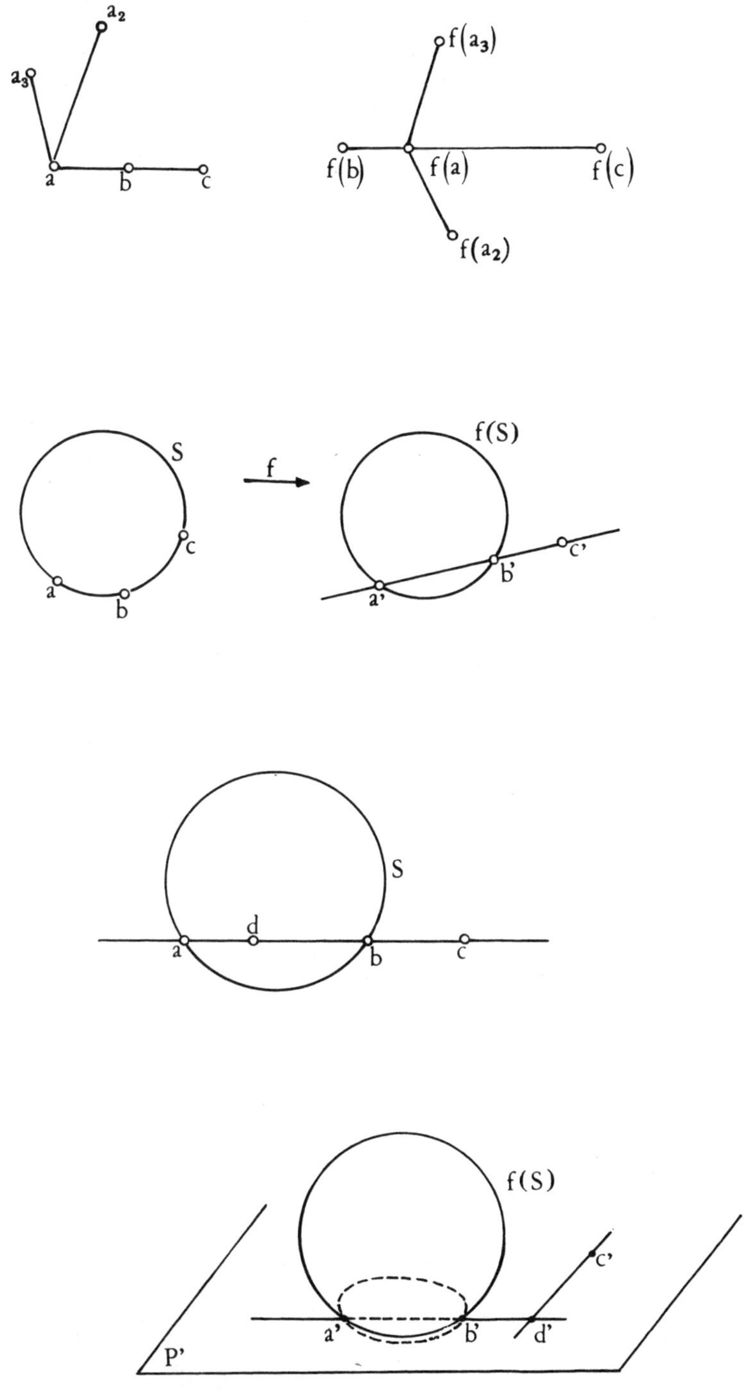

Figure 9.5.3.4

9.5.3.5 Reste à voir, ayant utilisé 2.6.5, que $f \in GA(X)$ est une similitude si elle transforme les sphères en sphères ; il suffit en fait que f transforme une seule sphère en une sphère. Quitte à composer f avec une dilatation, on peut supposer qu'il existe une sphère S telle que $f(S) = S$. Remarquons d'abord que f laisse fixe le centre ω de S ; pour ce faire, soient a, b deux points de S diamétralement opposés. Ils sont caractérisés par le fait que les hyperplans tangents H_a, H_b à S en a, b sont parallèles, en outre l'hyperplan tangent à une sphère est caractérisé comme la rencontrant seulement en un seul point. Cette double caractérisation entraîne que $f(H_a)$, $f(H_b)$ sont les hyperplans tangents à S en $f(a)$, $f(b)$, qu'ils sont parallèles et donc que $f(a)$, $f(b)$ sont diamétralement opposés sur S. Mais alors

$$\omega = \frac{f(a) + f(b)}{2} = f\left(\frac{a + b}{2}\right) = f(\omega) ,$$

car f est affine.
On est donc ramené au cas vectoriel : $f \in GL(X_\omega)$; mais dire que $f(S) = S$, c'est dire que f conserve la norme de X_ω, donc $f \in O(X_\omega)$ d'après 8.1.5.

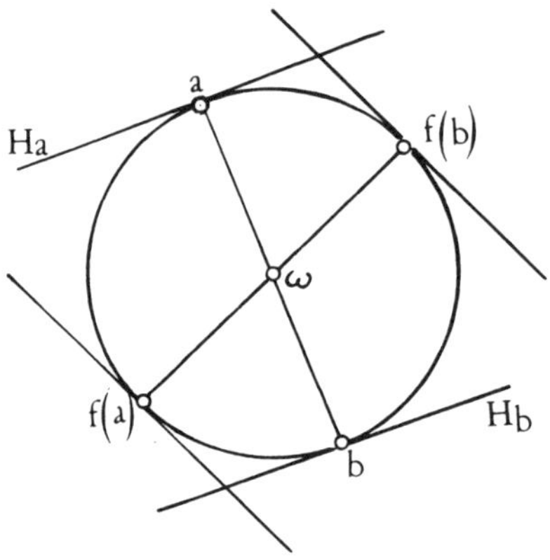

Figure 9.5.3.5

9.5.3.6 **Note.** Si l'on affaiblit les hypothèses de 9.5.3.2 en exigeant seulement que f soit une bijection entre deux parties de X, alors la condition (iii) n'entraîne pas nécessairement que f est une restriction de similitude. Par exemple f peut être une inversion, cf. 10.8.2, ou une composée d'inversions, cf. 18.10.4. Pour l'étude des f qui sont des bijections entre parties d'espaces affines et qui conservent les sphères, voir [CD] et [GI-WE].

9.5.4 LE THÉORÈME DE LIOUVILLE

9.5.4.1 Il s'agit ici d'une caractérisation des similitudes liée à la géométrie différentielle ; mais ce qui suit est aussi en rapport étroit avec d'autres sections de ce livre, voir 10.8.5, 18.10, 20.6.

Partons d'une similitude f de X et considérons-la comme application $X \to X$ de classe C^∞ ; pour tout morphisme $f \in A(X; X)$, f est C^∞ et sa dérivée $f' : X \to L(X; X)$ n'est autre que l'application constante $x \mapsto \vec{f}$, i.e. $f'(x) = \vec{f}$ $\forall x \in X$ (ceci résulte de 2.7.7). Dans notre cas particulier, $f \in \mathrm{Sim}(X)$ est donc une application $X \to X$ qui est C^1 et telle que $f'(x) = \vec{f} \in O(\vec{X})$ $\forall x \in X$; on peut donc dire que la similitude f « conserve infinitésimalement les angles ». Et du coup se demander s'il y a ou non d'autres applications que les similitudes ayant cette propriété. Bien sûr, si $n = 1$, toute application à dérivée non nulle convient ; nous écarterons donc toujours le cas $n = 1$.

9.5.4.2 Définition. *Soient U et V deux ouverts d'un espace affine euclidien X et $f \in C^1(U; V)$* (i.e. $f : U \to X$ *est de classe* C^1). *On dit que f est* conforme *si f est bijective et si $f'(x) \in \mathrm{GO}(\vec{X})$ $\forall x \in U$; on ajoute* directe *ou* indirecte *si de plus $f'(x) \in \mathrm{GO}^+(\vec{X})$ ou $\mathrm{GO}^-(\vec{X})$. Les ensembles correspondants sont* notés $\mathrm{Conf}(U; V)$, $\mathrm{Conf}^+(U; V)$, $\mathrm{Conf}^-(U; V)$; *on* pose *aussi* $\mathrm{Conf}(U) = \mathrm{Conf}(U; U)$, $\mathrm{Conf}^\pm(U) = \mathrm{Conf}^\pm(U; U)$.

La condition d'injectivité, le fait que $\mathrm{GO}(\vec{X}) \subset \mathrm{Isom}(\vec{X}; \vec{X})$ et le théorème du difféomorphisme local montrent que $f \in \mathrm{Conf}(U; V)$ sera toujours un difféomorphisme de U sur $f(U)$.

9.5.4.3 Premier exemple : fonctions holomorphes

Supposons ici $n = \dim X = 2$, la notion d'application holomorphe $U \to X$ a un sens d'après 8.3.12 et 9.6.4 ; en effet *a priori* il faut aussi orienter X mais en fait la conclusion est indépendante de l'orientation. *Alors il y a équivalence entre $f : U \to X$ est injective, holomorphe à dérivée partout non nulle et $f \in \mathrm{Conf}^+(U; f(U))$.* Ceci est classique et résulte de 8.8.4.1 (cf. [CH 2], p. 67 au besoin).

Ceci fournit donc un grand nombre de similitudes infinitésimales qui ne sont pas des similitudes vraies, car il existe un grand choix d'applications holomorphes injectives à dérivée partout non nulle définies sur des ouverts U (de **C**, par exemple). Ce choix n'est même pas de dimension finie, en tout sens raisonnable.

9.5.4.4 Deuxième exemple : inversions

Nous verrons en 10.8.5 qu'une inversion f de centre a, de puissance quelconque, appartient à $\mathrm{Conf}(X \setminus a)$; ainsi une composée en nombre fini d'inversions fournira des exemples d'éléments de $\mathrm{Conf}(U; f(U))$, où U est X privé d'un nombre fini de points, éléments qui ne sont pas des vraies similitudes.

9.5.4.5 Mais le choix que fournissent ces inversions est lui de dimension finie, on verra en 18.10.4 que la dimension de ce choix est $\dfrac{(n+2)(n+1)}{2}$.

Le théorème qui suit montre qu'il y a, pour les similitudes infinitésimales, une différence radicale entre le cas $n = 2$ et le cas $n \geqslant 3$; ce théorème montre aussi que la différence est radicale selon que l'on étudie le cas « local » (i.e. d'un ouvert U de X) ou le cas « global » (i.e. l'ouvert U est X entier). Voir d'autres exemples du passage « du local au global » en 12.8, 16.4, 18.3.8.6.

9.5.4.6 Théorème. *Si* $n = 2$, *alors* $\mathrm{Conf}(X) = \mathrm{Sim}(X)$; *si* n *est quelconque,* $f \in \mathrm{Conf}(X)$ *et* f *de classe* C^4, *alors* $f \in \mathrm{Sim}(X)$. *Soient* $n \geqslant 3$, U *un ouvert quelconque de* X *et* $f \in \mathrm{Conf}(U\,; f(U))$ *classe* C^4 ; *alors* f *est la restriction à* U *d'un produit d'inversions de* X (*et donc* C^∞).

9.5.4.7 Note. On a toujours $\mathrm{Conf}(X) = \mathrm{Sim}(X)$, i.e. f de classe C^1 est suffisant mais, pour $n \geqslant 3$, la démonstration est considérablement plus difficile et nécessite des méthodes fines d'analyse, cf. [HM]. La méthode ci-dessous de démonstration de 9.5.4.6 dans le cas $n \geqslant 3$ est due à R. Nevanlinna : [NA] ; voir 9.5.4.21. Voir aussi [LF 3], exercice 12, p. 59. Voir aussi l'exercice 9.14.42.

9.5.4.8 Le cas $n = 2$. Vectorialisons X et, à l'aide d'une orientation, identifions-le à $\mathbf{C}$ et regardons $f : \mathbf{C} \to \mathbf{C}$, qui est injective, de classe C^1. Comme $\mathbf{C}$ est connexe, on a

$$f'(z) \in \mathrm{GO}^+(\mathbf{C}) \quad \forall z \in \mathbf{C}\,, \quad \text{ou} \quad f'(z) \in \mathrm{GO}^-(\mathbf{C}) \quad \forall z \in \mathbf{C}\,.$$

Quitte à multiplier f par la conjugaison $z \mapsto \bar{z}$, on peut supposer que l'on est dans le premier cas. D'après 9.5.4.3 l'application $f : \mathbf{C} \to \mathbf{C}$ est injective holomorphe ; mais il est alors classique que f est nécessairement de la forme $z \mapsto az + b$ (pour $a, b \in \mathbf{C}$ convenables), donc f est une similitude (voir 9.6.4 au besoin). Pour le dernier point, nous référons le lecteur à [CH 2], p. 181-182 ; la démonstration est plaisante, elle utilise la notion de point singulier essentiel et celle de fonction méromorphe.
La démonstration dans le cas $n \geqslant 3$ utilise entre autres le fameux :

9.5.4.9 Lemme des tresses. *Soient* V, W *deux espaces vectoriels sur un corps de caractéristique* $\neq 2$ *et* $k : V \times V \times V \to W$ *une application trilinéaire qui est symétrique en les deux premières variables et antisymétrique en les deux dernières. Alors nécessairement* $k = 0$.

Ce lemme sert parfois, comme ici, de façon cruciale en géométrie différentielle, voir par exemple [SB], p. 333, [KO-NO 1], p. 160. Sa dénomination provient de ce que la démonstration suit exactement les six premières étapes de la confection d'une tresse : au bout de six croisages, on est revenu à la situation de départ. Mais il y a trois croisages des deux brins de gauche et trois des deux brins de droite, donc trois signes moins, d'où le résultat,

$$k(x, y, z)$$

$$k(y, x, z) = \quad k(x, y, z)$$

$$k(y, z, x) = -\, k(x, y, z)$$

$$k(z, y, x) = -\, k(x, y, z)$$

$$k(z, x, y) = \quad k(x, y, z)$$

$$k(x, z, y) = \quad k(x, y, z)$$

$$k(x, y, z) = -\, k(x, y, z) = 0\,.$$

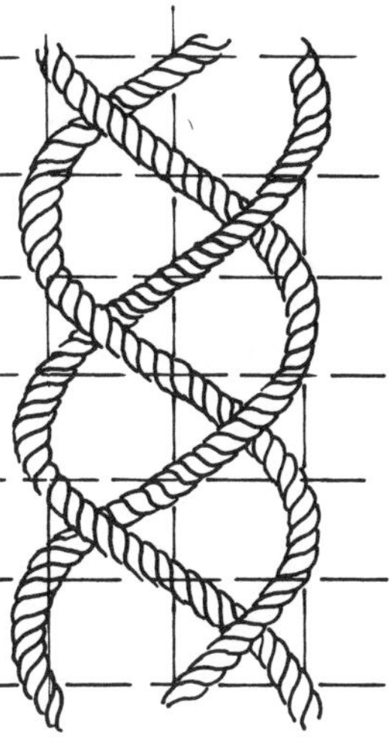

Figure 9.5.4.9

9.5.4.9bis La propriété « trilinéaire » est assez superflue ; voir l'essence de cette démonstration en 1.9.15.

9.5.4.10 Par hypothèse $f'(x) \in \mathrm{GO}\,(\vec{X})$ $\forall x \in U$ donc, si nous appelons $\mu(x)$ le rapport de similitude correspondant, nous avons

9.5.4.11 $\quad (f'(x)(u) \mid f'(x)(v)) = \mu^2(x)\,(u \mid v) \quad \forall u, v \in \vec{X}\,.$

Soient u, v orthogonaux fixés ; on a $(f'(x)(u) \mid f'(x)(v)) = 0$ $\forall x \in U$ et la dérivation de cette relation fournit

$$(f'(x)(u, w) \mid f'(x)(v)) + (f'(x)(u) \mid f''(x)(v, w)) = 0 \quad \forall w \in \vec{X}\,.$$

L'argument de la tresse et le théorème de Schwarz sur la symétrie de f'' montrent que $(f''(x)(u, v) \mid f'(x)(w)) = 0$ chaque fois que u, v, w sont orthogonaux dans $\vec{X}$. Comme $f'(x)(u)$, $f'(x)(v)$, $f'(x)(w)$ sont orthogonaux. en appliquant ceci à des w engendrant l'orthogonal du plan $\mathbf{R}u + \mathbf{R}v$, on voit finalement que $f''(x)(u, v) \in \mathbf{R}f'(x)\,u + \mathbf{R}f'(x)\,v$ et donc qu'il existe deux fonctions $\alpha, \beta : U \to \mathbf{R}$ telles que

9.5.4.12 $$\begin{cases} f''(x)(u, v) = \alpha(x)\, f'(x)(u) + \beta(x)\, f'(x)(v) \\ \forall x \in U\,, \quad \forall u, v \text{ orthogonaux fixés}\,. \end{cases}$$

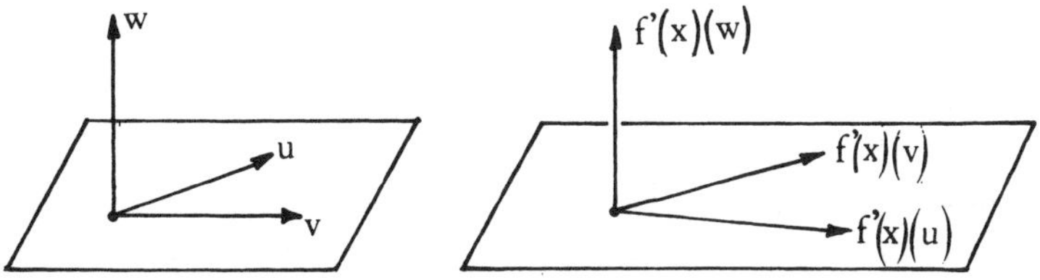

Figure 9.5.4.12

Dérivant $\| f'(x)(u) \|^2 = \mu^2(x) \| u \|^2$, nous trouvons

$$(f''(x)(u, v) \mid f'(x)(u)) = \mu'(x)(v)\,\mu(x)\,\| u \|^2 ,$$

donc en remplaçant dans 9.5.4.12, nous obtenons

9.5.4.13 $$\alpha(x) = \frac{\mu'(x)(v)}{\mu(x)}, \qquad \beta(x) = \frac{\mu'(x)(u)}{\mu(x)};$$

on reporte 9.5.4.13 dans 9.5.4.12 en *posant* $\rho = \mu^{-1}$, d'où

9.5.4.14 $$\begin{cases} \rho'(x)(v)\,f'(x)(u) + \rho'(x)(u)\,f'(x)(v) + \rho(x)\,f''(x)(u, v) = 0 \\ \forall x \in U, \forall u, v \text{ orthogonaux fixés} . \end{cases}$$

9.5.4.15 On s'arme de courage et dérive une troisième fois f, en dérivant 9.5.4.14, d'où

$$\rho''(x)(v, w)\,f'(x)(u) + \rho'(x)(v)\,f''(x)(u, w) + \rho''(x)(u, w)\,f'(x)(v) +$$
$$+ \rho'(x)(u)\,f''(x)(v, w) + \rho'(x)(w)\,f''(x)(u, v) + \rho(x)\,f'''(x)(u, v, w) = 0;$$

l'on constate que la somme des cinq derniers termes est symétrique en u, w, donc aussi le premier terme :

$$\rho''(x)(v, w)\,f'(x)(u) = \rho''(x)(v, u)\,f'(x)(w) ,$$

ceci pour tous u, v, w orthogonaux (la fonction ρ ne dépend pas de u, v elle !). Mais les deux vecteurs $f'(x)(u)$, $f'(x)(w)$ sont linéairement indépendants donc $\rho''(x)(u, v) = 0$ pour tous u, v orthogonaux parce que $n \geqslant 3$.

D'après la démonstration même de 8.8.5.1 (et ici l'infinitésimal rejoint le vrai !) c'est que $\rho''(x)$ est proportionnelle à la structure euclidienne, il existe donc $\sigma : U \to \mathbf{R}$ telle que

9.5.4.16 $$\rho''(x)(u, v) = \sigma(x)(u \mid v) \quad \forall x \in U \quad \forall u, v \in \vec{X} .$$

En fait σ est une constante ; pour le voir, dérivons 9.5.4.16 (ce qui est permis car f est de classe C^4) : $\rho'''(x)(u, v, w) = \sigma'(x)(w)(u \mid v)$, donc le second terme est symétrique en v, w puisque ρ''' est symétrique. D'où : $(\sigma'(x)(w)\,v - \sigma'(x)(v)\,w \mid u) = 0$ $\forall u$ soit $\sigma'(x)(w)\,v = \sigma'(x)(v)\,w$, ce qui implique $\sigma' = 0$ car v, w sont linéairement indépendants.

9.5.4.17 L'équation $\rho''(x)(u, v) = \sigma(u \mid v)$, σ constante, s'intègre à vue et donne

9.5.4.18 $$\rho(x) = a \, \| \overrightarrow{x_0 x} \|^2 + b , \quad a, b \text{ constantes et } x_0 \in X .$$

Si $a = 0$, on a μ constante et la dérivation de 9.5.4.11 fournit $f'' = 0$, donc f est affine et finalement une similitude restreinte à U. Si c'est b qui est nul, on remarque que $x_0 \notin U$ et qu'en composant f avec une inversion i de pôle x_0 l'application $i \circ f$ obtenue est encore une similitude infinitésimale ; or les facteurs ρ de 9.5.4.18 vérifient $\rho_{f \circ g}(x) = \rho_f(g(x))\,\rho_g(x)$ lorsque l'on compose de telles similitudes infinitésimales. Or le facteur ρ d'une inversion de pôle x_0 est proportionnel à $\|\overrightarrow{x_0 x}\|^2$ (cf. 10.8.5.1) dont le facteur ρ de $i \circ f$ est constant, $i \circ f$ est une vraie similitude restreinte à U, et le théorème est démontré dans ce cas. Nous allons maintenant montrer que

$ab = 0$ nécessairement. Remarquons dès maintenant qu'alors si $U = X$ nous saurons bien que $f \in \mathrm{Sim}(X)$, si f de classe C^4 et $n \geqslant 3$; en effet le cas $b = 0$ est exclu, puisque $\pi(x) \neq 0 \forall x \in U = X$.

9.5.4.19 Soit g le difféomorphisme inverse de $f : U \to f(U)$, c'est encore une similitude infinitésimale et, d'après la formule de composition des rapports donnée dans le 9.5.4.17 on a $\mu_{g \circ f} = 1 = \mu_g(f(x))\, \mu_f(x) = 1$ $\forall x \in U$. C'est donc, d'après 9.5.4.18 qu'il existe des constantes c, d telles que

9.5.4.20 $(a \, \| \overrightarrow{x_0 x} \|^2 + b)(c \, \| \overrightarrow{f(x_0)\, f(x)} \|^2 + d) = 1 \quad \forall x \in U$.

Ceci montre d'abord que f transforme les portions de sphères de centre x_0 qui sont contenues dans U en des portions de sphères de centre $f(x_0)$; puis que f transforme un segment de U dont le support passe par x_0 en un segment de $f(U)$ dont le support passe par $f(x_0)$. Si on se fixe $u \in \overrightarrow{X}$ avec $\| u \| = 1$, on obtient une fonction numérique φ définie par l'égalité

$$f(x_0 + tu) = f(x_0) + \varphi(t)\, v ,$$

où v unitaire et l'intervalle de variation de t sont convenables. D'après 9.5.4.11 on a $\varphi'(t) = (at^2 + b)^{-1}$ et aussi $(at^2 + b)(c\varphi^2(t) + d) = 1$, deux relations qui ne peuvent cohabiter que si a ou b est nul.

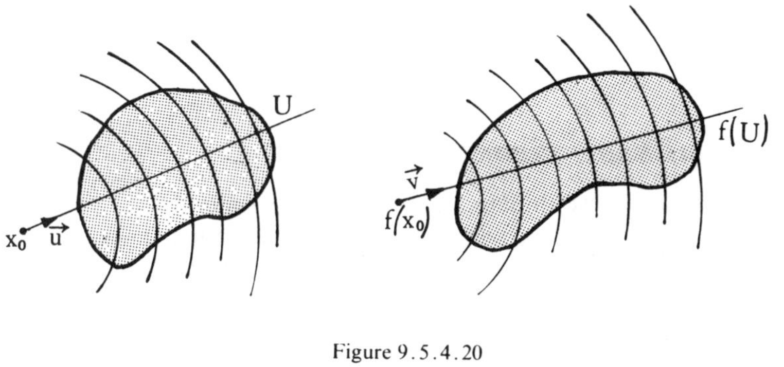

Figure 9.5.4.20

9.5.4.21 Note. La démonstration originelle de Liouville était assez inattendue, elle utilisait des ingrédients sans rapport apparent avec le théorème, à savoir : 1) un système triple-orthogonal de surfaces (en dimension 3) se coupent selon des ligne de courbure (théorème de Dupin), 2) les sphères sont caractérisées par le fait que tous leurs points sont des ombilics, ou encore qu'elles ont beaucoup plus de lignes de courbure que les surfaces ordinaires. Il terminait alors avec 9.5.3.2 (*iii*).

9.5.5 OMBILICALE, POINTS CYCLIQUES ET SIMILITUDES

Nous étudions le pendant affine de 8.8.6 ; utilisons le 7.6 et ses notations : si X est notre espace affine euclidien, $\tilde{X}^C$ désignera le complexifié de son complété projectif $\tilde{X}$. On a $\tilde{X}^C = X^C \cup \infty_{X^C}$ avec $\infty_{X^C} = P(\vec{X}^C)$, et $p : \vec{X}^C \to P(\vec{X}^C)$ désigne toujours la projection d'un espace vectoriel sur l'espace projectif qu'il définit. D'après 8.8.6 et avec le langage du chapitre 14, la forme quadratique N^C définit dans $\infty_{X^C} = P(\vec{X}^C)$ une quadrique dont l'image est $\Omega = p((N^C)^{-1}(0))$; noter que si $n = 2$ alors Ω est constituée de deux points et que si $n = 3$, c'est une conique (cf. 14.1.3.7).

9.5.5.1 Définition. *La partie Ω de ∞_{X^C} s'appelle* l'ombilicale *de l'espace affine euclidien X. Si $n = 3$, Ω est une conique, si $n = 2$ il s'agit de deux points, appelés les* points cycliques *de X, dont la paire sera notée $\{I, J\}$. Orienter X équivaut à choisir l'un des points cycliques, appelé I, selon la convention* 8.8.6.2.

Il n'y a pas d'abus à identifier, en effet, les droites isotropes I, J avec les points qu'elles donnent dans leur projectif. Si maintenant on réunit 8.8.6.4 et 5.2.2 on obtient :

9.5.5.2 Proposition. *Pour que $f \in$ GA (X) soit une similitude, il faut et il suffit que $\tilde{f}^C(\Omega) = \Omega$. Si $n = 2$, on aura de plus $f \in$ Sim$^+$ (X)* (resp. Sim$^-$ (X)) *selon que $\tilde{f}^C$ laisse chaque point cyclique fixe ou les échange.*

9.5.5.3 Exemple. On pourra lire l'orthogonalité de deux droites D, D' de X ainsi :

$$D \perp D' \iff [\infty_{D^C}, \infty_{D^{C\prime}}, I, J] = -1,$$

car il n'y a pas d'ambiguïté dans le cas de la division harmonique (cf. 8.8.7.4).

9.6 *Similitudes planes*

Dans cette section X est un plan affine euclidien orienté.
Nous orientons X au besoin, s'il ne l'était pas. Cette section consiste surtout en exemples élémentaires et plastiques ; d'autres exemples figurent en exercices. Les cinq premiers numéros sont un résumé des propriétés et écritures classiques des similitudes planes.

9.6.1 STRUCTURE. Toute $f \in$ Sim$^+$ (X) est de l'un des types suivant : f est une translation, sinon admet un point fixe unique ω, son centre et f est le produit commutatif d'une rotation et d'une homothétie de centre ω. Toute $f \in$ Sim$^-$ (X) est de l'un des types suivants : $f \in$ Is$^-$ (X) est une symétrie-translation, ou $f \in$ Sim$^-$ $(X) \setminus$ Is$^-$ (X) admet un point fixe unique ω et f est le produit commutatif d'une symétrie autour d'une droite passant par ω et d'une homothétie de centre ω.
Cette structure résulte de suite de 9.3.4 et 9.5.2.

9.6.2 SIMPLE TRANSITIVITÉ. Quels que soient les quatre points a, b, a', b' de X avec $a \neq b, a' \neq b'$, il existe f unique de Sim$^+$ (X) telle que $f(a) = a'$, $f(b) = b'$.

On se ramène au cas des isométries : $ab = a'\,b'$ par une homothétie convenable, et on applique alors 9.1.6.
Etant donné a, b, a', b' on désirera construire le centre ω de cette unique f géométriquement ; la réponse est de prendre le point d'intersection $e = \langle a, b \rangle \cap \langle a', b' \rangle$, de dessiner les deux cercles passant par a, a', e et b, b', e ; alors ω est le point d'intersection de ces deux cercles, autre que e s'ils ne sont pas tangents en e. Cette construction résulte de 9.5.3.1 et 10.9.4. Voir aussi 9.14.14.

9.6.3 ANGLE D'UNE SIMILITUDE DIRECTE. C'est celui, dans $\mathfrak{A}(\overrightarrow{X})$, de la rotation associée à $f \in \mathrm{Sim}^+(X)$ par la décomposition de 8.8.3, En particulier, si α est cet angle, on a $\widehat{\Delta f(\Delta)} = \alpha$ pour toute droite orientée Δ.

9.6.4 SIMILITUDES PLANES ET NOMBRES COMPLEXES. La remarque de départ est le pendant affine de 8.3.12 et 8.8.4. Soit X un plan affine euclidien orienté ; alors X a une structure naturelle de droite affine complexe.

Pour cette structure naturelle, on a alors $\mathrm{GA}(X) = \mathrm{Sim}^+(X)$. En coordonnées associées à un repère quelconque affine *complexe* de X, toute $f \in \mathrm{Sim}^+(X)$ est de la forme $z \mapsto az + b$ et tout $f \in \mathrm{Sim}^-(X)$ de la forme $z \mapsto a\bar{z} + b$. L'angle de $f \in \mathrm{Sim}^+(X)$ (cf. 9.6.3) n'est alors autre que l'argument du nombre complexe a (cf. 8.7.8.4) et son module, le module $|a|$ de a.
La simple transitivité et les calculs pratiques sur $\mathrm{Sim}^+(X)$ se font très facilement avec l'écriture $z \mapsto az + b$.

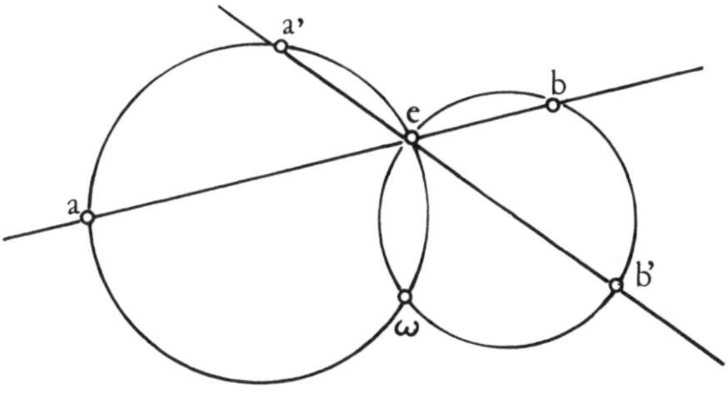

Figure 9.6.4

9.6.5 BIRAPPORT DE QUATRE POINTS. Puisque X est naturellement une droite affine complexe $\underline{X}$, elle admet un complété projectif $\underline{\tilde{X}}$, qui est une droite projective complexe $\underline{\tilde{X}} = \underline{X} \cup \infty_{\underline{X}}$ (cf. 5.1.3). On prendra bien soin de ne pas confondre $\underline{\tilde{X}}$ avec le $\tilde{X}^C$ introduit en 9.5.5.

l'un est un plan projectif complexe tandis que l'autre est une droite projective complexe ; dans l'un il y a une droite de l'infini, dans l'autre seulement un point à l'infini. Par définition, le birapport de quatre points de X est leur birapport dans $\underset{\sim}{\tilde{X}}$, birapport qui est dans $\mathbf{C} \cup \infty$ et en particulier dans $\mathbf{C}$ si les quatre points sont distincts. Le lien entre ce birapport nombre complexe et la structure euclidienne de X est bien plaisant :

9.6.5.1 Proposition. *Si* $z = [a, b, c, d]$ *où* $a, b, c, d \in X$, *alors le module de* z *est donné par les distances* : $|z| = \frac{ac}{bc}\Big/\frac{ad}{bd}$, *et l'argument de* z *par les angles orientés* : $\arg(z) = \widehat{\overrightarrow{ca}, \overrightarrow{cb}} - \widehat{\overrightarrow{da}, \overrightarrow{db}}$, *dans* $\tilde{\mathfrak{A}}(\overrightarrow{X})$.

9.6.5.2 Ce résultat a des conséquences simples et élémentaires, que nous ne développerons pas en détail, nous bornant à deux aperçus. Le premier est l'étude du quadrilatère harmonique. i.e. des quadruplets de points de X tels que $[a, b, c, d] = -1$, voir 9.14.15. Le second est que $z = [a, b, c, d]$ est réel si et seulement si son argument est 0 ou $\overline{\omega}$ donc, d'après 8.7.7, si et seulement si $\overline{\langle c, a \rangle, \langle c, b \rangle} = \overline{\langle d, a \rangle, \langle d, b \rangle}$ dans $\mathfrak{A}(\overrightarrow{X})$; or nous verrons que ceci est exactement la condition pour que a, b, c, d soient cocycliques ou alignés. Il en résulte par exemple que les homographies $z \mapsto \frac{az + b}{cz + \alpha}$ de $\underset{\sim}{\tilde{X}}$ transforment les cercles en cercles (ou droites) ; en fait nous retrouverons ceci par une théorie plus générale dans le chapitre 20, voir 18.10.4 et 20.6.

9.6.6 UNE CONSTRUCTION ÉLÉMENTAIRE. On recherche un cercle passant par un point donné x et tangent à deux droites données D, D'. Le cas $D \,/\!\!/\, D'$ est laissé au lecteur, et on pose $a = D \cap D'$; on construit un cercle quelconque C tangent à D et D' et tracé dans le convexe défini par D, D' et x. L'idée est de trouver les homothéties de centre a qui, appliquées à C, donneront un cercle contenant x. Une fois l'idée trouvée, la construction est celle de la figure 9.6.6.

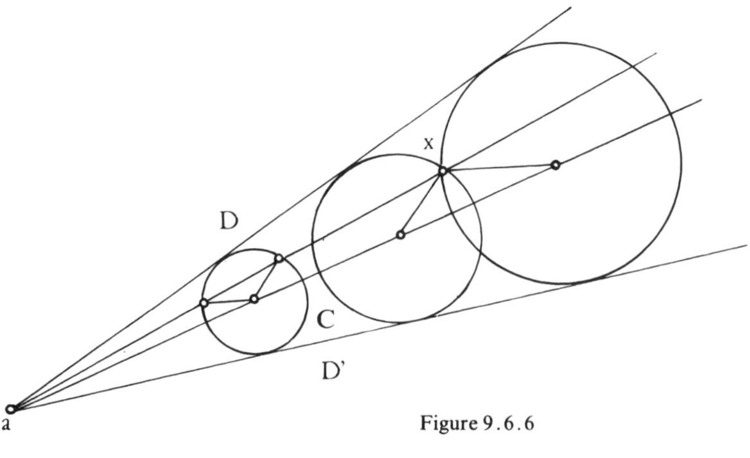

Figure 9.6.6

9.6.7 LE PRINCIPE DES FIGURES SEMBLABLES. Nous découvrirons ce principe en cherchant, pour motivation, à résoudre le problème suivant : « soient D, D' deux droites distinctes de X et m, m', deux points de D, D' décrivant ces droites avec des vitesses proportionnelles. Quelle est l'enveloppe de la droite mm' ? ».

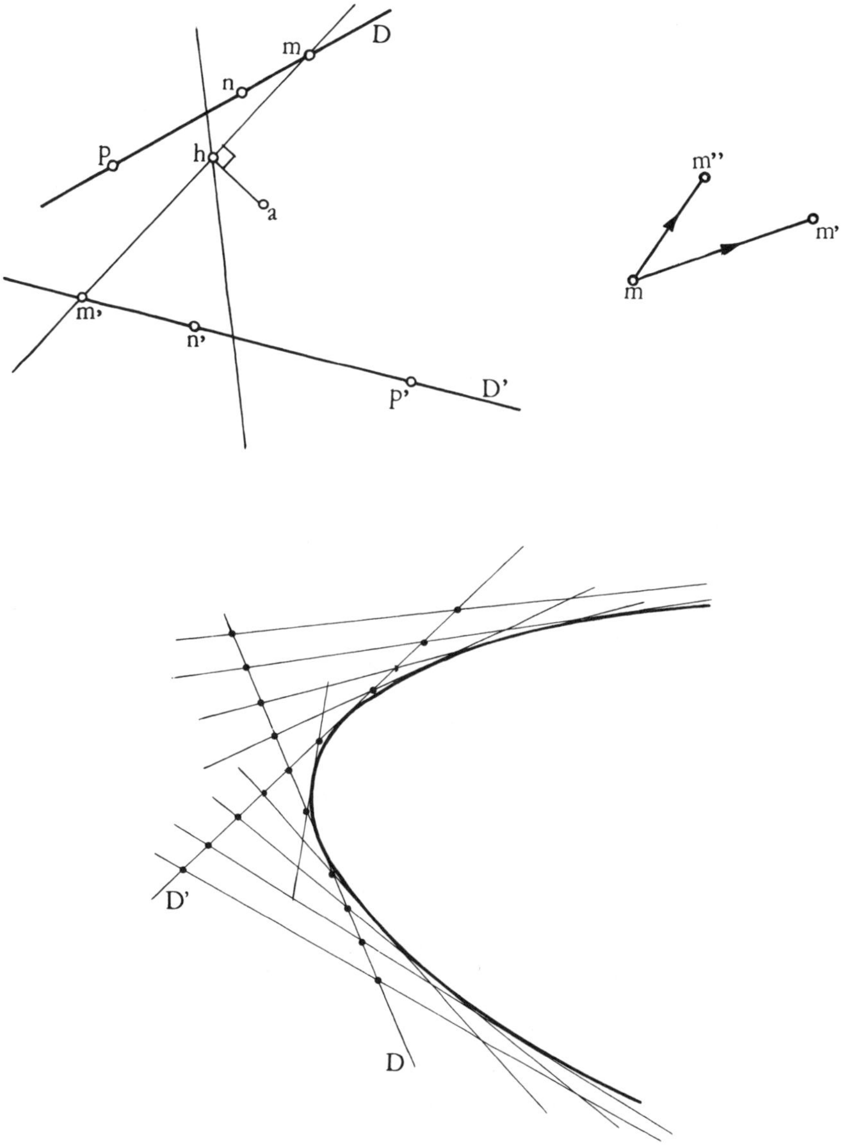

Figure 9.6.7

9.6.7.1 Soit f la similitude directe telle que $f(m) = m'$, $f(n) = n'$ où m, n sont deux positions du point décrivant D et m', n' les positions aux temps correspondants du point décrivant D' (cf. 9.6.2); si alors p, p' sont les positions sur D, D' à un temps quelconque de nos promeneurs linéaires, on aura toujours $f(p) = p'$ car la condition sur les vitesses et le fait que $f \in \mathrm{Sim}^+(X)$ équivalent tous deux à $\dfrac{\overrightarrow{m'p'}}{\overrightarrow{m'n'}} = \dfrac{\overrightarrow{mp}}{\overrightarrow{mn}}$ (cf. 2.4.6).

Le principe dont nous avons maintenant besoin est « tout point lié directement semblablement au couple m, m' décrit lui aussi une droite ». Pratiquement il s'agit du :

9.6.7.2 Principe. *Soient f une similitude directe de X et m'' un point directement semblablement lié au couple $(m, m' = f(m))$, c'est-à-dire que l'on se donne une similitude $\vec{g} \in \mathrm{GO}^+(\vec{X})$ et que $\overrightarrow{mm''} = \vec{g}(\overrightarrow{mm'})$ $\forall m \in X$. Alors $m \mapsto m''$ est une similitude directe. En particulier si m décrit une droite, un cercle, etc., alors m'' décrit une droite, un cercle, etc.*

On utilise 9.6.4, en prenant un repère quelconque ; on a $f(z) = az + b$, $\vec{g}(\vec{u}) = c\vec{u}$, où $a, b, c \in \mathbf{C}$. Donc

$$m'' = m + mm'' = z + c\,(f(z) - z) = z + c\,(az + b - z)$$
$$= (ac - c + 1)\,z + bc\,.$$

or $z \mapsto (ac - c + 1)\,z + bc$ est bien une similitude directe.

Si nous revenons au problème initial, nous voyons que le pied h de la perpendiculaire abaissée de a sur la droite $\langle m, m' \rangle$ est lié directement semblablement à (m, m') puisque a est le centre de la similitude $m \mapsto m'$; donc h décrit une droite E et la droite $\langle m, m' \rangle$ enveloppe la parabole de foyer a et de tangente au sommet E : cf. 17.2.2.6.

Pour d'autres applications du principe 9.6.7.2 voir 10.13.18.

9.6.8 PODAIRE DOUBLE DE DEUX CERCLES. La *podaire* d'une courbe C, *relative au point a*, est l'ensemble des $m \in X$ tels qu'il existe une tangente à C contenant m et orthogonale à la droite $\langle a, m \rangle$, la *podaire double* de deux courbes C, C' est l'ensemble des $m \in X$ tels qu'il existe une tangente à C et une tangente à C', contenant toutes deux m, et orthogonales.

Les podaires d'un cercle sont appelées *limaçons de Pascal* et on les retrouve dans d'autres situations, fût-ce pour cette bonne raison que ce sont les courbes du quatrième degré qui ont des propriétés simples (quartiques bicirculaires). La figure 9.6.8.1 représente leurs formes possibles, le cas du point de rebroussement est celui de la *cardioïde*, que vous pourrez retrouver en 9.14.33 si un certain amour vous porte vers elle. Voir aussi 9.14.22. Pour le limaçon de Pascal dont les tangentes au point double forment un angle de 120°, voir [DQ], exercice 77, p. 169.

Pour la podaire double de deux courbes, on voit facilement que si celles-ci sont de classe C^1, régulières et fermées, leur podaire double se décompose naturellement en deux courbes π, π' selon l'orientation des tangentes se

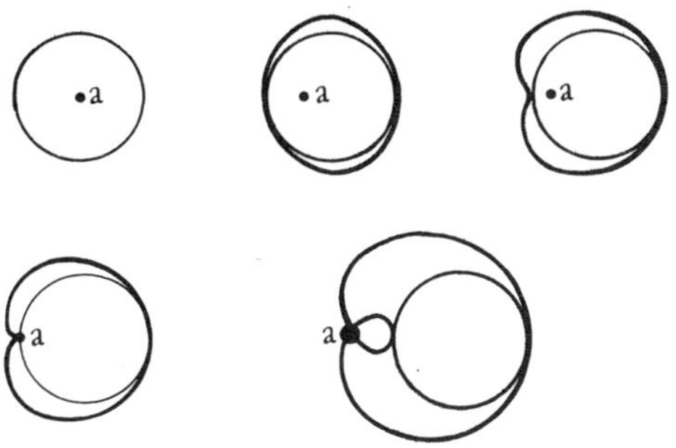

Figure 9.6.8.1

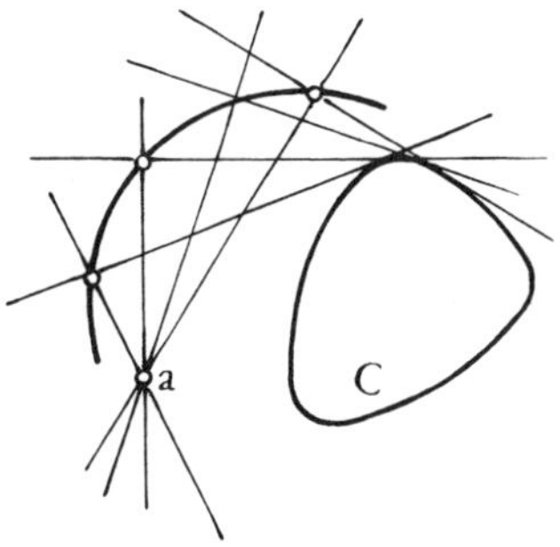

Figure 9.6.8.2

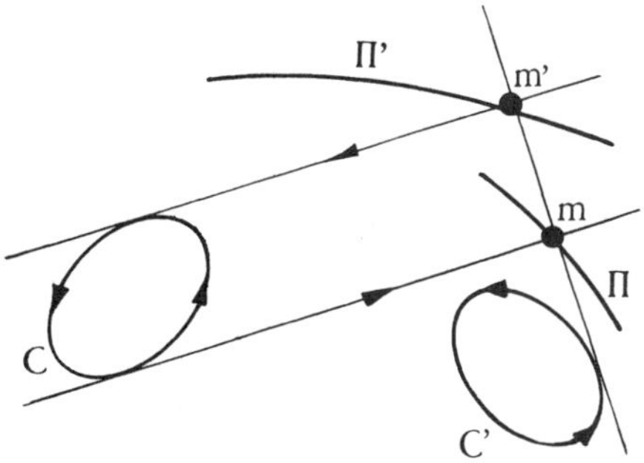

Figure 9.6.8.3

coupant en m fournies par des orientations fixées de C, C'. Mais cette décomposition en deux courbes n'impliquent pas en général une vraie décomposition algébrique de la podaire double. Nous allons voir qu'il y a une décomposition vraie lorsque C et C' sont deux cercles. auquel cas nous allons montrer que π, π' sont des podaires de cercles relatives à des points.

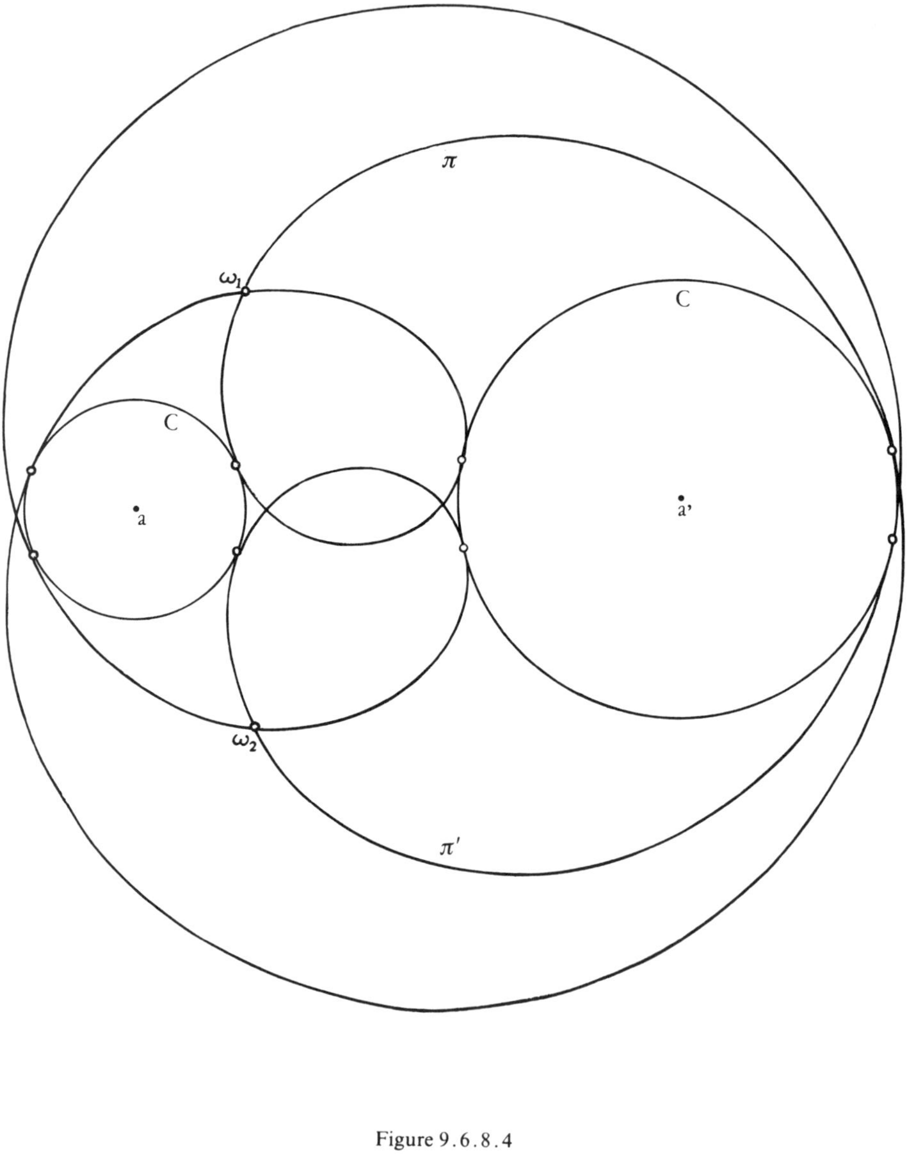

Figure 9.6.8.4

9.6.8.1 On suppose les deux cercles C, C' non concentriques, ce cas étant banal. Remarquons d'abord qu'il existe exactement deux similitudes directes f_1, f_2 telles que $f_i(C) = C'$ $(i = 1, 2)$ et d'angles droits (cf. 8.7.3.5 et 9.6.3) ; il suffit en effet de prendre $m \in C$ et $m'_1, m'_2 \in C'$ diamétralement opposés tels que, si a et a' sont les centres de C, C', on ait $am \perp a'm'_1$ et d'appeler f_1, f_2 les similitudes directes telles que $f_i(a) = a'$ et $f_i(m) = m'_i$ $(i = 1, 2)$, similitudes qui existent et sont bien définies d'après 9.6.2.

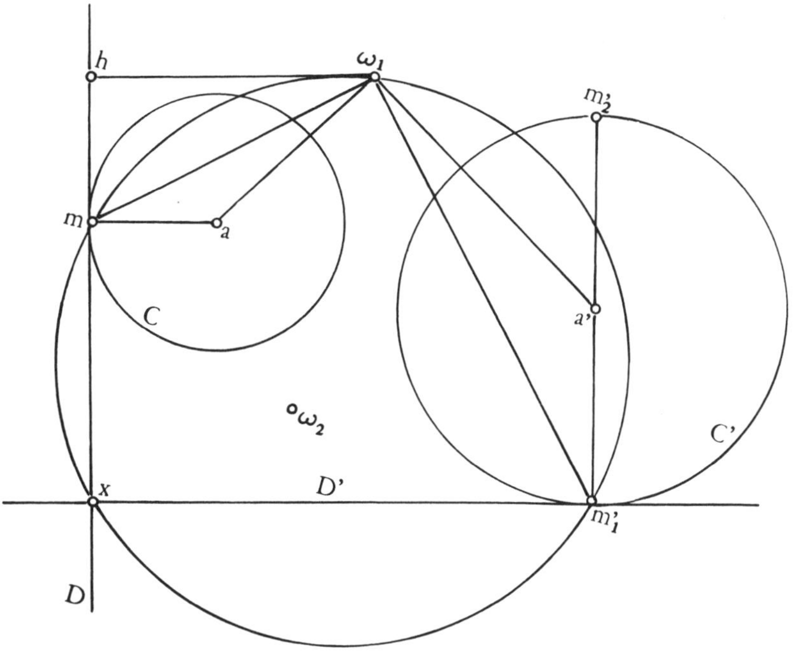

Figure 9.6.8.5

On aura bien $f_i(C) = C'$ car $f_i(C)$ est un cercle, de centre $f(a) = a'$ et de rayon égal au rayon de C', c'est donc C' lui-même. Appelons alors $D = T_m C$, $D' = T_{m_1} C'$ les tangentes à C, C' en m, m'_1 respectivement, $x = D \cap D'$ et h la projection de ω_1, le centre de f_1, sur D. Nous allons utiliser le lemme banal :

9.6.8.2 Lemme. *Soient $\{a, b, c\}$, $\{a', b', c'\}$ deux triangles rectangles, i.e. $\langle a, b\rangle \perp \langle a, c\rangle$ et $\langle a', b'\rangle \perp \langle a', c'\rangle$. Pour qu'il existe une similitude directe f telle que $f(a) = a'$, $f(b) = b'$, $f(c) = c'$,* il faut et *il suffit que l'on ait dans $\mathfrak{A}(\overrightarrow{X})$ l'égalité $\widehat{\langle b, a\rangle, \langle b, c\rangle} = \widehat{\langle b', a'\rangle, \langle b', c'\rangle}$. En outre f est bien déterminée par la valeur commune de cet angle orienté de droites.*

9.6.8.3 D'après ce lemme l'angle $\widehat{\langle m_1', \omega_1 \rangle, \langle m_1', m \rangle}$ est bien déterminé par $\vec{f}_1$, c'est un $\alpha \in \mathfrak{A}(\vec{X})$ ne dépendant que de C, C' et le choix de f_1. D'après 10.9.5 on a $\alpha = \widehat{\langle m_1', \omega_1 \rangle, \langle m_1', m \rangle} = \widehat{\langle xm, x\omega_1 \rangle}$ car les quatre points ω_1, m, m_1', x sont cocycliques puisque

$$\widehat{\langle \omega_1, m \rangle, \langle \omega_1, m_1' \rangle} = \widehat{\langle x, m \rangle, \langle x, m_1' \rangle} = \delta$$

(cf. 8.7.7.4 et 10.9.5). Donc $\widehat{\langle x, h \rangle, \langle x, \omega_1 \rangle} = \alpha$; d'après le lemme encore, c'est que x est déduit de h par une similitude fixe g_1. Comme h décrit la podaire π_1 de C, relative à ω_1, c'est que x décrit $g_1(\pi_1)$; en fin de compte la podaire double de C et C' se compose de $g_1(\pi_1)$ et de la courbe analogue $g_2(\pi_2)$.

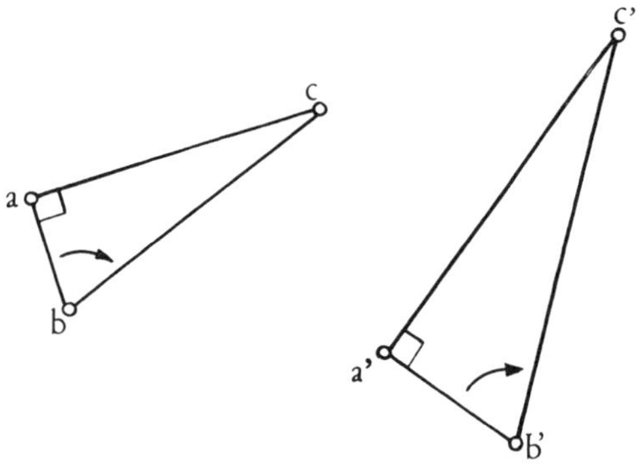

Figure 9.6.8.6

9.6.9 « EADEM MUTATA RESURGO ». Il s'agit d'un phénomène concernant les spirales logarithmiques, et qui avait enthousiasmé Jacob Bernouilli, au point de faire graver ladite spirale, accompagnée de cette phrase latine, sur sa tombe (cathédrale de Bâle, voir 9.14.32) : partant d'une spirale logarithmique, on peut la conserver globalement par des similitudes convenables. Ce phénomène s'explique facilement par le fait que $\mathrm{Sim}_\omega^+(X)$ (pour $\omega \in X$ donné), ou $\mathrm{Sim}^+(\vec{X})$, contient des sous-groupes non banaux.

9.6.9.1 Pour $k \in \mathbf{R}_+^*$ et $\omega \in X$ fixés, introduisons

$$G = \{ f(t) = H_{\omega,kt} \circ \underline{\Theta}^{-1}(\Lambda(t)) : t \in \mathbf{R} \} \subset \mathrm{Sim}_\omega^+(X) .$$

où $H_{\omega,kt}$ est l'homothétie de centre ω, de rapport kt et $\underline{\Theta}^{-1}(\Lambda(t))$ désigne la rotation de centre ω et d'angle $\Lambda(t)$. On voit que G est un sous-groupe de $\mathrm{Sim}_\omega^+(X)$, dit sous-groupe à un paramètre et homéomorphe-isomorphe à $\mathbf{R}$ additif. On appelle *spirale logarithmique de pôle* ω une orbite de G, différente de $\{ \omega \}$, pour un k convenable.

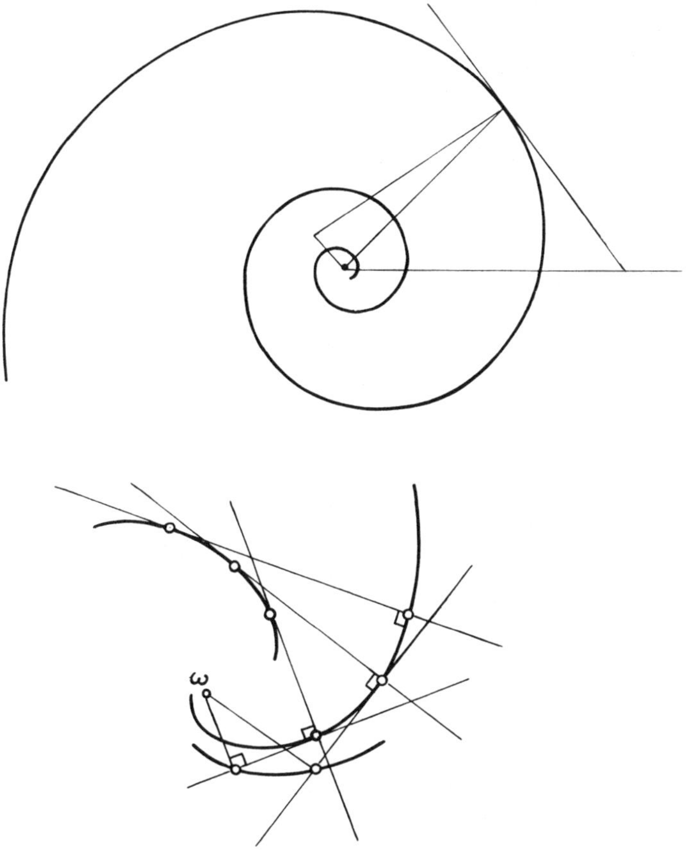

Figure 9.6.9.1

Une telle spirale logarithmique est stable par G par définition. Toute image par une similitude quelconque d'une spirale logarithmique en est encore une. Toute courbe déduite d'une telle spirale par un procédé « lié directement semblablement à ω » sera encore une telle spirale. Par exemple la podaire relative au centre ω, comme le voit en appliquant 9.6.8.2, si l'on sait que la tangente $T_m C$ à la spirale logarithmique C en m fait avec la droite $\langle m, \omega \rangle$ un angle $\widehat{\langle m, \omega \rangle, T_m C} \in \mathfrak{A}(\overrightarrow{X})$ constant. Ce dernier point se démontre ainsi : puisque G est transitif sur C par définition, il existe $f \in G$ telle que $f(m) = n$ $\forall m, n \in C$; en particulier

$$\widehat{\langle m, \omega \rangle, T_m C} = \widehat{\langle f(m), f(\omega) \rangle, f(T_m C)} = \widehat{\langle n, \omega \rangle, T_n C} .$$

Pour une réciproque et d'autres propriétés des spirales logarithmiques voir, outre la tombe de Bernouilli, 9.14.21. Pour d'autres spirales logarithmiques que l'on rencontre dans la nature, voir [WL], p. 69-72.

9.7 *Distances entre plusieurs points*

9.7.1 PROPOSITION. *Soit $(x_i)_{i=0,1,\dots,n}$ un repère affine de X ; si deux points $x, y \in X$ vérifient $x_i\,x = x_i\,y$ $\forall i = 0, 1, \dots, n$, alors $x = y$. Soient k un entier quelconque et (x_i), (y_i) $(i = 1, \dots, k)$ deux parties de X telles que $x_i\,x_j = y_i\,y_j$ $\forall i, j$; alors il existe $f \in \mathrm{Is}(X)$ telle que $f(x_i) = y_i$ $\forall i$.*

Vectorialisons X en x_0 ; alors 8.1.2.4 montre que l'on a l'égalité des produits scalaires $(x_i \mid x) = (x_i \mid y)$ $\forall i$. Or les formes linéaires $(x_i \mid \cdot)$ $(i = 1, \dots, n)$ sont indépendantes car (x_i) est un repère affine, donc $x = y$.
La première partie montre qu'il suffit de démontrer la seconde pour les $k \leqslant n + 1$ et des parties (x_i), (y_i) affinement libres, mieux, on peut supposer que $k = n + 1$, car toute isométrie $f \in \mathrm{Is}(Y, Y')$ entre deux sous-espaces de X se prolonge banalement en $\tilde{f} \in \mathrm{Is}(X)$ telle que $\tilde{f}|_Y = f$. Nous allons procéder par récurrence sur $n = k - 1$; pour $n = 1$, on applique 9.1.6 (ou bien on part avec $n = 0$, cas trivial). Supposons notre conclusion vraie pour n et introduisons les sous-espaces engendrés par nos parties : $Y = \langle x_0, x_1, \dots, x_n \rangle$, $Y' = \langle y_0, y_1, \dots, y_n \rangle$; il existe $g \in \mathrm{Is}(X)$ telle que $g(Y') = Y$. En appliquant l'hypothèse de récurrence aux deux parties $(x_i)_{i=0,1,\dots,n}$ et $(g(y_i))_{i=0,1,\dots,n}$ de Y de dimension n, on voit que l'on peut se borner à démontrer la proposition pour des (x_i), (y_i) telles que $x_i = y_i$ $(i = 0, 1, \dots, n)$. En vectorialisant X en x_0, le 8.1.2.4 montre encore que $(x_i \mid x_{n+1}) = (x_i \mid y_{n+1})$ $\forall i = 1, \dots, n$ donc que x_{n+1}, y_{n+1} appartiennent à une même droite affine D de X, orthogonale à Y. Mais $x_0\,x_{n+1} = x_0\,y_{n+1}$ donc 9.2.3 montre que $d(x_{n+1}, Y) = d(y_{n+1}, Y)$, d'où : ou $x_{n+1} = y_{n+1}$ ou $y_{n+1} = \sigma_Y(x_{n+1})$.

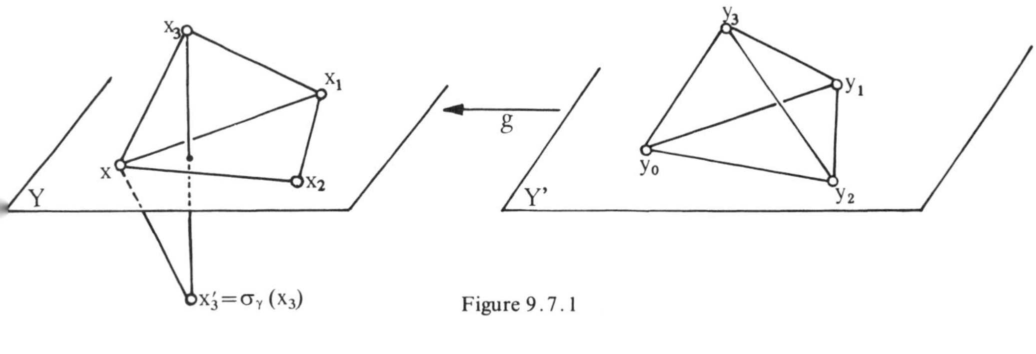

Figure 9.7.1

9.7.2 REMARQUE. La proposition 9.7.1 exprime l'*unicité* (à une isométrie près) d'une partie $(x_i)_{i=0,1,\dots,k}$ dont les $d_{ij} = x_i\,x_j$ sont donnés. Le problème de l'*existence* sera résolu en 9.7.3.4.

9.7.3 RELATION ENTRE LES DISTANCES DE $n + 1$ POINTS D'UN ESPACE DE DIMENSION $n - 1$

9.7.3.1 Il est normal de soupçonner que $n + 1$ points $(x_i)_{i=0,1,\dots,n}$ de X de dimension $n - 1$ ont des $d_{ij} = x_i\,x_j$ liées par une relation universelle.

Pour $n = 1$, comme l'un des trois points est nécessairement entre les deux autres, le produit $(d_{01}+d_{02}-d_{12})(d_{01}+d_{12}-d_{02})(d_{02}+d_{12}-d_{01})$ doit être nul. En dimension quelconque n, le raisonnement de la démonstration de 9.7.1 montre que si, en dimension 2 par exemple, x_0, x_1, x_2 sont donnés ainsi que d_{13}, d_{23}, alors il n'y a que deux choix possibles pour x_3, symétriques par rapport à la droite $\langle x_1, x_2 \rangle$. Ce qui permet de soupçonner une relation universelle. Nous allons effectivement trouver une telle relation ; l'idée est d'arriver à exprimer le volume du parallélipipède engendré par les $(x_i)_{i=0,1,\ldots,n}$ dans l'espace de dimension $n+1$ en fonction des distances $d_{ij} = x_i x_j$. Si les x_i sont dans un espace de dimension n, ce volume sera nul, ce sera la relation cherchée. Or 8.11.5 et 8.11.6 font cela pour nous, si l'on vectorialise X en x_0 et utilise une fois de plus l'égalité 8.1.2.4 sous la forme $(x_i \mid x_j) = 1/2\,(d_{0i}^2 + d_{0j}^2 - d_{ij}^2)$; d'où la relation cherchée

$$\begin{vmatrix} d_{01}^2 & \cdots\cdots\cdots & \frac{1}{2}(d_{01}^2 + d_{0n}^2 - d_{1n}^2) \\ \vdots & & \vdots \\ \frac{1}{2}(d_{10}^2 + d_{n0}^2 - d_{1n}^2) & \cdots\cdots\cdots & d_{0n}^2 \end{vmatrix} = 0\,.$$

La démonstration rigoureuse consiste à plonger X dans un X' de dimension $n+1$ et à appliquer par exemple 8.11.8 (ii) et (v) à X' vectorialisé en x_0.

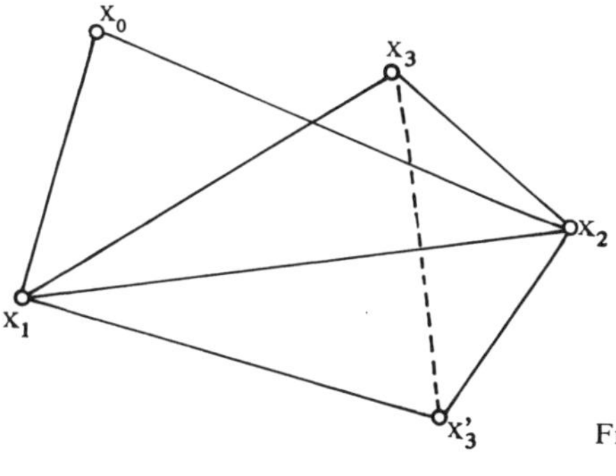

Figure 9.7.3

La relation 9.7.3.1 a l'inconvénient de ne pas être symétrique en les indices concernés, l'indice 0 y joue un rôle particulier. Définissons le *déterminant de Cayley-Menger* des $(x_i)_{i=0,1,\ldots,k}$ par

9.7.3.2 $$\Gamma(x_0, x_1, \ldots, x_k) = \begin{vmatrix} 0 & 1 & 1 & \ldots & 1 \\ 1 & 0 & d_{01}^2 & \ldots & d_{0k}^2 \\ 1 & d_{10}^2 & 0 & \ldots & d_{1k}^2 \\ \vdots & \vdots & \vdots & & \vdots \\ 1 & d_{k0}^2 & d_{k1}^2 & \ldots & 0 \end{vmatrix}\,.$$

9.7.3.3 Lemme. On a (cf. 8.11.5) :

$$\operatorname{Gram}(\overrightarrow{x_0x_1}, \ldots, \overrightarrow{x_0x_k}) = \frac{(-1)^{k+1}}{2^k}\Gamma(x_0, x_1, \ldots, x_k).$$

La démonstration est un raffinement de 8.2.2, 8.11.6 ; on prend un repère orthonormal quelconque, on note x_i^j les coordonnées de x_i dans ce repère. Alors, par des transformations classiques de déterminants, on a successivement :

$$\lambda_E(\overrightarrow{x_0x_1}, \ldots, \overrightarrow{x_0x_k}) =$$

$$= \begin{vmatrix} x_1^1 - x_0^1 & \ldots & x_1^k - x_0^k \\ \vdots & & \vdots \\ x_k^1 - x_0^1 & \ldots & x_k^k - x_0^k \end{vmatrix} = \begin{vmatrix} x_0^1 & \ldots & x_0^k & 1 \\ x_1^1 & \ldots & x_1^k & 1 \\ \vdots & & \vdots & \vdots \\ x_k^1 & \ldots & x_k^k & 1 \end{vmatrix} = \begin{vmatrix} x_0^1 & \ldots & x_0^k & 1 & 0 \\ x_1^1 & \ldots & x_1^k & 1 & 0 \\ \vdots & & \vdots & \vdots & \vdots \\ x_k^1 & \ldots & x_k^k & 1 & 0 \\ 0 & \ldots & 0 & 0 & 1 \end{vmatrix}.$$

On multiplie le dernier déterminant D par le transposé du déterminant déduit de D en y échangeant les deux dernières lignes et les deux dernières colonnes et on obtient :

$$\lambda_E^2(\overrightarrow{x_0x_1}, \ldots, \overrightarrow{x_0x_k}) = -\begin{vmatrix} (x_0 \mid x_0) & (x_0 \mid x_1) & \ldots & (x_0 \mid x_k) & 1 \\ (x_1 \mid x_0) & (x_1 \mid x_1) & \ldots & (x_1 \mid x_k) & 1 \\ \vdots & \vdots & & \vdots & \vdots \\ (x_k \mid x_0) & (x_k \mid x_1) & \ldots & (x_k \mid x_k) & 1 \\ 1 & 1 & \ldots & 1 & 0 \end{vmatrix}.$$

où le calcul vectoriel a lieu dans le repère choisi. On remplace les $(x_i \mid x_j)$ par $1/2(\| x_i \|^2 + \| x_j \|^2 - d_{ij}^2)$, et on fait disparaître tous les $\| x_i \|^2$ en soustrayant convenablement un multiple de la dernière colonne puis de la dernière ligne ; on arrive alors à $\dfrac{(-1)^{k+1}}{2^k}\Gamma(x_0, x_1, \ldots, x_k)$.

9.7.3.4 Théorème. *Quels que soient les $(x_i)_{i=0,1,\ldots,n}$ de X de dimension $n-1$, on a toujours $\Gamma(x_0, x_1, \ldots, x_n) = 0$; pour que $(x_i)_{i=0,1,\ldots,n-1}$ soit un simplexe de X, il faut et il suffit que $\Gamma(x_0, x_1, \ldots, x_{n-1}) \neq 0$. Etant donnés $\dfrac{k(k+1)}{2}$ réels d_{ij} $(i, j = 0, 1, \ldots, k)$, pour qu'il existe un simplexe $(x_i)_{i=0,1,\ldots,k}$ d'un espace euclidien tel que $d_{ij} = x_i x_j$, il faut et il suffit que les conditions suivantes soient satisfaites : pour tout $h = 2, \ldots, k$ et pour toute sous-famille d'indices à h éléments de $\{0, 1, \ldots, k\}$ le déterminant correspondant de Cayley-Menger est non nul et de signe $(-1)^{k+1}$.*

Les deux premières assertions découlent de 8.11.6 et aussi 9.7.6.6 ; la dernière se démontre par récurrence sur k, elle est évidente pour $k=1$. Par hypothèse de récurrence, on peut construire dans un Z de dimension

$k - 2$ un simplexe $(x_i)_{i=2,\dots,k}$ tel que $x_i\, x_j = d_{ij}$ $(i, j = 2, \dots, k)$, puis dans Y de dimension $k - 1$ avec $Y \supset Z$, deux points x'_0 et x_1 dans $Y \setminus Z$ et tels que $x_1\, x_i = d_{1i}$ et $x'_0\, x_i = d_{0i}$ $\forall i = 2, \dots, k$. Appelons h la projection de x'_0 sur Z, plongeons Y comme hyperplan dans un X de dimension k et soit W le sous-espace de codimension 2 de X qui contient h et est orthogonal à Z ; faisons décrire à un point x le cercle C de centre h dans W et qui passe par x'_0. Ce cercle recoupe Y en x''_0 et, lorsque x décrit C, la distance xx_1 décrit l'intervalle $[x_1\, x'_0, x_1\, x''_0]$.
Remplaçons maintenant dans 9.7.3.2 la distance d_{01}^2 par un réel quelconque ξ, les autres d_{ij} étant ceux donnés ; il est visible que le déterminant $\Gamma(\xi)$ obtenu est de la forme $\Gamma(\xi) = -\xi^2\, \Gamma(x_2, \dots, x_k) + \alpha\xi + \beta$ avec $\alpha, \beta \in \mathbf{R}$. Cherchons comment varie $\Gamma(\xi)$ pour $\xi \in \mathbf{R}_+$; c'est un trinôme du second degré en ξ dont le coefficient de ξ^2 est, par hypothèse, de signe $(-1)^{k-1}$. D'autre part, d'après la première partie du théorème, il s'annule pour les deux valeurs distinctes $\xi' = x_1\, x'_0$ et $\xi'' = x_1\, x''_0$; en conséquence il est de signe $(-1)^{k-1}$ exactement pour les $\xi \in [x_1\, x'_0, x_1\, x''_0]$. Mais $\Gamma(d_{01})$ est non nul, de signe $(-1)^{k+1} = (-1)^{k-1}$ par hypothèse, donc il existe un point x_0 de $C \setminus \{ x'_0, x''_0 \}$ tel que $x_0\, x_1 = d_{01}$.

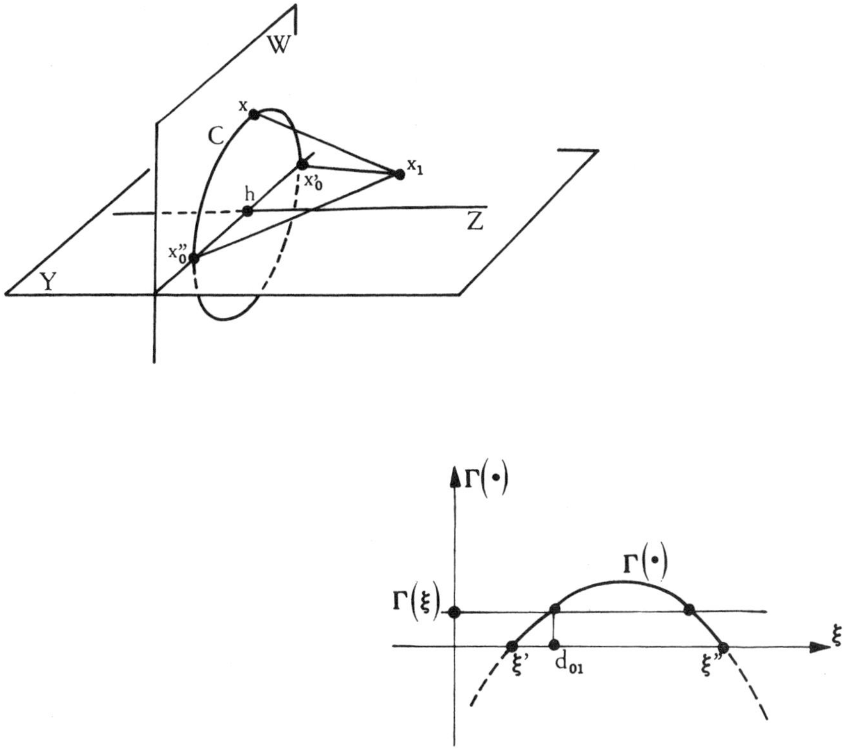

Figure 9.7.3.4

9.7.3.5 Le lecteur aura remarqué deux choses dans la démonstration de 9.7.3.4 ; la première que toutes les hypothèses n'ont pas été utilisées et surtout que si l'on sait *a priori* que les x_i existent et s'ils forment un simplexe, nécessairement toute sous-famille sera un simplexe. Autrement dit. on peut soupçonner que les Γ vérifient des propriétés algébriques pures telles que $\Gamma(x_0, x_1, \ldots, x_k) \neq 0$ et de signe $(-1)^{k+1}$ entraîne automatiquement que le Γ de toute sous-famille est non nul et de signe convenable. Tel est bien le cas, voir 9.14.23 ; et il en résulte que dans 9.7.3.4 une condition suffisante est que le *seul* déterminant Γ des d_{ij} $(i, j = 0, \ldots, k)$ soit $\neq 0$ et de signe $(-1)^{k+1}$.
La deuxième est que 9.7.3.4 ne répond pas à la question 9.7.2 dans le cas où il ne s'agit pas d'un simplexe ; la solution dans le cas général n'est guère plus difficile mais seulement un peu longue. La réponse est donnée dans le 9.14.23. Enfin, pour une présentation différente du problème, voir [BL], p. 105-106.
Les déterminants Γ permettent aussi d'étudier la cosphéricité de $n+2$ points de X de dimension n (cf. 9.7.5) et de calculer le rayon de la sphère circonscrite à un simplexe. *Introduisons* un deuxième déterminant Δ :

9.7.3.6 $$\Delta(x_1, \ldots, x_k) = \begin{vmatrix} 0 & d_{12}^2 & \ldots & d_{1k}^2 \\ d_{21}^2 & 0 & \ldots & d_{2k}^2 \\ \cdot & \cdot & & \cdot \\ \vdots & \vdots & & \vdots \\ d_{k1}^2 & d_{k2}^2 & \ldots & 0 \end{vmatrix} .$$

9.7.3.7 Proposition. *Si les $(x_i)_{i=1,\ldots,n}$ forment un simplexe de X de dimension $n-1$, le rayon R de la sphère circonscrite à ce simplexe vaut*
$$R^2 = -\frac{1}{2}\frac{\Delta(x_1, \ldots, x_n)}{\Gamma(x_1, \ldots, x_n)} ;$$
en particulier $\Delta(x_1, \ldots, x_n) \neq 0$ pour un simplexe.
Pour que $n+2$ points $(x_i)_{i=1,\ldots,n+2}$ de X de dimension n appartiennent à une même sphère ou un même hyperplan, il faut et il suffit que
$$\Delta(x_1, \ldots, x_{n+2}) = 0 .$$
Un calcul facile de déterminant montre que, si $d_{0i} = R$ pour $i = 1, \ldots, n$, alors $\Gamma(x_0, x_1, \ldots, x_n) = -2R^2\,\Gamma(x_1, \ldots x_n) - \Delta(x_1, \ldots, x_n)$; on en déduit la formule cherchée en prenant pour x_0 le centre de la sphère circonscrite à $(x_i)_{i=1,\ldots,n}$, car $\Gamma(x_0, x_1, \ldots, x_n) = 0$ d'après 9.7.3.4.
Il en résulterait aussi $\Delta(x_1, \ldots, x_{n+2}) = 0$ si les x_i sont cosphériques ; mais la réciproque n'étant pas évidente sous cette forme, nous allons démontrer directement que $\Delta(x_1, \ldots, x_{n+2}) = 0$ est une condition nécessaire et suffisante pour que les x_i soient cosphériques ou dans un même hyperplan. Choisissons un repère orthonormal quelconque et soient x_i^j $(i = 1, \ldots, n+2 ; j = 1, \ldots, n)$ les coordonnées des x_i. Si les x_i appartiennent à un même hyperplan ou à une même sphère, il existe des scalaires a, b, c_j $(j = 1, \ldots, n)$ non tous nuls et tels que :
$$a \,\| x_i \|^2 + b + \sum_{j=1}^{n} c_j x_i^j = 0 \quad \forall i = 1, \ldots, n+2 .$$

cf. par exemple 10.7.6. Il en résulte que les deux déterminants ci-dessous sont nuls :

$$\begin{vmatrix} \| x_1 \|^2 & 1 & x_1^1 & \dots & x_1^n \\ \vdots & \vdots & \vdots & & \vdots \\ \| x_{n+2} \|^2 & 1 & x_{n+2}^1 & \dots & x_{n+2}^n \end{vmatrix} = 0 .$$

$$\begin{vmatrix} 1 & \| x_1 \|^2 & -2x_1^1 & \dots & -2x_1^n \\ \vdots & \vdots & \vdots & & \vdots \\ 1 & \| x_{n+2} \|^2 & -2x_{n+2}^1 & \dots & -2x_{n+2}^n \end{vmatrix} = 0 .$$

Donc leur produit ligne par ligne est nul, produit qui n'est autre que $\Delta(x_1, \dots, x_{n+2})$!
Réciproquement, si $\Delta(x_1, \dots, x_{n+2}) = 0$, c'est que le premier déterminant est nul et donc qu'il existe des a, b, c_j non tous nuls comme ci-dessus. D'après 10.7.6, c'est que les x_i appartiennent tous à la sphère ou à l'hyperplan d'équation

$$a \| \cdot \|^2 + b + \sum_{j=1}^{n} c_j \cdot = 0 .$$

9.7.3.8 Exemples. Si l'on pose $a = d_{12}$, $b = d_{23}$, $c = d_{31}$, on trouve

$$\Gamma(x_1, x_2, x_3) = -(a+b+c)(a+b-c)(a-b+c)(-a+b+c),$$

ce qui donne l'aire d'un triangle en fonction des côtés : voir 10.3.3.
Si l'on pose $\alpha = d_{12}\, d_{34}$, $\beta = d_{13}\, d_{24}$, $\gamma = d_{14}\, d_{23}$, on trouve

$$\Delta(x_1, x_2, x_3, x_4) = -(\alpha+\beta+\gamma)\ (\alpha+\beta-\gamma)\ (\alpha-\beta+\gamma)\ (-\alpha+\beta+\gamma)$$

c'est le théorème de Ptolémée : voir 10.9.2.

9.7.4 UN PROBLÈME FONDAMENTAL POUR LES ESPACES MÉTRIQUES. La place exceptionnelle des espaces affines euclidiens conduit à se demander s'il est possible de les caractériser, parmi les espaces métriques, par des conditions sur leur seule métrique (on ne saura pas que X est un espace vectoriel, etc.). Ce problème fondamental a été résolu par K. Menger en 1928 ; le lecteur trouvera la solution complète dans [BL], chapitre IV ; les déterminants de Cayley-Menger sont la clef de la solution et la démonstration n'est pas sensiblement plus difficile que celle de 9.7.3.4.

Un tel problème peut aussi se poser pour d'autres espaces métriques classiques, par exemple les sphères, les espaces elliptiques et hyperboliques (cf. 18.4.7, 19.1.2.5 et 19.2.11) ; on trouvera aussi la réponse complète dans [BL]. Signalons que [BL] est une excellente référence pour l'étude systématique des espaces métriques *sans autre structure additionnelle*. Voir aussi [BER 2]

9.7.5 MÉDIATEURS

9.7.5.1 Proposition. *Etant donnés deux points distincts x, y de X, l'ensemble $\{ z \in X : zx = zy \}$ est un hyperplan, appelé* médiateur *de x et y* (médiatrice si $n = 2$).

Plus généralement, si $(x_i)_{i=0,1,\ldots,k}$ sont affinement libres,

$$\{ z \in X : zx_0 = zx_1 = \cdots = zx_k \}$$

est un sous-espace de dimension $n + 1 - k$; en particulier si $k = n$, i.e. si (x_i) est un simplexe, il existe un point et un seul situé à égale distance des sommets de ce simplexe ; ou encore (cf. 10.7) : il existe une sphère unique circonscrite à un simplexe.
La démonstration se fait en vectorialisant X en x_0 et en remarquant, comme plusieurs fois ci-dessus, que les relations de distances imposées fournissent des produits scalaires ; on applique alors 2.4.8.

9.7.6 FORMULE D'APOLLONIUS : BARYCENTRES ET DISTANCES. Avec les notations et le langage de 3.4.5, on a la :

9.7.6.1 Formule d'Apollonius. *Soient $\{(\lambda_i, x_i)\}$ une famille finie de points massiques de X et $\left(\sum_i \lambda_i, g\right)$, ou $(0, \vec{\xi})$, leur barycentre. Alors on a*

$$\forall z \in X : \sum_i \lambda_i\, zx_i^2 = \sum_i \lambda_i\, gx_i^2 + \left(\sum_i \lambda_i\right) zg^2$$

ou

$$\forall z \in X : \sum_i \lambda_i\, zx_i^2 = \sum_i \lambda_i\, yx_i^2 + 2(\overrightarrow{zy} \mid \vec{\xi}) .$$

Il suffit d'écrire $zx_i^2 = zg^2 + gx_i^2 + 2(\overrightarrow{zg} \mid \overrightarrow{gx_i})$ et d'utiliser 3.4.6.5.

9.7.6.2 Corollaire. *Les données sont celles de* 9.7.6.1 *et k un réel donné. Alors $L = \left\{ z \in X : \sum_i \lambda_i\, zx_i^2 = k \right\}$ est :*

— *si $\sum_i \lambda_i = 0$: pour tout k un hyperplan affine, de direction $(\vec{\xi})^\perp$;*

— *si $\sum_i \lambda_i > 0$: si $k < \sum_i \lambda_i\, gx_i^2$: $L = \varnothing$.*

$$si\ k \geqslant \sum_i \lambda_i\, gx_i^2 : L = S\left(g, \sqrt{\frac{k - \sum_i \lambda_i\, gx_i^2}{\sum_i \lambda_i}}\right).$$

Ici $S(x, r)$ désigne la sphère de centre x et de rayon r. Si $\sum_i \lambda_i < 0$, le lecteur écrira lui-même le résultat.

9.7.6.3 Corollaire. *Avec les données de* 9.7.6.1 *et, en outre $\sum_i \lambda_i > 0$, la fonction $z \mapsto \sum_i \lambda_i\, zx_i^2$ atteint en g un minimum unique.*

9.7.6.4 Le corollaire 9.7.6.3 montre que le centre de gravité d'une famille finie est invariant par toute isométrie laissant globalement stable cette partie ; mais ceci résulte aussi plus simplement de 3.7.3 et 9.1.3.

9.7.6.5 Le corollaire 9.7.6.2 fournit la nature d'un nombre impressionnant de « lieux géométriques » simples. D'abord on retrouve 9.7.5.1 en prenant $\{ (1, x), (-1, y) \}$. Puis, plus généralement, le lieu des points dont le rapport des distances à deux points donnés x, y est constant :

$\left\{ z \in X : \dfrac{zx}{zy} = k \right\}$, est une sphère de centre $\dfrac{x}{1-k} - \dfrac{ky}{1-k}$ $(k \neq 1)$. De même $\{ z \in X : zx^2 + zy^2 = k \}$ est une sphère et $\{ z \in X : zx^2 - zy^2 = k \}$ est un hyperplan ; dans le premier cas, la formule

$$zx^2 + zy^2 = 2\, zg^2 + 2\, gx^2 = 2\, zg^2 + \frac{xy^2}{2}$$

est dite « de la médiane ».

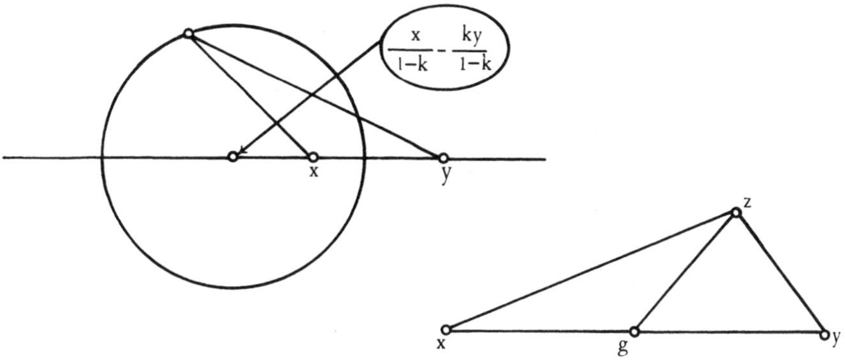

Figure 9.7.6.5

Enfin $\{ z : zx^2 - zy^2 = k \}$ est un hyperplan, orthogonal à $\overrightarrow{xy}$.

9.7.6.6 La formule 9.7.6.1 permet de démontrer le début de 9.7.3.4 sans tripotage de déterminants (cf. 9.7.3.3) ; on procède ainsi : il existe toujours un des x_i qui est barycentre des autres (cf. 3.6), supposons que ce soit x_n, donc $x_n = \sum_{i=0}^{n-1} \lambda_i x_i$ avec $\sum_{i=0}^{n-1} \lambda_i = 1$. Introduisons la famille de points massiques $\{ (\lambda_0, x_0), \ldots, (\lambda_{n-1}, x_{n-1}), (-1, x_n) \}$; son barycentre est donc $(0, \vec{0})$, car $\sum_{i=0}^{n} \lambda_i = 0$ et $\vec{\xi} = \sum_{i=0}^{n-1} \lambda_i x_i - x_n = \vec{0}$! D'après 9.7.6.1, la fonction $\sum_{i=0}^{n} \lambda_i\, zx_i^2$ est indépendante de z, soit k sa valeur ; en remplaçant z par $x_0, x_1, \ldots, x_n$ on trouve :

$$\begin{array}{lllllll}
 & \lambda_1 d_{01}^2 & + \lambda_2 d_{02}^2 & + \cdots & + \lambda_{n-1} d_{0,n-1}^2 & - d_{0n}^2 & = k \\
\lambda_0 d_{10}^2 & & + \lambda_2 d_{12}^2 & + \cdots & + \lambda_{n-1} d_{1,n-1}^2 & - d_{1n}^2 & = k \\
\cdots & \cdots & \cdots & \cdots & \cdots & \cdots & \cdots \\
\cdots & \cdots & \cdots & \cdots & \cdots & \cdots & \cdots \\
\lambda_0 d_{n0}^2 & + \lambda_1 d_{n1}^2 & + \lambda_2 d_{n2}^2 & + \cdots & + \lambda_{n-1} d_{n,n-1}^2 & & = k \\
\lambda_0 & + \lambda_1 & + \lambda_2 & + \cdots + & \lambda_{n-1} & - 1 & = 0
\end{array}$$

donc on a bien

$$\Gamma(x_0, x_1, \ldots, x_n) = 0 .$$

9.8 *Stabilisateurs de parties*

9.8.1 Pour étudier une partie $A \subset X$ il est naturel d'introduire son *stabilisateur* ou *groupe d'isotropie* $\mathrm{Is}_A(X) = \{ g \in \mathrm{Is}(X) : g(A) = A \}$ dans $\mathrm{Is}(X)$. Plus $\mathrm{Is}_A(X)$ est gros, plus A a de « symétries » ; la nature de A est liée à $\mathrm{Is}_A(X)$. Nous avons rencontré des $\mathrm{Is}_A(X)$ dans le chapitre 1 ; nous les rencontrerons de façon essentielle en 12.5. L'application $\chi : A \mapsto \mathrm{Is}_A(X)$ de l'ensemble des parties de X dans l'ensemble des sous-groupes de $\mathrm{Is}(X)$ est un fil conducteur pour ce qui suit.

9.8.2 REMARQUES. Si A est compact et $g \in \mathrm{Is}(X)$, alors $g(A) \subset A$ entraîne $g(A) = A$, mais ceci est faux si A est seulement fermé ou borné : cf. 9.14.26.

Si $\overline{A}$ désigne l'adhérence de A, en général $\mathrm{Is}_A(X) \subsetneq \mathrm{Is}_{\overline{A}}(X)$: 9.14.27.

Pour la métrique induite par celle de X, la partie A possède un groupe d'isométries $\mathrm{Is}(A)$; d'où une application de restriction $\rho : \mathrm{Is}_A(X) \to \mathrm{Is}(A)$. En général, ρ n'est pas injective : si par exemple $Y = A$ est un sous-espace de X, différent de X, la symétrie σ_Y induit l'identité sur Y ; mais on a ρ injective dès que $\langle A \rangle = X$. Par contre ρ est surjective dans tous les cas, comme il résulte de 9.7.1
Quant à χ elle-même, elle n'est ni injective ni surjective. Car les deux figures 9.8.2 admettent le même groupe de « symétries ». D'autre part, $\omega \in X$ étant donné, $G = \mathrm{Is}_\omega^+(X)$ n'est le groupe d'isotropie d'aucune partie A, car toute orbite de G est une réunion de sphères de centre ω et admet en fait $\mathrm{Is}_\omega(X)$ comme groupe d'isotropie. Cependant si G est un sous-groupe *fini* de $\mathrm{Is}(X)$, il existe toujours $A \subset X$ telle que $G = \mathrm{Is}_A(X)$, voir 9.14.36.

Figure 9.8.2

9.8.3 FERMETURE. En général, contrairement à $\mathrm{Is}_a(X)$ $(a \in X)$, $\mathrm{Is}_A(X)$ n'est pas fermé dans $\mathrm{Is}(X)$: prendre pour A une orbite de G, où G est le sous-groupe de $\mathrm{Is}(X)$ engendré par une rotation plane d'angle irrationnel. Mais si A est un fermé de X, alors aussi $\mathrm{Is}_A(X)$ dans $\mathrm{Is}(X)$.

9.8.4 BORNÉS. Si A est bornée, $\mathrm{Is}_A(X)$ est toujours borné. Car on va voir ci-dessous que $\mathrm{Is}_{\overline{A}}(X)$ est compact, or $\mathrm{Is}_A(X) \subset \mathrm{Is}_{\overline{A}}(X)$ (cf. 9.8.2). Par contre $\mathrm{Is}_A(X)$ peut être borné sans que A le soit : voir 9.14.27.

9.8.5. FINITUDE. $\mathrm{Is}_A(X)$ peut être fini sans que A le soit : 9.14.27; mais ici si A est fini, $\mathrm{Is}_A(X)$ n'est pas fini nécessairement, par exemple si A est contenue dans un sous-espace tel que $\dim X - \dim A \geq 2$. Au contraire si $\dim \langle A \rangle \geq \dim X - 1$, alors $\mathrm{Is}_A(X)$ est fini dès que A est fini ; il faut voir quels $g \in \mathrm{Is}(X)$ induisent l'identité sur A, mais un tel g induit l'identité sur $\langle A \rangle$. Si $\langle A \rangle = X$, c'est que $g = \mathrm{Id}_X$, si $\langle A \rangle$ est un hyperplan, $g = \mathrm{Id}_X$ ou $\sigma_{\langle A \rangle}$.

9.8.6 COMPACITÉ ET POINTS FIXES

9.8.6.1 Proposition. *Si A est compact dans X, il existe $x \in X$ tel que $\mathrm{Is}_A(X) \subset \mathrm{Is}_x(X)$, en particulier $\mathrm{Is}_A(X)$ est compact dans $\mathrm{Is}(X)$. Si $G \subset \mathrm{Is}(X)$ est compact, il existe $x \in X$ tel que $G \subset \mathrm{Is}_x(X)$.*

La deuxième partie suit de la première, on utilise n'importe quelle orbite de G. Le « en particulier » de la première provient de 9.8.3 et de ce que $\mathrm{Is}_x(X)$ est compact (cf. 8.2.3.3). La première assertion peut être démontrée d'au moins trois façons.

9.8.6.2 Première démonstration. C'est celle de 2.7.5.9 ; ici la condition d'intérieur non vide n'est pas nécessaire, car $\mathrm{Is}_x(X)$ est toujours compact (contrairement à $\mathrm{GA}_x(X) \cong \mathrm{GL}(X)$).

9.8.6.3 Deuxième démonstration. Elle résulte de 11.5.8 ; en effet, si B est l'unique boule de X de plus petit rayon contenant A, on aura $g(B) = B$ dès que $g(A) = A$, puisque B est unique et définie par une propriété métrique seulement. Le point fixe cherché x est le centre de B.

9.8.6.4 Troisième démonstration (lemme de Bruhat-Tits). Il s'agit d'un résultat affirmant l'existence d'un point fixe pour le groupe des isométries d'un compact d'un espace métrique plus général que l'espace affine euclidien X, mais satisfaisant une certaine condition, condition satisfaite en particulier pour X mais aussi pour beaucoup d'autres espaces, entre autres les espaces hyperboliques, voir 19.4.7.

Il faut bien voir que 9.8.6.1 ne peut pas être vrai pour un espace métrique quelconque ; par exemple la sphère S, de centre x, admet un groupe d'isométries $\mathrm{Is}(S)$ ne laissant aucun point de S fixe, et cependant $\mathrm{Is}(S) \cong \mathrm{Is}_x(X)$ est compact, ainsi que S.

La condition (CN) ci-dessous est vérifiée pour le milieu de deux points d'un espace affine euclidien avec l'égalité, c'est la formule de la médiane donnée en 9.7.6.5 ; on verra qu'elle est aussi satisfaite pour le milieu d'un segment d'un espace hyperbolique : 19.4.7. Par contre elle est fausse sur une sphère.

9.8.6.5 Lemme (Bruhat-Tits, [B-T], p. 63). *Soit X un espace métrique complet vérifiant la propriété suivante :*

$$(CN)\begin{cases} \text{quels que soient } x, y \in X \text{ il existe } m \in X \text{ tel que} \\ d^2(x,z) + d^2(y,z) \geq 2\, d^2(m,z) + \dfrac{1}{2} d^2(x,y) \quad \forall z \in X. \end{cases}$$

Alors, pour toute partie bornée A de X il existe un point $x \in X$ tel que $g(x) = x \ \forall g \in \mathrm{Is}(X)$ avec $g(A) = A$.

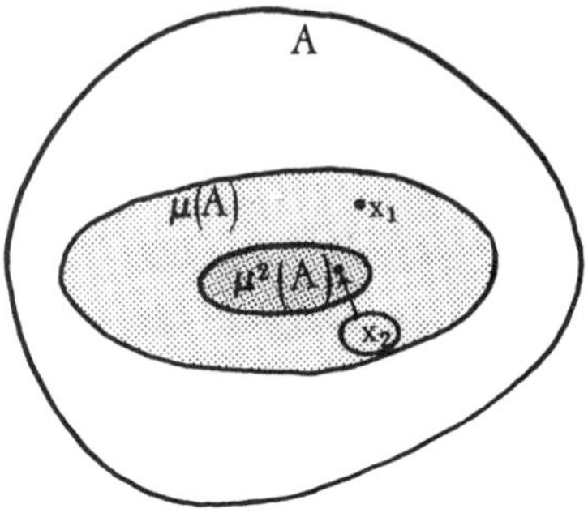

Figure 9.8.6.5

L'idée de la démonstration est la suivante : supposons A compacte ; à A on associe la partie $\mu(A)$ formée des points m associés par (CN) à toutes les paires $\{x, y\}$, non de points quelconques de A mais de ceux de A tels que $d(x, y) = \mathrm{diam}(A)$. Alors (CN) force la condition $\mathrm{diam}(\mu(A)) \leqslant \lambda \, \mathrm{diam}(A)$, avec $\lambda < 1$ universel ; on a ainsi une suite décroissante de compacts de diamètres tendant vers zéro, dont l'intersection est le point cherché.
Voici la démonstration détaillée dans le cas général d'une partie A bornée de X complet. On se fixe $k \in [0, 1]$ et pour toute partie Y on note $\mu(Y)$ l'ensemble des m associés par (CN) aux paires $\{x, y\}$ de points de Y tels que $d(x, y) \geqslant k \, \mathrm{diam}(Y)$.
De la condition (CN) on déduit :

$$\sup \{ d(x, y) : x \in Y, y \in \mu(Y) \} \leqslant k_1 \, \mathrm{diam}(Y),$$
$$\mathrm{diam}(\mu(Y)) \leqslant k_2 \, \mathrm{diam}(Y),$$

où $k_1 = \sqrt{1 - k^2/4}$, $k_2 = \sqrt{1 - k^2/2}$. Posons, par récurrence :

$$\mu^n(Y) = \mu(\mu^{n-1}(Y)).$$

Soit A bornée ; des inégalités précédentes on déduit d'abord

$$\mathrm{diam}(\mu^n(A)) \leqslant k_2^n \, \mathrm{diam}(A) \quad \forall n \in \mathbf{N}^*,$$

l'intersection des $\mu^n(A)$ est donc au plus un point. Elle n'est pas non plus vide : soit $(x_n)_{n \in \mathbf{N}}$ une suite quelconque de points $x_n \in \mu^n(A)$, $n \in \mathbf{N}$. C'est une suite de Cauchy, car $d(x_n, x_{n+1}) \leqslant k_1 k_2^n \, \mathrm{diam}(A)$ d'après les inégalités précédentes, donc elle converge vers un $x \in X$ et on a $\bigcap_{n \in \mathbf{N}} \mu^n(A) = \{x\}$.
Mais les $\mu^n(A)$ sont définis par des conditions purement métriques à partir de A, donc sont tous invariants par $\mathrm{Is}_A(X)$, donc x aussi.

9.8.7 REMARQUE. Comme en 2.7.5.11, on voit que les sous-groupes compacts maximaux de $\mathrm{Is}(X)$ sont tous conjugués.

9.8.8 EXEMPLES. Pour des exemples, voir la démonstration du 1.7.5.1 et [B-T], p. 64.

9.9 *Longueur des courbes*

Dans cette section M désigne un espace métrique quelconque. de distance notée $d(\cdot, \cdot)$.

9.9.1 DÉFINITIONS. *Une* courbe *de M est la donnée* $([a, b], f)$ *d'un intervalle de* $\mathbf{R}$ *(avec $a < b$) et d'une application continue* $f : [a, b] \to M$; *les* extrémités *de* $([a, b], f)$ *sont* $(f(a), f(b))$, $f(a)$ *est l'*origine *et* $f(b)$ *l'*extrémité. *L'ensemble des courbes d'extrémités* (x, y) *est* noté $C(x, y)$. La longueur *de f est l'élément long* $(f) \in \mathbf{R}_+ \cup \infty$:

$$\operatorname{long}(f) = \sup \left\{ \sum_{i=0}^{n-1} d(f(t_i), f(t_{i+1})) : \right.$$
$$\left. a = t_0 < t_1 < \cdots < t_{n-1} < t_n = b\,, \quad n \in \mathbf{N}^* \right\}$$

La courbe f est dite rectifiable *si* $\operatorname{long}(f) \in \mathbf{R}_+$.

9.9.2 REMARQUES. Dire que $C(x, y) \neq \emptyset$ $\forall x, y \in M$ équivaut à dire que M est connexe par arcs. Si $\theta : [c, d] \to [a, b]$ est un homéomorphisme, $f : [a, b] \to M$ une courbe de M, alors on a toujours

$$\operatorname{long}(f \circ \theta) = \operatorname{long}(f)\,.$$

On peut donc passer pour les longueurs, à l'ensemble quotient de l'ensemble des courbes par la relation d'équivalence ci-dessus ; on aboutit ainsi à la notion d'*arc géométrique* ; nous ne l'utiliserons pas dans cet ouvrage. Prendre garde à ce qu'un dessin comme 9.9.2 suppose l'existence de « segments » joignant les $(f(t_i), f(t_{i+1}))$; cf. à ce sujet 9.9.4.2.

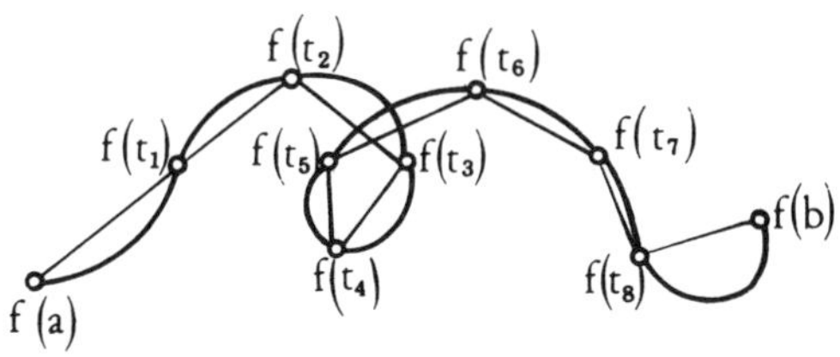

Figure 9.9.2

9.9.3 EXEMPLES

9.9.3.1 On a toujours $\operatorname{long}(f) \geqslant d(x, y)$ $\forall f \in C(x, y)$.

9.9.3.2 Si $f : [a, b] \to M$, $g : [b, c] \to M$ sont deux courbes telles que $f(b) = g(b)$, alors la courbe $f \cup g : [a, c] \to M$ vérifie

$$\operatorname{long}(f \cup g) = \operatorname{long}(f) + \operatorname{long}(g)\,.$$

9.9.3.3 Il existe des courbes non rectifiables, même dans les bons M; un exemple est celui du plan $\mathbf{R}^2$, où l'on construit une $f : [0, 1] \to \mathbf{R}^2$ en itérant à l'infini la figure 9.9.3. Il faut montrer que ce procédé converge vers une f continue, ce que nous laissons au lecteur ; la longueur de f est nécessairement $\geqslant (4/3)^n \ \forall n \in \mathbf{N}^*$, donc infinie. On remarquera en outre que, $\forall t, t' \in [0, 1]$ avec $t < t'$, la longueur de la restriction $f|_{[t,t']}$ est encore infinie.
Malgré son apparence pathologique, une telle courbe est assez naturelle ; on la rencontre dans la forme d'une côte rocheuse. Pour plus sur ce thème, voir [MJ].

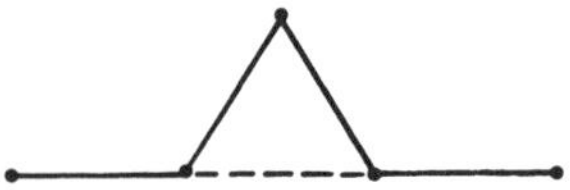

Figure 9.9.3

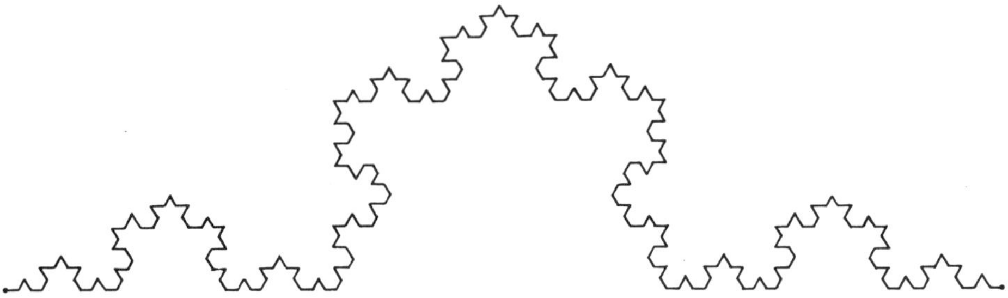

Figure 9.9.4

9.9.4 SEGMENTS. ESPACES INTRINSÈQUES ET EXCELLENTS

9.9.4.1 Définition. *Une courbe* $f : [a, b] \to M$ *est appelée un* segment *si* $d(f(t), f(t')) = t' - t \ \forall t, t' \in [a, b], \ t < t'$. *En particulier*

$$\operatorname{long}(f) = d(f(a), f(b)) .$$

9.9.4.2 Il n'y a pas d'ambiguité avec la notion de segment introduite en 3.4.3, le segment $[x, y]$ d'extrémités $x, y \in X$ espace affine euclidien ; en effet un tel segment détermine de façon unique, pour tout $a \in \mathbf{R}$, le segment f :

$$[a, a + d(x, y)] \in t \mapsto f(t) = x + \frac{t - a}{d(x, y)} \overrightarrow{xy} \in X .$$

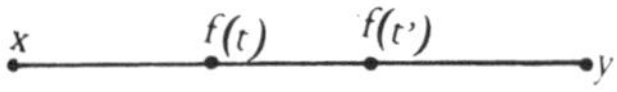

Figure 9.9.4.2

En général, même si $C(x, y) \neq \emptyset$, il n'existe pas dans M de segment d'extrémités (x, y) ; pour des conditions assez générales garantissant cette existence, voir [CT], p. 135 ou [BL], p. 70.

9.9.4.3 Un contre-exemple est facile à trouver : prendre $M = \mathbf{R}^2 \setminus (0, 0)$,

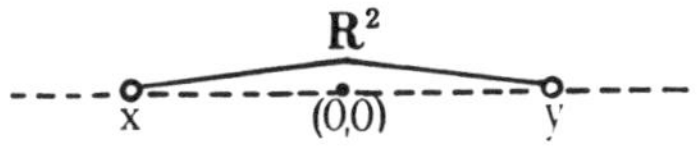

Figure 9.9.4.3

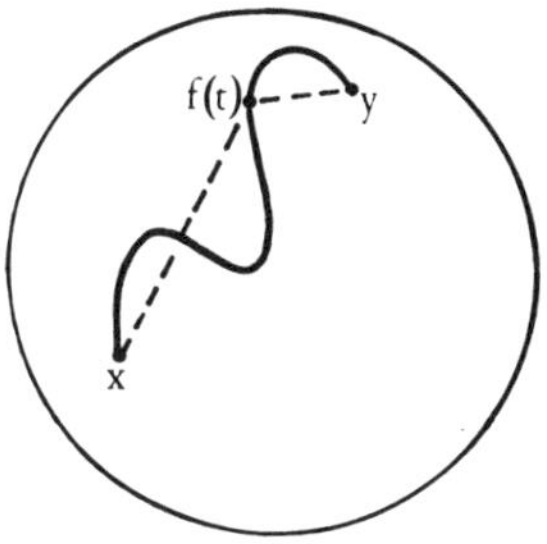

Figure 9.9.4.4

muni de la distance induite et $x \in M$ quelconque, $y = -x$. Alors il n'existe pas de segments d'extrémités $(x, -x)$, car sa longueur devrait être $2 \| x \|$, mais seul le segment $[x, -x]$ a cette longueur et par malheur il contient $(0, 0) \notin M$. Un autre exemple est la sphère $S^n \subset \mathbf{R}^{n+1}$, munie de la métrique induite par $\mathbf{R}^{n+1}$; car, quels que soient $x, y \in S^n$, $x \neq y$, toute courbe f de S^n d'extrémités (x, y) est de longueur $\operatorname{long}(f) > d(x, y)$, puisque $\operatorname{long}(f) \geqslant d(x, f(t)) + d(f(t), y)\ \forall t \in]a, b[$ et que

$$d(x, f(t)) + d(f(t), y) > d(x, y)$$

d'après 9.1.1.1. Ces contre-exemples conduisent aux :

9.9.4.4 Définitions. *Un espace métrique M est dit* intrinsèque *s'il est connexe par arcs et si* $d(x, y) = \inf \{ \operatorname{long}(f) : f \in C(x, y) \}\ \forall x, y \in X$. *Il est dit* excellent *s'il existe un segment d'extrémités* $(x, y)\ \forall x, y \in M$.

9.9.4.5 Exemples. Un espace excellent est toujours intrinsèque, d'après 9.9.4.1. Mais le premier exemple 9.9.4.3 montre que la réciproque peut être fausse.

L'espace affine euclidien est excellent, d'après 9.4.4.2. En outre 9.1.1.1 montre qu'un segment d'extrémités données est *unique* (à une translation près de l'intervalle de définition).

Nous verrons d'autres exemples d'espaces excellents : 18.4.2, 19.1.2 et 19.3.2.

L'exemple de la sphère ou du cercle ci-dessous 9.9.8 montre que dans un espace excellent les segments d'extrémités données ne sont pas toujours uniques, comme c'était le cas pour les espaces affines euclidiens.

Le deuxième exemple de 9.9.4.3 dit que S^n, munie de la métrique induite par $\mathbf{R}^{n+1}$, n'est pas un espace métrique intrinsèque ; nous remédierons à ce défaut en 18.4.

9.9.5 PLUS COURT CHEMIN. On dit souvent que, dans un espace euclidien, le plus court chemin d'un point à un autre est le segment d'extrémités ces points. Ceci veut dire plus précisément que si f est une courbe d'extrémités (x, y) et si long $(f) = d(x, y)$, alors pour tous $t, t' \in]a, b[$ l'intervalle de définition de f, avec $t \leqslant t'$, on a

$$f(t') \in [x, y] \quad \text{et} \quad f(t) \in [x, f(t')] \,.$$

Ceci résulte encore de 9.1.1.1 et de la remarque élémentaire : si

$$\text{long}\,(f) = d(x, y)\,,$$

alors quel que soit $t \in [a, b]$ on a

$$\text{long}\,(f\,|_{[a,t]}) = d(x, f(t)) \quad \text{et} \quad \text{long}\,(f\,|_{[t,b]}) = d(f(t), y)\,.$$

9.9.6 REMARQUES. Dans un espace affine euclidien X, rappelons (cf. par exemple [DR], p. 314) que si la courbe $f : [a, b] \to X$ est de plus de classe C^1, elle est alors rectifiable et de longueur égale à

$$\text{long}\,(f) = \int_a^b \| f'(t) \| \, \mathrm{d}t\,.$$

Plus généralement ce genre de formule est valable pour les courbes d'une sous-variété différentielle d'un espace affine euclidien, voire pour des variétés riemanniennes abstraites; si ces variétés sont complètes, on obtient alors toujours des métriques excellentes, et en outre l'unicité locale des segments. Ces notions introduisent la notion fondamentale de *géodésique*; pour ces généralisations voir par exemple [KG 1], p. 114 ou [MA], p. 271.

9.9.7 CONSTRUCTION SYSTÉMATIQUE D'UNE MÉTRIQUE INTRINSÈQUE. Si (M, d) est un espace métrique non intrinsèque, il existe un procédé qui fournit presque toujours une métrique $\overline{d}$ intrinsèque :

9.9.7.1 Proposition. *Soit (M, d) un espace métrique tel que, $\forall x, y \in X$, il existe $f \in C(x, y)$ avec* long $(f) < \infty$. *Alors*

$$\overline{d} : M \times M \ni (x, y) \mapsto \overline{d}(x, y) = \inf \{ \text{long}\,(f) : f \in C(x, y) \} \in \mathbf{R}_+$$

est une distance sur M, et elle est intrinsèque. En outre $\overline{\overline{d}} = \overline{d}$.

Nous laissons la démonstration au lecteur; voir 9.14.30. Que $\overline{\overline{d}} = \overline{d}$ dit que le procédé s'arrête au bout d'un pas.
Dans le cas (S^n, d), où d est la métrique induite par $\mathbf{R}^{n+1}$, la nouvelle métrique obtenue $\overline{d}$ n'est autre que $\overline{d}(x, y) = \text{Arc}\cos((x \mid y))$, introduite en 8.6.3, que l'on va étudier ci-dessous pour $n = 1$ en 9.9.8 et dans 18.4 pour n quelconque : voir 18.4.3. Si l'on calcule $\overline{d}$ à l'aide de 9.9.6 et de la paramétrisation $t \mapsto (t, \sqrt{1 - t^2})$ du cercle S^1, on retrouve la mesure des angles obtenue à l'aide de l'intégrale $\displaystyle\int_0^t \frac{\mathrm{d}s}{\sqrt{1 - s^2}}$, procédé un peu plus élémentaire que l'exponentielle complexe Λ; cf. 8.3.13.

9.9.8 LA MÉTRIQUE INTRINSÈQUE DU CERCLE S^1. Il s'agit ici d'un cercle, noté C, d'un plan vectoriel euclidien X, à savoir $C = \{ x \in X : \| x \| = 1 \}$. Ce cercle s'identifie aux demi-droites de X (cf. 8.6.1). Alors :

9.9.8.1 Théorème. *Pour* $\overline{xy} = \operatorname{Arc}\cos((x \mid y))$, *$C$ est un espace métrique intrinsèque. On a* $\overline{xy} + \overline{yz} = \overline{xz}$ *si et seulement si la demi-droite* $\mathbf{R}_+ y$ *est entre* $\mathbf{R}_+ x$ *et* $\mathbf{R}_+ z$ (cf. 8.7.5.2). *Si $x, y \in C$ sont donnés : si $y \neq -x$, il existe un unique plus court chemin de x à y* (cf. 9.9.5), *c'est l'arc de cercle de x à y* (cf. 8.7.5.4), *si $y = -x$, il y a deux plus courts chemins exactement, les deux demi-cercles d'extrémités* (x, y).

Pour trois points $x, y, z \in C$, à part les cas où deux d'entre eux sont égaux ou opposés et que l'on traite directement, il n'y a que quatre dispositions possibles :

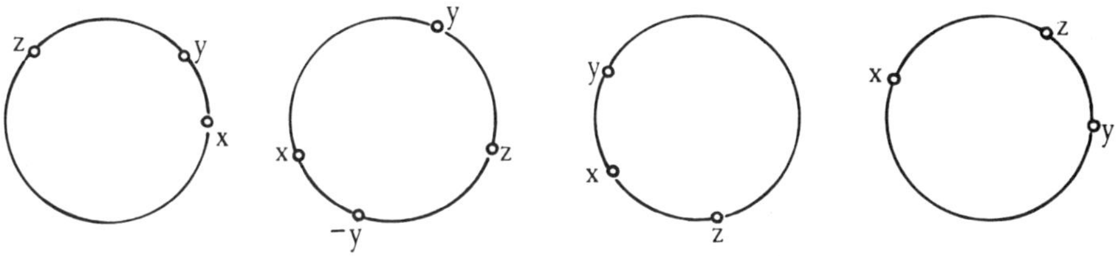

Figure 9.9.8.1

Dans le cas I : $\overline{xy} + \overline{yz} = \overline{xz}$, dans le cas II : $\overline{xy} + \overline{yz} + \overline{xz} = 2\pi$, dans le cas III : $\overline{xz} = \overline{yz} - \overline{xy}$, dans le cas IV : $\overline{xz} = \overline{xy} - \overline{yz}$; tout ceci d'après 8.7.5.3. Compte tenu de ce que $\overline{xy} + \overline{yz} > \pi$ dans le cas II, on a bien $\overline{xy} + \overline{yz} \geqslant \overline{xz}$ dans tous les cas et en outre l'égalité seulement dans le cas I. Donc, entre autres, $(C, \overline{\cdot\,\cdot})$ est un espace métrique. Pour voir qu'il est intrinsèque, montrons qu'il est excellent ; soient $x, y \in C$ et selon la construction de 8.7.5, si $\overline{xy} = t$, orientons le plan X et prenons comme courbe d'extrémités (x, y) : $f : [0, t] \ni s \mapsto \cos s . e_1 + \sin s . e_2 \in C$. Pour tous $s, s' \in [0, t]$ avec $s \leqslant s'$, on a $\overline{f(s)\, f(s')} = s' - s$, c'est donc que f est bien un segment. Quant à l'étude des plus courts chemins, elle résulte de l'étude de l'inégalité stricte du triangle $\overline{xy} + \overline{yz} = \overline{xz}$ dans la première partie du théorème et de la remarque en fin du 9.9.5.

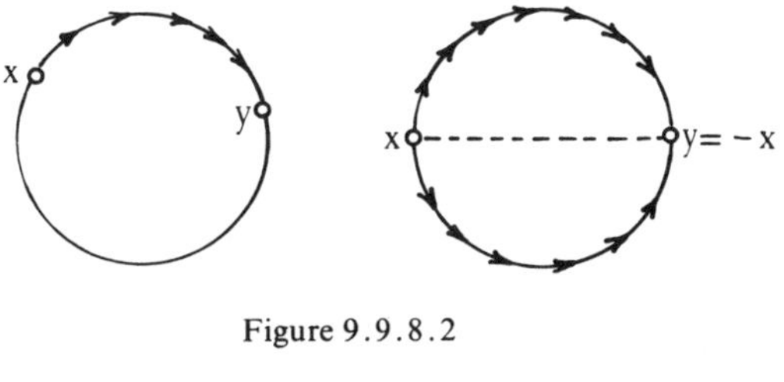

Figure 9.9.8.2

9.9.9 NOTE. Pour des résultats sur les courbes des espaces métriques généraux, en particulier pour définir courbure, torsion sans calcul différentiel, deux références sont [BL], p. 74 up ou [B-M], chapitre 10, voir aussi 9.14.31.

9.10 *Métrique et géométrie différentielle : formule de la variation première*

Cette formule au titre pompeux est tout simplement celle qui donne la dérivée d' de la fonction distance $d : X \times X \to \mathbf{R}$ sur un espace affine euclidien. Cependant elle a de nombreuses et plaisantes conséquences. Voir aussi 9.10.7.

9.10.1 FORMULE DE LA VARIATION PREMIÈRE. *Pour* $x, y \in X$ *et* $\vec{u}, \vec{v} \in \vec{X}$ *et* $x \neq y$:

$$d'(x, y)(\vec{u}, \vec{v}) = \frac{1}{\|\overrightarrow{xy}\|}(\overrightarrow{xy} \mid \vec{v} - \vec{u}) = \|\vec{v}\| \cos(\overline{\vec{v}, \overrightarrow{xy}}) - \|\vec{u}\| \cos(\overline{\vec{u}, \overrightarrow{xy}}) .$$

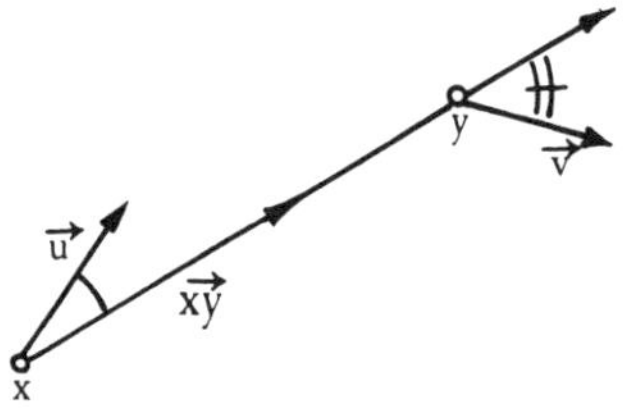

Figure 9.10.1

Il s'agit, dans le dernier terme, d'angles de droites orientées selon 8.6.3. Pour démontrer 9.10.1 appelons e le carré de d, en sorte que

$$e(x, y) = d^2(x, y) = \|\overrightarrow{xy}\|^2 .$$

Les règles du Calcul Différentiel entraînent que

$$e'(x, y)(\vec{u}, \vec{v}) = 2(\overrightarrow{xy} \mid \vec{v} - \vec{u}) ,$$

parce que le produit scalaire est une forme bilinéaire (voir par exemple [CH 1], p. 33), puis, comme $d = \sqrt{e}$, la formule cherchée.

9.10.2 Si par exemple deux courbes C, C' sont constamment orthogonales à une famille $D(t)$ de droites, on aura $d(C \cap D(t), C' \cap D(t)) = \mathrm{Cte}$, car les deux angles dans 9.10.1 vaudront $\pi/2$ et leurs cosinus 0. En particulier la tangente en m à une courbe tracée sur une sphère de centre x est orthogonale à la droite $\langle x, m \rangle$ (comparer avec 10.7.4).

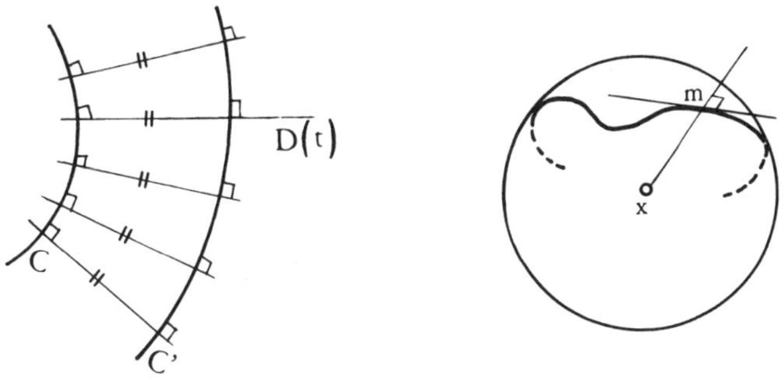

Figure 9.10.2

9.10.3 Soient $x(t)$ un point décrivant une courbe C de classe C^1 et régulière (i.e. $x'(t) \neq 0\ \forall t$), $T_{x(t)}\, C$ la droite tangente à C en $x(t)$ et un point $y(t)$ de $T_{x(t)}\, C$ qui décrit une courbe D constamment orthogonale en $y(t)$ à $T_{x(t)}\, C$; ce qui est par exemple le cas si C est l'enveloppe des normales à D, dite alors *développée* de D. Sous ces hypothèses on a pour tous paramètres s, t :

$$|\, x(t)\, y(t) - x(s)\, y(s)\, | = \text{long}\, (C\, |_{[s,t]}) \,.$$

Car en effet dans 9.10.1, si l'on prend $\vec{u} = x'(t)$, $\vec{v} = y'(t)$, l'angle de $\vec{v}$ et $\overrightarrow{xy}$ sera $\pi/2$, son cosinus nul, tandis que l'angle de $\vec{u}$ et $\overrightarrow{xy}$ sera 0 ou π et donc $d'(x(t), y(t))\, (x'(t), y'(t)) = \pm \, \| \, x'(t) \, \|$, d'où la formule cherchée en intégrant de s à t, compte tenu de 9.9.6.

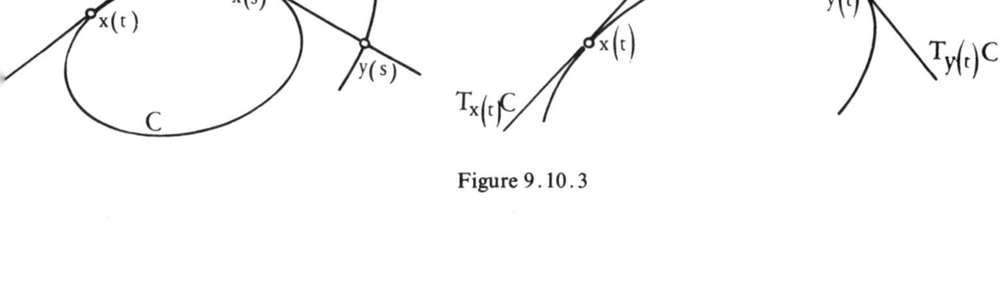

Figure 9.10.3

9.10.4 Un exemple analogue mais un peu plus compliqué, et que nous utiliserons en 17.6.4, est le suivant : deux points $x(t)$, $y(t)$ décrivent une même courbe C, régulière et les tangentes $T_{x(t)}\,C$, $T_{y(t)}\,C$ se coupent en $z(t) = (T_{x(t)}\,C) \cap (T_{y(t)}\,C)$ qui décrit une courbe D en sorte que la tangente $T_{z(t)}\,D$ soit bissectrice extérieure des droites orientées $\overrightarrow{z(t)\,x(t)}$, $\overrightarrow{z(t)\,y(t)}$. Alors

$$x(t)\,z(t) + y(t)\,z(t) - \text{long}\,(C\,|_{\text{de } x(t) \text{ à } y(t)}) = \text{Cte}\,.$$

Car en effet cette fonction $F(t)$ a pour dérivée, d'après 9.9.6 et 9.10.1 :

$$F'(t) = \|\, z'(t) \,\| \cos \overline{(\overrightarrow{x(t)\,z(t)}, z'(t))} - \|\, x'(t) \,\| +$$

$$+ \|\, z'(t) \,\| \cos \overline{(\overrightarrow{y(t)\,z(t)}, z'(t))} + \|\, y'(t) \,\| - \|\, y'(t) \,\| + \|\, x'(t) \,\|\,,$$

et les deux termes en $\|\, z'(t) \,\|$ disparaissent à cause de l'hypothèse de bissectrice extérieure.

9.10.5 La formule 9.10.1 aurait permis de deviner le 9.4.1.1 ; car en effet, si $F = ax + bx$ est minimum en x, on a pour un vecteur $\vec{\xi} \in \vec{D}$:

$$F'(x)\,(\vec{\xi}) = \|\, \vec{\xi} \,\|\, [\cos \overline{(\vec{\xi}, \overrightarrow{xa})} + \cos \overline{(\vec{\xi}, \overrightarrow{xb})}] = 0\,,$$

donc D doit être bissectrice extérieure de $\overrightarrow{xa}$, $\overrightarrow{xb}$.

9.10.6 La formule 9.10.1 permet de deviner la solution du problème de Fermat : trouver un point x, dans un plan euclidien, rendant minimum $ax + bx + cx$, où $\{\, a, b, c \,\}$ est un triangle. Si le minimum est atteint en x, et si x n'est pas un des sommets, on devra avoir, pour tout $\vec{u} \in \vec{X}$:

$$\left(\vec{u} \,\middle|\, \frac{\overrightarrow{ax}}{\|\, \overrightarrow{ax} \,\|}\right) + \left(\vec{u} \,\middle|\, \frac{\overrightarrow{bx}}{\|\, \overrightarrow{bx} \,\|}\right) + \left(\vec{u} \,\middle|\, \frac{\overrightarrow{cx}}{\|\, \overrightarrow{cx} \,\|}\right) = 0\,,$$

c'est-à-dire que les trois vecteurs unitaires portés par $\overrightarrow{ax}$, $\overrightarrow{bx}$, $\overrightarrow{cx}$ doivent être de somme nulle, ce qui arrive si et seulement si les trois angles qu'ils forment en x valent $2\,\pi/3$. Ce point de départ nous permettra d'achever la solution en 10.4.3.

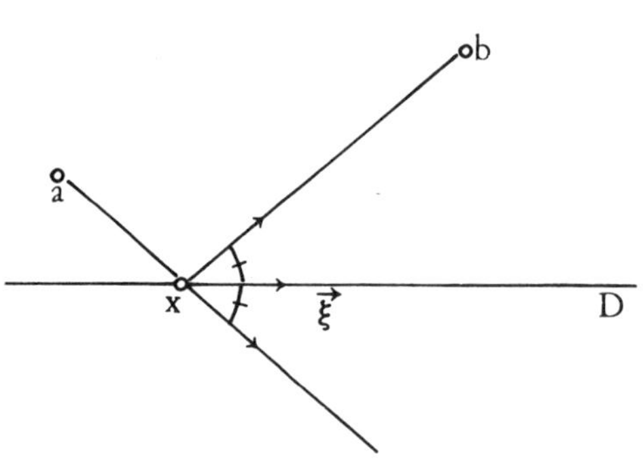

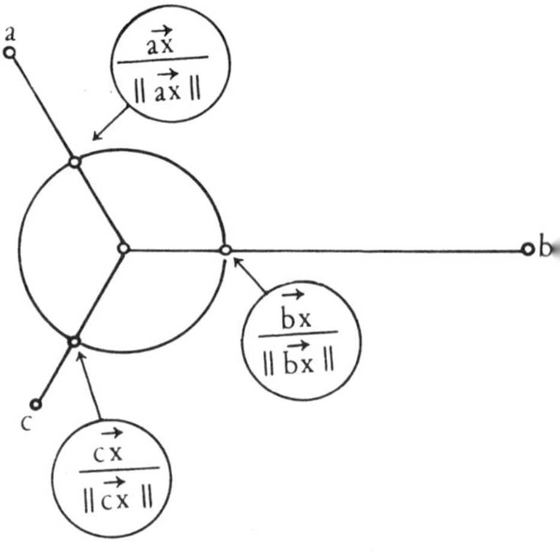

Figure 9.10.6

9.10.7 NOTE. La dénomination « variation première » signifie que l'on a calculé la dérivée première d' ; le calcul de d'' n'apporte pas grand-chose que l'on ne puisse faire directement, en gros 9.2.2. Par contre le calcul de d'', dit « formule de la variation seconde », dans le cas des variétés riemanniennes abstraites, ou des sous-variétés des espaces euclidiens, est un outil fondamental de la Géométrie riemannienne. C'est de cette formule que sont dérivés la plupart des résultats globaux de cette discipline ; en effet dans cette dérivée seconde apparaît la *courbure* de la variété (courbure qui est nulle dans le cas euclidien). Pour des références récentes sur ces questions, voir par exemple [KO-NO 2], chapitre VIII ou [G-K-M], p. 121 up.

9.11 *Distance de Hausdorff entre les compacts*

Nous aurons besoin, de façon essentielle au chapitre 12, de mettre une structure d'espace métrique sur l'ensemble de tous les compacts d'un espace affine euclidien ; cette métrique est due à Hausdorff, nous l'établissons au départ dans un cadre un peu plus général.

9.11.1 NOTATIONS. *Soit X un espace métrique ; on* note $\mathcal{K} = \mathcal{K}(X)$ *l'ensemble de tous les compacts de X. Si F est une partie de X, ρ un réel $\geqslant 0$, on* pose (cf. 0.3)

$$U(F, \rho) = \{ x \in X : d(x, F) < \rho \}, \quad B(F, \rho) = \{ x \in X : d(x, F) \leqslant \rho \}.$$

Si F, G sont deux parties de X, on pose

$$\delta(F, G) = \inf \{ \rho : F \subset B(G, \rho) \quad et \quad G \subset B(F, \rho) \} ;$$

$\delta(F, G)$ est appelée la distance de Hausdorff *entre F et G.*

Ne pas confondre $\delta(F, G)$ avec $d(F, G)$ (cf. 0.3) !

9.11.2 THÉORÈME. *La distance de Hausdorff fait de $\mathcal{K}(X)$ un espace métrique. Supposons de plus X tel que tout fermé borné soit compact ; alors si X est complet, $(\mathcal{K}(X), \delta)$ est complet. Si X est compact, $(\mathcal{K}(X), \delta)$ est compact.*

La fonction $\delta(\cdot, \cdot)$ est visiblement symétrique ; si $\delta(F, G) = 0$, on aura $F \subset B(G, 0) = \overline{G} = G$ et $G \subset F$, donc $F = G$. Soient F, G, H trois parties quelconques ; de $G \subset B(H, \sigma)$ on déduit $B(G, \rho) \subset B(H, \sigma + \rho)$ donc $F \subset B(H, \sigma + \rho)$ et, de même :

$$G \subset B(F, \rho) \Rightarrow B(G, \sigma) \subset B(F, \rho + \sigma) \Rightarrow H \subset B(F, \rho + \sigma).$$

Si donc $\delta(F, G) = \rho$ et $\delta(G, H) = \sigma$, alors $\delta(F, H) \leqslant \rho + \sigma$.

Dorénavant, nous écrirons $\mathcal{K}(X)$, ou $\mathcal{K}$, sans préciser qu'il est muni de la métrique de Hausdorff δ. Soit $(F_n)_{n \in \mathbf{N}}$ une suite de Cauchy dans $\mathcal{K}$; posons, pour $n \in N$: $G_n = \overline{\bigcup_{p \in \mathbf{N}} F_{n+p}}$, où la $\bar{\cdot}$ désigne l'adhérence. La suite des G_n est décroissante ; chaque G_n est borné : comme (F_n) est de Cauchy, il existe en particulier n_0 tel que $\delta(F_n, F_{n_0}) \leqslant 1 \quad \forall n \geqslant n_0$, donc

$F_n \subset B(F_{n_0}, 1)\ \forall n \geqslant n_0$. Par hypothèse, G_n est un compact comme fermé borné. D'après le résultat classique de topologie générale (cf. 0.4) l'intersection $F = \bigcap_{n \in \mathbf{N}} G_n$ est non vide, donc $F \in \mathcal{K}$; reste à voir que $F = \lim_{n \to \infty} F_n$ dans $\mathcal{K}$. Or, pour $\varepsilon > 0$ donné, soit n_0 tel que $\delta(F_n, F_{n_0}) \leqslant \varepsilon \quad \forall n \geqslant n_0$; alors

$$F \subset G_{n_0} \subset B(F_{n_0}, \varepsilon)\,.$$

En sens inverse, il existe n_1 tel que $G_n \subset B(F, \varepsilon) \quad \forall n \geqslant n_1$; finalement si $n \geqslant \sup(n_0, n_1)$ alors $\delta(F, F_n) \leqslant \varepsilon$.

Pour montrer que $\mathcal{K}$ est compact lorsque X l'est, nous utilisons ce qui précède sur la complétion et le critère : « compact est équivalent à complet et précompact » ; rappelons que précompact signifie que pour tout $\varepsilon > 0$ l'espace admet un recouvrement fini par des ensembles de diamètre ε. Soit donc, pour $\varepsilon > 0$, un recouvrement fini de X par des boules $B(x_i, \varepsilon)$:

$$X = \bigcup_{i=1}^{n} B(x_i, \varepsilon)\,;$$

notons $\mathcal{K}_0$ l'ensemble des parties de $\{ x_1, \ldots, x_n \}$, on a $\mathcal{K}_0 \subset \mathcal{K}$. Il suffit de montrer que $\mathcal{K} = \bigcup_{K \in \mathcal{K}_0} B_\delta(K, \varepsilon)$, car $\# \mathcal{K}_0 = 2^n < \infty$; pour $G \in \mathcal{K}$ quelconque introduisons $F = \{ x_i : d(x_i, G) \leqslant \varepsilon \}$. Par construction

$$F \subset B(G, \varepsilon)\,;$$

mais comme $X = \bigcup_{i=1}^{n} B(x_i, \varepsilon)$, $\forall y \in G\ \exists x_i \mid y \in B(x_i, \varepsilon)$, donc $x_i \in F$ et $G \subset B(F, \varepsilon)$. Ainsi $\delta(F, G) \leqslant \varepsilon$, ou encore $G \subset B_\delta(F, \varepsilon)$.

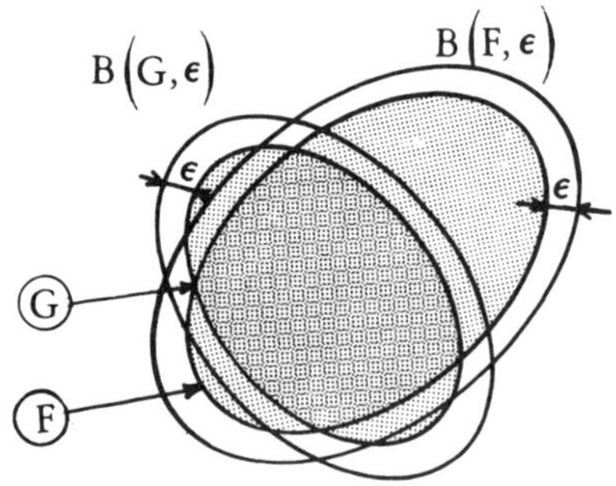

Figure 9.11.1

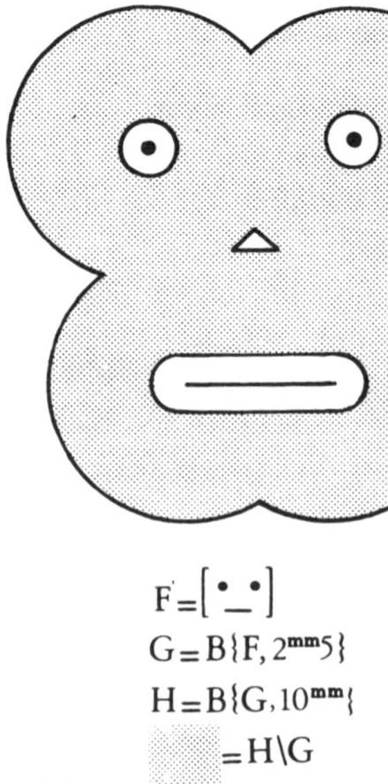

Figure 9.11.2 « Le pithécanthrope ».

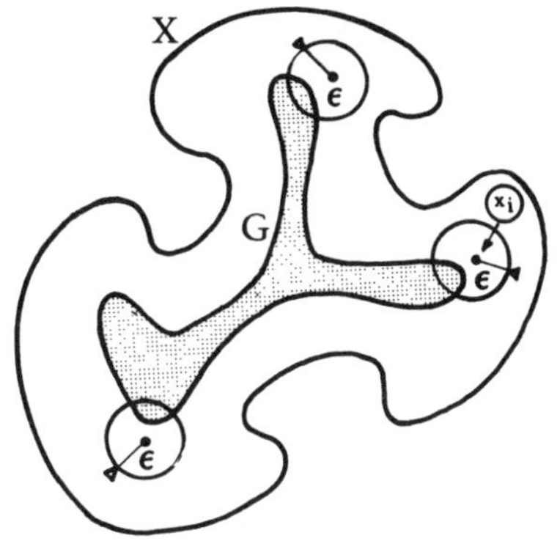

Figure 9.11.3

9.11.3 COROLLAIRE. *Si X est compact, les parties finies sont partout denses dans $\mathcal{K}(X)$.*

9.11.4 COROLLAIRE. *Soit X affine euclidien ; alors $\mathcal{K}(X)$ est complet. Et en outre, pour tous $a \in X$, $r \in \mathbf{R}_+$: $\mathcal{K}_{a,r}(X) = \{ F \in \mathcal{K}(X) : F \subset B(a, r) \}$ est compact.*

Le 9.11.3 résulte de la dernière partie de la démonstration de 9.11.2. Le 9.11.4 est souvent appelé le « théorème de sélection de Blaschke », voir [EN], p. 64 ; il implique en effet que toute famille infinie de $\mathcal{K}_{a,r}(X)$ possède un point adhérent, c'est-à-dire ici que l'on obtient une existence de certains compacts de X, nous utiliserons ceci en 9.13.8, 12.11.1.

9.11.5 PROPOSITION. *Pour tout espace métrique X, l'application diamètre* (cf. 0.3) diam : $\mathcal{K}(X) \to \mathbf{R}$ *est lipschitzienne de rapport* 2.

Soient $F, G \in \mathcal{K}$ et $\delta(F, G) = \varepsilon$; soient $x, y \in F$ avec $d(x, y) = \operatorname{diam}(F)$, alors $\exists z, t \in G$ tels que $d(x, z), d(y, t) \leqslant \varepsilon$. Donc

$$\operatorname{diam}(F) = d(x, y) \leqslant d(x, z) + d(z, t) + d(t, y) \leqslant 2\varepsilon + \operatorname{diam}(G) ;$$

échangeant F et G on trouve bien $|\operatorname{diam}(F) - \operatorname{diam}(G)| \leqslant 2\varepsilon$.

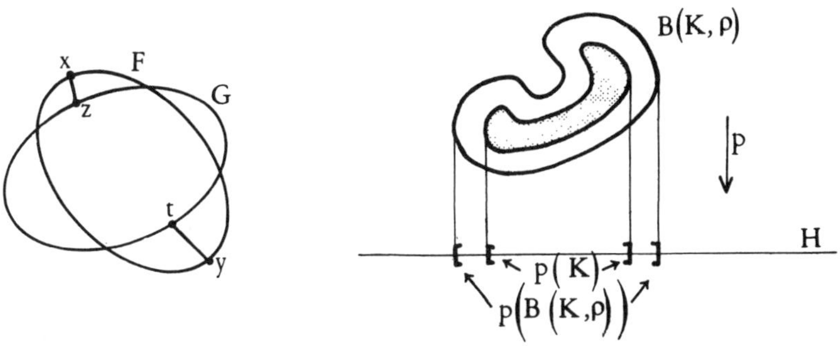

Figure 9.11.5

9.11.6 PROPOSITION. *Soient X affine euclidien et H un hyperplan de X. Alors $\bar{p} : \mathcal{K}(X) \ni K \to p(K) \in \mathcal{K}(H)$, où $p : X \to H$ est la projection orthogonale sur H* (cf. 9.2.4), *est lipschitzienne de rapport* 1.

Il suffit de remarquer que pour tout $K \in \mathcal{K}(X)$ et tout réel ρ, on a

$$p(B_X(K, \rho)) = B_H(p(K), \rho)\,.$$

9.11.7 De l'inégalité triangulaire, on déduit pour tous ρ, σ, F, G :

$$\delta(B(F, \rho), B(G, \sigma)) \leqslant \delta(F, G) + | \rho - \sigma |\,.$$

9.12 *La mesure canonique d'un espace affine euclidien. Volumes*

9.12.1 Nous réunissons ici 2.7.4 et 8.11 ; en effet 8.11 montre qu'un espace $\vec{X}$ vectoriel euclidien possède une mesure de Lebesgue canonique, que l'on obtient par exemple comme image de la mesure de Lebesgue de $\mathbf{R}^n$ par n'importe quelle isométrie vectorielle $\mathbf{R}^n \to \vec{X}$, d'où sur X affine euclidien une mesure canonique par le procédé 2.7.4.3. On la *notera* μ, μ_X au besoin. Par construction, si $\{ x_i \}_{i=0,1,\ldots,n}$ est un repère orthonormé de X et $f : X \to \mathbf{R}$, on aura

$$\int_X f\mu = \int_{\mathbf{R}^n} f\mu_0,$$

où μ_0 est la mesure de Lebesgue sur $\mathbf{R}^n$ et où par abus on a identifié f et la fonction sur $\mathbf{R}^n$ déduite de f par l'isomorphisme $X \to \mathbf{R}^n$ déduit du repère orthonormé choisi. Bien sûr, si $X = \mathbf{R}^n$, alors $\mu = \mu_0$. Evidemment μ est invariante par $\mathrm{Is}(X)$; et c'est la seule à un scalaire près (cf. 2.7.4.4).

9.12.2 Si l'on veut un lien explicite avec la forme volume $\lambda_{\vec{X}}$ ou la densité $\delta_{\vec{X}}$, on pourra utiliser la théorie de l'intégration sur une variété différentielle d'une forme ou d'une densité ; ici la variété est X, la forme et la densité seront λ_X, δ_X obtenues de $\lambda_{\vec{X}}$, $\delta_{\vec{X}}$ directement puisque l'espace tangent à la variété X s'identifie à $\vec{X}$, et on aura, pour toute fonction $f : X \to \mathbf{R}$:

$$\int_X f\mu = \int_X f\lambda_X = \int_X f\delta_X\,.$$

9.12.3 EXEMPLES. Dans X tout sous-espace affine $Y \neq X$ est de mesure zéro.

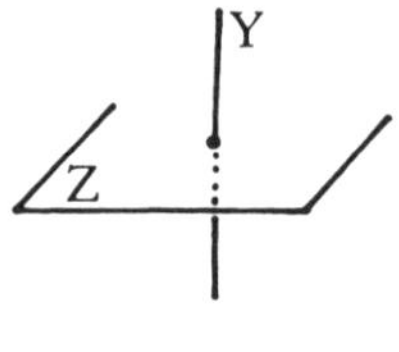

Figure 9.12.3

Si X, X' sont deux espaces affines euclidiens de même dimension n et $f : X \to X'$ une *similitude* de rapport k (cf. 9.5), alors la mesure image $f(\mu_X)$ vaut $f(\mu_X) = k^n \mu_{X'}$.
Soient Y, Z deux sous-espaces affines de X orthogonaux et complémentaires ; alors la mesure μ_X est le produit des mesures μ_Y, μ_Z : $\mu_X = \mu_Y \otimes \mu_Z$ et l'on pourra appliquer le théorème de Fubini à cette situation (cf. 0.6).

9.12.4 VOLUMES

9.12.4.1 Définition. *On appelle* volume *d'un compact K de X, et* note $\mathcal{L}(K)$, *l'intégrale* $\int_X \chi_K \, \mu$, *où χ_K désigne la fonction caractéristique de K* (cf. 0.6) ; *si* dim $X = 1$ (resp. 2) *on dit plutôt* longueur (*resp.* aire).

Ces volumes et aires sont ceux de la vie courante, de la physique. Nous allons seulement ici calculer le volume d'un parallélépipède, d'un simplexe ; pour les volumes des « solides usuels », les boules entre autres, nous renvoyons le lecteur à 9.12.4.7, 9.12.4.8 et 12.12.20.

9.12.4.2 Le *parallélépipède* construit sur $\{ x_i \}_{i=0,1,\ldots,n}$ est

$$P = \left\{ x_0 + \sum_{i=1}^{n} \lambda_i \, \overrightarrow{x_0 x_i} : \lambda_i \in [0, 1], i = 1, \ldots, n \right\} ;$$

le *simplexe plein* construit sur ces mêmes points est

$$S = \left\{ \sum_{i=0}^{n} \lambda_i \, x_i : \sum_{i=0}^{n} \lambda_i = 1 \, , \lambda_i \geqslant 0 \; \forall i = 0, 1, \ldots, n \right\}.$$

Alors on a

9.12.4.3
$$\mathcal{L}(P) = \delta_{\vec{X}}(\overrightarrow{x_0 x_1}, \ldots, \overrightarrow{x_0 x_n}) \, , \quad \mathcal{L}(S) = \frac{1}{n\,!} \mathcal{L}(P)$$

La première formule résulte de 9.12.3 si $\{ x_i \}$ n'est pas un repère affine ; sinon $\{ x_i \}$ détermine un isomorphisme linéaire $f : X \to \mathbf{R}^n$ (qui n'est pas une isométrie en général) et la mesure image $f(\mu)$ vaut

$$f(\mu) = \delta_{\vec{X}}(\overrightarrow{x_0 x_1}, \ldots, \overrightarrow{x_0 x_n}) \, \mu_0$$

d'après 2.7.4.3 et 8.11. Or $f(P)$ est le cube unité de $\mathbf{R}^n$ dont le volume vaut 1 (d'après Fubini par exemple) ; d'où la première formule de 9.12.4.3. Pour la deuxième formule, elle résulte par récurrence de la formule intermédiaire que voici : on peut supposer que $\{ x_i \}$ est un repère, sinon

$$\mathcal{L}(S) = \mathcal{L}(P) = 0 \, ;$$

on *appelle* alors η la distance $d(x_0, \langle x_1, \ldots, x_n \rangle)$ de x_0 à l'hyperplan $Y = \langle x_1, \ldots, x_n \rangle$ *et* σ le volume du simplexe plein S' engendré par les

$\{ x_i \}_{i=1,\ldots,n}$ dans l'espace euclidien H (de dimension $n - 1$). Avec ces notations :

9.12.4.4
$$\boxed{\mathcal{L}(S) = \frac{1}{n}\,\eta\sigma} \;;$$

formule qui dit que, lorsque $n = 2$, l'aire d'un triangle est égale à la moitié d'une hauteur multipliée par la longueur du côté opposé ; lorsque $n = 3$, que le volume d'un tétraèdre est égal au tiers d'une hauteur que multiplie l'aire de la face opposée.

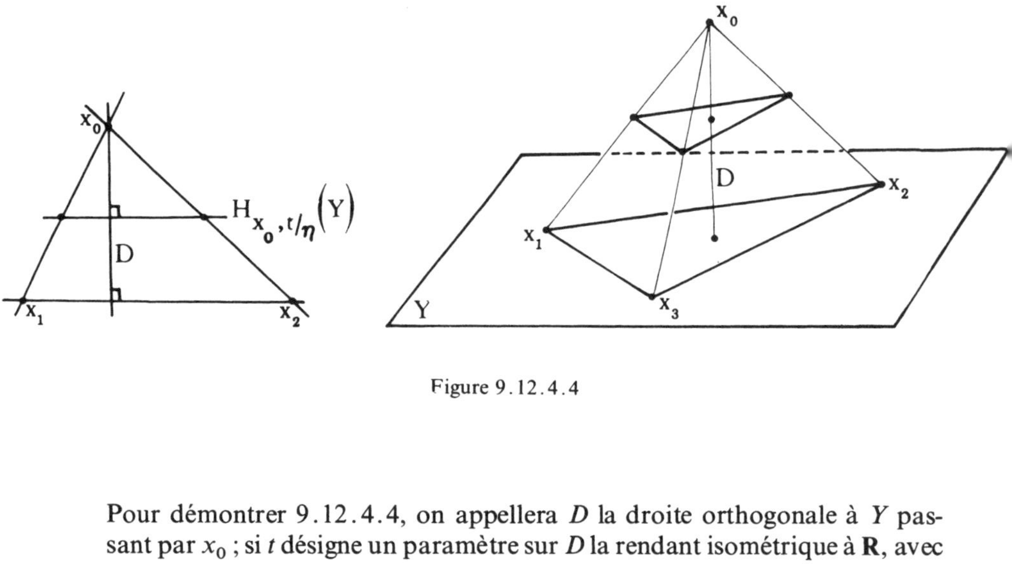

Figure 9.12.4.4

Pour démontrer 9.12.4.4, on appellera D la droite orthogonale à Y passant par x_0 ; si t désigne un paramètre sur D la rendant isométrique à $\mathbf{R}$, avec $t = \eta$ en $D \cap Y$ et $t = 0$ en x_0, on a $\mathcal{L}(S) = \int_0^\eta \sigma(t)\, \mathrm{d}t$ d'après 9.12.3, où $\sigma(t)$ désigne le volume du simplexe plein $H_{x_0,t/\eta}(S')$ déduit de S' par l'homothétie de centre x_0, de rapport t/η, volume calculé dans l'espace euclidien $H_{x_0,t/\eta}(Y)$. Mais $\sigma(t) = (t/\eta)^{n-1}\,\sigma$ d'après 9.12.3, d'où

$$\mathcal{L}(S) = \int_0^\eta \frac{t^{n-1}}{\eta^{n-1}}\,\sigma\,\mathrm{d}t = \frac{1}{n}\,\eta\sigma\,.$$

9.12.4.5 Remarques. Il peut paraître coûteux d'utiliser la théorie de l'intégration pour calculer le volume d'un parallélépipède ou d'un simplexe plein ; pour ce qu'il en est d'une théorie élémentaire, voir 12.2.5.
On peut aussi désirer calculer $\mathcal{L}(S)$ en fonction seulement des longueurs des côtés $d_{ij} = x_i x_j$ du simplexe S ; cela résulte immédiatement de la conjonction de 8.11.6, 9.7.3.2 et 9.12.4.3.

9.12.4.6 Volume des boules. On a, l'indice désignant la dimension de X, et pour tous $a \in X$ et $r \in \mathbf{R}_+$:

$$\boxed{\begin{aligned} \mathcal{L}(B_{2d}(a, r)) &= \frac{\pi^d}{d\,!} r^{2d}, \\ \mathcal{L}(B_{2d+1}(a, r)) &= \frac{2^{d+1}\,\pi^d}{1.3.5.....(2\,d+1)} r^{2d+1} \end{aligned}}.$$

D'après 9.12.3, il suffit de calculer $\mathcal{L}(B_n(0, 1))$ dans l'espace standard $\mathbf{R}^n$. Ce calcul classique, que l'on peut faire de plusieurs façons (cf. [B-G], p. 227-229 et exercice 6.10.9) fournit les valeurs ci-dessous, avec $r = 1$. Comme nous aurons besoin souvent dans la suite de $\mathcal{L}(B_n(0, 1))$, nous *poserons* :

9.12.4.7

$$\boxed{\beta(n) = \mathcal{L}(B_n(0, 1))}.$$

9.12.4.8 Tant que nous y sommes, nous donnons le volume $(n-1)$-dimensionnel des sphères $S_n(0, 1)$ (cf. 9.12.7, 12.10.8 et [B-G], p. 226 up); *appelons* $\alpha(n)$ le volume $(n-1)$-dimensionnel de la sphère-unité S^{n-1} de $\mathbf{R}^n$. On a d'abord :

$$\boxed{\alpha(n) = n\beta(n)}, \quad \text{pour tout } n.$$

Et donc :

$$\boxed{\begin{aligned} \alpha(2\,d) &= \frac{2\,\pi^d}{(d-1)\,!}, \\ \alpha(2\,d+1) &= \frac{2^{d+1}\,\pi^d}{1.3.....(2\,d-1)} \end{aligned}}$$

9.12.4.9 Projection orthogonale. Soient H, H' deux hyperplans de X; $\alpha = \overline{(\vec{H})^{\perp}, (\vec{H'})^{\perp}} \in [0, \pi/2]$. Soit $p : H' \to H$ la restriction à H' de la projection orthogonale $p : X \to H$; alors, pour les volumes en indices dans H, H' respectivement et pour tout compact K de H' on a

$$\mathcal{L}_H(p(K)) = \cos \alpha . \mathcal{L}_{H'}(K).$$

Pour le voir, prendre dans H' un repère orthonormal dont $n-1$ vecteurs sont contenus dans $\vec{H} \cap \vec{H'}$.

9.12.5 VOLUME ET DISTANCE DE HAUSDORFF

Même sur les compacts, ne pas croire que l'application volume $\mathcal{L} : \mathcal{K} \to \mathbf{R}$ est simple. Par exemple il existe des compacts K de $\mathbf{R}^2$ dont la frontière Fr (K), non seulement est d'aire $\mathcal{L}(\text{Fr}\,(K)) \neq 0$ mais possède de l'aire en tout point : voir un tel exemple dans [G-O], p. 135. La fonction $\mathcal{L} : \mathcal{K} \to \mathbf{R}$ n'est certainement pas continue, puisque (cf. 9.11.3) sinon tous les compacts seraient de volume nul, les parties finies étant de volume nul. Cependant :

9.12.5.1 Proposition. $\mathcal{L} : \mathcal{K} \to \mathbf{R}$ *est semi-continue supérieurement.*

Soit, dans $\mathcal{K}$: $F = \lim_{n\to\infty} F_n$; alors $\limsup_{n\to\infty} \chi_{F_n} \leqslant \chi_F$. Soit en effet $x \in X \setminus F$; il existe n_0 tel que $\delta(F, F_n) \leqslant d(x, F)\ \forall n \geqslant n_0$. Alors

$$\chi_{F_n}(x) = 0 \quad \forall n \geqslant n_0 .$$

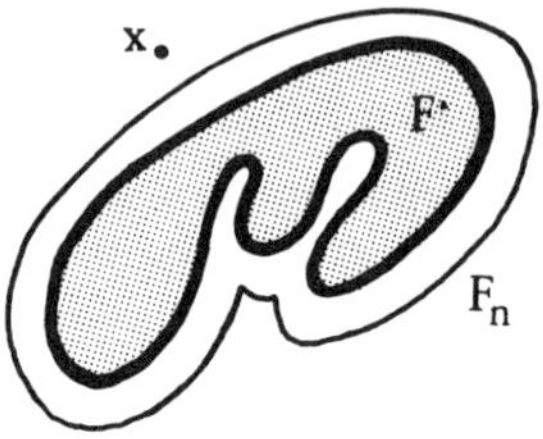

Figure 9.12.6

9.12.5.2 Note. Nous verrons par contre en 12.9.3.4 que, si l'on se restreint aux convexes compacts, $\mathcal{L}$ est continue.

9.12.6 CENTRES DE GRAVITÉ. Soient K un compact de X affine euclidien, d'intérieur non vide : $\mathring{K} \neq \emptyset$, et $g = \text{cent}'(K)$ son centre de gravité (cf. 2.7.5.2). Alors 9.7.6.1, où l'on a pris tous les λ_i égaux à 1, se généralise en

9.12.6.1 $$\forall x \in X : \int_{a\in X} \chi_K\, xa^2\, \mu = \int_{a\in X} \chi_K\, ga^2\, \mu + \mathcal{L}(K)\, xg^2 .$$

La démonstration consiste ici encore seulement à écrire

$$xa^2 = xg^2 + 2(\overrightarrow{xg} \mid \overrightarrow{ga}) + ga^2 .$$

La formule qui généralise 9.7.6.1, avec des $\lambda_i \geqslant 0$ quelconques, consiste à prendre sur K une mesure positive quelconque θ ; si la masse totale de K est non nulle, on peut définir le *barycentre g de K pour* θ par l'intégrale vectorielle

$$\int_{a\in K} \overrightarrow{xa}\ \theta \quad \text{et} \quad g = x + \frac{\int_{a\in K} \overrightarrow{xa}\ \theta}{\int_{a\in K} \theta},$$

qui est indépendant de $x \in X$. On a alors la formule :

9.12.6.2 $$\forall x \in X : \int_{a\in K} xa^2\, \theta = \int_{a\in K} ga^2\, \theta + \left(\int_{a\in K} \theta\right) xg^2 .$$

9.12.6.3 Notes. On rencontre les mesures θ dans la nature, par exemple pour les courbes et les surfaces, d'un plan ou d'un espace affine euclidien de dimension 3. On utilise leur mesure canonique, cf. [B-G], p. 221.
Les formules 9.12.6.1 et 9.12.6.2 montrent que la fonction

$$x \mapsto \int_{a \in K} xa^2 \, \theta$$

est minimum en g, et en g seulement. Mécaniquement on l'interprète en termes de moments d'inertie et cette propriété de minimum implique que si l'on veut faire tourner un corps autour d'un point en se donnant le moins de mal possible, c'est en g qu'il faut se mettre ; principe lourd de conséquences pratiques !
Pour une jolie relation entre volume et centre de gravité, voir 12.12.20.9.
Pour des méthodes mécaniques de calcul des aires, voir [GK], p. 72 up.

9.12.7 VOLUMES k-DIMENSIONNELS. Si C est une courbe ou S^2 la sphère unité de $\mathbf{R}^3$ par exemple, leur volume $\mathcal{L}(C)$, $\mathcal{L}(S^2)$ est nul. Or pour C la notion qui convient est connue, c'est sa longueur (au moins si C est une image homéomorphe de son intervalle de définition) comme en 9.9 ; pour S^2 c'est son aire (qui vaut 4π !), voir par exemple 18.3.7. Plus généralement on désirera donc définir des parties de X qui sont « k-dimensionnelles » et pour ces parties un « volume k-dimensionnel » (aire si $k = 2$, longueur si $k = 1$). Il s'agit là d'un problème très difficile en général, quoique bien naturel, pensez à la peinture par exemple ; pour l'exploitation de cette idée de peinture, voir 12.10.7.
S'il s'agit de sous-variétés différentielles de classe C^1 de X, alors la théorie ne présente pas de difficulté : une sous-variété de ce type possède une mesure canonique, donc si elle est compacte, une masse totale, qui sera son k-volume si la variété est de dimension k ; pour tout ceci, voir par exemple [B-G], p. 221.
Par contre si l'on veut sortir de ce cadre assez restreint, qui ne contient pas par exemple un cône solide, etc..., i.e. admettre des singularités en un sens à préciser, il n'existe pas une seule notion de volume k-dimensionnel pour $2 \leqslant k < n = \dim X$. En fait il en existe plusieurs, qui sont essentiellement différentes ; pour un exposé très complet de ces questions, voir [FR], en particulier les pages 171-174 qui présentent la bagatelle de sept mesures k-dimensionnelles. Lorsque $k = n = \dim X$, ces mesures coïncident avec le volume ; lorsqu'il s'agit de sous-variétés différentielles compactes (de dimension quelconque) avec celle définie plus haut.

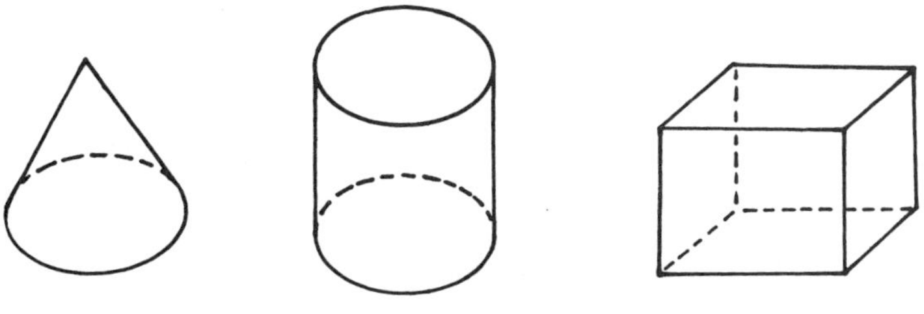

Figure 9.12.7

Nous rencontrerons cependant un cas particulier, que nous traiterons à fond, dans la suite : c'est celui des frontières des convexes compacts, qui possèdent un volume $(n-1)$-dimensionnel canonique, que nous appellerons d'ailleurs *aire* par simplicité ; la construction se fera d'abord sur les polytopes, en 12.3, et ensuite on approximera les convexes par des polytopes : 12.10 ; voir aussi le cas de la sphère en 18.3.7.
Pour sentir qu'il y a une difficulté pour, par exemple, $k = 2$ et $n = 3$, l'exemple classique du lampion L n'est peut-être pas inutile à rappeler. Si l'on voulait procéder comme pour les courbes, on aurait l'idée d'approximer L par des polyèdres, comme dans la figure 9.12.8. Malheureusement, selon la façon dont on fait tendre vers l'infini le nombre de tranches horizontales et celui des côtés des polygones réguliers, on peut obtenir une limite pour leur surface qui est n'importe quel nombre compris entre la surface du cylindre (la vraie !) et l'∞.

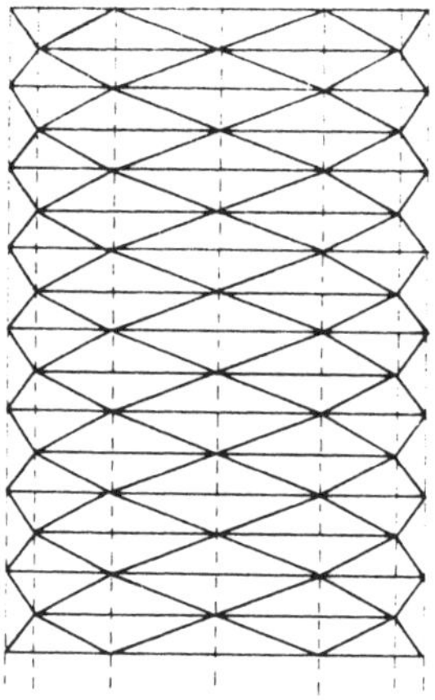

Figure 9.12.8

Berger-Gostiaux. — *Géométrie différentielle* (Presses Universitaires de France).

9.13 *La symétrisation de Steiner*

Il s'agit d'une opération transformant un compact de X en un autre, transformation qui joue un rôle fondamental dans la démonstration de certaines inégalités sur les compacts de X : voir 9.13.8 mais surtout aussi la fin du chapitre 12. Outre son élégance en elle-même, nous commençons ici à étudier les propriétés de cette transformation en vue du chapitre 12.

9.13.1 DÉFINITION. On se fixe X affine euclidien, H un hyperplan de X ; rappelons que σ_H désigne la symétrie par rapport à H (cf. 9.2.4). Soit alors K un compact de X ; on va définir un nouveau compact, *noté* $\mathrm{st}_H(K)$, appelé le *symétrisé de Steiner de K par rapport à H*, de la façon suivante. Le compact $K' = \mathrm{st}_H(K)$ est bien défini par la condition suivante :

9.13.2

$\forall D$ droite orthogonale à H $\begin{cases} \text{ou } K \cap D = \emptyset \text{ et } K' \cap D = \emptyset, \\ \text{ou } K \cap D \neq \emptyset, \text{ et alors } K' \cap D \text{ est un segment porté par } D, \text{ de milieu en } D \cap H \text{ et de longueur égale à la longueur, sur } D, \text{ de } K \cap D. \end{cases}$

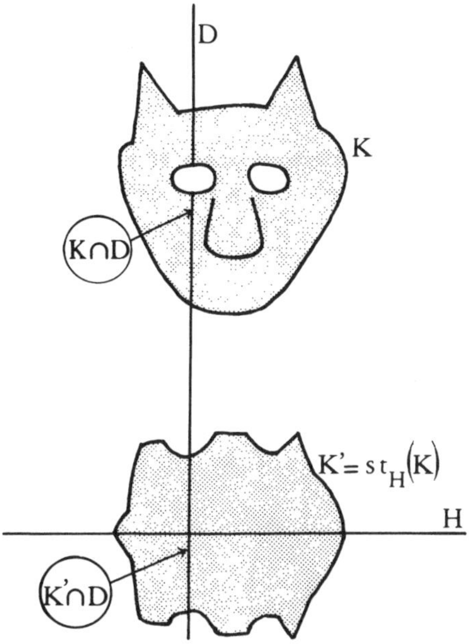

Figure 9.13.1.2

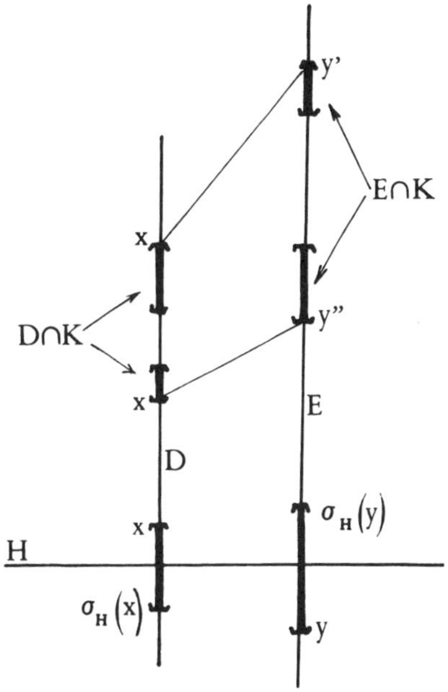

Figure 9.13.1.3

9.13.3 REMARQUE. Bien prendre garde que $st_H : \mathcal{K} \to \mathcal{K}$ n'est pas continue (pour la distance de Hausdorff), comme le montre la figure 9.13.3 ; lorsque le segment tourne jusqu'à devenir vertical, son symétrisé reste porté par H, devient de plus en plus petit mais devient brusquement un segment vertical lorsque le segment initial devient vertical.

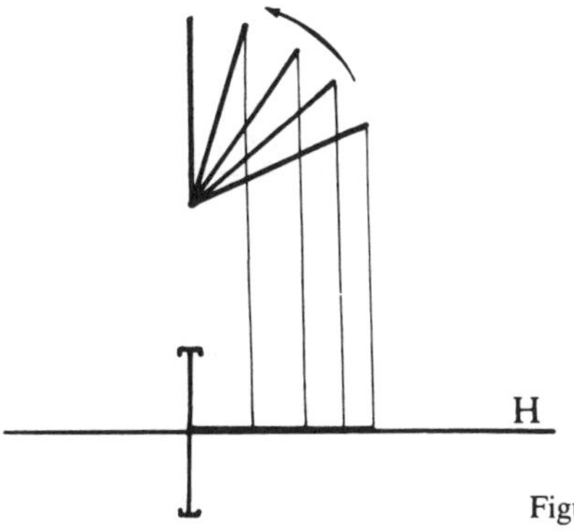

Figure 9.13.3

9.13.4 PROPOSITION. *Pour tous H, K, on a :*

(i) $\sigma_H(\mathrm{st}_H(K)) = \mathrm{st}_H(K)$;

(ii) $\mathfrak{L}(\mathrm{st}_H(K)) = \mathfrak{L}(K)$, i.e. *la symétrisation conserve le volume* ;

(iii) $\operatorname{diam}(\mathrm{st}_H(K)) \leqslant \operatorname{diam}(K)$, i.e. *la symétrisation n'augmente pas le diamètre.*

La propriété (i) provient de la définition ; (ii) résulte de 9.12.3 et du théorème de Fubini. Soient maintenant $x, y \in \mathrm{st}_H(K)$ tels que

$$xy = \operatorname{diam}(\mathrm{st}_H(K)),$$

ainsi que D, E les droites orthogonales à H passant par x et y ; par définition de $\mathrm{st}_H(.)$, le compact $D \cap K$ (resp. $E \cap K$) a des extrémités x', x'' (resp. y', y'') telles que $x'x'' \geqslant x\sigma_H(x)$ (resp. $y'y'' \geqslant y\sigma_H(y)$) ; or $xy \leqslant \sup(x'x'', y'y'')$. Le lemme suivant résulte de 9.13.2 et des figures 9.13.4.

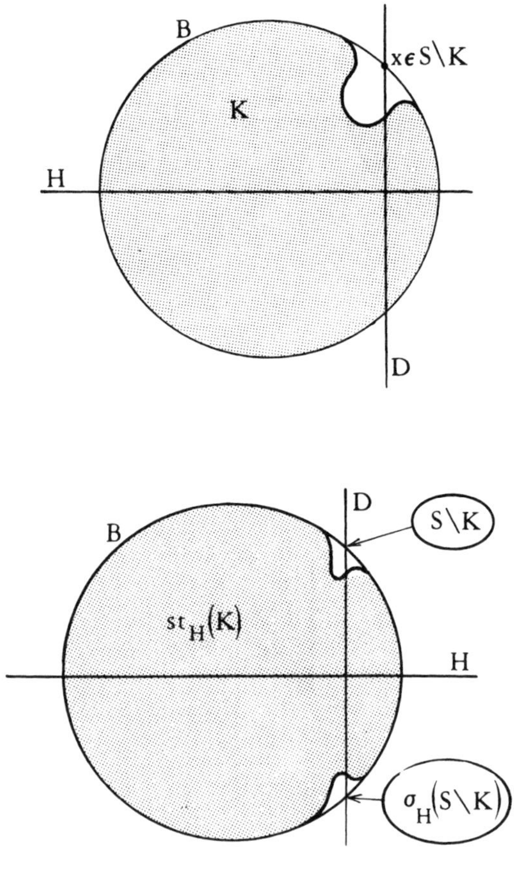

Figure 9.13.4

9.13.5 LEMME. *Soient : B une boule, de frontière la sphère S, H un hyperplan contenant le centre de B et K un compact contenu dans B. Alors on a*

$$\mathrm{st}_H(K) \cap [(S \setminus K) \cup (\sigma_H(S \setminus K))] = \emptyset .$$

Le théorème ci-dessous sera utilisé essentiellement en 9.13.8 et en 12.11.2 ; c'est un moyen explicite de construire une boule dans une famille de compacts.

9.13.6 THÉORÈME (Kugelungsatz von Blaschke). *Soit $\mathcal{F}$ une partie de $\mathcal{K} = \mathcal{K}(X)$, non vide, telle que : $\mathcal{F}$ est fermée pour la métrique de Hausdorff et stable pour la symétrisation de Steiner en un point $a \in X$,* i.e. *$\forall H$ hyperplan $H \ni a$ et $\forall K \in \mathcal{F}$ on a $\mathrm{st}_H(K) \in \mathcal{F}$. Alors, ou $\{a\} \in \mathcal{F}$, ou il existe $r > 0$ tel que $B(a, r) \in \mathcal{F}$.*

Noter que le cas $\{a\} \in \mathcal{F}$ se produit facilement, même si au départ il n'y a pas de points, comme le montre 9.13.3 lorsque l'on ferme notre famille de segments pour la métrique de Hausdorff et les symétrisations.
Posons $r = \inf\{s : \exists F \in \mathcal{F} \mid B(a, s) \supset F\}$; et regardons (cf. 9.11.4) $\mathcal{F}' = \mathcal{K}_{a,r+1}(X) \cap \mathcal{F}$. C'est, par hypothèses et d'après 9.11.4, un compact et il existe donc $F \in \mathcal{F}'$ tel que $F \subset B(a, r)$; si $r = 0$, $F = \{a\}$. On va montrer en deux étapes que en fait $F = B(a, r)$ si $r > 0$.

9.13.6.1 Première étape : $F \supset S = S(a, r)$. Il s'agit d'utiliser la propriété de définition de minimum de r ; on procède par l'absurde. Soient $b \in S$, $\varepsilon > 0$ avec $B(b, \varepsilon) \cap F = \emptyset$; on va construire un élément $F_n \in \mathcal{F}$ tel que $F_n \cap S = \emptyset$, ce qui contredira la définition de r. On construit de proche des b_i, en sorte que $b_1 = b$ et $B(b_i, \varepsilon) \cap B(b_{i+1}, \varepsilon) \cap S \neq \emptyset$ pour tout $i = 1, 2, \ldots$; au bout d'un nombre fini n on aura recouvert S :

$$S \subset \bigcup_{i=1}^{n} B(b_i, \varepsilon) .$$

Ayant ces b_i, on note H_i l'hyperplan médiateur de b et b_i et on définit des F_i par récurrence : $F_1 = F$, $F_i = \mathrm{st}_{H_i}(F_{i-1})$ $(i = 2, \ldots, n-1)$. Le lemme 9.13.5 montre que $F_n \cap S = \emptyset$, et par construction $F_n \in \mathcal{F}$, c'est la contradiction cherchée.

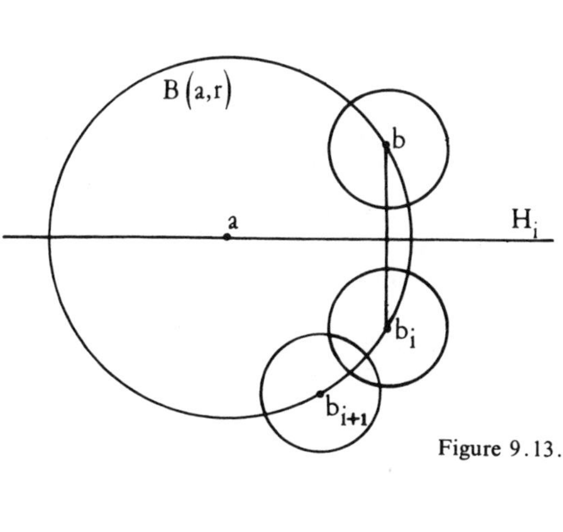

Figure 9.13.6.1

9.13.6.2 Deuxième étape : $F=B(a,r)$. Par l'absurde, soit $x \in B(a, r) \setminus F$. Prenons une droite D quelconque passant par x, soit H l'hyperplan orthogonal à D passant par a. Comme $F \subset B(a, r)$, la longueur de $D \cap F$ est strictement plus petite que celle de $D \cap B(a, r)$ et donc $\mathrm{st}_H(F)$ ne contiendrait pas tout S ; or $\mathrm{st}_H(F) \in \mathcal{F}$ et donc $\mathrm{st}_H(F) \supset S$ d'après la première étape.

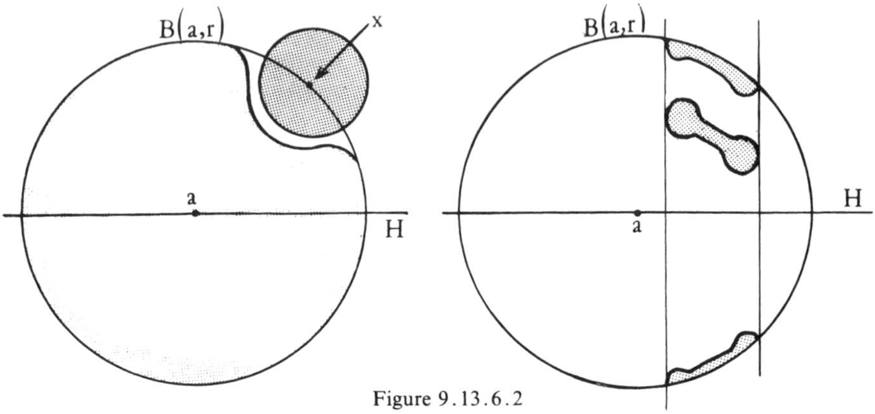

Figure 9.13.6.2

9.13.7 NOTE. Une démonstration plus ancienne était peut-être plus intuitive, mais plus difficile à formaliser : on considérait des hyperplans H_i en nombre fini passant par a, faisant des angles irrationnels entre eux et linéairement indépendants. Alors le groupe engendré dans $\mathrm{Is}_a(X)$ par les σ_{H_i} est partout dense dans $\mathrm{Is}_a(X)$, donc $\mathcal{F}$ contient une boule de centre a.

9.13.8 COROLLAIRE (inégalité isodiamétrique de Bieberbach). *Pour tout compact K de l'espace euclidien X de dimension n on a*

$$\mathcal{L}(K) \leqslant 2^{-n}\,\beta(n)\,(\operatorname{diam}(K))^n \quad (\text{cf. } 9.12.4.5)\,.$$

Si $\mathcal{L}(K) = 0$, il n'y a rien à montrer ; sinon posons :

$$\mathcal{F} = \{\, G \in \mathcal{K} : \mathcal{L}(G) \geqslant \mathcal{L}(K) \quad \text{et} \quad \operatorname{diam}(G) \leqslant \operatorname{diam}(K) \,\}\,.$$

D'après 9.11.5, 9.13.4 et 9.13.6 (appliqué à un $a \in X$ quelconque), ou $\{a\} \in \mathcal{F}$ ou $\mathcal{F}$ contient une boule $B(a, r)$ avec $r > 0$. Le premier cas est impossible car $\mathcal{L}(K) > 0$; on a donc $\mathcal{L}(B(a, r)) = \beta(n)\, r^n \geqslant \mathcal{L}(K)$ et

$$\operatorname{diam}(B(a, r)) = 2\,r \leqslant \operatorname{diam}(K)\,,$$

ce qui démontre 9.13.8 car $r > 0$.

9.13.9 REMARQUES. On prendra bien garde à ce qu'en général, un compact K n'est pas contenu dans une boule de rayon $\operatorname{diam}(F)/2$, comme le cas du triangle équilatéral le montre par exemple.

Evidemment l'inégalité isodiamétrique devient une égalité si K est une boule. La réciproque est vraie mais beaucoup plus difficile à démontrer ; pour une preuve, voir [EN], p. 106-107.

Pour des applications et des généralisations de cette symétrisation, voir, outre 12.11, [P-S].

9.14 *Exercices*

9.14.1 Généraliser 9.2.6.5 au cas de deux sous-espaces quelconques.

9.14.2 Dans des repères convenablement choisis, écrire une équation $f(x, y, z) = 0$ pour les ensembles suivants de points d'un espace de dimension 3 : $\{ x : d(x, A) = d(x, B) \}$, où A, B sont deux droites, une droite et un point, une droite et un plan, un point et un plan, deux plans. Avec les notions de 15.3 et 15.6 dire quel est le type des ensembles obtenus. Que se passe-t-il si on remplace l'égalité par $d(x, A) = kd(x, B)$?

9.14.3 BISSECTRICES. Soient D, D' deux droites non parallèles d'un plan ; montrer que $\{ x \in X : d(x, D) = d(x, D') \}$ est constitué par les deux bissectrices de D, D' (cf. 8.7.3.2). Lorsque X n'est plus un plan, voir 9.14.2.

9.14.4 Pour X affine euclidien, déterminer tous les $f \in \mathrm{GA}(X)$ tels que $f^2 = f$ et diminuant les distances i.e. $f(x)f(y) \leqslant xy \ \forall x, y \in X$.

9.14.5 Montrer que si X est orienté et de dimension 3, on peut, pour les rotations de X dont l'axe est orienté, définir un angle orienté les caractérisant sans ambiguïté (cf. 9.3.5).

9.14.6 L'espace X de dimension 3 et (a_i), (a'_i) $(i = 1, 2, 3)$ six points de X tels que $a_i a_j = a'_i a'_j \ \forall i, j = 1, 2, 3$. Montrer qu'il existe, si les a_i sont affinement indépendants, un $f \in \mathrm{Is}^+(X)$ (resp. $\mathrm{Is}^-(X)$) unique tel que $f(a_i) = a'_i \ \forall i$; trouver géométriquement les éléments caractéristiques de f (cf. 9.3.5).

9.14.7 VISSAGES CONTINUS. On appelle *vissage continu* d'un espace X affine euclidien de dimension 3 toute application $f : \mathbf{R} \to \mathrm{Is}(X)$ qui peut être réalisée ainsi : il existe deux scalaires k, h et un repère orthonormal dans lequel f s'écrit :

$$f(t) : (x, y, z) \mapsto (\cos kt.x + \sin kt.y, \ -\sin kt.x + \cos kt.y, z + ht) .$$

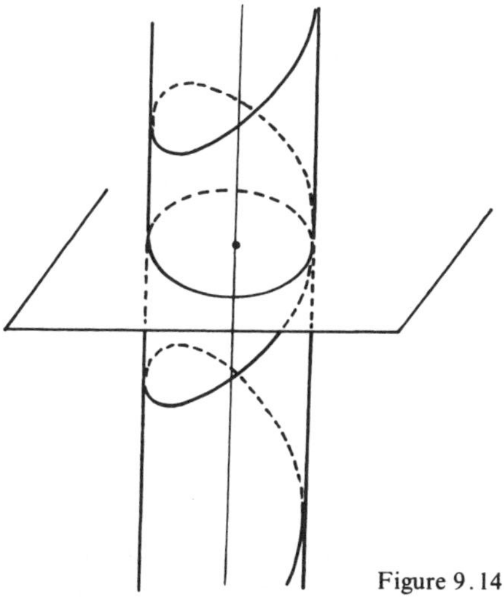

Figure 9.14.6

Montrer que, pour toute application $g : \mathbf{R} \to \mathrm{Is}(X)$ de classe C^1 (plonger Is (X) dans GA (X) au besoin pour définir la différentiabilité dans Is (X)), il existe un vissage continu f tel que $(g - f)'(0) = 0$. Déterminer ses éléments lorsque g est l'application déterminée par le trièdre mobile d'une courbe de X. Voir aussi [BE], p. 120.

9.14.8 Démontrer que l'isométrie f de 9.4.2.3 n'est jamais Id_X. A ce sujet, faire une étude critique de [GR], p. 179 up.

9.14.9 Etudier les trajectoires de billard se refermant au bout de k tours ; discuter selon k et le nombre de côtés du polygone (voir une belle figure dans [GR], p. 276).

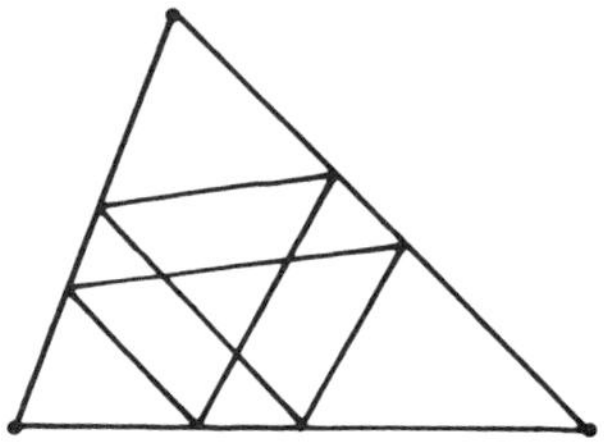

Figure 9.14.9

9.14.10 Discuter complètement la nature des polygones de périmètre minimum inscrits dans un quadrilatère dont les sommets sont cocycliques.

9.14.11 Montrer que les billards rectangulaires ne sont jamais fortement ergodiques mais toujours faiblement ergodiques. Montrer qu'un triangle équilatéral n'est pas fortement ergodique.

9.14.12 Etudier la structure des similitudes en dimension 3.

9.14.13 Lorsque $n = 2$, si a, a', b, b' sont quatre points avec $a \neq b$, $a' \neq b'$, montrer qu'il existe f unique dans $\mathrm{Sim}^-(X)$ telle que $f(a) = a'$, $f(b) = b'$ et construire son centre et son axe.

9.14.14 Pour construire $f \in \mathrm{Sim}^+(X)$ (ou $\mathrm{Sim}^-(X)$) telle que $f(a) = a'$, $f(b) = b'$, donner une méthode différente de 9.6.2 en utilisant 9.7.6.5.

9.14.15 QUADRILATÈRE HARMONIQUE. Soient x, y, z, t quatre points d'un plan euclidien tels que $[x, y, z, t] = -1$ (cf. 9.6.5.2). On appelle a et b les milieux de x, y et z, t. Montrer que : x, y, z, t sont cocycliques ; que le pôle de $\langle x, y \rangle$ appartient à $\langle z, t \rangle$; que $\langle x, y \rangle$ est bissectrice de $\langle a, z \rangle$, $\langle a, t \rangle$ et que $az.at = ax^2 = ay^2$; que $xy.zt = xz.yt + xt.yz$ et que $az + at = bx + by$. Montrer que si u est le point d'intersection de $\langle x, y \rangle$ et de $\langle z, t \rangle$, on a

$$\frac{ux}{uy} = \left(\frac{zx}{zy}\right)^2 = \left(\frac{tx}{ty}\right)^2 \quad \text{et} \quad \frac{uz}{ut} = \left(\frac{xz}{xt}\right)^2 = \left(\frac{yz}{yt}\right)^2.$$

Enoncer et démontrer des réciproques. Montrer qu'une inversion (cf. 10.8) transforme un quadrilatère harmonique en un quadrilatère harmonique.

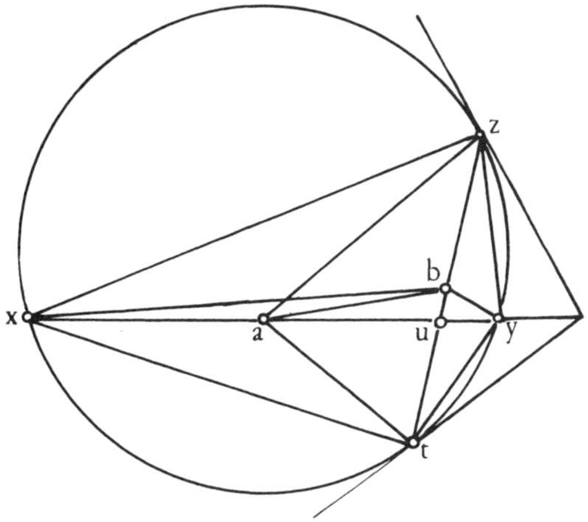

Figure 9.14.15

9.14.16 Inscrire un carré dans un triangle : figure ci-dessous.

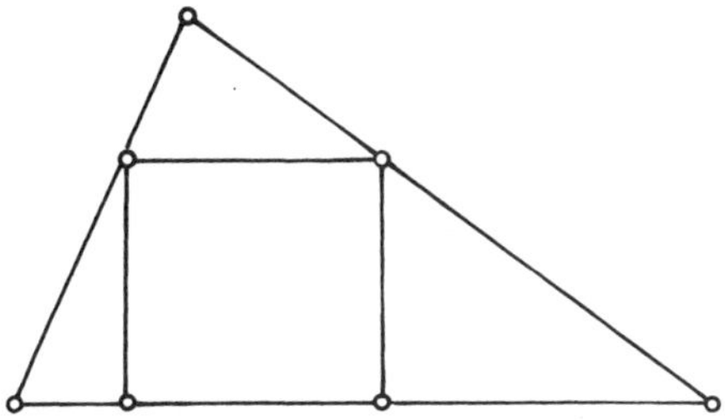

Figure 9.14.16

9.14.17 Discuter la forme et la position relative des limaçons intervenant dans 9.6.8.3, selon les positions relatives des deux cercles.

9.14.18 Discuter la concavité des limaçons de la figure 9.6.8.1 selon la position du point a par rapport au cercle (on pourra utiliser les coordonnées polaires et la formule y donnant la concavité par rapport au pôle).

9.14.19 Soient C, C' deux parties du plan euclidien X telles que, quel que soit α. il existe une similitude f d'angle α telle que $f(C) = C'$; que peut-on dire de C, C' ?

9.14.20 Existe-t-il des applications $\mathbf{R} \to \mathrm{Sim}_{\omega}^{+}(X)$, qui soient différentiables et des homomorphismes de groupes, autres que celles de 9.6.9.1 ?

9.14.21 SPIRALES LOGARITHMIQUES. Quelles sont les courbes planes dont la tangente fait un angle constant avec la droite joignant le point courant à un point fixe ? Quelles sont les courbes planes dont le rayon de courbure est proportionnel à l'arc ? Une spirale logarithmique peut-elle être l'enveloppe de ses propres normales ?

9.14.22 LIMAÇONS DE PASCAL, OVALES DE DESCARTES ET DIOPTRES STIGMATIQUES. Soient u, v deux points et S une surface de révolution d'axe $\langle u, v \rangle$; montrer que pour que S soit parfaitement stigmatique pour les deux points u, v en tant que dioptre vérifiant la loi de Descartes $\frac{\sin i}{\sin r} = \text{Cte}$, il faut que les points x de S vérifient une relation de la forme $a.xu + b.xv = c$ ($a, b, c \in \mathbf{R}$). On appelle *ovale de Descartes* une courbe plane de la forme $\{ x \in X : a.xu + b.xv = c \}$ ($u, v \in X$, $a, b, c \in \mathbf{R}$ donnés). Montrer que les limaçons de Pascal sont des ovales de Descartes. Etudier la forme des ovales de Descartes. Pour plus de détails, voir [BP].

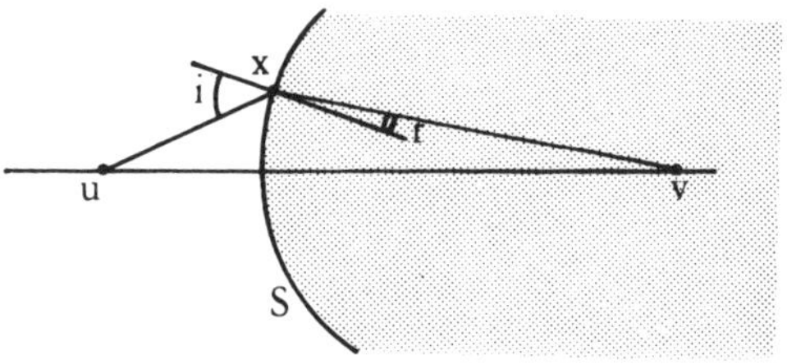

Figure 9.14.22

9.14.23 DÉTERMINANTS DE CAYLEY-MENGER. Montrer que les Γ vérifient toujours la relation suivante, où M_{ik} désigne le cofacteur de l'élément d_{ik}^2 de Γ :

$$\Gamma(x_0, x_1, \ldots, x_{k-1})\,\Gamma(x_0, x_1, \ldots, \hat{x}_i, \ldots, x_k) = \\ = M_{i,k}^2 + \Gamma(x_0, x_1, \ldots, \hat{x}_i, \ldots, x_{k-1})\,\Gamma(x_0, x_1, \ldots, x_k)\,.$$

En déduire que si $\Gamma(x_0, x_1, \ldots, x_k) \neq 0$ et de signe $(-1)^{k+1}$, alors tous les $\Gamma(x_{i_1}, \ldots, x_{i_k})$ $(i_1 < \cdots < i_h,\ h = 2, \ldots, k)$ sont non nuls et de signe $(-1)^h$. Montrer que pour qu'il existe des $(x_i)_{i=0,1,\ldots,k}$ de X tels que $x_i x_j = d_{ij}$ $\forall i, j = 0, 1, \ldots, k$, il faut et il suffit que les Γ associés soient, pour tous les h et pour toutes les sous-familles à h éléments de (x_i), ou nuls ou de signe $(-1)^h$.

9.14.24 Donner un critère simple pour que, dans 9.13.6, on n'ait jamais $\{ a \} \in \mathcal{F}$.

9.14.25 THÉORÈME DE SYLVESTER. Soient $(x_i)_{i=1,\ldots,n}$ n points d'un plan affine réel qui ne sont pas tous sur une même droite ; montrer qu'il existe une droite qui contient exactement deux de ces points (on pourra munir le plan d'une structure euclidienne et considérer la borne inférieure de $d(x_i, \langle x_j, x_k \rangle)$ ($i, j, k = 1, \ldots, n$ et différents)).

9.14.26 Trouver $f \in \mathrm{Is}(X)$ et une partie bornée A de X telle que $f(A) \subset A$, $f(A) \neq A$. Montrer que si A est compacte, $f(A) \subset A$ entraîne $f(A) = A$.

9.14.27 Montrer que l'on a toujours $\mathrm{Is}_A(X) \subset \mathrm{Is}_{\bar{A}}(X)$ et donner un exemple où ces deux groupes sont distincts.

9.14.28 Donner des exemples de parties non bornées ou finies A telles que $\mathrm{Is}_A(X)$ soit compact ou fini.

9.14.29 RÉSEAUX PLANS. Un réseau de $\mathbf{R}^2$ est une partie de la forme $\mathbf{Z}x + \mathbf{Z}y$, où x, y sont linéairement indépendants (cf. 1.7.5.2); montrer que tout réseau Λ de $\mathbf{R}^2$ est semblable à un réseau, et un seul, de la forme $\mathbf{Z}u + \mathbf{Z}v$ où $u = (1, 0)$ et v appartient au domaine

$$\mathfrak{D} = \{ (a, b) : 0 \leqslant a \leqslant \tfrac{1}{2}, a^2 + b^2 \geqslant 1, b > 0 \}.$$

Discuter $\mathrm{Is}_\Lambda(\mathbf{R}^2)$ selon la position de v dans $\mathfrak{D}$. Montrer que si deux réseaux Λ, Λ' de $\mathbf{R}^2$ sont tels que

$$\# \{ x \in \Lambda : \| x \| = r \} = \# \{ x \in \Lambda' : \| x \| = r \} \quad \forall r \in \mathbf{R}_+ ,$$

ils sont nécessairement isométriques (ce dernier résultat est faux pour les réseaux de dimension quelconque : voir [SE 2], p. 177, lignes 4 à 8).

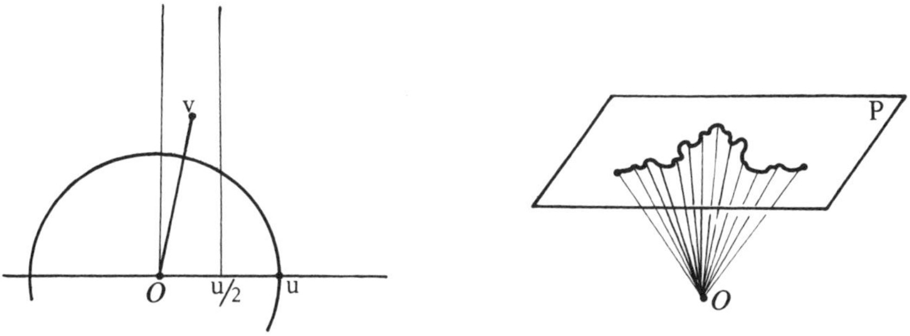

Figure 9.14.29

9.14.30 MÉTRIQUES INTRINSÈQUES. Démontrer 9.9.7.1. Etudier la métrique $\bar{d}$ où (M, d) est l'espace métrique suivant : d est la distance induite par X sur la partie M constituée par le cône de sommet O et contenant la courbe de 9.9.3.3 tracée dans un plan P ne contenant pas O. Montrer par un exemple que si (M, d) est tel que $\bar{d}$ soit encore une distance, la topologie de $(M, \bar{d})$ peut être différente de celle de (M, d).

9.14.31 COURBURE DE MENGER. Soit f une courbe régulière de classe C^2 d'un espace euclidien ; soient x, y, z trois points distincts de f, on pose

$$K(x, y, z) = \frac{\sqrt{(xy+yz+zx)\,(xy+yz-zx)\,(xy-yz+zx)\,(-xy+yz+zx)}}{xy . yz . zx}$$

(cf. 10.3.4).

Montrer que lorsque y, z tendent vers le point x de f, alors $K(x, y, z)$ a pour limite la courbure de f en x au sens de la Géométrie différentielle (voir [B-G], 8.4, par exemple). Donner des exemples de courbes régulières de classe C^1 pour lesquelles $K(x, y, z)$ n'a pas de limite ou devient infini (lorsque y, z tendent vers x).

9.14.32 (Cet exercice est facultatif, car ni l'auteur ni l'éditeur ne peuvent en prendre en charge les frais.) Se rendre à la cathédrale de Bâle et décider si la spirale gravée sur la tombe de Bernouilli est bien une spirale logarithmique.

9.14.33 Soit C une courbe plane d'un plan euclidien, de classe C^1 et strictement convexe ; montrer que pour tout n il existe au moins un polygone de lumière à n côtés inscrit dans C.

9.14.34 HYPOCYCLOÏDES ET ÉPICYCLOÏDES (ALIAS LE JOUET « SPIROGRAPHE »)

9.14.34.1 Définition. On appelle hypocycloïde ou épicycloïde, une partie C d'un plan euclidien telle qu'il existe deux cercles Γ, Γ' dont le rapport des rayons est un nombre rationnel et tels que C soit l'ensemble des points déduits d'un point donné de Γ' lorsque l'on fait rouler Γ' sur Γ sans glissement ; c'est une *hypocycloïde* si Γ' reste à l'intérieur de Γ, une *épicycloïde* s'il reste à l'extérieur. Etudier la forme de C selon la valeur du rationnel ; quel est le nombre de rebroussements de C ?

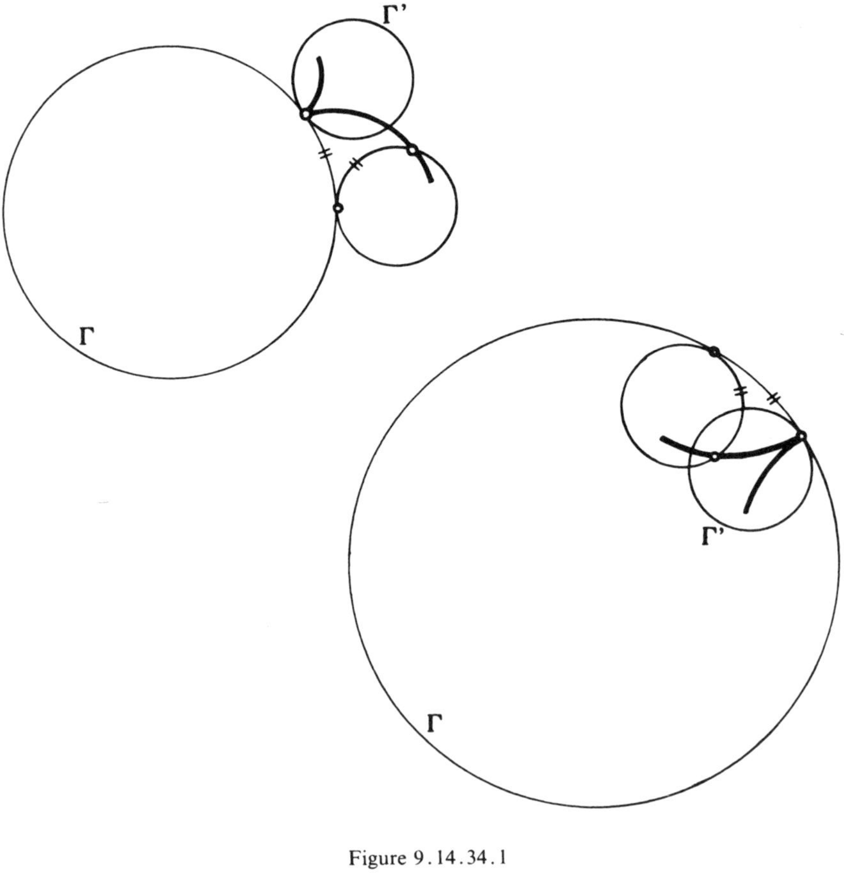

Figure 9.14.34.1

9.14.34.2 Définitions équivalentes. Soient Σ le cercle-unité de $\mathbf{R}^2 = \mathbf{C}$ et r un rationnel non nul ; montrer que l'enveloppe des droites $D(\theta)$ joignant les points $e^{i\theta}$, $e^{ir\theta}$ est, lorsque θ parcourt $\mathbf{R}$, une hypo- ou épicycloïde. Discuter sa nature (hypo- ? épi- ? nombre de rebroussements, etc...) selon r. Obtient-on ainsi toutes les hypo- et épicycloïdes ?

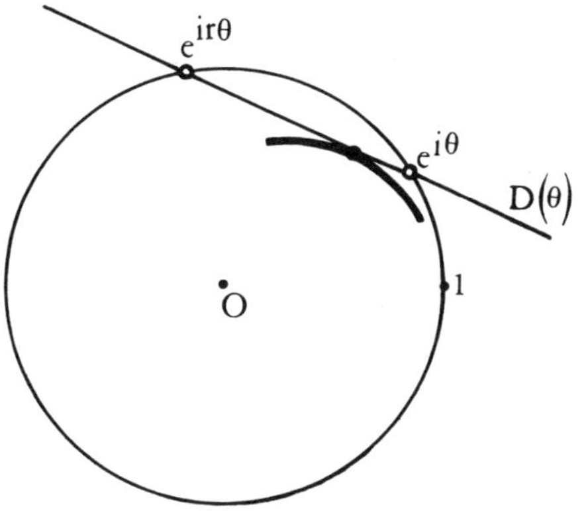

Figure 9.14.34.2

9.14.34.3 Exemples

A) Qu'obtient-on lorsque Γ' a un rayon moitié de celui de Γ et roule à l'intérieur de Γ ? (engrenage de Lahire).

B) Montrer que si Γ' a même rayon que Γ et roule à l'extérieur, on obtient un limaçon de Pascal, appelé *cardioïde*. Soient a et D un point et une droite du plan, $a \notin D$; montrer que lorsque m parcourt D la droite Θ définie par les deux conditions $m \in \Theta$ et $\widehat{D\Theta} = 3\,\widehat{ma, D}$ enveloppe une cardioïde ; on appellera a le *centre* de cette cardioïde.

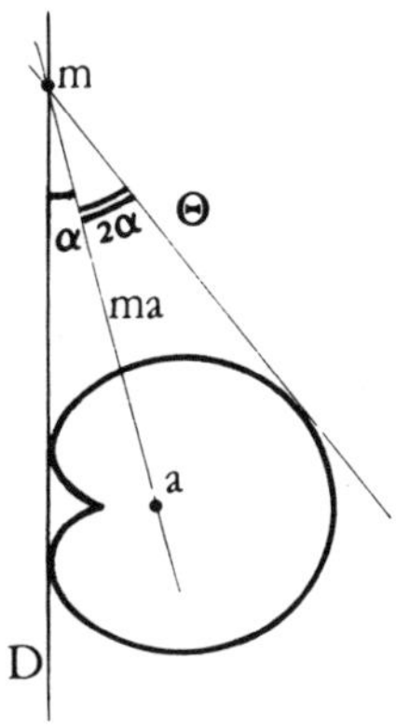

C) Montrer que la caustique d'un miroir sphérique plan (i.e. l'enveloppe des réfléchis des rayons parallèles à l'axe) est un morceau d'épicycloïde à deux rebroussements (appelée *néphroïde*).

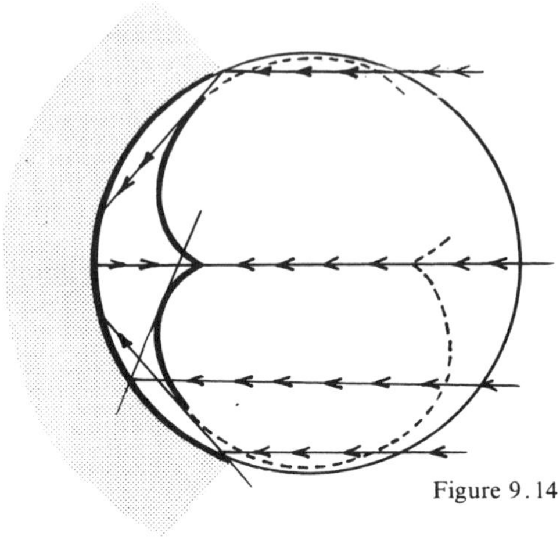

Figure 9.14.34.3.C)

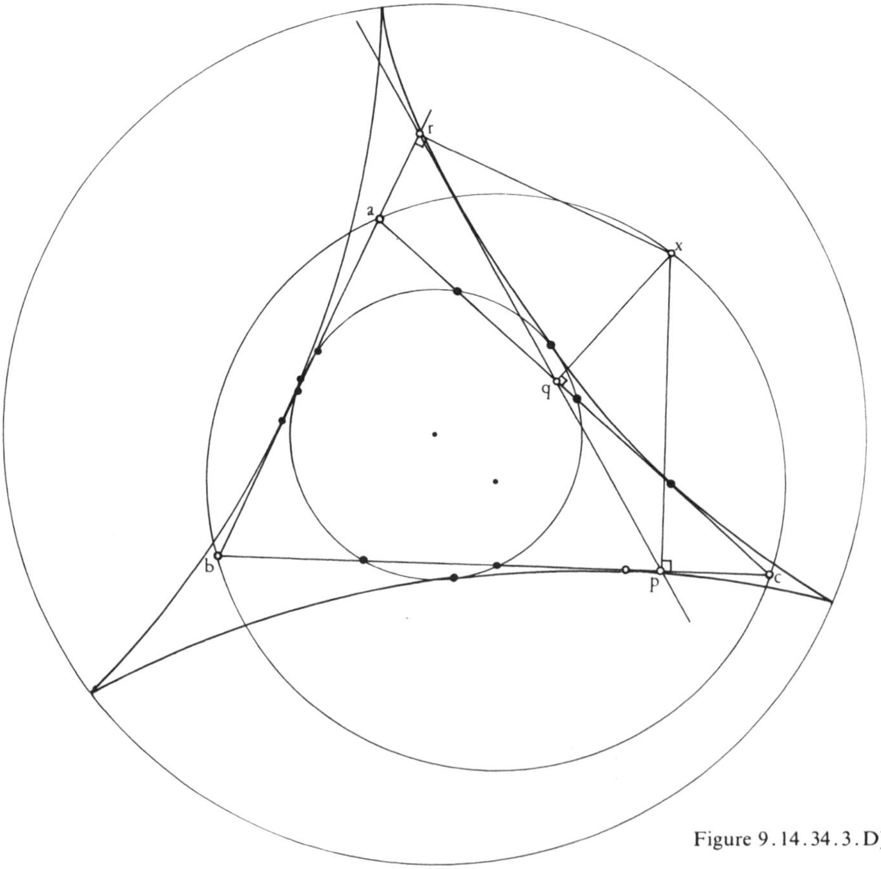

Figure 9.14.34.3.D)

D) Montrer que l'enveloppe des droites de Simson d'un triangle $\mathcal{T}$ donné (cf. 10.4.5.5, 10.9.7.1) lorsque le point incriminé décrit le cercle circonscrit à $\mathcal{T}$ est une hypocycloïde à trois rebroussements, de cercle tritangent le cercle des 9 points de $\mathcal{T}$ (cf. 10.11.3). Précisez les points de contact.

E) Montrer que les projections horizontales des *hélices sphériques* d'axe vertical (i.e. les courbes, tracées sur une sphère S, telles que leur tangente fasse avec l'axe un angle α constant) sont des épicycloïdes pourvu que α soit convenable.

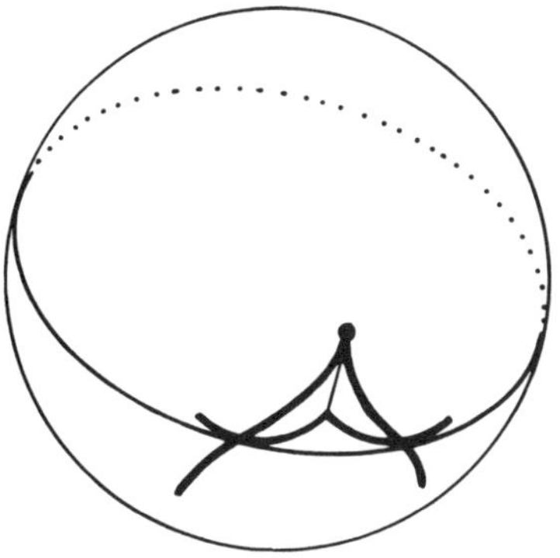

Figure 9.14.34.3.E)

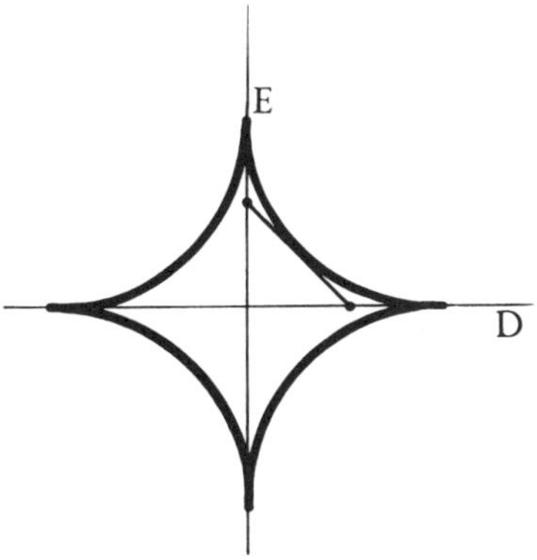

Figure 9.14.34.3.F)

F) Montrer que l'enveloppe d'un segment de longueur constante dont les extrémités décrivent deux droites orthogonales est une hypocycloïde à quatre rebroussements (dite *astroïde*).

9.14.34.4 Propriétés. Montrer que la développée (i.e. l'enveloppe des normales) d'une hypo- ou épicycloïde est semblable à la courbe de départ. Montrer que l'arc s (compté à partir d'une origine convenable) et la courbure K d'une hypo- ou épicycloïde vérifient une relation de la forme

$$as^2 + bK^{-2} = c \quad (a, b, c \text{ constantes})$$

(l'équation intrinsèque, cf. [B-G], p. 323). Réciproquement, quelles sont les courbes vérifiant une telle relation ? Calculer la longueur totale d'une hypo- ou épicycloïde.

9.14.34.5 Les cardioïdes et le théorème de Morley. Soit $\mathcal{T}$ un triangle donné ; montrer que les centres des cardioïdes tangentes aux trois côtés de ce triangle constituent 27 droites, formant trois directions d'angle $2\pi/3$ entre elles (on utilisera 9.14.33.3.B et 10.13.18). Montrer que les côtés du triangle de Morley $\{p, q, r\}$ de $\mathcal{T}$ (cf. 10.3.10) sont portés par trois de ces droites (on remarquera que les sommets du triangle de Morley sont les centres des cardioïdes situées à l'intérieur de $\mathcal{T}$, dont deux tangentes sont des côtés de $\mathcal{T}$ et une tangente double le troisième côté de $\mathcal{T}$. Voir aussi 10.13.23.

9.14.34.6 Pour plus de renseignements sur les hypo- et épicycloïdes, voir [LM 1]. Voir aussi [ZR], référence très plaisante pour les courbes planes et leurs liaisons avec la mécanique, l'optique, l'électricité ; en particulier le chapitre XXI pour le rapport entre épicycloïdes et engrenages. Voir enfin [LF-AR], p. 413-435, pour une présentation analytique des courbes cycloïdes et spécialement p. 433-435 pour la détermination de la forme du carter du moteur Wankel (cf. 12.10.5).

9.14.35 Soient a, b, c, d quatre points d'un plan euclidien, avec b, c, d alignés ; montrer que l'on a toujours la *relation de Stewart* :

$$(ab)^2\,\overline{cd} + (ac)^2\,\overline{db} + (ad)^2\,\overline{bc} + \overline{bc}.\overline{cd}.\overline{db} = 0\,,$$

où il s'agit de mesures algébriques, pour une unité quelconque, sur la droite b, c, d.

9.14.36 Soient X un espace affine euclidien et G un sous-groupe fini de $\mathrm{Is}(X)$; montrer qu'il existe des parties A de X telles que $G = \mathrm{Is}_A(X)$. En déduire que, quel que soit le groupe abstrait fini G, il existe un espace affine euclidien X et une partie B de X telle que G soit isomorphe à $\mathrm{Is}_B(X)$.

9.14.37 Soit φ une application d'un plan euclidien E dans lui-même « qui conserve la distance 1 », c'est-à-dire telle que

$$d(\varphi(x), \varphi(y)) = 1 \quad \forall x, y \in E \mid d(x, y) = 1\,.$$

Montrer que φ est une isométrie (on pourra montrer d'abord que φ conserve la distance $\sqrt{3}$ et utiliser ensuite que $\mathbf{Z} + \mathbf{Z}.\sqrt{3}$ est partout dense dans $\mathbf{R}$). Voir [M-P], p. 152.

9.14.38 Montrer que pour que trois droites D, E, F d'un espace euclidien E de dimension 3 admettent une perpendiculaire commune (cf. 9.2.6.5) il faut et il suffit que les retournements autour de ces droites vérifient

$$\sigma_D \circ \sigma_E \circ \sigma_F \quad \text{est un retournement}\,.$$

En déduire le théorème de Petersen-Morley : soient X, Y, Z trois droites de E, puis X' (resp. Y', Z') la perpendiculaire commune à Y et Z (resp. Z et X, X et Y) et enfin X'' (resp. Y'', Z'') la perpendiculaire commune à X et X' (resp. Y et Y', Z et Z'). Montrer que les trois droites X'', Y'', Z'' admettent une perpendiculaire commune. Voir d'autres démonstrations dans [LF-AR], p. 681 et [FL], p. 339.

9.14.39 Etant donnés six points a_i, a'_i $(i = 1, 2, 3)$ de $\mathbf{R}^3$ et tels que $d(a_i, a_j) = d(a'_i, a'_j)$ $\forall i, j$, déterminer géométriquement les isométries f telles que $f(a_i) = a'_i$ $\forall i$.

9.14.40 Etant donnés quatre points de $\mathbf{R}^2$: a, b, a', b', construire les centres des similitudes telles que $a \mapsto a'$, $b \mapsto b'$.

9.14.41 Etant donnés six points a_i, a'_i $(i = 1, 2, 3)$ de $\mathbf{R}^3$, à quelles conditions existe-t-il une similitude f telle que $f(a_i) = a'_i$ $\forall i$? Si ces conditions sont satisfaites, construire géométriquement le centre des similitudes f en question. Extension en dimension quelconque.

9.14.42 THÉORÈME DE LIOUVILLE

On considère une application $f : U \to V$, de classe C^3, entre deux ouverts U, V de $\mathbf{R}^n$ $(n \geqslant 3)$, qui est *conforme* — c'est-à-dire que, pour tout $x \in U$, sa différentielle $f'(x)$ est une *similitude* de $\mathbf{R}^n$ (c'est-à-dire une application linéaire bijective telle que $\dfrac{\|f'(x)(y)\|}{\|y\|}$ soit constante). Montrer que f est à la restriction à U du produit d'une similitude par une inversion. On montrera d'abord que la fonction numérique u égale à $\|f'(x)\|^{-1}$ vérifie les deux relations $\operatorname{grad}^2 u = 2\rho u$ et $\operatorname{Hess} u = \rho \|\cdot\|^2$ où ρ est une constante sur U, où grad désigne le gradient d'une fonction et Hess sa hessienne, c'est-à-dire la forme quadratique définie par sa dérivée seconde. C'est-à-dire que, en coordonnées canoniques, on a :

$$\frac{\partial^2 u}{\partial x_i \partial x_j} = 0 \quad \text{si} \quad i \neq j, \quad \frac{\partial^2 u}{\partial x_i^2} = \rho \quad \text{et} \quad \sum_i \left(\frac{\partial u}{\partial x_i}\right)^2 = 2\rho u.$$

En déduire que, ou u est constante, ou u est de la forme $u = \dfrac{\rho}{2} \sum_i (x_i - a_i)^2$ où les a_i sont des constantes.

9.14.43 Etudier la figure formée par les centres d'homothétie de trois cercles du plan ; puis quatre sphères de l'espace (voir [H-C], pages 136 et suivantes). Même question pour les centres de similitude.

9.14.44 Sur les côtés d'un triangle plan quelconque et à son extérieur, construisez trois triangles équilatéraux. Montrer que les centres de ces trois triangles forment un triangle équilatéral.

9.14.45 (Théorème de Napoléon). Bâtissez de même quatre carrés à l'extérieur sur les côtés d'un parallélogramme. Montrer que leurs centres forment encore un carré.

CHAPITRE 10

triangles, sphères et cercles

Nous avons groupé ici, relatifs aux animaux domestiques de la géométrie que sont les triangles, les polygones, les tétraèdres, les cercles et les sphères, à la fois les données et résultats de bases, en même temps que des résultats plus cachés mais toujours d'énoncés — ou de dessins — simples. Il nous semble inutile de présenter ce chapitre, le lecteur en le feuilletant accrochera au passage ce qui lui plaira, quitte à revenir en arrière pour ce dont il aura besoin pour la compréhension et les démonstrations. De toutes façons, comme ces animaux sont en partie familiers au lecteur, nous ne nous sommes pas apesantis sur les démonstrations de leurs comportements classiques ; on peut dire que ce chapitre est à considérer comme un ensemble d'illustrations, d'exercices et de problèmes du chapitre 9. La section 10.12 est une introduction et une motivation pour des sections ultérieures.
Un traité assez exhaustif et remarquable est [COO] ; voir aussi [BAL].

Tous les espaces considérés sont affines euclidiens. Dans les sections 10.1 à 10.5 et 10.9 à 10.11, il s'agira de plans ; dans la section 10.12, la dimension sera 3.

10.1 *Triangles : définitions, notations*

10.1.1 D'après 2.4.7, un *triangle* est la donnée de trois points affinement indépendants x, y, z ; on peut, en se plaçant dans le plan affine qu'ils engendrent, supposer finalement que tout a lieu dans un plan euclidien X, ce qu'on fera dans la suite dans les sections 10.1 à 10.4.

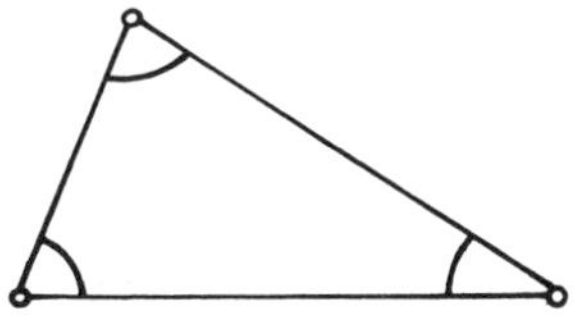

Figure 10.1.1

10.1.2 Pour un triangle fixé $\mathcal{T} = \{x, y, z\}$, nous emploierons systématiquement les *notations* suivantes :

$$a = yz\,, \quad b = zx\,, \quad c = xy \qquad \text{(cf. 9.1.1)}\,,$$

$$A = \overline{\overrightarrow{xy}, \overrightarrow{xz}}\,, \quad B = \overline{\overrightarrow{yx}, \overrightarrow{yz}}\,, \quad C = \overline{\overrightarrow{zy}, \overrightarrow{zx}} \qquad \text{(cf. 8.6)}\,.$$

Les réels a, b, c sont appelés les *côtés* de $\mathcal{T}$, au même titre que les droites qui les portent (cf. 2.4.7), abus qui est sans danger. Rappelons que A, B, C, qui sont appelés les *angles* de $\mathcal{T}$, sont des réels de $]0, \pi[$. Les *sommets* de $\mathcal{T}$ sont x, y, z.

10.1.3 Le triangle est dit *isocèle* si deux de ses côtés sont égaux, *équilatéral* si les trois sont égaux ; *rectangle* si l'un de ses angles vaut $\pi/2$, *acutangle* si ses trois angles sont dans $]0, \pi/2[$, *obtusangle* sinon.

10.1.4 Les *hauteurs* de $\mathcal{T}$ sont les droites passant par un sommet et orthogonales au côté opposé ; on *note* h_a, h_b, h_c les longueurs des segments correspondants, c'est-à-dire

$$h_a = d(x, \langle y, z \rangle)\,, \quad h_b = d(y, \langle z, x \rangle)\,, \qquad h_c = d(z, \langle x, y \rangle)\,.$$

Les *médiatrices* de $\mathcal{C}$ sont celles des paires de points $\{x, y\}$, $\{y, z\}$, $\{z, x\}$ (cf. 9.7.5). Les *bissectrices intérieures* de $\mathcal{C}$ sont les droites (cf. 8.7.3.3) portant les bissectrices des droites orientées $\langle \overrightarrow{xy}, \overrightarrow{xz} \rangle$, $\langle \overrightarrow{yx}, \overrightarrow{yz} \rangle$, $\langle \overrightarrow{zx}, \overrightarrow{zy} \rangle$, les *bissectrices extérieures* sont les orthogonales, en les sommets, à ces dernières ; ces bissectrices donnent lieu à des segments de longueurs respectives i_a, i_b, i_c et e_a, e_b, e_c. Les *médianes* de $\mathcal{T}$ sont les droites $\left\langle x, \frac{y+z}{2} \right\rangle$, $\left\langle y, \frac{z+x}{2} \right\rangle$, $\left\langle z, \frac{x+y}{2} \right\rangle$, les longueurs des segments correspondants sont *notées* m_a, m_b, m_c.

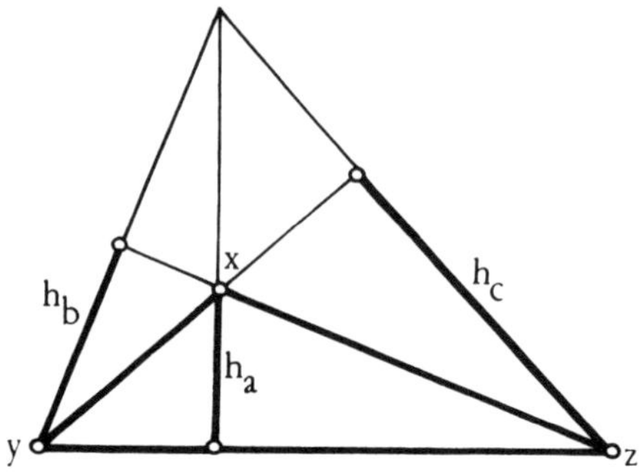
x
h_b
h_c
h_a
y
z

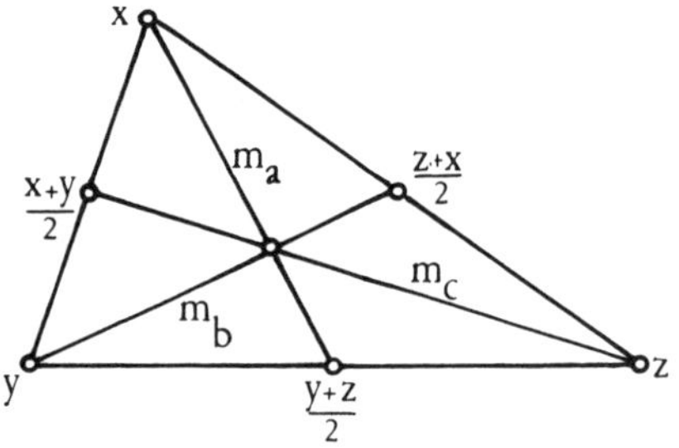
x
m_a
$\frac{z+x}{2}$
$\frac{x+y}{2}$
m_c
m_b
y
z
$\frac{y+z}{2}$

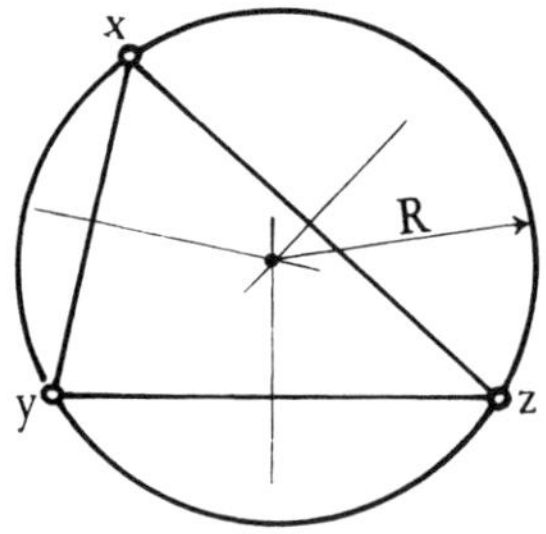
x
R
y
z

Figure 10.1.4

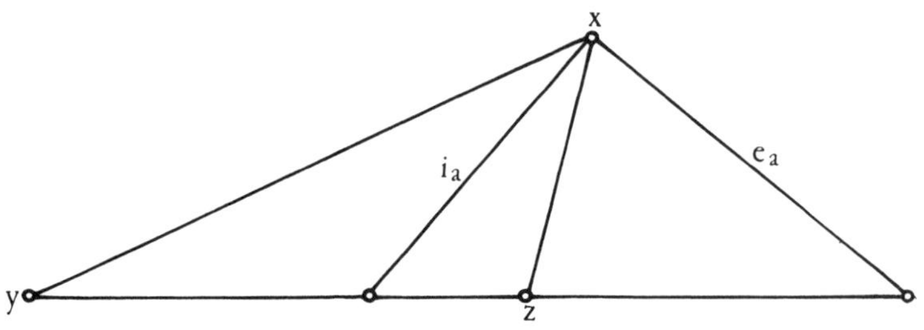
x
i_a
e_a
y
z

10.1.5 D'après 9.7.5, il existe un cercle unique circonscrit à $\mathcal{T}$, on *note* R son rayon. Il existe quatre cercles tangents aux trois côtés de $\mathcal{T}$, un à l'intérieur, dit *inscrit*, et trois autres dits *exinscrits* ; leurs rayons sont *notés* respectivement r, r_a, r_b, r_c. Enfin on *note* S l'*aire* de $\mathcal{T}$ (cf. 9.12.4).

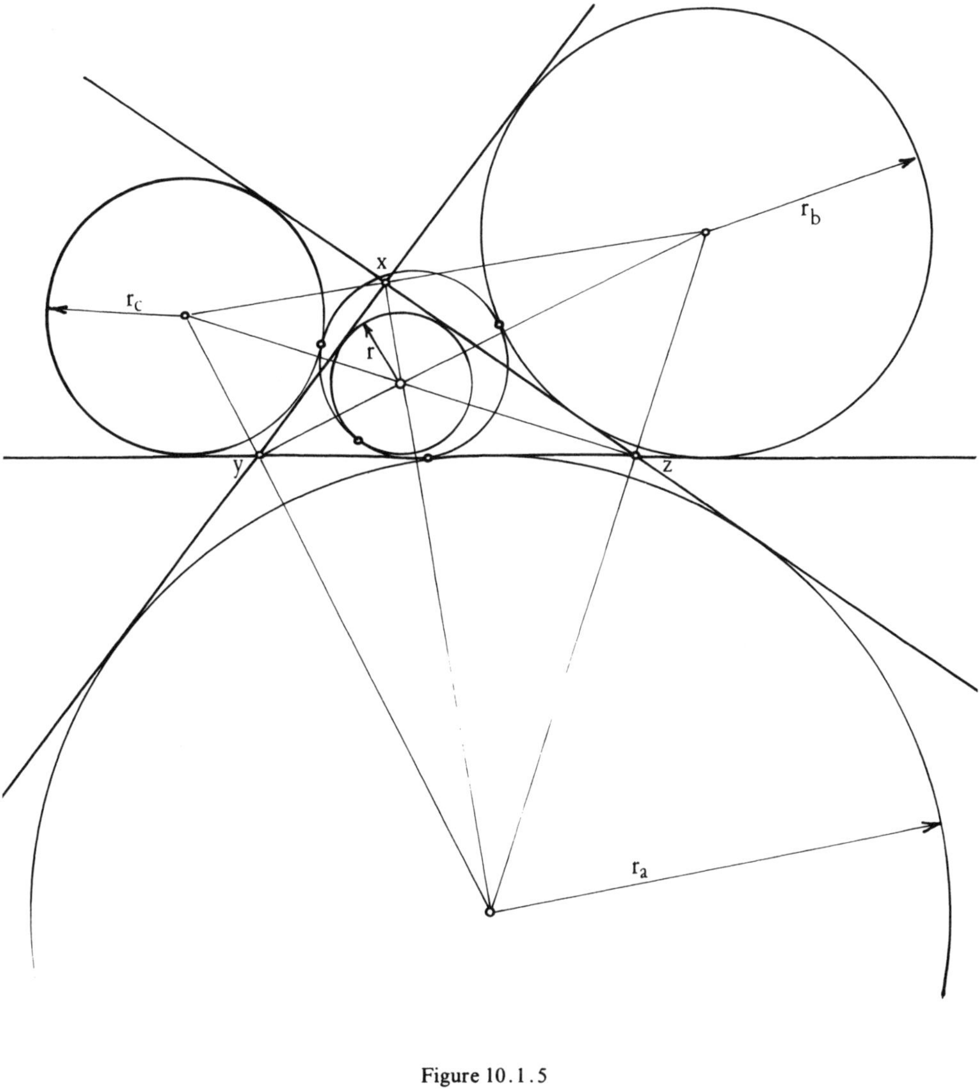

Figure 10.1.5

10.2 *Résultats classiques*

10.2.1 EXISTENCE. Pour qu'il existe un triangle $\{x, y, z\}$ avec $xy = c$, $yz = a$, $zx = b$, il faut et suffit que a, b, c vérifient seulement les trois inégalités triangulaires strictes :

$$a < b + c, b < c + a, c < a + b \Leftrightarrow |b - c| < a < b + c .$$

En effet la formule 10.3.1 montre qu'il suffit de pouvoir trouver $A \in]0, \pi[$ tel que $\cos A = \dfrac{b^2 + c^2 - a^2}{2bc}$, donc que $\dfrac{b^2 + c^2 - a^2}{2bc} \in]-1, 1[$; d'où le résultat. Une autre démonstration est celle de 9.7.3.4, compte tenu de 9.7.3.8.

10.2.2 TRIANGLES ISOCÈLES. Pour que $\mathcal{T}$ soit isocèle, il faut et il suffit que deux de ses angles soient égaux. Seul le sens $\Leftarrow$ n'est pas banal ; il résulte par exemple de la formule 10.3.1, car $\dfrac{b^2+c^2-a^2}{2bc} = \dfrac{c^2+a^2-b^2}{2ca}$ s'écrit $(a - b)[(a + b)^2 - c^2] = 0$, et on applique 10.2.1. Un triangle sera donc équilatéral si et seulement si ses trois angles sont égaux ; la valeur commune est $\pi/3$, comme le montre 10.2.4 ou 10.3.1.

10.2.3 TRIANGLES RECTANGLES. Pour que $\mathcal{T}$ soit rectangle en x, il faut et il suffit que $a^2 = b^2 + c^2$ (cf. 9.2.3 ou 10.3.1).

10.2.4 SOMME DES ANGLES. On a toujours $A + B + C = \pi$; on applique en effet 8.7.5.3 : $\overrightarrow{xz}$ est entre $\overrightarrow{xy}$ et $\overrightarrow{yz}$, de même $\overrightarrow{yz}$ est entre $\overrightarrow{xz}$ et $\overrightarrow{yx}$, donc

$$\overline{\overrightarrow{xy}, \overrightarrow{xz}} + \overline{\overrightarrow{xz}, \overrightarrow{yz}} + \overline{\overrightarrow{yz}, \overrightarrow{yx}} = \overline{\overrightarrow{xy}, \overrightarrow{yx}} = \pi .$$

Nous rencontrerons des géométries où la somme des angles d'un triangle est toujours $> \pi$ (cf. 18.3.8.4) ou $< \pi$ (cf. 19.5.4).

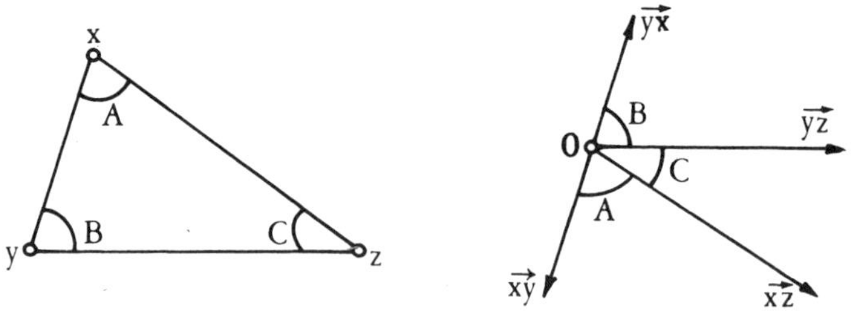

Figure 10.2.4

10.2.5 CONCURRENCE. Le lecteur aura déjà remarqué sur les figures que sont concourantes : les hauteurs, les médianes, les bissectrices intérieures (ou une intérieure et deux extérieures), les médiatrices. Pour les médianes, cela résulte de 3.4.10. Pour les bissectrices, de la propriété 9.14.3. Pour les médiatrices, de 9.7.5. Seul le cas des hauteurs nécessite un peu d'astuce ; on peut, par exemple, mener par les sommets de $\mathcal{T}$. les parallèles au côté opposé, formant ainsi un triangle $\mathcal{T}'$ dont les médiatrices sont les hauteurs de $\mathcal{T}$! Voir aussi 10.13.1 et 17.5.4. Le point de rencontre des hauteurs de $\mathcal{T}$ est appelé l'*orthocentre de* $\mathcal{T}$.

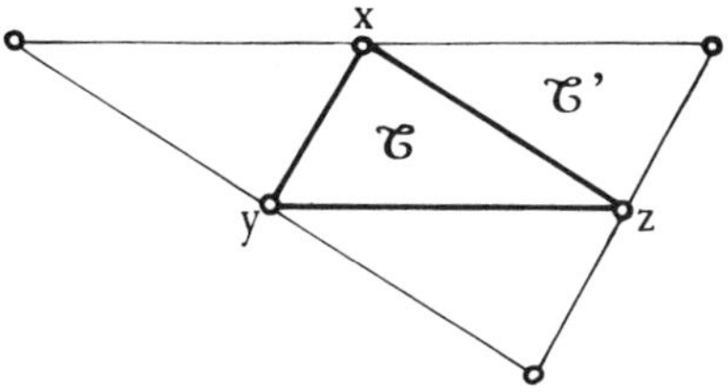

Figure 10.2.5

10.2.6 CAS D'ÉGALITÉ. Pour deux triangles $\mathcal{T}$, $\mathcal{T}'$ dont les éléments sont notés comme en 10.1.2 avec des « ′ » au besoin, les conditions suivantes sont équivalentes :

$$\begin{cases} \text{(i) il existe } f \in \operatorname{Is}(X) \text{ telle que } f(x) = x',\ f(y) = y',\ f(z) = z' ; \\ \text{(ii) } a = a',\ b = b',\ c = c' ; \\ \text{(iii) } A = A',\ b = b',\ c = c' ; \\ \text{(iv) } A = A',\ B = B',\ c = c' . \end{cases}$$

Cela résulte de 9.7.1 et du formulaire ; faire seulement bien attention, en utilisant le formulaire, à ce que, contrairement au cosinus, le sinus ne détermine pas l'angle entre 0 et π de façon unique ; donc n'utiliser dans le sens « sinus ou cosinus » $\Rightarrow$ « angle » que des cosinus.

Deux triangles vérifiant l'une de ces conditions sont dits *égaux*.

10.2.7 CAS DE SIMILITUDES. Avec les mêmes notations, les conditions suivantes sont équivalentes :

$$\begin{cases} \text{(i) il existe } f \in \operatorname{Sim}(X) \text{ telle que } f(x) = x',\ f(y) = y',\ f(z) = z' ; \\ \text{(ii) } \dfrac{a'}{a} = \dfrac{b'}{b} = \dfrac{c'}{c} ; \\ \text{(iii) } A = A',\ B = B',\ C = C' . \end{cases}$$

Utiliser 9.5.3.1 et le formulaire pour voir que (i) $\Rightarrow$ (iii) $\Rightarrow$ (ii). Pour (ii) $\Rightarrow$ (i), se ramener au cas de l'égalité par une similitude de rapport

$$\frac{a}{a'}\left(=\frac{b}{b'}=\frac{c}{c'}\right).$$

10.3 *Formulaire*

Les notations sont celles de 10.1 avec en outre $p = \dfrac{a+b+c}{2}$ (*demi-périmètre* de $\mathcal{T}$). Alors on a toujours :

10.3.1 $\cos A = \dfrac{b^2+c^2-a^2}{2\,bc}$, $\sin A = \dfrac{2}{bc}\sqrt{p(p-a)(p-b)(p-c)}$,

$$\sin\frac{A}{2} = \sqrt{\frac{(p-b)(p-c)}{bc}}\ ;$$

10.3.2 $$\frac{a}{\sin A} = \frac{b}{\sin B} = \frac{c}{\sin C} = 2\,R\ ;$$

10.3.3 $S = \dfrac{1}{2}ah_a = \dfrac{1}{2}bc\sin A = pr = \sqrt{p(p-a)(p-b)(p-c)}$;

(formule de Héron) ;

10.3.4 $$R = \frac{abc}{\sqrt{(a+b+c)(a+b-c)(a-b+c)(-a+b+c)}}\ ;$$

10.3.5 $$r = \frac{S}{p},\qquad r_a = \frac{S}{p-a}\ ;$$

10.3.6 $i_a = \dfrac{2}{b+c}\sqrt{p(p-a)\,bc}$, $e_a = \dfrac{2}{b-c}\sqrt{(p-b)(p-c)\,bc}$

(si $b > c$) ;

10.3.7 $$m_a^2 = \frac{2(b^2+c^2)-a^2}{4}.$$

La première formule de 10.3.1 n'est autre que 8.1.2.4 via 8.6.3 et 9.1.1. La deuxième consiste à écrire $\sin A = \sqrt{1-\cos^2 A}$ et la troisième

$$\sin^2\frac{A}{2} = \frac{1-\cos A}{2}.$$

Pour 10.3.2, appelons ω le centre du cercle circonscrit à $\mathcal{T}$; d'après 10.9.3 l'angle en ω du triangle ωyz vaut $2\,A$, donc par définition du sinus : $a = \dfrac{R}{2}\sin A$. Le lecteur pourra désirer travailler sans 10.9.3, auquel cas on pourra utiliser 9.7.3.7, d'où 10.3.4 et la dernière égalité de 10.3.3 de suite.

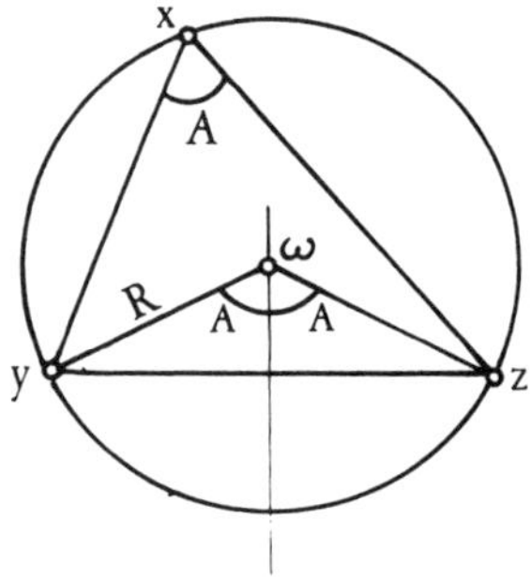

Figure 10.3.7.1

La première égalité de 10.3.3 n'est autre que 9.12.4.4, la seconde provient de ce que $h_b = c \sin A$; la troisième s'obtient en découpant $\mathcal{T}$ en trois triangles : $\mathcal{T} = \{ x, y, \alpha \} \cup \{ y, z, \alpha \} \cup \{ z, x, \alpha \}$, où α est le centre du cercle inscrit dans $\mathcal{T}$. Or chacun de ces triangles a r pour hauteur issue de α, et pour côtés respectifs a, b, c ; d'où le résultat avec 9.12.4.4. La dernière égalité résulte de 10.3.1.

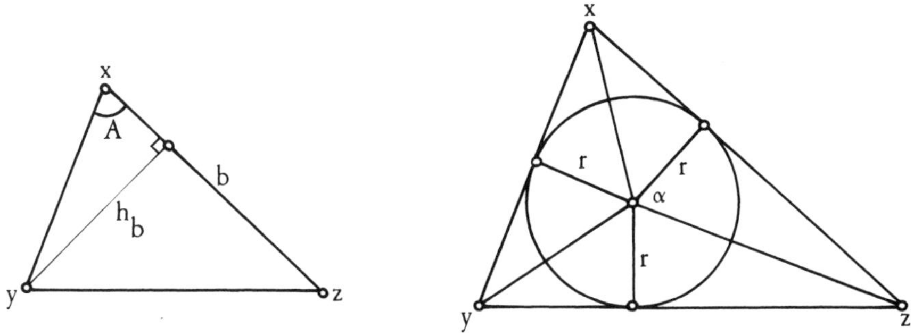

Figure 10.3.7.2

L'égalité 10.3.4 résulterait de 9.7.3.7 comme on l'a vu ; ici c'est simplement la conséquence de 10.3.1 et 10.3.2.

Pour 10.3.5, on procède comme pour $S = pr$, mais avec le centre α' du cercle exinscrit dans l'angle A ; ici

$$\{ y, z, \alpha' \} \cup \mathcal{T} = \{ x, y, \alpha' \} \cup \{ x, z, \alpha' \} ,$$

donc

$$\text{aire}(\mathcal{T}) = \text{aire}(\{ x, y, \alpha' \}) + \text{aire}(\{ x, z, \alpha' \}) - \text{aire}(\{ y, z, \alpha' \}) .$$

Ces trois triangles ont r_a pour hauteur issue de α', et pour côtés respectifs b, c, a.

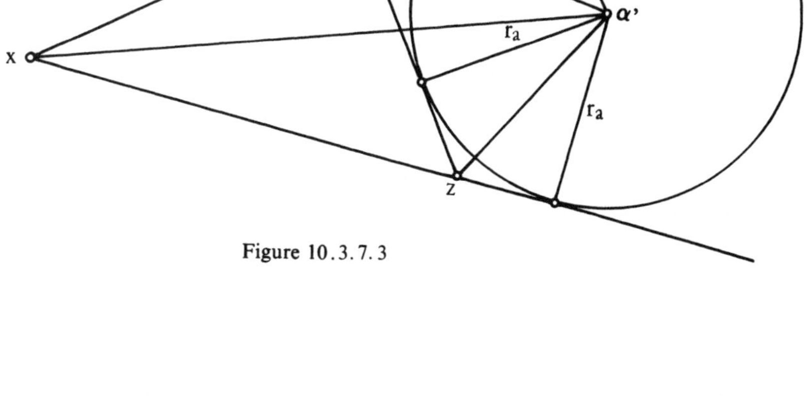

Figure 10.3.7.3

La formule 10.3.7 n'est autre que 9.7.6.5. Reste à démontrer 10.3.6 ; laissons e_a au lecteur ; pour i_a, appelons s le point où notre bissectrice issue de x coupe le côté $[y, z]$. En appliquant 10.3.2, et en remarquant que les angles en s des triangles $\{ s, y, x \}$ et $\{ s, z, x \}$ ont mêmes sinus, on trouve :

10.3.8
$$\frac{sy}{b} = \frac{sz}{c} = \frac{sy + sz}{b + c} = \frac{a}{b + c}.$$

On réapplique alors 10.3.2 au triangle $\{ x, s, z \}$ par exemple, et 10.3.1 deux fois.

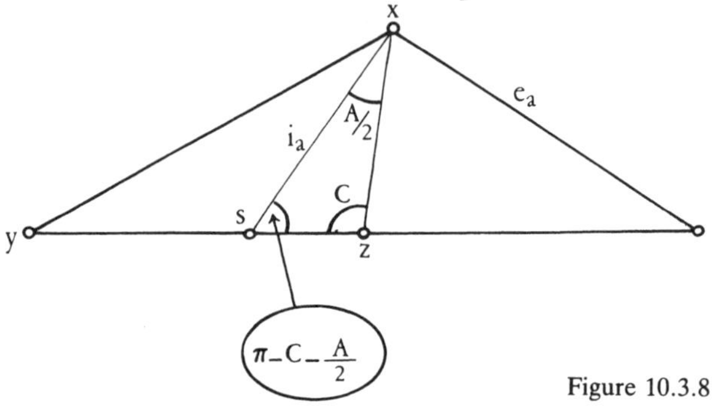

Figure 10.3.8

10.3.9 NOTE. Dans le cas d'un triangle rectangle, c'est un bon exercice de voir ce que deviennent les formules ci-dessus et de se livrer à quelques vérifications.

10.3.10 APPLICATION : THÉORÈME DE MORLEY. Il s'agit d'un résultat d'apparence simple, mais dont la démonstration n'est pas immédiate ; pour des démonstrations géométriques, voir 10.13.4 et 9.14.33.5. Voir aussi [LB 1], p. 173-194 pour la figure formée par les trisectrices d'un triangle, ainsi que 9.14.34.5 et 10.13.23. Voir enfin [CAL].

Le théorème de Morley est le suivant : on divise en trois les angles d'un triangle $\mathcal{T} = \{ x, y, z \}$ (au sens des réels $\in]0, \pi[$) et on appelle p, q, r les points ainsi obtenus ; alors le triangle p, q, r est équilatéral (pour apprécier le théorème, il est bon d'essayer soi-même des démonstrations géométriques, ou même trigonométriques, avant de lire ce qui suit). On pose :

$$\alpha = \frac{A}{3}, \quad \beta = \frac{B}{3}, \quad \gamma = \frac{C}{3};$$

on applique 10.3.2 à $\{ x, y, z \}$ et à $\{ x, y, r \}$ pour obtenir

$$rx = 2 R \frac{\sin \beta \sin (3 \alpha + 3 \beta)}{\sin (\alpha + \beta)}$$

(utiliser aussi 10.2.4), où R est le rayon du cercle circonscrit à $\mathcal{T}$. Un calcul de trigonométrie (cf. 8.7.8 et 8.12.8) via $\alpha + \beta + \gamma = \pi/3$, conduit à

$$rx = 8 R \sin \beta \sin \gamma \sin \left(\frac{\pi}{3} + \gamma \right).$$

De même

$$qx = 8\,R \sin\beta \sin\gamma \sin\left(\frac{\pi}{3} + \beta\right)$$

soit

$$\frac{rx}{\sin\left(\frac{\pi}{3} + \gamma\right)} = \frac{qx}{\sin\left(\frac{\pi}{3} + \beta\right)} = 8\,R \sin\beta \sin\gamma\ ;$$

mais comme $\left(\frac{\pi}{3} + \gamma\right) + \left(\frac{\pi}{3} + \beta\right) + \alpha = \pi$, la formule 10.3.2 appliquée à un triangle, purement conceptuel, dont un côté vaut rx et les trois angles $\frac{\pi}{3} + \gamma$, $\frac{\pi}{3} + \beta$ et α, montre que ce triangle peut être $\{x, r, q\}$ et 10.3.2 encore montre que $rq = 8\,R \sin\alpha \sin\beta \sin\gamma$. Cette valeur est donc aussi celle de qp et pr.

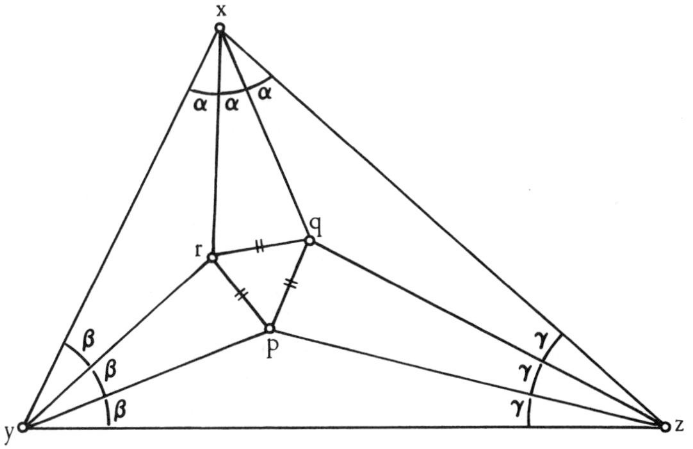

Figure 10.3.10

10.3.11 LA GÉOMÉTRIE DU TRIANGLE

Il existe de très nombreux résultats sur les triangles ; pour un exposé suivi, voir [R-C 1], note III. Pour quelques exemples, voir 10.11.

10.4 *Inégalités, problèmes de minimum*

10.4.1 INÉGALITÉ ISOPÉRIMÉTRIQUE. *Pour tout triangle, on a* $S \leqslant \dfrac{p^2}{3\sqrt{3}}$*, et l'égalité si et seulement si le triangle est équilatéral.*

Il suffit d'appliquer 10.3.3 et 11.8.11.6 qui fournit :

$$(p-a)(p-b)(p-c) \leqslant \left[\frac{(p-a)+(p-b)+(p-c)}{3}\right]^3 = \left(\frac{p}{3}\right)^3$$

et l'égalité si et seulement si $p - a = p - b = p - c$.

10.4.2 NOTE. Nous rencontrerons deux généralisations de 10.4.1, en 10.5 et 12.11.1. Quant à une inégalité « isodiamétrique » pour les triangles (cf. 9.13.8), elle est immédiate d'après 10.3.3, car le diamètre de $\mathscr{T}$ est $\sup\{a, b, c\}$.

10.4.3 PROBLÈME DE FERMAT. De 9.7.6.3 on déduit

$$tx^2 + ty^2 + tz^2 \geqslant gx^2 + gy^2 + gz^2 \quad \forall t \in X\,.$$

avec égalité seulement si t est en $g = \dfrac{x+y+z}{3}$ le centre de gravité de $\mathscr{T}$.

La valeur du minimum en fonction de a, b, c, qui fournit donc une inégalité, résulterait de 10.3.7 et 3.4.10.

Etudier le minimum de la fonction $t \mapsto tx + ty + tz$ est, chose surprenante, beaucoup plus difficile que le précédent (la raison est, en fait, que la distance n'est pas bilinéaire, contrairement à son carré) ; il s'agit là du problème de Fermat. La solution nous est indiquée par 9.10.6, on cherche les points t de X tels que l'on voit de x les trois côtés de $\mathscr{T}$ sous des angles de $2\pi/3$. La solution complète est finalement la suivante : ou l'un des angles de $\mathscr{T}$, soit A, est $\geqslant 2\pi/3$, alors le minimum est atteint en x et en x seulement, ou tous les angles de $\mathscr{T}$ sont $< 2\pi/3$ et alors il existe un point unique ω de X d'où l'on voit les trois côtés de $\mathscr{T}$ sous l'angle $2\pi/3$ et le minimum est atteint en ω et en ω seulement.

On voit d'abord que si t est solution de notre minimum, il doit être dans le triangle au sens large, car sinon le pied u de la perpendiculaire abaissée de t sur un côté $\langle y, z \rangle$ de $\mathscr{T}$ tel que t et x soient dans des demi-plans différents vérifierait $tx + ty + tz > ux + uy + uz$ (appliquer 9.2.2).

Si $A \geqslant 2\pi/3$, pour tout t de l'intérieur de $\mathscr{T}$, $t \neq x$, l'angle en t de $\{t, y, z\}$ est $> 2\pi/3$ et le minimum ne peut être atteint en t, donc le minimum ne peut être atteint qu'en x, qui doit convenir car le minimum est atteint pour des raisons de compacité.

Supposons maintenant les trois angles de $\mathscr{T}$ strictement inférieurs à $2\pi/3$; orientons X et appelons f la rotation de centre y et dont une mesure de l'angle est $\pi/3$; soient $x' = f(x)$, $t' = f(t)$ pour t quelconque de X. On a :

$$tx + ty + tz = x't' + t't + tz \geqslant x'z\,,$$

et l'égalité si et seulement si x', t', t, z sont alignés et dans le bon ordre.

On construit de même $z'' = f^{-1}(z)$; comme les angles de $\mathscr{C}$ sont $< 2\,\pi/3$, les droites $\langle\, x, z'' \,\rangle$ et $\langle\, z, x' \,\rangle$ se rencontrent en un point ω, tel que de plus x', $\omega' = f(\omega)$, ω, z sont alignés et dans le bon ordre. Donc ω réalise bien $\omega x + \omega y + \omega z = x'\, z$, ce qui achève la démonstration.
En prime, on a obtenu le fait que les trois droites $\langle\, x', z \,\rangle$, $\langle\, x, z'' \,\rangle$, $\langle\, y, x'' \,\rangle$ de la figure 10.4.3 se rencontrent en un même point et avec des angles égaux à $\pi/3$.

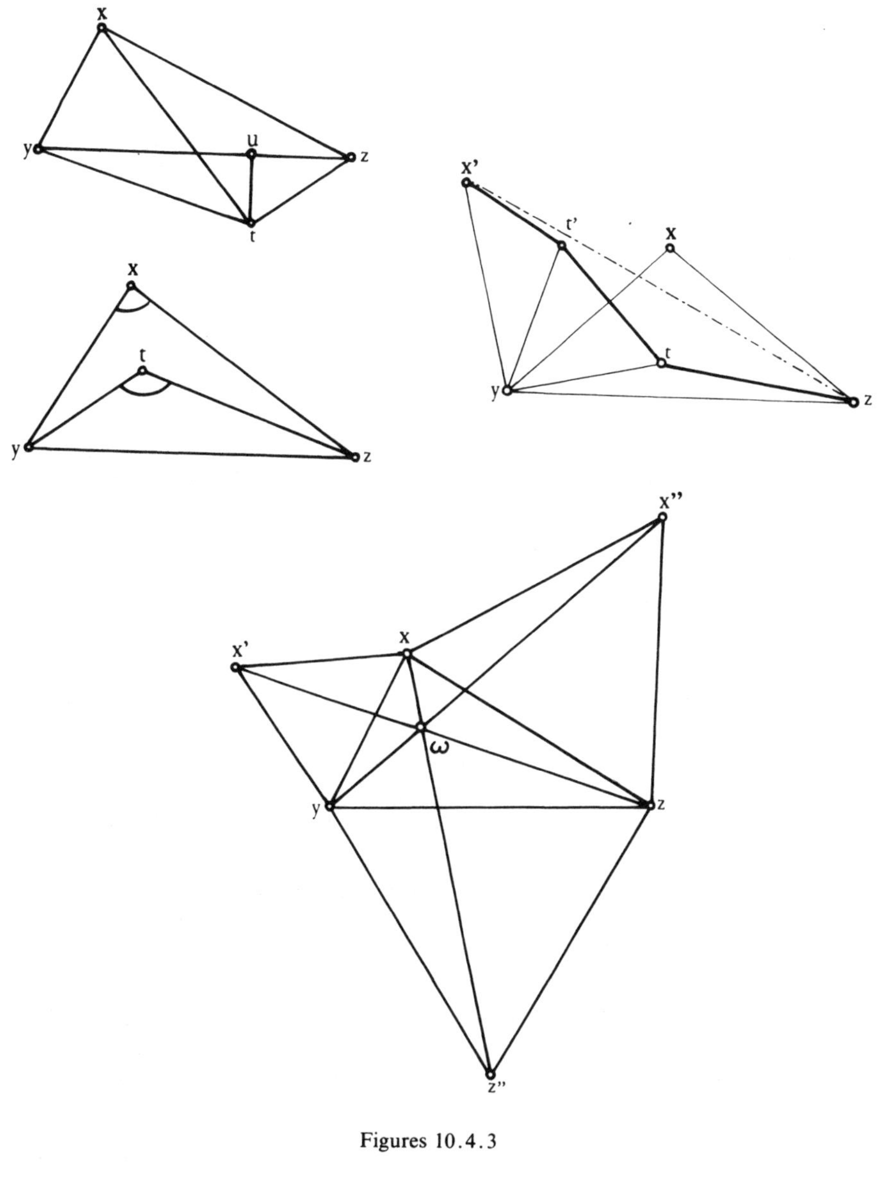

Figures 10.4.3

10.4.4 NOTE. On a déjà étudié en 9.4 les triangles inscrits dans $\mathcal{T}$ et de périmètre minimum.

10.4.5 AIRE DES TRIANGLES PODAIRES. Pour un triangle $\mathcal{T} = \{x, y, z\}$ et un point $t \in X$ on appelle *triangle podaire* de t le triplet $\{p, q, r\}$ formé par les projections orthogonales de t sur les côtés de $\mathcal{T}$ (il y a un abus lorsque p, q, r sont alignés). Nous voulons étudier l'aire des triangles podaires. par exemple : où est t lorsque l'aire est maximum pour t dans l'intérieur de $\mathcal{T}$? Pour ce faire, il faut introduire des triangles orientés et leur aire.

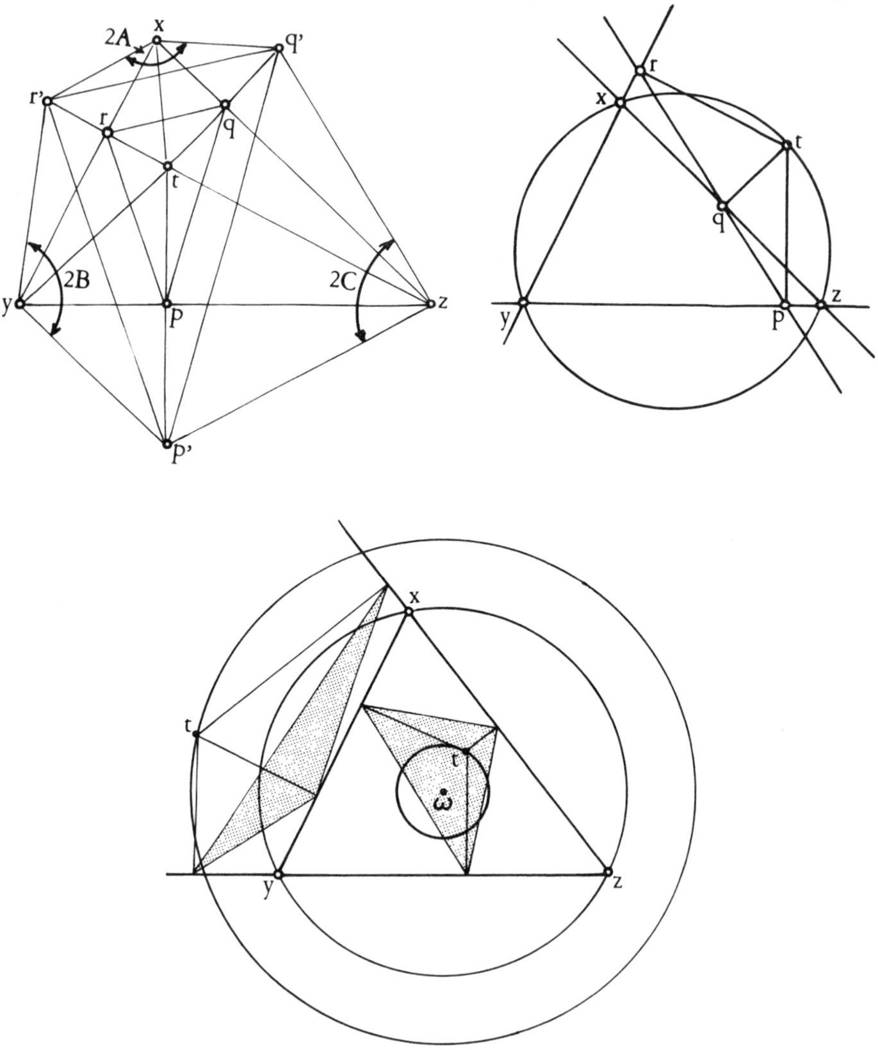

Figures 10.4.5

10.4.5.1 Définitions. *Un* triangle orienté *d'un plan orienté X est un triple* (x, y, z) *de point de X. L'*aire *de* (x, y, z) *est* $\mathcal{A}(p, q, r)$

$$= \frac{1}{2}\lambda_x(\overrightarrow{xy}, \overrightarrow{xz}) \text{ (cf. 8.11.3).}$$

On vérifie directement que $\mathcal{A}$ est invariante par permutation circulaire et que

10.4.5.2 $\mathcal{A}(x, y, z) = \mathcal{A}(t, x, y) + \mathcal{A}(t, y, z) + \mathcal{A}(t, z, x)$.

Et que si $\sigma \in \mathrm{Is}^-(X)$, on a $\mathcal{A}(\sigma(x), \sigma(y), \sigma(z)) = -\mathcal{A}(x, y, z)$.

Pour $t \in X$ orienté et un triangle vrai $\mathcal{T}$, outre p, q, r introduisons les symétriques p', q', r' de t par rapport aux côtés de $\mathcal{T}$. Alors, si de plus le triangle $\mathcal{T}$ est direct, on a :

10.4.5.3 $$\mathcal{A}(p, q, r) = \frac{1}{2}\mathcal{A}(x, y, z) - \frac{1}{8}\sin 2A.tx^2 - \frac{1}{8}\sin 2B.ty^2 - \frac{1}{8}\sin 2C.tz^2.$$

L'idée est de faire le calcul algébrique qui correspond, dans le cas de la figure 10.4.5.1, au fait que l'hexagone $\{x, r', y, p', z, q'\}$ a une aire somme de celles de $\{x, y, t\}$, $\{x, y, r'\}$, $\{y, z, t\}$, $\{y, z, p'\}$, $\{z, x, t\}$. $\{z, x, q'\}$ mais aussi somme de celles de $\{p', q', r'\}$, $\{x, r', q'\}$, $\{y, p', r'\}$, $\{z, q', p'\}$. On a algébriquement :

$$\begin{aligned}2\mathcal{A}(x, y, z) &= 2\mathcal{A}(t, x, y) + 2\mathcal{A}(t, y, z) + 2\mathcal{A}(t, z, x)\\ &= \mathcal{A}(t, x, y) - \mathcal{A}(r', x, y) + \mathcal{A}(t, y, z) - \mathcal{A}(p', y, z) +\\ &+ \mathcal{A}(t, z, x) - \mathcal{A}(q', z, x) = \mathcal{A}(p', q', r')\\ &+ \mathcal{A}(x, r', q') + \mathcal{A}(y, p', r') + \mathcal{A}(z, q', p').\end{aligned}$$

Mais $\mathcal{A}(p', q', r') = 4\mathcal{A}(p, q, r)$ car (p', q', r') se déduit de (p, q, r) par une homothétie de centre t et de rapport 2, et

$$\mathcal{A}(x, r', q') = \frac{1}{2}\sin 2A.xr'.xq' = \frac{1}{2}\sin 2A.tx^2$$

d'après 10.3.3 et 8.7.7.8 ; d'où 10.4.5.3.

D'après 10.4.5.3 et 9.7.6 notre problème sera complètement résolu dès que nous connaîtrons le barycentre des points massiques $(\sin 2A, x)$, $(\sin 2B, y)$, $(\sin 2C, z)$. Or ce barycentre n'est autre que le centre ω du cercle circonscrit à $\mathcal{T}$; car il suffit de voir que ω vérifie

$$\sin 2A.\overrightarrow{\omega x} + \sin 2B.\overrightarrow{\omega y} + \sin 2C.\overrightarrow{\omega z} = 0 \qquad \text{(cf. 3.4.6.5)},$$

ce qui résulte de la démonstration de 10.3.2.

10.4.5.4 Sans discuter à fond le problème, tirons seulement quelques conclusions de 9.7.6.2 : pour certaines valeurs de k, le lieu des points de X dont le triangle podaire par rapport à $\mathcal{T}$ est d'aire (non algébrique) constante et égale à k se compose de deux cercles de centre ω, pour d'autres valeurs d'un seul cercle. Une prime inattendue est que le *lieu des points de X tels que p, q, r soient alignés est le cercle circonscrit à* $\mathcal{T}$ (théorème de la « droite de Simson », cf. 10.9.7.1) : en effet la condition p, q, r alignés, c'est $\mathcal{A}(p, q, r) = 0$, mais x, y, z répondent à la question donc le lieu, qui doit être un cercle de centre ω, passant par x (et y, et z !), est le cercle circonscrit à $\mathcal{T}$. Et nous obtenons la formule

$$4\,S = R^2(\sin 2\,A + \sin 2\,B + \sin 2\,C)\,.$$

10.4.5.5 Signalons que, lorsque x décrit le cercle circonscrit à $\mathcal{T}$, la droite de Simson associée enveloppe une hypocycloïde à trois rebroussements, révélant ainsi, dans un triangle quelconque, une symétrie d'ordre 3 : cf. 9.14.34.3.D.

10.4.6 LE THÉORÈME D'ERDÖS-MORDELL. Le théorème ci-dessous a une histoire intéressante : conjecturé en 1935 par Erdös. il fut démontré, en 1937 par Mordell, par une méthode absolument pas élémentaire. Or, malgré la simplicité de son énoncé, il fallut attendre 1945, pour une démonstration élémentaire, par D. K. Kazarinoff. Nous ne donnons ci-dessous que l'énoncé de ce théorème, laissant au lecteur la joie de se mesurer à ce problème. Pour une référence très complète, voir [KF], p. 78 ; ou aussi [FT 1], p. 12.

10.4.7 THÉORÈME. *Soit $\mathcal{T}$ un triangle. Pour tout point t de l'intérieur de $\mathcal{C}$, et p, q, r comme en* 10.4.5, *on a*

$$tx + ty + tz \geqslant 2(tp + tq + tr)\,,$$

l'égalité étant atteinte pour et seulement pour un triangle équilatéral.

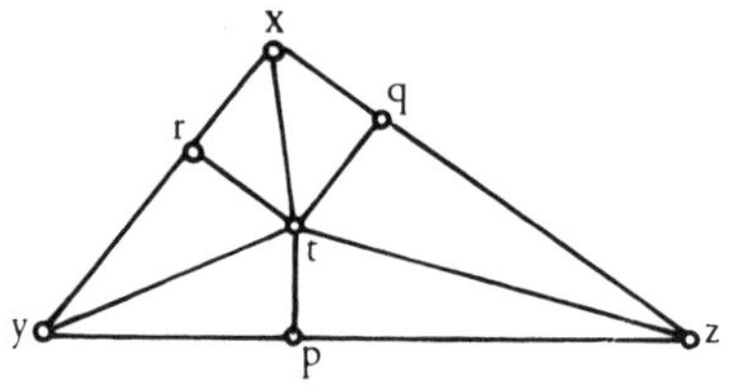

Figure 10.4.7

10.4.8 NOTES. Pour d'autres inégalités dans les triangles, voir 10.13.5 et l'ensemble de [GS].

10.5 *Polygones*

Nous donnons seulement quelques références sur ce sujet. Nous avons étudié en 9.4 le billard polygonal. pour un polygone convexe. Pour l'analogue de 10.4.3. voir 10.13.8.

10.5.1 La généralisation de 10.4.1 est la suivante : si $\mathcal{P}$ est un polygone convexe à n côtés, S son aire et P son périmètre, alors

$$S \leqslant \frac{1}{4\,n\,\mathrm{tg}\,\dfrac{\pi}{n}}\,P^2$$

l'égalité ayant lieu si et seulement si $\mathcal{P}$ est régulier. Pour la démonstration. puis des raffinements, voir 12.12.15 ou [FT 1], p. 8-11 et [GR], p. 192.

10.5.2 Si P est un polygone convexe à n côtés, la somme des angles de P est égale à $(n-2)\pi$ (cf. 12.1.12).
Pour le voir, on utilise la convexité pour partager, à partir d'un sommet, le polygone en $n-2$ triangles ; on applique 10.2.4 à chacun de ses triangles et fait la somme, trouvant ainsi à la fois $(n-2)\pi$ et la somme de tous les angles de P.

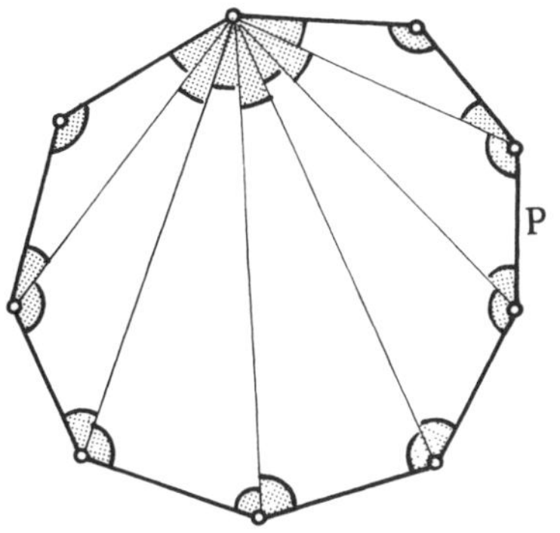

Figure 10.5.2

10.6 *Tétraèdres*

Nous dirons peu de choses des tétraèdres ; le plus intéressant, c'est de remarquer que certains résultats des triangles ne s'étendent pas aux tétraèdres, des phénomènes nouveaux apparaissent. Nous n'avons traité qu'un seul de ces phénomènes en détail, celui dit « des sphères des combles » qui apparaît dans la recherche des sphères tangentes aux quatre faces d'un tétraèdre, et mentionné seulement deux autres particularités du tétraèdre par rapport aux triangles. Les numéros 10.6.1 à 10.6.5 traitent de généralisations de résultats du triangle, à partir de 10.6.6 apparaissent les phénomènes en question.

Pour des références sur la géométrie du tétraèdre, on pourra consulter [COO], [BAL], [C-B] et [R-C 2], note IV. A ce sujet, on verra dans l'Avant-propos de [C-B] que, en 1935 déjà, certains enseignants se plaignaient de ce que la virtuosité géométrique des élèves décrût avec les nouveaux programmes ; une prime est offerte au lecteur qui trouvera une tablette égyptienne comportant les mêmes doléances.

10.6.1 Soit $\mathcal{T} = \{x, y, z, t\}$ un tétraèdre (cf. 2.4.7) ; dans toute cette section, on supposera que $\mathcal{T}$ est dans un espace X de dimension 3. Nous appellerons *arêtes* de $\mathcal{T}$ aussi bien les droites $\langle x, y \rangle$, etc., que les distances xy, etc. ; et de même *faces* de $\mathcal{T}$ aussi bien le plan $\langle x, y, z \rangle$, etc., que le triangle $\{x, y, z\}$ du plan $\langle x, y, z \rangle$ et que l'aire de ce triangle dans ce plan (cf. 10.1.5). On *notera* V le volume de $\mathcal{T}$ (cf. 9.12.4), R le rayon de la sphère circonscrite à $\mathcal{T}$ (cf. 9.7.5).

10.6.2 D'après 9.7.1 un tétraèdre est bien déterminé à une isométrie près (« cas d'égalité des tétraèdres ») par ses six arêtes ; pour l'existence d'un tétraèdre d'arêtes données, nous avons vu en 9.7.3.4 qu'il suffit que les six scalaires considérés vérifient, outre les quatre inégalités strictes du triangle de 10.2.1, la condition : $\Gamma(.,.,.,.) > 0$. En fait (voir 9.14.23), les inégalités du triangle résultent de $\Gamma(.,.,.,.) > 0$.

10.6.3 MÉDIANES. De 3.4.10 on déduit que les 4 médianes de $\mathcal{T}$, i.e. les segments joignant un sommet au centre de gravité de la face opposée. sont concourantes ; pour calculer les longueurs de ces médianes, on appliquera 9.7.6.

10.6.4 Parler d'angles en un sommet pour un tétraèdre est plus difficile, peu maniable ; il faut utiliser le chapitre 18 ; ce qui est plus facile, c'est d'introduire les angles dièdres entre deux faces. Nous n'en parlerons pas. voir 10.13.10.

10.6.5 De 9.7.3.3, 9.7.3.7, 9.12.4.3 on déduit V et R en fonction des arêtes :

$$V^2 = \frac{1}{288}\,\Gamma(x, y, z, t)\,, \quad R^2 = -\frac{1}{2}\,\frac{\Gamma(x, y, z, t)}{\Delta(x, y, z, t)}\,.$$

10.6.6 HAUTEURS. Les hauteurs d'un tétraèdre, i.e. les droites passant par un sommet et orthogonale à la face opposée, ne se rencontrent pas en général. Voir [C-B], p. 121 ou [R-C 2], p. 643.

10.6.7 TÉTRAÈDRES DE MÖBIUS. Il existe des paires de tétraèdres tels que chaque sommet de l'un appartienne à une face de l'autre. Le phénomène s'explique très bien dans le cadre de la géométrie projective, voir 4.9.12 et 14.8.12.4.

10.6.8 LES SPHÈRES DES COMBLES

On se donne un tétraèdre $\mathcal{T} = \{x_1, x_2, x_3, x_4\}$ et l'on recherche les sphères S qui sont tangentes aux quatre faces de $\mathcal{T}$, c'est-à-dire que le centre ω de S doit être à égale distance r de ces quatre faces. L'erreur à ne pas faire est de croire que, par analogie avec la figure 10.1.5, ces sphères sont au nombre de cinq : une à l'intérieur de $\mathcal{T}$, et quatre dans les quatre « troncs » que détermine $\mathcal{T}$.

Pour résoudre ce problème, on peut d'abord utiliser la formule 9.2.6.4 ; appelons f_i $(i = 1, 2, 3, 4)$ des formes affines sur X, de noyaux respectifs les faces de $\mathcal{T}$. On peut supposer en outre $\|\vec{f_i}\| = 1\ \forall i$. Alors ω doit vérifier

$$|f_1(\omega)| = |f_2(\omega)| = |f_3(\omega)| = |f_4(\omega)|\,.$$

ce qui est équivalent à huit égalités entre formes affines. D'après 2.4.8.5, notre problème aura *huit* solutions « en général », c'est-à-dire s'il n'y a pas de relations linéaires entre les f_i. Cette discussion est apparemment difficile à faire ; nous allons pour cela introduire dans X les coordonnées barycentriques relatives à $\mathcal{T}$; pour ces coordonnées, on a en dimension quelconque le :

10.6.8.1 Lemme. *Soit $(x_i)_{i=1,\dots,n+1}$ un simplexe de X ; on pose*

$$H_i = \langle x_1, \dots, \hat{x}_i, \dots, x_{n+1} \rangle ,$$

c'est la i-ième face du simplexe, on appelle *V le volume du simplexe et a_i le volume du simplexe $(x_j)_{j \neq i}$ de H_i. Alors les coordonnées barycentriques (λ_i) de $x \in X$ par rapport à ce simplexe sont caractérisées par :*

$$\begin{cases} |\lambda_i| = \dfrac{a_i}{nV}\, d(x, H_i) \\ \lambda_i \geqslant 0 \text{ ou } \leqslant 0 \text{ selon que } x \text{ et } x_i \text{ sont, par rapport à } H_i, \text{ dans un même} \\ \text{demi-espace ou des demi-espaces différents (cf. 2.7.3).} \end{cases}$$

Soit en effet f_i une forme affine telle que $\| \vec{f_i} \| = 1$ avec $H_i = f_i^{-1}(0)$ et $f_i(x_i) > 0$; on a (cf. 9.2.6.4) :

$$d(x, H_i) = |f_i(x)| = \left| f_i\left(\sum_j \lambda_j x_j \right) \right| = |\lambda_i|\, f_i(x_i) ,$$

et en particulier si $x = x_i$: $d(x_i, H_i) = f_i(x_i)$, qui n'est autre que $\dfrac{nV}{a_i}$ d'après 9.12.4.4.

Pour la discussion, définissons pour le tétraèdre $\mathcal{T}$: l'*intérieur* comme l'ensemble des x dont tous les λ_i sont $\geqslant 0$, un *tronc* là où trois sont $\geqslant 0$ et une $\leqslant 0$, un *trièdre* là où trois sont $\leqslant 0$ et une $\geqslant 0$, un *comble* là où deux sont $\geqslant 0$ et deux $\leqslant 0$. Il y a 4 troncs et 4 tièdres associés chacun à un sommet ; il y a six combles, allant par paires de combles opposés.

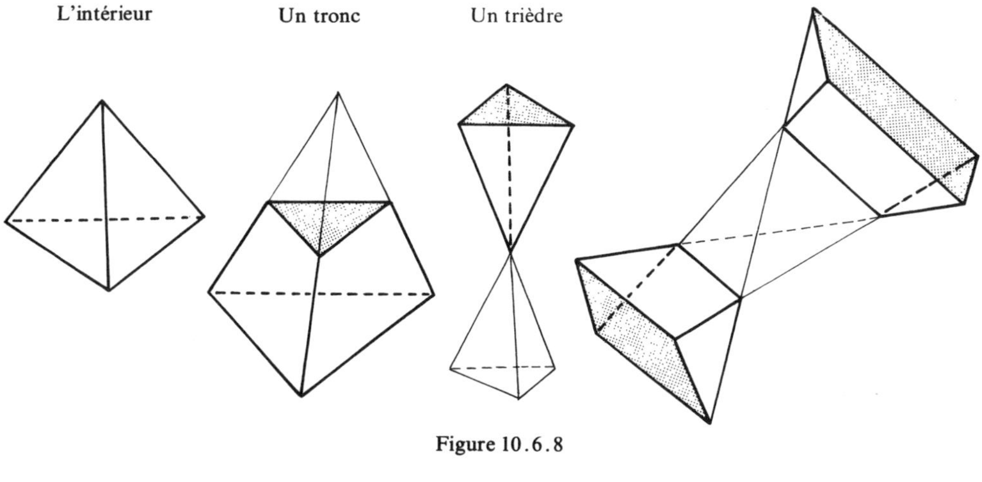

Figure 10.6.8

Si r est le rayon d'une sphère tangente aux quatre faces de $\mathcal{T}$, on aura donc pour les λ_i du centre ω de cette sphère :

$$\frac{|\lambda_1|}{a_1} = \frac{|\lambda_2|}{a_2} = \frac{|\lambda_3|}{a_3} = \frac{|\lambda_4|}{a_4} = \frac{r}{3\,V}, \quad \lambda_1 + \lambda_2 + \lambda_3 + \lambda_4 = 1\,.$$

On voit donc qu'il y a une sphère, exactement, inscrite dans $\mathcal{T}$ et de rayon $r = \dfrac{3\,V}{a_1 + a_2 + a_3 + a_4}$; une et une seule dans chaque tronc, de rayon $r = \dfrac{3\,V}{a_1 + a_2 + a_3 - a_4}$ dans le tronc de la face $\langle x_1, x_2, x_3 \rangle$ par exemple (en effet on a toujours $a_4 < a_1 + a_2 + a_3$, car a_4 est la somme des aires des projections sur H_4 des trois autres faces, aires qui sont strictement plus petites, appliquer 9.12.4.9). Le cas des combles est différent, car on ne sait rien de $a_1 + a_2 - a_3 - a_4$ par exemple ; on sait seulement que s'il y a une sphère dans un comble, il n'y en a certainement pas dans le comble opposé. Pour achever, supposons que $a_1 \geqslant a_2 \geqslant a_3 \geqslant a_4$; si toutes les faces sont égales (i.e. ont même aire), il n'y a que cinq sphères et aucune dans les combles. Si $a_1 = a_2 > a_3 = a_4$, il y a six sphères et une seule dans le comble $\lambda_1 > 0$, $\lambda_2 > 0$, $\lambda_3 < 0$, $\lambda_4 < 0$; si

$$a_1 \geqslant a_2 \geqslant a_3 > a_4 \quad \text{et} \quad a_1 + a_4 = a_2 + a_3\,,$$

il y a sept sphères dont deux dans les combles. Enfin dans tous les autres cas il y a huit sphères.

Pour plus de détails sur ces sphères, voir [R-C 2], p. 653. Contentons-nous ici de remarquer que $a_1 = a_2 = a_3 = a_4$ pour le tétraèdre régulier (cf. 12.5.4.1) mais qu'il est facile de construire des tétraèdres non réguliers dont toutes les faces ont même aire.

10.7 *Sphères*

Dans les sections qui suivent, nous étudions les cercles et les sphères dans leur environnement et parfois plusieurs d'entre eux à la fois ; pour l'étude de la sphère en elle-même, voir l'ensemble du chapitre 18. Nous supposons implicitement $\dim X \geqslant 2$ le plus souvent, car en dimension 1 une sphère consiste en deux points et n'offre donc guère d'intérêt.

10.7.1 DÉFINITION. *On appelle* sphère *de* centre a *et de* rayon r *la partie* $S(a, r) = \{ x \in X : ax = r \}$; *si* $n = \dim X = 2$, *on dit plutôt* cercle.

10.7.2 INTERSECTION AVEC UN SOUS-ESPACE. Soient $S = S(a, r) \subset X$ et Y un sous-espace affine de X ; appelons x la projection de a sur Y (cf. 9.2.4) ; alors (cf. 9.2.3) :

$$\begin{cases} \text{si } d(a, Y) = ax > r : S \cap Y = \emptyset\,, \\ \text{si } d(a, Y) = ax = r : S \cap Y = \{ x \}\,, \\ \text{si } d(a, Y) = ax < r : \end{cases}$$

$$S \cap Y = S_Y(x, \sqrt{r^2 - az^2}) = \{ z \in Y : zx = \sqrt{r^2 - ax^2} \}\,,$$

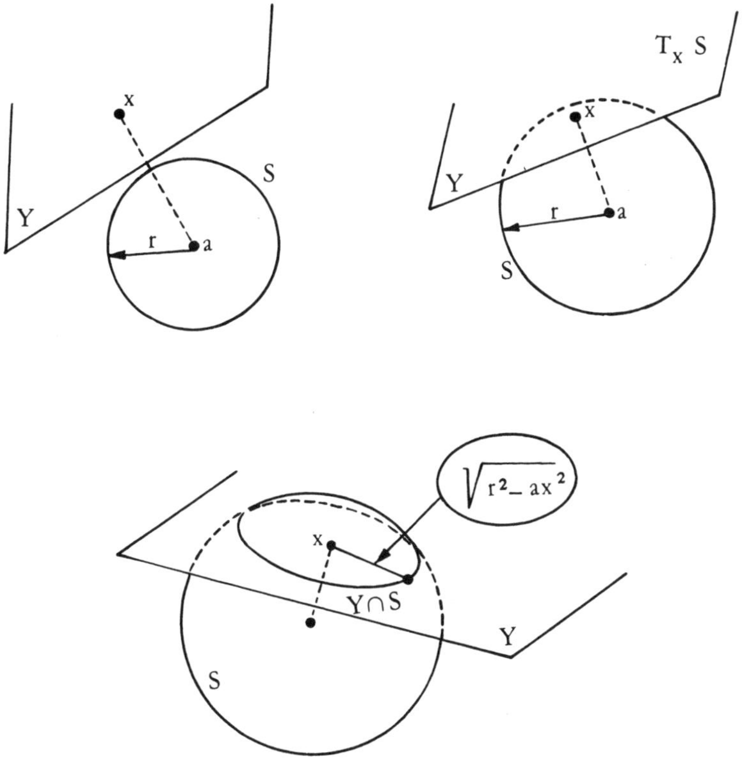

Figure 10.7.2

10.7.3 NOTE. Selon la nature du problème étudié, il peut être utile d'exclure les sphères de rayon nul ; pour ne pas alourdir l'écriture nous laissons au lecteur le soin de préciser quel est le cas considéré, il n'y a pas de difficulté essentielle dans cela.

10.7.4 HYPERPLAN TANGENT. Le sous-espace Y est dit *tangent* à $S = S(a, r)$ si $d(a, Y) = r$, précisément *tangent à S au point $Y \cap S$*. En $x \in S$ il existe un et un seul hyperplan tangent, appelé l'*hyperplan tangent à S en x*, et *noté $T_x S$* ; il est caractérisé comme contenant x et étant orthogonal à $\overrightarrow{xa}$. Mais aussi comme le sous-espace vectoriel $x^{\perp}$, cf. 18.1.2.4.
Cet hyperplan coïncide avec les notions d'hyperplan tangent provenant d'autres théories : si l'on considère S comme une quadrique, son hyperplan tangent au sens des quadriques non dégénérées coïncide avec celui ci-dessus : cf. 14.3.8.

Si l'on considère $S \subset X$ comme une sous-variété différentielle, son espace tangent en x, $T_x S$, est le même que l'hyperplan ci-dessus ; au sens différentiel, c'est l'ensemble des vecteurs tangents en x aux courbes de classe C^1 de X tracées sur S : voir par exemple 18.3.3.

10.7.5 INTERSECTION DE DEUX SPHÈRES. Soient dans X : $S = S(a, r)$, $S' = S(a', r')$ avec $a \neq a'$ (sphères non concentriques) ; alors il résulte de suite de 10.2.1 que :

- si l'on n'a pas $|r - r'| < aa' < r + r'$: $S \cap S' = \emptyset$,
- si $aa' = r + r'$ ou $aa' = |r - r'|$, il existe x tel que $S \cap S' = \{x\}$ et en outre $T_x S = T_x S'$,
- si $|r - r'| < aa' < r + r'$, il existe un hyperplan H, orthogonal à $\overrightarrow{aa'}$ tel que $S \cap S' = S \cap H = S' \cap H$ est une sphère de H, de centre $\langle a, a' \rangle \cap H$.

Si $aa' = r + r'$, on dit que S, S' sont *tangentes extérieurement* ; *intérieurement* si $aa' = |r - r'|$. Dans le troisième cas on dit que S, S' sont *sécantes*.

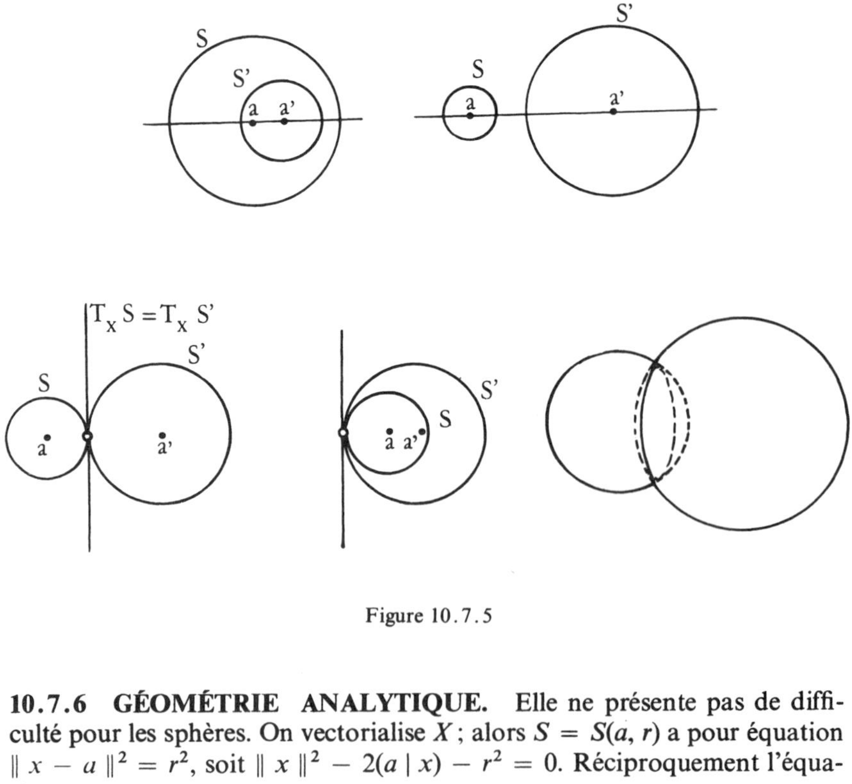

Figure 10.7.5

10.7.6 GÉOMÉTRIE ANALYTIQUE. Elle ne présente pas de difficulté pour les sphères. On vectorialise X ; alors $S = S(a, r)$ a pour équation $\| x - a \|^2 = r^2$, soit $\| x \|^2 - 2(a \mid x) - r^2 = 0$. Réciproquement l'équation

$$k \| x \|^2 + (\alpha \mid x) + h = 0 ,$$

où k, h sont des scalaires et α un vecteur de X (vectorialisé toujours, en un point quelconque) représente, si $k \neq 0$:

$$\begin{cases} \text{si} \quad \| \alpha \|^2 - 4\,kh < 0 : \text{l'ensemble vide}, \\ \text{si} \quad \| \alpha \|^2 - 4\,kh = 0 : \text{le point } \left\{ -\dfrac{\alpha}{2\,k} \right\}, \\ \text{si} \quad \| \alpha \|^2 - 4\,kh > 0 : S\left(-\dfrac{\alpha}{2\,k}, \sqrt{\dfrac{\| \alpha \|^2 - 4\,kh}{4\,k^2}} \right). \end{cases}$$

Par exemple, pour étudier $S \cap S'$ (cf. 10.7.5), on trouve que $S \cap S'$ est contenu dans $\| x \|^2 - 2(a \mid x) - r^2 = \| x \|^2 - 2(a' \mid x) + r'^2$, soit dans l'hyperplan $(a' - a \mid x) + r^2 - r'^2 = 0$ si $a \neq a'$.
Pour des applications de la géométrie analytique aux sphères, voir 9.7.3.7. et tout le chapitre 20.

10.7.7 ANGLE DE DEUX SPHÈRES. Si $S = S(a, r)$, $S' = S(a', r')$ vérifient $S \cap S' \neq \emptyset$, alors l'angle $\varphi = \overline{\overrightarrow{xa}, \overrightarrow{xa'}} \in [0, \pi]$ est indépendant de $x \in S \cap S'$; on l'appelle l'*angle de S et de S'*. Il est déterminé par

$$\cos \varphi = \frac{r^2 + r'^2 - aa'^2}{2\,rr'}.$$

Si $\varphi = \pi$, S et S' sont tangentes extérieurement, intérieurement si $\varphi = 0$; si $\varphi = \pi/2$, on dit que S et S' sont *orthogonales* et *note* ceci $S \perp S'$.

10.7.8 PROPOSITION. *Etant donnés $n+1$ sphères S_i ($i=1, \ldots, n+1$) de l'espace X de dimension n et $n+1$ angles $\varphi_i \in [0, \pi]$, il existe au plus deux sphères faisant avec chaque S_i l'angle φ_i ($i = 1, \ldots, n+1$).*

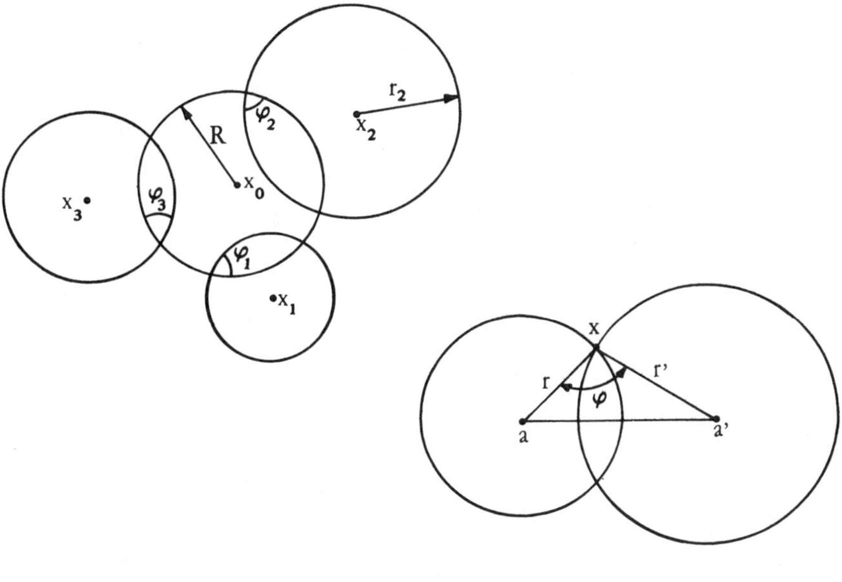

Figure 10.7.8

10.4.4 NOTE. On a déjà étudié en 9.4 les triangles inscrits dans $\mathcal{T}$ et de périmètre minimum.

10.4.5 AIRE DES TRIANGLES PODAIRES. Pour un triangle $\mathcal{T} = \{x, y, z\}$ et un point $t \in X$ on appelle *triangle podaire* de t le triplet $\{p, q, r\}$ formé par les projections orthogonales de t sur les côtés de $\mathcal{T}$ (il y a un abus lorsque p, q, r sont alignés). Nous voulons étudier l'aire des triangles podaires. par exemple : où est t lorsque l'aire est maximum pour t dans l'intérieur de $\mathcal{T}$? Pour ce faire, il faut introduire des triangles orientés et leur aire.

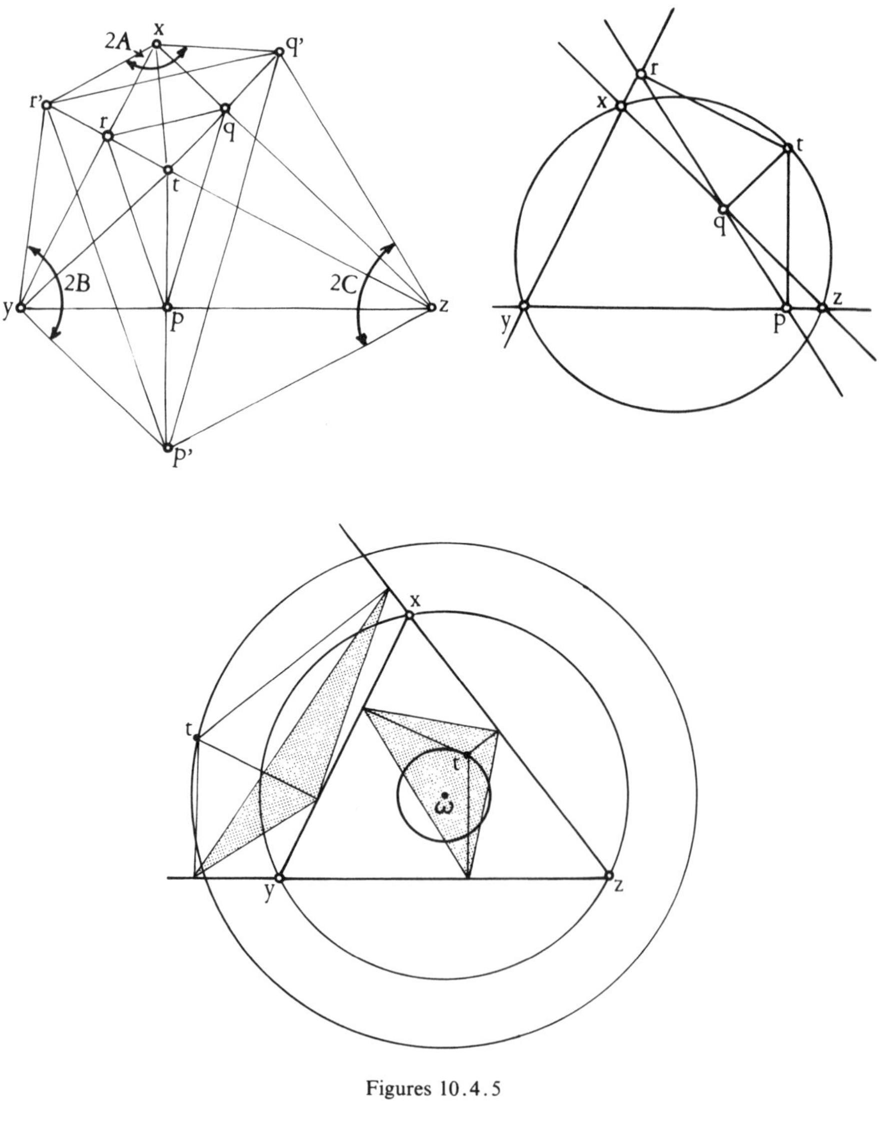

Figures 10.4.5

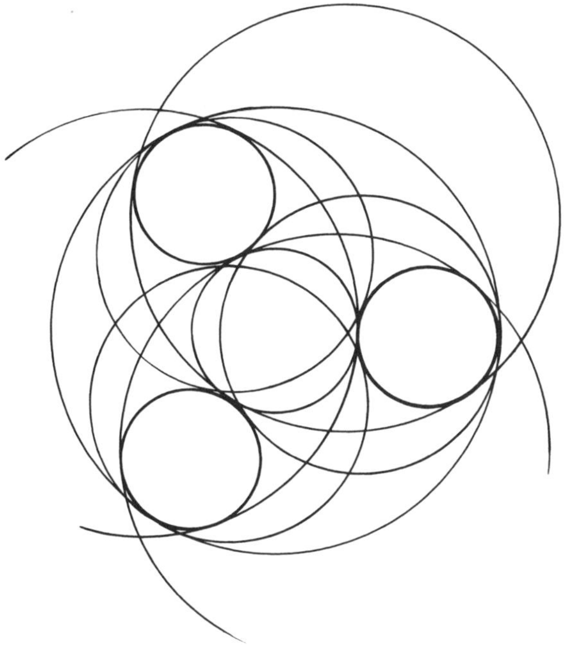

Figure 10.7.9.2

10.7.10 PUISSANCE. Soient $S = S(a, r)$ et $x \in X$; alors, quelle que soit D droite passant par x et coupant S en t, t' (éventuellement $t = t'$), le scalaire $(\overrightarrow{xt} \mid \overrightarrow{xt'})$ est constant et vaut $xa^2 - r^2$; on l'appelle la *puissance de x par rapport à S*, et le *note* $P_x S$.
Ce scalaire a pour valeur absolue $xt.xt'$, et le signe + ou − selon que x est à l'extérieur ou à l'intérieur du segment $[t, t']$.

La démonstration consiste seulement à écrire, en appelant h le milieu de $[t, t']$:

$$(\overrightarrow{xt} \mid \overrightarrow{xt'}) = xh^2 - ht^2 = xa^2 - ah^2 - ht^2 = xa^2 - r^2 .$$

Dans la pratique de géométrie analytique, $P_x S$ s'obtient en substituant x dans l'équation de S, si celle-ci commence bien par $\| \cdot \|^2$.

10.7.10.1 Soient $S = S(a, r)$, $S' = S(a', r')$ deux sphères telles que $a \neq a'$; alors l'ensemble $\{ x \in X : P_x S = P_x S' \}$ est un hyperplan (utiliser 9.7.6.5 ou la géométrie analytique) orthogonal à $\overrightarrow{aa'}$, appelé *hyperplan radical de S et S'* (*axe radical* si $n = 2$). Lorsque S, S' ne sont pas sécantes, on le construit géométriquement selon la figure 10.7.10.1, qui utilise la propriété de définition de la puissance.

10.7.10.2 *L'orthogonalité* de $S = S(a, r)$, $S' = S(a', r')$ (cf. 10.7.7) s'exprime de plusieurs manières, et en fait donc une notion utile. Les sphères S, S' sont orthogonales si et seulement si : $aa'^2 = r^2 + r'^2$, ou $P_a S' = r^2$, ou $P_{a'} S = r'^2$, ou enfin s'il existe une droite D passant par a, coupant S'

en t, t', S en x, x', telle que $[x, x', t, t'] = -1$ (division harmonique). Et bien sûr : $T_z S \perp T_z S' \; \forall z \in S \cap S'$.
On déduit de cela qu'une sphère orthogonale à des sphères données a son centre sur les hyperplans radicaux de ces sphères deux à deux ; on obtient ainsi la notion de *centre radical* de $n + 1$ sphère de X de dimension n, et retrouve plus simplement 10.7.9.

10.7.10.3 La puissance permet de résoudre des problèmes de construction tels que : construire un cercle d'un plan passant par deux points et tangent à un cercle donné ; les points de contacts sont indiqués sur la figure 10.7.10.2.
Autre exemple : le théorème du « sixième cercle » de la figure 10.7.10.3 ; théorème que l'on ne confondra pas avec le théorème des six cercles de Miguel, cf. 10.9.7.2, de démonstration plus cachée. Pour une référence récente sur ces théorèmes, voir [DI], p. 256.

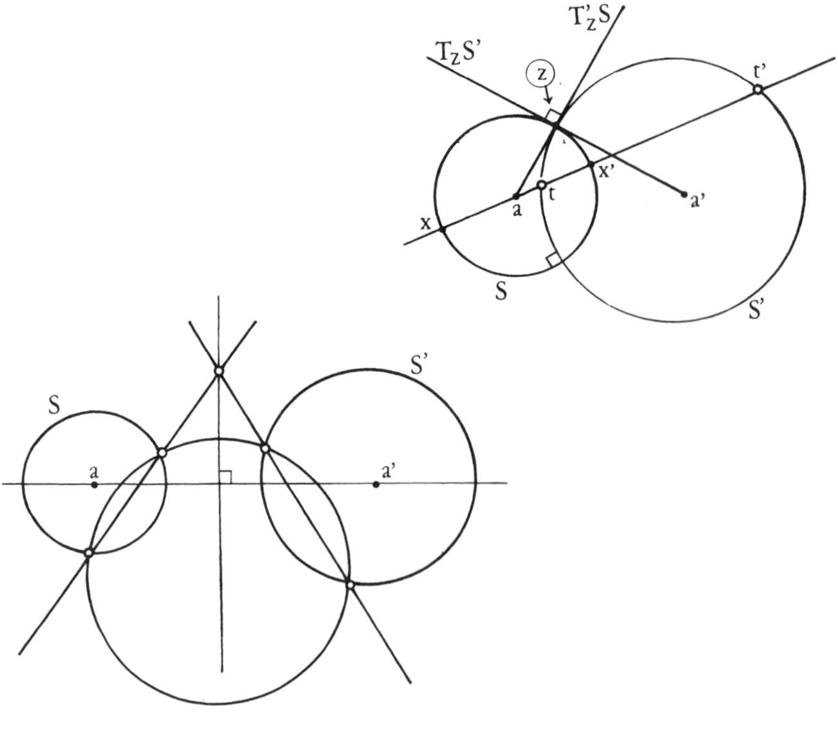

Figure 10.7.10.1

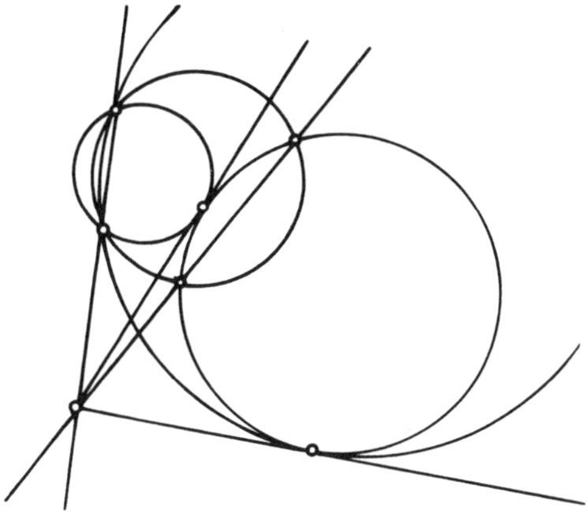

Figure 10.7.10.2

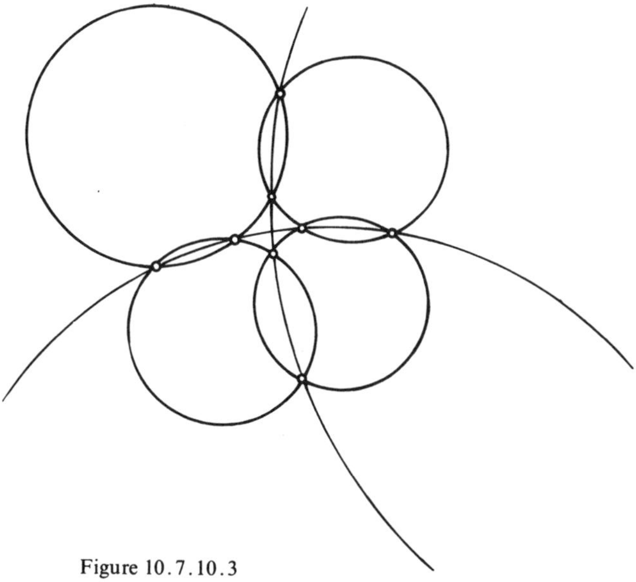

Figure 10.7.10.3

10.7.11 POLARITÉ. La polarité par rapport à une sphère est un cas particulier de celle par rapport à une quadrique non dégénérée ; elle ne présente pas d'intérêt spécial, et seulement l'inconvénient dans le cadre affine d'avoir des exceptions, à cause des points de l'infini (pour la polarité par rapport à une quadrique, cf. 14.5). Mentionnons seulement deux particularités de cette polarité : la première, que l'hyperplan polaire H de x par rapport à $S(a, r)$ est toujours orthogonal à $\overrightarrow{ax}$, et déterminé par

$$d(a, H) = \frac{r^2}{ax}.$$

La seconde est que cette polarité peut être définie de façon élémentaire ainsi (ce qui résulte de 10.7.10.2) : deux points x, y sont conjugués par rapport à S si la sphère de diamètre x, y est orthogonale à S.
Voir une application de cette polarité en 10.13.14.

10.8 *Inversion*

Il s'agit ici d'une théorie élémentaire, que nous mettrons au chapitre 20 dans un cas assez général pour éviter les cas d'exception que nous allons rencontrer, et pour obtenir l'outil puissant des formes quadratiques. Le présent exposé, outre l'intérêt d'être élémentaire, est une bonne motivation pour le chapitre 20.

10.8.1 DÉFINITION. *L'inversion de pôle c, de puissance $\alpha \in \mathbf{R}^*$, est l'application $i = i_{c,\alpha} : X \setminus c \to X \setminus c$ définie, dans X vectorialisé en c, par* $i(x) = \dfrac{\alpha}{\| x \|^2} \cdot x$.

10.8.1.1 On a toujours $i^2 = \mathrm{Id}_{X \setminus c}$. Les points fixes n'existent que si $\alpha > 0$ et forment alors la *sphère* dite d'*inversion* : $S(c, \sqrt{\alpha}) = \{ x \in X : i(x) = x \}$. Est globalement stable par $i_{c,\alpha}$ toute sphère S telle que $P_c S = \alpha$, comme il résulte de suite de 10.7.10. Est aussi stable globalement tout $Y \setminus c$, où Y est un sous-espace de X contenant le pôle c ; et il y a *hérédité* : $i\,|_{Y \setminus c}$ est, dans Y, l'inversion de pôle c et de même puissance.

10.8.1.2 On a

$$i_{c,\alpha} \circ i_{c,\beta} = H_{c,\alpha\beta^{-1}} \,|_{X \setminus c} \,.$$

10.8.1.3 Pour $x, y \in X \setminus c$, on a $i(x)\, i(y) = | \alpha | \dfrac{xy}{cx \cdot cy}$. Cette formule résulte d'un calcul banal dans X vectorialisé en c.

10.8.2 TRANSFORMÉES DES SPHÈRES ET HYPERPLANS. Soit $i = i_{c,\alpha}$ une inversion dans X. Tout hyperplan H ne contenant pas c a pour image $i(H)$ la sphère épointée $S \setminus c$, où S est une sphère de X passant par c. Et réciproquement l'image de $S \setminus c$, où S est une sphère passant par c, est un hyperplan ne contenant pas c. L'image par i d'une sphère ne contenant pas c est une sphère ne contenant pas c.

A l'aide d'une homothétie convenable et grâce à 10.8.1.2, on peut supposer que $\alpha = ch^2$, où h est la projection orthogonale de c sur H ; si on pose $i(x) = x'$, $x \in H$ et calcule dans X_c :

$$x \in H \Leftrightarrow (x \mid h) = \| h \|^2 , \quad \text{or} \quad x = \frac{\| h \|^2 \, x'}{\| x' \|^2}$$

d'où

$$x \in H \Leftrightarrow (x' - h \mid x') = 0$$

ce qui veut dire que x' appartient à la sphère de diamètre (c, h). Si S est une sphère ne contenant pas c, si $P_c S = \alpha$ on a $i(S) = S$ d'après 10.8.1.1 ; dans le cas général, on se ramène au précédent par une homothétie convenable en appliquant 10.8.1.2.

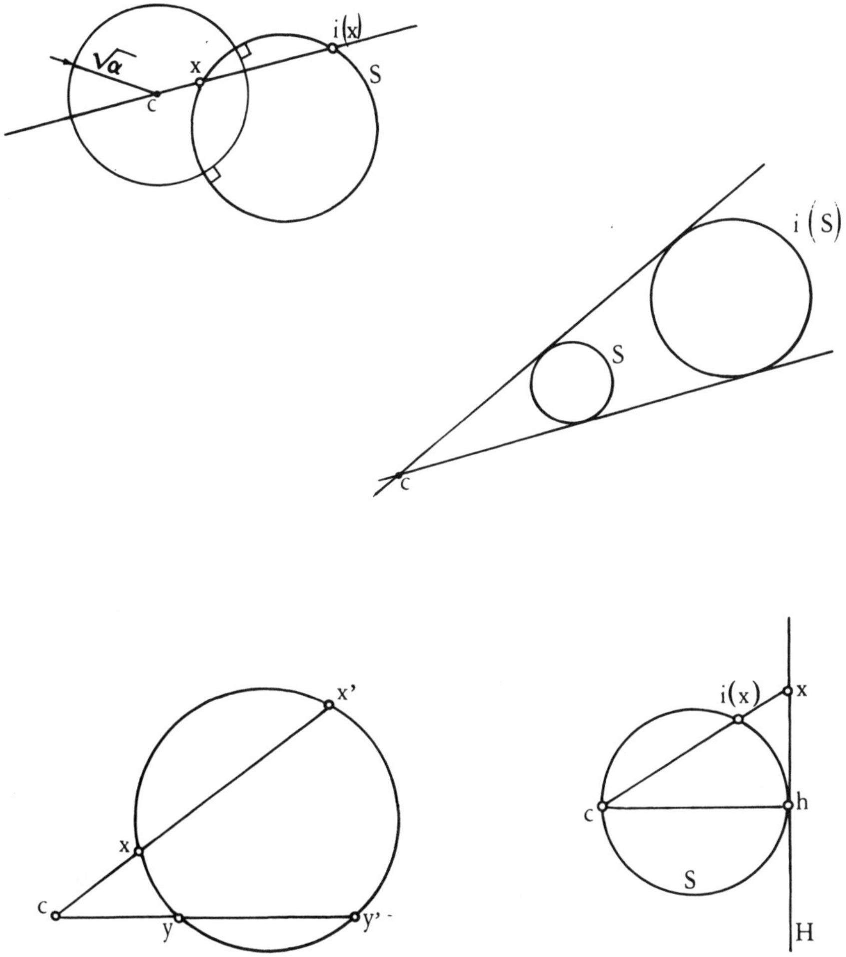

Figure 10.8

10.8.2.1 Note. Pour l'étude des applications qui « conservent les sphères », voir 9.5.3.2, 9.5.3.6, 18.10.4.

10.8.3 INVERSEURS. Il s'agit de systèmes mécaniques réalisant une inversion ; un intérêt est, d'après 10.8.2, de transformer un mouvement circulaire en un mouvement rectiligne et l'on sait qu'un mouvement circulaire est mécaniquement facilement réalisable (compas, manivelle, etc...) tandis que les lignes droites ne sont pas dans la nature : pour faire une règle droite, il faut frotter plusieurs règles l'une contre l'autre. Le lecteur démontrera que les mécanismes des figures 10.8.3.1 et 10.8.3.2 sont bien des inverseurs : le point c y est fixé, les autres mobiles. Pour d'autres systèmes articulés, voir [LB 1], p. 64-88. Voir aussi 9.14.34.3.A.

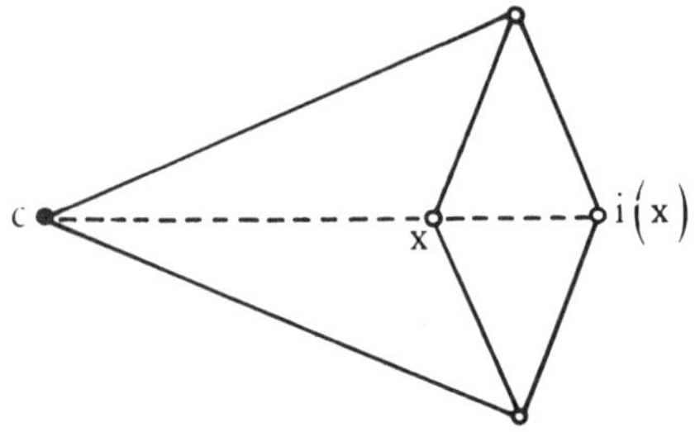

Figure 10.8.3.1

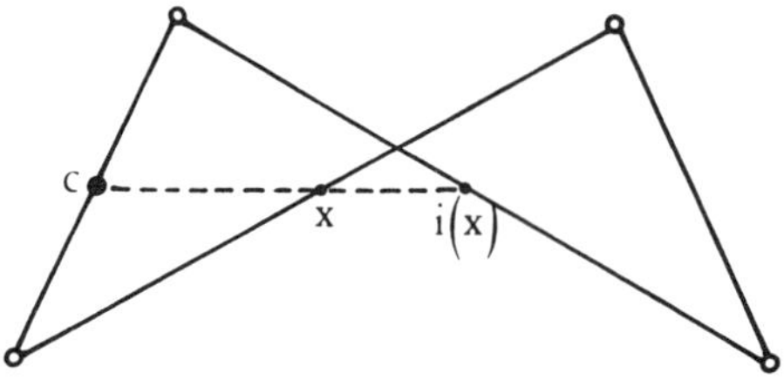

Figure 10.8.3.2

10.8.4 TRANSMUÉES. Il s'agit là du nom géométrique d'un automorphisme intérieur dans le langage des groupes. Le résultat est le suivant : soient g une inversion, et f une inversion de sphère d'inversion S (cf. 10.8.1.1) ou une symétrie hyperplane σ_S. Alors gfg^{-1} (dite *transmuée* de f par g) est : si $g(S)$ est un hyperplan, la symétrie $\sigma_{g(S)}$, si $g(S)$ est une sphère, l'inversion dont la sphère d'inversion est $g(S)$.

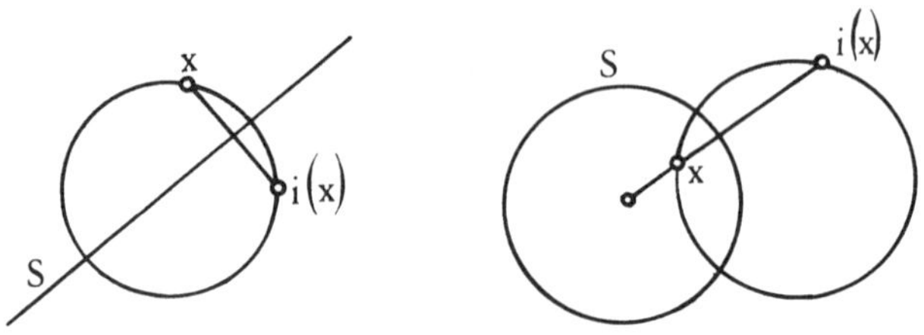

Figure 10.8.4

10.8.4.1 On utilise le critère suivant : deux points x, x' seront inverses l'un de l'autre, ou symétriques l'un de l'autre, dans une inversion de sphère d'inversion S ou une symétrie σ_S si et seulement si toute sphère passant par x et x' est orthogonale à S (où l'on définit une sphère et un hyperplan orthogonaux par : l'hyperplan passe par le centre de la sphère). Ce critère résulte de 10.7.10.2. Le critère assurera la démonstration dès que l'on saura qu'une inversion transforme des sphères ou des hyperplans orthogonaux en sphères ou hyperplans orthogonaux. Or cela va résulter de 10.8.5.3.

10.8.4.2 Note. Le lecteur aura peut-être remarqué deux choses : d'abord la nécessité d'un langage lourd pour chaque fois dire « sphère ou hyperplans ». Ensuite que 10.8.4 est incorrect, en ce sens que gfg^{-1} n'est pas partout définie, il faut ôter de l'espace deux points correspondant aux pôles de f et de g. Pour ces deux raisons, on commence à sentir le besoin d'une structure unifiant sphères et hyperplans, et que de plus les symétries hyperplanes et les inversions se composent sans restriction ; ce sera l'un des objets du chapitre 20.

10.8.5 INVERSION ET GÉOMÉTRIE DIFFÉRENTIELLE. Soit $i = i_{c,\alpha}$ et on calcule dans X_c ; alors $i : X\setminus c \to X\setminus c$ est un C^∞-difféomorphisme, de dérivée :

10.8.5.1 $$i'(x)(y) = \frac{\alpha}{\| x \|^2}\left[y - 2\left(\frac{x}{\| x \|^2}\middle| y\right) x\right].$$

Ceci résulte de la formule de définition de i et des règles du calcul différentiel (cf. [CH 1]).

10.8.5.2 Corollaire (l'inversion conserve les angles). *Si $i_{c,\alpha}$ est une inversion de X de dimension n, sa dérivée $i'(x)$ en tout $x \in X\setminus c$ est une similitude, directe si $\alpha^n < 0$, indirecte si $\alpha^n > 0$. En particulier cette dérivée conserve toujours les angles de droites et de droites orientées et, pour les angles orientés lorsque X est un plan, les change toujours de signe.*
En effet 10.8.5.1 montre que $i'(x)$ est la composée de la symétrie d'hyperplan vectoriel $x^\perp$ (cf. 8.2.10) et de l'homothétie de rapport $\alpha/\| x \|^2$; il n'y a plus alors qu'à appliquer 8.8.5.

10.8.5.3 En particulier une inversion conserve les angles, et spécialement l'orthogonalité des sphères et des hyperplans ; on peut bien sûr démontrer ceci directement, sans calcul différentiel.

10.8.5.4 Note. Nous avons résolu en 9.5.4.6 (théorème de Liouville) la recherche des difféomorphismes dont la dérivée est toujours une similitude.

10.8.5.5 Inversion et cercle osculateur. Si i est une inversion de pôle c, et f une courbe de classe C^2 d'un plan X, le cercle osculateur C à f en $f(t)$ a pour image $i(C)$ le cercle osculateur à $i \circ f$ en $i(f(t))$, au moins si $c \notin C$. En effet i conserve les cercles et le cercle osculateur est la limite du cercle circonscrit à trois points voisins de la courbe.

Un corollaire amusant de 10.8.5.5 est celui-ci : une courbe fermée simple de la sphère a une torsion qui s'annule en au moins quatre points ; voir. pour ceci, [B-G], p. 364. En tout cas, ce qui précède fournit une construction du centre de courbure ω' de l'inverse C' d'une courbe C, dès que l'on connaît le centre de courbure ω de cette dernière.

10.8.5.6 Voir [BA-WH].

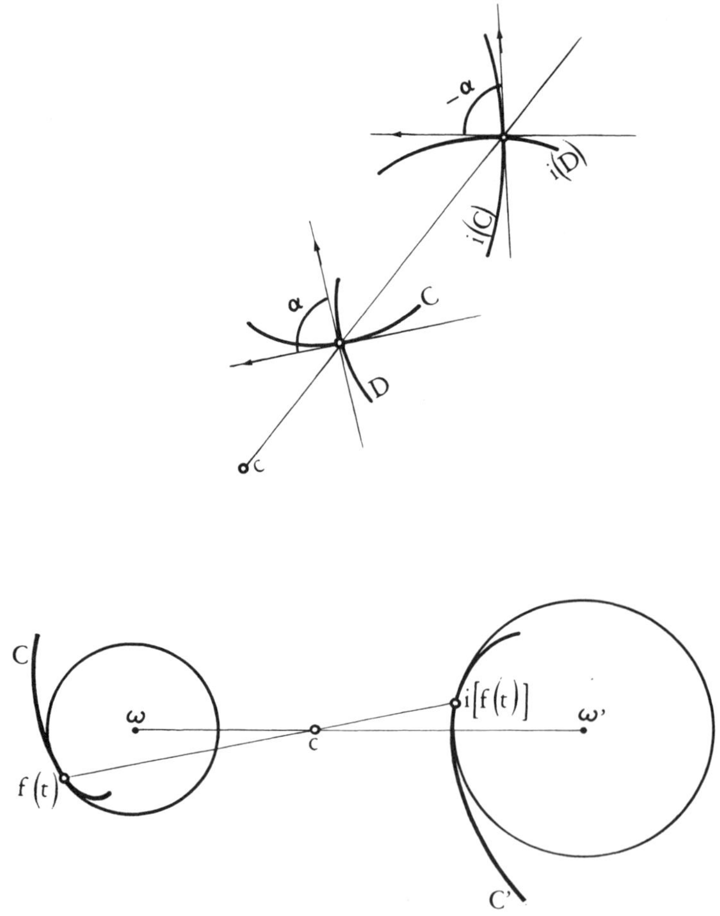

Figure 10.8.5.5

Dans les sections 10.9 et 10.10, tout se passe dans un plan.

10.9 *Cercles dans un plan*

Il s'agit là de la géométrie la plus simple après celle des droites d'un plan ; et même plus simple, le compas étant plus naturel que la règle, cf. 10.8.3. Les résultats sont donc légion, nous n'en mentionnerons que quelques-uns. Les outils de base sont au nombre de trois : la puissance, l'inversion et les angles orientés (cf. 8.7), dont c'est la principale application, sous la forme 10.9.5.

10.9.1 NOTATION ET CONVENTION. *Pour deux points distincts* x, y *on* notera *dans la fin de ce chapitre* $\langle x, y\rangle = \overline{xy}$ *la droite qui les joint. Si* $x = y$ *mais si* x *appartient à un cercle* C *précisé par le contexte*, $\overline{xx}$ désignera $T_x C$, *la tangente à* C *en* x.

Le thème de base est d'étudier la cocyclicité de quatre points x, y, z, t de X. Le premier critère est purement métrique :

10.9.2 Proposition (théorème de Ptolémée). *Pour quatre points* (x_i) $(i = 1, 2, 3, 4)$ *d'un plan, dont on note* $d_{ij} = x_i x_j$ *les distances mutuelles, on a toujours* $d_{12}\, d_{34} \leqslant d_{13}\, d_{42} + d_{14}\, d_{23}$ *et si l'égalité est atteinte, ils sont cocycliques ou alignés. Pour que quatre points du plan soient cocycliques, il faut et il suffit que l'une des trois égalités*

$$\pm\, d_{12}\, d_{34} \pm d_{13}\, d_{42} \pm d_{14}\, d_{23} = 0$$

soit satisfaite.

Nous avons déjà démontré ceci en 9.7.3.8, mais une démonstration plus élémentaire est appréciable. Posons $x_1 = x$, $x_2 = y$, $x_3 = z$, $x_4 = c$ et soit i une inversion de pôle c et de puissance 1 ; pour $x' = i(x)$, $y' = i(y)$, $z' = i(z)$, on a d'après 10.8.1.3 :

$$x'\, y' = \frac{xy}{cx.cy}, \quad y'\, z' = \frac{yz}{cy.cz}, \quad z'\, x' = \frac{zx}{cz.cx}.$$

D'où

$$cz.xy + cx.yz - cy.zx = (cx.cy.cz)\,(x'\, y' + y'\, z' - x'\, z')$$

et la conclusion suit de 9.1.1.1 et 10.8.2, si l'on remarque en outre que, de trois points alignés, l'un est toujours entre les deux autres.

10.9.2.1 Note. La relation de Ptolémée était utilisée par lui pour construire une « table de cordes » ; si en effet x, z est un diamètre du cercle, la formule $xz.yt = xy.tz + xt.yz$ revient précisément à la formule de trigonométrie $\sin(a+b) = \sin a.\cos b + \sin b.\cos a$ (cf. 8.7.8.1 et 10.3.2). Voir aussi 9.7.3.8.

10.9.2.2 Mais la condition de cocyclicité la plus utile est celle utilisant les angles *orientés* ; nous utilisons ici les notations de 8.7, sans oublier

10.9.1. Plus précisément, les énoncés ci-dessous sont valables lorsque certains points sont confondus ; nous donnons les démonstrations dans le cas général, laissant le lecteur vérifier les cas particuliers, l'idée étant d'utiliser la propriété caractéristique de la tangente d'être orthogonale au rayon.

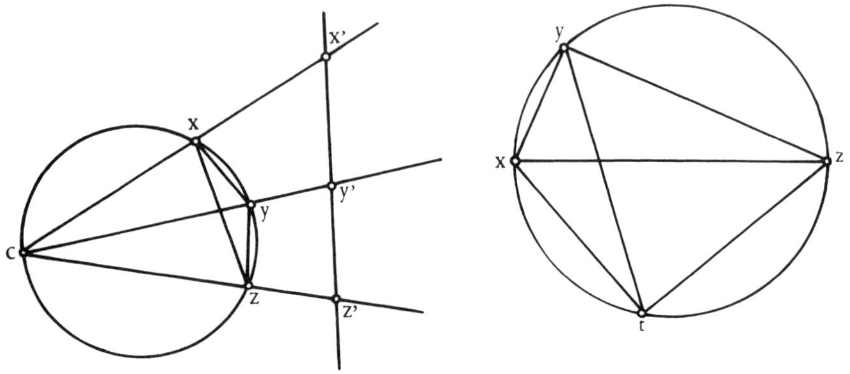

Figure 10.9.2

10.9.3 PROPOSITION (de l'arc capable). *Soient C un cercle, de de centre ω, et a, b deux points de C. Pour tout $x \in C$ on a*

$$\widehat{\overrightarrow{\omega a}, \overrightarrow{\omega b}} = 2\, \widehat{\overline{xa}, \overline{xb}} \quad \text{(cf. 8.7.7.7)}\,.$$

Soit x' le point diamétralement opposé à x ; il suffit de voir que

$$\widehat{\overrightarrow{\omega a}, \overrightarrow{\omega x'}} = 2\, \widehat{\overrightarrow{xa}, \overrightarrow{xx'}}$$

d'après 8.7.2.4(4). Soit D la médiatrice de $\{x, a\}$ et la symétrie σ_D. D'après 8.7.2.4(5) :

$$\widehat{\overrightarrow{\omega a}, \overrightarrow{\omega x'}} = \widehat{\overrightarrow{\omega a}, \overrightarrow{xa}} + \widehat{\overrightarrow{xa}, \overrightarrow{\omega x'}} = \widehat{\overrightarrow{xa}, \overrightarrow{x\omega}} + \widehat{\overrightarrow{xa}, \overrightarrow{x\omega}} = 2\, \widehat{\overline{xa}, \overline{x\omega}}\,.$$

10.9.4 COROLLAIRE. *Soient $a, b \in X$, $a \neq b$, $\alpha \in \mathfrak{A}(\vec{X}) \setminus 0$. Alors $\{ x \in X : \widehat{\overline{xa}, \overline{xb}} = \alpha \}$ est un cercle, passant par a et b.*

10.9.5 COROLLAIRE. *Quatre points distincts de X sont cocycliques ou alignés si et seulement si $\widehat{\overline{ca}, \overline{cb}} = \widehat{\overline{da}, \overline{db}}$.*

En effet on construit facilement, a et b étant donnés, un point ω tel que $\omega a = \omega b$ et $\widehat{\overrightarrow{\omega a}, \overrightarrow{\omega b}} = 2\,\alpha$; par exemple ω est l'intersection de la médiatrice de $\{a, b\}$ avec la droite D passant par a et telle que $\widehat{\overline{ab}, D} = \delta - \alpha$ (cf. 8.7.7.4). Le cercle de centre ω, passant par a et b, soit C, est tel que

$$\widehat{\overline{xa}, \overline{xb}} = \alpha\,;$$

réciproquement, si $\widehat{\overline{xa}, \overline{xb}} = \alpha$, le centre ω' du cercle circonscrit à a, b, x vérifie $\widehat{\overrightarrow{\omega' a}, \overrightarrow{\omega' b}} = 2\,\alpha$ et ne peut donc être que ω.
Le deuxième corollaire est évident si a, b, c sont alignés, cf. 8.7.7.3 par exemple. Dans le cas $\widehat{\overline{ca}, \overline{cb}} \neq 0$, cela résulte de ce qui précède.

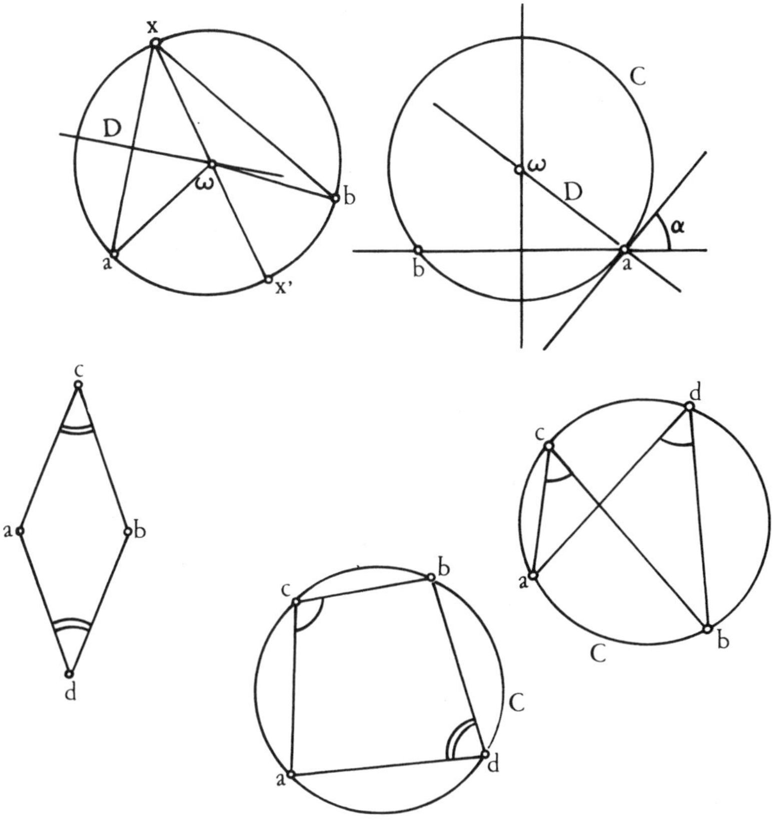

Figure 10.9.5

10.9.6 REMARQUES. La condition 10.9.5 est fausse pour les angles non orientés ; du point de vue des angles non orientés, ce qui est vrai, c'est que a, b, c, d cocycliques entraîne

$$\overline{\overline{ca}}, \overline{\overline{cb}} = \overline{\overline{da}}, \overline{\overline{db}} \quad ou \quad \overline{\overline{ca}}, \overline{\overline{cb}} + \overline{\overline{da}}, \overline{\overline{db}} = \pi\ ,$$

la réciproque étant fausse. On voit donc le gain de 10.9.5, surtout dès qu'il s'agit de figures compliquées, où le nombre de cas à examiner serait grand. Voir aussi 10.13.15.
Noter le cas $\alpha = \delta$, qui fournit le cercle de diamètre a, b.
Noter que 10.9.3 et 10.9.5 seront démontrés comme cas particulier d'un théorème général sur les coniques en 17.4.2.

10.9.7 EXEMPLES. Les applications de 10.9.5 sont innombrables; le lecteur pourra traiter les exercices 9.14.3, 10.13.18, feuilleter les exercices des références [D-C 1], [D-C 2], [I-R], [R-C 1], [HD 1], [R-C 2], [HD 2]. Nous en traitons deux; d'abord la *droite de Simson* déjà rencontrée en 10.4.5.4 (voir aussi 9.14.34.3.D), 10.4.5.5, 10.9.7, 10.11.3, 10,13,27, 17.4.3.5, 17.8.3.2) :

10.9.7.1 Soit $\{ a, b, c \}$ un triangle ; pour qu'un point x ait des projections p, q, r sur les trois côtés qui soient alignées, il faut et il suffit qu'il appartienne au cercle circonscrit à $\{ a, b, c \}$.

Pour ce genre de démonstration, on peut souvent s'aider de la figure et y voir des chaînes d'angles égaux ; et ensuite on écrit des angles orientés comme suit : comme $\widehat{\overline{pc}, \overline{px}} = \delta = \widehat{\overline{qc}, \overline{qx}}$ et $\widehat{\overline{qa}, \overline{qx}} = \delta = \widehat{\overline{ra}, \overline{rx}}$ on a (d'après 10.9.5 appliqué quatre fois) $\widehat{\overline{cb}, \overline{cx}} = \widehat{\overline{cp}, \overline{cx}} = \widehat{\overline{qp}, \overline{qx}}$ et $\widehat{\overline{ab}, \overline{ax}} = \widehat{\overline{ar}, \overline{ax}} = \widehat{\overline{qr}, \overline{qx}}$.

Or « p, q, r alignés » est équivalent à $\widehat{\overline{qr}, \overline{qx}} = \widehat{\overline{qp}, \overline{qx}}$, donc maintenant à $\widehat{\overline{cb}, \overline{cx}} = \widehat{\overline{ab}, \overline{ax}}$ qui est bien équivalent à « a, b, c, x cocycliques » d'après 10.9.5.

Ce théorème de « la droite de Simson » lui a été longtemps faussement attribué ; il est en fait dû à Wallace.

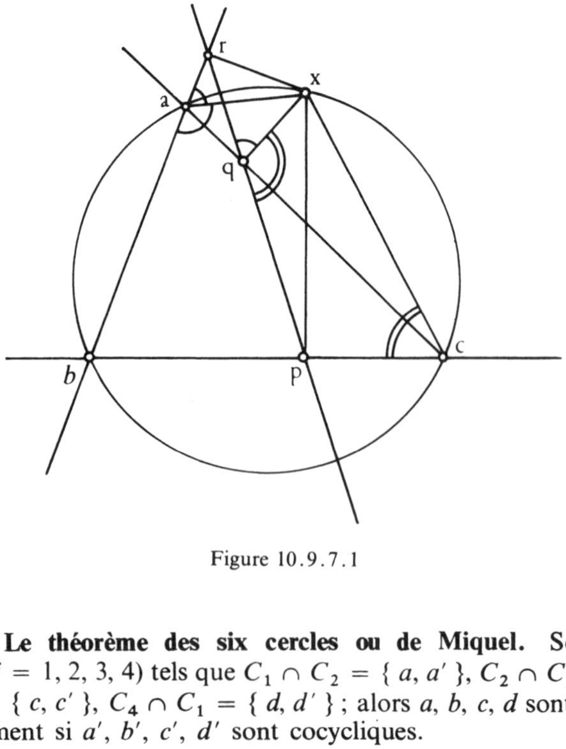

Figure 10.9.7.1

10.9.7.2 Le théorème des six cercles ou de Miquel. Soient quatre cercles C_i $(i = 1, 2, 3, 4)$ tels que $C_1 \cap C_2 = \{ a, a' \}$, $C_2 \cap C_3 = \{ b, b' \}$, $C_3 \cap C_4 = \{ c, c' \}$, $C_4 \cap C_1 = \{ d, d' \}$; alors a, b, c, d sont cocycliques si et seulement si a', b', c', d' sont cocycliques.

En utilisant la relation de Chasles et quatre fois 10.9.5 on obtient :

$$\widehat{\overline{ba}, \overline{bc}} = \widehat{\overline{ba}, \overline{bb'}} + \widehat{\overline{bb'}, \overline{bc}} = \widehat{\overline{a'a}, \overline{a'b'}} + \widehat{\overline{c'b'}, \overline{c'c}}$$
$$\widehat{\overline{da}, \overline{dc}} = \widehat{\overline{da}, \overline{dd'}} + \widehat{\overline{dd'}, \overline{dc}} = \widehat{\overline{a'a}, \overline{a'd'}} + \widehat{\overline{c'd'}, \overline{c'c}} .$$

En soustrayant et avec Chasles :

$$\widehat{\overline{ba}, \overline{bc}} - \widehat{\overline{da}, \overline{dc}} = \widehat{\overline{a'd'}, \overline{a'b'}} - \widehat{\overline{c'd'}, \overline{c'b'}} ,$$

et la conclusion suit de 10.9.5.

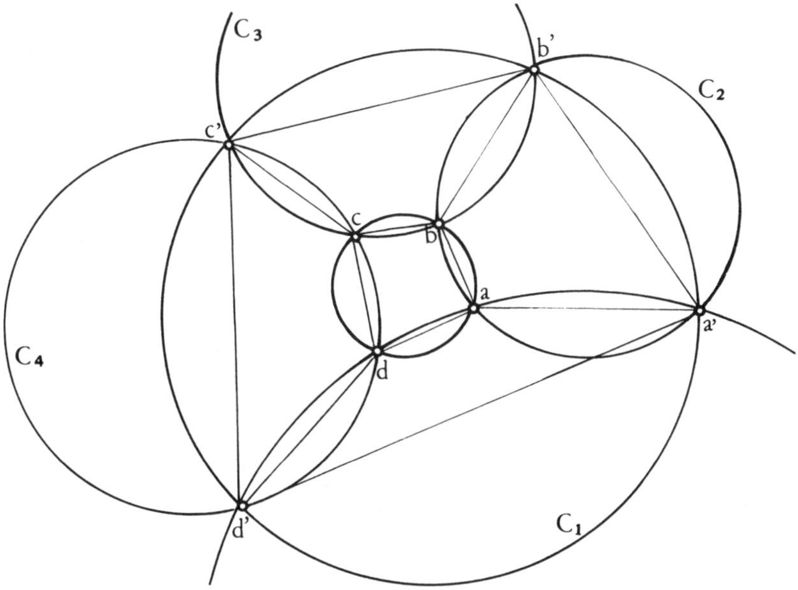

Figure 10.9.7.2

10.9.7.3 Note. Le théorème de Miquel est le début d'une « chaîne de théorèmes », voir 10.13.19 ; pour les chaînes de théorèmes, voir [PE 1], 94.7, p. 431 et [CR 1], p. 262 et p. 258. Voir aussi 10.11.7.

10.10 *Faisceaux de cercles*

Des propriétés de la puissance résulte facilement ce qui suit (cf. 10.7.10).

10.10.1 Soient C, C' deux cercles non concentriques ; l'ensemble de cercles $\mathcal{F} = \{ \Gamma \text{ cercle} : \Gamma \perp C \text{ et } \Gamma \perp C' \}$ est tel que ses éléments ont deux à deux même axe radical, à savoir la droite $\langle \omega, \omega' \rangle$ des centres ω, ω' de C, C'. Tout ensemble de cercles défini comme $\mathcal{F}$ est appelé un *faisceau*. Si Γ, Γ' appartiennent à un faisceau $\mathcal{F}$, le nouveau faisceau $\{ C \text{ cercle} : C \perp \Gamma \text{ et } C \perp \Gamma' \}$ est *noté* $\mathcal{F}^{\perp}$ et appelé l'*orthogonal* de $\mathcal{F}$; on a $C \perp \Gamma$ $\forall C \in \mathcal{F}^{\perp}$ $\forall \Gamma \in \mathcal{F}$. Et $\mathcal{F}^{\perp\perp} = \mathcal{F}$. Si C, C' sont tangents, $\mathcal{F}$ est formé de cercles tangents entre eux, ainsi que $\mathcal{F}^{\perp}$. Si $C \cap C' = \emptyset$, il existe deux points x, y (sur $\langle \omega, \omega' \rangle$) tels que $\mathcal{F}^{\perp} = \{ C \text{ cercle} : x, y \in C \}$; les points x, y sont appelés les *points limites* de $\mathcal{F}$. Si $C \cap C' =$ deux points distincts, alors $\mathcal{F}^{\perp}$ est formé de cercles deux à deux sans points communs.

Nous retrouverons de toute façon les faisceaux dans le chapitre 20.

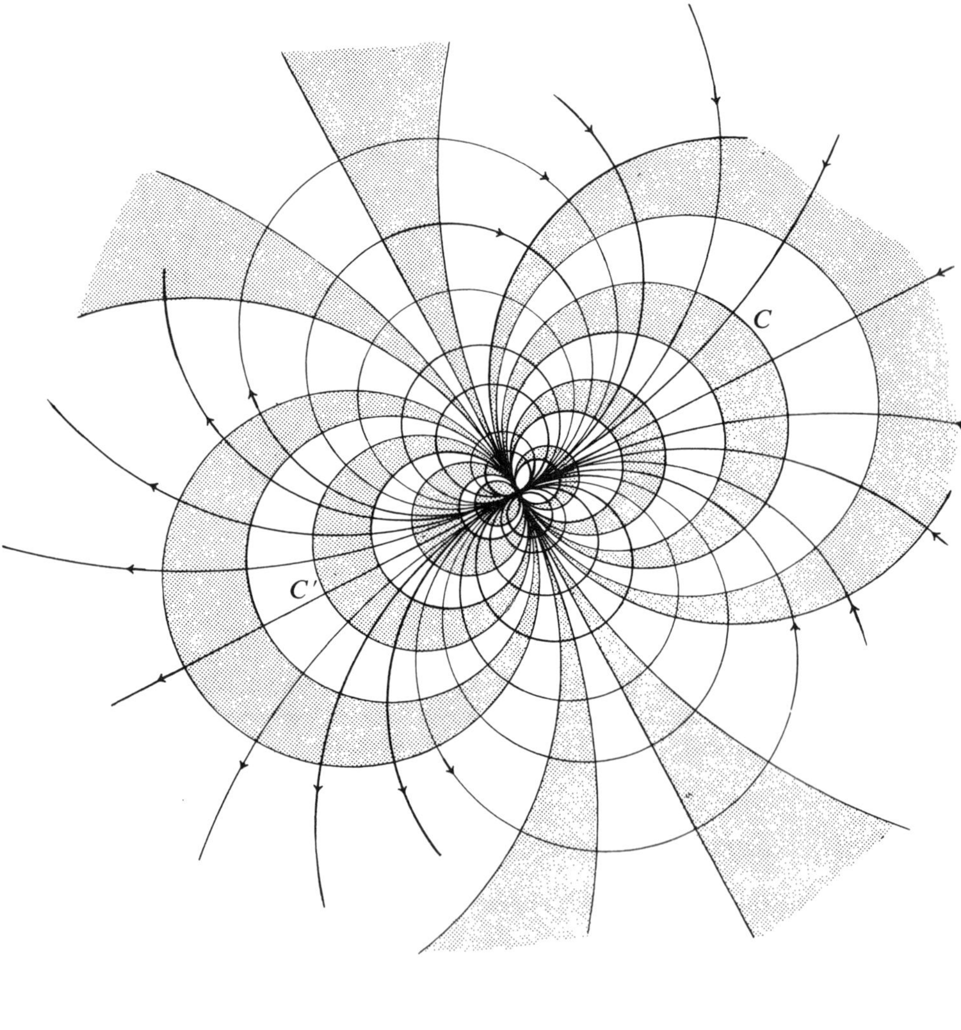

Figure 10.10.1.1

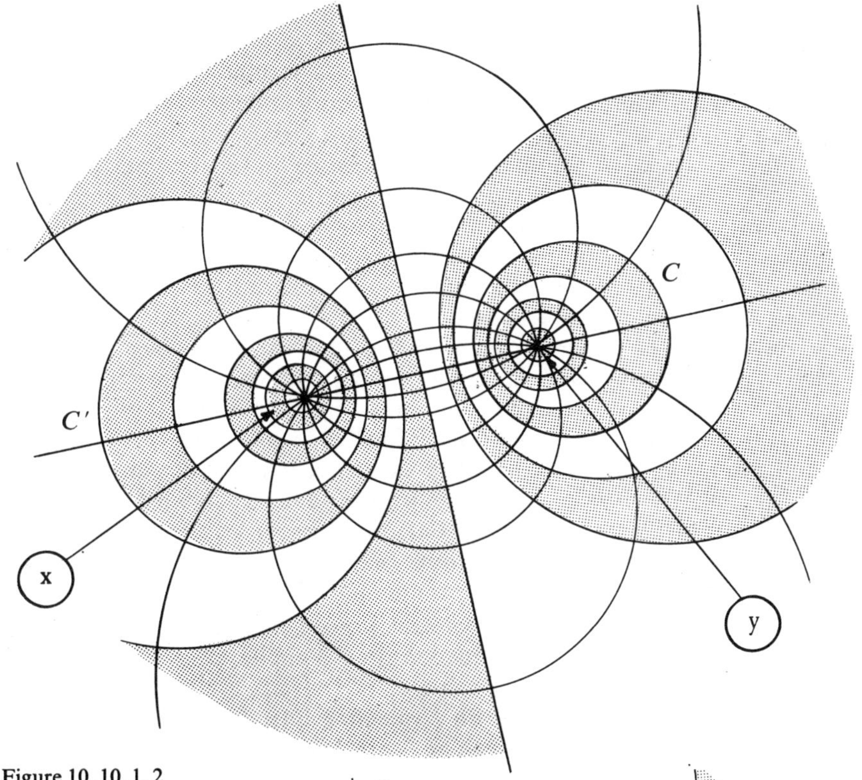

Figure 10.10.1.2

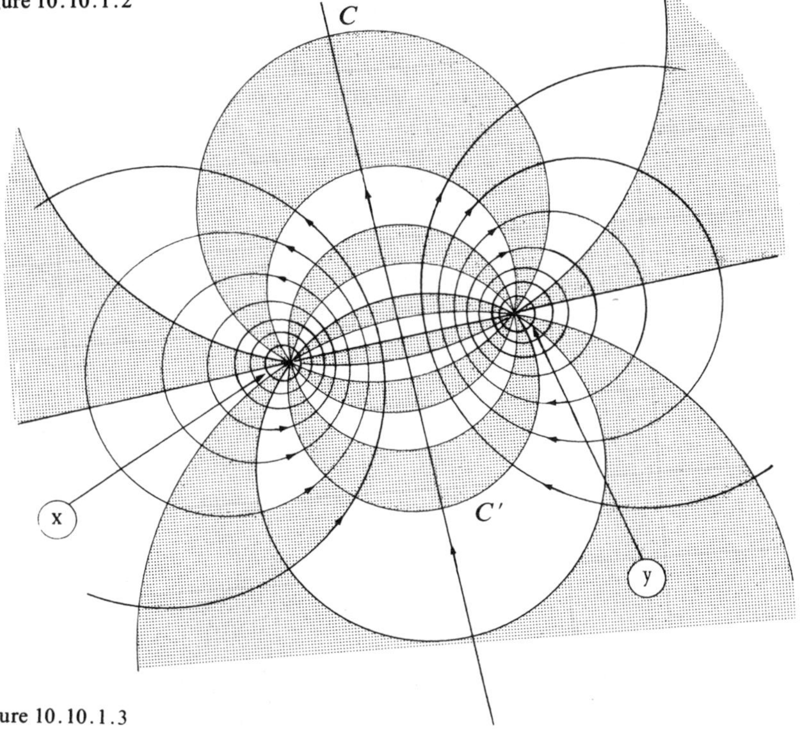

Figure 10.10.1.3

10.10.2 FIGURES RÉDUITES DE DEUX CERCLES. L'un des intérêts de ce qui précède et de l'inversion est le résultat suivant : soient C, C' deux cercles, alors il existe toujours une inversion les transformant, soit en deux droites, soit en deux cercles concentriques.

En effet, si $C \cap C' \neq \emptyset$, on prendra le pôle de l'inversion dans $C \cap C'$; si $C \cap C' = \emptyset$, on prendra pour pôle l'un des points limites ci-dessus. Puisque l'inversion conserve l'orthogonalité (cf. 10.8.5.3), l'image par l'inversion du deuxième point limite sera telle que toutes les droites qui passent par ce point sont orthogonales aux cercles images, ce qui ne peut arriver que si ce point est leur centre.

Le résultat 10.10.2 permet de résoudre nombre de problèmes sur les cercles, par exemple étudier les cercles coupant deux cercles sous des angles égaux, construire un cercle coupant trois cercles sous des angles donnés, etc... du moment que les conditions imposées se conservent par inversion.

Une autre façon, plus profonde, de présenter ce qui précède consiste à dire que l'ensemble de deux cercles concentriques admet un stabilisateur G gros, puisque constitué par toutes les isométries laissant leur centre commun ; de même l'ensemble de deux droites sécantes est stable par toutes les homothéties centrées en leur point commun. Transmué par inversion, le groupe G fournira un groupe $\hat{G}$ laissant stable l'ensemble des deux cercles considérés initialement ; et $\hat{G}$ est constitué d'applications conservant les cercles, les droites, les angles. En fait, ce ne sont pas vraiment des applications de E dans lui-même, mais du $\hat{E}$ que nous introduirons en 20.1, précisément pour donner un sens précis au genre de choses qui précèdent.

Voici maintenant un exemple d'application du début de 10.10.2.

10.10.3 L'ALTERNATIVE DE STEINER. Soient C, C' deux cercles, C intérieur à C', soit Γ_1 un cercle tangent à C et C' et extérieur à C. On construit une chaîne de cercles Γ_i ($i = 1, 2, \ldots$) par la condition : Γ_{i+1} est tangent à Γ_i, C, C' et différent de Γ_{i-1}. Si, pour tout $i > 1$, on a $\Gamma_i \neq \Gamma$, tant pis pour nous, mais si $\Gamma_n = \Gamma_1$ pour un certain n, alors quel que soit le cercle Γ' de départ, on aura toujours $\Gamma'_n = \Gamma'_1$.

La démonstration est évidente si l'on transforme C, C' en deux cercles concentriques, car un couple de deux cercles concentriques est stable globalement par le groupe des rotations autour de leur centre.

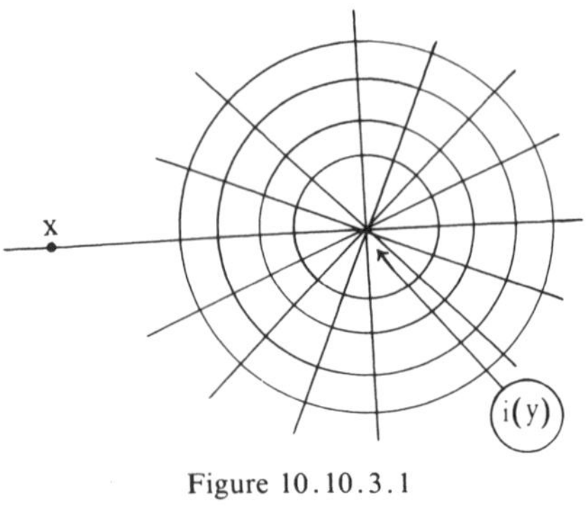

Figure 10.10.3.1

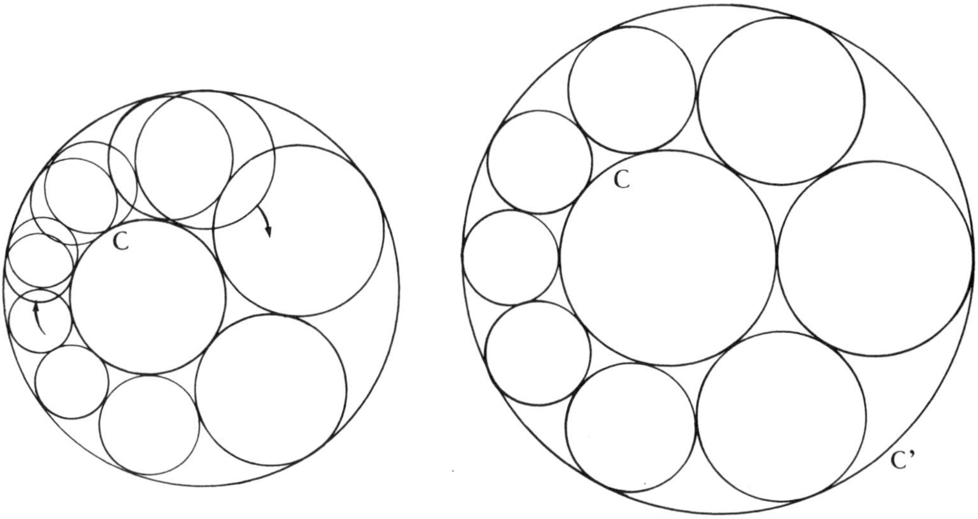

Figure 10.10.3.2

L'alternative est donc la suivante : ou aucune chaîne ne se referme, ou elles se referment toutes. Voici un autre exemple d'alternative.

10.10.4 LE GRAND THÉORÈME DE PONCELET POUR LES CERCLES. On part comme en 10.10.3 avec deux cercles C, C' et C intérieur à C' ; à partir d'un point $x_1 \in C'$ on fabrique une chaîne de points x_i $(i \geqslant 1)$ par la condition : $\langle x_i, x_{i+1} \rangle$ est tangente à C pour tout i et $\langle x_i, x_{i+1} \rangle \neq \langle x_i, x_{i-1} \rangle$. Ici encore il est vrai que, ou il existe n tel que $x_n = x_1 \; \forall x_1 \in C'$, ou $x_i \neq x_1 \; \forall x_1 \in C'$ et $\forall i \geqslant 1$.
Malgré la simplicité de son énoncé, il s'agit là d'un théorème considérablement plus difficile que l'alternative de Steiner ; voir 16.6.
Voir aussi 10.13.3, 17.6.5. Ainsi que [B-H-H].

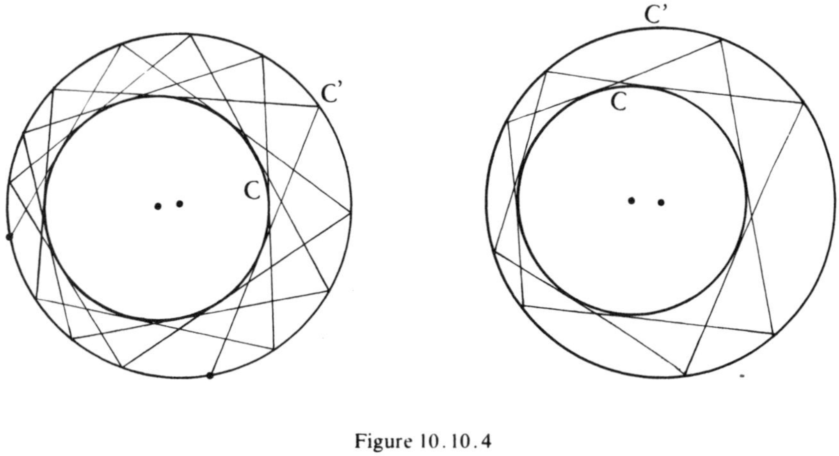

Figure 10.10.4

10.11 *Problèmes sur les cercles*

Nous mentionnons quelques résultats classiques sur les cercles ; le lecteur pourra les tester comme exercices, nous donnons parfois des références.

10.11.1 PROBLÈME D'APPOLONIUS. Il s'agit de trouver un cercle Γ tangent à trois cercles C, C', C'' donnés ; d'après 10.7.9 nous savons qu'il y a au plus huit solutions. La méthode la plus élémentaire est de diminuer ou d'augmenter les rayons des trois cercles du rayon du plus petit, on est alors ramené à trouver un cercle passant par un point et tangent à 2 cercles donnés ; ce qui peut se faire par exemple par 10.10.2 (voir 9.6.6 au besoin). Une méthode beaucoup plus élégante est due à Gergonne, elle fournit les points de contact de Γ avec C, C', C'' ; elle est donnée dans la figure 10.11.2.

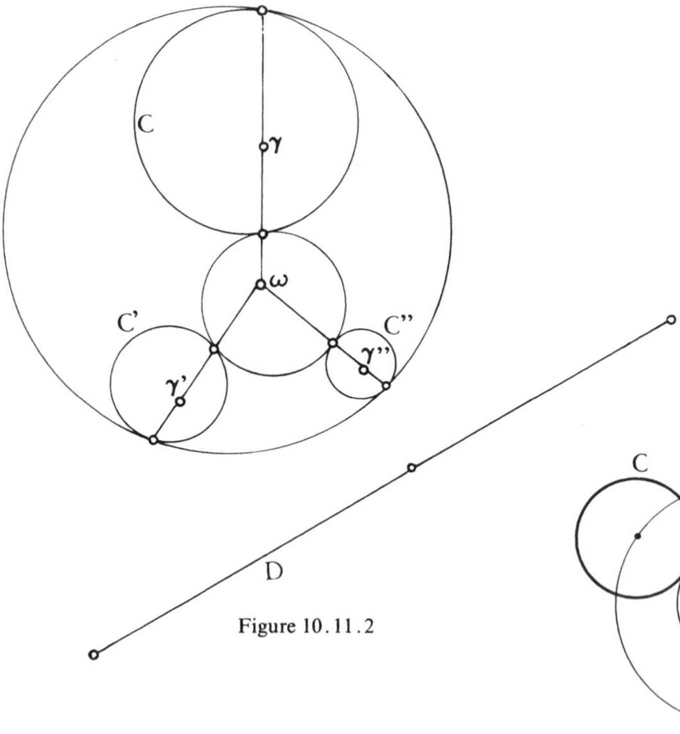

Figure 10.11.2

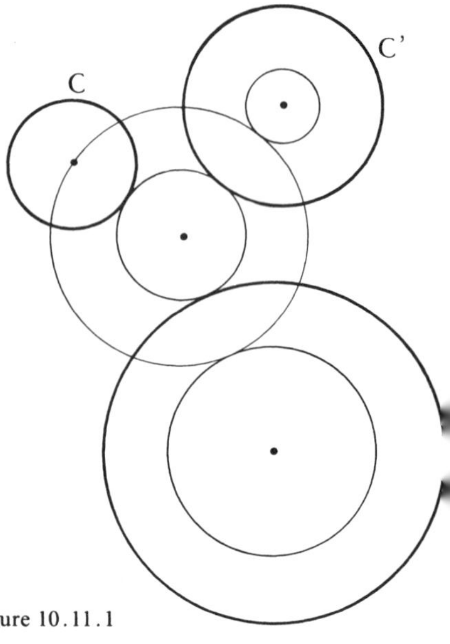

Figure 10.11.1

Dans cette figure le point ω est le *centre radical* (cf. 10.7.10.2) de C, C', C'', c'est-à-dire le point ayant même puissance par rapport à ces trois cercles et se construit aisément avec 10.7.10.1 ; la droite D est l'*une* des quatre droites joignant les six centres des homothéties échangeant C, C' ou C', C'' ou C'', C (ces six centres sont alignés effectivement sur quatre droites) et γ, γ', γ'' sont les pôles de D par rapport à C, C', C'' (cf. 10.7.11). Alors les points de contact cherchés sont, sur C par exemple, les points d'intersection de C avec la droite $\langle \omega, \gamma \rangle$.
Pour le problème d'Appolonius, une référence récente est [CR 5].

10.11.2 PROBLÈME DE NAPOLÉON-MASCHERONI. A l'aide d'un seul compas (cf. 10.8.3), trouver le centre d'un cercle donné. Pour ceci, voir [LB 1], p. 25 up ; précisément la note historique du bas de la page 25, puis page 26 l'énoncé du théorème de Mohr-Mascheroni : « toute construction possible avec la règle et le compas est possible avec le compas seul ». Une bonne partie de [LB 1] se lit comme un roman.

10.11.3 CERCLE DES NEUF POINTS ET THÉORÈME DE FEUERBACH.
Soient $\mathscr{T} = \{ x, y, z \}$ un triangle, p, q, r les pieds des hauteurs, u, v, w les milieux des côtés, l, m, n les milieux de $\{ x, h \}$, $\{ y, h \}$, $\{ z, h \}$ où h est le point de rencontre des hauteurs (cf. 10.2.5) et enfin ω le centre du cercle circonscrit à $\mathscr{T}$ et g son centre de gravité. Alors : les neuf points u, v, w, l, m, n, p, q, r sont un même cercle Γ dont le centre O est le milieu de $\langle h, \omega \rangle$; en outre g est sur la droite $\langle h, O, \omega \rangle$ et $\overrightarrow{gh} = -2\,\overrightarrow{g\omega}$. Le cercle Γ est tangent aux quatre cercles inscrit et exinscrits dans $\mathscr{T}$ (cf. 10.1.5 et figure 10.1.5).

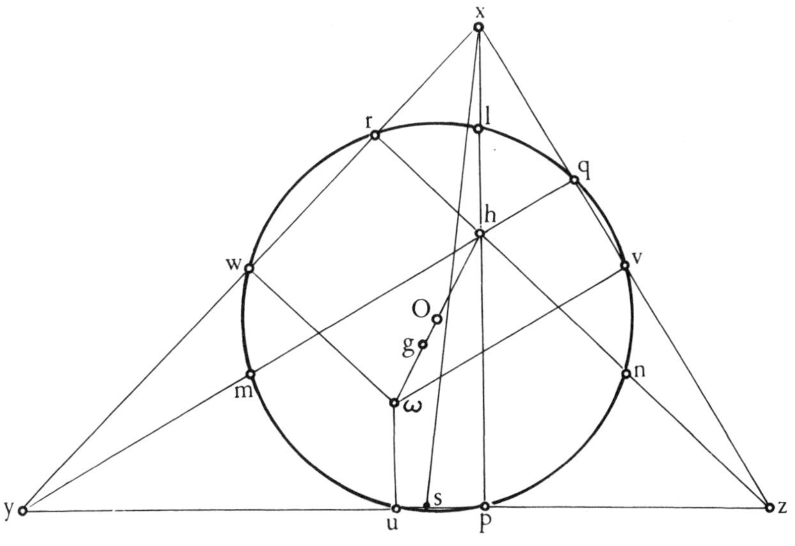

Figure 10.11.3

La démonstration consiste à introduire l'inversion dont le pôle est u et la puissance $up.us$, où s est le pied de la bissectrice intérieure issue de x. Noter aussi que Γ est le cercle tritangent à l'hypocycloïde à trois rebroussements enveloppe des droites de Simson de $\mathscr{C}$: cf. 10.4.5.5, 10.9.7.1 et 9.14.34.

10.11.4 PROBLÈME DE CASTILLON. Etant donnés un cercle C et des points $(x_i)_{i=1,\ldots,n}$, non sur C, trouver un polygone $(z_i)_{i=1,\ldots,n}$ de C tel que $x_i \in \langle z_i, z_{i+1} \rangle$ $\forall i = 1, \ldots, n$. Une solution, assez compliquée, consiste à faire le produit des inversions f_i, de pôle x_i et laissant globalement stable C ; alors on doit avoir $(f_n \circ f_{n-1} \circ \cdots \circ f_2 \circ f_1)(z_1) = z_1$ et l'on est donc ramené à la recherche des points fixes de $f_n \circ f_{n-1} \circ \cdots \circ f_2 \circ f_1$. Une meilleure méthode, valable pour toute conique, sera donnée en 16.3.10.3. Voir aussi [DO], p. 144 et 16.3.10.3.

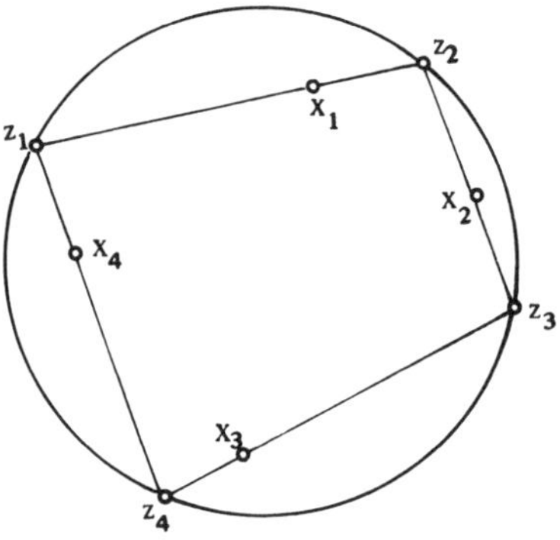

Figure 10.11.4

10.11.5 PROBLÈME DE MALFATTI. Il s'agit d'inscrire, dans un triangle donné, trois cercles C, C', C'' tangents chacun à deux côtés de ce triangle et tangents deux à deux. Pour la solution, voir [HD 1], p. 310 ou [RC 1], p. 311-314 ou [DO], p. 147.

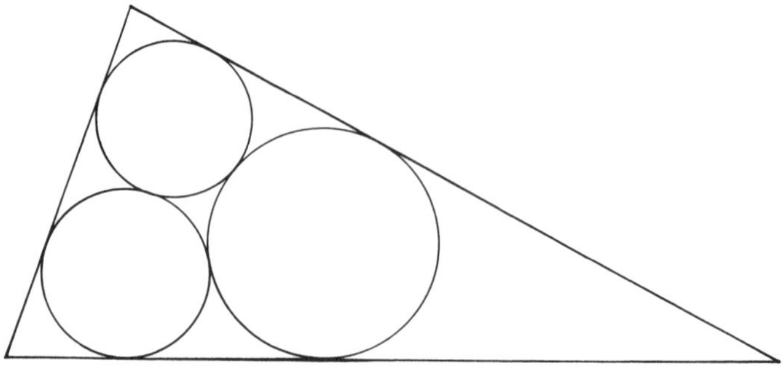

Figure 10.11.5

10.11.6 LES CYCLES DE LAGUERRE. C'est une théorie des cercles et droites orientés ; on la trouvera exposée par exemple dans [PE 1], p. 426.
Pour la formulation algébrique de cette théorie, voir [BZ], p. 251 up. Voir aussi [BLA 3], chapitre 4. Pour la circonscrire, mentionnons par les figures 10.11.6.1 et 10.11.6.2 un résultat sur des cercles et droites orientés, tangents entre eux avec conservation de l'orientation, qui serait faux pour un contact ne préservant pas nécessairement l'orientation.

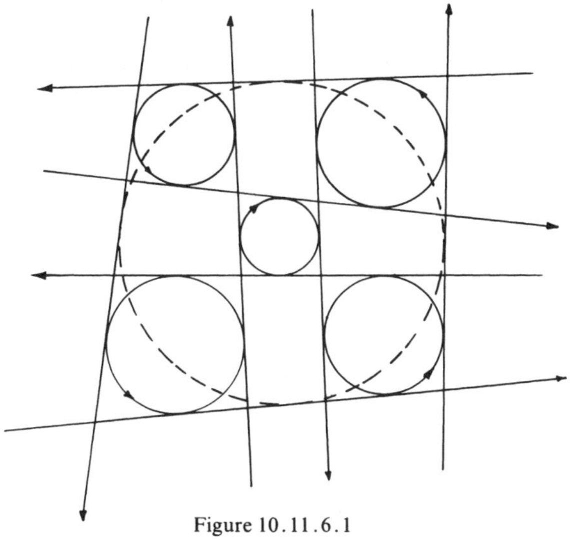

Figure 10.11.6.1

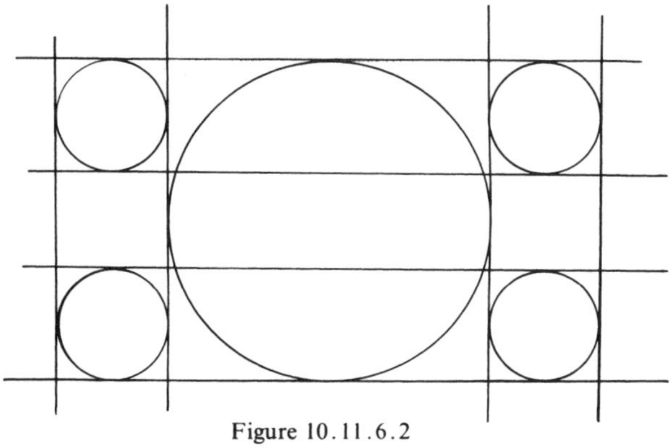

Figure 10.11.6.2

10.11.7 LE THÉORÈME DES SEPT CERCLES. Pour ce très joli résultat voir le livre de C. J. A. Evelyn, G. B. Money-Coutts, J. A. Tyrell, Le théorème des sept cercles, CEDIC.

10.12 *Parataxie : prélude aux sections* 18.9, 20.5 *et* 20.7

Il s'agit là d'une série de phénomènes surprenants, concernant les cercles et les sphères de l'espace ordinaire, i.e. de dimension trois. Phénomènes qui seront expliqués de deux façons : géométriquement en 18.9, algébriquement en 20.5.4.

10.12.1 Soit T un *tore*, c'est-à-dire la surface engendrée par un cercle tournant autour d'une droite de son plan, ne le rencontrant pas. Ce tore contient deux familles de cercles, les parallèles et les méridiens. Le premier point surprenant est que T contient d'autres cercles, dits parfois de Villarceau par les mathématiciens, mais connus bien avant lui (1848), comme on peut le vérifier par exemple en visitant à Strasbourg le musée de l'Œuvre-Notre-Dame, où le haut de la colonne de l'escalier à vis est couronné par un tore sculpté précisément en sorte que ses arêtes vives soient de tels cercles. On peut aussi les trouver en coupant T par un plan bitangent, figure 10.12.1.3.

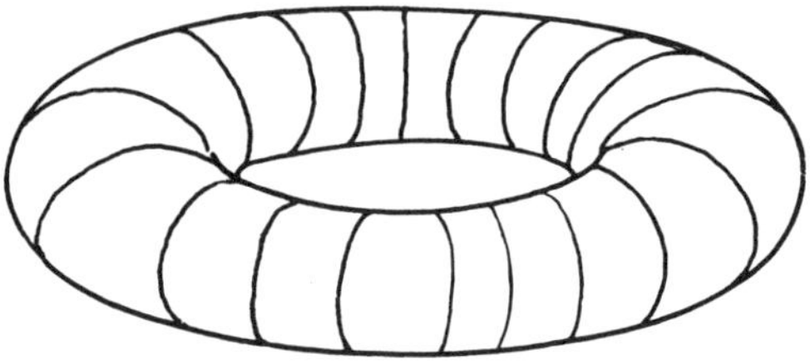

Figure 10.12.1.1

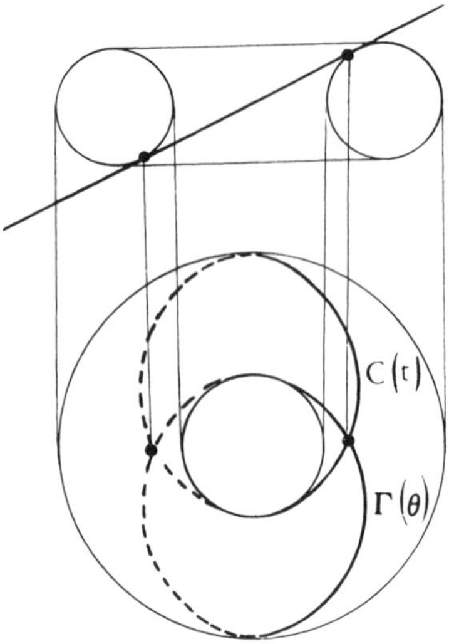

Figure 10.12.1.3

Hans Haug, *l'Art en Alsace*
Arthaud édit.

10.12.2 Ces cercles exotiques se répartissent en deux familles $\{ C(t) \}$ et $\{ \Gamma(\theta) \}$, deux $C(t)$, $\Gamma(\theta)$ se rencontrent toujours en deux points, deux $C(t)$, $C(t')$ (resp. $\Gamma(\theta)$, $\Gamma(\theta')$) distincts non seulement ne se rencontrent pas, mais ils sont de plus enlacés (cf. pour l'enlacement par exemple [B-G], p. 279), comme le tore sculpté de Strasbourg le montre.

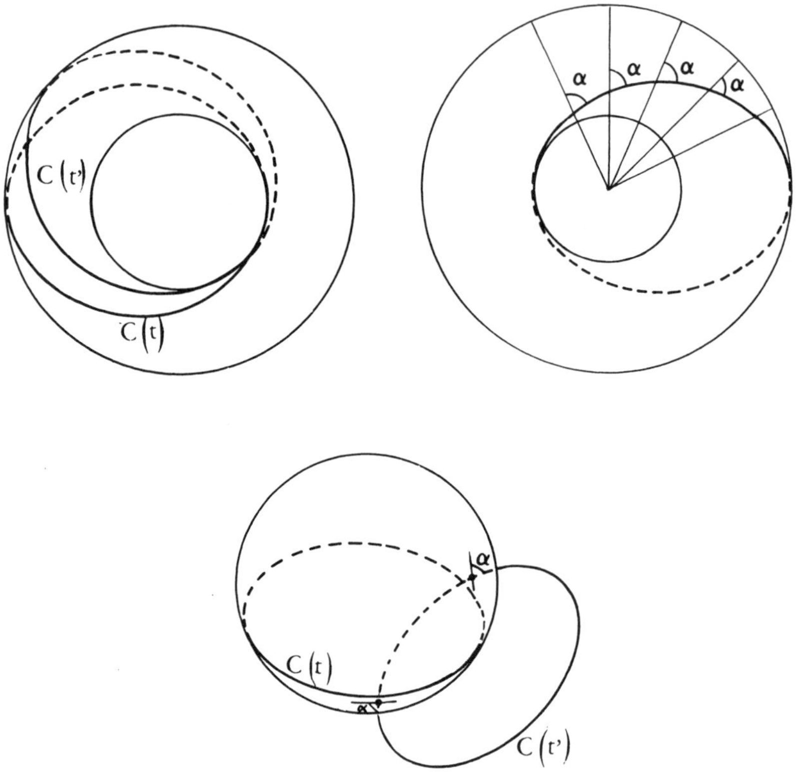

Figure 10.12.2

10.12.3 Ces cercles vérifient des propriétés angulaires très fortes ; d'abord ce sont ds *hélices* du tore, en ce sens que tout méridien coupe un $C(t)$ (ou un $\Gamma(\theta)$) sous un angle constant, soit α (le même bien sûr pour les C et les Γ). Mais surtout deux $C(t)$, $(C(t')$ distincts (et de même pour des $\Gamma(\theta)$, $\Gamma(\theta')$) forment un *anneau paratactique*, c'est-à-dire que toute sphère S contenant $C(t)$ coupe $C(t')$ sous un angle constant en même temps que toute sphère S' contenant $C(t')$ coupe $C(t)$ sous le même angle (l'angle d'un cercle et d'une sphère sécants est, par définition, celui de la tangente et plan tangent en un point commun).

10.13 *Exercices*

10.13.1 CONCOURANCE DES HAUTEURS D'UN TRIANGLE.

10.13.1.1 Démontrer que, pour tout quadruplet $\{x, y, z, t\}$ d'un plan euclidien, on a $(\overrightarrow{xy} \mid \overrightarrow{zt}) + (\overrightarrow{xz} \mid \overrightarrow{ty}) + (\overrightarrow{xt} \mid \overrightarrow{yz}) = 0$; en déduire la concourance des hauteurs.

10.13.1.2 La déduire de 16.5.4 via les points cycliques.

10.13.1.3 La déduire de 2.8.1.

10.13.2 COMPLÉMENT AU FORMULAIRE. Pour un triangle, démontrer les relations :

$$S^2 = rr_a r_b r_c, \quad 4R = r_a + r_b + r_c - r, \quad \frac{1}{2Rr} = \frac{1}{ab} + \frac{1}{bc} + \frac{1}{ca},$$

$$\frac{1}{r} = \frac{1}{r_a} + \frac{1}{r_b} + \frac{1}{r_c} = \frac{1}{h_a} + \frac{1}{h_b} + \frac{1}{h_c}, \quad p^2 = r_a r_b + r_b r_c + r_c r_a,$$

$$2R = \frac{a + b + c}{\sin A + \sin B + \sin C}.$$

10.13.3 LE GRAND THÉORÈME DE PONCELET POUR LES CERCLES : LE CAS $n - 3$ ET 4. Pour un triangle $\mathcal{T}$, montrer que le rayon R du cercle circonscrit C, le rayon r du cercle inscrit Γ et la distance d de leurs centres vérifient la relation $R^2 - 2Rr = d^2$. Montrer que si, réciproquement, deux cercles C, Γ de rayons R, r et de distance de centres d, vérifient $R^2 - 2Rr = d^2$, alors, quel que soit $x \in C$, il existe un triangle $\mathcal{T}$ de sommet x, inscrit dans C et circonscrit à Γ. En déduire le grand théorème de Poncelet pour les cercles dans le cas des triangles (cf. 10.10.4). Faire une étude analogue pour le cas des quadrilatères à la fois inscrits dans C et circonscrits à Γ.

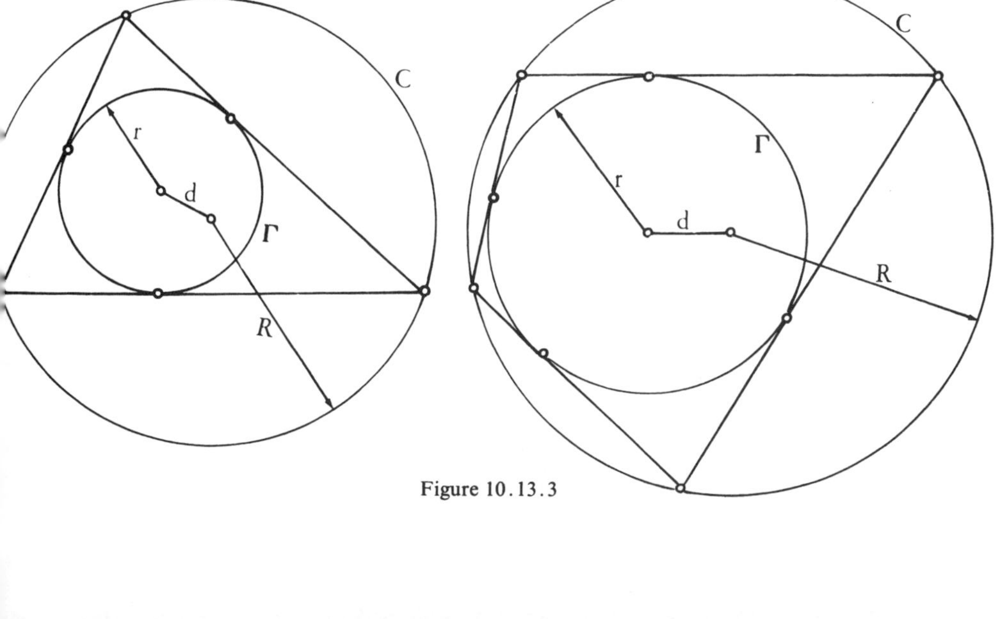

Figure 10.13.3

10.13.4 THÉORÈME DE MORLEY. Supposant d'abord le théorème vrai, montrer que (voir figure), les triangles $\{u, r, q\}$, $\{v, r, p\}$ et $\{w, p, q\}$ sont isocèles ; et calculer leurs angles en fonction de ceux du triangle $\{x, y, z\}$. En déduire une démonstration du théorème de Morley en partant d'un triangle équilatéral $\{r, p, q\}$ et en construisant u, v, w puis x, y, z pour des angles convenables ; en remarquant enfin que l'on obtient ainsi un triangle semblable au triangle de départ.

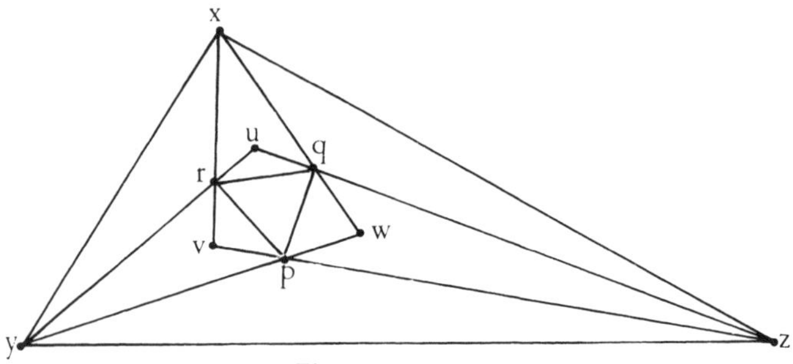

Figure 10.13.4

10.13.5 Montrer que pour tout t du plan et triangle $\mathscr{T} = \{x, y, z\}$, on a $tx + ty + tz \geqslant 2\sqrt{\sqrt{3}\,S}$, l'égalité ayant lieu exactement pour les triangles équilatéraux. En déduire l'inégalité $tx + ty + tz \geqslant 6\,r$.

10.13.6 Discuter complètement 10.4.5.4.

10.13.7 FORMULE DE BRAHMAGUPTA. Pour un quadrilatère inscrit dans un cercle, calculer les diagonales x, y en fonction des quatre côtés a, b, c, d. Montrer que la surface du quadrilatère vaut $\sqrt{(p-a)(p-b)(p-c)(p-d)}$, où

$$p = \frac{a+b+c+d}{2}.$$

10.13.8 Etudier le problème analogue à 10.4.3 pour un quadrilatère convexe ; puis pour un hexagone circonscrit à une ellipse (cf. 16.2.13).

10.13.9 Calculer le rayon de la sphère circonscrite à un tétraèdre régulier.

10.13.10 Calculer le volume d'un tétraèdre en fonction :

(i) de deux faces, de l'arête commune et du dièdre de cette arête ;
(ii) des quatre faces, de deux dièdres opposés et des arêtes de ces dièdres ;
(iii) d'une face et des trois dièdres adjacents.

10.13.11 Montrer que si les quatre faces d'un tétraèdre ont la même aire, ces quatre faces sont des triangles égaux.

10.13.12 Dans un tétraèdre si on appelle α, β, γ les distances des paires d'arêtes opposées (cf. 9.2.5) et h_i ($i = 1, 2, 3, 4$) les distances d'un sommet à la face opposée, on a

$$\frac{1}{\alpha^2} + \frac{1}{\beta^2} + \frac{1}{\gamma^2} = \sum_i \frac{1}{h_i^2}$$

10.13.13 Dans un tétraèdre, le produit des sinus de deux dièdres opposés est proportionnel au produit des arêtes de ces dièdres.

10.13.14 PRINCIPE DE SALMON. Dans un plan euclidien on se donne un cercle C de centre a, deux points x, y et leurs polaires D_x, D_y par rapport à C. Montrer que $\frac{ax}{ay}=\frac{d(x, D_y)}{d(y, D_x)}$. Montrer que si P est un polygone à $2n$ côtés inscrit dans C, pour tout point z de C le produit des distances de z aux côtés pairs de P est égal au produit des distances de z aux côtés impairs. Montrer que si P est un polygone circonscrit à C le produit de distances des sommets pairs à une tangente au cercle est dans un rapport constant avec le produit des distances des sommets impairs à la même tangente (le polygone P ayant toujours un nombre pair de côtés).

10.13.15 Etant donnés deux points distincts a, b d'un plan euclidien et α un angle, soit de droites ou de demi-droites, soit orienté de droites ou de demi-droites, étudier les ensembles

$$\{ x : \widehat{\overrightarrow{xa}, \overrightarrow{xb}} = \alpha \}, \quad \{ x : \overline{\overrightarrow{xa}, \overrightarrow{xb}} = \alpha \},$$
$$\{ x : \widehat{xa, xb} = \alpha \}, \quad \{ x : \overline{xa, xb} = \alpha \}.$$

10.13.16 DROITE DES IMAGES. Soit $\mathcal{T}$ un triangle ; montrer que pour qu'une droite D soit telle que ses symétriques par rapport aux côtés de $\mathcal{T}$ soient concourantes, il faut et il suffit qu'elle passe par l'orthocentre de $\mathcal{T}$. Que fait le point de concours lorsque la droite tourne autour de l'orthocentre (cf. aussi 17.6.2.2) ?

10.13.17 Démontrer 10.9.7.2 algébriquement avec des birapports (cf. 9.6.5.2).

10.13.18 LE PIVOT. Dans un plan on se donne un triangle fixe $\{ x, y, z \}$; montrer que si p, q, r sont trois points sur les côtés du triangle et π un point du plan, alors si $\{ x, r, \pi, q \}$ et $\{ y, p, \pi, r \}$ sont cocycliques, il en est de même de $\{ z, q, \pi, p \}$. On suppose maintenant π, le *pivot*, fixe et

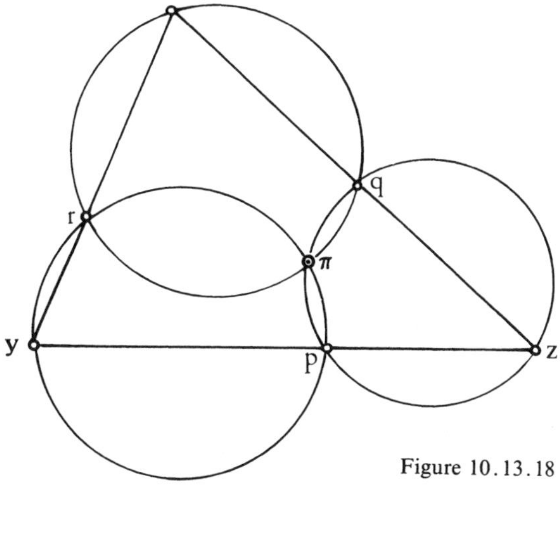

Figure 10.13.18

p, q, r mobiles sur les côtés en sorte que les cocyclicités ci-dessus soient respectées. Montrer que $\{p, q, r\}$ reste directement semblable à lui-même et en déduire que tout point semblablement lié à $\{p, q, r\}$ décrit une droite (par exemple l'orthocentre, les centres des cercles inscrits, circonscrits, etc...) et que toute droite semblablement liée à $\{p, q, r\}$ enveloppe une parabole de foyer π (cf. 9.6.7).

10.13.19 UNE CHAÎNE DE THÉORÈMES. Dans tout cet exercice, les objets sont supposés « en position générale ». Soient $(D_i)_{i=1,2,3,4}$ quatre droites d'un plan euclidien et C_i le cercle circonscrit au triangle formé par les trois droites D_j $(j \neq i)$; montrer que les quatre cercles C_i ont un point en commun (voir une explication aussi en 17.4.3.5). Dessin. Soient $(D_i)_{i=1,\ldots,5}$ cinq droites d'un plan euclidien et p_i le point associé dans le théorème précédent aux quatre droites D_j $(j \neq i)$; montrer que les cinq points p_i appartiennent à un même cercle. Dessin.
Enoncer et démontrer une chaîne de théorèmes dont les deux premiers sont les précédents. Voir pour des chaînes de théorèmes : [PE], p. 431. exercice 94.7 et [CR 1], p. 258.

10.13.20 CERCLES ISOGONAUX. Un cercle Γ est dit *isogonal* à deux cercles C, C' s'il fait avec eux un même angle ; montrer que les cercles isogonaux à deux cercles fixes sécants sont orthogonaux à un cercle ou une droite fixe. Cas où les cercles ne sont pas sécants. Même question lorsque les angles de Γ avec C, C' sont de somme égale à π. Etudier les cercles isogonaux à trois, puis quatre, cercles fixes. Peut-on utiliser ce qui précède pour le problème 10.11.1 ? Voir aussi une étude algébrique de cette question en 20.4.4.

10.13.21 Soient C, C' deux cercles comme en 10.10.3, de rayons R, R' et dont les centres a, a' sont à distance $d = aa'$; montrer que si C, C' admettent une chaîne de n cercles selon la figure 10.10.2, on a

$$(R - r)^2 - d^2 = 4\, Rr \operatorname{tg}^2 (\pi/n) .$$

10.13.22 Démontrer que le plan bitangent de la figure 10.12.1.3 coupe bien le tore selon deux cercles ; et que ces cercles sont des hélices du tore.

10.13.23 Avec la technique de 10.3.10, démontrer la répartition en 27 droites des points d'intersection des trisectrices intérieures et extérieures des angles d'un triangle. A ce sujet, voir 9.14.34.5 et [LB 1], p. 173-208.

10.13.24 Etant donné un triangle du plan, rechercher les cercles par rapport auquel il est autopolaire, i.e. ses sommets sont deux à deux conjugués par rapport à ce cercle. Même question en dimension 3.

10.13.25 Soient trois cercles tangents deux à deux et de rayons a, b, c ; on pose $\alpha = a^{-1}$, $\beta = b^{-1}$, $\gamma = c^{-1}$. Montrer que les rayons des deux cercles tangents à ces trois cercles sont

$$[\alpha + \beta + \gamma + 2(\beta\gamma + \gamma\alpha + \alpha\beta)^{1/2}]^{-1}$$

et

$$|\alpha + \beta + \gamma - 2(\beta\gamma + \gamma\alpha + \alpha\beta)^{1/2}|^{-1} .$$

Que signifie le signe de $\alpha + \beta + \gamma - (\beta\gamma + \gamma\alpha + \alpha\beta)^{1/2}$?

10.13.26 Soient a, b, c les longueurs des côtés d'un triangle $\mathcal{T}$ d'un plan euclidien, pour tout entier n on considère le point $X(n)$ dont les coordonnées barycentriques par rapport à $\mathcal{T}$ sont

$$\left(\frac{a^n}{a^n+b^n+c^n}, \frac{b^n}{a^n+b^n+c^n}, \frac{c^n}{a^n+b^n+c^n}\right)$$

Caractériser géométriquement $X(0)$, $X(1)$, $X(2)$. Que devient $X(n)$ lorsque n tend vers $+\infty$ (resp. $-\infty$) ?

10.13.27 ENCORE LA DROITE DE SIMSON ! Soient D, D' deux droites distinctes d'un plan euclidien, $a = D \cap D'$ et un point $x \notin D \cup D'$. Montrer que l'application $D \ni m \mapsto m' \in D'$, obtenue en coupant D, D' en m, m' par un cercle variable passant par a et x, est la restriction à D d'une similitude directe de centre x ; quelle droite décrit le point h projection orthogonale de x sur la droite mm' ? Déduire de ce résultat le théorème 10.9.7.1 de la droite de Simson.

10.13.28 Etant donnés quatre points a, b, c, d d'un plan euclidien, construire un carré $ABCD$ tel que $a \in AB$, $b \in BC$, $c \in CD$, $d \in DA$. Plus généralement, étant donnés deux quadrilatères comme Q, Q' de ce plan, construire un quadrilatère Q'' semblable à Q et inscrit dans Q' ; puis circonscrit à Q'.

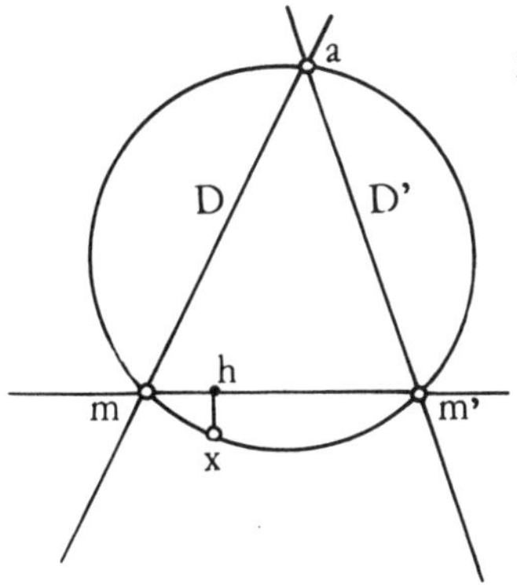

Figure 10.13.27

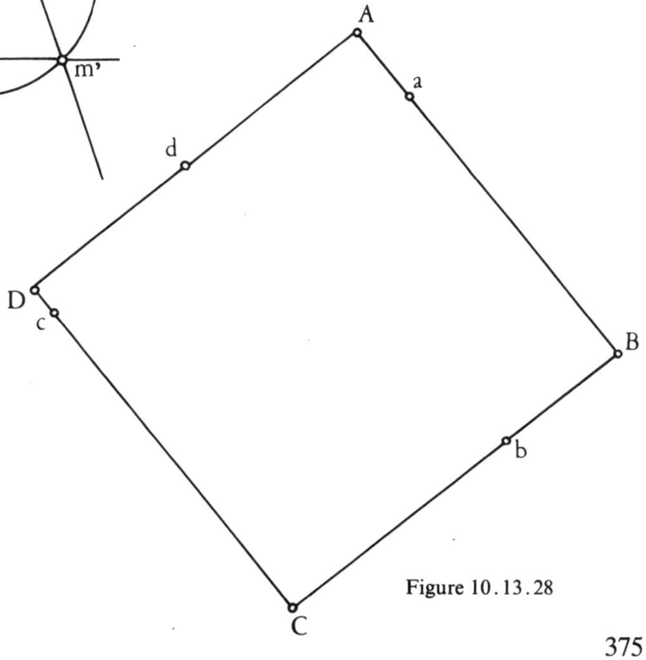

Figure 10.13.28

10.13.29 CERCLES DE FORD. On considère trois cercles tangents deux à deux et tangents à une droite D, dans la disposition de la figure 10.13.29.1. Si r, s sont les rayons de γ, δ et ρ celui du petit cercle et si a, b, c sont leurs points de contact avec D, calculer ρ, $\overline{ax}$, $\overline{bx}$ en fonction de $\overline{ab}$, r, s.
Partant des deux cercles d'équations, dans un repère orthonormé, $x^2 + y^2 - y = 0$ et $x^2 + y^2 - 2x - y + 1 = 0$, on construit par récurrence des cercles comme indiqué sur la figure 10.13.29.2. Montrer que les points de contact de ces cercles avec l'axe des x sont toujours des points d'abscisse rationnelle ; obtient-on ainsi tous les rationnels de [0, 1] ?
Les cercles de Ford ont reçu une jolie application en arithmétique, via une intégrale complexe le long des contours basés sur ces cercles ; voir [RA], p. 267.

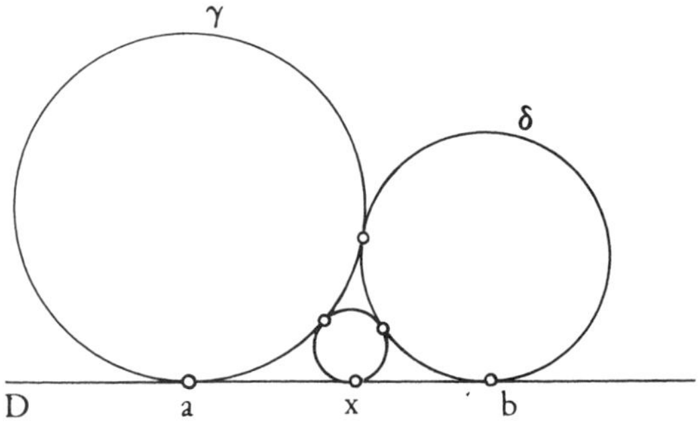

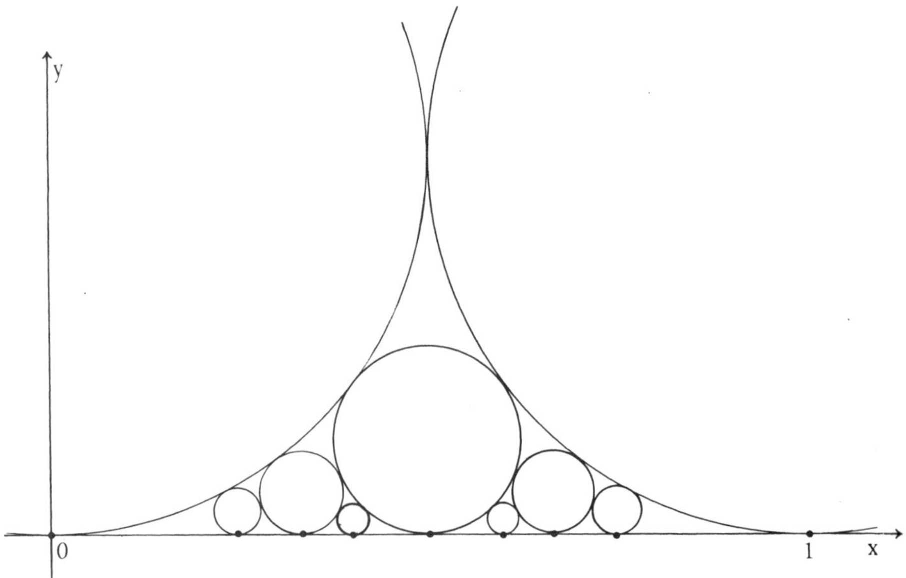

Figure 10.13.29.2

10.13.30 POINT DE NAGEL. Montrer, au moins de deux façons différentes, que les droites joignant les sommets d'un triangle au point de contact du cercle inscrit avec le côté opposé sont concourantes.

10.13.31 Si un quadrilatère est à la fois inscriptible et circonscriptible à un cercle, sa surface vaut $\sqrt{abcd}$, où a, b, c, d sont les longueurs de ses côtés.

10.13.32 Pour un quadrilatère (convexe) quelconque dont les côtés valent a, b, c, d et les diagonales e, f, calculer en fonction de ces six nombres sa surface et l'angle de ses diagonales.

10.13.33 LE PAPILLON. Le quadrilatère croisé $ABCD$ est inscrit dans un cercle de centre O. Par le point $AB \cap CD = P$ on mène la perpendiculaire à OP qui rencontre AD en M et BC en N. Montrer que $PM = PN$.

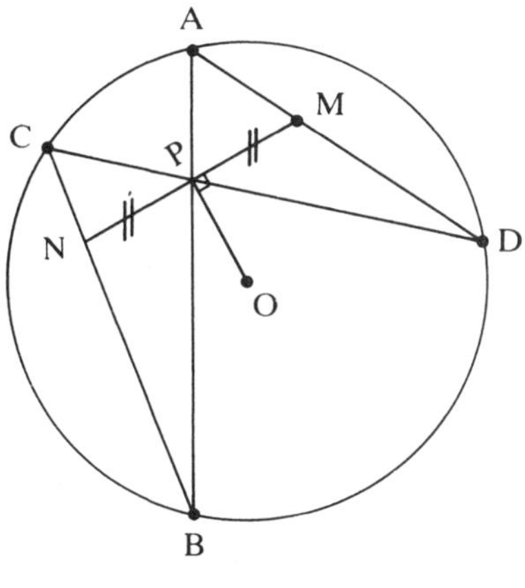

Figure 10.13.33

10.13.34 Un quadrilatère de côtés donnés a une aire maxima quand il est inscrit dans un cercle.

10.13.35 Un quadrilatère inscrit dans un cercle détermine quatre triangles. Montrer que leurs (quatre) orthocentres sont situés sur un cercle égal au premier.

BIBLIOGRAPHIE

[A-A] ARNOLD (V. I.) et AVEZ (A.). *Problèmes ergodiques de la mécanique classique*, Gauthier-Villars.

[A-B] ANNEQUIN et BOUTIGNY. *Cours de Physique, Optique*, Vuibert.

[A-B-S] ATIYAH (M. F.), BOTT (R.) et SHAPIRO (A.). *Clifford Modules*, Topology, 3, 1964-1965, supplément, p. 3-38.

[AE] *Astronomie*, Encyclopédie de la Pléïade, Gallimard

[AN] ARTIN (Emil). *Geometric Algebra*, Interscience.

[AR] ARNOLD (V.). *Méthodes mathématiques de la mécanique classique*, Mir, Moscou.

[AS] ARNAUDIÈS (J.-M.), *Les cinq polyèdres de* $\mathbf{R}^3$ *et leurs groupes*, C.D.U.-S.E.D.E.S., Paris.

[AV] ALEXANDROW (A. D.). *Konvexe Polyeder*, Akademie Verlag, Berlin.

[AW] ALEXANDROW (A.D.). *Die innere Geometrie der konvexe Fläche*, Akademie Verlag, Berlin.

[AX] ARNOUX (P.). *Ergodicité générique des billards polygonaux*, Séminaire Bourbaki, juin 1988.

[BA] BIANCHI (L.). *Sulle configurazioni mobili di Möbius nelle transformazioni asintotiche delle curve el delle superficie*, Rend. del Circolo Mat. di Palermo, 25, 1908, p. 291-325.

[BAL] BALLICCIONI (A.). *Coordonnées barycentriques et géométrie*, Association des Professeurs de Mathématiques de l'Enseignement Public, n° 240, 1964.

[BAN] BANCHOFF (Thomas). *Non-rigidity Theorems for Tight Polyhedra*, Archiv der Mathematik, 21, 1970, p. 416-423.

[BA-WH] BANCHOFF (Thomas) et WHITE (James). *The behavior of the total twist and self-linking number of a closed space curve under inversions*, Mathematica Scandinavica 36, 1975, p. 254-262.

[B-B] BECKENBACH (Edwin F.) et BELLMAN (Richard). *Inequalities*, Springer.

[B-B-N-W-Z] BROWN (H.), BÜLOW (R.), NEUBÜSER (J.), WONDRATSCHER (H.), ZASSENHAUSS (H.). *Crystallographic groups of four-dimensional space*, Wyley, 1978.

[BE] BROUSSE (Pierre). *Mécanique*, Armand Colin.

[BER] BERGER (M.). *Lectures Notes on Geodesics in Riemannian Geometry*, Tata Institute, Bombay.

[BER 2] BERGER (M.). *Une caractérisation purement métrique des variétés riemanniennes à courbure constante*, p. 480-493 dans E.B. Christoffel (édité par Butzer et Feher, Birkhaüser, 1981).

[BER 3] BERGER (M.), *Convexity*. American Mathematical, Monthly, 1990.

[BES] BESSE (Arthur). *Manifolds all of whose geodesics are closed*, Ergebnisse der Mathematik, Band 93, Springer.

[B-F] BONNESEN (O.) et FENCHEL (W.). *Theorie der konvexe Körper*, Chelsea.

[B-G] BERGER (Marcel) et GOSTIAUX (Bernard). *Géométrie différentielle*, Presses Universitaires de France, 1987.

[B-H] BOREL (A.) et HIRZEBRUCH (F.). *Characteristic Classes and Homogeneous Spaces*, American Journal of Math., 80, 1958, p. 458-538.

[B-H-H] BLACK (W. L.), HOWLAND (H. C.) et HOWLAND (B.). *A Theorem about Zigzags between two Circles*, American Math. Monthly, 81, 1974, p. 754-757.

[BI 0] BOURBAKI (Nicolas). *Eléments de mathématiques*, Théorie des Ensembles, Hermann, 1970.

[BI 1] BOURBAKI (Nicolas). *Eléments de mathématiques*, Topologie Générale, chapitres 5 à 10, Hermann, 1974.

[BI 2] BOURBAKI (Nicolas). *Eléments de mathématiques*, livre II, chapitre 9, Hermann.

[BI 3] BOURBAKI (Nicolas). *Eléments de mathématiques*, livre V, chapitres 1, 2, 2e édition, Hermann.

[BI 4] BOURBAKI (Nicolas). *Groupes et algèbre de Lie*, chapitre 4, 5, 6, Hermann.

[BI 5] BOURBAKI (Nicolas). *Eléments de mathématiques*, Algèbre, chapitres 1 à 3, Hermann, 1970.

[B-K] BUSEMANN (Herbert) et KELLY (Paul J.). *Projective Geometry and Projective Metrics*, Academic Press.

[BL] BLUMENTHAL (Leonard M.). *Theory and Applications of Distance Geometry*, Chelsea.

[BLA 1] BLASCHKE (Wilhelm). *Kreis und Kugel*, Chelsea.

[BLA 2] BLASCHKE (Wilhem). *Vorlesungen über Differential Geometrie, II : Affine Differential Geometry*, Springer.

[BLA 3] BLASCHKE (Wilhelm). *Vorlesungen über Differential Geometrie, III : Differential Geometrie der Kreise und Kugel*, Springer.

[BL-BO] BLASCHKE (W.) et BOL (G.). *Geometrie der Gewebe*, Springer, 1938.

[B-M] BLUMENTHAL (Leonard M.) et MENGER (Karl). *Studies in Geometry*, W. H. Freeman.

[BN] BOURGIN (D. G.). *Modern Algebraic Topology*, Mac Millan.

[BO 1] BOREL (Armand). *Sur l'homologie et la cohomologie des groupes de Lie compacts connexes*, American Journal of Math., 76, 1954, p. 273-342.

[BO 2] BOREL (Armand). *Sur la cohomologie des espaces fibrés principaux et des espaces homogènes de groupes de Lie compacts*, Annals of Math., 57, 1953, p. 115-207.

[BON] BONNESEN (T.). *Le problème des isopérimètres et des isépiphanes*, Paris 1929.

[BP] BAUDOIN (Paul). *Les ovales de Descartes et le limaçon de Pascal*, Vuibert.

[BR] BAER (R.). *Linear Algebra and Projective Geometry*, Academic Press.

[B-S] BOREVICH (Z. I.) et SHAFAREVICH (I. R.). *Number Theory*, Academic Press.

[B-T] BRUHAT (F.) et TITS (J.). *Groupes réductifs sur un corps local. I. Données radicielles valuées*, Public. Math. I.H.E.S., n° 41.

[BU 1] BUSEMANN (Herbert). *Convex Surfaces*, Interscience.

[BU 2] BUSEMANN (Herbert). *Recent Synthetic Differential Geometry*, Ergebnisse der Mathematik, n° 54, Springer.

[BUR] BURCKHARDT (J. J.). *Die Bewegungsgruppen der Kristallographie*, Birkhaüser.

[BU-ZA] BURAGO (Y.) et ZALGALLER (V.). *Geometric Inequalities*, Springer, 1988.

[BV] BONNEVAL (H.). *Photogrammétrie générale* (4 *volumes*), Eyrolles.

[BZ] BENZ (Walter). *Vorlesungen über Geometrie der Algebren*, Springer.

[CA] CAIRNS (Stewart Scott). *Introductory Topology*, Ronald Press.

[CAL] CALLAHAN (Francis P.). *Morley polygons*, American Math. Monthly 84, 1977, p. 325-337.

[C-B] COUDERC (P.) et BALLICIONI (A.). *Premier livre du tétraèdre*, Gauthier-Villars.

[CD] CARATHEODORY (C.). *The most general transformation which transform circles into circles*, Bull. Amer. Math. Soc., 43, 1937, p. 573-579.

[C-D-L] COHEN-TANNOUDJI (C.), DIU (B.) et LALOE (F.). *Mécanique quantique*, *vol.* 1, Hermann.

[CE 1] CARTAN (Elie). *Sur les propriétés topologiques des quadriques complexes*, Oeuvres complètes, tome I, volume 2, p. 1227-1246.

[CE 2] CARTAN (Elie). *The Theory of Spinors*, Hermann ou The M.I.T. Press, Cambridge, Mass.

[C-G] CHEEGER (Jeff) et GROMOLL (Detlef). *On the Structure of Complete Manifolds of Nonnegative Curvature*, Ann. of Math., 96, 1972, p. 413-443.

[CH 1] CARTAN (Henri). *Calcul différentiel*, Hermann.

[CH 2] CARTAN (Henri). *Théorie élémentaire des fonctions d'une ou plusieurs variables complexes*, Hermann.

[CH-GR] CHERN (S. S.) et GRIFFITHS (P.). *Abel's theorem and webs*, Jahrbericht d. Deutsche Math.-Verein., 80, 1978, p. 13-110.

[CL 1] CONNELLY (Robert). *A counter example to the rigidity conjecture for polyhedra*, Public. Math. I.H.E.S., 47, 1978, p. 333-338.

[CL 2] CONNELLY (Robert). *A flexible sphere*, Math. Intelligencer, 1, 1978, p. 130-131.

[C-M] COXETER (H. S. M.) et MOSER (W. O. J.). *Generators and Relations for Discrete Groups*, 2e édition, Springer.

[CN] CUENIN (R.). *Cartographie générale* (2 *volumes*), Eyrolles.

[CO] CONNELLY (Robert). *An attack on rigidity I, II*. Preprints, Cornell University.

[COO] COOLIDGE (J.). *A treatise on the circle and on the sphere*, Chelsea, 1971.

[CR 1] COXETER (H. S. M.). *Introduction to Geometry*, John Wiley.

[CR 2] COXETER (H. S. M.). *Regular Polytopes*, Methuen.

[CR 3] COXETER (H. S. M.). *Non-euclidean Geometry*, The University of Toronto Press.

[CR 4] COXETER (H. S. M.). *Regular Complex Polytopes*, Cambridge University Press.

[CR 5] COXETER (H. S. M.). *The Problem of Apollonius*, American Math. Monthly, 75, 1968, p. 5-15.

[CS] CASSELS (J. W. S.). *An Introduction to the Geometry of Numbers*, Springer.

[CT] CHOQUET (Gustave). *Cours d'Analyse, tome II : Topologie*, Masson.

[CY] CHEVALLEY (Claude). *Theory of Lie Groups*, Princeton University Press.

[CZ] CONZE (Jean-Pierre). *Le théorème d'isomorphisme d'Ornstein et la classification des systèmes dynamiques en théorie ergodique*, Séminaire Bourbaki, novembre 1972.

[D-C 1] DELTHEIL (Robert) et CAIRE (Daniel). *Géométrie*, J. B. Baillière.

[D-C 2] DELTHEIL (Robert) et CAIRE (Daniel). *Compléments de géométrie*, J. B. Baillière.

[DE 1] DIEUDONNÉ (Jean). *La géométrie des groupes classiques*, 2e *édition*, Springer.

[DE 2] DIEUDONNÉ (Jean). *Algèbre linéaire et géométrie élémentaire*, 3e *édition*, Hermann.

[DE 3] DIEUDONNÉ (Jean). *Calcul infinitésimal*, Hermann.

[DE 4] DIEUDONNÉ (Jean). *Eléments d'Analyse, tome II*, Gauthier-Villars.

[DE 5] DIEUDONNÉ (Jean), *Eléments d'Analyse, tome III*, Gauthier-Villars.

[DE 6] DIEUDONNÉ (Jean). *Eléments d'Analyse, tome IV*, Gauthier-Villars.

[DE 7] DIEUDONNÉ (Jean). *Foundations of Modern Analysis*, Academic Press.

[DE 8] DIEUDONNÉ (Jean). *Cours de Géométrie Algébrique* (*tomes* 1 *et* 2), Presses Universitaires de France.

[D-G-K] DANZER (L.), GRÜNBAUM (B.) et KLEE (V.). *Helly's Theorem and its Relatives*, A.M.S. Symposium on Convexity, Proc. Symp. Pure Math., volume 7, 1963.

[DI] DEMBOWSKI (P.). *Finite Geometries*, Ergebnisse der Mathematik, n° 44, Springer.

[DI-CA] DIEUDONNÉ (Jean) et CARRELL (James B.). *Invariant Theory, Old and New*, Academic Press.

[DN] DANJON (André). *Astronomie générale*, J. et R. Sennac.

[DO] DORRIE (Heinrich). 100 *Great Problems of Elementary Mathematics*, Dover.

[DQ] DUPORCQ (Ernest). *Premiers principes de géométrie moderne*, 3e *édition*, Gauthier-Villars.

[DR] DIXMIER (Jacques). *Cours de mathematiques du premier cycle, deuxième année*, Gauthier-Villars.

[DV] DVORETSKY (Aryeh). *Some results on convex bodies and Banach spaces*, p. 123-160 dans Proceedings of the International Symposium on Linear Spaces, Jerusalem, 1961.

[DX] DARBOUX (Gaston). *Principes de Géométrie Analytique*, Gauthier-Villars.

[DY] DOUADY (Adrien). *Le shaddock à six becs*, Bulletin A.P.M.E.P., 281, 1971, p. 699.

[EE] *Encyklopädie der Mathematischen Wissenchaften, Geometrie*, III.2.1, Teubner.

[E-K] EELLS (James) et KUIPER (Nicolas O.). *Manifolds which are like Projective Planes*, Public. Math. I.H.E.S., n° 14, p. 5-46.

[EL] ELLISON (W. J.). *Waring's problem*, American Math. Monthly, 78, 1971.

[EN] EGGLESTON (H. G.). *Convexity*, Cambridge University Press.

[ER] ESCHER (M. C.). *L'œuvre graphique*, Solin, Paris.

[E-S] EELLS (J.) et SAMPSON (J. H.). *Harmonic Mappings of Riemannian Manifolds*, American Journal of Math., 86, 1964, p. 109-160.

[FA] FALCONER (K. J.). *A characterisation of plane curves of constant width*, J. London Math. Soc., 16, 1977, p. 536-538.

[FI] FILLMORE (Jay P.). *Symmetries of surfaces of constant width*, J. of Diff. Geometry, 3, 1969, p. 103-110.

[FL] FRENKEL (Jean). *Géométrie pour l'élève-professeur*, Hermann.

[FN] FULTON (William). *Algebraic Curves*, Benjamin.

[FR] FEDERER (Herbert). *Geometric Measure Theory*, Springer.

[FT 1] FEJES-TOTH (L.). *Lagerungen in der Ebene, auf der Kugel und im Raum*, Springer.

[FT 2] FEJES-TOTH (L.). *Regular Figures*, Pergamon.

[GA] GARDNER (Martin). *Extraordinary nonperiodic tiling that enriches the theory of tiles*, Scientific American, January 1977.

[GBG] GREENBERG (M.). *Euclidean and Non-Euclidean Geometry*, Freeman, 1980.

[GE] GONSETH (F.). *Un théorème relatif à deux ellipsoides confocaux*, Bulletin des Sciences Math., 42, 1918, p. 177-180 et 193-194.

[GG] GREENBERG (Marvin J.). *Lectures on Algebraic Topology*, Benjamin.

[G-G-V] GELFAND (I. M.), GRAEV (M. I.) et VILENKIN (N. Ya). *Generalized Functions, volume 5, Integral Geometry and Representation Theory*, Academic Press.

[GIS] GRIFFITHS (Phillip A.). *Variations on a Theorem of Abel*, Inventiones Math., 35, 1976, p. 321-390.

[GI-WE] GIBBONS (J. C.) et WEBB (C.). *Circle preserving maps of spheres*, preprint, Illinois Institute of Technology, Chicago.

[GK] *Grundzüge der Mathematik, Band IV : Praktische Methoden und Anwendungen der Mathematik*, Vandenhoeck and Ruprecht.

[G-K-M] GROMOLL (D.), KLINGENBERG (W.) et MEYER (W.). *Riemannsche Geometrie im Grossen, Lecture Notes in Mathematics*, n° 55, Springer.

[GL] GLUCK (Herman). *Almost All Simply Connected Closed Surfaces are Rigid*, preprint, University of Pennsylvania.

[GM] GRAMAIN (André). *Topologie des surfaces*, Presses Universitaires de France.

[GN] GÉRARDIN (Paul). *Mathématiques Elémentaires Approfondies*, cours polycopié, Université Paris VII, U.E.R. de Mathématiques.

[G-O] GELBAUM (Bernard D.) et OLMSTED (John M. H.). *Counterexamples in Analysis*; Holden-Day.

[GR] GUGGENHEIMER (Heinrich W.). *Plane Geometry and its Groups*, Holden-Day.

[GR-HA] GRIFFITHS (P.) et HARRIS (S.). *On Cayley's Explicit Solution to Poncelet's Porism*, L'Enseignement Mathématique, 24, 1978, p. 31-40.

[GR-HA 2] GRIFFITHS (P.) et HARRIS (S.). *Principles of Algebraic Geometry*, Wiley, 1978.

[GR-SH] GRÜNBAUM (B.) et SHEPHARD (G.). *Tilings and Patterns*, Freeman, 1987.

[GR-WI] GRUBER (P.) et WILLS (J.). *Convexity and its Applications*, Vienne, Birkhaüser, 1983.

[GS] *Geometric Inequalities* (BOTTEMA *et alia*), Wolters-Noordhoof.

[GT] GUICHARDET (A.). *Calcul intégral*, Armand Colin.

[GU] GRÜNBAUM (B.). *Convex Polytopes*, Wiley, 1967.

[GX] GODEAUX (Lucien). *Les géométries*, Armand Colin.

[GZ] GÖTZE (H.). *Castel del Monte*, Prestel, 1986.

[HA] HALL (M.). *The Theory of Groups*, Mac Millan.

[HA-WR] HARDY (G. H.) et WRIGHT (E. M.). *An Introduction to the Theory of Numbers*, Oxford University Press.

[H-C] HILBERT (D.) et COHN-VOSSEN (S.). *Geometry and the Imagination*, Chelsea.

[HD 1] HADAMARD (Jacques). *Leçons de géométrie élémentaire, tome I*, 10e *édition*, Armand Colin.

[HD 2] HADAMARD (Jacques). *Leçons de géométrie élémentaire, tome II*, 7e *édition*, Armand Colin.

[H-K] HAUPT (O.) et KÜNNETH (H.). *Geometrische Ordnungen*, Springer.

[H-L-P] HARDY (G. H.), LITTLEWOOD (J. E.) et POLYA (G.). *Inequalities*, Cambridge University Press.

[HM] HARTMAN (P.). *On Isometries and a Theorem of Liouville*, Mathematische Zeitschrift, 69, 1958, p. 202-210.

[HN] HELGASON (Sigurdur). *Differential Geometry and Symmetric Spaces*, Academic Press.

[HOL] d'HOLLANDER (Raymond). *Topologie Générale, tome I : Généralités, Mesure des angles et des distances*, Eyrolles.

[HO-PE] HODGE (W. V. D.) et PEDOE (D.). *Methods of Algebraic Geometry*, Cambridge University Press.

[H-P] HUGHES (Daniel R.) et PIPER (Fred C.). *Projective Planes*, Springer.

[HR] HADWIGER (H.). *Vorlesungen über Inhalt, Oberfläche und Isoperimetrie*, Springer.

[HS] HERSCH (Joseph). *Quatre propriétés des membranes sphériques homogènes*, C.R.A.S., 270, 1970, p. 1714-1716.

[HU] HUSEMOLLER (Dale). *Fibre Bundles*, McGraw Hill.

[H-W] HILTON (P. J.) et WYLIE (S.). *Homology Theory*, Cambridge University Press.

[H-Y] HOCKING (John G.) et YOUNG (Gail S.). *Topology*, Addison-Wesley.

[HZ] HURWITZ (M. A.). *Sur quelques applications géométriques des séries de Fourier*, Annales Ecole Norm., 19, 1902, p. 357-408.

[I-R] ILLIOVICI (G.) et ROBERT (P.). *Géométrie*, Eyrolles.

[JE] JOEDICKE (Jürgen). *Les structures en voiles et coques*, Vincent, Fréal et Cie.

[KE] KRÉE (P.). *Introduction aux mathématiques et à leurs applications fondamentales, M.P.* 2, Dunod.

[KF] KAZARINOFF (Nicholas D.). *Geometric Inequalities*, Random House.

[KG 1] KLINGENBERG (Wilhelm). *Eine Vorlesung über Differential Geometrie*, Springer.

[KG 2] KLINGENBERG (Wilhelm). *Paare symmetrischen und alternierenden Formen zweiten Grades*, Abhandl. Math. Sem. Hamburg, 19, 1955, p. 78-93.

[KH] KUROSH (A. G.). *Lectures in General Algebra*, Pergamon.

[KM] KLOTZ-MILNOR (Tilla). *Efimov's Theorem about Complete Immersed Surfaces of Negative Curvature*, Advances in Math., 8, 1972, p. 474-543.

[KN 1] KLEIN (Félix). *Lectures on the Icosahedron*, Dover.

[KN 2] KLEIN (Félix). *Vorlesungen über höhere Geometrie*, Springer.

[KNO] KNOTHE (H.). *Contributions to the theory of convex bodies*, Michigan Math. J., 4, 1957, p. 39-52.

[KO-NO 1] KOBAYASHI (Shoshichi) et NOMIZU (Katsumi). *Foundations of Differential Geometry, volume I*, Interscience.

[KO-NO 2] KOBAYASHI (Shoshichi) et NOMIZU (Katsumi). *Foundations of Differential Geometry, volume II*, Interscience.

[LB 1] LEBESGUE (Henri). *Leçons sur les constructions géométriques*, Gauthier-Villars.

[LB 2] LEBESGUE (Henri). *Les coniques*, Gauthier-Villars.

[LB 3] LEBESGUE (Henri). *Octaèdres articulés de Bricard*, l'Enseignement mathématique, 13, 1967, p. 175-185.

[LE] LEKERKERKER (C. G.). *Geometry of numbers*, Walters-Noordhoff.

[LF 1] LELONG-FERRAND (Jacqueline). *Géométrie différentielle*, Masson.

[LF 2] LELONG-FERRAND (Jacqueline). *Transformations conformes et quasi-conformes des variétés riemanniennes compactes*, Mémoires Acad. Royale Belg., Cl. Sci. Mém. Coll. in-8°, 1971, fascicule 5.

[LF 3] LELONG-FERRAND (Jacqueline). *Invariants conformes globaux sur les variétés riemanniennes*, J. of Diff. Geometry, 8, 1973, p. 487-510.

[LF 4] LELONG-FERRAND (J.). *Les fondements de la Géométrie*, Presses Universitaires de France, 1985.

[LF-AR] LELONG-FERRAND (J.) et ARNAUDIÈS (J.-M.). *Cours de mathématiques, tome* 3, Dunod.

[LG 1] LANG (Serge). *Elliptic Functions*, Addison-Wesley.

[LG 2] LANG (Serge). *Analysis II*, Addison-Wesley.

[LM 1] LEMAIRE (J.). *Hypocycloïdes et Epicycloïdes*, Vuibert.

[LM 2] LEMAIRE (J.). *L'hyperbole équilatère*, Vuibert.

[LP] *Le livre du problème, volume* 4 : *la convexité*, CEDIC.

[LR 1] LEHNER (Joseph). *A Short Course in Automorphic Functions.* Holt, Rinehart and Winston.

[LR 2] LEHNER (Joseph). *Discontinuous Groups and Automorphic Functions*, Math. Surveys, number VIII, American Math. Society.

[LS] LEVALLOIS (Jean-Jacques). *Géodésie Générale, tome II : Géodésie classique bidimensionnelle*, Eyrolles.

[LU] LUSTERNIK (Lazar A.). *Convex Figures and Polyhedra*, Heath.

[LY] LEVY (Harry). *Projective and Related Geometry*, Mac Millan.

[LZ] LAZUTKIN (V. F.). *The Existence of Caustics for a Billiard Problem in a Convex Domain*, Math. USSR Izvestia, 7, 1973, p. 185-214.

[MA] MALLIAVIN (Paul). *Géométrie différentielle intrinsèque*, Hermann.

[MD] MARCHAUD (A.). *Les surfaces du second ordre en géométrie finie*, J. Math. pures et appl., 9-15, 1936, p. 293-300.

[MI] MILNOR (John). *A problem in cartography*, American Math. Monthly, 76, 1969, p. 1101-1102.

[MJ] MANDELBROJT (Benoît). *Les Objets fractals*, Flammarion.

[ML] MICHEL (Charles). *Compléments de géométrie moderne*, Vuibert.

[MO] MOSER (J.). *Geometry of quadrics and spectral theory*, in Chern's symposium 1979, Springer 1980.

[M-P] MODENOV (P. S.) et PARKHOMENKO (A. S.). *Geometric Transformations, volume I*, Academic Press.

[MR] MATHER (J.). *The nice dimensions, Proceedings of Liverpool Singularities, Symposium I*, Lecture Notes in Mathematics n° 192, Springer.

[M-T] MARTINEAU (André) et TREVES (François). *Eléments de la théorie des espaces vectoriels topologiques et des distributions, fascicule I*, C.D.U.

[MW 1] MOSTOW (G. D.). *Strong Rigidity of Locally Symmetric Spaces*, Annals of Mathematical Studies, n° 78, Princeton University Press.

[MW 2] MOSTOW (G. D.). *Discrete Subgroups of Lie Groups*, Advances in Mathematics, 15, 1975, p. 112-123.

[NA] NEVANLINNA (Rolf). *On Differentiable Mappings, Analytic Functions*, p. 3-9, Princeton University Press.

[NW] NEWSTEAD (P.). *Real classification of complex conics*, Matematika, 28 (1981), p. 36-53.

[OA] OBATA (M.). *The Conjecture on Conformal Transformations of Riemannian Manifolds*, J. of Differential Geometry, 6, 1972, p. 247-258.

[OM] O'MEARA (O. T.). *Introduction to Quadratic Forms*, Springer.

[OS 1] OSSERMAN (Robert). *Bonnesen-style Isoperimetric Inequalities*, American Math. Monthly, 86, 1979, p. 1-29.

[OS 2] OSSERMAN (Robert). *The isoperimetric inequality*, Bull. Amer. Math. Soc., 84, 1978, p. 1182-1238.

[PA] PALAIS (Richard). *The Classification of G-Spaces*, Memoirs of the A.M.S., nº 36.

[PC] PASCAL (Blaise). *Pensées*, édition Brunschwig.

[PE] PEDOE (D.). *A Course of Geometry*, Cambridge University Press.

[PET] PETERSON (B.). *The geometry of Radon's theorem*, American Mathematical Monthly, 79 (1972), p. 949-963.

[PL] POHL (William F.). *A Theorem of Géométrie finie*, Journal of Differential Geometry, 10, 1975, p. 435-466.

[PN] PAYNE (L. E.). *Isomerimetric Inequalities and their Applications*, SIAM Review, 9, 1967, p. 453-488.

[PO] PORTEOUS (I. R.). *Topological Geometry*, Van Nostrand-Reinhold.

[PR] PORTER (T. I.). *A History of the Classical Isoperimetric Problem, Contributions to the Calculus of Variations*, University of Chicago Press, 1933.

[P-S] POLYA (G.) et SZEGÖ (G.). *Isoperimetric Inequalities in Mathematical Physics*, Princeton University Press ou Kraus Reprint Corporation.

[PT] PICKERT (G.). *Projektive Ebenen*, Springer.

[PV 1] POGORELOV (A. V.). *Extrinsic Geometry of Convex Surfaces*, Israël Programm for Scientific Translation, Jerusalem.

[PV 2] POGORELOV (A.D.). *Hilbert's fourth problem*, Wiley, 1979.

[RA] RADEMACHER (Hans). *Topics in Analytic Number Theory*, Grundlehren nº 169, Springer.

[R-C 1] ROUCHÉ (Eugène) et de COMBEROUSSE (Charles). *Traité de Géométrie*, 1re *partie*, Gauthier-Villars.

[R-C 2] ROUCHÉ (Eugène) et de COMBEROUSSE (Charles). *Traité de Géométrie*, 2e *partie*, Gauthier-Villars.

[RE] ROUSSARIE (Robert). *Sur les feuilletages de variétés de dimension* 3, Annales de l'Institut Fourier, 21(3), 1971, p. 13-81.

[RM] DE RHAM (Georges). *Sur les polygones générateurs des groupes fuchsiens*, l'Enseignement mathématique, 17, 1971, p. 49-61.

[RN 1] ROBINSON (Raphael M.), *Undecidability and Nonperiodicity for Tilings of the Plane*, Inventiones Math., 12, 1971, p. 177-209.

[RN 2] ROBINSON (Raphael M.). *Undecidable Tiling Problems in the Hyperbolic Plane*, Inventiones Math., 44, 1978, p. 259-264.

[RN 3] ROBINSON (Raphael M.). *Comments on the Penrose Tiles*, preprint, University of California, Berkeley.

[RO] ROMANOV (V. G.). *Integral Geometry and Inverse Problems for Hyperbolic Equations*, Springer.

[RS] ROGERS (C. A.). *Packing and Covering*, Cambridge University Press.

[R-V] ROBERTS (A. Wayne) et VARBERG (Dale E.). *Convex Functions*, Academic Press.

[SA] SHIMURA (G.). *Introduction to the Arithmetic Theory of Automorphic Functions*, Iwanami Shoten et Princeton University Press.

[SAL] SALMON (G.). *A treatise on the analytic geometry of the three dimension*, seventh edition, Volume 1.

[SB] STERNBERG (Shlomo). *Lectures on Differential Geometry*, Prentice-Hall.

[SC 1] SCHATTSCHNEIDER (Doris). *The plane symmetry groups : their recognition and notation*, American Math. Monthly, 85, 1978, p. 439-450.

[SC 2] SCHATTSCHNEIDER (Doris). *Tiling the plane with congruent pentagons*, Mathematics Magazine, 51 (1978), p. 29-44.

[SD 1] STAUDE (Otto). *Fadenconstructionen des Ellipsoides*, Math. Annalen, 20, 1882, p. 147-184.

[SD 2] STAUDE (Otto). *Die Fokaleigenschaften der Flächen Zweiter Ordnung*, Leipzig, 1896.

[SE 1] SERRE (Jean-Pierre). *Corps locaux*, Hermann.

[SE 2] SERRE (Jean-Pierre). *Cours d'arithmétique*, Presses Universitaires de France.

[SE 3] SERRE (Jean-Pierre). *Algèbres de Lie semi-simples complexes*, W. A. Benjamin.

[SE-TH] SEIFERT (H.) et THRELFALL (W.). *Lehrbuch der Topologie*, Chelsea.

[SF 1] SCHWERDTFEGER (Hans). *Invariants of a class of transformation groups*, Aequationes Math., 14, 1976, p. 105-110.

[SF 2] SCHWERDTFEGER (Hans). *Invariants à cinq points dans le plan projectif*, C.R.A.S., 285, 1977, p. 127-128.

[SG] SEIDENBERG (A.). *Lectures in Projective Geometry*, Van Nostrand.

[SGR] *Variétés à courbure négative*. Séminaire de Géométrie Riemannienne de l'Université Paris VII, Publications Mathématiques de l'Université Paris VII, n° 8, 1981.

[SI] SINAÏ. *Introduction to Ergodic Theory*, Princeton University Press, 1976.

[SK] SPIVAK (Michael). *Differential Geometry, volume II*, Michael Spivak.

[SL 1] SALLEE (G. T.). *Maximal areas of Reuleaux polygons*, Canadian Math. Bull., 13, 1970, p. 175-179.

[SL 2] SALLEE (G. T.). *Reuleaux polytopes*, Mathematika, 17, 1970, p. 315-323.

[SN] STEIN (S. K.). *Tiling Space by Congruent Polyhedra*, Bulletin of the A.M.S., 80, 1974, p. 819-820.

[SO] SANTALO (L. A.). *Introduction to Integral Geometry*, Hermann.

[SO 2] SANTALO (L. A.). *Integral Geometry and Geometric Probability*, Addison-Wesley, 1976.

[SR] SPANIER (E.). *Algebraic Topology*, McGraw Hill.

[SS] STURMFELS, thèse, Darmstadt, 1987.

[S-T] SNAPPER (Ernst) et TROYER (Robert J.). *Metric Affine Geometry*, Academic Press.

[STE] STEFFEN (Klaus). *A symmetric flexible Connelly sphere with only nine vertices*, preprint, I.H.E.S., Bures-sur-Yvette.

[ST-RA] STEINITZ (E.) et RADEMACHER (H.). *Vorlesungen über die Theorie der Polyeder*, Springer.

[SU] SAMUEL (Pierre). *Unique Factorization*, American Math. Monthly, 75, 1968, p. 945-952.

[SU 2] SAMUEL (Pierre). *Géométrie Projective*, Presses Universitaires de France, 1986.

[SW] STEWART (Ian). *Galois Theory*, Champman and Hall.

[TG] *Seminar on Transformation Groups*, by Armand BOREL, Annals of Mathematical Studies, n° 46, Princeton.

[TM] THOM (René). *Sur la théorie des enveloppes*, J. de Math. pures et appl., 16, 1962, p. 177-192.

[TS] TITS (Jacques). *Buildings of spherical type and finite BN-pairs*, Springer Lecture Notes in Mathematics, n° 386.

[VE] VALENTINE (Frederik A.). *Convex Sets*, McGraw Hill.

[VG 1] VODERBERG (H.). *Zur Zerlegung eines ebenen Bereiches in kongruente Bereiche in Form einer Spirale*, Jber. dtsch. Math. Ver., 46, 1936, p. 229-231.

[VG 2] VODERBERG (H.). *Zur Zerlegung eines ebenen Bereiches in kongruente Bereiche in Form einer Spirale*, Jber. dtsch. Math. Ver., 46, 1937, p. 159-160.

[VL] DU VAL (Patrick). *Homographies, Quaternions and Rotations*, Oxford University Press.

[VN] VALIRON (Georges). *Equations fonctionnelles. Applications*, Masson.

[V-Y] VEBLEN (O.) et YOUNG (J. W.). *Projective Geometry*, deux volumes, Ginn and Co.

[WF] WOLF (Joseph A.). *Spaces of Constant Curvature*, J. A. Wolf.

[WK] WALKER (R. J.). *Algebraic Curves*, Dover.

[WL] WEYL (Hermann). *Symmetry*, Princeton University Press.

[WN] WENNINGER (Magnus J.). *Polyhedron Models*, Cambridge University Press.

[WO] WONG (Yung-Chow). *Isoclinic n-Planes in Euclidean 2n-Space, Clifford Parallels in Elliptic* (2*n* – 1)-*Space and the Hurwitz Matrix Equations*, Memoirs of the A.M.S., n° 41.

[WR] WARNER (Frank). *Foundations of Differentiable Manifolds and Lie Groups*, Scott-Foresman.

[Y-B] YAGLOM (I. M.) et BOLTYANSKII (V. G.). *Convex Figures*, Holt, Rinehart and Winston.

[ZN] ZISMAN (Michel). *Topologie algébrique élémentaire*, Armand Colin.

[ZR] ZWIKKER (C.). *The advanced Geometry of Plane Curves and their Applications*, Dover.

INDEX TERMINOLOGIQUE
(POUR LES DEUX VOLUMES)

Sauf mention explicite du contraire par l'indication en caractères gras, les notions de l'index sont définies dans le texte au plus petit numéro.

A

B

C

D

E

F

G

H

I

J

K

L

M

N

O

P

Q

R

S

T

U

V

W

Z

INDEX DES NOTATIONS
(POUR LES DEUX VOLUMES)

A

B

C

D

E

F

G

H

I

K

L

M

N

O

P

V

X

Z

Achevé d'imprimer par Corlet, Imprimeur, S.A. - 14110 Condé-sur-Noireau
N° d'Imprimeur : 160870 - Dépôt légal : octobre 2016 - *Imprimé en France*